PRACTICE FOR ELECTRIC ·ELECTRONIC DEVICES

자동차 전기 · 전자장치 실습

구민사

저자약력 | **지명석**

아주자동차대학교 미래자동차공학부 전임교수

한성철

국제대학교 자동차과 전임교수

오만진

오산대학교 미래전기자동차과 전임교수

김인옥

국제대학교 자동차과 초빙교수

자동차 전기 · 전자장치 실습

초판 인쇄 | 2022년 2월 21일
초판 발행 | 2022년 2월 28일
개정 1판 발행 | 2025년 1월 20일

저 자 | 지명석·한성철·오만진·김인옥
발행인 | 조규백
발행처 | 도서출판 구민사
(07293) 서울특별시 영등포구 문래북로 116, 604호(문래동3가 46, 트리플렉스)
전화 | (02) 701-7421
팩스 | (02) 3273-9642
홈페이지 | www.kuhminsa.co.kr

신고번호 | 제2012-000055호 (1980년 2월 4일)
I S B N | 979-11-6875-493-5 93550

값 30,000원

PREFACE

머리말

전자공학의 발달로 자동차 전기·전자 분야에서는 첨단화가 가속화되면서 각종 첨단 시스템의 도입이 일반화되고 있다. 자동차 전기장치 정비 기술 경쟁에서 뒤떨어지지 않기 위해서는 기본적인 전기회로 및 전자 기초실습을 숙지하고 자동차 전기장치의 전자제어시스템의 기본적인 구조와 작동 원리를 이해하고 전자제어 시스템에 관련된 각종 센서 및 고전압 전기장치에서 발생할 수 있는 문제점에 대하여 기초적인 점검, 수리, 교환 등에 대한 작업을 수행하는 기술을 습득할 수 있어야 한다. 이를 바탕으로 본 책에서는 다음과 같이 기술하였다.

chapter 1. **자동차 전기·전자 기초** – 전기장치 실습 공구사용법 및 회로 시험기를 사용 하여 기본적인 회로분석을 이해하고 반도체 및 센서를 점검하여 고장진단과 정비를 할 수 있게 상세히 설명하였다.

chapter 2. **축전지** – 자동차에 사용되는 배터리와 하이브리드 및 EV차량에 사용하고 있는 고전압 장치의 역할을 이해하고 고장진단 방법 및 측정방법에 대하여 설명하였다.

chapter 3. **시동장치** – 시동장치의 일반적인 사항과 구성부품의 역할을 이해하고 부품의 측정 방법에 대하여 설명하였다.

chapter 4. **충전장치** – 충전장치의 일반적인 사항과 구성부품의 역할을 이해하고 부품의 측정 방법에 대하여 설명하였다.

chapter 5. **점화장치** – 점화장치의 일반적인 사항과 구성부품의 역할을 이해하고 부품의 측정 방법에 대하여 설명하였다.

chapter 6. **등화장치** – 등화장치의 일반적인 사항과 종류와 특징 및 구성부품, 고장진단방법에 대하여 설명하였다.

chapter 7. **보디 전기장치** – 파워윈도우, 경음기, 와이퍼모터, 에어컨벨트, 전동팬, 에어컨, 소음측정기의 사용법 열화장치 및 수온센서 점검에 대하여 설명하였다.

chapter 8. **편의장치** – 편의장치의 기능 및 작동원리 및 제어에 대하여 설명하였다.

내용 중에 오류가 있으면 독자 여러분이 지적해 주시고 이 책을 선택한 모든 독자가 신기술에 대한 폭넓은 이해와 안목을 가질 수 있도록 조금이나마 도움이 되기를 바란다.

끝으로 이 책을 만들기까지 물심양면으로 도와주신 도서출판 구민사의 조규백사장님과 임직원 여러분들의 노력에 진심으로 감사의 인사를 드립니다.

저자 일동

CONTENTS

차례

Chapter 01

자동차 전기 · 전자 기초

Chapter 02

축전지

Chapter 03

시동장치 (Starting System)

Chapter 06

등화장치 (Lighting System)

Chapter 07

보디 전기장치 (Body Electric System)

Chapter

1

자동차 전기 · 전자 기초

1 전기장치의 실습공구

[1] 니퍼(Nipper)

주로 부품의 리드 선이나, 연선, 단선과 같은 전선을 절단하거나 피복전선(被覆電線)의 심선을 일부 드러내기 위해서 심선이 닿지 않도록 피복을 벗기는 데 사용하는 소형 절단기이다.

강도가 너무 강한 철 와이어 혹은 특정 물체를 절단하면 커팅 날이 손상될 수 있다. 작고, 가벼워 사용하기 편하며, 지렛대의 원리를 응용해서 악력(握力)이 배로 늘어나 날에 가해지도록 되어 있다.

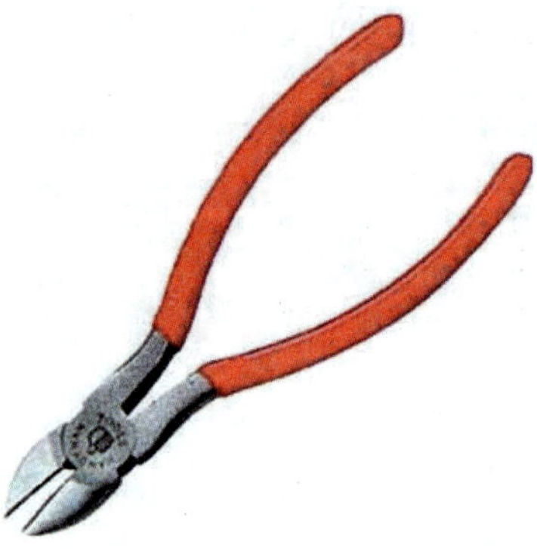

그림 1. 니퍼

[2] 롱 노즈 플라이어(Long Nose Plier)

끝이 뾰족하고 긴 플라이어로서, 물체를 물게 되는 부분이 길어 가는 구리선이나 철사를 끊거나 좁은 장소에서 세공(細工)할 때 사용한다. 물리는 부분이 길기 때문에 주로 소형 부품이나 부품의 리드 선을 잡거나 휘는 데 사용하는 공구이다. 부품을 잡고 비틀면 선단부분이 변형되거나 파손되므로 피하도록 한다. 커팅도 가능하다. 호칭치수는 전체 길이로 표시되며, 125mm, 150mm, 175mm의 3종류가 있다.

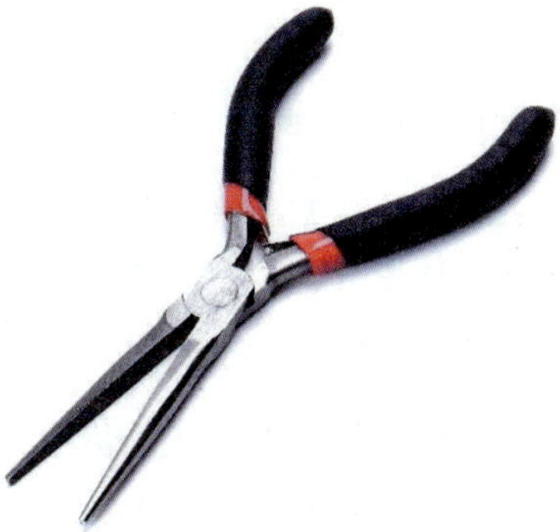

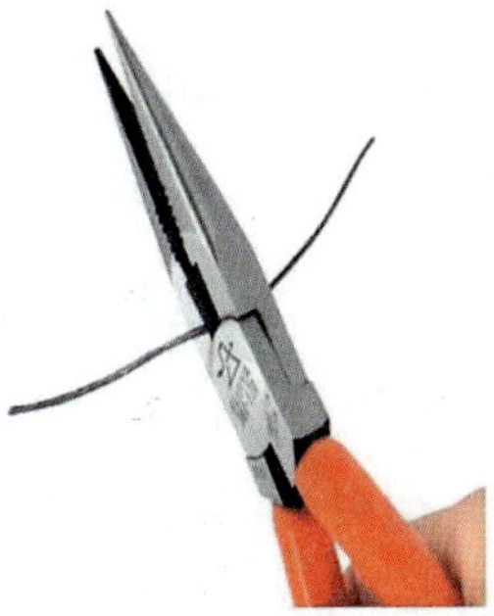

그림 2. 롱 노즈 플라이어

[3] 와이어 스트립퍼(Wire Stripper)

와이어 스트립퍼는 비닐 피복전선 등의 피복을 벗기는 데 사용하는 수공구이다. 전선의 피복을 벗기는 것은 니퍼를 사용해서도 할 수 있으나, 와이어 스트립퍼에는 각종 전선의 굵기에 따라 여러 개의 커팅 홀이 나열되어 있어 구리선에 손상을 입히지 않도록 되어 있는 것이 그 특징이다.

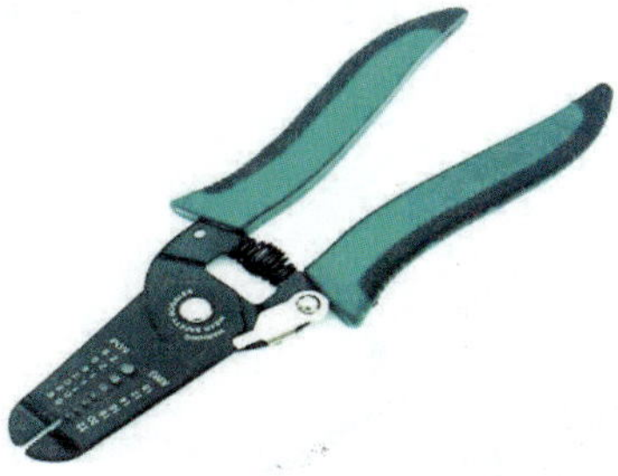

(a) 수동

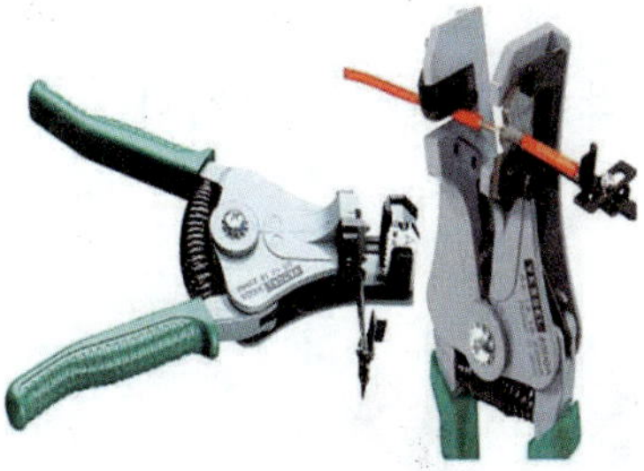

(b) 반자동

그림 3. 와이어 스트립퍼

중앙부분 날을 이용하여 커팅도 가능하며 와이어 스트립퍼에는 반자동 와이어 스트립퍼와 수동 와이어 스트립퍼가 있다. 반자동은 한 손이 불편한 사람이 사용하기에도 도움이 되는 툴이다.

[4] 스크류 드라이버(Screw Driver)

일반적으로 나사를 조이거나 풀기 위해 주로 사용되는 공구이며, 반고정저항과 같은 부품의 설정 값을 조절한다. 강철제(鋼鐵製) 몸체에 나무·플라스틱의 손잡이가 붙어 있다. 나사머리에 직선으로 홈이 나 있는 것에 사용하는 일(-)자형 드라이버(끝이 일직선으로 되어 있다)와 십자머리 나사에 사용하기 위한 십(+)자형 드라이버(끝이 십자형으로 되어 있다). 양용드라이버와 자동으로 회전하는 것 등이 있다. 드라이버는 홈의 크기에 맞는 것을 사용하지 않으면 드라이버의 끝 또는 나사머리가 손상된다.

[5] 핀셋(Pincette, Tweezers)

핀셋(프랑스어 : pincette, 영어 : tweezers)은 두 개의 강판을 맞이어서 손으로 잡으면 강판의 끝이 물건을 집게 하는 도구이다. 소형 전자부품이나 전선 등을 집거나 세밀하게 다루기 위해 필요한 도구로 미세한 작업을 위해 끝이 뾰족한 핀셋이 선호되며 직선인 핀셋과 끝이 구부러진 핀셋 두 개 다 유용하게 사용될 수 있다.

납땜을 할 때 인두기가 뜨겁기 때문에 부품이 인두기에 닿아서 뜨거워질 수 있다. 인두기의 온도가 상당히 높기 때문에 손으로 직접 만지면 상당히 뜨거워 화상을 입을 수 있는데 이때 필요한 제품이다. 온도 문제 외에도 작은 부품으로 미세하게 납땜을 할 때에도 작은 핀셋이 필요하다.

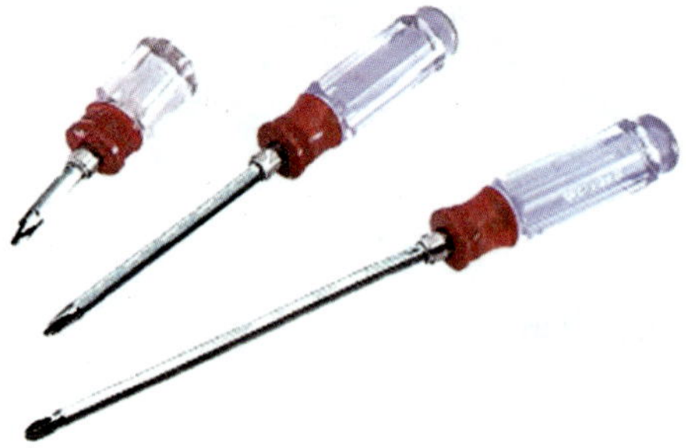

그림 4. 스크류 드라이버

그림 5. 핀셋

[6] 바이스 플라이어(Vise Pliers)

바이스 그립, 바이스 그립 플라이어(gripping pliers)라고도 한다. 바이스처럼 대상물을 고정할 수 있는 구조로 된 플라이어이다. 일반 펜치로는 고정이 어려운 작은 물체의 가공작업을 하는 경우 물체를 강력하게 고정시킬 목적으로 사용되는데, 필요한 경우에는 클램프(clamp) 용도로도 사용할 수 있다.

대상물(볼트, 너트, 못 등)을 집게부위에 끼우고 자루 끝부분에 있는 조임 나사를 돌림으로써 개구부의 개구 정도를 조정할 수 있으며, 개구부를 좁게 해두면 대상물을 상당히 강력한 압력으로 집을 수가 있다. 또 머리부분이 망가진 볼트를 쥘 때에도 아주 유용하게 사용할 수 있다.

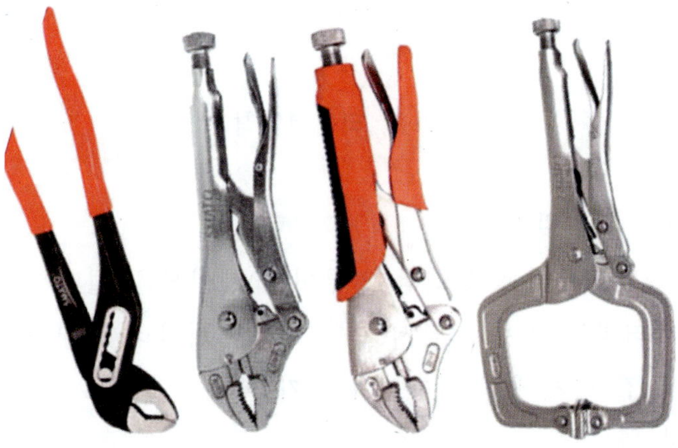

그림 6. 바이스 플라이어

[7] 터미널 압착기(단자 압착기)

전선을 터미널에 맞게 탈피한 후 터미널을 압착기에 끼운 후 압착기로 터미널을 눌러 전선을 고정시킨다. 전선을 터미널에 압착 높이가 틀리면 터미널은 전선 유지력이 적당하지 않고 전류의 흐름이 원활하지 못하고, 압착 높이가 너무 낮을 때는 심선이 잘리거나 도체 압착부가 깨지며, 압착 높이가 너무 높으면 심선과 터미널이 적절히 접촉하지 못한다.

터미널의 압착부와 결합부가 평행하지 않고 상하로 기준치 이상을 벗어나면 터미널이 압착하는 순간 터미널이 힘을 받아 앞쪽으로 밀리면서 구부러져 하우징에 결합이 잘 되지 않는다. EV자동차 주 배터리는 높은 전압시스템이기 때문에 주 배터리 관련 부분은 전선이 굵고 터미널도 커서 전선을 터미널에 압착 시 유압식이나 충전기식을 사용하기도 한다.

(a) 수동식　　(b) 유압식　　(c) 충전기식

그림 7. 터미널압착기

[8] 케이블 커터(Cable Cutters)

케이블 커터는 주로 고무피복 동선과 알루미늄 케이블을 절단하기 위한 전용공구이다. EV자동차 주 배터리는 높은 전압시스템으로 주 배터리 전원공급용 케이블을 수리하기 위해 케이블을 절단 시에는 케이블이 굵기 때문에 니퍼로는 절단이 어려워 케이블 커터를 사용해야 한다.

그림 8. 케이블 커터

[9] 인두 & 실납(Soldering Iron & Soldering)

납땜할 때 쓰이는 인두 모양의 도구이다. 납을 사용해 두 개의 금속표면을 이어 붙이는 도구인데, 부품 혹은 회로를 전기적으로 연결 시켜 전기회로에서 전기가 통하도록 할 때 널리 사용한다. 유연납은 흔히 실납이라 하며, 납과 주석의 비율이 각각 40% 대 60%로 납 성분을 함유한 납을 유연납이라 한다. 유연납의 녹는점은 180℃ 정도이다. 무연납은 은 3%, 구리 0.5%, 주석 96.5%로 납을 전혀 사용하지 않은 납을 말하며, 무연납의 녹는점은 보통 200℃ 이상이다.

환경보존, 건강 등의 이유로 모든 전자제품에 무연납 사용을 의무화하고 있고 실납 속에는 납땜작업이 용이하도록 플럭스 즉, 송진이 삽입되어 있으며, 납땜작업 시 나는 연기는 바로 이 플럭스가 기화되어 나타나는 현상이다.

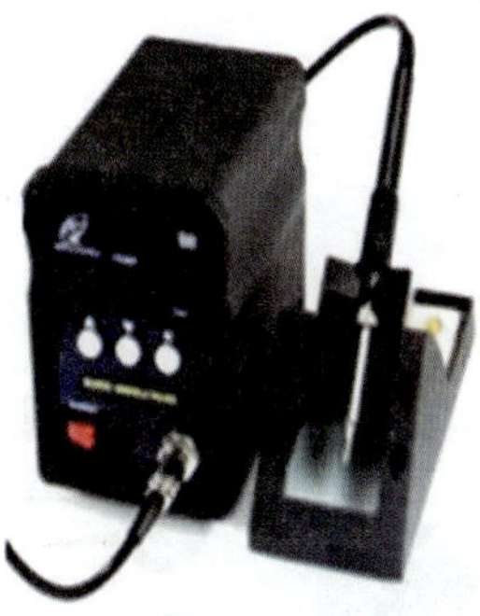

(a) 온도 조절기 인두

(b) 인두

(c) 실납

그림 9. 인두 & 실납

[10] 납 흡입기(Desoldering Pump)

납땜을 하다 보면 분명 납땜이 잘못되거나 납을 너무 많이 녹여서 다시 납땜을 해야 하거나 납을 제거해야 하는 상황이 생기게 된다. 이때 납을 제거할 수 있는 도구가 납 흡입기이다. 사용방법은 인두기로 납을 녹인 상태에서 흡입기의 실린더를 누르고 버튼을 누르면 내부에서 강하게 빨아들이는 힘에 의해 납을 실린더 안으로 빨아들이게 된다.

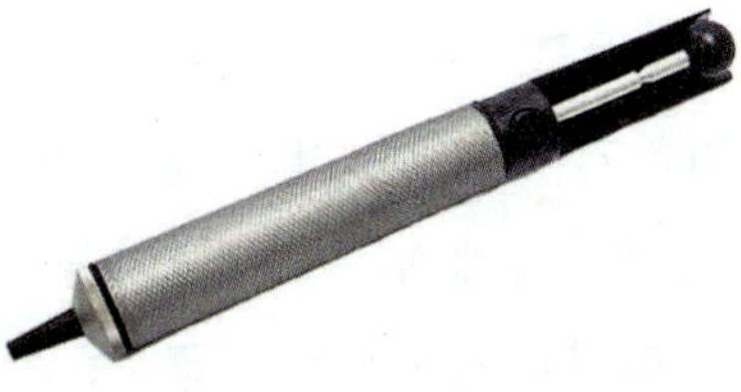

그림 10. 납 흡입기

[11] 인두 팁 클리너

철수세미와 같은 모습을 하고 있다. 이름과 같이 인두 팁을 청소할 때 쓰이는 도구이다. 납땜을 하다 보면 인두 팁에 납이 타거나 산화하여 표면에 들러붙는 경우가 많은 데 이때 인두 팁을 사용하여 비비면 깔끔하게 제거할 수 있다. 사용방법은 간단하게 인두 팁을 클리너에 찔러서 몇 번 돌리거나 움직이면 인두 팁에 들러붙어 있던 납이 깔끔하게 제거가 된다.

[12] 커넥터 터미널 핀 뽑기

자동차에 사용되는 커넥터에는 여러 종류가 있어 자동차 배선이 잘못 연결 되었거나 배선이 손상되었을 때 배선을 수리하기 위해서 커넥터 터미널을 탈거할 때 핀을 벌리거나 뽑을 때 사용한다.

그림 11. 인두팁 클리너

그림 12. 커넥터 터미널 핀 뽑기세트

[13] 열수축 튜브(Heat Shrinkable Tube)

열수축이란 전기나 가스 열풍기(heat gun)와 같은 공구를 사용하여 플라스틱 튜브를 축소하거나 원래 크기로 모양을 낮추기 위해 열을 가하는 과정을 뜻한다. 열수축 튜브의 수축 전・후의 치수들은 뚜렷하게 구별된다. 열수축 튜브는 열, 화학물질, 물로부터 케이블을 보호하고 절연하기 위하여 전기 회로에서 사용된다.

열수축 튜브를 통해 전기절연 및 기계적 보호가 가능하며 얇은 튜브, 중간 및 두꺼운 튜브, 비 접착 또는 접착식 라이너가 있는 제품 등 종류가 다양하다. 열수축 튜브의 두께는 완전수축 후 mm단위로 표시된다. 수축률은 제품이 수축되는 비율을 나타낸다(수축된 직경 대비 기본 직경). 수축 후의 길이 변화는 백분율로 표시된다. 올바른 열수축 튜브 크기를 선택할 때는 공급 된 직경의 20% 이상 80% 이하로 축소되어야 한다.

(a)

(b)

그림 13. 열수축 튜브

[14] 절연테이프(Insulating Tape)

전기기기, 통신기기, 기타 전선, 케이블 및 그 접속부분 등의 절연에 사용되는 테이프를 말하는 것이며, 전기용 고무테이프는 고무 25%, 회분(灰分) 65% 정도를 함유한 혼합물로 만들어진 백색 또는 흑색의 것이며, 다소의 점착성(粘着性)이 있다. 너비 19mm, 두께 0.8mm, 길이 약 8m가 1롤로 되어 있다.

비닐테이프는 염화비닐수지에 가소제를 첨가한 연질 염화비닐수지 필름에 점착제를 도포하여 테이프 모양으로 만든 것으로, 주로 비닐전선이나 비닐케이블을 접속하는 부위의 절연용으로 사용된다. 색은 흑색, 백색, 적색, 청색, 황색, 녹색, 갈색, 회색 등이 표준으로 되어 있다. 온도의 고저에 의해 접착성이 저하하는 결점이 있다. 보통 너비 19mm, 두께 0.2~0.3mm, 길이 10~20m가 1롤로 되어 있다.

그림 14. 절연테이프

절연테이프는 절연성이 높아 전선을 서로 엮은 후 노출된 부분, 피복이 손상된 부분 등에 감아 외부와 도체의 접촉을 차단할 때 전기단자 등의 피복용으로 많이 사용된다. 그 자체가 절연체이므로 약간 떼어서 접착 면끼리 맞대어 붙인 후 절연체가 필요한 곳에 삽입하는 식으로도 가끔 쓰인다. 사용 온도 -20℃~80℃, 사용전압은 600V 이하의 저압이다. 고무, 유지, 비닐 따위로 만든다.

2 전기장치의 회로시험기

2.1. 디지털 멀티테스터

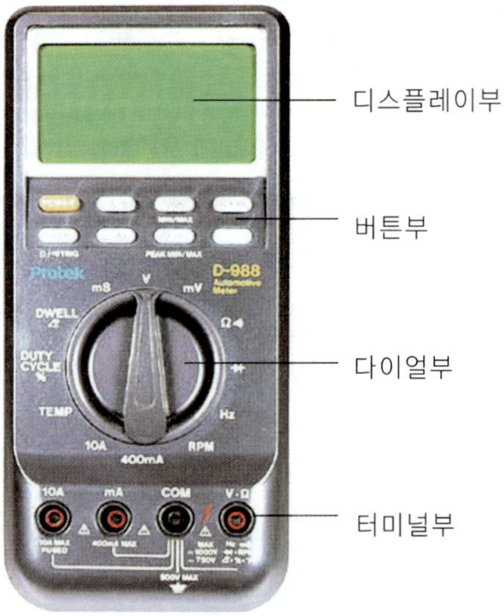

그림 15. 디지털테스터 외관(ADM 406)

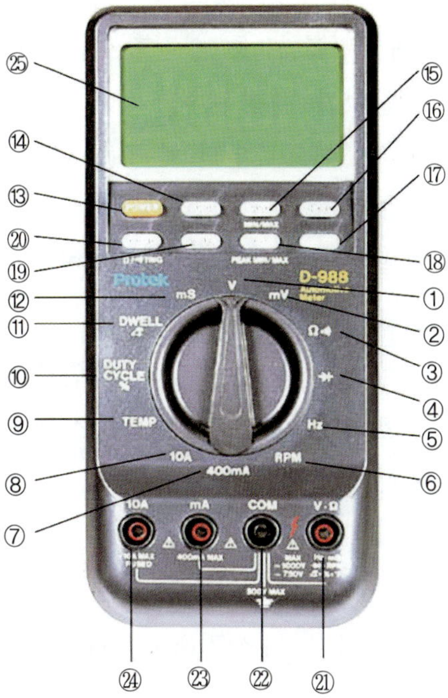

① V : 전압측정
② mV : 전압측정
③ Ω •)) : 저항 · 도통체크
④ —▶|— : 다이오드 테스트
⑤ Hz : 주파수 측정
⑥ RPM : 엔진회전수 측정
⑦ 400mA : 전류측정
⑧ 10A : 전류측정
⑨ TEMP : 온도측정
⑩ DUTY CYCLE(%) : 측정
⑪ DWELL : 각 측정
⑫ m8 : 펄스 측정
⑬ 파워버튼
⑭ 레인지 버튼
⑮ 에버리지 버튼
⑯ 홀드버튼
⑰ 백라이트 버튼
⑱ 온도(℃/℉) 선택버튼
⑲ ΔREL(레러티브)버튼
⑳ DC/AC 선택버튼
㉑ V. Ω 터미널(+)
㉒ 콤(COM) 터미널(−)
㉓ mA 터미널
㉔ 10A 터미널
㉕ LCD 화면

그림 16. 디지털테스터의 각부명칭

2.1.1. 버튼부의 기능과 작동요령

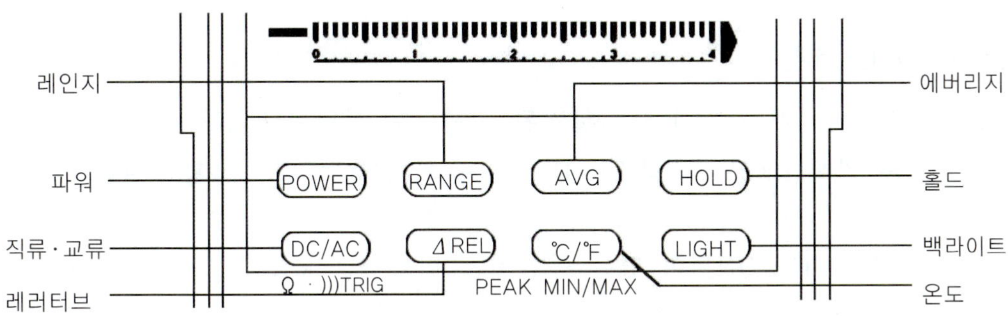

그림 17. 버튼부

[1] 레인지 버튼

이 버튼은 자동 레인지를 취소하고 원하는 레인지를 수동 설정할 때 사용된다.

① 파워 버튼이 ON되면 자동적으로 오토 레인지가 설정된다.

② 이 버튼을 일단 누르면 그 모드가 자동(AUTO)으로부터 수동(MANUAL)으로 전환되며 현재 레인지로 정해진다.

③ 버튼을 누를 때마다 상위 레인지로 단계별 전환되고 최상위 레인지에 도달하면 최저 레인지에서 단계별로 상위 레인지로 전환된다.

④ 드웰각 측정에서는 실린더 수, RPM 측정에서는 사이클 수를 확인해야 한다.

⑤ 만일 어떤 고정된 범위에서 큰 입력신호가 들어가면 그 디스플레이는 오버(over)로 나타나는데 이때 레인지를 높여서 한다.

⑥ 수동을 자동으로 바꾸려면 1초 이상 스위치를 눌러 주어야 한다.

⑦ 이 버튼이 눌려 있는 동안에 파워가 ON으로 된다면 주파수, 드웰각, 듀티 사이클 %, 펄스 폭, RPM이 초당 5번의 빠른 변화로 디스플레이 된다.

[2] 파워(Power) 버튼

로크 버튼스위치로서 누르면 전원이 ON, 다시 누르면 OFF가 된다. AUTO OFF(자동 꺼짐) 상태에서는 적은 전류로 건전지의 소모가 있으므로 장시간 보존 시 파워 버튼(전원스위치)를 OFF하여야 한다.

[3] 에버리지(AVG) 버튼

① 이 버튼을 누를 때마다 아래에 열거된 순서대로 선택된다.

 * * → **기록(REC)** → **최소(MIN)값** → **최대(MAX)값** → **평균(AVG)값** → * *

② 기록(REC) 표시가 ON되어 있는 동안에는 변화하는 MIN/MAX/AVG값이 순간적으로 안정되게 측정하는 것이 가능하다. 단, 이 모드는 1초 이상동안 눌러야만 취소된다.

③ PEAK MIN, MAX(℃/℉) 버튼을 눌러서 1mS에서의 PEAK MIN/MAX값을 측정할 수 있다.

[4] 홀드(Hold) 버튼

① 홀드 또는 홀드 취소는 이 버튼을 누를 때마다 작동된다.

② 단, 홀드 모드에서도 도통체크와 오버레인지가 될 때는 부저가 울린다.

[5] 백라이트(Light) 버튼

① 이 버튼을 누르면 LCD 조명은 ON이 되며 다시 누르면 OFF가 된다.

② 이 불빛은 자동적으로 꺼지게 된다. 즉, 다른 스위치나 버튼을 작동하지 않는 상태에서 약 134초 후에 자동으로 꺼진다.

[6] 온도(℃/℉) 버튼

온도 측정을 하려면 이 버튼을 누름으로써 섭씨(℃)또는 화씨(℉)가 선택된다.

[7] 상대측정(⊿REL, 레러터브) 버튼

① 이 버튼을 누르면 상대측정을 할 수 있다.

② 이 모드일 때 바로 앞에 디스플레이 된 값은 기준값과 비교가 되어 그 차이 값이 디스플레이 된다.

③ 다시 누르면 상대 측정(⊿REL)모드가 취소된다.

④ 레인지 초과됐을 때의 바 그래프 디스플레이는 차이 값이 아닌 원래의 측정값으로 표시된다.

⑤ ⊿REL 버튼은 낮은 저항측정을 할 때에는 제로(0) 오프셋이 되어 절대오차를 제거함으로써 정확한 측정을 가능하게 한다.

[8] 직류, 교류 버튼

① DC/AC기능을 선택할 때마다 버튼을 누른다.

② 이 모드 선택에 따라 트리거(TRIG) (+), (-)극성선택을 할 수 있고, 저항-부저 기능도 선택하게 된다.

2.1.2. 터미널의 기능 및 프로브 연결방법

① 볼트, 옴(V,Ω)단자 : (+)입력 터미널(전류측정 제외)

② 공통(COM)단자 : 접지, 그라운드 연결 입력 터미널

③ 밀리암페어(mA)단자 : 최대 400mA까지의 전류측정 입력 터미널

④ 암페어(10A) 단자 : 최대 10A까지의 전류측정 입력 터미널

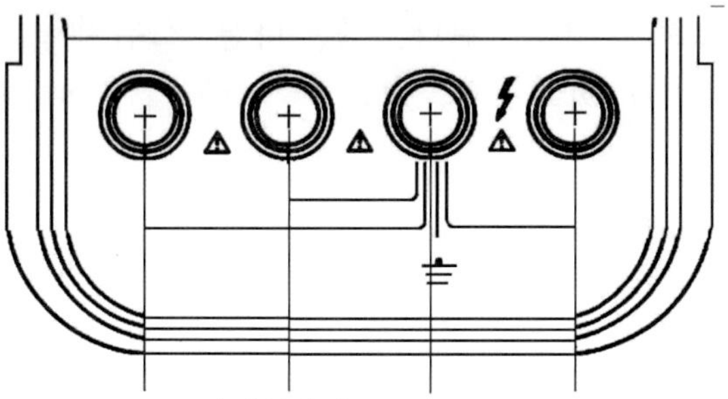

그림 18. 터미널부

2.1.3. 디스플레이부의 기능 및 코드 해독요령

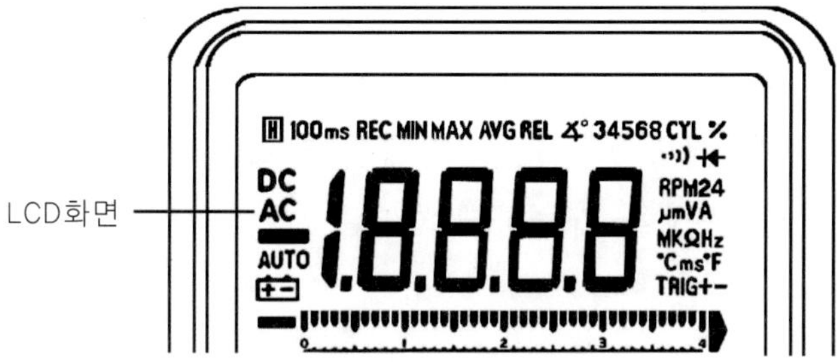

그림 19. 디스플레이부

[1] 디스플레이(LCD) 화면

파워 버튼이 ON되면 읽을 수 있는 모든 항목이 영상 형태로 동시에 나타난다. 측정 데이터와 더불어 바 그래프를 나타낸다. 그리고 단위 또는 디스플레이 되는 내용이 한 화면상에 나타난다.

[2] 디스플레이 표지, 기호 및 단위설명

디스플레이 상부부터 시계방향으로

① H : 데이터 홀드

② 100ms : 1~100ms, PEAK MIN/MAX

③ REC : 기록

④ MIN : 최소값

⑤ MAX : 최대값

⑥ AVG : 평균값

⑦ REL : 상대 측정값

⑧ ∡° : 드웰각 측정 단위(3, 4, 5, 6, 8실린더)

⑨ % : 듀티사이클 측정 단위

⑩ •)) : 도통 체크

⑪ ─▶|─ : 다이오드 테스트

⑫ RPM 2, 4 : 엔진 회전수, 2.4 행정 모드

⑬ ㎛VA : 전압 측정단위(mV, V), 전류 측정단위(㎂, mA, A)

⑭ MKΩ ㎐ : 저항 측정단위(MΩ , kΩ), 주파수 측정단위(MHz, kHz)

⑮ ℃ ms ℉ : 온도와 펄스폭 측정단위

⑯ TRIG (+), (-) : 펄스 트리거 극성

⑰ ▬ : 바 그래프, 초당 20회 응답(1세그먼트= 100단위)

⑱ [+−] : 배터리 소모표지

⑲ AUTO : 자동 레인지 전환모드

⑳ - : DC모드의 (-)표시

㉑ AC : AC모드(AC전압과 전류)

㉒ DC : DC모드(DC전압과 전류)

2.1.4. 다이얼부의 기능과 작동요령

① 볼트(V) : 전압측정

② 밀리볼트(mV) : 전압측정

③ 옴(Ω)•))) : 저항도통 체크

④ 다이오드(—▶|—) : 다이오드 테스트
⑤ 주파수(Hz) : 주파수 측정
⑥ 회전수(RPM) : 엔진회전수 측정
⑦ 밀리암페어(400mA) : 전류측정
⑧ 암페어(10A) : 전류측정
⑨ 온도(TEMP) : 온도측정
⑩ 듀티 사이클(DUTY CYCLE %) : 듀티 사이클 측정
⑪ 드웰(DWELL)각 : CAM 각도 측정
⑫ 밀리세컨드(mS) : 연료 분사시간 측정

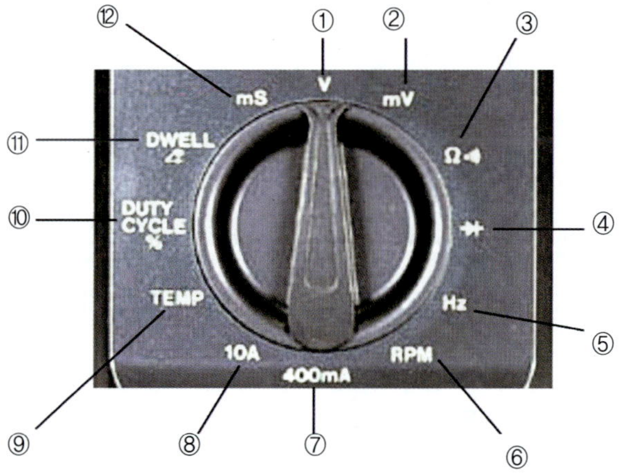

그림 20. 다이얼부

2.2. 아날로그 멀티테스터

2.2.1. 아날로그 멀티테스터의 외관 및 명칭

멀티미터는 전압, 전류, 전기저항, TR, 배선 단선 유무 등 여러 가지의 측정기능을 결합한 전자 계측기이다. 멀티미터는 기본적인 결점을 찾기 위하여 손으로 쓰는 유용한 장치이자 분야 업무 작업 혹은 매우 높은 정확도로 측정할 수 있는 벤치기구이다. 항상 측정하고자 하는 전압보다 높게 선택스위치를 선정하여야 한다.

2.2.2. 아날로그 멀티테스터의 각부 기능

[1] 0점 조정기

지침의 눈금을 "0" 의 눈금으로 조정할 때 사용한다. 사용 전 지침이 "0" 이 아닌 곳에 있을 때는 "0" 으로 맞춘 후 사용해야 한다.

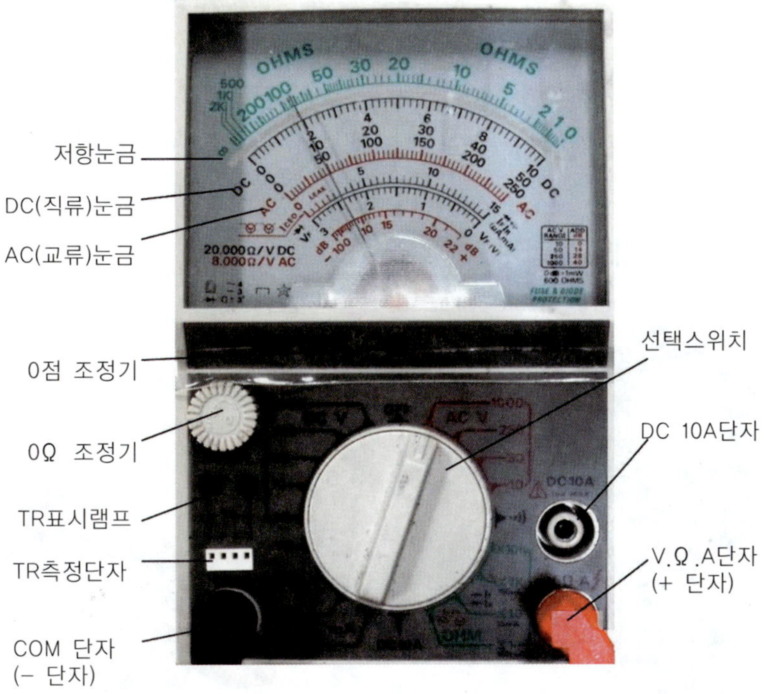

그림 21. 아날로그 각부명칭

[2] 0Ω 조정기

정밀한 저항값을 측정하기 위해서 두 리드선을 맞대고 바늘이 0Ω 의 눈금으로 조정 후 저항을 측정한다. 만약 0Ω 으로 조절이 되지 않을 때는 건전지를 교체해야 한다.

[3] 선택스위치

DC V, DC A, AC V, Ω , TR 등 측정하고자 하는 범위에 놓고 측정한다.

[4] COM

공통단자이다. 흑색단자를 연결해야 한다. 흑색은 (-), 적색은 (V, Ω , A)에 연결한다. 디지털테스터기일 경우는 흑색과 적색을 바꾸어서 직류 전압을 측정했을 때는 (-)값으로 표시되지만, 아날로그의 경우는 지침이 0방향으로 내려가 0점이 틀려질 수 있다. 이 점을 유의해야 한다. 교류 전압은 흑색, 적색 구분 없이 사용해도 무방하나 될 수 있으면 리드선은 색에 맞게 꼽아서 사용하도록 한다.

[5] 리드선

흑색(-)과 적색(+)으로 구성되어 있고 측정하고자 하는 곳에 접촉하는 역할을 한다.

2.3. 클램프형 디지털 회로시험기

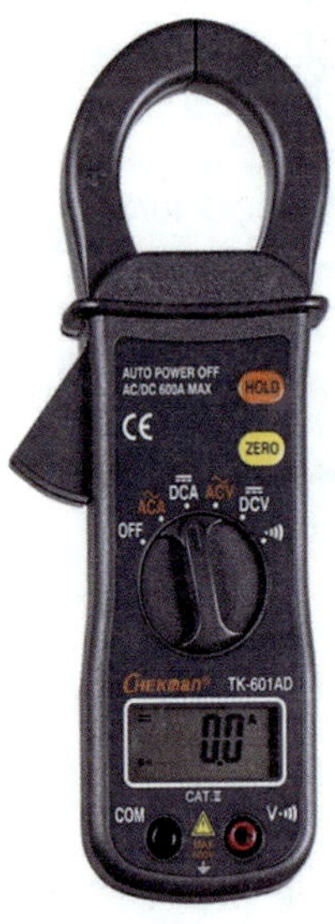

(a)

(b)

그림 22. 클램프미터(Clamp meter)와 리드선

2.3.1. 각 스위치 사용용도

① OFF : 전원 OFF

② ACA : 교류 전류측정

③  : 직류 전류측정

④  : 교류 전압측정

⑤  : 직류 전압측정

⑥  : 전기배선 단선 측정 시 도통되면 부저음이 울린다.

⑦  : HOLD스위치, ON시키면 측정값이 고정된다.

⑧  : 0점 조정버튼

⑨  : 직류전압, 교류전압, 저항, 부저 사용 시 연결(흑색 리드선을 연결한다).

⑩  : 직류전압, 교류전압, 저항, 부저 사용 시 연결(적색 리드선을 연결한다).

2.3.2. 측정장비 3종에 대한 비교

멀티미터(multimeter), 절연저항계(megger), 클램프미터(clamp meter) 이 3종류는 전기의 가장 기초적이면서 중요한 측정 장비이며 사용목적은 다음과 같다.

종 류	사용 목적
멀티미터	직류전류·전압, 교류전압, 저항
절연저항계	교류전압, 절연저항, 누전
클램프미터	직류전압·전류, 교류 전압·전류, 저항

클램프미터는 멀티미터, 절연저항계에 없는 교류전류 및 직류전류 측정이 가능하다. 이것이 클램프미터의 특징이다.

2.3.3. 클램프미터 사용 시 주의사항

① 전류측정 시 한선만 측정해야 하며 두 선 이상을 클램프에 넣으면 측정이 안 된다.

② 클램프에 선을 물리면 안 된다.

③ 클램프는 서로 빈틈이 없이 물려져야 한다. 클램프가 벌어지면 측정이 작게 나온다. 장기간 사용 시 스프링 힘이 약해져서 정확히 안 물릴 수 있으니 사용 시 항상 확인을 한다.

④ 집게 사이에 이물질이 없어야 한다. 이물질이 있으면 제거 후 사용해야 한다.

⑤ 직류 전류측정 시 클램프 방향에 유의하여야 한다.

⑥ 직류전류 측정 전에는 반드시 0점 조정을 해야 한다.
⑦ 테스터기의 측정 한계이상 측정은 피해야 한다.
⑧ 저항 및 부저 측정 시 측정대상물의 전원은 OFF가 되어야 한다.

2.4. 테스트램프

테스트램프는 현장에서 주로 사용하고 있으며 단선측정, 접지검사 등을 별도의 장비 없이 일괄적으로 측정할 수 있다. 테스트램프에는 일반형식과 LED형식이 있다.

2.4.1. 테스트램프 사용법

① 먼저 배터리 연결단자(+ 또는 -)에 연결한다.
② 연결단자가 (-)일 경우 점검하려고 하는 신호 선에 검침봉을 접촉 시 점등이 될 경우 (+)의 단자에 출력이 됨을 의미하고, 연결단자 (+)일 경우 점검하려고 하는 신호선에 검침봉을 접촉 시 점등이 될 경우 (-)의 단자에 출력이 됨을 의미한다.

2.4.2. 일반 전구형식 테스트램프

일반 전구형식 테스트램프는 일반적으로 많이 사용하는 테스트램프이며 전구의 밝기에 따라 차이가 있지만 보통 12V/24W 전구를 사용하며 이때 회로에 흐르는 전류는 약 2A가 소모된다. 이렇게 회로에 소모되는 전류가 2A 정도 흐를 경우 일반회로의 경우에는 문제가 없으나 반도체를 사용하는 회로(특히 전자회로, 컴퓨터)에는 흐르는 전류에 의해 반도체가 파손될 수 있으므로 반도체 관련 회로 점검 시 각별히 주의해야 한다.

(a) (b)

그림 23. 일반 전구형식 테스트램프

2.4.3. LED형식 테스트램프

LED형식 테스트램프는 회로의 극성에 따라 LED램프의 점등색이 다르게 점등되므로서 회로의 극성을 아는 데 도움이 되고 회로에 소모되는 전류가 mA 정도로 작은 전류가 흐르므로 테스터기에 의한 회로에 영향을 적게 주게 된다. 이러한 테스트램프는 정비 시 유용하게 사용되는데 서로 고유의 특성이 있으므로 정비 시 선별하여 사용하여야 한다.

(a)

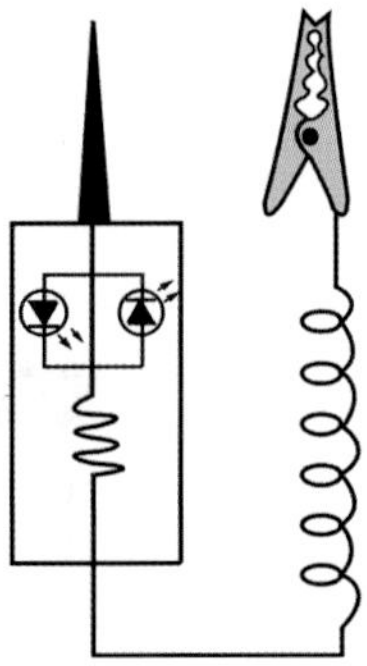

(b)

그림 24. LED형식 테스트램프

2.5. 오실로스코프 사용방법

오실로스코프는 단위시간에 발생하는 전기적 현상들을 눈으로 볼 수 있게 해 주는 계기라 할 수 있다. 오실로스코프 화면의 구성은 수직축(Y축)은 전압의 변화, 수평축(X축)은 시간변화를 나타내며 디지털 오실로스코프의 경우 기종에 따라 차이는 있지만 듀티, 주파수, 커서 A, 커서 B, 최고값, 최저값 및 커서와 커서 사이의 평균값을 볼 수 있다.

디지털 오실로스코프의 측정프로브의 경우 기종에 따라 차이는 있지만 하나의 배선이 하나의 채널 사용 시 사용하는 프로브이고, 프로브 끝단에 파형을 측정할 수 있도록 연결집게와 탐침봉으로 구성되어 있다.

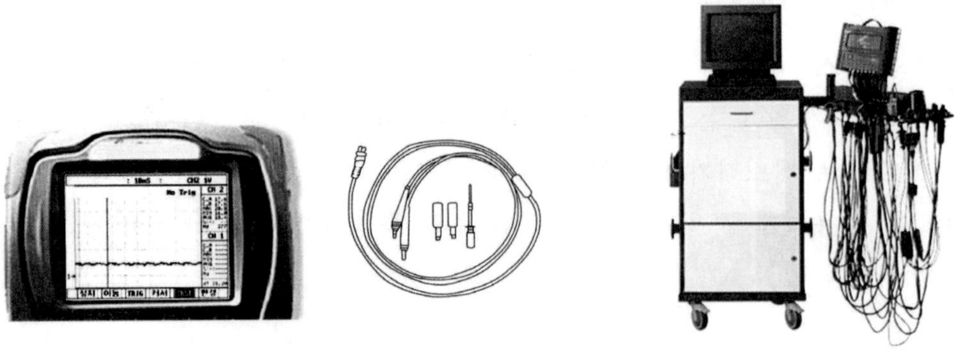

(a) 휴대용 (b) 장비형

[그림] 25. 오실로스코프의 종류

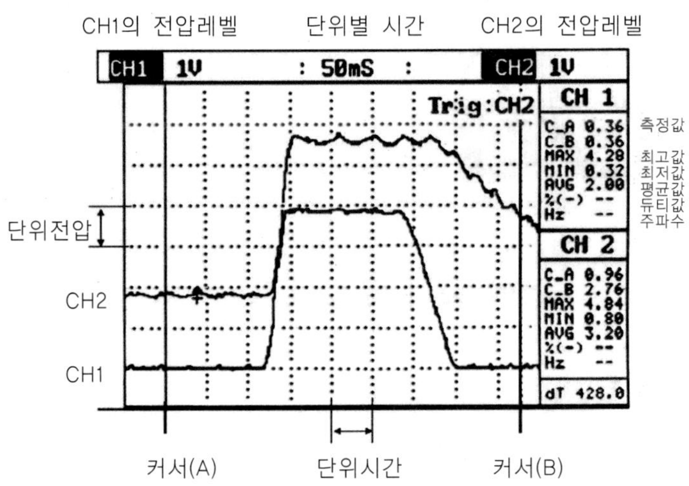

[그림] 26. 설정창

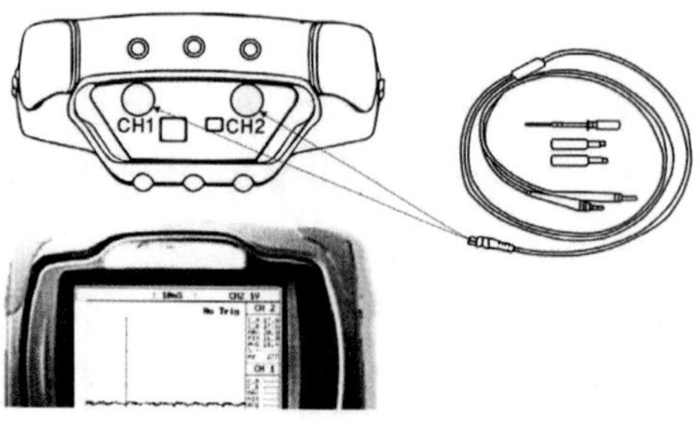

[그림] 27. 프로브의 연결

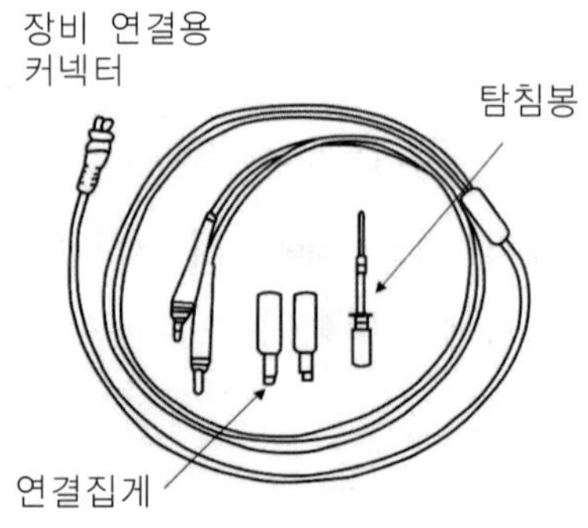

[그림] 28. 연결프로브

2.5.1. 디지털 오실로스코프의 환경설정

오실로스코프 환경설정 방법은 오실로스코프의 기종에 따라 선택채널의 형상과 선택방법은 차이가 있고 사용방법이 다르므로 자세한 설정방법은 장비의 사용설명서를 참고하여야 한다. 일반적으로 환경설정을 하려면 채널별로 아래와 같은 설정을 할 수 있으며 측정하고자 하는 부위의 출력파형 형상을 고려하여 측정레벨을 변경시킬 수 있다.

[1] 전압단위와 시간단위의 설정

전압단위와 시간단위의 설정의 경우 장비마다 사용방법이 다르고 장비의 특성에 따라 다르므로 자세한 설정방법은 장비의 사용설명서를 참고한다.

(1) CH1 1V

CH1의 밝은색 활성화는 CH1이 현재 사용되고 있음을 나타낸다. 우측에 표시된 1V 표시는 화면에 표시된 눈금 1개의 높이가 1V의 크기를 의미한다.

Reference

CH1 파형의 높이가 눈금 4개 정도의 높이를 차지하고 있으며 약 4V의 크기이다.

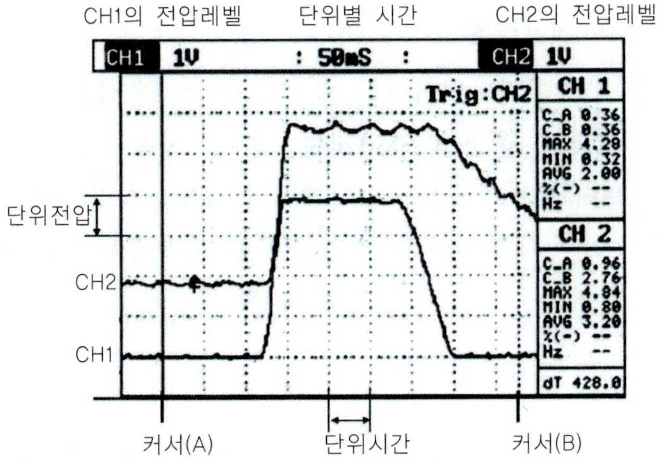

그림 29. 전압단위와 시간단위의 설정

(2) 50mS

현재 화면의 시간단위를 나타내며 CH1, CH2에 동시에 적용된다. 전압과 유사하게 수평눈금 1칸에 해당하는 시간이 50mS임을 의미한다.

[2] AC(Alternate Current)/DC(Direct Current)변환

자동차에서는 직류성분과 교류성분이 존재하는데 이에 따라 파형을 직류(DC)와 교류(AC)를 구분하여 측정할 수 있도록 변환해 주어야 하며, 교류(AC)측정 시에는 전원 레벨을 0으로 다운시킨 후 파형을 확대하여 표시하게 된다.

교류의 측정은 발전기의 전원 중 발전기 다이오드 출력 전압측정 시에 주로 사용한다.

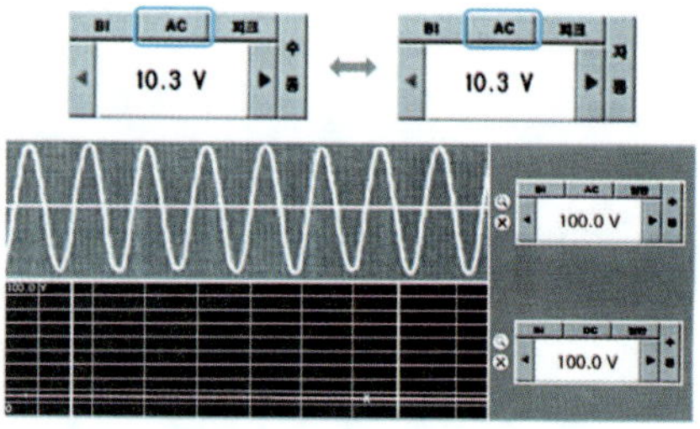

그림 30. AC/DC변환

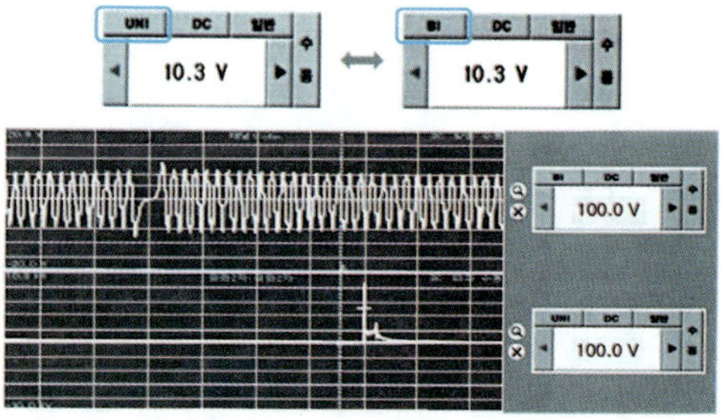

그림 31. BI/UNI 변환

[3] BI(Bipolar)/UNI(Unipolar)변환

BI는 0레벨을 기준으로 측정화면이 (+), (-)영역으로 출력되도록 하며 UNI는 0의 레벨을 기준으로 (+)영역만 출력되도록 한다. BI는 인덕티브방식 크랭크각센서 및 ABS 휠 스피드센서, 자동변속기 펄스 제너레이터 A/B, 점화 2차 파형 등의 신호를 측정할 때 활용하며 UNI는 대부분의 센서 파형이나 액추에이터 파형, 전원 등을 측정할 때 이용한다.

[4] 일반/피크 변환

일반모드는 현재 설정되어 있는 샘플링 속도(time/div)에 따라 화면에 표시하기 위한 최소한의 데이터를 그리는 모드를 말하며, 피크모드의 경우는 서지전압과 같은 순간적인 최고 전압을 정확하게 측정할 때 사용한다.

일반모드의 경우 채널별 환경설정은 독립적으로 조정가능하며 해당 부품의 파형이 어떠한 형상으로 출력되는지 대략 알고 있어야만 환경설정하기가 용이하고 분석도 쉽게 할 수 있다. 피크(최고점)모드의 경우 인젝터, 점화코일, 각종 솔레노이드밸브 등 코일로 구성된 부품의 파형측정 시에는 반드시 피크모드로 설정해야만 서지전압을 정확하게 측정할 수 있다.

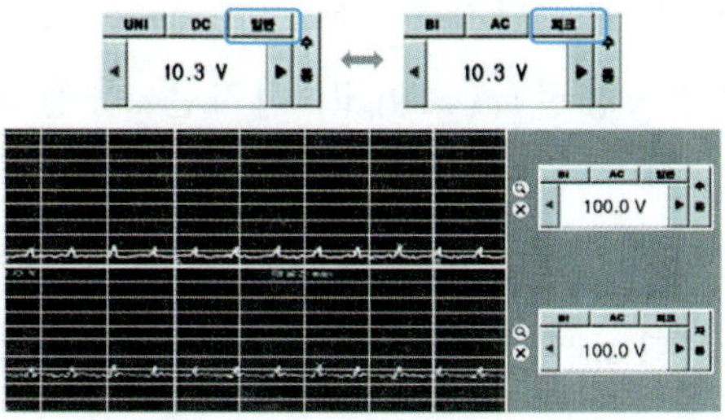

그림 32. 일반/피크변환

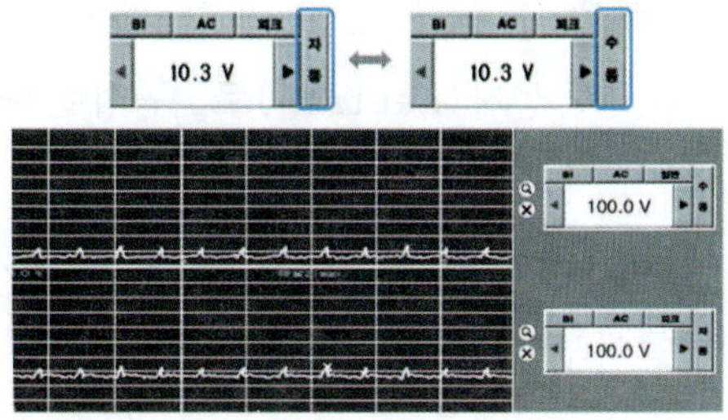

그림 33. 수동, 자동변환

[5] 수동, 자동변환

수동모드는 선택한 채널의 전압이나 전류의 최고 레벨을 수동으로 변경할 수 있는 모드로서 사용자가 파형을 정밀하게 확대하거나 축소하여 확인하고자 할 때의 임의적으로 레벨을 변경하여 측정할 때 사용하며 자동모드는 오실로스코프에 입력되는 파형 신호의 레벨이 얼마인지 잘 모를 때 자동으로 설정해 놓고 파형을 측정하면 입력되는 파형은 레벨을 자동으로 맞추어 UNI로 출력된다.

3 회로분석

3.1. 회로의 기본적인 이론

3.1.1. 기본적인 이론

모든 형태의 물질은 원자 또는 분자로 이루어져 있다. 원자는 양성자(proton), 전자(electron), 중성자(neutron)로 구성된다. 양성자는 양전하(+)이고 전자는 음전하(-)이다.

이와 같이 물질에 존재하는 전자가 전기의 본질이며, 원자핵과 거리가 멀어서 결합력이 약하고 외부의 영향을 가장 쉽게 받아 궤도를 이탈하는 전자를 자유전자라고 한다.

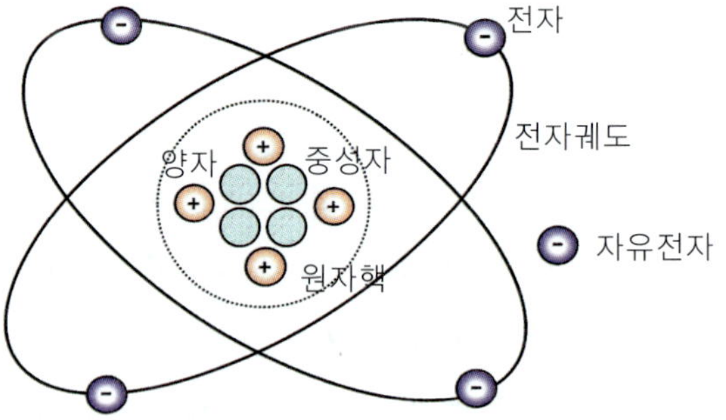

그림 34. 원자의 구조

[1] 전류(Electric Current)

모든 금속도체에서는 전자 전도가 이루어진다. 금속원자가 방출한 자유전자는 금속전선의 고정된 원자들 사이를 쉽게 이동할 수 있다. 전류란 전하의 흐름을 뜻하며, 단위시간 동안 어떤 단면적을 통과한 전하의 양을 의미한다. (+)대전체와 (-)대전체 사이를 도체로 연결하면 (+)쪽에서는 도체 내의 전자를 흡인하고, (-)쪽에서는 전자가 반발 당하여 도체 내부로 들어가므로 도체 내에 있는 전자는 (-)쪽에서 (+)쪽으로 이동한다. 이때 전자는 중화되며 전자의 이동을 전류라 한다.

전류의 측정단위는 암페어(A : ampere)이며 국제적으로 전류 1A는 2018년 국제도량총회에 따라 전류의 정의는 전자의 전하량 $e = 1.6021766348 \times 10^{-19}\mathrm{A \cdot s}$가 되도록 하는 전류로 정의되었다. 전류는 발열작용, 화학작용, 자기작용 등 3대 작용을 한다.

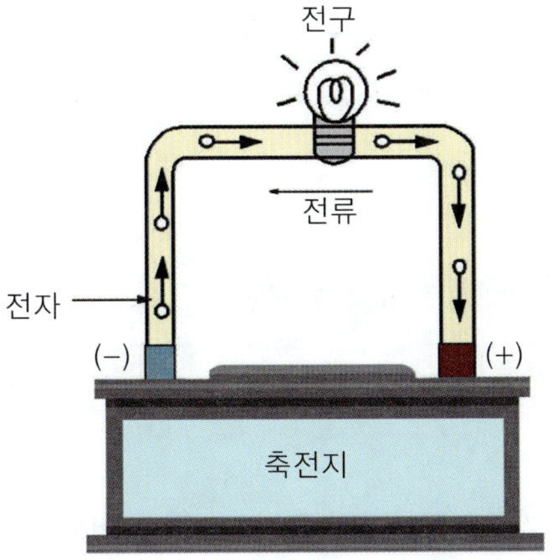

그림 35. 전자와 전류의 흐름

[2] 전압(전위차, Voltage)

전압이란 전기적인 압력을 말하며, 측정단위는 볼트(V : voltage)이다. 전류는 전압 차이가 클수록 크며, 1V란 1옴(Ω)의 도체에 1A의 전류를 흐르게 할 수 있는 전기적인 압력을 말한다.

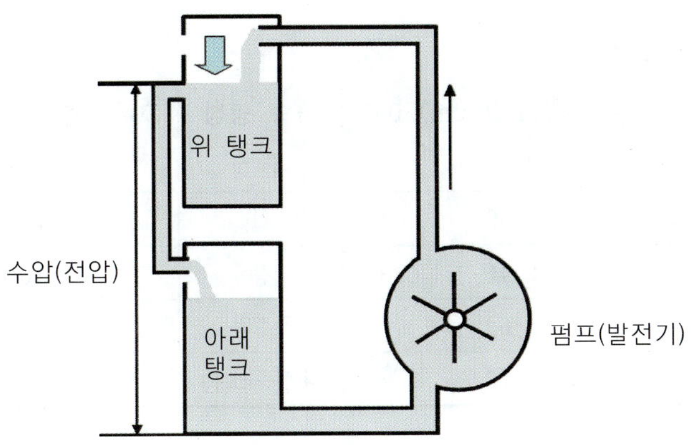

그림 36. 수압과 전압

[3] 옴의 법칙(Ohm's Law)

전압에 의하여 전류가 흐르며, 저항은 전류의 흐름을 방해하므로 전류, 전압 및 저항 사이에는 밀접한 관계가 있다. 즉, 도체에 흐르는 전류(I)는 전압(E)에 정비례하고, 그 도체의 저항(R)에는 반비례한다.

$$I = E/R$$

I : 전류(A), E : 전압(V), R : 저항(Ω)

[4] 저항(Resistance)

저항이란 물질 속을 전류가 흐르기 쉬운가, 또는 어려운가를 표시하는 것이며, 측정 단위는 옴(Ohm : Ω)이다. 1옴(Ω)이란 1A의 전류를 흐르게 할 때 1V의 전압을 필요로 하는 도체의 저항으로 표시하며, 물질의 저항값을 결정하는 요소는 다음과 같다.

① 물질 : 낮은 압력에서도 비교적 전자의 이동이 활발한 물질일수록 저항이 작다.
② 길이 : 길이가 길어질수록 전자의 이동 통로가 길어지므로 저항이 증가한다.
③ 단면적 : 단면적이 커질수록 전자의 이동 통로가 커지므로 저항이 감소한다.
④ 온도 : 온도가 증가할수록 내부 입자들의 운동이 활발하여 전자의 자유로운 이동을 방해하므로 저항이 증가한다.

표 도체의 고유저항

금속 명칭	고유 저항(μ Ω cm)20℃	금속 명칭	고유저항(μ Ω cm)20℃
은	1.62	니 켈	6.90
구 리	1.69	철	10.0
금	2.40	강	20.6
알루미늄	2.62	주 철	57～114
황 동	5.70	니켈-크롬	100～110

(1) 저항의 직렬접속

이 접속방법은 몇 개의 저항을 한 줄로 연결하는 방법이며, 다음과 같은 특징이 있다.

① 어느 저항에서나 똑같은 전류가 흐른다.

② 전압이 나누어져 저항 속을 흐른다.

③ 각 저항에 가해지는 전압의 합은 전원 전압의 합과 같다.

$$R = R_1 + R_2 + R_3 + \cdots\cdots + R_n$$

R : 합성저항

(2) 저항의 병렬접속

이 접속방법은 모든 저항을 두 단자에 공통으로 연결하는 방법이며, 작은 저항을 얻고자 할 때 사용하는 것으로 다음과 같은 특징이 있다.

① 어느 저항에서나 똑같은 전압이 작용한다.

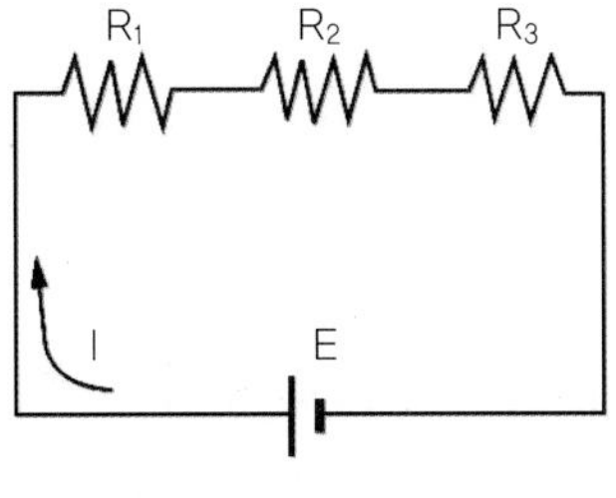

그림 37. 저항의 직렬접속

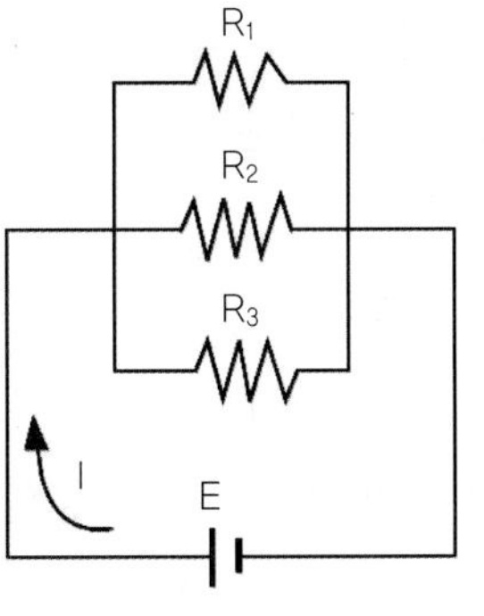

그림 38. 저항의 병렬접속

② 합성저항은 각 저항의 어느 것보다도 적다.

③ 저항이 감소하는 것은 전류가 나누어져 저항 속을 흐르기 때문이다.

④ 전원에서의 전류는 각 전장부품을 흐르는 전류의 합이 되므로 병렬접속을 하는 전장부품이 많을 경우에는 전류용량이 큰 전원을 사용하여야 한다.

⑤ 합성저항의 역수는 각 저항의 역수의 합과 같다.

$$\frac{1}{R} = \frac{1}{R_1} + \frac{1}{R_2} + \frac{1}{R_3} + \cdots\cdots + \frac{1}{R_n}$$

R : 합성저항

(3) 절연저항

이 저항은 절연체를 사이에 두고 전압을 가하면 절연체의 절연정도에 따라 매우 작은 양이기는 하지만 전류가 누출되는데 이때의 저항을 절연저항이라고 부르며, 이때 흐르는 전류를 누설전류라 한다. 단위는 메가 옴(MΩ)이다.

(4) 접촉저항

접촉저항이란 도체를 연결할 때 헐겁게 연결하거나 녹 및 페인트 등을 떼어 내지 않고 전선을 연결하면 그 접촉면 사이에 저항이 발생하여 열이 생기고 전류의 흐름이 방해되는 현상이다. 접촉저항을 감소시키는 방법은 다음과 같다.

① 접촉면적과 압력을 크게 한다.
② 접촉부분에 납땜을 하거나, 단자에 도금을 한다.
③ 단자를 설치할 때 와셔를 이용한다.
④ 전기접점을 닦아낸다.

[5] 전력 및 전력량

(1) 전력(Electric Power)

전력이란 전기가 단위시간 동안에 한 일의 양이며 전등, 전동기 등에 전압을 가하여 전류를 흐르게 하면 열이 나고 기계적 에너지를 발생 시켜 여러 가지 일을 할 수 있는 것을 말한다.

즉, 전류가 흐르며 전동기를 회전시킬 때 전동기를 직접 회전시키는 일을 하며 일은 전류(I)가 하지만 전류가 흐르며 일을 하도록 압력을 가하는 것은 전압(E)이다. 이와 같이 전력(P)은 전압(E)과 전류(I)를 곱한 것이고, 전력의 단위는 와트(W : watt)를 사용한다.

$$P = I \cdot E$$

P : 전력(W), I : 전류(A), E : 전압(V)

(2) 전력량(Electric Energy)

전력량이란 전류가 어떤 시간 동안에 한 일의 총량을 말하며, 전력량은 전력에 사용한 시간을 곱한 것으로 나타낸다. 따라서 전력(P)을 t초 동안에 사용하였을 때 전력량 은 W = P×t로 표시된다. I(A)의 전류가 R(Ω)의 저항 속을 t초 동안 흐를 경우에는 W = I^2Rt로 표시한다. 그리고 전력량의 측정단위로는 WS 또는 kW/h이다.

[6] 키르히호프의 법칙(Kirchhoff´s Law)

(1) 키르히호프의 제1법칙

전류의 법칙으로 회로 내의 “어떤 한 점에 들어온 전류의 총합과 나간 전류의 총합은 같다” 는 법칙이다.

$$I_1 + I_3 + I_4 - I_2 - I_5 = 0$$

$$\therefore \ \Sigma I = 0$$

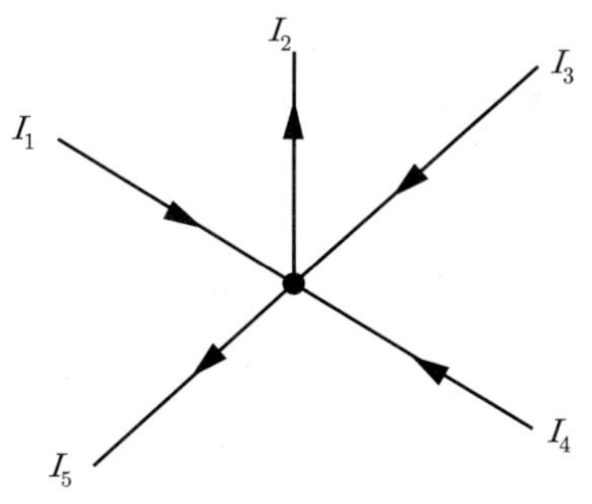

그림 39. 키르히호프의 제1법칙

(2) 키르히호프의 제2법칙

전압의 법칙으로 “임의의 폐회로에 있어서 기전력의 총합과 저항에 의한 전압강하의 총합은 같다” 아래 그림의 V에서 R_1 → R_2 → R_3를 흐르고 V로 되돌아간 경우에는 기전력과 전압 강하가 동등하게 된 전위차는 0 즉, 기전력 - 전압강하 = 0이다.

$\therefore\ \Sigma V = 0$

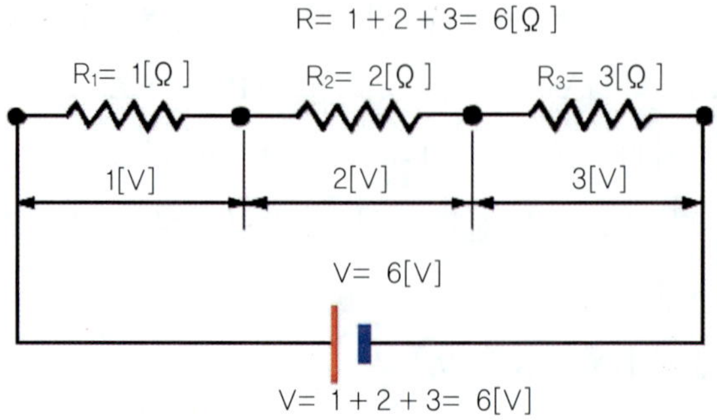

그림 40. 키르히호프의 제2법칙

[7] 줄의 법칙(Joule´s Law)

이 법칙은 저항에 의하여 발생되는 열량은 전류의 2승과 저항을 곱한 것에 비례한다. 즉, 저항 R(Ω)의 도체에 전류 I(A)를 흐를 때 1초마다 소비되는 에너지 $I^2R(W)$은 모두 열이 된다. 이때의 열을 줄 열이라고 하며 $H=0.24I^2Rt$의 관계식으로 표시한다.

3.1.2. 전력과 옴의 법칙을 이용한 전압과 전류측정

[1] 전구의 병렬접속일 때 전압, 전류의 측정

① 각 전구의 전력값을 기록한다(P_1, P_2, P_3, P = $P_1+P_2+P_3$).
② 전구와 축전지를 이용하여 그림 41과 같은 회로를 꾸민다.
③ 축전지의 전압(E)을 측정한다(병렬측정).
④ 전류 I, I_1, I_2, I_3를 측정한다(직렬측정, I_m).

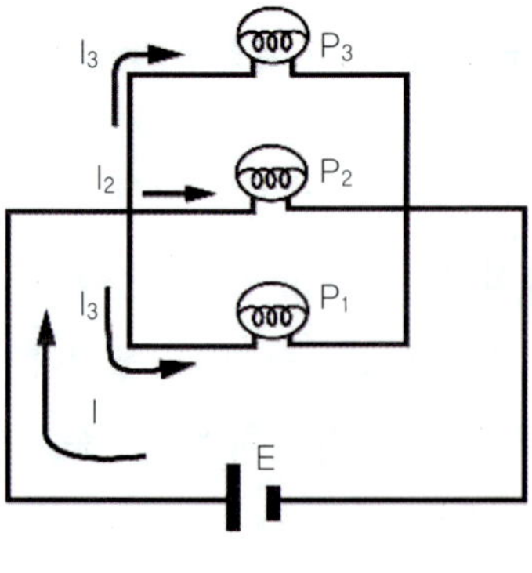

그림 41. 전구의 병렬접속

⑤ 이론 전류값(I_t)을 계산한다(I= $I_1+I_2+I_3$, I_i= P_i/E).

⑥ 측정 전류값(I_m)과 이론 전류값(I_t)을 비교한다.

[2] 전기장치와 효율

효율(η)= (측정값 / 이론값) × 100[%]

모든 전기장치에는 정격전압과 소비전력이 표기되어 있다. 따라서 전기장치가 작동하기 위해 필요한 소요전류의 크기를 유도할 수 있다. 이것을 반대로 해석하면 정상적인 전기장치의 경우에는 소비전력에 해당하는 전류가 흘러야만 한다. 즉, 12V용 12W 전구가 정상적으로 작동할 때는 1A에 가까운 전류가 흐르게 된다는 것이다.

만약 이 전구에 1A에 훨씬 못 미치는 전류가 흐르게 되면 전구의 광도(밝기)는 매우 낮아진다. 12V-12W 전구에 12V 축전지를 연결했을 때, 측정된 전류가 0.8A라면, 이 회로의 효율은 80%이다. 효율이 감소된 이유는 전구, 전선, 스위치, 이음부분, 축전지 등의 여러 요인이 있을 수 있다.

3.2. 용어 및 회로의 이해

3.2.1. 용어

[1] 단선

단선이란 전류가 흐르는 회로가 끊어진 현상을 말한다.

[2] 단락

단락이란 전류가 정상적인 경로로 흐르지 않고 특성이 다른 배선과 연결된 경우를 말하며 쇼트라고도 한다.

[3] 접지

접지는 어스, 그라운드라고도 하는데 본래의 뜻은 지구를 의미한다. 우리가 살고 있는 지구의 표면은 물리적으로 전위가 거의 제로(0)에 가깝다. 자동차에서는 전위가 제로(0)인 차체나 배터리의 단자를 의미한다. 따라서 접지는 전위가 제로인 것을 의미한다.

[4] 플러스(+)와 마이너스(-)

우선 자동차에서의 전원이란 기본적으로 배터리전압(일반적으로 12V)을 의미한다. 또한 접지는 0V를 의미한다. 그러나 (+)는 반드시 12V를 의미하지 않고, (-)는 0V를 의미하지 않는다. (+)는 전압의 높고 낮음을 나타내는 말로 어떤 점과 어떤 점의 전압을 비교할 때 높은 쪽은 (+), 낮은 쪽은 (-)가 된다는 뜻이다.

[5] 주파수(f : Frequency)

주파수는 진동이나 파동현상에서 단위시간 내에 똑같은 상태가 되풀이되는 횟수, 즉 초당 진동수를 말한다. 주파수의 단위는 Hz가 쓰인다. 1초 동안에 n회 되풀이 될 때 주파수는 nHz라 한다.

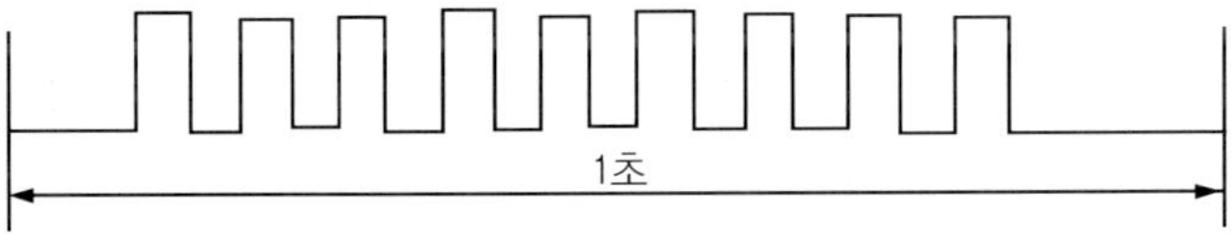

그림 42. 주파수

[6] 사이클(Cycle)

사이클이란 위 주파수의 개념에서 반복되는 1회의 주기를 말하며 단위는 초(S)로 표시한다.

[7] 듀티(Duty)

듀티란 1사이클 동안 Hi가 되는 부분의 비율 또는 Low가 되는 부분의 비율을 말하는 것으로 단위는 %이다. 듀티는 부품의 작동여부를 기준으로 ON 듀티 또는 OFF 듀티로 나뉘며 전압기준으로 (+)듀티 또는 (-)듀티로 구분된다.

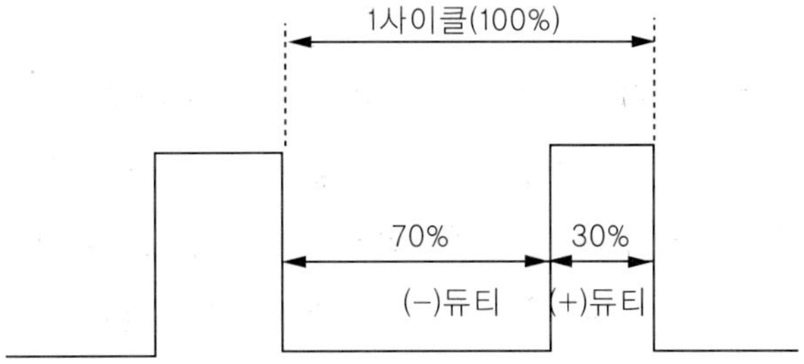

그림 43. 듀티

[8] 쿨롱(C)

전하량의 단위로, 기호는 C이다. 1C은 1A(암페어)의 전류가 1초 동안 운반하는 전하량이다. 1C은 전자 약 6.25×10^{18}개의 전하와 같다.

[9] 기본 전하량(e)

전자 한 개 혹은 양성자 한 개가 가지고 있는 전하로서, 전하를 띤 모든 입자의 전하량을 세는 기본 단위이다. 보통 e로 나타낸다.

3.2.2. 회로의 구성 및 종류

[1] 회로의 개요

전기회로란 전류가 흐를 수 있도록 전지, 배선, 스위치, 부하 등을 연결해 놓은 전기적 통로를 말한다. 따라서 전기회로는 전류의 순환회로를 의미하며 단순히 회로라고도 한다. 이러한 전기회로를 기호로 나타낸 것을 전기회로도라 한다.

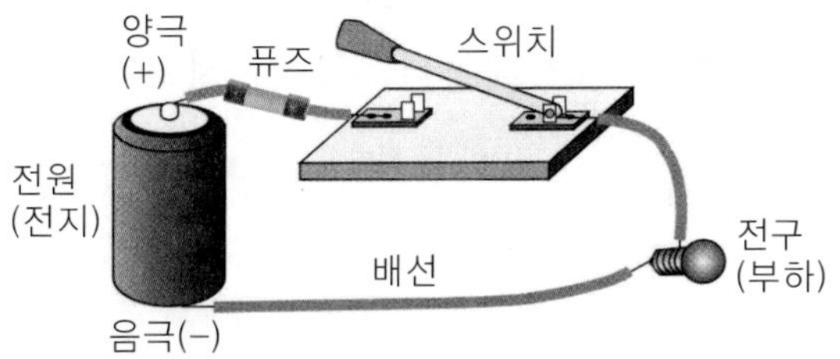

그림 44. 전기회로

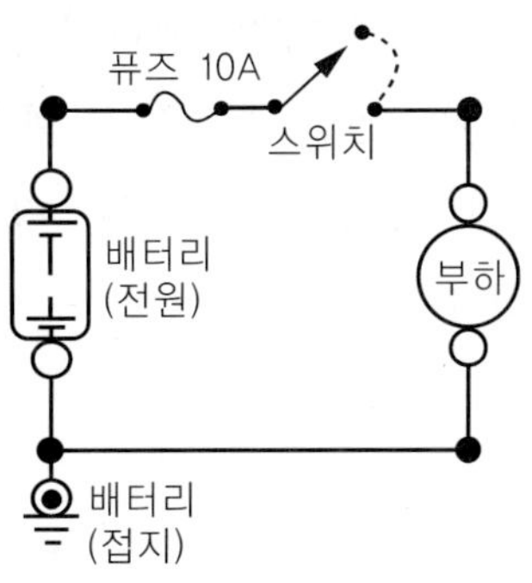

그림 45. 전기회로도

[2] 회로의 구성

전기회로의 구성은 크게 전원, 제어, 부하부분으로 구분할 수 있다. 전원은 회로가 작동될 수 있는 에너지를 공급을 하고 제어는 필요에 따라 부하를 ON/OFF하는 기능을 수행한다. 또 회로에서 전류의 공급에 의해 어떤 일을 수행하는 부품을 전기부하라 하는데 이렇게 일을 수행하는 부분을 작동부분이라 한다. 이 외에도 전기회로는 회로를 보호하기 위한 퓨즈와 각 구성품을 연결하는 배선으로 구성된다.

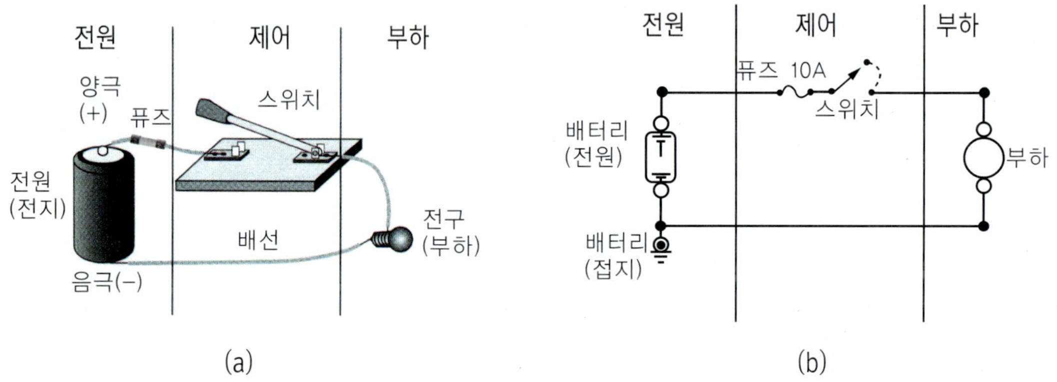

그림 46. 전기회로의 구성

[3] 전기회로 부하

전기회로에서 부하란 넓은 의미에서 전류의 흐름을 방해하는 모든 요소를 말한다. 그러나 보편적으로는 전류가 흐를 때 어떤 일을 수행하는 각종 전기부품을 말한다.

자동차에 사용되는 부하에는 램프, 모터, 전열기 등이 있는데 램프는 전류가 흐르면 빛을 내는 부품으로 자동차에서는 등화장치나 조명장치 그리고 각종 표시장치에 사용되며 모터는 전기적 에너지를 기계적 에너지로 바꾸는 부품으로 자동차에서는 각종 전기장치에 각종 램프와 함께 일반적으로 사용되는 대표적인 부품이다. 전열기는 전기적 에너지를 열로 바꾸는 장치로 자동차에서는 시거라이터, 열선, 시트히터 등에 사용된다.

표 자동차에서 사용되는 부하

램프류	모터류	전열기	기타
싱글전구	와이퍼 모터	시거라이터	혼
더블전구	윈도우 모터	뒷유리 열선	솔레노이드
헤드램프	도어 액추에이터	시트히터	릴레이
미등	스타트 모터	예열플러그	시계, CD플레이어
안개등	파워 윈도우 모터	핸들열선	전자제어 유닛
실내등	연료 모터	사이드 미러 열선	내비게이션
계기판 전구	블로워 모터	PTC 히터	블랙박스
LED	냉각팬 모터		배선의 접촉저항

[4] 회로의 종류

회로는 직렬회로, 병렬회로, 직·병렬회로가 있다. 직렬회로는 전류가 흐르는 길이 하나의 통로로만 이루어져 있는 회로이다. 이 회로는 모든 전기기구를 한꺼번에 통제할 수 있다는 장점을 가지고 있으나 각 부하에 작용되는 전압이 분배되므로 한 곳이 끊어지면 모두 작동하지 않는다는 단점을 가지고 있다.

병렬회로는 전류가 흐르는 길이 여러 통로로 나누어졌다가 다시 하나로 모이는 회로다. 이 회로는 각 전기기구를 한 회로상에서 따로 통제할 수 있다는 장점을 가지고 있으나 전선이 많이 들고, 회로는 검사가 복잡하다는 단점을 가지고 있다. 직·병렬회로는 직렬회로와 병렬회로를 합한 것으로 자동차의 대부분은 직·병렬회로로 구성되어 있다.

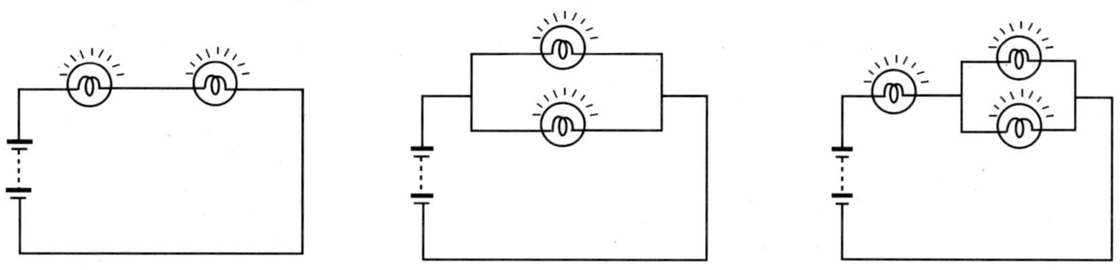

(a) 직렬회로 (b) 병렬회로 (c) 직·병렬회로

그림 47. 회로의 종류

[5] 전압강하

전압강하는 회로에 존재하는 저항에 의해 전압이 떨어지는 현상을 말한다. 수로에서 막힘에 의해 수압이 떨어지는 현상과 비유할 수 있다. 회로에 전류가 흐른다는 것은 전위차가 있기 때문이며 직렬회로에서는 전류가 흐르는 저항(부하) 양단에 반드시 전압강하가 발생한다.

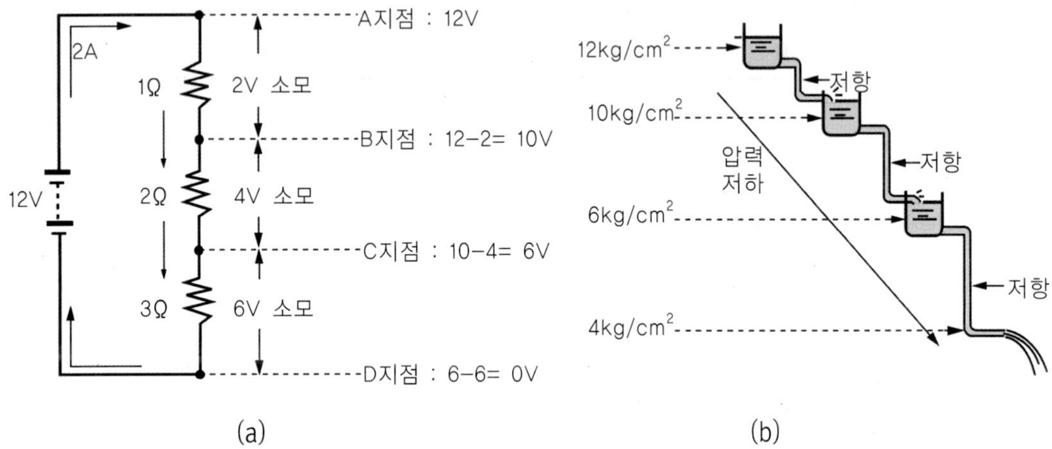

그림 48. 전압강하

그림 49(a)회로에서 전류는 3A이므로 램프에는 12V/3A의 정상적인 전류가 흘러 램프는 밝게 점등된다. 일반적으로 램프는 발열저항이므로 Ω 으로 표현하지 않고 W(와트)로 표시하나 여기서는 이해를 돕고자 Ω 로 표시하였다. 예를 들어 12V/24W, 이는 정상적인 램프 작동 시 2A가 소모된다는 의미이다. 그림 49(b)회로에서 추가된 저항 2Ω 에 의해 전류는 2A가 흐르며, 전압은 4V가 강하된다. 따라서 램프에는 8V/2A의 비정상적인 전류가 흘러 램프는 흐리게 점등된다.

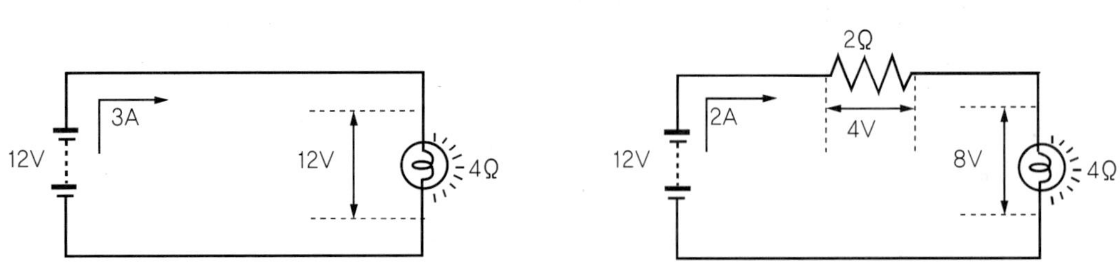

(a) 정상회로 (b) 비정상회로

그림 49. 전압강하에 의한 현상

[6] 선간전압

선간전압은 그림 50과 같이 A↔B 및 A↔C 간의 전압을 측정하였을 때 나타나는 값을 선간전압이라 한다. 이렇게 회로에서 전압을 측정하였을 경우 이론상으로는 0V가 측정되어야 한다. 하지만 스위치 및 퓨즈의 기계적 접촉저항이나 커넥터와 같은 곳에 접촉저항 등에 의해 회로에는 미세하지만 조금이라도 저항이 존재하게 된다. 따라서 이 저항성분만큼 회로에는 전압강하가 발생하게 되고 이 값이 클 경우 자동차에서 고장현상으로 발생하게 된다.

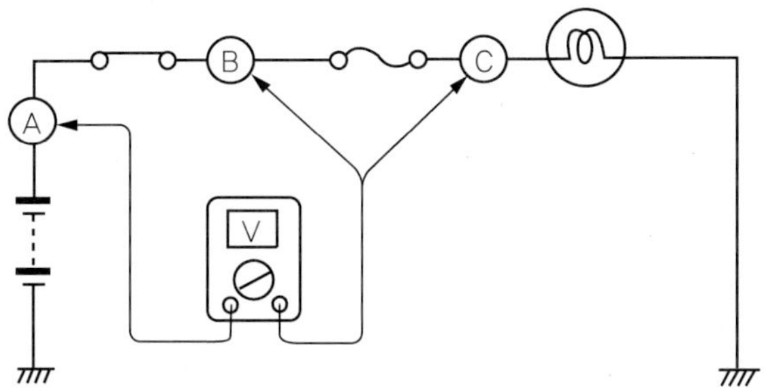

그림 50. 선간전압

[7] 접지 포인트 점검

실무 정비 시 접지 포인트의 점검은 자주 수행되는 항목이다. 접지 포인트 점검은 어떻게 하는 것이 좋을까? 이 또한 선간전압을 측정하면 된다. 접지 포인트는 알터네이터, 스로틀 바디, 엔진 헤드, 엔진 블록, 미션, 매니폴더, 써지탱크, ECU 좌·우측 차체 등이 있다. 접지 포인트 접촉 불량이라면 램프에 흐르는 전류가 감소하게 되어 램프는 점등되지 않거나 흐려지게 된다.

또한 부하가 큰 회로라면 접지 포인트 측의 접촉저항에 의한 열이 발생하여 배선이 소손될 수도 있다. 만약 어떤 회로의 접지 포인트 접촉 불량이 의심된다면 다음과 같이 점검한다.

① 회로가 작동될 수 있도록 스위치를 ON한다.

② 전압계의 적색 프로브는 접지측 배선에 연결하고, 흑색 프로브는 바디에 연결한다. 이때 전압이 약 0.3V 이상이라면 접지 포인트에 접촉저항이 존재한다고 판단하고 접촉 불량을 수정한다.

그림 51. 접지 포인트의 점검

3.2.3. 회로 보호장치

회로에는 각종 고장 및 무리한 작동에 의한 회로나 부품의 소손을 방지하기 위해 각종 회로 보호장치를 적용하고 있다. 아래 그림은 가장 보편적인 회로에서 회로 보호 장치를 사용한 예이다.

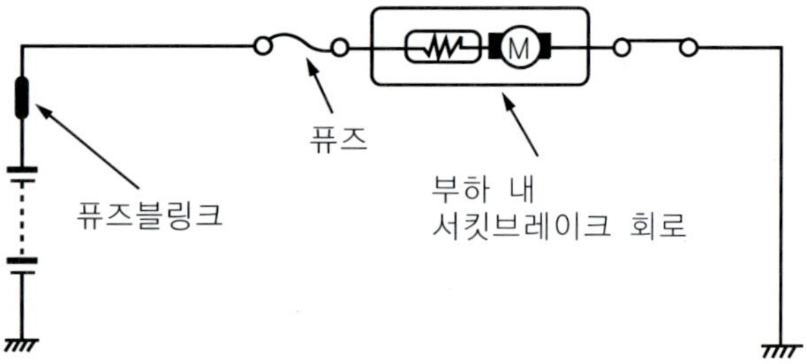

그림 52. 회로 보호장치

[1] 퓨즈(Fuse)

자동차에는 운전 중에 조작하게 되는 전조등, 에어컨, 와이퍼, 방향지시기 등 기타 전기장치에 이르기까지 수많은 전장 제품들로 이루어져 있다. 퓨즈의 재질은 납이나 알루미늄이지만 큰 용량의 퓨즈는 구리로 되어 있기도 한다.

퓨즈는 회로에서 배선이 과전류 또는 단락된 경우 과도한 전류에 의한 부품 및 배선의 소손을 방지하기 위해 정격용량 이상의 전류가 흐르면 전류를 차단하는 역할을 한다. 이러한 퓨즈의 종류는 다음과 같다.

명 칭	형 상	용 도
블레이드 퓨즈 (미니퓨즈)	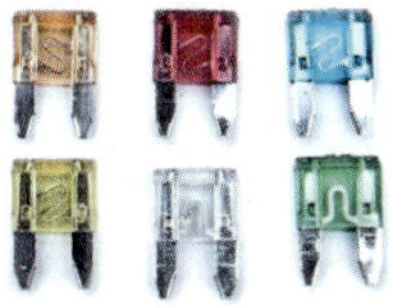	• 사용용량 : 10A, 15A, 20A, 30A • 용도 : 주로 저 전류용 IN-PUSH 전류가 적은 부하에 적용(차량의 대부분 적용)
슬로우 블로우 퓨즈	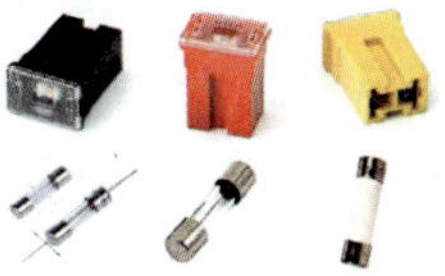	• 사용용량 : 30A, 40A, 50A, 60A • 용도 : 잦은 구속이 되거나 IN- PUSH 전류가 큰 모터 부하에 적용 • 적용 예 : RAD FAN 모터, P/윈도우 모터 등
볼트타입 슬로우 블로우 퓨즈		• 사용용량 : 30A, 40A, 50A, 60A, 70A, 80A, 90A, 100A, 120A, 140A • 용도 : 60A 이상의 대 부하에 적용 • 적용 예 : 발전기, 메인퓨즈

차량이 고급화될수록, 고객의 편의성이 향상될수록 전기장치들은 점점 늘어나 자동차의 구조는 점점 복잡해져 퓨즈의 개수가 늘어나다보니 고장난 퓨즈를 찾는 것도 쉽지 않다. 이 퓨즈들을 한곳에 모아서 문제가 생긴 퓨즈를 쉽게 찾고 수리도 가능하도록 하고 전기회로를 보호하는 릴레이까지 함께 모아놓는 곳이 정션박스(퓨즈박스)라 한다. 퓨즈 관련 주의해야 할 사항은 다음과 같다.

① 전장장치가 작동이 안 되어 퓨즈를 교환할 때 반드시 관련 전장장치의 작동을 중단하고 시동스위치를 꺼야 한다. 그렇지 않으면 퓨즈연결 시 높은 전기가 흘러 전장품이 손상될 수 있다.

② 엔진룸 내 퓨즈박스에는 가급적 고압세차를 피한다. 습기가 퓨즈박스 내에 들어가 접촉 불량을 일으키고 단자의 부식을 초래할 수 있다.

③ 퓨즈가 빈번히 끊어진다고 초과용량의 퓨즈를 사용해서는 안 된다. 동일한 퓨즈가 자주 끊어지면 반드시 그 원인을 찾아 수리해야 한다. 만일 은종이나 철사 혹은 용량을 초과하는 퓨즈를 사용하면 부품손상은 물론 화재의 위험도 따른다.

④ 퓨즈는 반드시 지정된 뽑개를 사용한다. 퓨즈를 탈거할 때는 퓨즈박스에 함께 장착된 퓨즈 뽑개를 이용하도록 한다. 그렇지 않은 경우 탈거 시 퓨즈를 흔들어 뽑아 장착부가 벌어져서 접촉 불량을 일으킬 수 있다.

⑤ 정비 시 배선전체를 교환하기보다는 가급적 부분수리가 유리하다. 자동차를 오랫동안 사용하다 보면 배선을 정비할 때가 있다.
가급적 배선전체를 교환하기보다는 전문가와 상의해 부분적으로 수리를 권장한

다. 자동차 배선은 대부분 서로 연결되어 있어서 교환 시 많은 부품을 탈거해야 하기 때문에 비용과 시간이 많이 추가된다.

[2] 돌입(IN-PUSH) 전류

부하의 경우 최초 작동 시 전류량이 상승한 후 작동이 안정화되면 어느 정도의 일정한 전류가 흐르는데 IN-PUSH 전류는 최초 작동 시 상승한 전류 값을 말한다. 부하에 최초로 흐르는 전류가 흐르는 것은 정지되어 있는 물체를 이동할 때 처음에는 힘이 들지만 움직인 이후에는 힘이 적게 드는 원리와 같다.

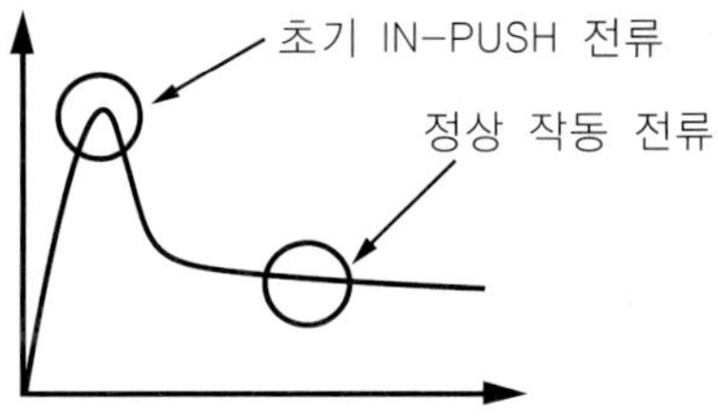

그림 53. 돌입 전류

[3] 퓨즈블링크

퓨즈블링크는 차량 사고나 화재발생 시 퓨즈 단 이전의 부품의 소손이 발생하는 것을 방지하여 회로를 보호하기 위해 적용된다. 퓨즈블링크는 회로에 과전류가 흐를 때 녹아서 끊어지도록 제작된 작은 지름의 짧은 전선이다. 퓨즈블링크의 절연제는 보통 열에 강한 재료로 만들어서 퓨즈블링크 용단 시도 남아서 안전이 유지되도록 한다.

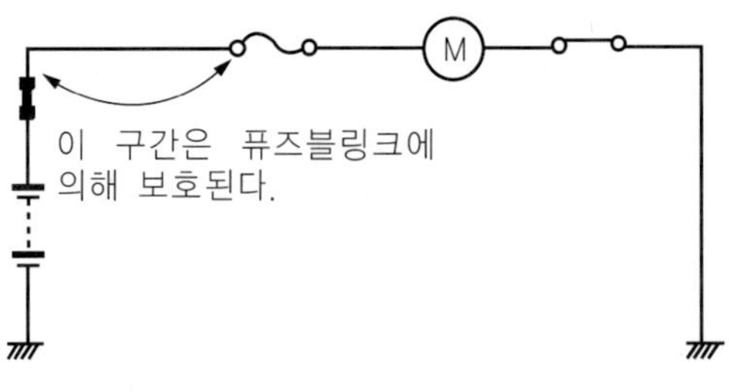

(a)

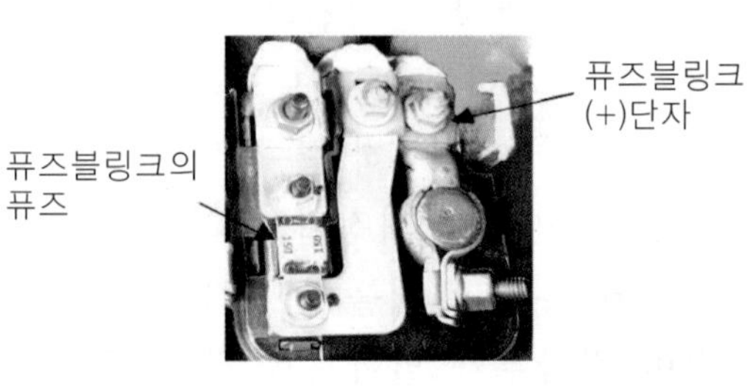

(b)

그림 54. 퓨즈블링크

퓨즈블링크의 구성과 용도는 퓨즈와 비슷하다. 다만, 보통 30A 이상의 고 전류를 위한 회로 보호 장치이다. 퓨즈블링크도 퓨즈와 마찬가지로 용단되면 같은 용량의 새 것으로 교체한다.

[4] 서킷 브레이크회로

서킷 브레이크란 과부하에 의한 회로의 소손을 방지하기 위해 적용된다. 서킷 브레이크는 전원을 완전히 차단하기 위하여 퓨즈를 대신하여 사용된다. 자동차에서는 파워윈도우, 선루프, 히터장치 등에 사용되고 있다. 서킷 브레이크는 내부에 디스크 모양의 바이메탈로 구성되어 있는데 과전류에 의해 열이 발생되면 두 금속의 구부러짐이 달라서 접점이 떨어지는 구조로 되어 있다.

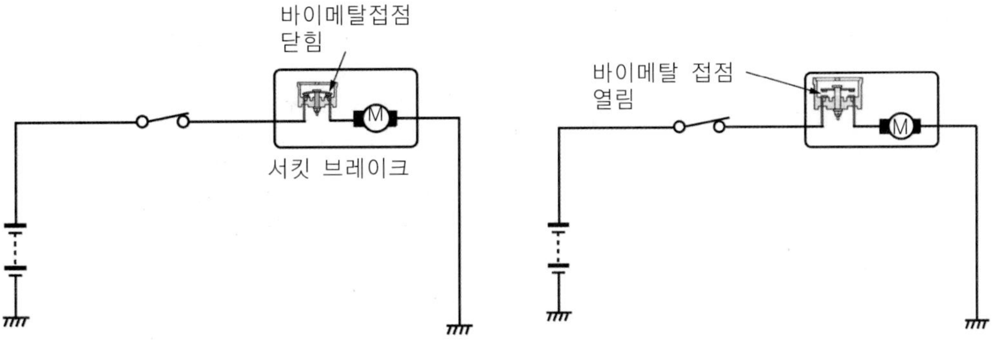

(a) 정상 시　　(b) 과부하 시

그림 55. 서킷 브레이크회로

[5] 접지볼트

자동차 전기회로에는 접지가 필요한데 실 차량에서는 배선과 바디를 접지볼트를 이용하여 체결되는데 접지는 각종 전장품의 작동에 매우 중요한 요소이다. 접지볼트는 일반볼트와는 다른 특수한 볼트를 사용하게 되는데 볼트 조임 시 차체 도장 면을 깎아 볼트에 실무 정비 시 반드시 접지부에는 전용 접지볼트를 사용하여야 한다.

(a) 접지기호 (b) 접지 (c) 접지볼트

그림 56. 접지볼트

3.2.4. 회로에 사용되는 기호

전기회로도는 전기회로에 사용되는 각종 부품을 기호로 표현한다.

심 벌	부품명	심 벌	부품명
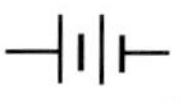	배터리	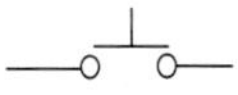	NO 스위치 (노멀 열림스위치)
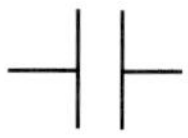	축전기		NC 스위치 (노멀 닫힘스위치)
	저항	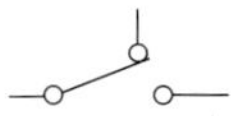	이중 스위치
	가변저항	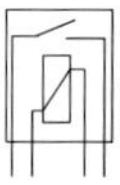	릴레이
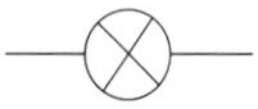	전구	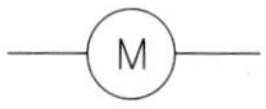	전동기
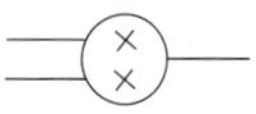	더블 전구	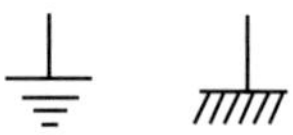	어스, 접지
	코일	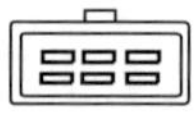	소켓, 커넥터
	스위치	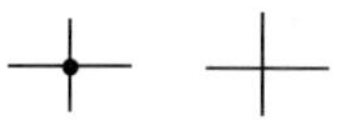	접속, 비접속

3.2.5. 자동차의 전원특성

일반적으로 자동차 키 박스에는 OFF, ACC, ON, START가 표시되어 있다. 이는 여러 가지 전장시스템의 작동을 종류에 따라 달리하기 위함인데 자동차에서 전기장치의 종류가 많아짐에 따라 이러한 전원에서도 좀 더 세분화해야 하는 필요성이 생기게 되었는데 그 내용을 보면 B1과 B2는 자동차의 전장품 증가에 따른 부하를 분할할 목적으로 2개의 접점이 사용된다.

	B1	B2	ACC	IG2	IG1	ST
ACC	○	○	○			
IG2	○	○	○	○		
IG1	○	○			○	○
ST	○				○	○

전원 종류	세부 명칭	설 명	실차 사용 예
B1	BATTERY	상시전원 공급	
B2	BATTERY	상시전원 공급	
ACC	ACCESSORY	액세서리 전원공급	오디오
IG1	IGNITION 1	시동에 필요한 전원공급	점화코일, ECU
IG2	IGNITION 2	일반전장에 필요한 전원공급	헤드램프, A/C, 와이퍼
ST	START	스타트 모터 전원공급	스타트 모터

그림 57. 자동차 키박스 전원표시

[1] B단자-ACC(액세서리)단자 간의 연결

1단 스위치작용으로 시동이 걸리지 않은 상태에서 차량의 라디오, 시가라이트, 실내등에 전원을 공급한다.

[2] B단자 - IG1단자 - IG2단자 사이 연결

2단 스위치 작용(점화스위치 ON상태)으로 key-on 상태라고 말하며, 차량의 모든 전기장치에 전원을 공급한다.

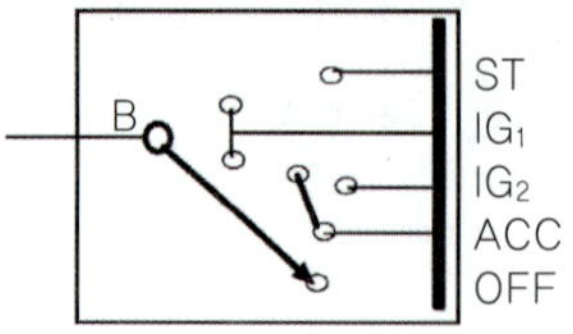

그림 58. 점화스위치 회로

[3] B단자 - IG1단자 - ST단자 사이 연결

시동할 때에는 기동전동기의 원활한 시동을 위하여 시동에 필요한 전기장치(연료펌프, 인젝터, 점화코일 등)를 제외하고는 모든 전기장치를 차단한다.

3.3. 커넥터 및 와이어링 하니스

3.3.1. 커넥터 종류 및 커넥터 핀 넘버링

[1] 커넥터의 종류

커넥터(connecter)는 크게 암 커넥터와 수 커넥터로 구분할 수 있으며 수 커넥터는 커넥터 내부에 핀이 돌출되어 있으며 암 커넥터는 수 커넥터의 핀이 꽂혀질 수 있도록 구조가 되어 있다. 회로도에서 사용하고 있는 커넥터의 종류는 크게 중간 커넥터, 전장 부품 커넥터, 전장부품의 하니스 커넥터, 점검용 커넥터 등 4종류가 있다.

(1) 암 커넥터

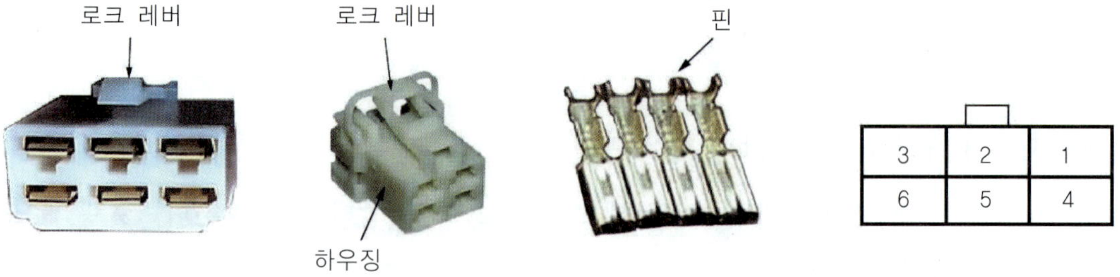

(a) 실제적 형상 (b) 회로도상 표기

그림 59. 암 커넥터

(2) 수 커넥터

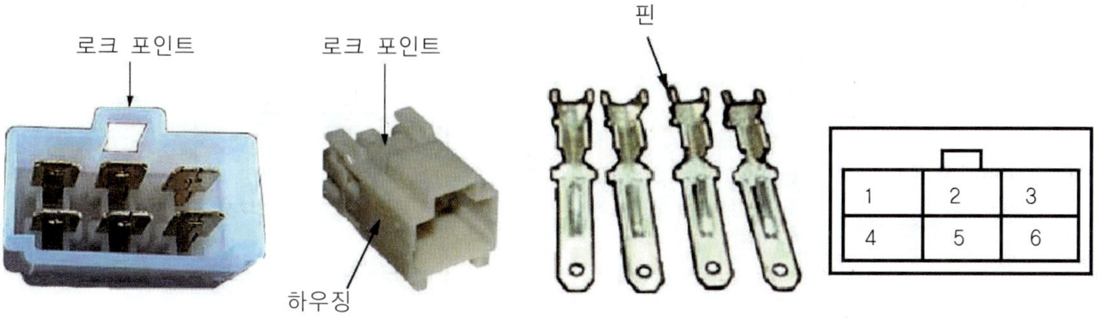

(a) 실제적 형상　　　　(b) 회로도상 표기

그림 60. 수 커넥터

(3) 중간 커넥터

하니스와 하니스를 접속하는 커넥터에는 회로의 왼쪽에 해당 핀 넘버와 회로의 오른쪽에 부착위치 및 커넥터 넘버가 표시되어 있다. 표의 그림 중 위 화살표 수 커넥터, 아래가 암 커넥터 단자를 나타낸다.

(4) 전장부품 커넥터

하니스를 이용하지 않고 전장부품 자체에 직접 단자가 설치되어 있는 커넥터이며, 암 단자를 연결하는 점선은 같은 커넥터를 표시한다. 1, 2, 3, 4의 숫자는 커넥터 단자의 넘버, E31은 설치위치와 커넥터 넘버 및 전장부품의 명칭이 표시되어 있다.

(5) 전장부품의 하니스 커넥터

전장부품에서 외부로 일정 길이의 하니스에 커넥터가 설치된 것을 표시한다. 수 단자를 연결하는 점선은 같은 커넥터를 표시하며, 설치위치와 커넥터 넘버 및 전장부품의 명칭이 표시되어 있다.

(6) 점검용 커넥터

전장부품이 부착되어 있지 않기 때문에 하니스 쪽 커넥터 기호만 표시한다.

수 단자를 연결하는 점선은 같은 커넥터를 표시하며, 단자 넘버 및 부착위치와 커넥터 넘버가 표시되어 있다.

표 커넥터의 종류

<table>
<tr><th>내 용</th><th>기 호</th><th>내 용</th><th>기 호</th></tr>
<tr><td>중간 커넥터</td><td>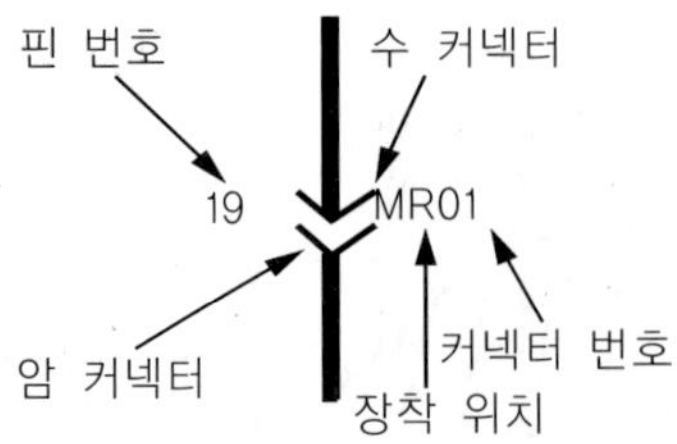
</td><td>전장품 커넥터</td><td>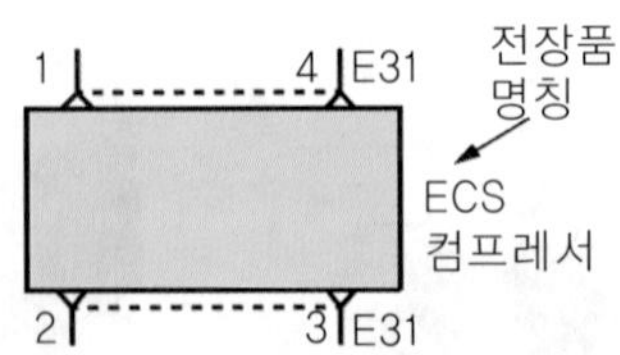
</td></tr>
<tr><td>하니스 커넥터</td><td>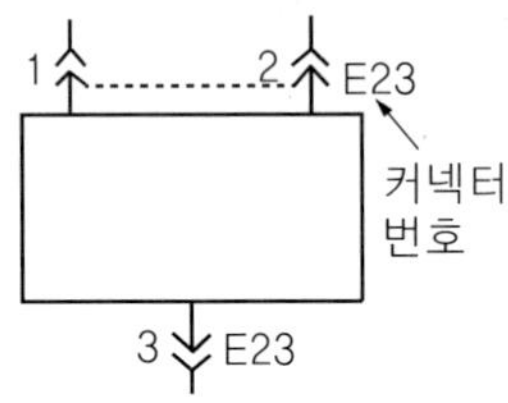
</td><td>점검용 커넥터</td><td>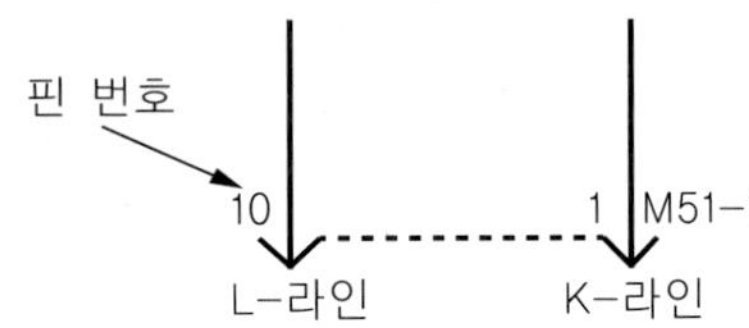
</td></tr>
</table>

[2] 넘버링

(1) 암 커넥터

암 커넥터는 오른쪽 상단이 1번으로 되어 있고 그림 61과 같이 번호가 붙여지고 왼쪽 하단이 마지막 번호가 된다.

(2) 수 커넥터

수 커넥터는 왼쪽 상단이 1번으로 되어 있고 그림 62와 같이 번호가 붙여져서 오른쪽 하단이 마지막 번호이다.

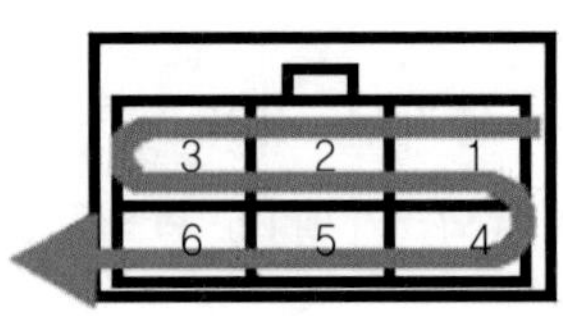

그림 61. 암 커넥터

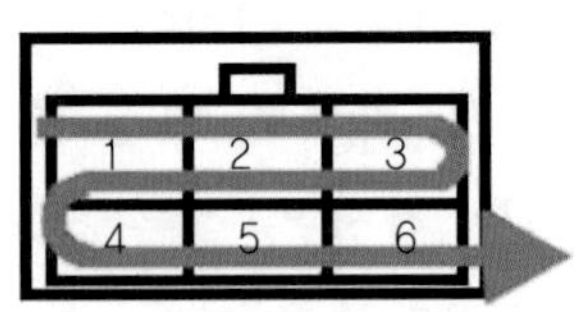

그림 62. 수 커넥터

3.3.2. 와이어링 하니스(Wiring Harness)

자동차의 와이어(wire) 배선을 세트(set)화 한 것을 wiring harness라 한다. 와이어링 하니스의 역할은 자동차에서 각각의 전기장치에 동력 및 신호를 전달하는 역할을 한다.

[1] 와이어링 종류

하니스 명칭	위 치	심 벌
메인, 플로워, 루프, 시트 하니스	실내 구성품	M
엔진 하니스	엔진룸	E
인스트루먼트, 에어백 하니스	크래쉬 패드	I
컨트롤 하니스	엔진룸	C
도어 하니스	도어	D
트렁크 리드 & 룸 하니스	차량 후미/트렁크 부위	R

(1) 메인 와이어링 하니스

실내 C/PAD에 장착되며 실내 및 트렁크까지의 전원공급 및 오디오 클러스터, 각종 unit류의 작동 지원을 한다.

(2) 프론트 와이어링 하니스

엔진룸 전방에 위치하며 차량의 모든 전원공급 및 램프류나 차량 냉각성능 작동 지원을 한다.

(3) 플로워 L/H 와이어링 하니스

실내 운전석 카페트 밑에 배선되며 트렁크 및 리어 도어 측에 장착되는 전장품을 동작 지원한다.

(4) 플로워 R/H 와이어링 하니스

실내 조수석 카페트 밑에 배선되며 트렁크 및 리어 도어 측에 장착되는 전장품을 동작 지원한다.

(5) 컨트롤 와이어링 하니스

엔진룸 중 엔진 및 TM에 배선되며 엔진 가동과 관련된 각종센서 및 ECU/TCU측을 동작 지원한다.

(6) 에어백 와이어링 하니스

실내 및 엔진룸에 장착된 에어백 관련센서 및 UNIT의 동작 지원을 한다. 노란색으로 MARKING(SAFETY 부품)되어 있다.

(7) 루프 와이어링 하니스

Roof에 배선되며 sunroof 및 각종 실내 LP 동작 지원을 한다.

(8) 트렁크 리드 와이어링 하니스

Trunk open 관련 차체에 배선되며 tail/stop/RR fog lp 등의 동작 지원을 한다.

(9) 도어 와이어링 하니스

차량 도어에 장착되며 P/WDW, DR lock, O/S mirror 등과 같은 전장품의 동작 지원을 한다.

[2] 와이어링 구성

(1) 도체

도체는 순도 99.9% 이상의 전기용 황 인동선을 가공한 전기용 연동선이나 주석도금 연동선을 주로 사용한다.

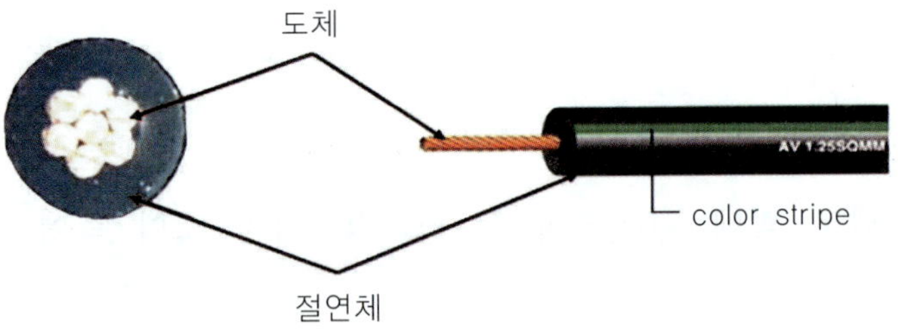

그림 63. 와이어링의 구성

(2) 절연체

사용 환경 및 특성에 맞는 재질을 도체 위에 동심원상으로 피복한다.

(3) 와이어링 Color

전선은 조립 및 식별을 용이하게 하기 위해 절연체에 주 색상과 보조색상이 표시되며, 표시는 주 색상(base color)를 앞에, 보조색상(sub color)를 뒤에 표시한다.

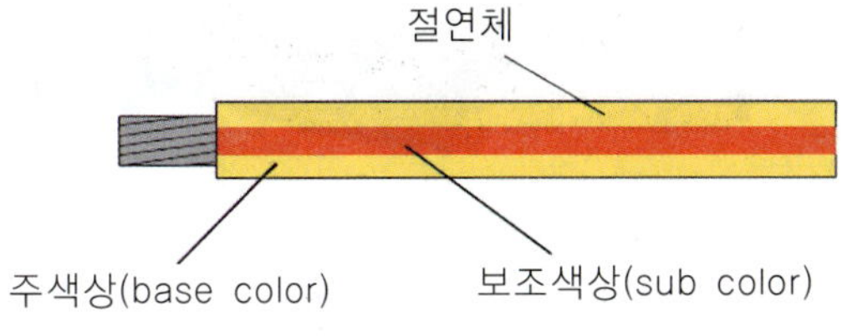

그림 64. 와이어링 color

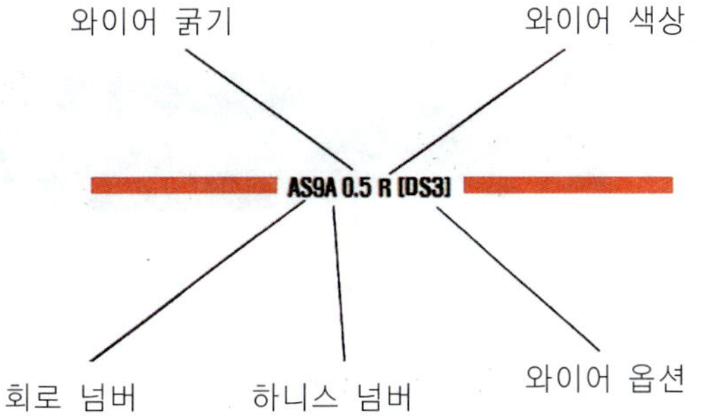

그림 65. 와이어링 표시

표 와이어 기호 및 색상

기 호	와이어 색상	기 호	와이어 색상
B	검정색(Black)	O	오렌지색(Orange)
Br	갈색(Brown)	P	분홍색(Pink)
G	초록색(녹색, Green)	R	빨강색(Red)
Gr	회색(Gray)	T	황갈색(Tawny)
L	파랑색(청색, Blue)	W	흰색(White)
Lg	연두색(Light Green)	Y	노랑색(황색, Yellow)
LI	하늘색(Light Blue)	Pp	자주색(Purple)

(4) 특수 와이어링

① 차폐전선(실드 와이어) : 차폐 케이블은 케이블의 데이터 전송성능을 방해하는 전자기장(EMI)이나 전기적 노이즈로부터 신호를 보호할 필요가 있는 곳(차량 내 전자기기 연결 배선 케이블로 센서, 차량 오디오, 차량 스테레오 차량 계기판 등)에 주로 사용한다. 이러한 노이즈는 케이블 외부의 전기장치나 케이블 내의 다른 페어에서 발생한다.

차폐 종류는 알루미늄 실드(Al Shield)부터 브레이드 실드(braid shield)까지 다양한 차폐 케이블로 전자기기의 전기적 신호간섭을 방지하고 금속 포일 또는 편조물을 재료로 케이블 전체를 감싸거나 개별 페어에 적용하여 미세신호 노이즈를 차폐한다.

② twist 전선 : 스피커신호등의 “+”, “-” 신호 noise 차폐용에 사용한다.

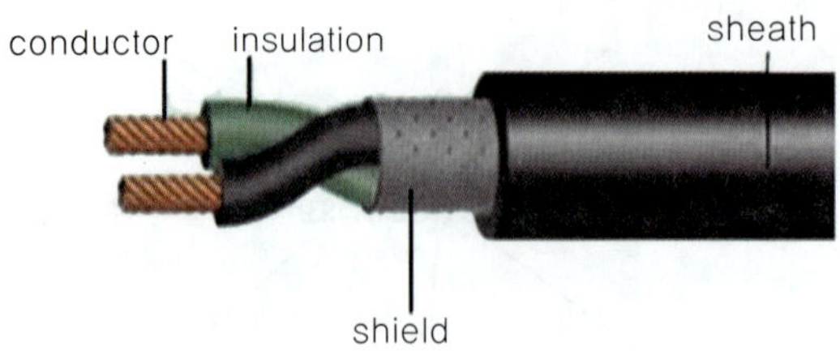

그림 66. 차폐전선

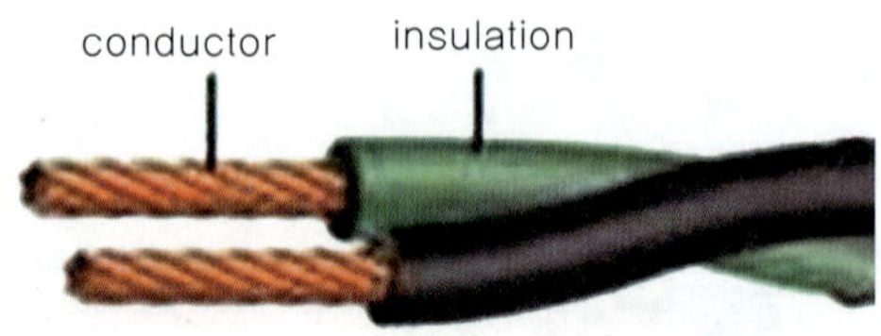

그림 67. TWIST 전선

3.3.3. 전기회로도 기호

기 호	내 용	기 호	내 용
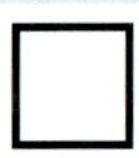	전체 해당 구성부품	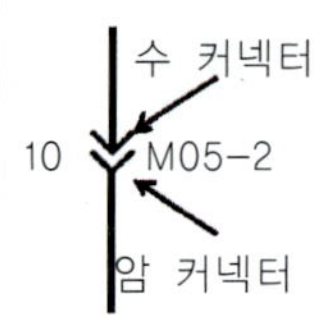	커넥터 이름(M05-2)
	부분 구성부품		단자의 핀 번호(10)
	구성부품의 명칭을 우측 상단에 나타낸다.	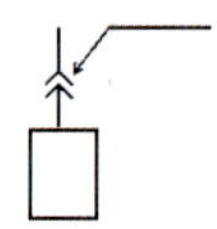 커넥터가 구성부품과 배선으로 연결되었다.	
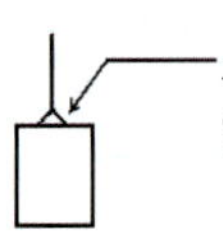 구성부품에 커넥터가 붙여 있다.		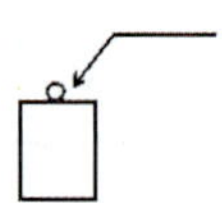 구성부품 자체의 스크류 단자를 의미한다.	

[1] 다이오드

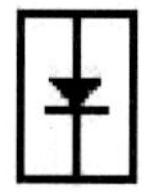

[2] 퓨즈 및 퓨즈블 링크

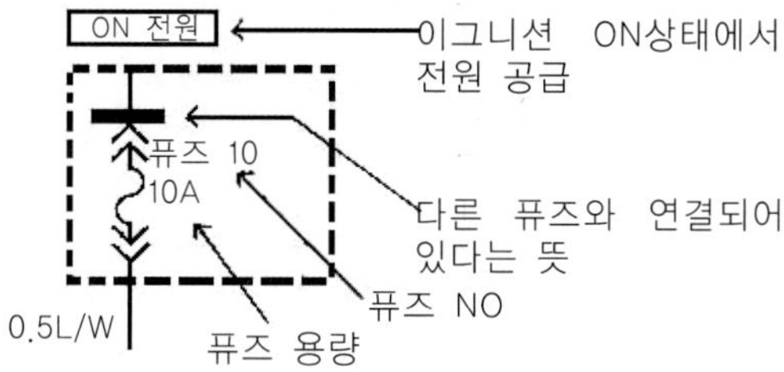

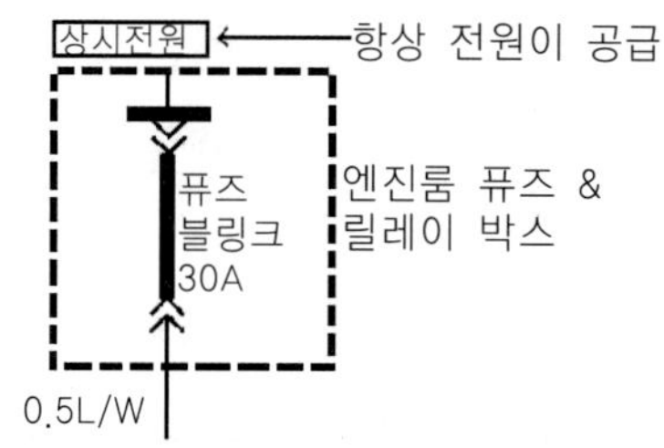

[3] 접지 G

기 호	내 용	기 호	내 용
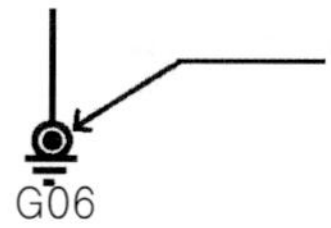	차체에 접지됨 위치는 G06번이다.		부품이 차체에 접지되어 있다.

[4] 와이어

기 호	내 용	기 호	내 용
	물결무늬 선은 끊어져 있지만 이전 또는 다음 페이지에 연결되어 계속된다.	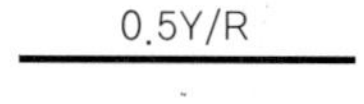	배선칼라(Y/R), 배선 굵기(0.5)를 의미한다.
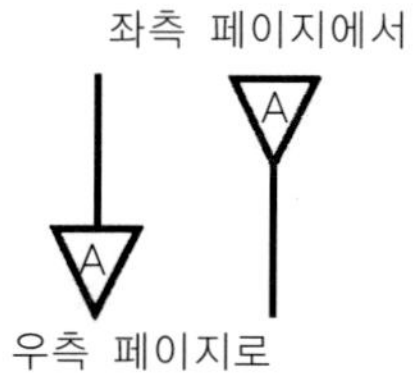	같은 문자를 가진 배선에 연결한다.	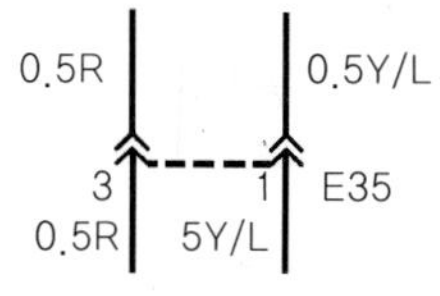	같은 커넥터(E35)에 1번 핀과 3번 핀이 접속된다.

기 호	내 용	기 호	내 용
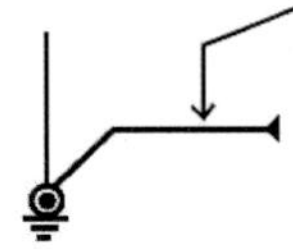 접지 배분도 참조	다른 회로도를 참조하라는 의미이다.	 0.5G 자동 변속기 수동 변속기 0.5G 0.5G	차종이 다른 경우에 구분하기 위해서 사용한다.
 0.5R 회로도 이름	화살표가 지시하는 회로를 참조한다.	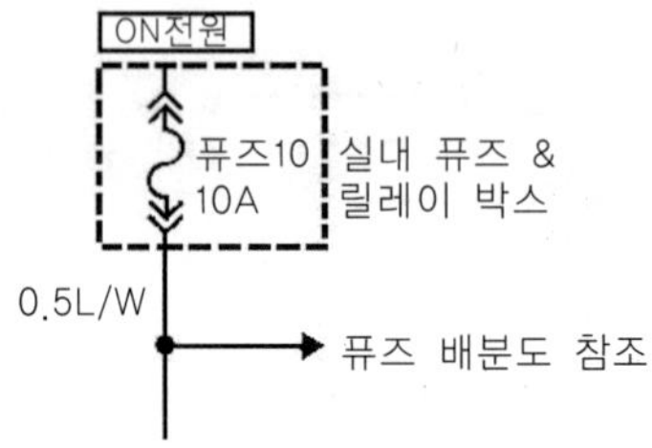 ON전원 퓨즈10 10A 실내 퓨즈 & 릴레이 박스 0.5L/W 퓨즈 배분도 참조	

[5] 조인트

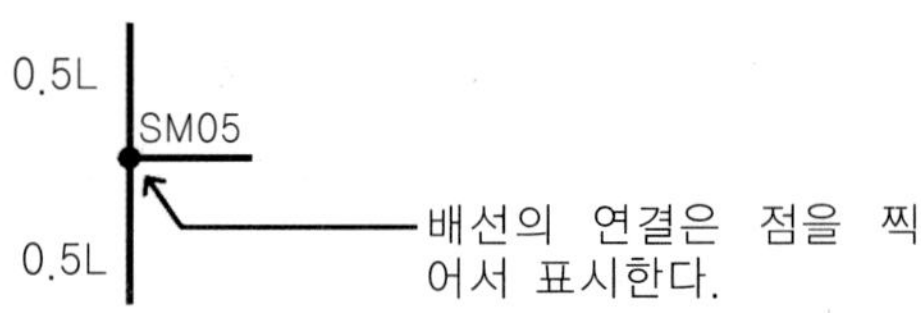

[6] 실드 와이어

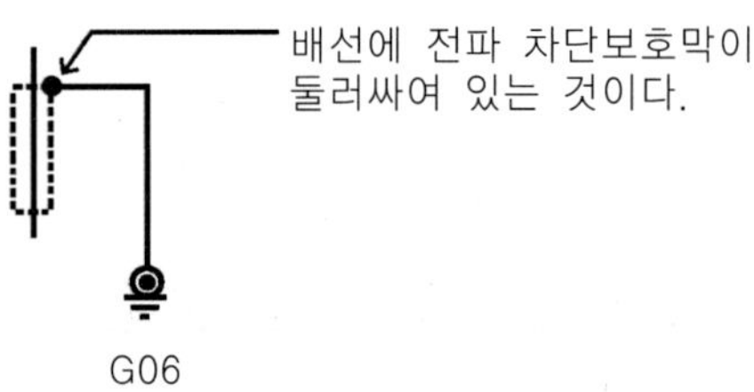

[7] 스위치

두 개의 스위치가 동시에 작동한다.

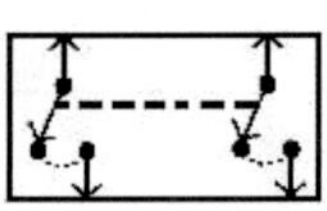

[8] 릴레이

코일에 전류가 흐르면 스위치는 B에 붙고, 전류가 흐르지 않으면 A에 위치한다.

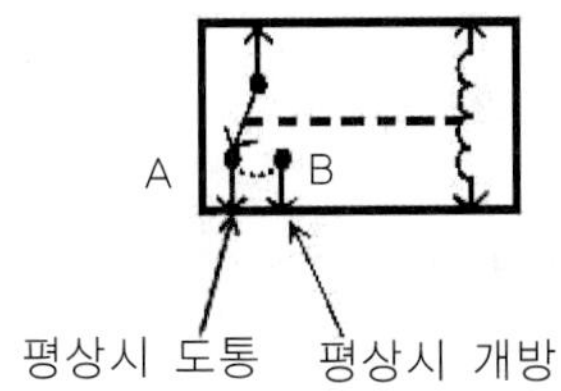

[9] 조인트 커넥터

와이어가 커넥터 내부에서 연결된다.

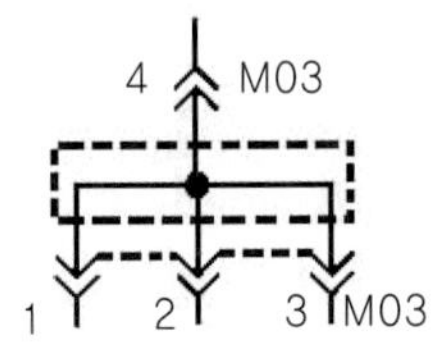

[10] 경고등

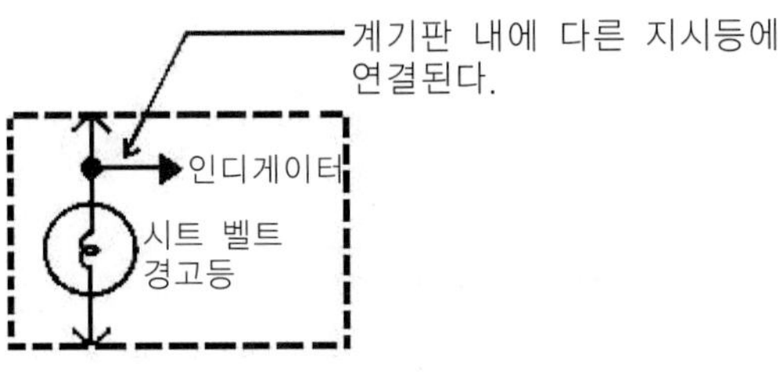

3.3.4. 커넥터(Connecter)의 식별

[1] 부품과 와이어의 연결

커넥터 식별기호는 다음과 같이 표시한다.

C 10 -1

- -1: 보조 커넥터 일련번호
- 10: 메인 커넥터 일련번호
- C: 컨트롤 하니스 심벌

[2] 와이어 간의 연결

와이어와 와이어의 연결 커넥터는 아래의 심벌로 나타낸다.

M R 01

- 01: 커넥터 일련번호
- R: 리어 와이어 하니스 심벌
- M: 메인 와이어 하니스 심벌

[3] 정션박스와의 연결

정션박스 커넥터는 아래의 심벌과 같이 된다.

I/P -A

- -A: 실내 정션박스 내의 커넥터 명칭
- I/P: 실내 정션박스를 나타내는 약어

J M 01

- 01: 커넥터 일련번호
- M: 메인 와이어 하니스 심벌
- J: 정션박스를 나타내는 약어

[4] 커넥터 식별

아래 그림은 자동차에서 사용하고 있는 여러 가지 종류의 커넥터의 기호를 표시하였다. 일반적으로는 커넥터의 모양과 핀의 수 및 배열을 가지고 커넥터를 구분할 수 있다.

아래 배열 그림은 각 구성부품에 하니스 커넥터가 연결되지 않은 상태의 배선측 커넥터를 보여준다. 아울러, 하나의 부품에 2개 이상의 커넥터가 연결되어있는 경우에는 2개 이상의 커넥터를 모두 보여준다.

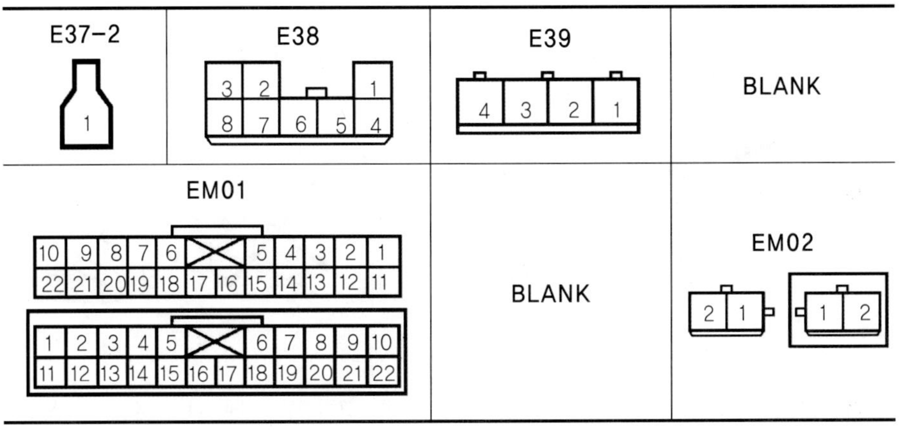

3.3.5. 고장진단

[1] 커넥터 점검절차

(1) 커넥터 취급방법

① 커넥터를 분리할 때 커넥터를 당겨서 분리하도록 하고, 배선 하니스를 당기지 않도록 한다.

② 로크(lock)가 부착된 커넥터를 분리할 때 로크 레버를 누르거나 당긴다.

③ 커넥터를 연결할 때에는 장착하는 소리("딸깍")가 들리는지 확인한다.

④ 통전상태 점검이나 전압을 측정할 때에는 항상 테스터 프로브를 배선 하니스쪽에 끼우도록 한다.

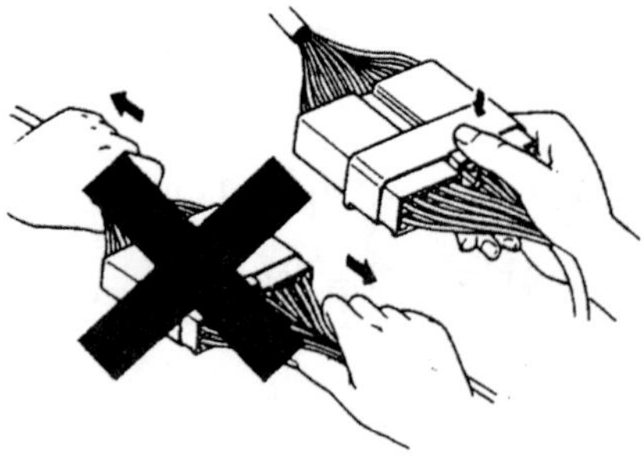

그림 68. 커넥터 분리방법

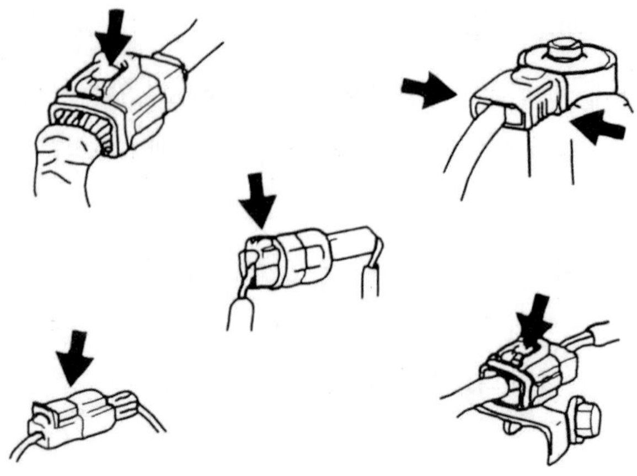

그림 69. 로크가 부착된 커넥터 분리방법

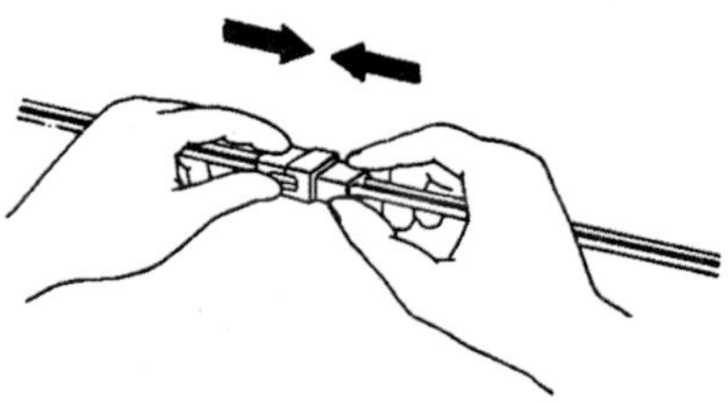

그림 70. 커넥터 연결방법

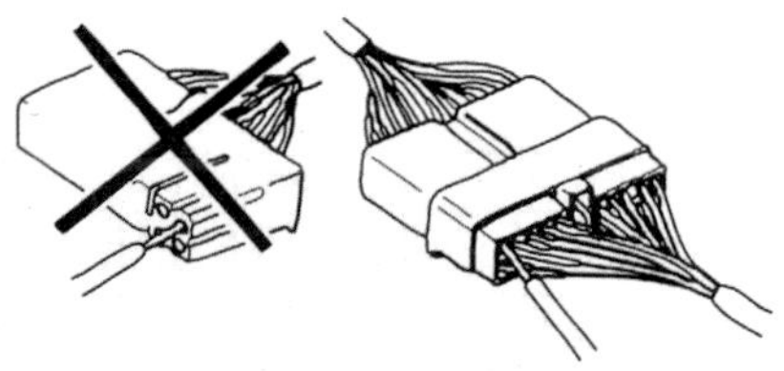

그림 71. 테스터 프로브 삽입방향

⑤ 방수처리가 된 커넥터의 경우에는 배선 하니스쪽이 아닌 커넥터단자 쪽을 이용한다.

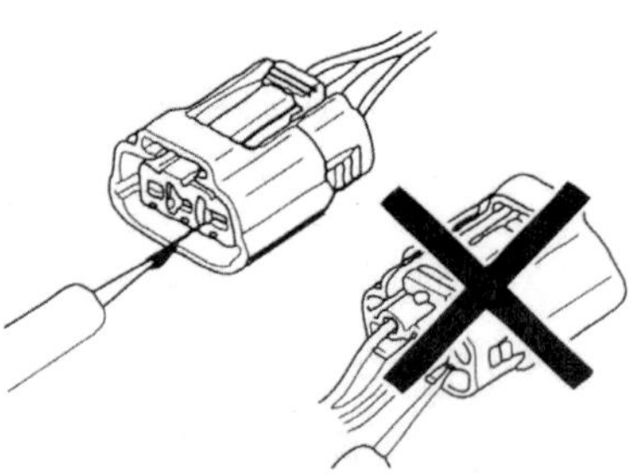

그림 72. 방수 처리된 커넥터에 테스터 프로브 삽입방향

(2) 커넥터점검 포인트

① 커넥터가 연결되어 있을 때 : 커넥터 연결상태 및 잠김(lock)상태

② 커넥터가 분리되어 있을 때 : 배선 하니스를 가볍게 당겨서 단자의 유실, 주름 또는 내부 와이어 손상에 대해 점검한다. 그리고 녹 발생여부, 오염, 변형 및 구부러짐 등을 확인한다.

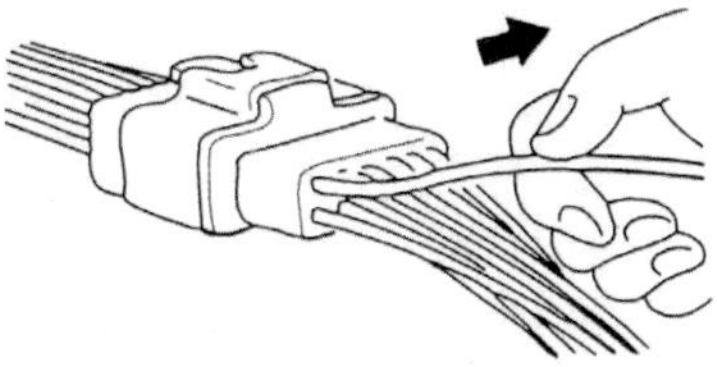

그림 73. 배선연결 상태 점검방법

③ 단자 체결상태 : 암 단자(凹)와 수 단자(凸) 사이의 체결상태를 점검한다.

④ 각 배선을 적당한 힘으로 당겨서 연결 상태를 점검한다.

(3) 커넥터 단자수리

① 커넥터 단자 연결부분을 에어건(air gun)이나 헝겊으로 세척한다.

② 커넥터사이의 체결력이 부족하면 암 단자(凹)를 특수공구(핀 뽑기 세트)를 이용하여 탈거한 후 수리 또는 교환하고 체결한다.

[2] 배선 하니스 점검순서

① 배선 하니스를 점검하기 전에 배선 하니스의 설치위치를 확인하여 다시 설치하거나 교환할 때 활용한다.

② 꼬임, 늘어짐, 느슨해짐에 대해 점검한다.

③ 배선 하니스의 온도가 비정상적으로 높지는 않은지 점검한다.

④ 회전운동, 왕복운동 또는 진동을 유발하는 부분이 배선 하니스와 간섭하지는 않는지 점검한다.

⑤ 배선 하니스와 단품의 연결상태를 확인한다.

⑥ 배선 하니스의 피복상태를 점검한다.

(1) 단선회로

단선회로 발생부분은 통전 점검방법이나 전압 점검방법으로 고장부위를 찾을 수 있다.

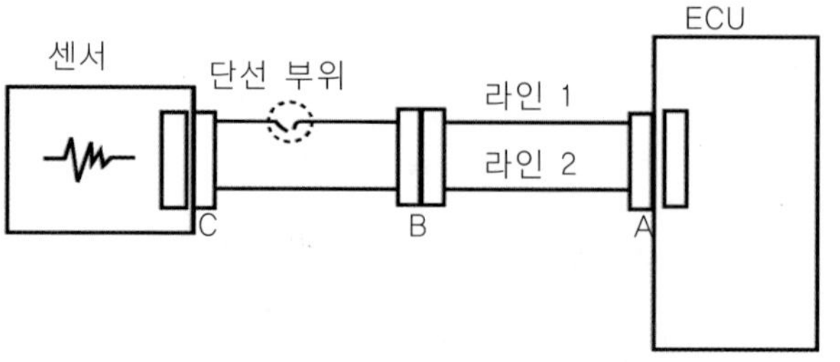

그림 74. 배선 단선회로

1) 통전 점검방법

① 멀티미터 셀렉터를 부저위치에 있을 때 : 리드선의 프로브(probe)를 단락시키면 부저소리가 난다. 저항 값이 없는 선과 선의 단선 또는 퓨즈, 스위치 등의 접속 상태는 소리로 점검할 수 있다.

② 멀티미터를 저항(Ω) 위치에 있을 때 : 커넥터 A와 커넥터 C를 분리하고, 커넥터 A와 C사이의 저항을 측정한다. 저항이 1Ω 이하이면 정상회로, 저항이 ∞ 또는 O.L로 표시되면 단선회로이다. 그림 75에서 라인 1의 저항 측정값이 ∞ 또는 O.L로 표시되고, 라인 2의 저항 측정값이 1Ω 이하라면 라인 1은 단선회로이다(라인 2는 정상). 정확한 단선부위를 찾기 위해서 라인 1의 보조라인을 점검한다.

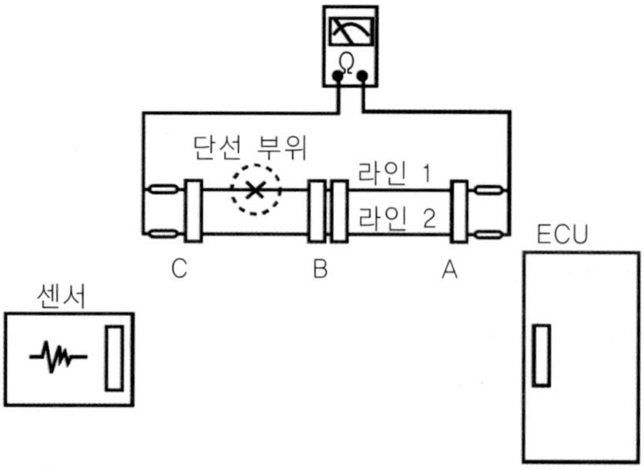

그림 75. 커넥터 탈거 후 통전점검방법

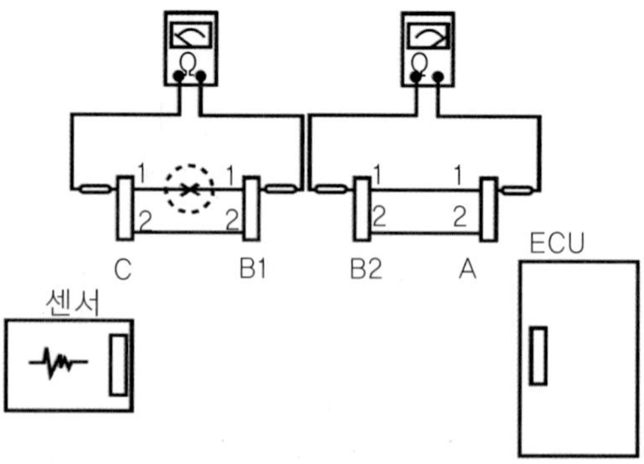

그림 76. 커넥터 B를 탈거한 후 통전점검방법

그림 76에서 커넥터 B를 분리하고, 커넥터 C와 B1, 커넥터 B2와 A 사이의 저항을 측정한다. 커넥터 C와 B1 사이의 저항 측정값이 ∞ 또는 O.L로 표시되고 커넥터 B2와 A 사이의 저항 측정값이 1Ω 이하라면 커넥터 C의 1번 단자와 커넥터 B1의 1번 단자 사이가 단선회로이다.

2) 전압 점검방법

그림 77에서 모든 커넥터가 연결된 상태에서 각 커넥터 A, B, C의 1번 단자와 접지 사이의 전압을 측정한다. 그림에서 전압 측정값이 A커넥터 5V, B커넥터 5V, C커넥터 0V라면 B와 C 사이의 회로가 단선되었다.

(2) 단락회로

그림 78에서 단락(접지)회로 발생부분은 접지와 통전 점검방법으로 고장부위를 찾을 수 있다. 커넥터 A와 커넥터 C를 분리하고, 커넥터 A와 접지 사이의 저항을 측정한다. 저항값이 1Ω 이하이면 단락(접지)회로, ∞ 또는 O.L로 표시되면 정상회로이다.

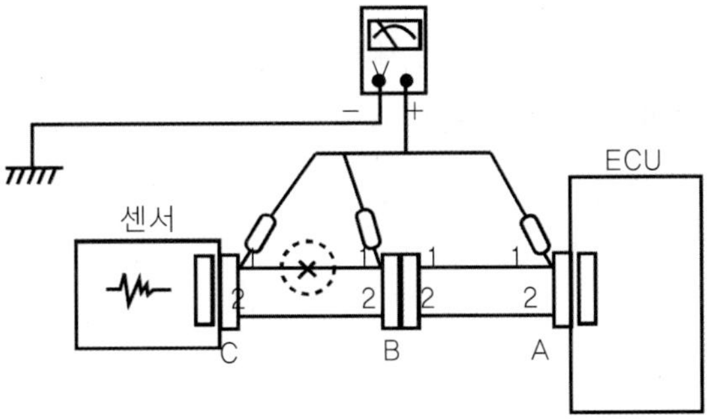

그림 77. 전압 점검방법

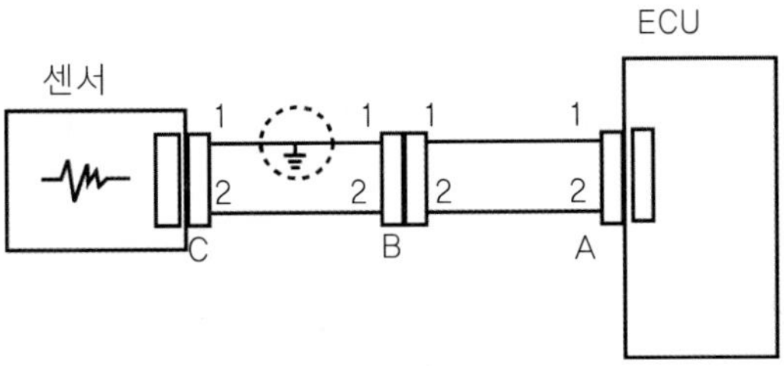

그림 78. 단락회로

그림 79는 라인 1의 저항 측정값이 1Ω 이하이고, 라인 2의 저항 측정값이 ∞ 또는 O.L로 표시되면 라인 1이 단락된 회로이다(라인 2는 정상). 정확한 단락부위를 찾기 위해서 라인 1의 보조라인을 점검한다. 커넥터 B를 분리하고, 커넥터 A와 접지, 커넥터 B1과 접지 사이의 저항을 측정한다. 그림 80에서 커넥터 B1과 접지 사이의 저항 측정값이 1Ω 이하이고, 커넥터 A와 접지 사이의 저항 측정값이 ∞ 또는 O.L로 표시되면 커넥터 B1의 1번 단자와 커넥터 C의 1번 단자 사이가 단락(접지)회로이다.

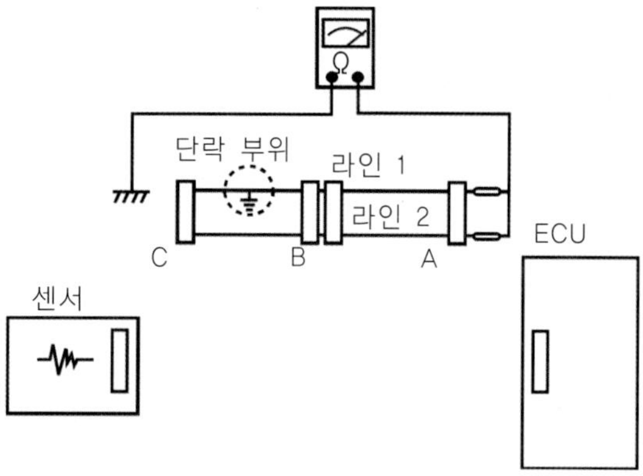

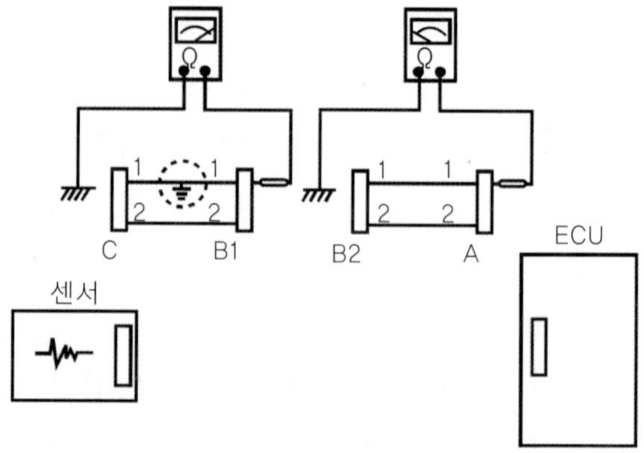

그림 79. 커넥터 탈거 후 접지와의 통전 점검방법

그림 80. 커넥터 B를 분리 후 접지와의 통전 점검방법

3.4. 전기회로의 분석요령

회로의 분석은 먼저 고장이 발생된 회로에 대한 고장내용을 제일 먼저 파악하는 것이 중요하다. 그런 다음 분석의 절차를 밟아 수리하는 과정을 수행하게 된다. 이때 수리회로에 대한 기본적인 항목을 파악한 후 분석절차를 밟아 가면 된다.

회로는 항상 전원회로와 제어회로 그리고 부하회로를 구성되게 되어 있으므로 회로에서 먼저 생각해야 할 부분은 회로의 목적, 회로의(시스템) 기능, 작동, 작동에 따른 전류의 흐름에 대한 구분을 하고 이에 따른 분석을 시작하면 된다.

3.4.1. 직렬회로의 분석

[1] 배터리 전원 중심적 해석

그림과 같이 직렬회로에서 배터리 전원 중심적 해석을 보면 스위치가 OFF일 때 (+)전원은 배터리 → 램프 → 스위치까지 전원이 와있는 상태에서 스위치가 ON되면 (+)전원은 배터리 → 램프 → 스위치 → 접지 순으로 흘러 램프가 점등된다. 이러한 방식의 해석이 일반적으로 해온 회로에서의 전류 흐름의 해석방식이고, 보편적인 방식이다. 이렇게 회로 해석을 할 경우 한 가지 고려해야 할 부분은 마이너스 전원의 해석에 있어 어려운 점이 발생할 수 있다는 점에서 정비 시 고려해야 할 부분이다.

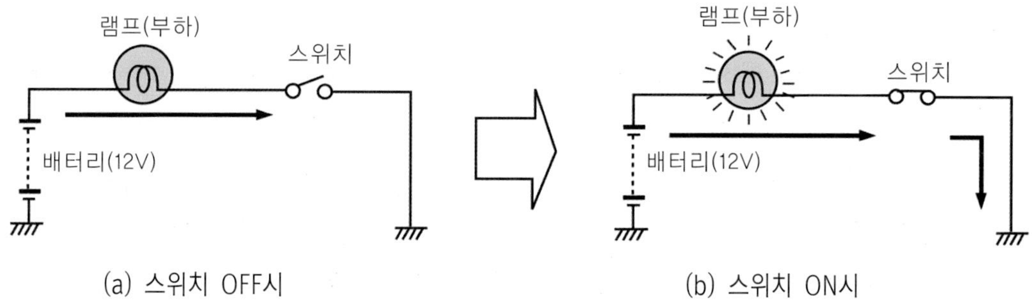

그림 81. 배터리 전원 중심적 해석

[2] 스위치 중심적 해석

그림 82와 같이 직렬회로에서 회로의 작동을 해석하는 과정에서 스위치 중심적 해석을 보면 스위치가 OFF일 때 (+)전원은 배터리 → 램프 → 스위치까지 전원이 가있는 상태에서 스위치가 ON되면 (+)전원은 스위치의 어스 전원과 만나고 전위차에 의해 배터리 → 램프 → 스위치 → 접지 순으로 흘러 램프가 점등된다.

스위치 중심적 해석을 할 경우 한 가지 고려해야 할 부분은 스위치에서의 전원의 해석에 있어 (+)전원과 (-)전원이 만나게 되어 전류의 흐름으로 이어지게 된다는 부분에 순간적인 쇼트(스파크)의 발생으로 이어지게 되고 이러한 원인에 의해 접점의 소손이 되는 부분의 해석이 가능하게 된다. 이 점에서도 정비 시 고려해야 할 부분이다.

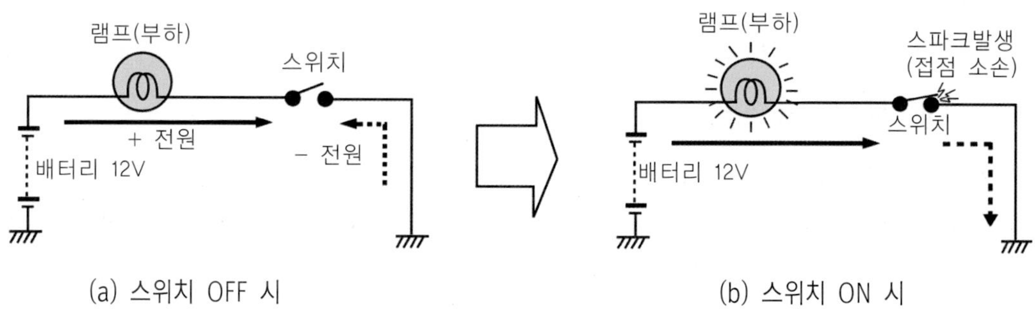

그림 82. 스위치 중심적 해석

[3] 부하 중심적 해석

그림과 같이 직렬회로에서 회로의 작동을 해석하는 과정에서 부하 중심적 해석을 보면 스위치가 OFF일 때 (+)전원은 배터리 → 램프 → 스위치까지 전원이 가 있는 상태에서 스위치가 ON되면 (-)전원이 부하로 오게 되고 부하에서 (+)전원과 (-)전원이 만나 램프가 점등된다.

부하 중심적 해석할 경우 고려해야 할 부분은 부하에서의 전원의 해석에 있어 (+)전원과 (-)전원이 만나게 되어 전류의 흐름으로 부하의 작동으로 이어지므로 부하의 작동을 해석하는 데에는 용이하나 회로에 있어 여러 개의 부하의 연결이 되어 있을 경우 각각의 부하를 확인해 봐야 한다는 점에서 볼 때 점검방법이 번거로울 수 있다. 이 점에서도 정비 시 고려해야 할 사항이다.

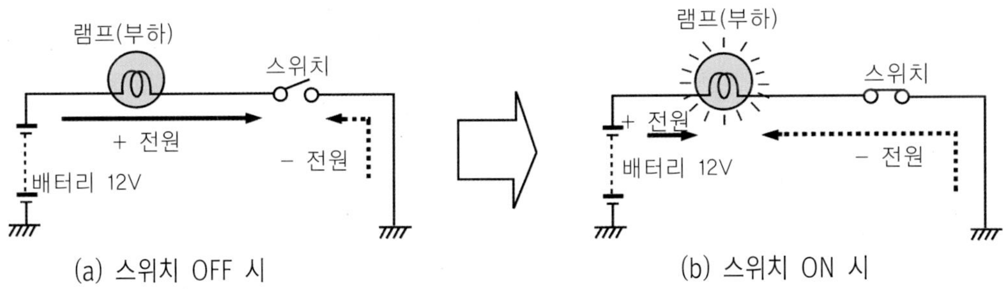

그림 83. 부하 중심적 해석

3.4.2. 직렬회로 분석과 진단

[1] 스위치 ON 시 램프가 점등되지 않는 경우의 점검

(1) 전압계를 이용한 방법

아래 회로에서 각 지점의 전압을 아래와 같은 상황에서 측정하여 각 지점의 전압은 몇 V인지 확인한다. 회로에 대한 완벽한 분석 후 전압을 측정하면 고장부위를 알 수 있는데 위 회로에서 커넥터의 단선이 있다면 스위치 ON시 위 표처럼 커넥터 이전은 12V, 이후는 0V가 측정된다. 그러나 정상인 회로라면 램프이전은 12V, 이후는 0V가 측정된다.

조 건		a	b	c	d
회로정상 시	스위치가 OFF	12V	12V	12V	0V
	스위치가 ON	12V	0V	0V	0V
회로단선 시 (커넥터 단선 시)	스위치가 OFF	12V	12V	0V	0V
	스위치가 ON	12V	12V	0V	0V

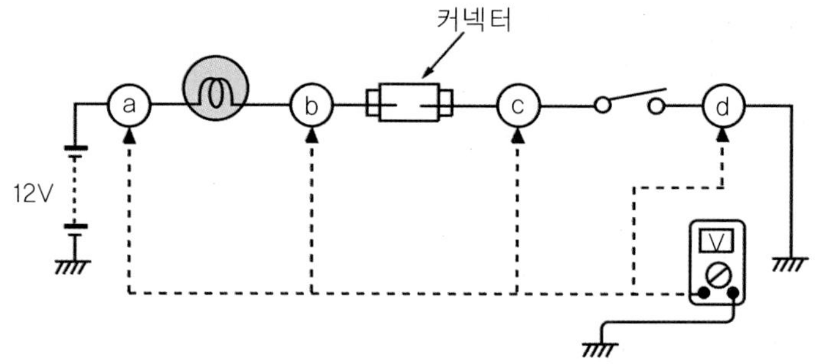

그림 84. 전압계를 이용한 진단

(2) 테스트램프를 이용한 방법

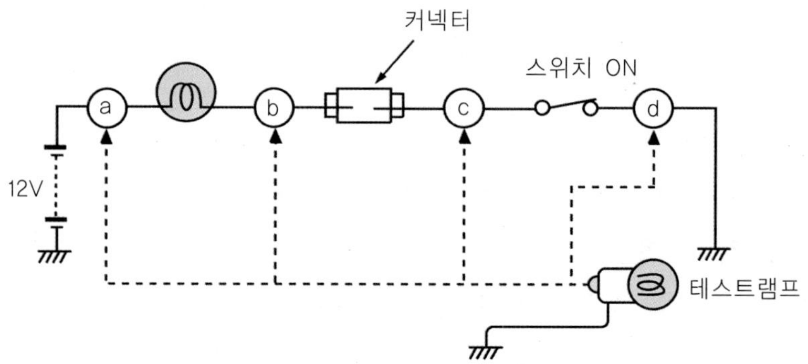

그림 85. 테스트램프를 이용한 진단

위 회로에서 스위치 ON 시 테스트램프를 이용하여 아래와 같은 상황에서 각 지점을 점검한다.

조 건		a	b	c	d
회로정상 시	스위치가 ON	점등	점등	점등	점등
회로단선 시 (커넥터 단선 시)		점등	점등	소등	소등

일반 테스트램프를 이용하여 단선을 점검 시에는 회로에 비교적 전류가 많이 흐르는 회로에서 유리하다. 만약 미세한 전류가 흐르는 회로의 경우 일반 테스트램프로 점검하면 램프가 점등되지 않으므로 단선 유무를 점검할 수 없다. 따라서 미세한 전류가 흐르는 회로의 단선 유무 점검 시에는 LED 테스트램프를 이용한다.

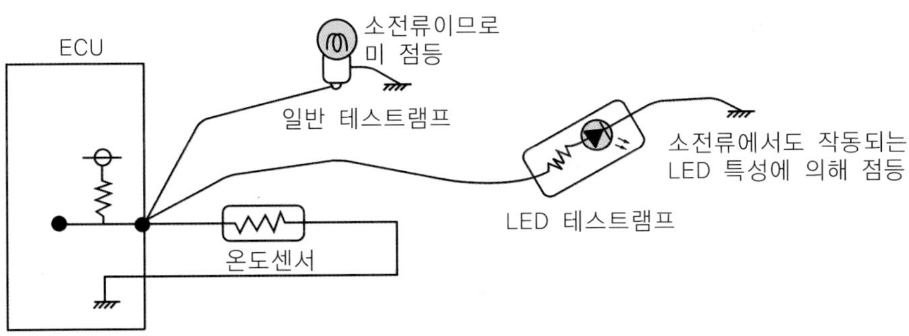

그림 86. 테스트램프 사용 시 주의사항

(3) 전압강하를 이용한 방법

스위치 ON시 램프가 희미하게 점등된다는 것은 램프 단품 불량을 제외한다면 회로의 어딘가에 저항(접촉저항)이 존재한다는 뜻이다. 따라서 이때는 저항계보다 전압계를 이용하여 전압강하량을 측정하면 쉽게 고장부위를 찾을 수 있다.

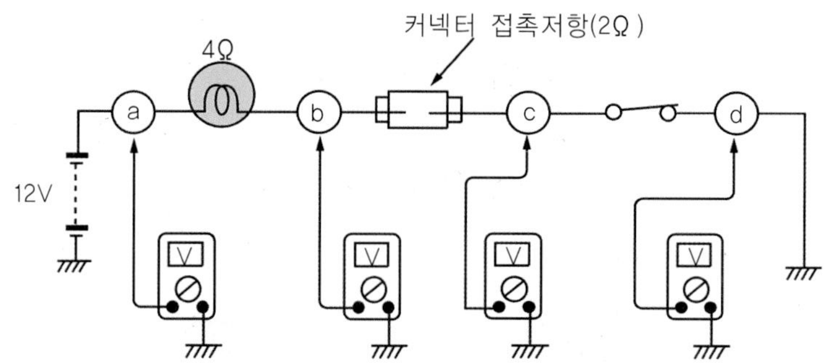

『그림』 87. 전압강하를 이용한 진단

위 회로에서 스위치 ON 시 멀티미터 전압계를 이용하여 각 지점의 전압을 측정하여 각 지점의 전압은 몇 V인지 확인한다.

조 건		a	b	c	d
저항 무	스위치가 ON	12V	0V	0V	0V
저항 유		12V	4V	0V	0V

위와 같은 회로의 커넥터에 저항이 존재할 때 옴의 법칙으로 계산해 보면 b점은 4V이다. 이는 램프 후단에 존재하는 2Ω 의 저항에 의한 것으로 램프가 흐리게 점등되는 요인이다.

3.4.3. 병렬회로 분석과 진단

스위치가 ON되면 배터리 (+)로부터 나온 전류는 분기점에서 램프 1과 2로 분류 → 합치는 지점에서 다시 합침 → 스위치 → 접지 순으로 흐른다. 따라서 두 램프 모두 점등된다. 이 경우는 회로분석만으로도 점검이 가능한데 2개의 램프 모두 점등되지 않는다면 먼저 램프 모두 불량, a구간 단선, f구간에서 접지까지 단선을 예상할 수 있다. 이때 고장부위의 점검은 테스트램프 및 전압계를 이용하여 간단하게 점검가능하다.

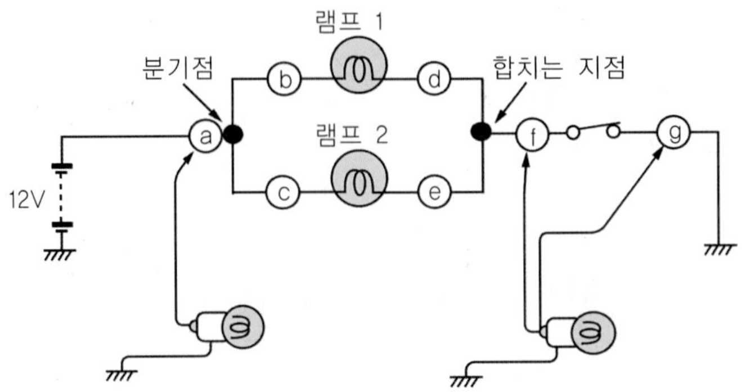

그림 88. 병렬회로 진단

3.4.4. 릴레이 적용 회로분석과 진단

[1] 릴레이의 개요

릴레이의 사용은 트랜지스터와 같이 소전류로 대전류를 제어하기 위해서 사용되며 릴레이를 사용하지 않고 회로를 구성하여 스위치 ON/OFF 시 부하의 소모전류에 의해 스위치부에 접촉 시 아크방전이 발생되어 부품의 수명에 지장을 주게 된다.

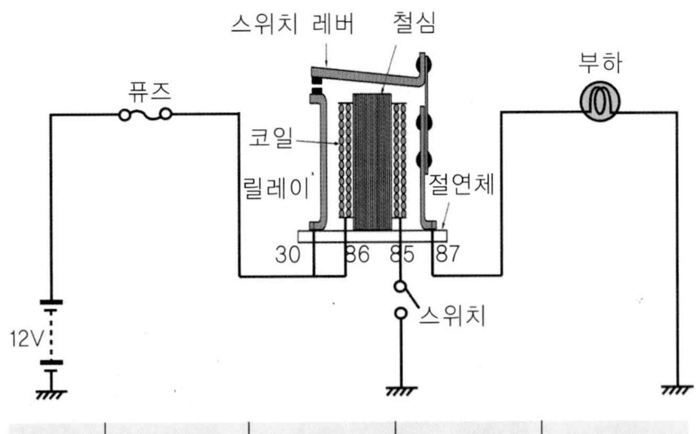

단자	30	85	86	87
기능	상시전원	코일제어	코일전원	부하전원

그림 89. 릴레이를 이용한 회로

이러한 이유로 자동차에서는 릴레이를 많이 사용하게 되었으며 릴레이의 설치 수가 늘어남으로 릴레이를 효율적으로 관리하기 위해 각종 릴레이를 한곳으로 모아서 설계

하게 된다. 이렇게 한 곳에 릴레이가 모여 있게 됨으로써 회로의 진단에 있어 릴레이를 많이 활용하게 된다.

회로의 진단에 있어 릴레이에서 해당회로의 진단이 가능하게 되는데 이는 릴레이가 제어의 특성인 입력과 출력의 관계를 가지므로 가능하게 된다. 다시 말해 어떠한 회로의 고장진단을 할 경우 릴레이에서 진단의 절차를 밟아갈 경우 고장부위의 방향을 찾을 수 있고 고장점검의 범위를 줄일 수 있으므로 고장진단 시 효율적인 진단을 할 수 있다.

[2] 릴레이의 종류

(1) 전압 코일 릴레이

작은 전류용 코일로 구성된 릴레이로서 전압 코일을 가진 릴레이라고 한다. 가는 전선으로 코일 권선수를 많이 감아 제어 코일의 저항이 커 제어 전류회로에 미세한 전류가 흐른다. 일반 스위치 릴레이에 적용된다.

(2) 전류 코일 릴레이

굵은 전선으로 코일 권선수를 적게 감아 코일의 저항이 낮아 제어 전류회로에 많은 전류가 흐른다. 코일에 흐르는 전류가 많은 릴레이 이런 것을 전류코일을 갖는 릴레이라고 하며 리드 릴레이로서 램프 감시에 사용한다.

[3] 릴레이의 역할

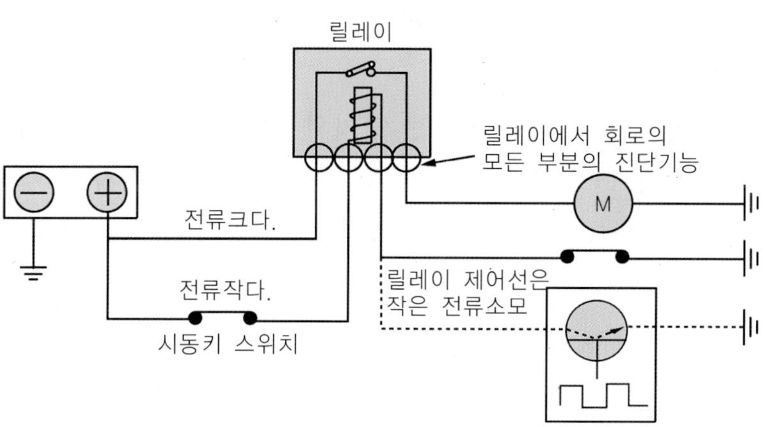

그림 90. 릴레이에서 회로진단

(1) 제어스위치의 역할

릴레이는 하나의 스위치로서 전자석으로 작동한다. 자기코일에 흐르는 작은 제어전류로 스위치 레버를 동작시켜서 접점을 닫아 이 후에 부하 전류회로를 구성시킨다. 릴레이에 전조등 램프가 접속되어 높은 부하전류가 흐르는 동안 전조등 스위치를 통하여 작은 제어전류로 자동차 전조등의 스위치를 닫아서 큰 전류가 흐른다. 작은 제어전류가 많은 부하전류를 흐르게 한다. 즉 일종의 제어 스위치 역할을 한다.

(2) 부하 전류회로를 단순화 역할

전조등 스위치가 작은 제어 전류를 흐르게 하므로 케이블의 단면적이 작고 접점이 쉽게 손상되지 않으므로 내구성이 높지 않는 스위치를 사용할 수 있다. 부하 전류회로에서 단면적이 큰 배선을 짧게 사용함으로써 무게나 비용을 최소화할 수 있어 스위치에 많은 비중을 둘 필요가 없다. 부하 전류회로에 도선과 접촉저항을 줄일 수 있다. 초기 전류부담으로 부하에 문제가 없는 닫힌 회로를 구성할 수 있다.

[4] 릴레이의 작동원리

릴레이의 종류에는 3-pin 릴레이, 4-pin 릴레이, 5-pin 릴레이 등이 있다.

(1) 3-pin 릴레이

① 스위치를 닫았을 때, 1번과 3번 사이에 전류가 흐르게 되면 전자석 작용이 생긴다(연결할 때 "딸깍" 하는 소리가 들린다).

② 릴레이 내부의 두 접점이 붙어 릴레이의 1번과 2번이 연결되어 미등에 불이 들어오면 정상이다.

③ **릴레이 단품점검** : 저항 점검 시 1번 단자와 3번 단자 측정 시 저항값이 나오고, 1번 단자에 축전지 (+)단자를 연결하고, 3번 단자에 축전지 (-)단자를 연결하면 릴레이의 1번 단자와 2번 단자 사이 저항값이 0Ω 이 나오면 정상이다.

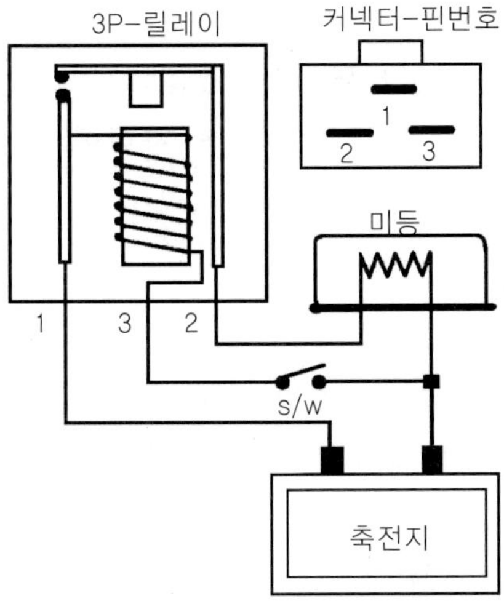

『그림』 91. 3-Pin 릴레이를 이용한 회로

(2) 4-pin 릴레이

① 스위치를 닫았을 때, 2번 단자와 4번 단자 사이에 전류가 흐르면 전자석 작용이 발생한다(연결할 때 "딸깍" 하는 소리가 들린다).

② 1번 단자와 3번 단자가 연결되어 전조등에 불이 들어오면 정상이다.

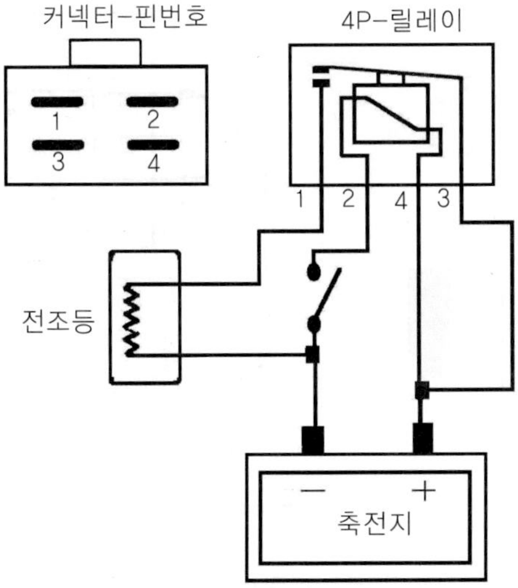

『그림』 92. 4-Pin 릴레이를 이용한 회로

③ 릴레이 단품점검 : 저항점검 시 2번 단자와 4번 단자 측정 시 저항값이 나오고, 릴레이 4번 단자에 축전지 (+)단자를 연결하고, 2번 단자에 축전지 (-)단자를 연결한다. 릴레이의 1번 단자와 3번 단자 사이에 저항을 측정하였을 때 저항값이 0Ω 이 나오면 정상이다.

(3) 5-pin 릴레이

5p릴레이는 4p릴레이에서 87a가 추가된 것이다. 87a단자는 87번 단자가 작동하지 않을 때 작동하는 회로에 사용할 때 사용하기도 한다.

① 스위치를 닫았을 때, 86번 단자와 85번 단자 사이에 전류가 흐르면 전자석 작용이 발생한다(연결할 때 “딸깍” 하는 소리가 들린다).

② 30번 단자와 87번 단자가 연결되어 전구에 불이 들어오면 정상이다.

③ 릴레이 단품점검 : 저항점검 시 86번 단자와 85번 단자 측정 시 저항값이 나오고, 릴레이 86번 단자에 축전지 (+)단자를 연결하고, 85번 단자에 축전지 (-)단자를 연결한다. 릴레이의 30번 단자와 87번 단자 사이에 저항을 측정하였을 때 저항값이 0Ω 이 나오면 정상이고 86번 단자와 85번 단자의 축전지를 탈거하면 30번 단자와 87a단자 사이에 저항이 0Ω 이 나오면 정상이다.

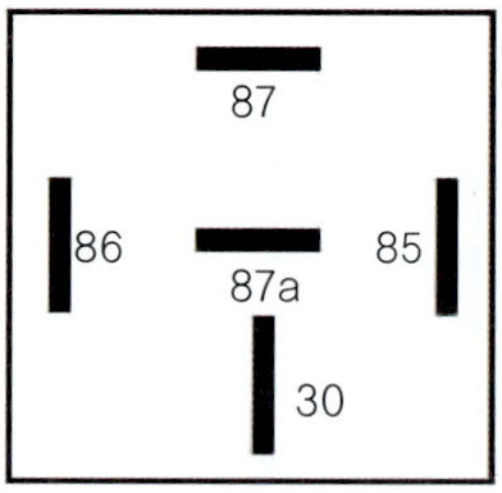

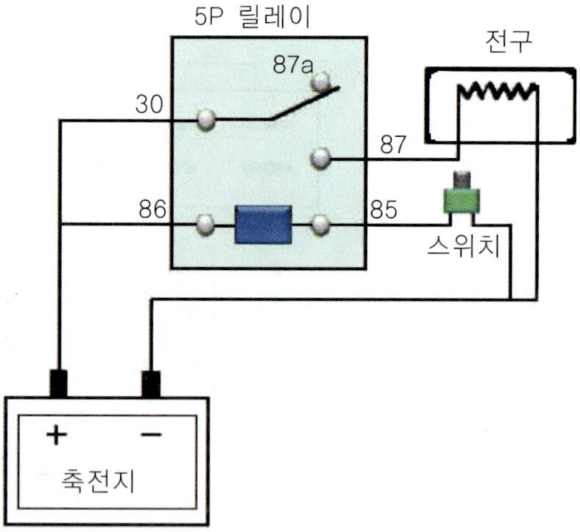

그림 93. 5-Pin 릴레이를 이용한 회로

(4) 컨트롤 릴레이

1) 메인컨트롤 릴레이 단품점검

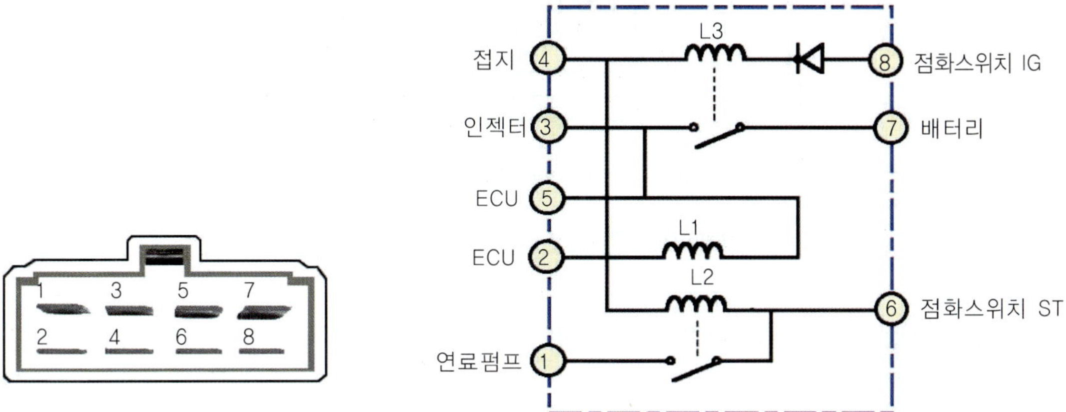

그림 94. 컨트롤 릴레이회로

		측정단자	규정 저항값
코일	L1 코일	2-3또는 2-5	95Ω
	L2 코일	6-4	35Ω
	L3 코일	8-4	140Ω
스위치		1-7	
		3-7	

2) 컨트롤 릴레이 작동점검

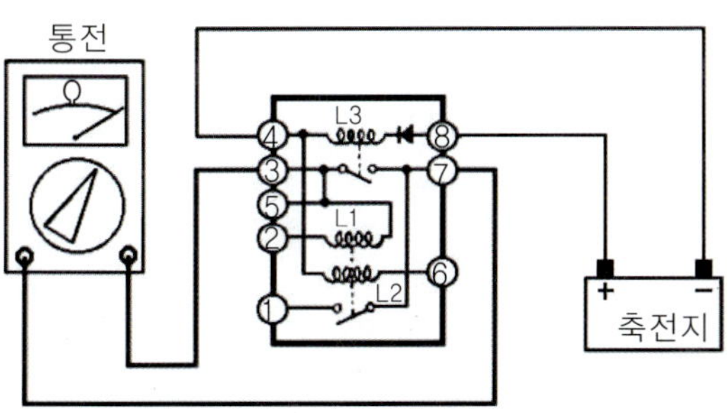

(a) 배터리 8-4 연결 후 3-7 통전시험

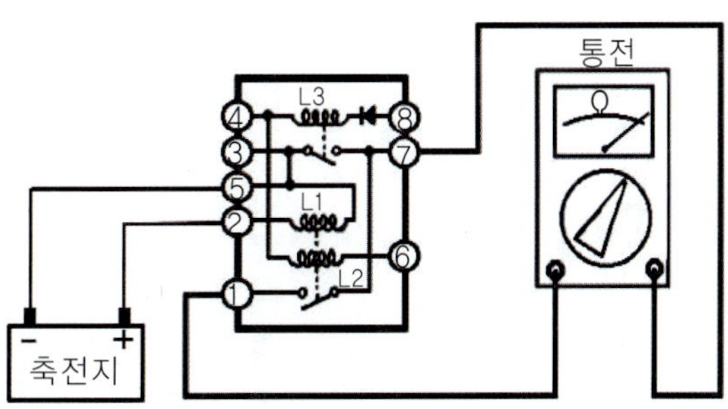

(b) 배터리 2-5 연결 후 1-7 통전시험

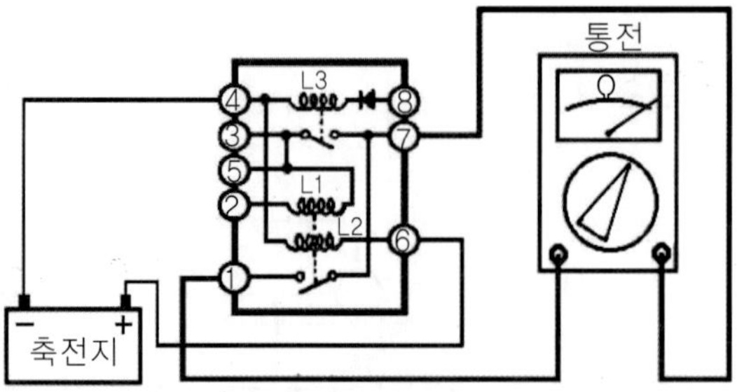

(c) 배터리 6-4 연결 후 1-7 통전시험

그림 95. 컨트롤 릴레이 통전시험

3) 메인컨트롤 릴레이 사용 연료펌프 구동시험

점화스위치를 ST단자에 연결하면(6번 단자 - 4번 단자) 전자석 작용에 의해 7번 단자와 1번 단자가 연결되어 연료펌프가 작동하게 된다.

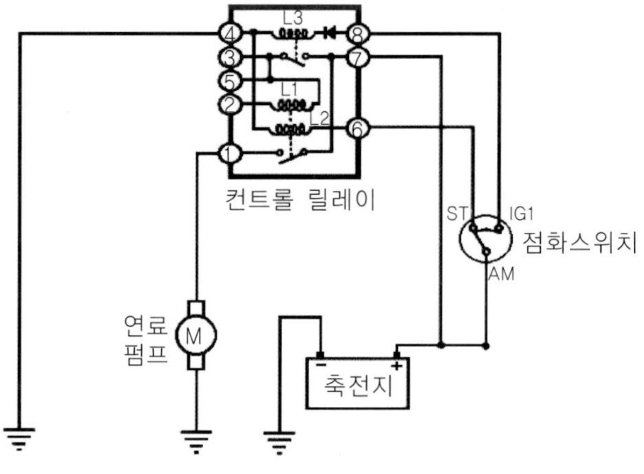

그림 96. 연료펌프를 작동 시키기 위한 릴레이 작동

4 전기 · 전자부품 점검

4.1. 전압점검

4.1.1. 교류(AC : Alternating Current)전압

교류(AC)란 흐르는 방향이 주기적으로 바뀌면서, 세기가 연속적으로 변화하는 전류이다. 이때 자유전자는 동일한 진폭으로 왕복, 진동한다(예 : 일반전기, 교류전동기, 교류발전기). 이 진동 사이클을 주기(period)라 하고, 1초당 진동수를 주파수(frequency)라 한다. 주파수(f)의 단위는 [1/s] 또는 "Hz(hertz : 헤르츠)"를 사용한다.

셀렉터를 AC V에 설정한다(AC 전압측정). 전압을 측정하고자 할 때 측정전압을 알지 못하는 경우에는 최고 높은 레인지에 놓고 측정하여 눈금을 읽고 차후 적절한 낮은 레인지로 선택하도록 한다. AC 전압은 아래 그림과 같이 측정한다.

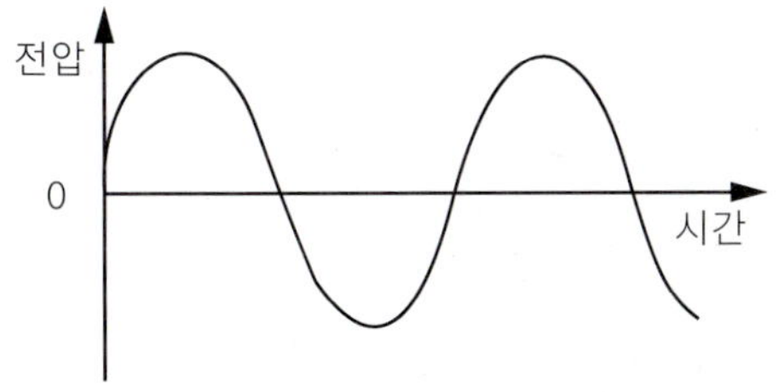

그림 97. 교류전압

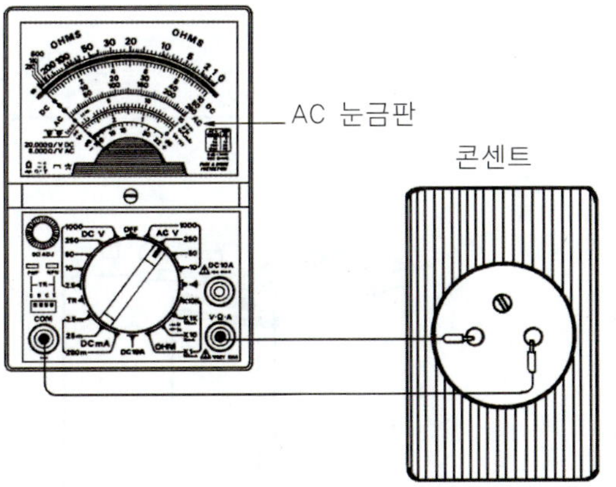

그림 98. AC 전압측정의 예

4.1.2. 직류(DC : Direct Current) 전압

전하가 한쪽방향으로 계속 흘러간다. 직류 전압의 경우, 회로에 항상 일정한 전압(전류를 흐르게 하는 힘)이 걸려 있다면 시간에 따라 흐르는 전류의 세기도 항상 일정하다.

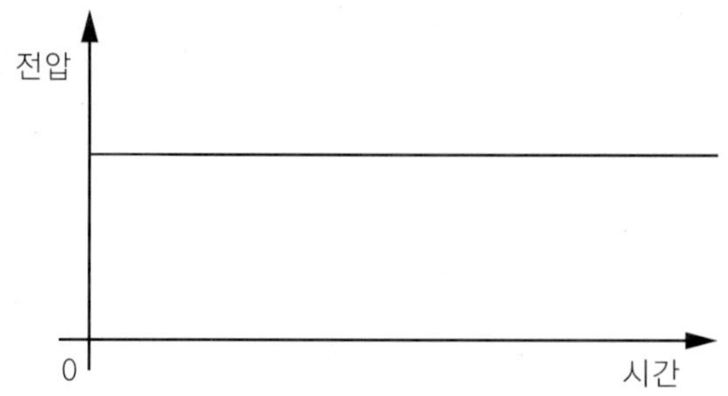

『그림』 99. 직류전압

[1] 아날로그 테스터기

셀렉터를 DC V에 설정한다(DC 전압측정). 셀렉터를 DC 50에 선택하고 적색 리드선은 축전지 (+)단자에, 흑색 리드선은 축전지 (-)단자에 접속한 후 눈금판의 바늘 움직임을 읽는다.

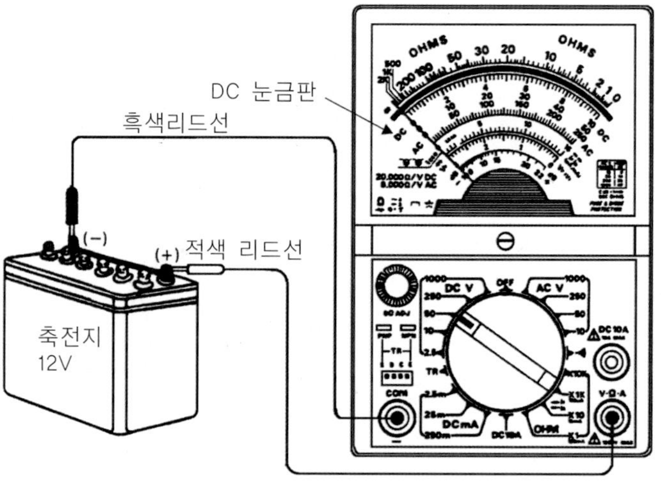

『그림』 100. 축전지단자 전압측정의 예

[2] 디지털 테스터기

(1) 전압(V) 측정방법

① 선택 다이얼(selector dial)을 “V” 모드로 한 후 DC/AC 버튼을 누른다. 수동으로 측정하고자 할 때에는 “RANGE” 버튼을 누르고 측정한다.

② 적색 리드선은 V.Ω 에, 흑색 리드선은 COM에 연결한다.
③ 프로브(probe)를 측정할 부위에 접속하고 전압 값을 읽는다.
④ 일반적으로 "V" 모드에서는 축전지 전압, 각종 회로의 전압 및 각종 센서의 입·출력전압 등을 측정할 수 있다.

(2) 밀리볼트(mV) 측정방법

밀리볼트는 0.4V 이하의 미세한 전압을 측정하고자 할 때 사용한다.

① 선택 다이얼을 "mV" 모드로 한다.
② 적색 리드선은 V.Ω 에, 흑색 리드선은 COM에 연결한다.
③ 프로브(probe)를 측정할 부위에 접속하고 전압 값을 읽는다.

4.2. 전류점검

4.2.1. 아날로그테스터기

[1] 셀렉터를 DC mA에 놓았을 때

아래 그림과 같이 극성 (+), (-)를 맞추어 접속한 후 눈금판의 바늘의 움직임을 읽는다.

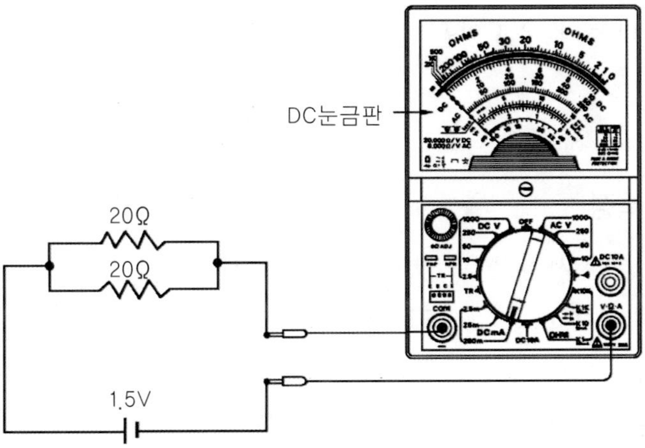

그림 101. DC mA 측정

[2] 셀렉터를 DC 10A에 놓았을 때

① 셀렉터를 DC 10A에 설정한다.

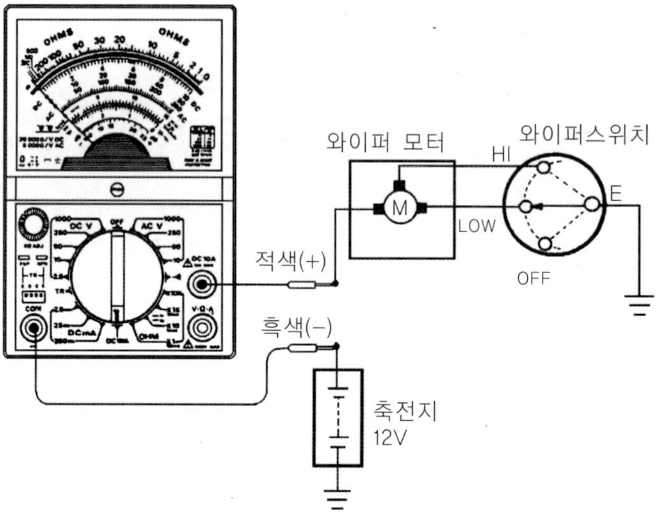

그림 102. 와이퍼 모터 전류측정 예

② 적색 리드선은 10A에, 흑색 리드선은 COM에 연결한다.

③ 적색 리드선은 (+)전류 단자에, 흑색 리드선은 (-)전류방향 단자에 직렬 연결하여 눈금판의 바늘의 움직임을 읽는다.

4.2.2. 디지털테스터기

[1] 400mA의 전류측정

전류측정에서 주의할 사항은 측정대상 회로와 시험기를 직렬로 연결해야 한다.

① 선택 다이얼을 “400mA” 모드로 한다.

② DC/AC 버튼을 눌러 적절한 AC 또는 DC로 선택한다.

③ 적색 리드선은 mA에, 흑색 리드선은 COM에 연결한다.

④ 적색 리드선은 (+)전류단자에, 흑색 리드선은 (-)전류단자에 직렬 연결하여 점검한다.

[2] 10A의 전류측정

① 선택 다이얼을 10A모드로 한다.

② DC/AC 버튼을 눌러 적절한 AC나 DC로 선택한다.

③ 적색 리드선은 10A에, 흑색 리드선은 COM에 연결한다.

④ 적색 리드선은 (+)전류 단자에, 흑색 리드선은 (-)전류방향 단자에 직렬 연결하여 점검한다.

4.2.3. 클램프미터

① 전류 측정 시 한 선만 측정해야 하며 두 선 이상을 클램프에 넣으면 측정이 안 된다.

② 클램프에 선을 물리면 안 된다.

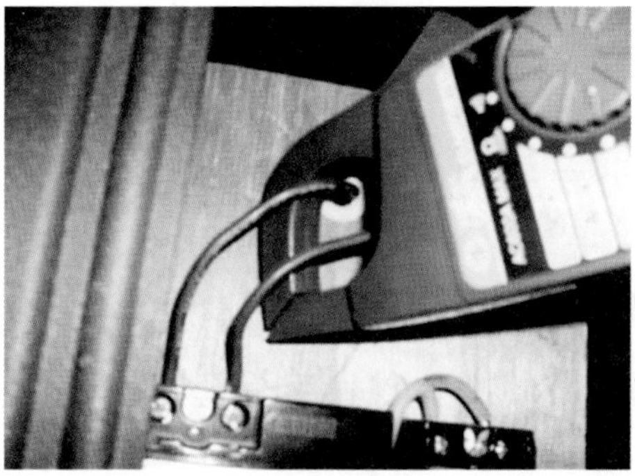

(a) 두선 물림

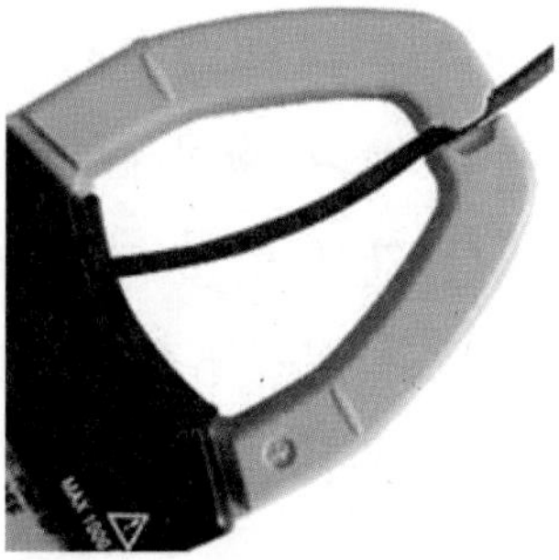

(b) 클램프에 선 물림

그림 103. 클램프 미터 테스터기 사용 시 주의사항

③ 클램프는 서로 빈틈이 없이 물려져야 한다. 클램프가 벌어지면 측정이 작게 나온다. 장기간 사용 시 스프링 힘이 약해져서 정확히 안 물릴 수 있으니 사용 시 항상 확인을 한다.

④ 집게 사이에 이물질이 없어야 한다. 이물질이 있으면 제거 후 사용해야 한다.

⑤ 직류 전류측정 시 클램프 방향에 유의하여야 한다. 전류방향의 반대로 연결 시 "−"로 표시된다.

⑥ 직류 전류 측정 전에 반드시 0점 조정을 해야 한다.

⑦ 테스터기의 측정 한계 이상 측정은 피해야 한다.

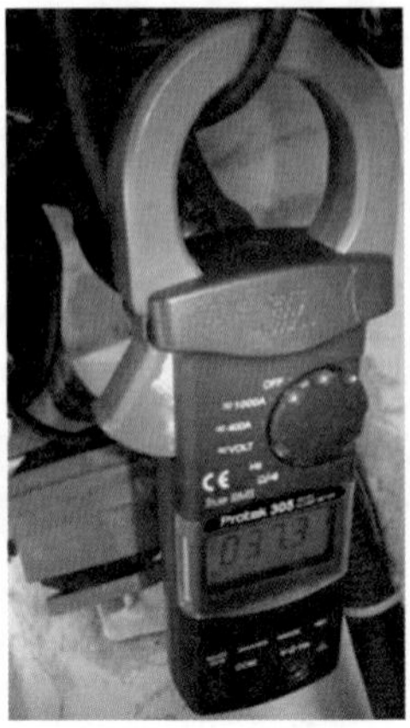

「그림」 104. 올바른 클램프 사용

4.3. 통전시험

4.3.1. 아날로그테스터기

셀렉터를 부저 위치에 설정하고 리드선의 프로브(probe)를 단락시키면 부저소리가 난다. 저항 값이 없는 선과 선의 단선 또는 퓨즈, 스위치 등의 접속상태는 소리로 점검할 수 있다. 부저 측정 시 측정대상물의 전원은 OFF가 되어야 한다. 그러나 저항 값(전구의 필라멘트, 코일)이 큰 경우에는 소리가 나지 않는 경우도 있다.

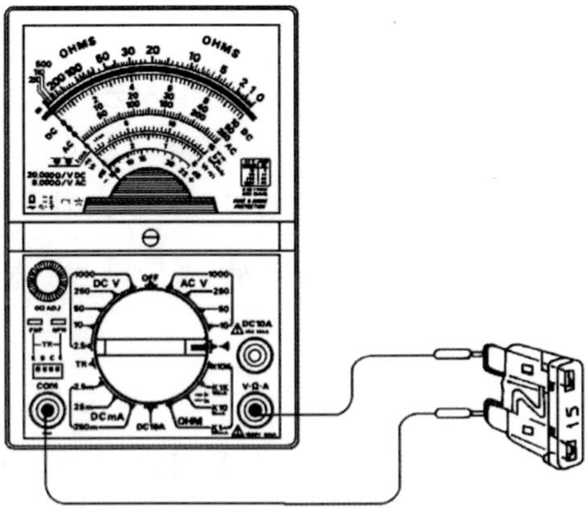

「그림」 105. 부저위치에서 퓨즈의 단선점검 예

4.3.2. 디지털테스터기

·)))(부저) 측정 시 적색 리드선은 V/Ω 에 연결하고, 흑색 리드선은 COM에 연결하여 측정대상 통전시험을 한다. 회로의 단선유무 및 전자부품의 불량 검사 시 유용하게 사용한다. 통전 시 부저소리가 들린다.

(a) 단선 시 (b) 통전 시

그림 106. 디지털테스터기의 통전시험

4.4. 반도체 점검

4.4.1. 저항(Resistance)

저항은 전류의 흐름을 방해하는 요소이다. 전기저항이라고도 부르며 저항을 나타내는 단위로 옴(Ω)을 사용한다. 저항의 연결 방법에 따라 회로 전체의 저항이 변하고, 각 저항에 흐르는 전류 또는 전압의 크기도 변한다.

가변 저항(variable resistance)은 저항의 값을 바꿀 수 있는 형태의 저항기로서 대표적인 것이 스피커의 음량을 조절하는 볼륨다이얼이나 TPS(스로틀 포지션 센서), APS(엑셀 포지션 센서) 등이 있다.

색	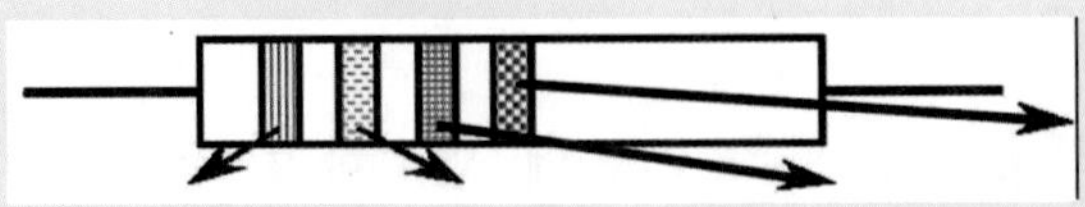			허용오차
	1색대	2색대	3색대	
은색	–	–	10^{-2}	±10%
금색	–	–	10^{-1}	±5%
검정	–	0	10^{0}	–
갈색	1	1	10^{1}	±1%
적색	2	2	10^{2}	±2%
오렌지색	3	3	10^{3}	–
황색	4	4	10^{4}	–
녹색	5	5	10^{5}	±0.5%
청색	6	6	10^{6}	–
보라색	7	7	10^{7}	–
회색	8	8	10^{8}	–
백색	9	9	10^{9}	–
기호	저항			
	가변저항	 		

[1] 아날로그테스터기

셀렉터(선택 스위치)를 저항(OHM)의 ×1, ×10, ×1K, ×10K 레인지로 측정저항에 맞게 변환한다. 리드선의 프로브를 단락시켜 0점 조정 볼륨(0Ω ADJ)을 이용하여 0Ω 에 맞춘 다음 측정하고자 하는 저항을 측정하여야 한다. 0Ω 으로 조정 안하면 측정값이 틀려진다.

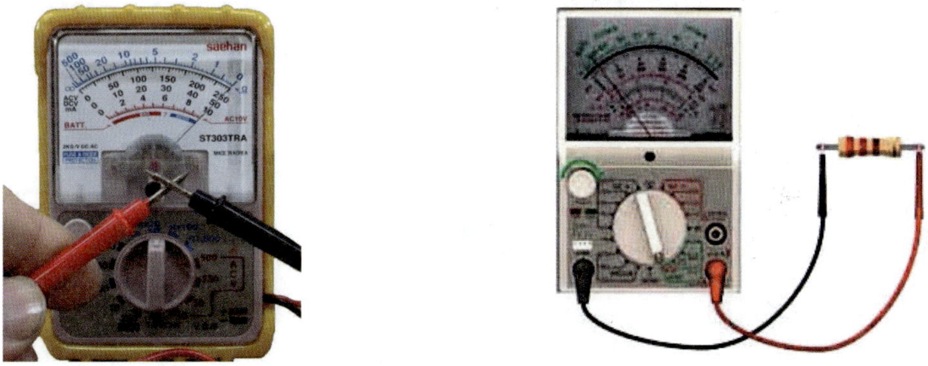

(a) 0점 조정 (b) 저항측정

그림 107. 아날로그테스터기의 저항측정

[2] 디지털테스터기

① 선택 셀렉터를 "Ω " 모드로 한다.

② 적색 리드선은 V.Ω 에, 흑색 리드선은 COM에 연결한다.

③ 프로브(probe)를 측정할 부위에 접속하고 값을 읽는다.

그림 108. 디지털테스터기의 저항측정

4.4.2. 다이오드(Diode)

[1] 정류 다이오드

다이오드란 전압을 일정한 방향으로 인가 했을 때만 전류가 흐르는 정류작용을 하는 2단자 반도체이다. 주로 전류를 한 쪽 방향으로 흐르게 하고, 역방향으로는 전류가 흐르지 못하도록 하는 성질을 가지고 있다.

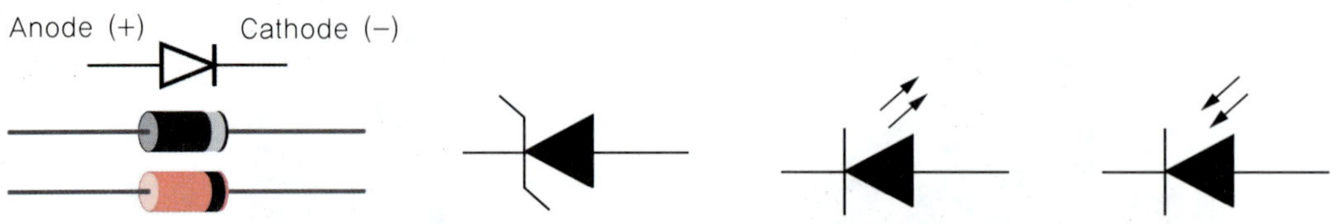

(a) 정류다이오드　(b) 제너 다이오드　(c) 발광다이오드　(d) 포토다이오드

그림 109. 다이오드 기호

다이오드의 용도는 전원장치에서 교류전류를 직류전류로 바꾸는 정류기로서의 용도, 라디오의 고주파에서 꺼내는 검파용 전류의 ON/OFF를 제어하는 스위칭용도 등 다양하게 쓰인다.

(1) 순방향 전압측정

① 디지털 멀티미터 셀렉터를 다이오드 기호에 위치하도록 돌린다.

② 빨간색 프로브는 가장 오른쪽의 다이오드 기호가 있는 빨강 커넥터와 연결하고, 검정 프로브는 COM이라고 적힌 검정 커넥터와 연결한다.

③ 다이오드의 애노드 (+)리드에는 빨강 프로브의 클립과 연결하고, 캐소드 (-)리드에는 검정 프로브의 클립과 연결한다.

④ 화면에 표시되는 순방향 전압 값을 확인하여, 순방향 전압 값이 0.5~0.9V사이에 측정되는지 확인한다.

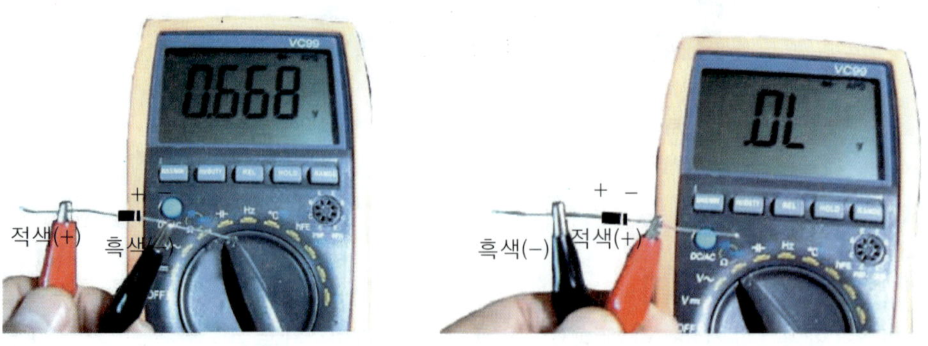

(a) 순방향 점검　(b) 역방향 점검

그림 110. 다이오드 점검

(2) 역방향 바이어스 확인

① 디지털 멀티미터의 셀렉터를 다이오드 기호에 위치하도록 돌린다.

② 빨간색 프로브는 가장 오른쪽의 다이오드 기호가 있는 빨강 커넥터와 연결하고, 검정 프로브는 COM이라고 적힌 검정 커넥터와 연결한다.

③ 다이오드의 캐소드 (-)리드에는 빨강 프로브의 클립과 연결하고, 애노드 (+)리드에는 검정 프로브의 클립과 연결한다.

④ 화면에 0.L로 표시되는지 확인한다.

[2] 제너 다이오드

다이오드로, 역방향에서 전류가 변화하여도 전압이 일정한 제너 항복현상을 이용하여 정전압 회로, 서지전류 및 정전기로부터 IC를 보호하는 소자로 쓰인다.

(1) 순방향 전압측정

① 디지털 멀티미터의 셀렉터를 다이오드를 가리키도록 돌린다.

② 제너다이오드 애노드 (+)핀과 디지털 멀티미터의 다이오드 (+)단자와 클립으로 연결한다.

③ 제너다이오드 캐소드 (-)핀과 디지털 멀티미터의 COM (-)단자와 클립으로 연결한다.

④ 순방향 전압값이 0.5~0.9V 사이의 값이 측정되는지 확인한다.

(a) 순방향　　(b) 역방향

그림 111. 제너다이오드 점검

(2) 역방향 바이어스 측정

① 디지털 멀티미터의 가운데 셀렉터를 다이오드를 가리키도록 돌린다.

② 제너다이오드 애노드(+) 핀과 디지털 멀티미터의 COM (-)단자와 클립으로 연결한다.

③ 제너다이오드 캐소드(-) 핀과 디지털 멀티미터의 다이오드 (+)단자와 클립으로 연결한다.

④ 역방향 바이어스 값이 0L로 표시되는지 확인한다.

(3) 시험결과

제너다이오드의 순방향 전압값은 정류다이오드와 동일하므로, 0.5~0.9V 사이의 값이 측정되어야지 정상이다. 위의 제너다이오드 순방향 전압값은 0.7187V로 측정되었으므로, 정상이다. 또한 역방향 바이어스에서 제너다이오드의 제너 전압은 5.1V이다. 하지만 디지털 멀티미터의 다이오드시험 모드의 경우 5.1V까지 측정할 수 없기 때문에 더 낮은 전압값에서 쇼트고장 여부만을 확인할 뿐이다. 그래서 0L로 측정된다면 정확한 제너전압을 측정할 수는 없지만 쇼트에 의한 고장이 아닌 것을 확인할 수 있다.

[3] 발광다이오드(LED)

LED라고 불리는 이 다이오드는 순방향 전압을 인가하면, 에너지가 빛이 되어 방출되어 전기장치의 표시나 조명장치로 많이 사용된다. 테스터기 셀렉터를 R(ohm) ×1 혹은 ×10으로 놓고 테스트 한다. 테스터기로 흑색 프로브를 애노드(+)에 적색 프로브를 캐소드(-)찍었을 때(아날로그테스터기와 디지털테스터기는 프로브 위치가 바뀐다) 테스터의 지침이 움직이며 발광이 된다. 프로브를 반대로 하면 발광이 되지 않는다.

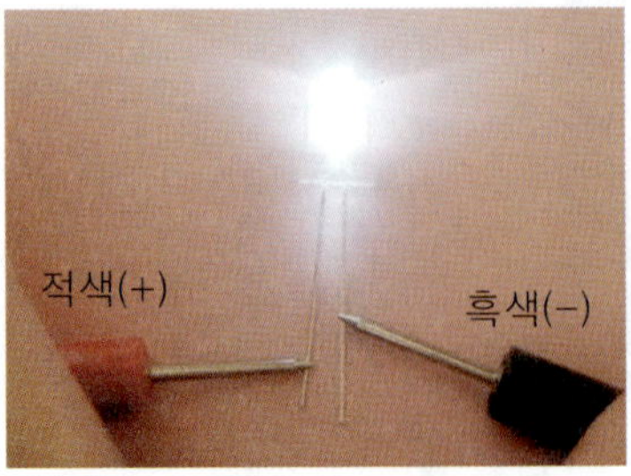

그림 112. LED 점검

[4] 포토다이오드

광 다이오드라고 불리며, 광신호를 전기신호로 변환하는 다이오드로, 빛의 강도에 따라 전류를 변화시킨다. 광센서와 리모컨, 화재경보기 등으로 많이 쓰인다. 포토다이오드의 긴 핀인 애노드(anode)는 멀티미터의 빨간색 프로브에, 짧은 핀인 캐소드(cathode)는 검정색 프로브에 연결한다. 이렇게 하면 포토다이오드는 멀티미터의 내부저항을 거쳐 캐소드와 애노드가 연결되어서, 애노드 → 멀티미터 → 캐소드방향으로 전류가 흐른다. 소형 포토다이오드는 보통 100㎂ 이하의 작은 전류를 생성한다.

손전등으로 포토다이오드를 비췄을 때, 42mV 전압이 포토다이오드 양단에 걸리고 21㎂ 전류가 흐르는 것으로 측정된다. 멀티미터의 COM단자에 연결된 검정색 프로브는 포토다이오드의 캐소드에 연결되어 있다. 그래서 애노드(anode)의 전압이 캐소드(cathode)보다 42mV 높고, 21㎂ 전류는 애노드에서 멀티미터 내부를 지나 캐소드로 흐른다.

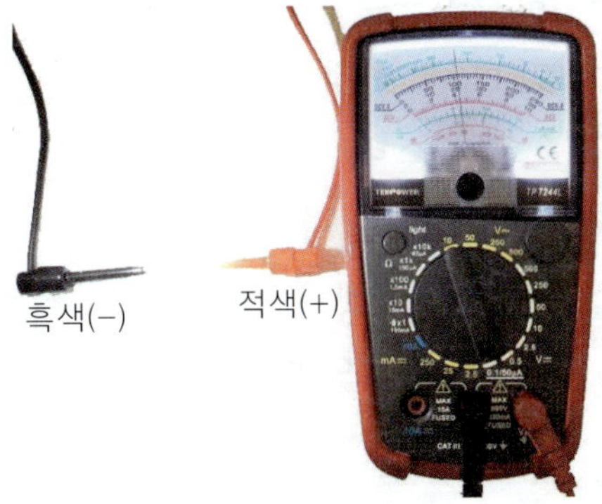

그림 113. 손전등을 비추어 포토다이오드 점검

[5] 적외선 발광 다이오드

측정방법은 일반적으로 다이오드와 같으나 빛을 볼 수 없다. 테스터기의 레인지 위치를 R×100에 선정하고 순방향은 약 1kΩ 정도이며, 역방향은 무한대이다.

4.4.3. 트랜지스터(Transistor)

트랜지스터는 전류나 전압흐름을 조절하여 증폭하거나 스위치 역할을 하는 반도체 소자이다.

(a) NPN형 (b) PNP형

그림 114. 트랜지스터 기호

외부회로와 연결할 수 있는 최소 3개 단자를 가지고 반도체 재료로 구성되어 있다. 전압 또는 전류가 한 쌍의 트랜지스터 단자에 인가가 되면 다른 한 쌍의 단자를 통해 전류를 제어한다. 출력된 전력은 입력된 전력보다 높일 수 있기 때문에 트랜지스터는 신호를 증폭하는 것이 가능하다.

[1] 아날로그 테스터기의 셀렉터를 TR(트랜지스터)위치에 놓았을 때

① 테스터기의 셀렉터 위치를 TR에 선정한다.

② 트랜지스터를 시험기의 트랜지스터 점검 소켓에 꽂아 어떤 램프에 멈추는가를 확인하여 NPN형과 PNP형을 구분할 수 있다.

③ 트랜지스터를 트랜지스터 점검 소켓에 자리를 바꾸어 가면서 점검을 해도 2개(NPN, PNP)의 램프가 점멸하지 않으면 불량이다.

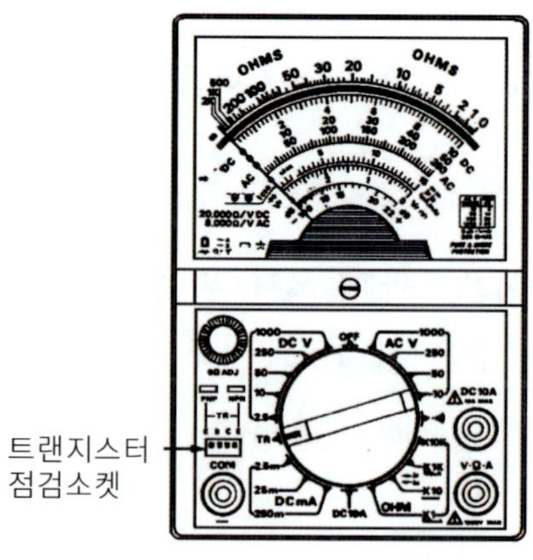

그림 115. 트랜지스터 점검 레인지

[2] 디지털 테스터기

트랜지스터의 리드와 형태를 판단하기 위해서는 제일 먼저 방향에 상관없이 트랜지스터가 도통하는 리드를 찾아야 되므로 디지털 멀티미터의 셀렉터를 다이오드 기호에 위치하도록 돌린다.

(1) 경우 1

1) 측정 1

테스터기의 적색테스터 리드(+)를 트랜지스터 ①번 리드에 접촉하고, 흑색테스터 리드 (−)를 트랜지스터 ③번 리드에 접촉한다. 테스터기 표시창에 숫자가 표시되는가 확인한 후, 다음 항목을 진행한다.

2) 측정 2

테스터기의 적색테스터 리드(+)를 트랜지스터 ③번 리드에 접촉하고, 흑색테스터 리드 (−)를 트랜지스터 ①번 리드에 접촉한다. 테스터기 표시창에 숫자가 표시되는가 확인한다.

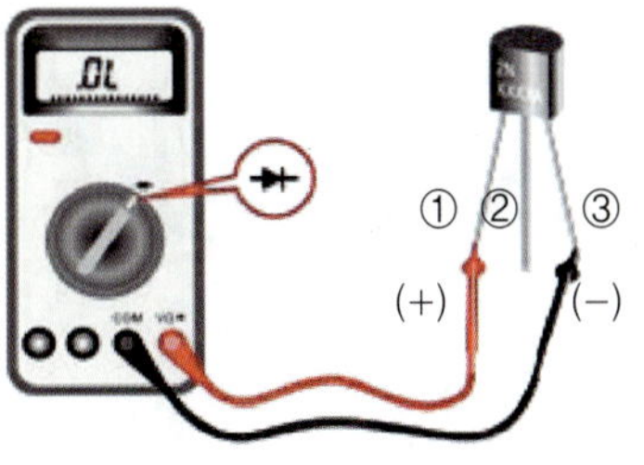

(a) 측정 1

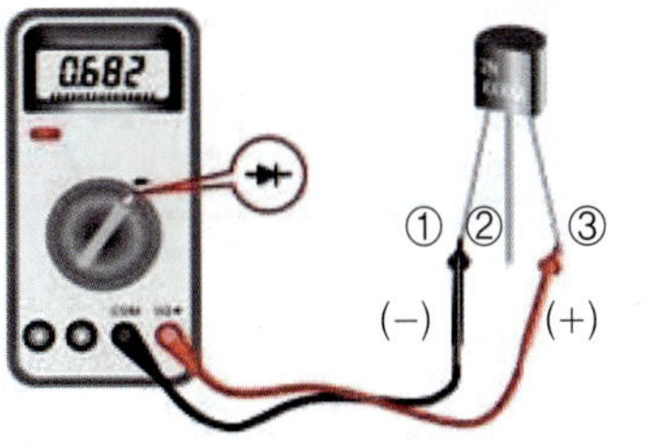

(b) 측정 2

그림 116. 디지털테스터기(1)

3) 측정결과

측정결과 테스터기의 흑색테스터 리드(−)를 트랜지스터 ①번 리드에 접촉하고, 적색테스터 리드(+)를 트랜지스터 ③번 리드에 접촉하였을 때 테스터기 표시창에 임의의 숫자가 표시되었으므로, 트랜지스터의 리드 ①에서 리드 ③으로, 또는 리드 ③에서 리드 ①로 도통되었다는 것을 알 수 있다.

트랜지스터는 베이스에서 컬렉터, 베이스에서 이미터 방향으로 도통되므로 트랜지스터 ①번 리드, 또는 ③번 리드가 베이스라고 추정한다.

(2) 경우 2

1) 측정 1

테스터기의 적색테스터 프로브(+)를 트랜지스터 ①번 리드에 접촉하고, 흑색테스터 프로브(-)를 트랜지스터 ③번 리드에 접촉한다. 테스터기 표시창에 숫자가 표시되는가 확인한 후 다음 항목을 진행한다.

2) 측정 2

테스터기의 적색테스터 프로브(+)를 트랜지스터 ③번 리드에 접촉하고, 흑색테스터 프로브(-)를 트랜지스터 ①번 리드에 접촉한다. 테스터기 표시창에 숫자가 표시되는가 확인한다.

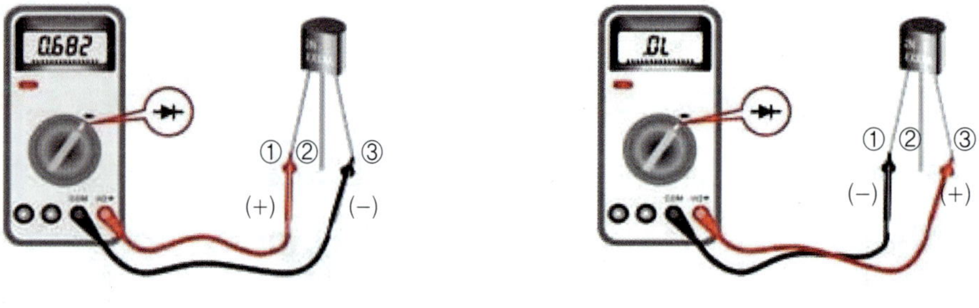

(a) 측정 1 (b) 측정 2

그림 117. 디지털테스터기(2)

3) 측정결과

측정결과 테스터기의 테스터 프로브(+)를 트랜지스터 ①번 리드에 접촉하고, 흑색 테스터 프로브(-)를 트랜지스터 ③번 리드에 접촉하였을 때 테스터기 표시창에 임의의 숫자가 표시되었으므로, 트랜지스터의 리드 ①에서 리드 ③으로, 또는 리드 ③에서 리드 ①로 도통되었다는 것을 알 수 있다. 트랜지스터는 베이스에서 컬렉터, 베이스에서 이미터 방향으로 도통되므로, 트랜지스터 ①번 리드, 또는 ③번 리드가 베이스라고 추정한다.

(3) 경우 3

1) 측정 1

테스터기의 적색테스터 프로브(+)를 트랜지스터 ①번 리드에 접촉하고, 흑색테스터 프로브(-)를 트랜지스터 ③번 리드에 접촉한다. 테스터기 표시창에 숫자가 표시되는가 확인한 후 다음 항목을 진행한다.

2) 측정 2

테스터기의 적색테스터 프로브(+)를 트랜지스터 ③번 리드에 접촉하고, 흑색테스터 프로브(-)를 트랜지스터 ①번 리드에 접촉한다. 테스터기 표시창에 숫자가 표시되는가 확인한다.

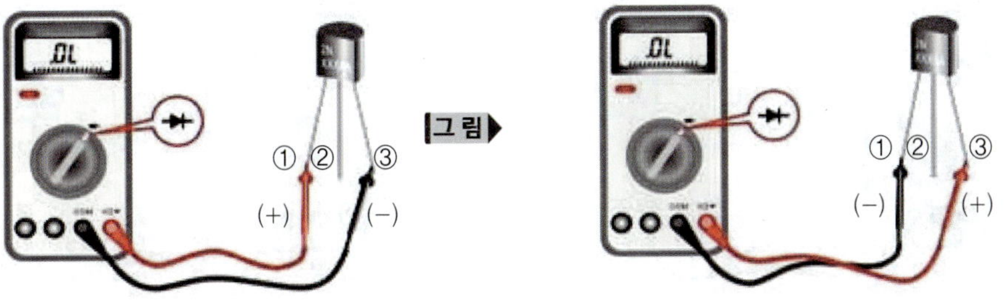

(a) 측정 1　　(b) 측정 2

그림 118. 디지털테스터기(3)

3) 측정결과

측정결과 측정 1과 측정 2, 모두 테스터기 표시창에 아무것도 표시되지 않았으므로, 트랜지스터의 리드 ①에서 리드 ③으로, 또는 리드 ③에서 리드 ①로 도통되지 않는 다는 것을 알 수 있다.

트랜지스터는 베이스에서 컬렉터, 베이스에서 이미터방향으로 도통되고, 컬렉터와 이미터는 어느 방향으로도 도통되지 못하므로 트랜지스터 ②번 리드가 베이스거나 트랜지스터가 소손 또는 파손된 것(불량), 트랜지스터의 형태의 다른 부품으로 추정된다.

(4) 경우 4

1) 측정 1

테스터기의 적색테스터 프로브(+)를 트랜지스터 ①번 리드에 접촉하고, 흑색테스터 프로브(-)를 트랜지스터 ③번 리드에 접촉한다. 테스터기 표시창에 숫자가 표시되는가 확인한 후 다음 항목을 진행한다.

2) 측정 2

테스터기의 적색테스터 프로브(+)를 트랜지스터 ③번 리드에 접촉하고, 흑색테스터 프로브(-)를 트랜지스터 ①번 리드에 접촉한다. 테스터기 표시창에 숫자가 표시되는가 확인한다.

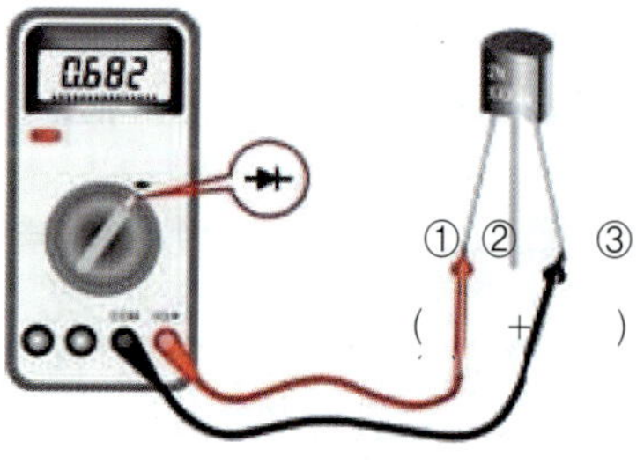

(a) 측정 1

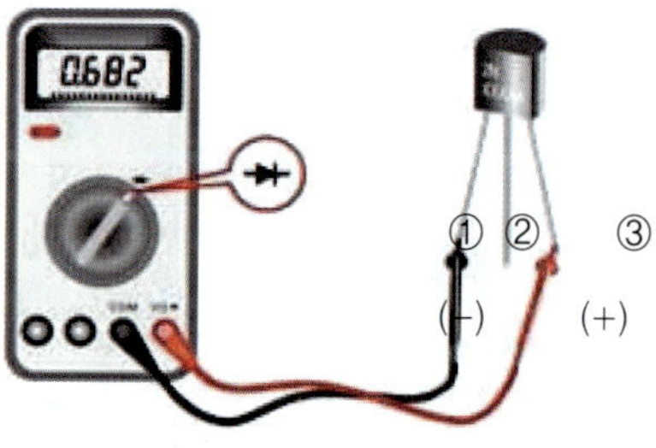

(b) 측정 2

그림 119. 디지털테스터기(4)

3) 측정결과

측정결과 측정 1과 측정 2 모두 테스터기 표시창에 임의의 숫자가 표시되었으므로, 트랜지스터의 리드 ①에서 리드 ③으로, 또는 리드 ③에서 리드 ①로 도통되었다는 것을 알 수 있다.

트랜지스터는 베이스에서 컬렉터, 베이스에서 이미터방향으로 도통되고, 컬렉터와 이미터는 어느 방향으로도 도통되지 못하는데 측정 1과 측정 2의 결과 전극의 방향과 관계없이 임의의 숫자가 표시되는 것은 외형이 트랜지스터와 비슷한 형태의 전혀 다른 부품이거나 트랜지스터 내부회로가 소손 또는 쇼트가 된 불량으로 추정된다.

4.4.4. 사이리스터

사이리스터는 3개 이상의 P-N접합을 1개의 반도체 기판 내에 형성함으로써 전류가 흐르지 않는 오픈상태와, 전류가 흐를 수 있는 온 상태 2개의 안정된 상태가 있고, 또한 오픈상태에서 온 상태로 또는 온 상태에서 오픈상태로 이행하는 기능이 있는 반도체 소자이다.

사이리스터 중에는 역 저지 사이리스터, 역 도통 사이리스터, 트라이액 이외에 PUT, SBS 등의 트리거 소자가 있다. 그러나 단지 사이리스터라고 말하면 역저지 3단자 사이리스터를 가리킨다.

(a) 기호　　(b) 사이리스터

그림 120. 사이리스터 기호와 사이리스터

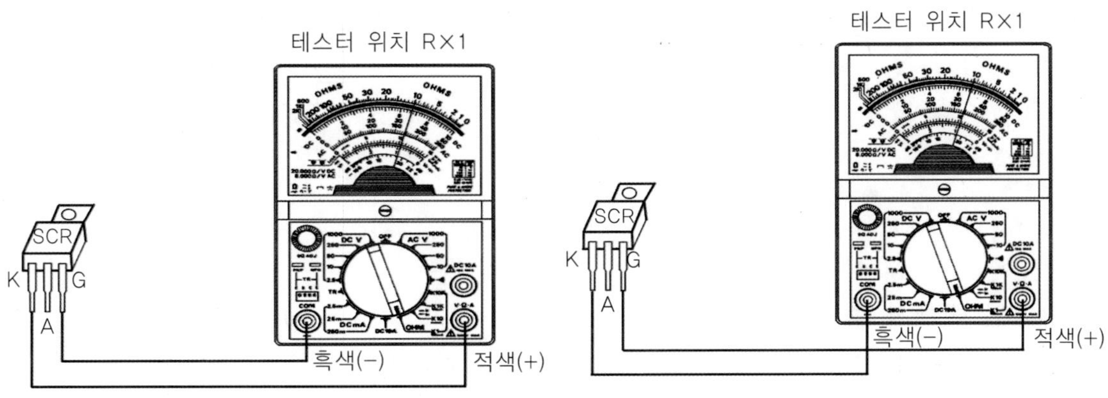

(a) K와 G 사이의 순방향 저항은 10Ω 정도이다.　　(b) K와 G 사이의 역방향 저항은 100Ω 정도이다.

그림 121. SCR 점검(1)

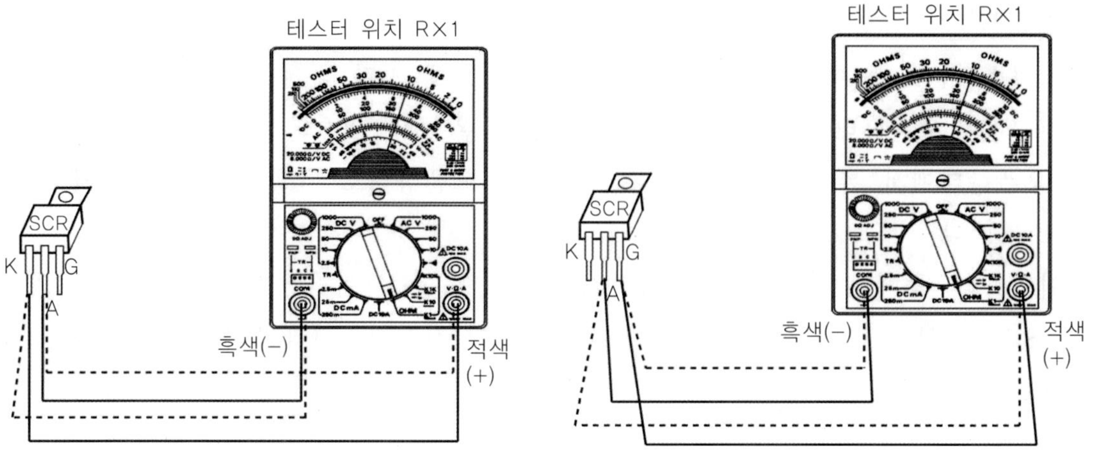

(a) K와 A 사이에는 어느 방향으로 측정해도 무한대 저항을 지시한다.

(b) A와 G 사이의 저항 값은 어느 방향으로든 무한대 값을 지시한다.

「그림」 122. SCR 점검(2)

4.4.5. 콘덴서(Condenser)

콘덴서는 직류는 흐르지 못하게 하지만 교류는 통하게 하며 용량이 클수록, 그리고 주파수가 높을수록 잘 통하게 된다. 용량단위는 F(패럿)이지만 그 단위가 너무 커서 pF(피코패럿), ㎌(마이크로패럿)의 단위를 주로 쓴다. 아날로그테스터기를 저항측정 레인지에 놓을 경우 테스트 프로브에는 (-)흑색 프로브에는 (+)전압이 (+)적색 프로브에는 (-)전압이 출력된다(R1~R100= DC 3V, R1000= DC 9V출력).

(a) (b)

「그림」 123. 콘덴서 기호

정상적인 콘덴서 측정 시 콘덴서에 멀티테스트 프로브(리드봉)를 연결하면 순간전류가 흘러 테스터의 바늘이 올라간 후 곧바로 바늘이 0상태로 되고, 초기에 전류가 흐르지만 충전 후 전류가 흐르지 않는다. 콘덴서가 불량일 경우에는 아날로그테스터의 지침이 올라갔다가 내려오지 않으면 내부 쇼트이고, 테스터기의 지침이 전혀 올라가지 않으면 내부 단선이다.

그림 124. 콘덴서 점검

4.5. 센서 및 기타 점검

4.5.1. 센서

[1] 핫 필름(Hot Film)식 공기유량센서

공기 중에 발열체를 놓으면 공기에 의하여 열을 빼앗기므로 발열체의 온도가 변화하며 이 온도의 변화는 공기의 유속에 비례한다. 이러한 발열체와 공기와의 전열현상을 이용한 것이 열선 또는 열막방식 AFS이다.

(1) 회로도

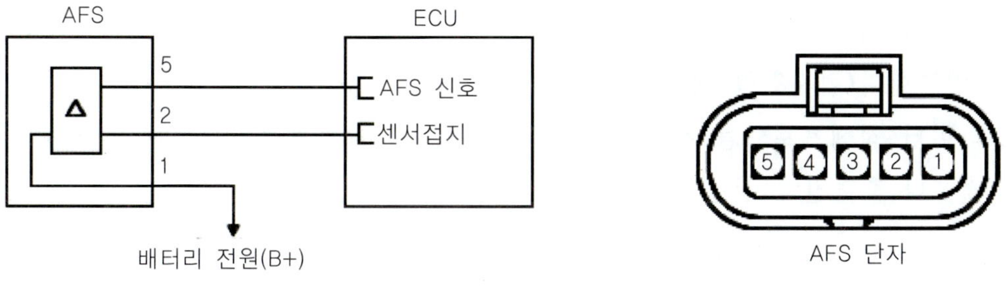

(a) 회로도 (b) 단자

그림 125. 핫 필름식 AFS의 회로도 및 단자의 구성

(2) 전원, 접지, 센서 출력 전압점검

① 멀티미터 적색프로브를 하니스측 1번 단자에 흑색프로브를 배터리(-) 또는 차체에 연결한다(ref. 전원공급 점검).

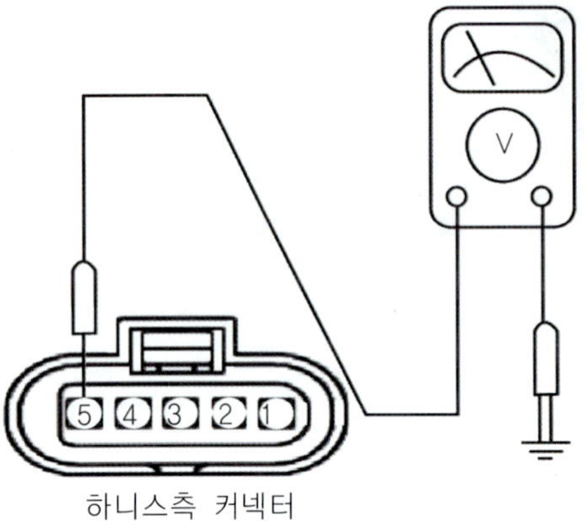

(a)

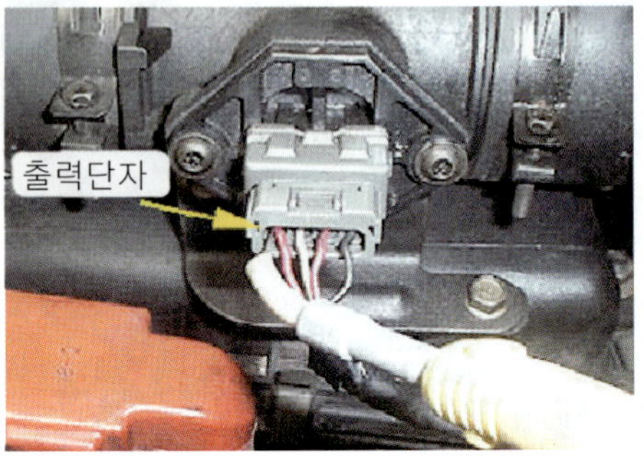

(b)

그림 126. 핫 필름방식 AFS 출력측정

엔진상태	점검위치	규정값	비고
점화스위치 ON	하니스측 커넥터 1번 단자	4.8~5.0V	전원공급
공회전	ECU측 5번 단자	0.7~1.1V	센서 출력전압
3,000rpm	ECU측 5번 단자	1.3~2.0V	센서 출력전압

② 멀티미터 적색프로브를 하니스측 2번 단자에 흑색프로브를 배터리(-) 또는 차체에 연결한다(접지전압 점검).

③ 멀티미터 적색프로브를 센서측 5번 단자에 흑색프로브를 배터리(-) 또는 차체에 연결한다(출력전압 점검).

[2] 맵센서(MAP Sensor)식 공기유량센서

MAP센서(manifold absolute pressure sensor, 흡기다기관 절대압력 센서)는 서지탱크에 장착되어 있으며 흡기다기관 내의 절대압력을 측정하여 실린더로 흡입되는 공기량을 간접적으로 알아낸다.

(1) 회로도

1번 단자는 센서의 출력단자이며, 2번 단자는 센서의 입력전원으로 5V가 작용하고 있으며, 4번 단자는 센서의 접지단자이다.

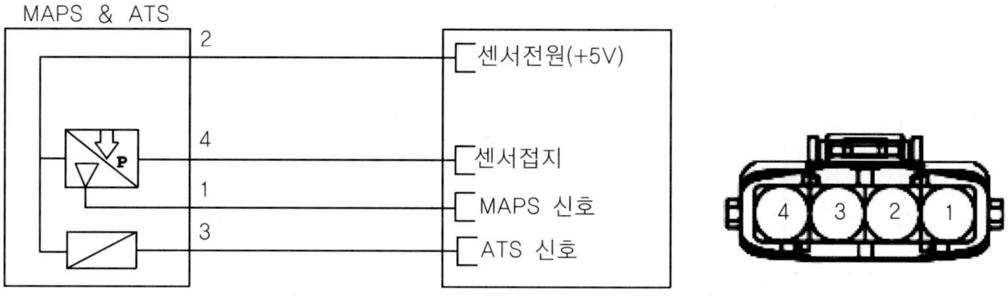

(a) 회로도 (b) 단자

그림 127. MAP센서의 회로 및 단자구성

(2) 전원, 접지, 센서 출력 전압점검

엔진상태	점검위치	규정값	비 고
점화스위치 ON	하니스측 커넥터 2번 단자	4.8~5.0V	전원공급
점화스위치 ON	센서측 4번 단자와 차체	0Ω	접지
점화스위치 ON	센서측 1번 단자	3.9~4.1V	센서 출력전압
공회전	센서측 1번 단자	0.8~1.6V	센서 출력전압

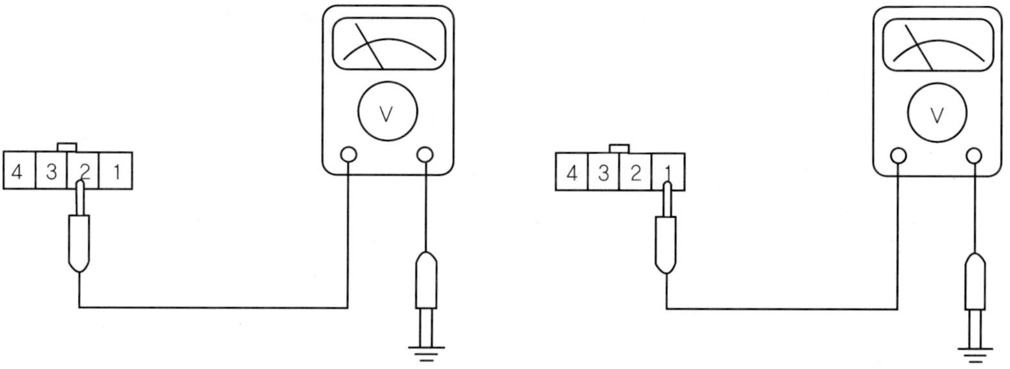

(a) 센서 전원점검 (b) 출력 전압점검

그림 128. 전압계를 이용한 MAP센서 점검

[3] 스로틀 위치 센서(TPS : Throttle Position Sensor)

TPS는 스로틀밸브의 축과 같이 연동되는 일종의 가변 저항기로써 스로틀밸브의 개도를 검출하기 위한 것이다.

(1) 회로도

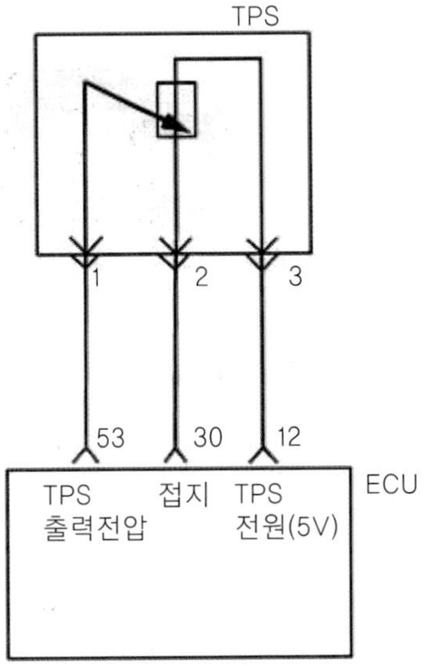

(a) 회로도

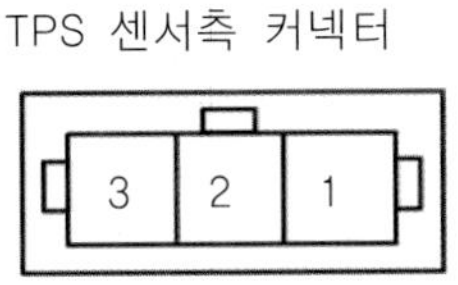

(b) 커넥터

「그림」 129. TPS의 회로도

(2) 전원, 접지, 센서 출력 전압점검

스로틀 포지션 센서는 5V 동력공급, 접지 및 출력단자로 구성되어 있다. 단자의 총 저항은 3.5~5kΩ 이며, 출력전압은 0mV~5,000mV이다.

① 하니스측 커넥터 3번 단자에 전압계를 설치하여 ref. 전원공급을 확인한다.

② 멀티미터의 적색프로브는 센서측 커넥터 2번 단자 흑색프로브는 차체 또는 ECU (ECM)측 커넥터 30번 단자에 연결하여 접지성을 확인한다.

③ 센서측 커넥터 1번 단자에 전압계를 설치하여 스로틀밸브 개도변화에 따른 출력전압을 점검한다. 가속 시 출력전압이 완만하게 증가하는지 점검한다.

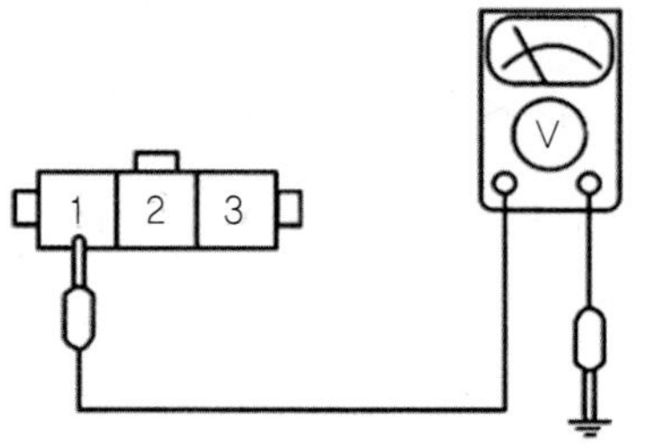

(그림) 130. TPS 출력전압 점검

엔진상태	점검위치	규정값	비고
점화스위치 ON	센서 측 3번 단자	4.8~5.0V	전원공급
점화스위치 ON	센서 측 2번 단자와 차체	0Ω	접지
점화스위치 ON 공회전	센서 측 1번 단자	0.25~0.8V	센서 출력전압
점화스위치 ON WOT	센서 측 1번 단자	4.25~4.8V	센서 출력전압

[4] 액셀러레이터 포지션 센서(APS : Accelerator Position Sensor)

액셀러레이터 포지션 센서는 가속페달의 밟힌 양을 감지하는 센서로 액셀러레이터와 일체로 구성되어 있다. 2개의 센서가 조합된 더블 포텐시오미터 형식으로 엔진 ECU는 센서 1의 신호로 연료 분사량과 분사시기를 결정하는 주된 역할을 하며 센서 2의 신호는 센서 1의 이상 신호를 감지하는 역할을 한다.

(1) 회로도

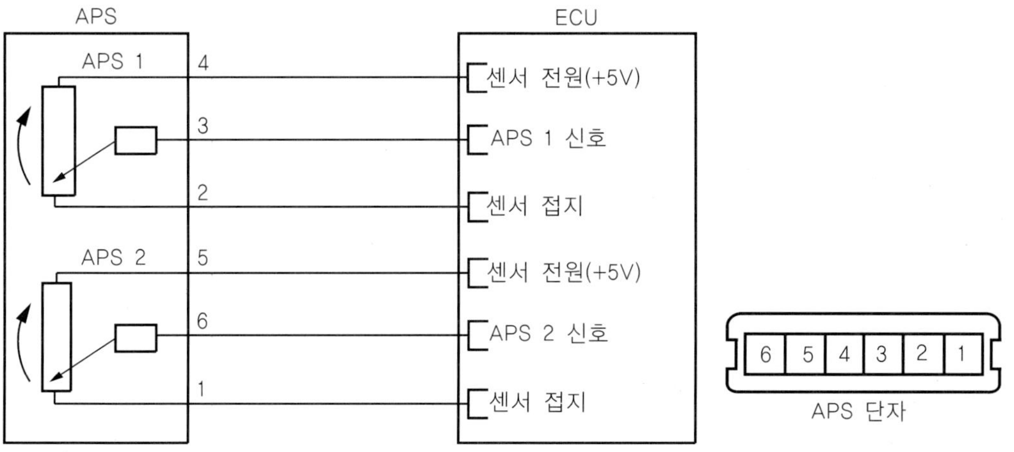

(a) (b)

(그림) 131. 액셀러레이터 포지션 센서 출력전압 및 회로도

(2) 전원, 접지, 센서 출력 전압점검

① 멀티미터 적색프로브를 하니스측 4, 5번 단자(전원 공급단자)에 흑색프로브를 배터리(-) 또는 차체에 연결한다(ref. 전원 점검).

② 멀티미터 적색프로브를 하니스측 1, 2번 단자(접지단자)에 흑색프로브를 배터리(-) 또는 차체에 연결한다(접지전압 점검).

③ 멀티미터 적색프로브를 센서측 3, 6번 단자에 흑색프로브를 배터리(-) 또는 차체에 연결한다(출력전압 점검).

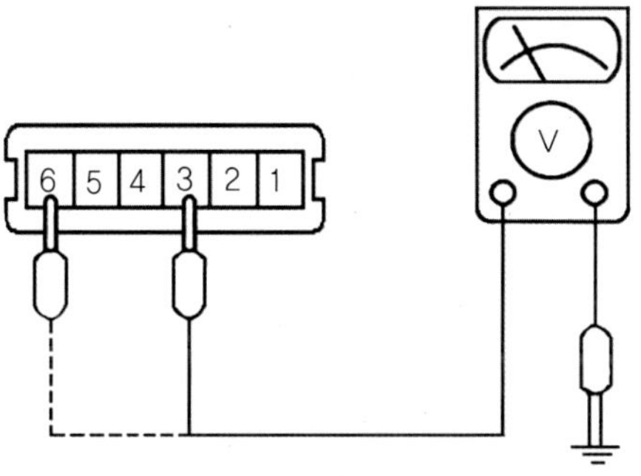

그림 132. 액셀러레이터 포지션 센서 1, 2 출력전압

[5] 전자제어 스로틀밸브(ETC : Electronic Throttle Control) TPS 및 모터

(1) 회로도

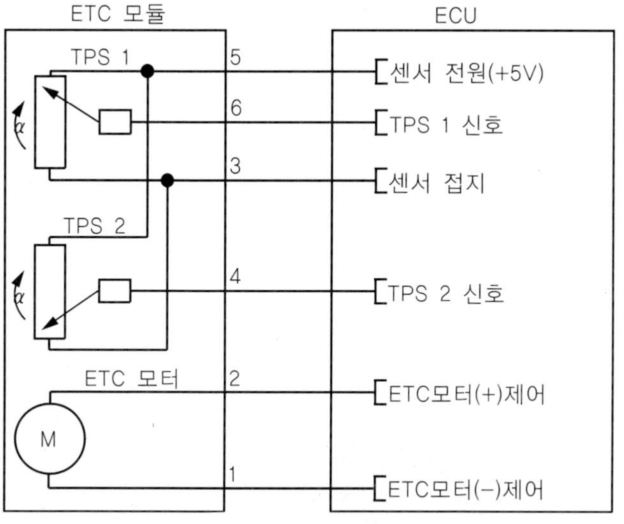

(a)

(b)

그림 133. ETC 스로틀 포지션센서의 회로도

(2) 멀티미터 측정 및 점검

① 엔진 구동 후, 스로틀 전폐(C.T)상태와 전개(W.O.T) 상태에서 센서 1과 2의 출력 전압을 하니스측 4, 6번 단자에서 측정한다.

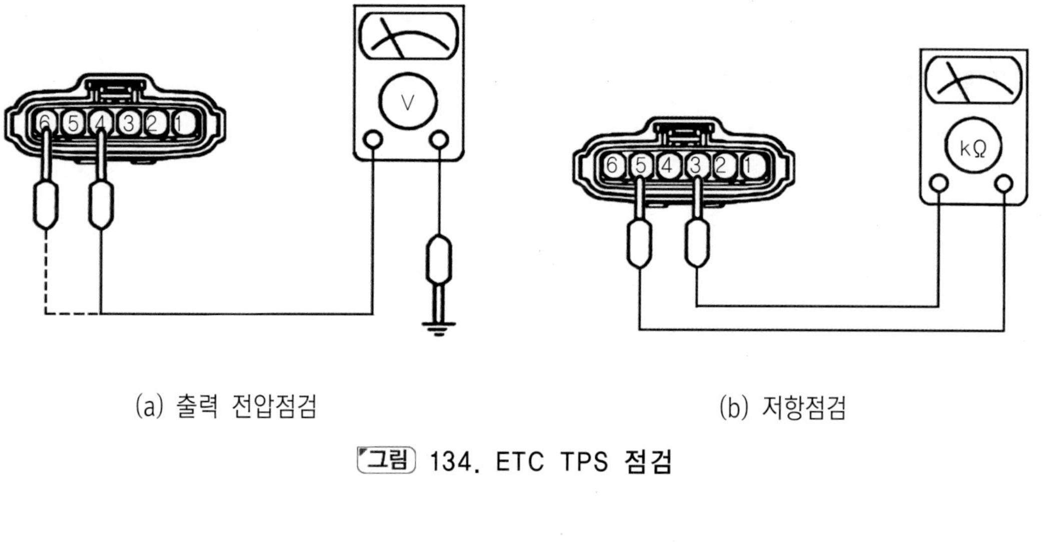

(a) 출력 전압점검

(b) 저항점검

그림 134. ETC TPS 점검

② 점화스위치를 OFF하고 ETC 모듈 커넥터를 탈거하고 단자 3번과 5번 사이의 저항을 측정한다.

항 목	센서 저항(kΩ)
TPS 1	0.875~1.625(20℃)
TPS 2	0.875~1.625(20℃)

③ ETC 모듈 커넥터를 분리하고, ETC 모듈 단자 1과 2 사이의 ETC 모터 저항을 측정한다.

항 목	규정값
코일저항(Ω)	0.3~100(20℃)

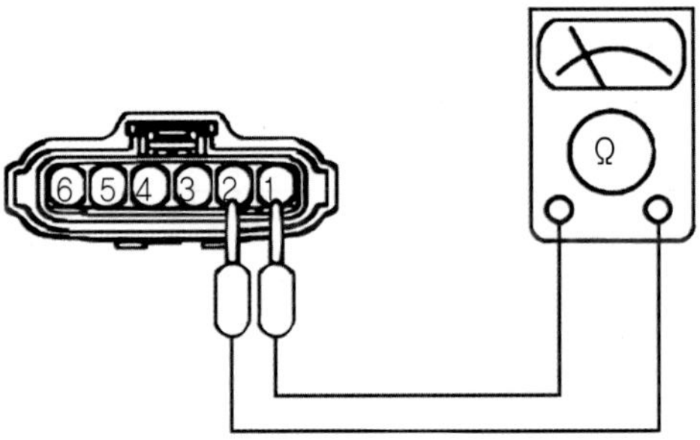

그림 135. ETC모터 점검

[6] 흡입공기 온도센서(ATS : Air Temperature Sensor)

엔진에 흡입되는 공기의 질량은 온도 및 대기압력에 따라 변하므로 흡기 온도센서는 흡입되는 공기의 온도를 검출하는 것으로 부특성(NTC : negative temperature coefficient) 서미스터(thermistor)로 되어 있다.

(1) 회로도

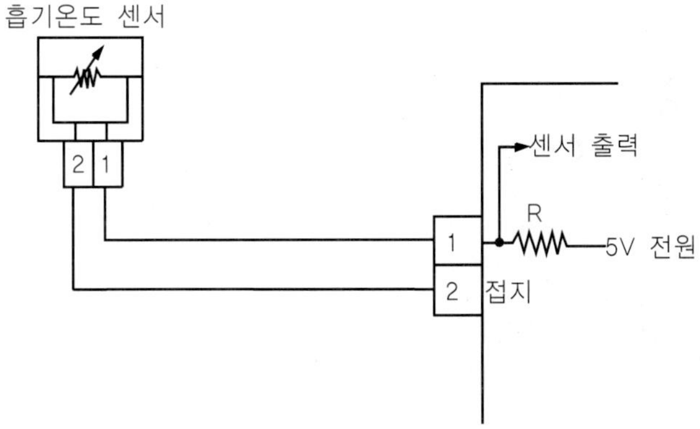

(a) 흡입관로 상에 설치 ATS

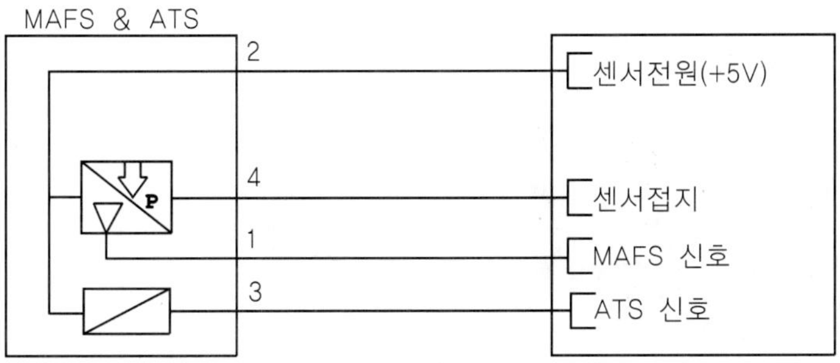

(b) MAP센서 내부설치 ATS

그림 136. ATS 회로도

(2) 전원 공급 및 접지전압 점검

① 멀티미터 적색프로브를 하니스측 1번 단자(MAP센서 내부설치 센서는 2번 단자)에 흑색프로브를 배터리(-) 또는 차체에 연결하여 전원공급 전압(4.8~5.0V)을 점검한다.

② 멀티미터 적색프로브를 하니스측 2번 단자(MAP센서 내부설치 센서는 4번 단자)에 흑색프로브를 배터리(-) 또는 차체에 연결하여 접지전압(0Ω)을 점검한다.

(3) 출력 전압측정

전압계를 이용한 방법은 점화스위치 ON상태에서 1번 단자(MAP센서 내부설치 센서는 3번 단자) 전압을 측정한다. NTC 서미스터 형식이므로 온도가 높을수록 출력 전압은 낮아진다. 출력전압이 정상적으로 나오지 않을 때는 커넥터를 분리한 후 하니스 측에서 5V의 전원이 정상적으로 작용하는지를 점검한다.

(a) 흡입관로상에 설치 ATS

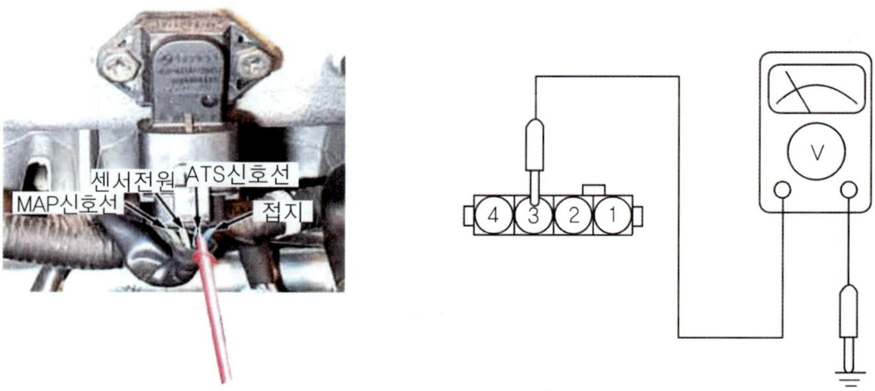

(b) MAP센서 내부설치 ATS

그림 137. 전압계로 ATS 출력 전압점검

표 흡기 온도센서의 출력전압

점검조건	온도(℃)	출력전압(V)
점화스위치 ON	0	3.3~3.7
	20	2.4~2.8
	40	1.6~2.0
	80	0.5~0.9

(4) 저항측정

① 점화스위치를 OFF시킨다.

② 공기량 측정센서 커넥터를 분리한다.

③ 센서 단자 1과 2(MAP센서 내부설치 센서는 2과 3) 사이의 저항을 측정한다.

④ 제원 값을 참조하여 저항이 제원 값과 상이한지 확인한다.

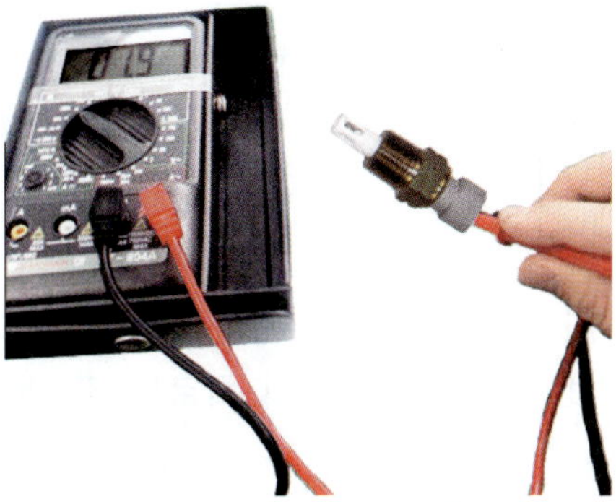

그림 138. ATS 저항점검

표 흡기 온도센서의 출력저항

흡기온도(℃)	출력 저항(kΩ)
-40	40.93~48.35
-20	13.89~16.03
0	5.38~6.09
10	3.48~3.90
20	2.31~2.57
40	1.08~1.21
50	0.76~0.85
60	0.54~0.62
80	0.29~0.34

[7] 냉각수온센서(WTS : Water Temperature Sensor)

엔진 냉각수온센서는 실린더블록 또는 서모스탯 입구의 냉각수 통로에 설치되며 냉각수의 온도를 검출하여 온도가 상승하면 저항 값이 작아지고, 온도가 내려가면 저항 값이 커지는 부특성 서미스터(NTC thermistor)로 일종의 저항기이다.

(1) 회로도

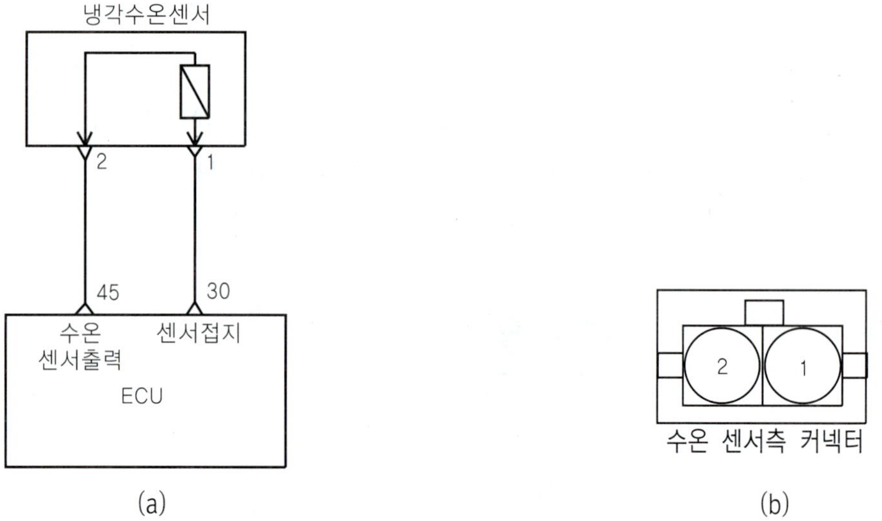

그림 139. 냉각수온센서 회로도 및 커넥터

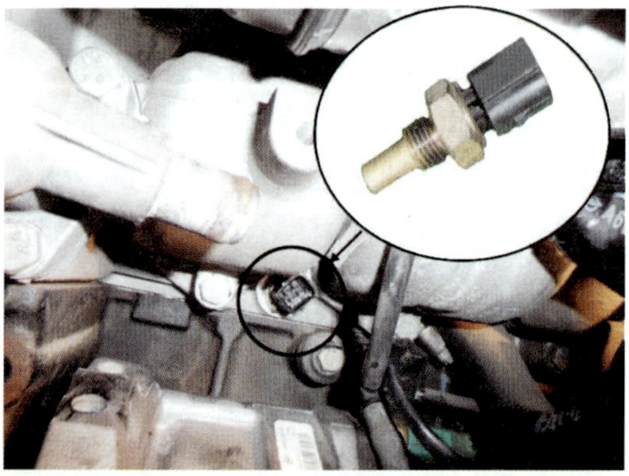

그림 140. 냉각수온센서 장착위치

(2) 전원, 접지, 센서 출력 전압점검

① 멀티미터 적색프로브를 하니스측 2번 단자(전원공급단자)에 흑색프로브를 배터리(-) 또는 차체에 연결한다(전원공급 점검).

② 멀티미터 적색프로브를 하니스측 1번 단자(접지단자)에 흑색프로브를 배터리(-) 또는 차체에 연결한다(접지전압 점검).

③ 멀티미터 적색프로브를 센서측 2번 단자에 흑색프로브를 배터리(-) 또는 차체에 연결한다(출력전압 점검).

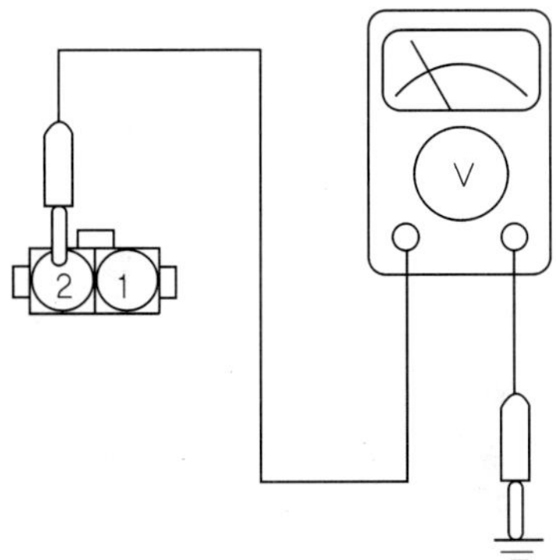

그림 141. 전압계로 WTS 출력점검

<table>
<tr><th>엔진상태</th><th>점검위치</th><th colspan="2">규정값</th><th>비고</th></tr>
<tr><td>점화스위치 ON</td><td>하니스측 2번 단자와 BAT (-) 사이</td><td colspan="2">4.8~5.0V</td><td>전원공급</td></tr>
<tr><td>점화스위치 ON</td><td>하니스측 1번 단자와 차체 또는 30번 단자</td><td colspan="2">0Ω</td><td>접지</td></tr>
<tr><td rowspan="4">점화스위치 ON</td><td rowspan="4">센서측 2번 단자 또는 ECU측 30번 단자</td><td>0℃</td><td>3.3~3.7V</td><td rowspan="4">센서출력 전압</td></tr>
<tr><td>20℃</td><td>2.4~2.8V</td></tr>
<tr><td>40℃</td><td>1.6~2.0V</td></tr>
<tr><td>80℃</td><td>0.5~0.9V</td></tr>
</table>

(3) 저항측정

① 점화스위치를 OFF 시킨다.

② 냉각 수온센서를 탈거한다.

③ 냉각수 안에 센서의 서미스터를 담근다.

④ 온도계를 이용하여 냉각수 온도를 확인하고 센서 신호 단자와 접지 단자 사이의 저항을 측정한다. 제원을 참조하여 측정된 저항이 제원과 상이한지 확인한다.

그림 142. WTS 저항측정

표 온도에 따른 냉각수온센서의 저항값

냉각수 온도(℃)	저항값(kΩ)
0	5.18~6.6
20	2.27~2.73
40	1.06~1.30
80	0.29~0.35

[8] 노크센서

노크센서(KS : knock sensor)는 실린더블록 측면에 장착되어 있으며, 엔진 작동 중 노크가 발생하면 실린더블록은 특정 주파수(5~10kHz)로 진동하게 된다. 이러한 진동을 노크센서 내의 압전소자(piezo ceramic element)의 작용에 의해 전기적 신호로 변화하여 ECU로 입력된다.

(1) 회로도

그림 143은 노크센서의 회로 및 단자구성을 나타낸 것이다. 2번 단자가 출력신호 단자이며, 3번 단자는 접지이다.

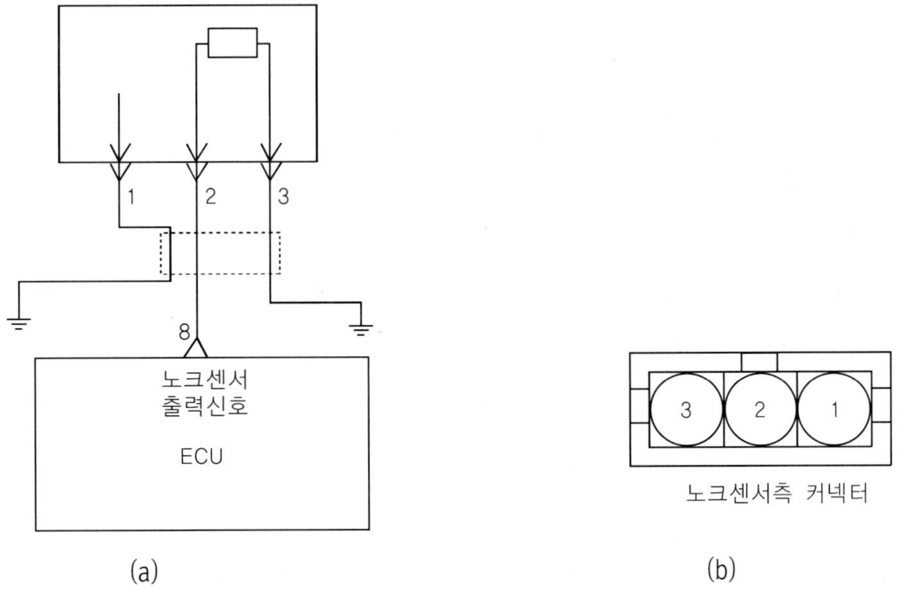

그림 143. 노크센서의 회로 및 단자구성

(2) 점검방법

노크센서의 점검은 커넥터의 접촉상태 및 단선과 단락유무를 점검한다. 실린더블록에 설치되어 진동을 감지하는 센서이므로 규정 토크로 설치되었는지를 점검하는 것이 필요하다. 또한 2번 단자와 3번 단자 사이의 저항값(규정값 : 500~620kΩ)을 측정하여 규정값에 맞는지를 점검한다.

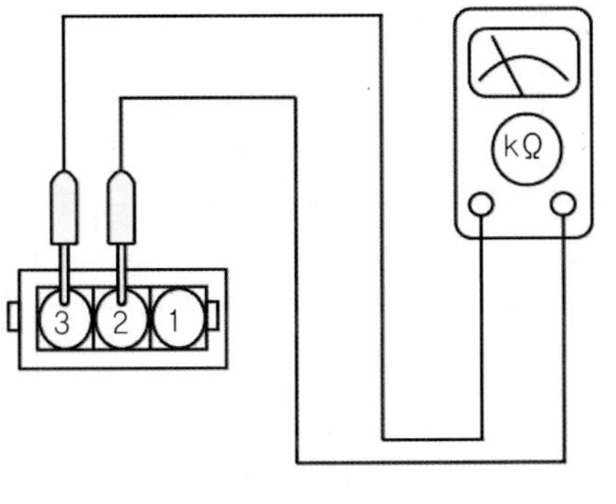

그림 144. 노크센서 저항점검

[9] 이그니션 훼일러 센서(Failure Sensor, 파워 TR)

점화 1차 코일에 흐르는 전류를 단속하는 T/R은 점화코일 내부에 설치되어 있고, 점화코일, T/R, 배선 등 점화 장치의 고장 여부 및 타코메타 구동을 위한 센서이다.

IG. 훼일러 센서는 점화 1차 코일에 전원을 공급하며, 점화코일 내에 있는 Power TR이 OFF 되면 전압이 0V로 떨어지고, 이 신호가 IG. 훼일러 센서 로직에 입력되면, IG. Detect 신호를 ECU가 검출하게 된다. IG. Detect 신호 파형이 32회 이상 미검출 시 ECU는 점화장치에 이상이 있다고 판단하여 경고등을 점등시킨다.

(1) 회로도

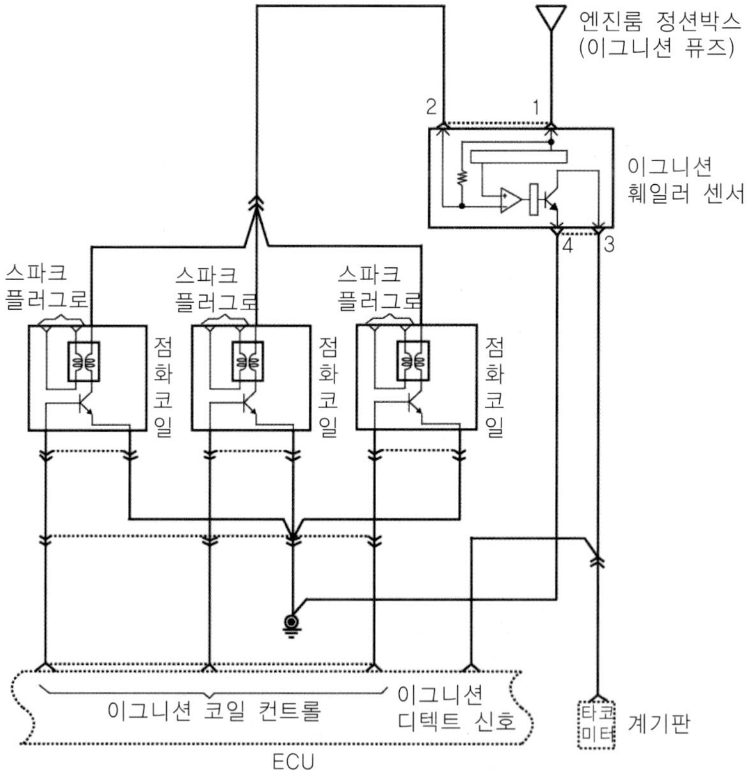

그림 145. 이그니션 훼일러 센서 회로도

(2) 점검방법

이그니션 훼일러 센서에는 총 4개의 선이 있는데 1번 단자는 IG1 전원이고, 2번 단자는 점화코일로 가는 본선(+)이다. 검정색 4번 단자는 차체어스, 흰색 3번 단자는 계기판 타코메타로 가는 rpm 선이다.

3번 흰색 선을 단선하여 측정하면 쉽고 빠르게 진단할 수 있다. 이 3번 흰색 선은 차단해도 엔진이 구동하는 데 전혀 관계가 없다. 측정 후 다시 결합하면 된다. ECU에서 약 4.8V 이그니션 디텍트 시그널 전압으로 휄일러 센서로 공급하고 계기판에도 약 4.8V를 휄일러 센서 rpm(흰색선)에 공급한다. 그러면 두 전압의 수를 더해서 휄일러 센서엔 약 9.6V볼트 정도의 전압이 흐른다.

휄일러 센서 rpm신호 선을 점검했을 때 9.6V가 나와야 하는데 4.8V가 나온다면 계기판에서 오는 배선이든지 ECU에서 오는 배선이든지 둘 중의 한 곳의 배선이 단선된 것이다. 그리고 ECU에서 오는 배선을 절단 후 휄일리 센서측에서 배선을 측정했을 때 약 0.058V가 나오면 휄일러 센서 불량이다. 약 0.154V 정도 나오고 액셀을 밟았을 때 숫자가 상승하면 휄일러 센서는 정상이다. 그리고 휄일러 센서와 ECU가 정상일 경우엔 약 0.522V(공회전 시)가 출력되다가 액셀을 밟을 때 볼트 수가 상승하면 계기판 불량이다.

그림 146. 휄일러 센서 점검

4.5.2. 기타 점검

[1] 온도(TEMP) 측정

① 선택 다이얼을 "TEMP" 모드로 하고, ℃/℉ 버튼을 눌러 섭씨(℃) 또는 화씨(℉)를 선택한다.

② V.Ω 과 COM에 TEMP 어댑터를 (+), (-) 극성에 맞추어 끼운다.

③ TEMP 어댑터의 소켓에 온도 프로브(probe)를 (+), (-) 극성에 맞추어 끼운다.

④ 온도 프로브(probe)를 측정하고자 하는 부위에 접속한다.

[2] 듀티(duty cycle) 측정방법

컴퓨터(ECU)에 의해 듀티 제어되는 각종 솔레노이드밸브 측정에 사용한다.

기관의 공전속도가 특정 듀티 사이클 값보다 낮게 나타나면 진공 누출 유무를 점검하여야 하며, 특정 듀티 사이클 값보다 높게 나타나면 고압에 의한 전기 부하, 기관의 기계적인 문제 또는 공전 상태에서 공전 조절 서보 모터가 고착되었는지 점검한다.

듀티 사이클은 정방 파형의 특징을 갖는다. 낮은 듀티 사이클은 전기의 흐름이 빈약하다는 것을 의미한다. 듀티 사이클은 일반적으로 45∼∼55%이면 정상이다.

① 선택 다이얼을 "DUTY CYCLE %" 모드로 한다.

② 적색 리드선은 V.Ω 에, 흑색 리드선은 COM에 연결한다.

③ 흑색클립을 접지시키거나 축전지 (-)단자에 연결하고, 적색 리드선은 M/C 솔레노이드의 검정선에 찌른다.

④ 기관을 시동하면 듀티 사이클 값이 나타난다.

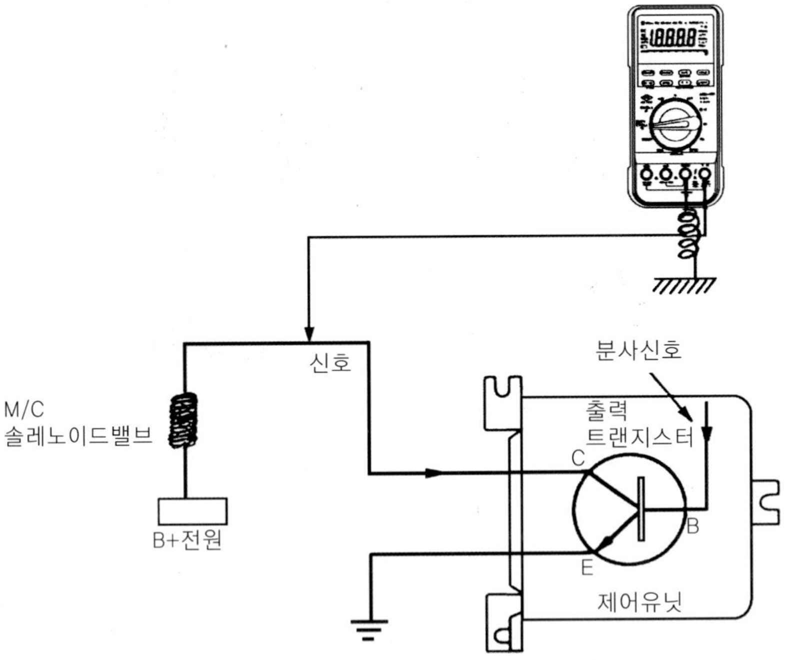

「그림」 147. 듀티 사이클 측정 예

[3] 인젝터 분사시간(mS) 측정방법

밀리 세컨드(mS)는 전자제어 연료분사장치의 인젝터 분사시간을 측정하고자 할 때 사용한다.

① 선택 다이얼을 "mS" 모드로 한다.

② 적색 리드선은 V.Ω 에 측정하고자 하는 커넥터에, 흑색 리드선은 COM과 연결한 후 접지시킨다.

③ 기관 시동을 걸면 인젝터 분사시간의 값이 나타난다.

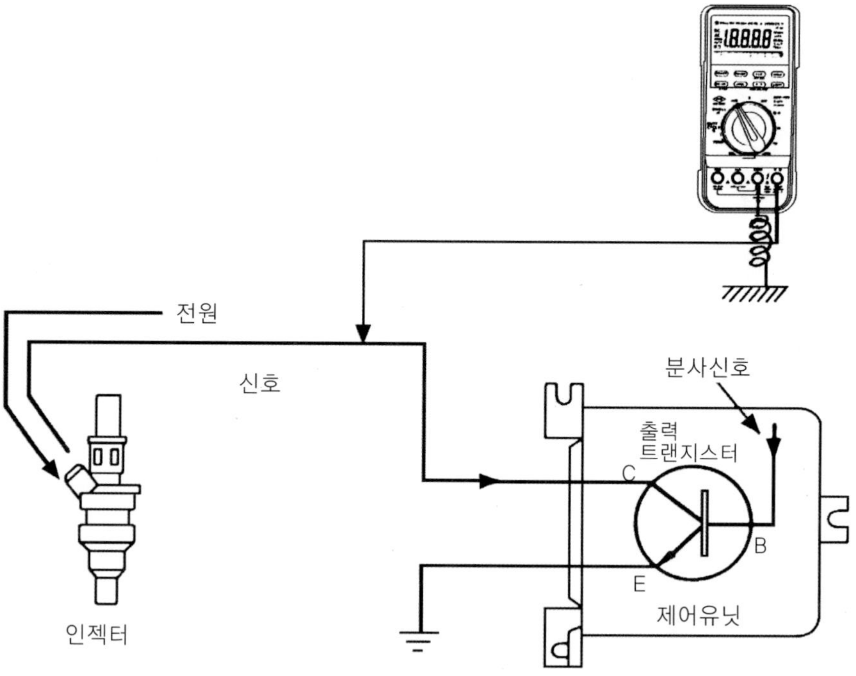

그림 148. 인젝터 분사시간 측정 예

Chapter

2

축전지

1 축전지의 기본적인 이론

1.1. 축전지의 개요

축전지에는 방전시킨 후 충전하여도 본래의 작용물질로 환원하지 못하는 1차 전지와 방전되었을 때 충전 시키면 화학적 에너지를 지닌 본래의 작용물질로 환원하는 2차 전지가 있다. 자동차에서는 2차 전지를 사용한다.

축전지는 전류의 화학작용을 이용한 장치이며, 축전지는 양극판, 음극판 및 전해액이 가지는 화학적 에너지를 전기적 에너지로 꺼낼 수 있고(방전), 또 전기적 에너지를 주면 화학적 에너지로 저장(충전)할 수 있다.

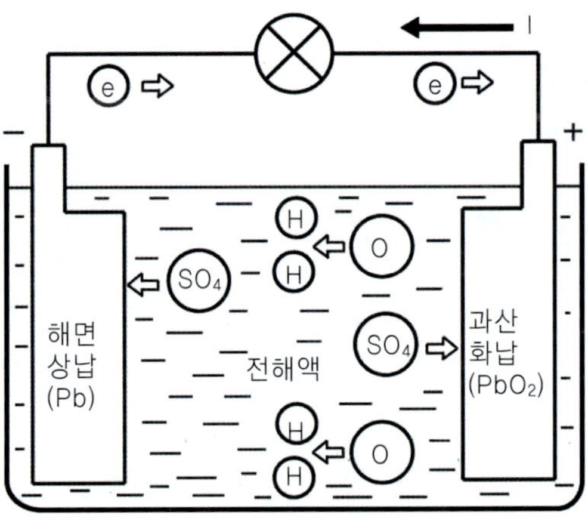

그림 1. 축전지의 원리

양극판		전해액		음극판		양극판		전해액		음극판
$PbSO_4$	+	$2H_2O$	+	$PbSO_4$	→	PbO_2	+	$2H_2SO_4$	+	Pb
황산납		물		황산납		과산화납		묽은황산		해면상납

1.2. 축전지의 기능

자동차에 사용되는 배터리는 납산축전지이다. 납산축전지는 여러 개의 극판이 전해액 속에 담겨있는 형태인데 충전과 방전을 반복하면서 점점 수명을 다해가지만 잘못된 관리에 의해서도 망가질 수 있으므로 유의해야 한다.

자동차 배터리는 주로 시동용으로 사용된다. 물론 시동이 걸리기 전에는 차량의 전장을 구동하는 전원으로 사용되지만 일단 시동이 걸린 후에는 차량의 알터네이터(발전기)에서 발생하는 전기를 주로 사용하며, 배터리는 충전 및 정류작용을 하는 역할만 하게 된다.

① 기동장치의 전기적 부하를 부담한다(가장 중요한 기능이다).

② 발전기가 고장일 경우 주행을 확보하기 위한 전원으로 작동한다.

③ 주행상태에 따른 발전기의 출력과 부하와의 불균형을 조정한다.

[1] 축전지의 구비조건

① 소형·경량이고 수명이 길 것

② 심한 진동에 잘 견딜 수 있을 것

③ 다루기가 쉬울 것

④ 용량이 크고, 값이 쌀 것

1.3. 납산축전지의 구조 및 특성

1.3.1. 납산축전지의 구조

12V 축전지의 경우에는 케이스 속에 6개의 셀(cell : 단전지)이 있고, 이 셀 속에 양극판, 음극판 및 전해액이 들어 있으며 이들이 화학적 반응을 하여 셀마다 약 2.1V의 기전력을 발생 시킨다. 그리고 양극판이 음극판보다 더 활성적이므로 양극판과의 화학적 평형을 고려하여 음극판을 1장 더 둔다.

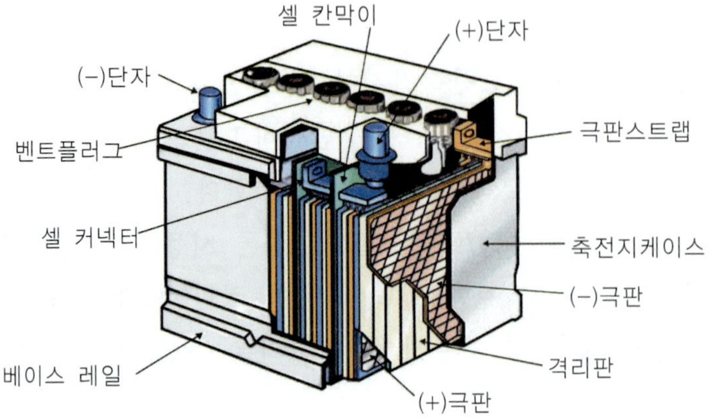

그림 2. 축전지의 구조

[1] 극판

① 기판(grid, 격자) : 활물질을 지지하고 발생된 전기를 전도해 주는 납(Pb)과 안티몬(Sb)의 납합금판으로 과산화납이나 해면상납의 탈락을 방지한다.

② 활물질(active material) : 황산과 반응하여 충·방전반응을 하는 물질

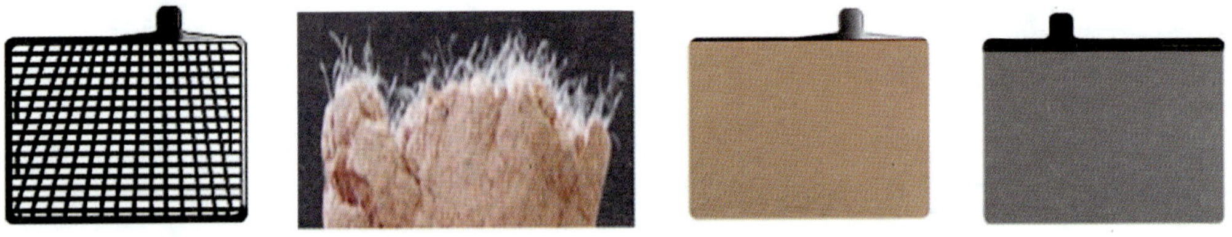

(a) 기판 (b) 활물질 (c) 양극판 (d) 음극판

그림 3. 극판의 구조

(a) 극판군 (b) 격리판 (c) 커버 (d) 전조

그림 4. 극판군, 격리판, 커버, 전조

③ 양극판(positive plate) : 기판에 활물질을 도포한 상태(과산화납(PbO_2))

④ 음극판(negative plate) : 기판에 활물질을 도포한 상태(해면상납(Pb))

[2] 격리판

양극판과 음극판 사이에 위치하여 직접 접촉에 의한 Short를 방지. 특히, 봉투식 격리판은 음극판을 감싸고 있어 활물질에 의한 양극판과의 Short를 방지하고 격리판은 합성수지로 가공한 강화 섬유 격리판, 고무를 주재료로 한 매우 작은 구멍을 지닌 고무 격리판 등이 사용되며 구비조건은 다음과 같다.

① 비전도성일 것

② 구멍이 많아서 전해액의 확산이 잘 될 것

③ 기계적 강도가 있고, 전해액에 부식되지 않을 것

④ 극판이 좋지 못한 물질을 내뿜지 않을 것

[3] 극판군

양극판 + 격리판 + 음극판의 순으로 쌓아 스트랩에 용접한 극판 뭉치로 Cell당 기전력은 약 2.1V이며 전압은 극판 크기나 매수에 관계없이 일정하다. 차량용 12V 배터리(Battery)에는 이 극판군이 전조 안에 6개가 직렬로 연결되어 있어 12V축전지의 경우에는 6개의 셀이 직렬로 연결되어 있다. 그리고 극판의 장수를 늘리면 극판의 대항 면적이 증가하므로, 축전지 용량이 증가하여 이용 전류가 많아진다.

[4] 전조(Container)

전조는 케이스(case)라고도 하며, 전해액 및 극판군을 저장하는 용기로, 플라스틱 재질을 주로 사용한다. 내부는 격벽에 의해 분할되어 있으며(12V → 6등분/6V → 3등분) 전조의 바닥에는 안장이 붙어 있다.

[5] 커버와 벤트플러그(Cover & Vent Plug)

커버는 합성수지로 제작하며, 커버와 케이스는 접착제로 접착되어 있으므로 기밀을 유지하고 있다. 또 커버의 가운데에는 전해액이나 증류수를 주입하거나, 비중계용 스포이드(spoid)나 온도계를 넣기 위한 구멍과 이것을 막아 두기 위한 벤트플러그가 있으며 이 플러그의 중앙이나 옆에는 작은 구멍이 있어 축전지 내부에서 발생한 산소와 수소가스를 방출한다.

[6] 단자기둥(Terminal Post)

단자기둥은 납 합금이며, 외부회로와 확실하게 접속되도록 하기 위해 테이퍼(taper)되어 있다. 양극판이 과산화납이므로 쉽게 산화가 발생되어 양극 단자기둥은 부식되기 쉽다. 만약 부식(녹)되었을 경우에는 깨끗이 세척한 후 그리스(greese)를 얇게 발라 준다. 그리고 양극과 음극 단자기둥에는 문자, 색깔 및 크기 등으로 표시하여 잘못 접속되는 것을 방지하고 있으며, 단자기둥의 식별방법은 다음과 같다.

① 양극 단자기둥은 (+), 음극 단자기둥은(−)의 부호로 분별한다.
② 양극 단자기둥은 적색, 음극 단자기둥은 흑색의 색깔로 분별한다.
③ 양극 단자기둥은 지름이 굵고, 음극 단자기둥은 가늘다.
④ 양극 단자기둥은 POS, 음극 단자기둥은 NEG의 문자가 표시된다.
⑤ 부식물이 많은 쪽이 양극 단자기둥이다.

또, 축전지 단자기둥으로부터 케이블을 분리할 경우에는 반드시 접지단자의 케이블을 먼저 분리하고, 설치할 경우에는 나중에 설치하여야 한다.

(a) 음극기둥　(b) 양극기둥　(c) 인디케이터　(d) 폭발방지 장치

그림 5. 단자기둥과 인디케이터

[7] 인디케이터(Indicator)

상 커버 상단에 장착되어 배터리의 상태를 표시하는 부품

① Green : 50% 이상의 충전 상태로 정상
② Black : 50% 이하 충전 상태로 충전 요함
③ White : 수명종지(B/T 교체)

[8] 폭발 방지장치(Flame Arrester)

상 커버 내부에 장착되어 폭발 방지기능을 하는 부품이다. 배출된 Gas(수소, 산소)는 연소성이 있는데, Vent Hole을 통해 외부로 배출되기 전에 고밀도 기포구조로 구성된 Flame Arrestor를 통해, 배출 단면적을 줄여 폭발을 방지하는 기능을 한다.

1.3.2. 납산축전지의 여러 가지 특성

[1] 납산축전지의 기전력

축전지의 셀당 기전력은 2.1V이며, 이것은 전해액의 비중, 온도, 방전정도에 따라서 조금씩 다르다. 기전력은 전해액 온도 저하에 따라 낮아지며, 이것은 전해액의 온도가 낮아지면 축전지 내부의 화학반응이 늦어지고, 전해액의 고유저항이 증가하기 때문이다. 또 전해액의 비중이 낮거나 방전량이 많은 경우에도 조금씩 기전력이 낮아진다.

[2] 방전 종지전압

방전 종지전압이란 축전지를 어떤 전압 이하로 방전해서는 안 되는 것을 말하며, 1셀당 1.7~1.8V이다. 방전 종지전압 이하로 방전을 하면 극판이 손상되어 축전지의 기능을 상실(喪失)한다.

방전과 더불어 전압이 낮아지는 이유는 처음에는 극판의 표면이 황산납이 되고, 방전이 계속되면 극판의 중심부에 전해액이 침투되어야 하므로 화학변화가 완만(緩慢)하게 되어 전압이 내려간다. 다시 방전을 계속하면 표면에 생성된 황산납이 중심부의 작용물질로 들어가는 전해액의 통로를 막기 때문에 방전을 할 수 없게 되므로 급격히 전압은 강하(降下)한다.

[3] 납산축전지 용량

축전지 용량이란 완전 충전된 축전지를 일정한 전류로 연속 방전하여 방전중의 단자 전압이 규정의 방전 종지전압이 될 때까지 방전시킬 수 있는 용량이다. 축전지 용량의 단위는 암페어시 용량(AH : ampere hour)으로 표시하며 이것은 일정 방전 전류(A)×방전 종지전압까지의 연속 방전시간(H)이다. 그리고 축전지 용량의 크기를 결정하는 요소에는 극판의 크기(또는 면적), 극판의 수, 전해액의 양 등이 있다. 축전지 용량을 표시하는 방법에는 20시간율, 25암페어율, 냉간율 등이 있다.

(1) 20시간율

20시간율이란 일정 방전전류를 연속 방전하여 셀당 방전 종지전압이 1.75V될 때까지 20시간 방전시킬 수 있는 전류의 총량이며, 일반적으로 사용하는 방전율이다. 예를 들어 20시간율 100AH 용량이라고 함은 5A의 전류로 연속 방전하여 방전 종지 전압에 이를 때까지 20시간(H)이 소요된다는 의미이다.

그리고 축전지는 큰 전류로 방전할수록 용량이 감소한다. 이것은 큰 전류로 방전하면 화학반응이 전해액의 확산보다 빠르게 진행되어 그 반응에 요하는 황산이 미처 공급되지 못하기 때문이다. 즉, 큰 전류일 때는 비교적 표면의 작용물질만 화학반응을 일으키므로 용량이 감소한다. 이 상태에서 방전을 잠시 멈추면 이 사이에 전해액이 확산되어 다시 방전기능이 회복되는데 이를 잉여(剩餘)용량이라고 한다.

(2) 25암페어율

25암페어율은 26.6℃(80℉)에서 일정 방전전류(25A)로 방전하여 셀당 전압이 1.75V에 이를 때까지 방전하는 것을 측정하는 것으로 발전기가 고장일 경우 부하에 전류를 공급하기 위한 축전지 능력을 표시한다.

(3) 냉간율

냉간율은 -17.7℃(0℉)에서 300A로 방전하여 셀당 전압이 1V 강하하기까지 몇 분(分) 정도 소요되는가를 표시한다.

[4] 온도와 용량의 관계

축전지의 용량은 전해액의 온도에 따라서 크게 변화한다. 즉, 일정의 방전율, 방전 종지전압 하에서 방전을 하여도 온도가 높으면 용량이 증대되고, 온도가 낮으면 용량도 감소한다. 용량표시에는 25℃를 표준으로 한다. 온도가 낮아졌을 때 축전지 용량이 감소하는 원인은 화학반응이 천천히 진행되기 때문이다. 즉, 황산분자 또는 황산이온의 확산이나 이동도가 낮아지므로 기전작용이 없어진 이온의 보급이 신속히 이루어지지 않아 전지 전압이 낮아지기 때문이다.

축전지 전압의 저하는 저온(低溫)에 따르는 전해액의 고유저항 증대에 따른 내부저항의 증대에서 오는 전압 강하도 중요한 요인이 된다.

2 축전지의 점검 및 측정

2.1. 축전지의 외부점검 및 커버 청소

2.1.1. 축전지의 외부점검

① 커버 및 케이스의 균열 및 오염상태 점검

② 벤트 플러그 공기구멍의 막힘 상태 및 과충전에 의한 솟아오름 점검

③ 단자 및 케이블의 부식상태

④ 전해액 기준 높이

2.1.2 배터리 커버 및 터미널 청소

① 배터리 커버의 부식이 심할 경우 베이킹소다와 물을 섞은 반죽으로 닦아보자. 걸레에 반죽을 묻혀 닦아내며 배터리가 베이킹 소다로 인해 젖지 않도록 주의한다. 그리고 베이킹소다를 닦아내기 위해 천에 창문 청소액을 묻혀 닦아주는 것으로 마무리한다. 베이킹소다가 배터리 표면에 남으면 이후에 배터리 터미널과 근처 금속 부식의 원인이 될 수 있다.

② 배터리를 닦아줄 때 주입구 포트 뚜껑이 모두 완전히 닫혀있는지 확인하며, 절대로 배터리를 닦는 용액이 배터리 주입구 안으로 들어가지 않도록 한다.

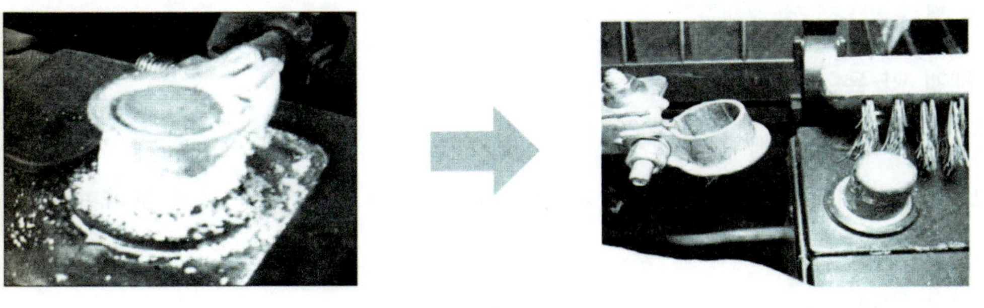

(a) 부식상태　　　(b) 터미널 및 단자기둥 청소

그림 6. 축전지 관리요령

③ 배터리 터미널을 배터리로부터 분리해서 매우 뜨거운 물 컵에 담가 두어도 좋다. 뜨거운 물이 부식을 녹여 표면을 깨끗하게 만들어줄 수 있고 단자기둥의 부식은 브러시와 걸레로 청소한다. 하지만 터미널을 배터리에 다시 끼워주기 이전에 완전히 마른 상태인지 확인한다.

2.2. 전해액(electrolyte)

전해액은 순도가 높은 묽은 황산(H_2SO_4)을 사용한다. 전해액은 극판과 접촉하여 충전을 할 때에는 전류를 저장하고, 방전될 때에는 전류를 발생 시켜 주며, 셀 내부에서 전류를 전도하는 작용도 한다.

전해액의 비중은 20℃에서 완전 충전되었을 때 1.260~1.280이며. 이를 표준 비중이라고 한다. 전해액이 표준 비중일 때 황산의 도전성이 가장 높다. 또 완전 방전되었을 때에는 비중이 1.050 정도이다. 그리고 전해액은 온도가 상승하면 비중이 작아지고, 온도가 낮아지면 비중은 커진다. 전해액 비중은 온도 1℃ 변화에 대하여 0.0007이 변화한다.

$$S_{20} = St + 0.0007 \times (t - 20)$$

S_{20} : 표준 온도 20℃로 환산한 비중
St : t℃에서 실제 측정한 비중
t : 측정할 때 전해액 온도

2.2.1. 전해액 점검

[1] 전해액 양 육안검사

축전지 케이스에 표시된 최고선(up)과 최저선(low) 중간부분에 있으면 정상이며 벤트 플러그에 확산 링이 있는 경우에는 확산 링이 검은 색과 투명한 색이 보이면 정상이다.

[2] 주입구 열기

① 배터리 윗부분에 배터리 셀 주입구를 잠가 주는 보통 2개의 플라스틱 포트 뚜껑이 있다. 플라스틱 퍼티 나이프나 드라이버를 사용해서 조심스럽게 비틀면 뚜껑이 열린다. 뚜껑이 바로 헐거워지지 않으면, 뚜껑의 가장자리 부분을 돌아가며

여러 번 비틀어본다.

② 6개의 주입구의 뚜껑이 모두 있는 배터리가 있기도 하다. 이와 같은 경우 뚜껑을 반시계 방향으로 돌려서 연다.

③ 배터리에 "메인터넌스 프리(maintenance free)" 표기가 있다면, 주입구가 열리지 않도록 제조된 배터리이다. 이와 같은 배터리는 전해액을 추가하지 않아도 되도록 제작되었기 때문에 더 이상 작동하지 않는 배터리는 교체해주어야 한다.

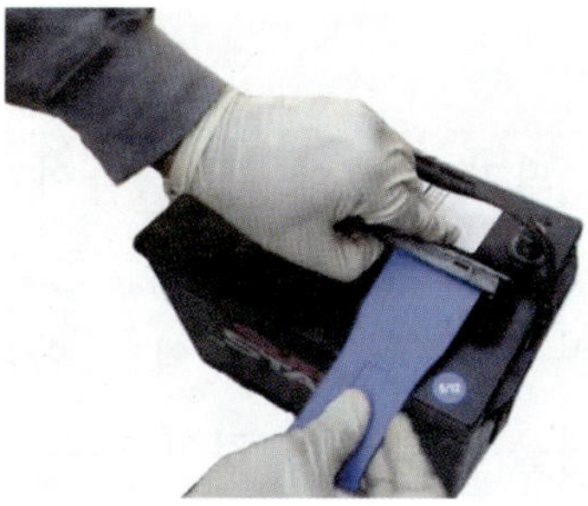

그림 7. 주입구 열기

[3] 측정기구에 의한 점검

전해액과 화학반응을 하지 않는 물질(나무젓가락, 플라스틱 막대)이나 유리관을 이용하여 벤트플러그를 열고 전해액 주입구 내로 극판에 가볍게 닿을 때까지 넣었다가 꺼내어 액이 잠기었던 높이를 측정자로 측정한다. 유리관을 사용할 경우에는 전해액에 담근 후 윗부분의 구멍을 손가락으로 막고 조심스럽게 꺼낸 후 측정한다.

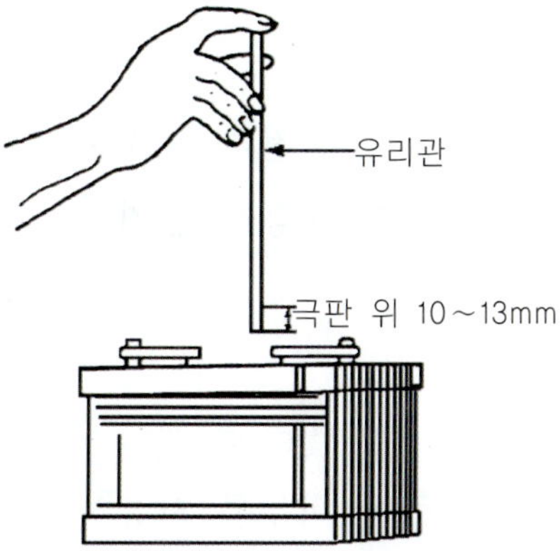

그림 8. 전해액 높이 측정

[4] 판정 및 조치

전해액 규정높이는 약 10~13mm(대형 차량은 13~20mm) 정도이며, 부족하면 극판의 산화 및 용량 감소를 초래하고, 과다하면 전해액의 넘쳐흐름 및 자기 방전량이 증대된다. 전해액이 부족 시에는 규정에 맞도록 증류수를 보충한다.

2.2.2. 전해액 만들기

[1] 전해액 취급 시 예방조치방법

(1) 보안경을 착용해서 눈 보호하기

배터리 전해액은 황산성분을 띄기 때문에 눈에 들어가면 피해가 크고 심지어 시각에도 큰 영향을 줄 수 있으니 매우 조심해야 한다. 콘택트렌즈는 눈을 보호하지 못하며, 오히려 더 문제를 복잡하게 만들 수 있다. 일반 안경의 경우도 얼굴의 측면은 보호하지 못한다. 그러므로 보안경을 착용하는 것이 매우 중요하다.

(2) 폐기 가능한 장갑으로 손 보호하기

황산에 견딜 수 있는 재질의 장갑을 선택한다. 라텍스나 비닐장갑은 산 성분을 오래 견디지 못한다. 라텍스나 비닐장갑을 사용할 때 전해액이 묻은 즉시 장갑을 교체한다. 시간이 지나면 장갑에 묻은 전해액이 스며들어 피부 화상을 입을 수 있다.

네오프렌 장갑은 한 시간 이상 보호가 가능하지만, 일반 철물점에서 쉽게 구입하기 어렵다. 나이트릴 재질은 네오프렌과 동일한 재질이 아니며, 나이트릴 장갑은 라텍스보다 황산 보호기능이 약하기 때문에 사용하지 않는 것이 좋다.

(3) 피부 보호하기

소매가 긴 오래된 옷, 긴 바지, 발을 완전히 감싸주는 신발을 신고, 최대한 피부를 노출하지 않는다. 전해액이 옷에 튀면 구멍을 남기는 경우도 있으니 버려도 무방한 오래된 옷을 입도록 하자.

(4) 전해액이 피부에 닿았을 때

전해액이 피부에 닿으면 흐르는 물에 비누를 사용해서 바로 닦아낸다. 피부 어딘가가 화끈거리고 얼얼하다면 전해액이 피부에 묻었을 수 있다.

전해액 한 방울만으로도 화상이 일어날 수 있다. 피부가 붉어지거나 상처가 나타나기 시작하면 너무 늦은 것일 수 있으니, 전해액이 묻었다고 의심되는 즉시 하던 일을 그만두고 바로 흐르는 물에 씻어내도록 한다. 심할 경우에는 즉시 병원에서 치료를 받아야 한다.

[2] 전해액 만들기

① 전해액은 묽은 황산(H_2SO_4)과 증류수(H_2O)를 적당한 비율로 혼합하여 20℃에서 1.260~1.280되게 혼합하여 사용한다.

② 혼합할 때 용기는 전해액에 화학적 또는 물리적으로 변화가 없는 질그릇, 유리그릇 등을 사용한다.

③ 반드시 증류수에 황산을 조금씩 부어 저으면서 혼합한다.

④ 혼합비율은 묽은 황산(비중 1.400, 원액은 1.835임) 35%, 증류수(비중 1) 65% 정도로 한다.

[3] 전해액 비중측정

(1) 전해액 비중과 충전상태

전해액의 비중은 방전량에 비례하여 저하된다. 그리고 축전지를 방전상태로 오랫동안 방치해 두면 극판이 영구 황산납이 되거나 여러 가지 고장을 유발하여 축전지의 기능을 상실한다. 따라서 비중이 1.200(20℃) 정도 되면 보충 충전을 실시하여야 하며, 한 번 사용하였던 축전지를 사용하지 않고 보관 중일 경우에는 15일에 1번씩 보충 충전을 하여야 한다.

(2) 흡입식 비중계 사용방법

비중계는 축전지의 전해액 비중을 측정하여 충전상태를 알아보는 데 사용한다.

① 축전지의 벤트 플러그를 연다.

② 비중계를 축전지의 전해액 주입 구멍으로 넣는다.

③ 고무 벨브를 조용히 눌렀다가 놓아 비중계의 유리관 속으로 전해액을 흡입시킨 후 뜨개가 유리관 중심부에 뜨도록 한다.

④ 눈의 높이가 유리관 속의 전해액 높이와 평행이 되게 한 후 뜨개의 눈금을 읽는다.

⑤ 전해액의 온도를 측정한다.

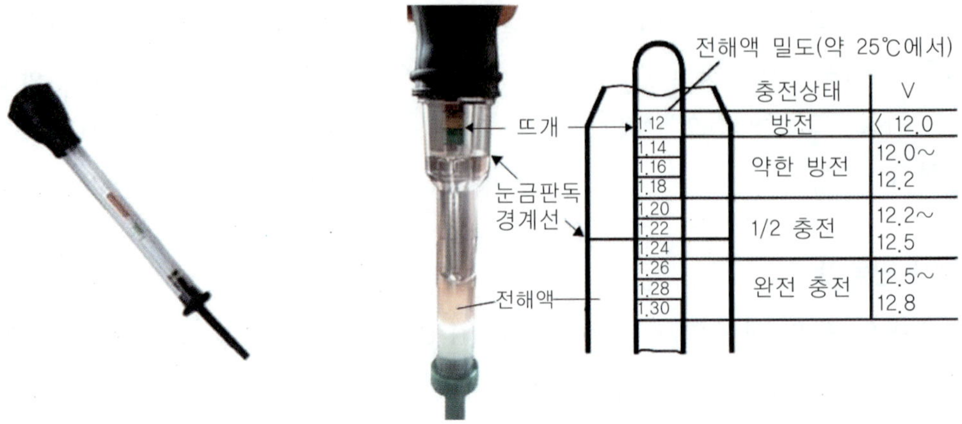

(a) 흡입식 비중계　　　(b) 뜨개 읽는 법

그림 9. 흡입식 비중계 사용법

(3) 광학식 비중계 사용방법

① 광선 굴절덮개(커버 플레이트)를 열고, 덮개와 측정 유리면을 잘 닦는다.

② 계심봉으로 전해액을 찍어 측정 유리면(프리즘)에 충분히 바른다.

③ 광선 굴절덮개를 닫고 가볍게 누른다.

④ 광선 굴절덮개를 빛이 있는 곳을 향해서 측정을 한다.

⑤ 명암 경계선상에 보이는 일치된 왼쪽 눈금이 측정값이다.

⑥ 측정을 한 후 깨끗한 천으로 프리즘 표면 및 계심봉을 닦아 건조시킨다.

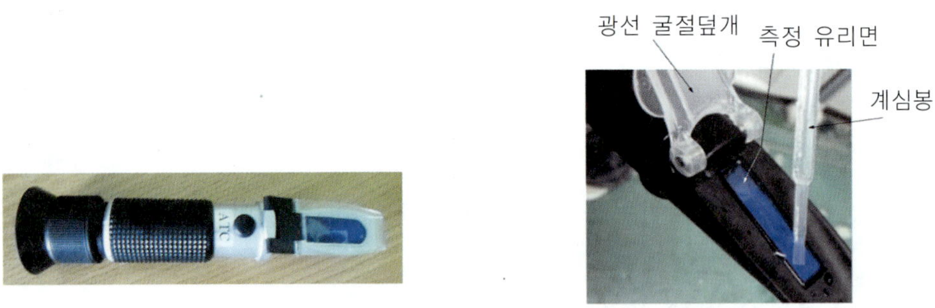

(a) 광학식 비중계　　　(b) 전해액 바르기

그림 10. 광학식 비중계 및 전해액 바르기

(a) 측정방법

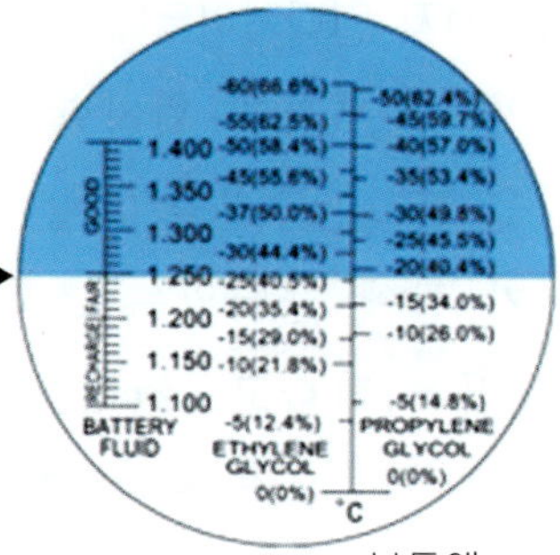

(b) 눈금판독

그림 11. 광학식 비중계 측정

(4) 판정

도표를 참조하여 3/4충전(75%) 이하일 경우에는 보충전을 실시한다.

① 규정보다 비중이 높을 때에는 전해액을 덜어내고 증류수를 주입하여 규정 전해액 높이에 맞춘다.

② 규정보다 비중이 낮을 때는 보충전을 실시하여 비중을 측정하며 충전 후에도 비중이 낮으면 묽은 황산을 넣어 규정의 비중으로 맞춘다.

③ 셀당 비중 차이 : 셀당 비중 차이는 0.025 이내이어야 정상이며 0.025 이상일 때는 불량하므로 비중을 모두 같게 맞춘다.

전체(V) 단자전압	셀당(V) 단자전압	20℃		충전상태		판 정
		A	B			
12.6 이상	2.1 이상	1.260	1.280	완전충전	100%	정상(사용가능)
12.0V	2.0V	1.210	1.230	3/4충전	75%	양호(사용가능)
11.7V	1.95V	1.160	1.180	1/2충전	50%	불량(충전요망)
11.1V	1.85V	1.110	1.130	1/4충전	25%	불량(충전요망)
10.5V	1.75V	1.060	1.080	완전방전	0	불량(교환요망)

(5) MF축전지 인디케이터에 의한 충전상태 점검

축전지 위 부분에 위치한 인디케이터(축전지 상태 확인창)를 보면 정상인 경우에는 초록빛을 띄고, 충전을 요할 때는 검은 색, 완전불량 상태는 투명한 색을 띄게 된다.

지시기 관에 들어있는 초록색 볼이 전해액의 비중에 따라서 뜨거나 가라앉은 원리에 의해서 나타나고, 전해액이 부족해서 최저 수위가 지시기의 로드(rod)바닥보다 낮아지면 지시기는 맑은 투명상태로 보이게 된다. MF축전지가 불량일 때는 전해액을 보충할 수 없으므로 교환해야 함)

2.3. 축전지의 전압, 용량측정

2.3.1. 자기방전

충전된 축전지를 사용하지 않고 방치해 두면 조금씩 자연 방전하여 용량이 감소되는 현상을 자기방전(自己放電, 자연방전)이라 한다.

[1] 자기방전의 원인

① 음극판의 작용물질(해면상납)이 황산과의 화학작용으로 황산납이 되면서 자기 방전되며 이때 수소가스를 발생 시킨다. 구조상 부득이한 경우이다.

② 불순물이 유입되어 국부 전지(局部電池)가 형성되어 방전된다.

③ 탈락한 극판의 작용물질이 축전지 내부의 밑이나 옆에 퇴적되거나 격리판이 퇴적되어 양쪽 극판이 단락되어 방전된다.

④ 축전지 커버 위에 부착된 전해액이나 먼지 등에 의한 누전으로 방전된다.

[2] 자기 방전량

자기 방전량은 축전지 용량에 대한 백분율(%)로 표시하며, 24시간 동안 실제 용량의 0.3~1.5%이다. 자기 방전량은 다음의 요소에 관계된다.

① 자기 방전량은 전해액의 온도가 높고, 비중 및 용량이 클수록 크다.

② 자기 방전량은 시간이 경과할수록 많아지나 그 비율은 충전 후의 시간 경과에 따라 점차 낮아진다.

③ 온도와 자기 방전량과의 관계는 다음 표와 같다.

온도(℃)	자기 방전량(1일당 %)	비중 저하량(1일당)
30	1.0	0.002
20	0.5	0.001
5	0.25	0.0005

2.3.2. 단자 전압측정

① 회로시험기를 사용하여 단자 사이의 전압을 측정하며 이 전압으로 충전상태를 알 수 있다.

② 회로시험기의 셀렉터를 DC 50V로 선정한 후 축전지 (+)단자에 리드선의 적색 프로브를, (-)단자에 흑색 프로브를 연결한 후 시동을 걸기 전 냉간 시에 배터리의 전압을 측정한다. 배터리의 전압이 최소 12V 이상이면 정상이다. 그 이하라면 충전이 필요하거나 이미 성능이 저하되어 수명이 얼마 남지 않은 배터리라고 볼 수 있다.

③ 배터리의 전압이 정상적이라면 시동을 걸어본다. 시동이 걸린 직후에는 전압이 약 14.4V로 유지되면 정상이다. 이 전압은 배터리의 전압이 아니고 알터네이터(발전기)의 전압이다. 이후 엔진이 워밍업되고 부하가 걸리게 되면(에어컨 동작, 열선 동작, 등화류 점등 등의 상황) 전압강하가 일어나는데, 이것은 정상이다. 다만 최대 부하 시에도 전압이 대략 13.3V 이하로 떨어진다면 알터네이터에 문제가 있는 것이므로 점검이 필요하다.

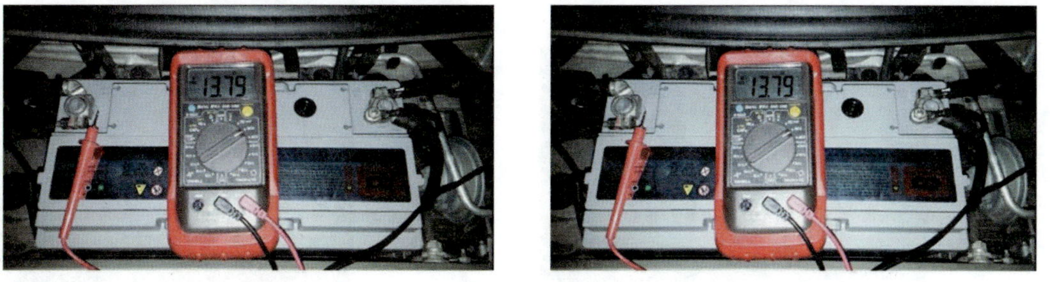

(a) 시동 전 (b) 시동 후

그림 12. 배터리 전압점검

2.3.3. 셀(cell)전압 측정

[1] 측정방법

① 회로시험기의 셀렉터를 DC 2.5V로 선정한다.

② 축전지의 모든 벤트플러그를 연다.

③ 회로시험기 리드선의 적색 프로브는 축전지 (+)단자에, 흑색 프로브는 각 셀의 전해액에 넣고 회로시험기 지침이 가리킨 값을 읽는다.

[2] 결과 분석

① 정상 : 셀당 전압이 1.95V 이상, 각 셀당 전압 차이가 0.05V 이하

② 불량 : 셀당 전압이 1.95V 이하, 각 셀당 전압 차이가 0.05V 이상

③ 불량하면 비중을 조정한 후 다시 측정하였을 때 이상이 있으면 축전지를 교환한다.

2.3.4. 축전지 용량

축전지 용량이란 완전 충전된 축전지를 일정한 전류로 연속 방전하여 방전 중의 단자 전압이 규정의 방전 종지전압이 될 때까지 방전시킬 수 있는 용량이며 단위는 AH (ampere hour)이다.

[1] 축전지 용량 측정

① 테스터 리드선의 적색클립을 배터리 (+)단자에, 흑색클립을 (-)단자에 연결한다.

(a) 용량시험 테스터기

(b) 테스터 리드선 연결

그림 13. 용량테스터 사용방법(1)

② 용량선택 스위치로 시험 배터리의 용량을 확인하여 조정한다.

③ 시험기의 테스트 버튼을 5초간 누르고 시험기의 지침이 지시하는 값을 판독한다.

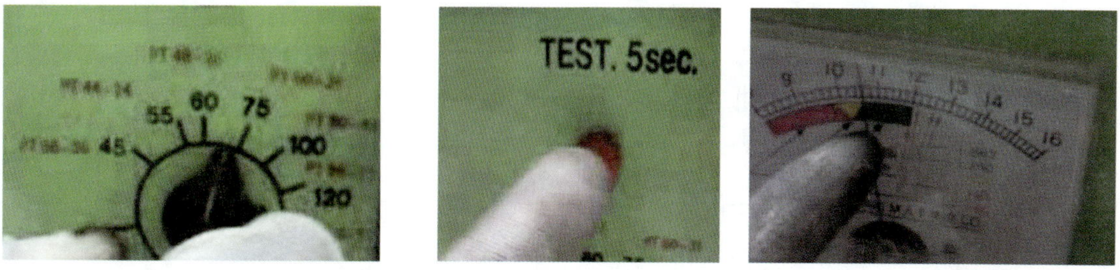

(a) 배터리용량 확인 후 용량선택 스위치조정 (b) 테스트버튼 누름 (c) 테스터기 눈금확인

그림 14. 용량테스터 사용방법(2)

[2] 판정

녹색 범위	비중 1.250~1.280	양호
황색 범위	비중 1.215	요 충전
적색 범위	비중 1.140~1.185	불량

2.4. 축전지의 충전

2.4.1. 납산축전지를 충전할 때 주의사항

① 충전하는 장소는 반드시 환기장치를 하여야 한다.

② 축전지는 방전상태로 두지 말고 즉시 충전한다.

③ 충전 중 전해액의 온도를 45℃ 이상으로 상승시키지 않는다.

④ 충전 중인 축전지 근처에서 불꽃을 가까이해서는 안 된다(수소가스가 폭발성가스이다).

⑤ 축전지를 과다 충전 시켜서는 안 된다(양극판 격자의 산화가 촉진된다).

⑥ 축전지를 2개 이상 동시에 충전을 할 때에는 반드시 직렬 접속하여야 한다.

⑦ 축전지와 충전기를 서로 역 접속해서는 안 된다.

⑧ 암모니아수 및 탄산소다 등의 중화제를 준비해 둔다.

⑨ 축전지를 자동차에서 떼어내지 않고 급속충전을 할 경우에는 반드시 축전지와

기동전동기를 연결하는 케이블을 분리하여야 한다(이것은 발전기 다이오드를 보호하기 위함이다).

⑩ 각 셀의 벤트 플러그를 열어 놓는다.

2.4.2. 축전지를 충전할 때 연결방법

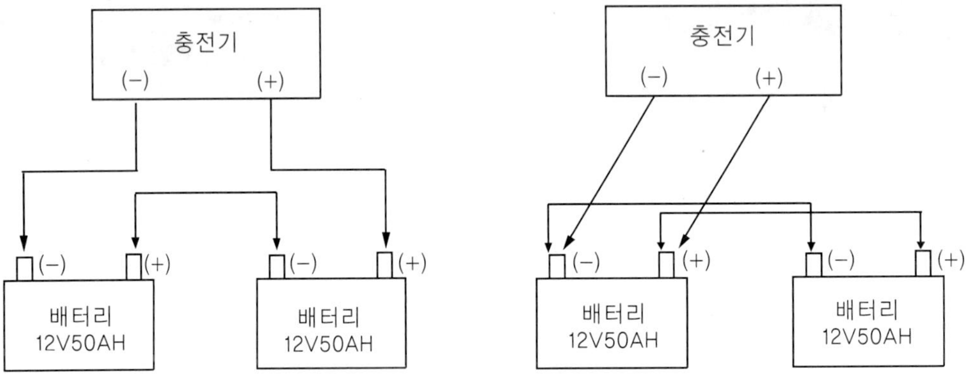

(a) 직렬충전(24V 50AH)　　(b) 병렬충전(12V 100AH)

「그림」 15. 축전지를 충전할 때 연결방법

2.4.3. 보충전

보충전이란 자기방전에 의하거나 또는 사용 중에 소비된 용량을 보충하기 위하여 실시하는 충전이다.

[1] 보충전이 필요한 경우

① 주행거리가 짧아 충분한 충전이 되지 않았을 경우

② 주행 충전만으로는 충전량이 부족할 경우(전기 사용량이 과다하거나 누전될 경우)

③ 발전기 및 발전기 조정기 고장이나 조정불량으로 충전이 행해지지 않는 경우

④ 사용하지 않고 보관 중인 축전지는 15일에 1번씩 보충전을 하여야 한다.

[2] 보충전의 종류

(1) 정전류 충전

이것은 충전의 시작에서 끝까지 전류를 일정하게 하고, 충전을 실시하는 방법이며, 충전을 할 때 전류는 다음과 같이 결정한다.

① **표준 충전전류 :** 축전지 용량의 10%

② **최대 충전전류 :** 축전지 용량의 20%

③ **최소 충전전류 :** 축전지 용량의 5%

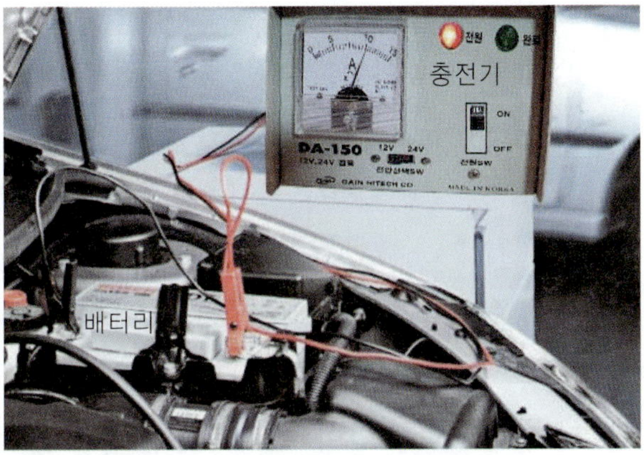

그림 16. 충전기 연결

그리고 일정 전류로 충전할 때의 특성은 다음과 같다.

① 단자전압은 최초에는 급상승하고, 이후에는 천천히 상승하다가 2.4V부근에서 급상승하여 2.6～2.7V에서 일정 값을 유지한다.

② 비중은 가스가 발생하기 시작하면서 급상승하여 1.280부근에서 일정 값을 유지한다.

③ 충전이 진행되어 셀당 전압이 2.4V에 이르면 가스발생이 매우 활발해진다. 이것은 완전히 충전된 후에 공급된 전기가 물을 분해하여 양극에서는 산소를, 음극에서는 수소를 발생 시키기 때문이다.

(2) 정전압 충전

이것은 충전의 전체 기간을 일정한 전압으로 충전하는 방법이며, 충전특성은 다음과 같다.

① 충전 초기에 큰 전류가 흐르나 충전이 진행됨에 따라 전류가 감소한다.

② 가스발생이 거의 없으며 충전 능률이 우수하나 충전 초기에 큰 전류가 축전지 수명을 단축시키는 단점이 있다.

③ 충전을 완료한 후 일정 전류충전으로 전해액 비중을 조정하여야 한다.

(3) 단별 전류충전

이것은 일정 전류 충전방법의 일종이며, 충전 중의 전류를 단계적으로 감소시키는 방법이다. 충전특성은 충전효율이 높고 온도 상승이 완만하다.

2.4.4. 축전지 급속충전

이것은 급속충전기를 사용하여 시간적 여유가 없을 때 하는 충전이며, 충전전류는 축전지 용량의 50% 정도 한다. 충전특성은 짧은 시간 내에 매우 큰 전류로 충전을 실시하므로 축전지 수명을 단축시키는 요인이 된다. 따라서 긴급한 경우 이외에는 사용하지 않는 것이 바람직하다.

[1] 급속충전기 계기판 설명

① **볼트미터** : DC출력 전압 미터로 시동 및 충전 시 DC 전압을 지시

② **암페어 미터** : DC출력 전류 미터로 시동 및 충전 시 DC 전류를 지시

③ **전원 스위치** : 전원 개폐 스위치로 과부하 시 자동 전원 차단 스위치의 기능

④ **선택 스위치**

㉮ OFF 위치는 모든 기기 명령 중지

㉯ 시동 위치는 차량 시동 시 사용하는 스위치

㉰ 충전 스위치는 축전지를 충전하기 위한 스위치

⑤ **위치 스위치**

㉮ OFF위치는 출력 전압 OFF

㉯ 12V, 24V 위치는 시동 및 충전 시 출력전압(DC 12V, DC 24V)

㉰ 시험위치는 축전지 시험 위치(충전할 축전지를 측정할 때 사용)

⑥ 전압 정밀 조정 : 시동 및 충전 시 12V, 24V 전압 정밀 조정자로 정확한 DC 전압 조정

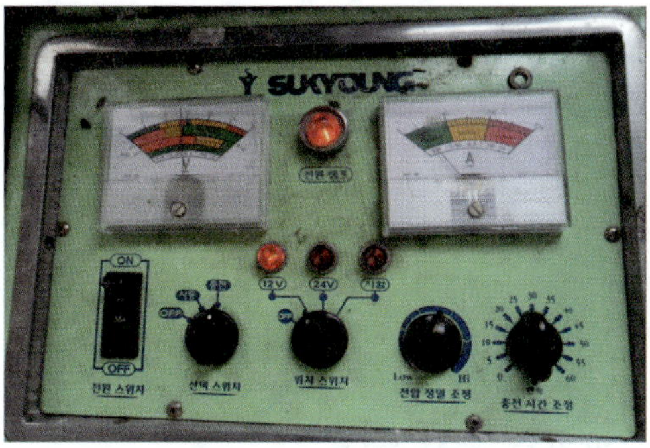

그림 17. 계기판

그림 18. 급속충전기 및 설치상태

⑦ 충전 시간 조정

㉮ 자동위치 : 충전 시간 자동조정자 0～60분까지 조정(충전완료 시 충전완료 멜로디 및 자동으로 OFF)

㉯ 수동위치 : 수동 충전 시 축전지의 다량 충전 시나 계속 사용하고자 할 때 위치

⑧ 램프

㉮ 전원램프 : 전원 표시 램프

㉯ 기타 : 12V 또는 24V 램프는 위치하는 곳에 램프가 점등된다.

[2] 충전 시 유의사항

① 충전 시 배터리 온도상승에 유의한다.

② 용량이 다른 배터리의 동시 충전 시는 충전 전류는 용량이 적은 배터리의 충전 전류를 기준 한다.

③ 직렬접속 충전법은 축전지 용량이 서로 다를 때도 동시 충전이 가능하나, 병렬 접속 충전방법은 축전지 용량이 동일한 경우에만 가능하다(단, 가변저항 사용 시의 병렬접속 충전방법은 용량이 다른 축전지나 방전량이 다른 다수의 축전지를 동시에 충전할 수 있다).

[3] 보충전(정전류 충전)

자기방전 또는 소비된 축전지 용량의 보충전 시 충전방법으로, 충전전압은 축전지 전압보다 1~2V 높게 선택하고 보통 4시간 정도 또는 밤샘 충전을 실시한다.

① 축전지 벤트 플러그를 전부 연다.

② 전해액량을 확인한다(부족 시 보충).

③ 전원 스위치 OFF 상태로 한다.

④ 충전기의 리드선을 접속한다(적색 → 배터리 단자, 흑색 → 배터리 단자).

⑤ 충전기의 전원 코드선을 연결한다.

⑥ 전원스위치를 ON 시킨다.

⑦ 충전 정도를 확인하기 위해 스위치를 시험위치로 선택한다.

⑧ 전압계에서 충전상태를 확인하여 충전 시간을 결정한다.

⑨ 위치 스위치를 선택한다(12V, 24V).

⑩ 충전 시간 조정스위치를 수동위치로 선택한다.

⑪ 전압 정밀 조정스위치를 축전지 용량의 1/10에 선택한다(예 : 45AH 1/10 = 4.5A).

[4] 급속충전

충전 시간의 이유가 없을 때 급속히 충전하는 응급처치 충전방법으로 충전전류는 배터리 용량의 1/2, 충전전압은 배터리 전압보다 1~2V 높다.

① 충전할 축전지의 벤트플러그를 모두 푼다(전해액을 점검하여 부족한 경우 보충한다).

② 충전기의 전원스위치, 선택스위치, 위치스위치, 전압 정밀 조정기, 충전 시간 조절기를 모두 OFF시킨다.

③ 충전기의 AC 전원 케이블을 AC전원 플러그에 연결한다.

④ 충전기의 축전지 연결 케이블의 적색 클립은 축전지 (+)터미널에, 흑색 클립은 (-)터미널에 접속한다.

⑤ 전원 스위치를 ON시킨다.

⑥ 선택 스위치를 시험 위치에 셀렉터를 선정하여 전압계의 지침을 6, 5, 4, 3, 2, 1의 지시 눈금에 ×10을 하여 충전 시간을 선정한 다음 선택 스위치 셀렉터를

충전에 위치시킨다.

⑦ 위치 스위치를 축전지 전압(12V 또는 24V)에 셀렉터를 선정한다.

⑧ 전압 정밀 조정 셀렉터를 사용하여 전류계를 보면서 충전기의 출력 전류를 축전지 용량의 50%가 되도록 조절한다(예: 60Ah인 축전지의 충전전류는 30A).

⑨ 충전 시간 조절 셀렉터를 자동위치의 시간에 선택한다(전압계의 지침이 6, 5, 4, 3, 2, 1의 지시 눈금에 ×10을 하여 시간을 설정한다).

⑩ 충전이 완료되면 멜로디가 울린다.

⑪ 멜로디가 울리면 모든 스위치를 OFF시킨다.

⑫ 전원 케이블 및 축전지 연결 케이블을 분리한다.

⑬ 축전지의 벤트 플러그를 닫는다.

2.4.5. 배터리 점프방법

① 점프 케이블을 연결할 수 있도록 전원 공급차를 이동시키고 시동을 건 상태로 놓아둔다.

② 차대차 연결 시 피 차량은 모든 전원스위치를 OFF상태에서 점프 케이블을 연결한다.

③ 배터리 연결방법은 충전된 차량과 방전된 차량의 플러스(+) 터미널끼리, 충전된 차량의 마이너스(-) 터미널과 방전된 차량의 차체에 연결을 하고 난 후 1~2분 후에 시동을 건다.

④ 근래에는 배터리의 마이너스(-) 터미널에 연결하는 것보다는 차체에 연결하는 것이 더 안전하다. 마이너스 터미널 쪽에 BMS(battery monitoring system)가 장착되어 있기도 하지만, 겨울철 방전이 심할 경우 배터리에 연결하는 순간 급격한 전류의 이동으로 인해 쇼트가 발행하는 경우도 있다.

⑤ 점프 케이블 연결 시 (-)와 (+)단자를 절대 접촉시키지 않도록 주의하고 극성이 바뀌지 않도록 확실하게 연결한다.

⑥ 축전지 단자에서 케이블을 분리하고자 할 경우에는 접지 케이블부터 분리하고 설치할 경우에는 접지 케이블을 나중에 연결하여야 한다.

2.4.6. IBS(intelligent battery sensor)센서 초기화

2013년 이후로 출시된 대부분의 차량에는 지능형 배터리 센서 IBS가 부착되어 있다. IBS 지능형 배터리 센서는 자동차 배터리의 전압, 전류, 온도, 수명 등을 측정하는 역할을 한다. 물론 완성차 업체의 IBS 종류에 따라 수명을 보여주는 배터리 센서, 충전전압/전류값만 보여주는 센서 등 너무나 다양하다.

그림 19. IBS 센서

하이브리드 차량에서 IBS의 정확성과 특수 알고리즘은 관성저항을 측정하는 데 있어 필수적이다. IBS는 배터리의 (-)단자에 장착되어 있는데, 이는 어떠한 배터리도 IBS 센서를 부착할 수 있음을 의미한다. 지능형 배터리 센서는 배터리 초기 설정값과 전류 변화량을 적분한 값을 더하여 충전 상태를 계산한다. 슬립모드가 일정시간 유지된 후, 일반모드로 전환되었을 때 배터리 무부하 상태 전압을 초기로 설정하여 비교한다. 이 무부하 상태는 암전류 상태 인근으로 대략 제조사별로 50mA~200mA까지 다양하다.

이러한 암전류 상태를 알아야 배터리의 현재 상태를 계산할 수 있다. 배터리 교체를 하면 배터리 센서 초기화는 필수적이다. 배터리 센서의 비활성화를 위해서는 붙어있는 센서의 전원 커넥터를 분리하고 (-)단자에서 재장착하면, 배터리 센서가 비활성화 된다. 배터리 센서 비활성화로 인하여 ISG기능이 제한됨에 따른 경고등이 점멸할 수 있으므로 만일 위와 같은 행위 이후에는 배터리센서 활성화 조건을 참조하여 반드시 활성화 시켜야 한다.

일반적으로 알려진 배터리 센서 초기화 방법은 아래와 같다.

① 자동차 (-)극에 있는 배터리 센서를 커넥터에서 분리하고 2~5분 대기 후 커넥터 조립한다.

② 본넷을 닫고 자동차에서 떨어져 스타트 리모컨을 이용해 [문 열기] 누른다. 그리고 기다렸다가 차가 자동으로 문을 잠그게 기다려야 한다. 그리고 이 상태를 4시간 정도 차량을 세워둔다. 이때, 리모컨 조작 등 전자기기를 사용하는 어떠한 행동도 하지 말아야 한다.

③ 4시간 경과 후 리모컨으로 도어를 열고, 브레이크를 밟지 않은 상태에서 ACC, 키ON, 키 OFF를 3번 반복하고 시동을 걸어준다.

이렇게 하면서 유의할 점은 연결해두었던 블랙박스를 포함한 모든 전자기기를 빼야 한다. 그리고 ③번까지 한 후에 전장품을 다시 연결하면 된다.

3 하이브리드 고전압장치

3.1. 전기 동력시스템의 구성

① HEV(Hybrid Electric Vehicle)는 차량 내 타 시스템(HCU(Hybrid Control Unit), MCU(Motor Control Unit) 등)과의 통신을 통하여 배터리 SOC(State Of Charge), 파워제한, 자기진단, 셀 밸런싱, 냉각제어 등을 수행한다.

② 전기동력 시스템은 DC 180V의 고전압 배터리와 AC 180V/15kW급 3상 교류 동기모터, 인버터(모터 제어기), LDC(Low DC-DC Converter), 파워 케이블 등으로 구성되어 있다.

③ 기존의 DC 12V 배터리는 HEV 차량에서는 일반 바디전장이나 각종 제어 ECU 동작을 위한 보조 배터리이다.

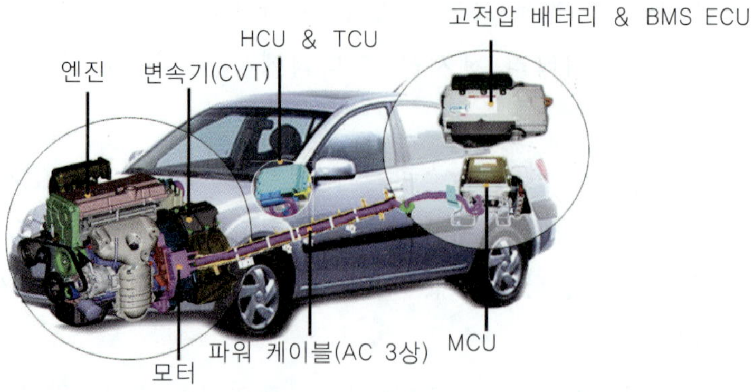

그림 20. 고전압 배터리시스템의 구성도

3.2. 고전압 배터리시스템의 구성

3.2.1. 하이브리드 전기자동차 제어

하이브리드 전기자동차(Hybrid Electric Vehicle)는 차량내의 타 제어시스템(하이브리드 차량제어기, 모터 제어기 등)과의 통신을 통하여 아래의 항목을 제어한다.

① 에너지의 입·출력제어 : 에너지 잔량 정보 표시(SOC), 가용 입·출력 파워 제한

② 안전 제어 : 배터리 소손 및 폭발 등의 위험성 방지를 위한 제어

③ 배터리의 최적 동작 환경조성 : 냉각제어 등

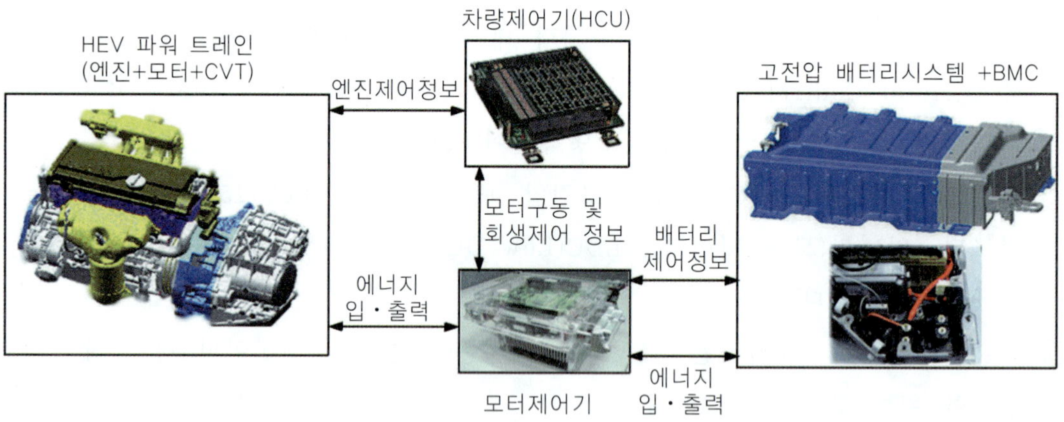

그림 21. 고전압 배터리시스템제어의 구성도

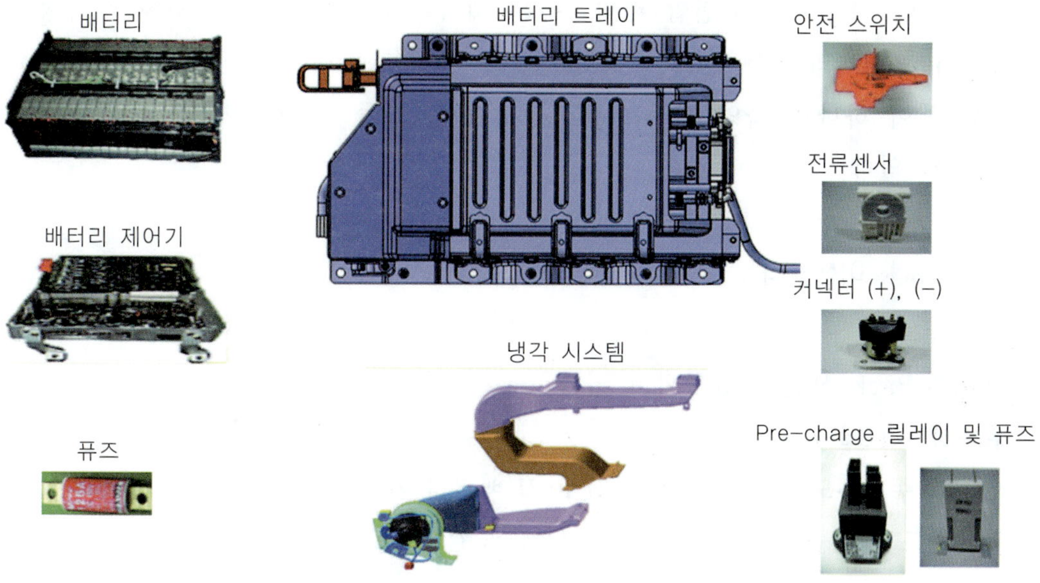

그림 22. 고전압 배터리의 구성도

3.2.2. 고전압 배터리

[1] 구성

DC 144V 리튬폴리머(Li-PB) 배터리는 DC 1.2V의 셀 6개가 1개의 모듈(7.2V)로 구성되어 있으며 2개의 모듈을 1개의 블록(14.4V)이 직렬로 10개가 연결되어 144V배터리이다. 즉, DC7.2V의 배터리를 모듈 총 20개가 직렬로 연결되어 있는 구조이다.

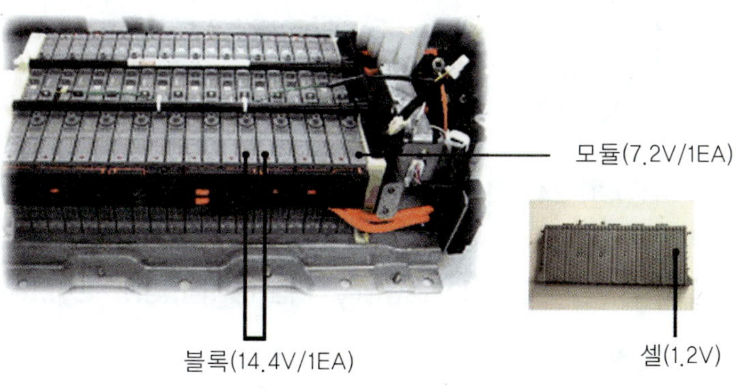

그림 23. 블록, 모듈, 셀

전기자동차에 사용하는 고전압 배터리에는 제작회사마다 다를 수 있지만 각형 또는 원형 리튬이온 배터리(3.7~4.2V, 3000mAh 내외)셀(cell)이 96개 정도가 들어가고 12개 정도의 셀이 하나로 묶인 모듈(module)이 8개, 모듈 8개가 하나로 묶인 팩(pack) 1개가 들어가 있다.

[2] 배터리 Pack 어셈블리

(1) 외기온도 센서

① 배터리 Pack 상단에 장착되어 있다.

② 부특성 NTC소자이다.

③ 배터리 주변온도를 감지하여 BMS ECU(배터리 제어 유니트)로 정보를 입력한다.

④ 외기온도센서 규정 저항값 : 1kΩ ±1%(25℃ 기준)

(2) 배터리 내부 모듈 온도센서

총 4개의 센서가 일정간격을 두고 모듈에 삽입되어 있다.

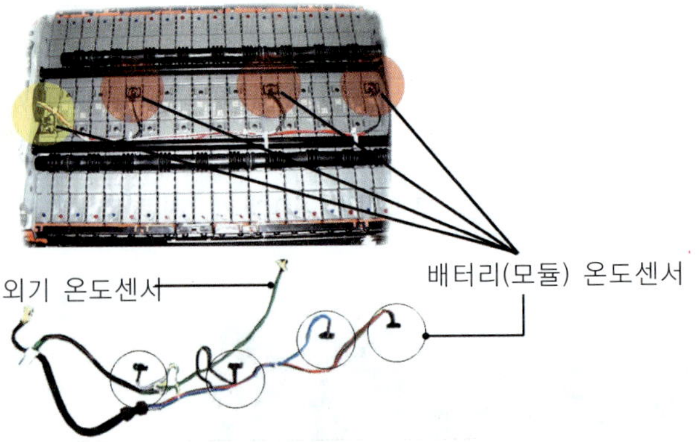

그림 24. 외기온도센서, 배터리 온도센서

3.2.3. 배터리 제어기(BMS ECU : Battery Management System ECU)

① 입·출력 에너지 제한 및 안전제어 그리고 에너지 잔존 용량 계산 등을 한다.

② 고전압 배터리 제어를 위한 컴퓨터이다.

③ 배터리 성능유지를 위한 전류, 온도전압, 사용시간 등 각종 정보를 모니터링 한다.

④ 종합적으로 연산된 배터리 에너지 상태 정보를 HCU 또는 MCU로 송신한다.

⑤ BMS는 배터리의 총 10개의 블록으로부터 전압을 모니터링하여 각각의 블록 전압을 확인할 수 있다.

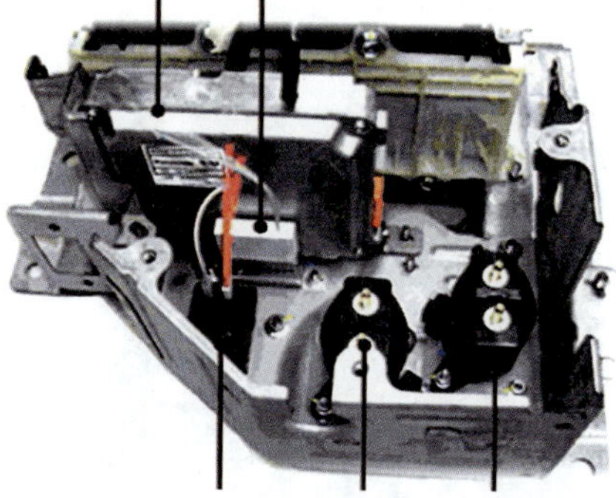

그림 25. BMS, 프리차저 레지스터, 프리차저 릴레이, 메인 릴레이

3.2.4. 메인 릴레이

① 고전압 배터리의 DC144V 전원을 MCU(motor control unit)측으로 공급한다.

② 이스니션 키가 ON되고 고전압 전기 동력시스템이 정상일 경우 MCU는 메인 릴레이를 작동시키고 고전압 배터리 전원을 MCU 내부에 설치된 인버터로 공급하여 모터를 이용한 엔진 시동을 한다.

③ 메인 릴레이 저항값은 약 25Ω 정도이다.

3.2.5. 프리차저 릴레이 및 레지스터

① 프리차저 릴레이는 메인 릴레이(+)와 병렬회로로 되어 있다.

② MCU는 프리차저 릴레이를 먼저 동작하여 (+)전원을 공급한다.

③ 프리차저 레지스터는 인버터 손상을 방지한다.

④ MCU는 프리차저 릴레이 작동 직후 완만한 전압 상승을 완료하고 메인 릴레이(+)를 작동시켜 정상적인 144V전원 공급을 완료 즉시 프리차저 릴레이를 OFF한다.

⑤ 프리차저 릴레이 저항값은 약 110Ω 정도이고 프리차저 레지스터는 약 10Ω 정도이다.

3.2.6. 전류센서

① 고전압 배터리(-)케이블 측에 설치되어 있다.
② 홀 효과를 이용해 전류량을 검출한다.

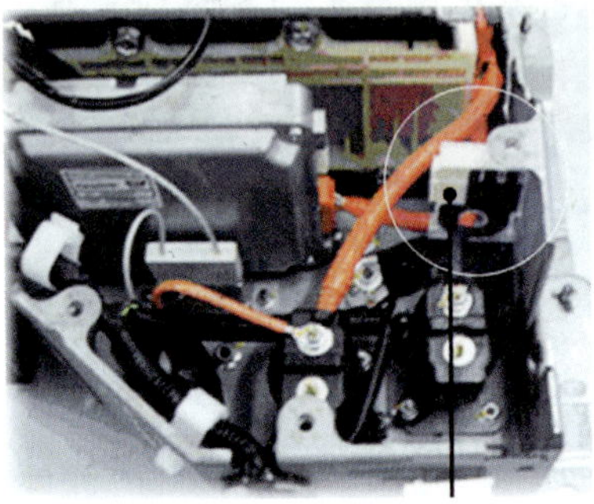

그림 26. 전류센서

3.2.7. 세이프티 플러그

① 고전압 배터리 전원을 임의로 차단시킬 수 있는 전원 분리장치로 과전류 방지용 퓨즈를 포함하고 있다.
② 고전압 전기 동력시스템과 관련된 부품을 탈 부착하거나 정비 점검 시 세이프티 플러그를 탈거하면 114V 고전압을 차단시킬 수 있다.
③ 엔진 시동상태 또는 이그니션 ON상태에서는 세이프티 플러그를 탈거하지 말아야 한다.

그림 27. 세이프티 플러그

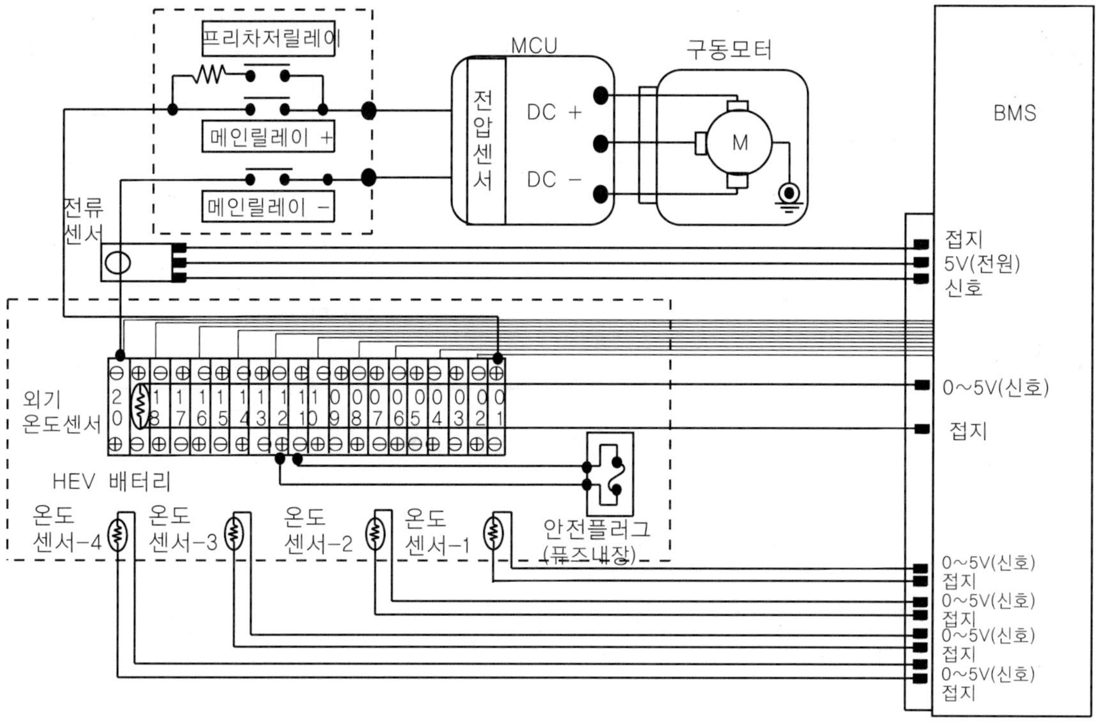

그림 28. 배터리 회로도

3.3. 고전압 배터리의 주요 제어특성

3.3.1. SOC제어 특성

하이브리드 모드 제어를 위한 최적의 배터리 사용영역에서 제어한다.

SOC 영역	제어 내용
고 SOC 영역 :	방전 지향, 충전 금지
동작 SOC 영역 : ~70%	방전 지향, 충전 허용
최적 SOC 영역 : 55%~65%	충·방전 제어
동작 SOC 영역 : 20%~	충전 지향, 방전 허용
저 SOC 영역 :	충전 지향, 방전 금지

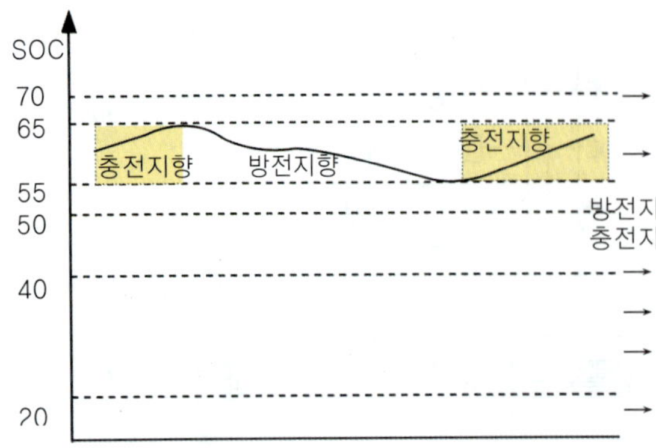

모터시동 (아이들정지)	모토보조	부압 제어	회생 제동	부분부하 충전	아이들 충전
○	○	○	×	×	×
○	○	○	저감	×	×
○	○ 저감	○	○	× ○	×
○	저감	○	○	증대	× ○
○	발진시만	○	○	증대	○
×	×	×	○	증대	○

그림 29. SOC 제어 특성

3.3.2. SOC(State Of Charge) 게이지

게이지수	SOC(%)	게이지수	SOC(%)	게이지수	SOC(%)
28	≥ 77	18	61	8	51
27	75	17	60	7	50
26	73	16	59	6	47.5
25	71	15	58	5	45
24	69	14	57	4	42.5
23	67	13	56	3	40
22	65	12	55	2	37.5
21	64	11	54	1	35
20	63	10	53	0	〈 35
19	62	9	52		

그림 30. 게이지

3.3.3. HEV모터 게이지

게이지수	모터상태(100%= 12kW)		게이지수	모터상태(100%= 12kW)	
	Assist(%)	Charge(%)		Assist(%)	Charge(%)
24	95.9~100	95.9~100	11	41.3~45.8	41.3~45.8
23	91.8~95.8	91.8~95.8	10	37.6~41.2	37.6~41.2
22	87.6~91.7	87.6~91.7	9	33.4~37.5	33.4~37.5
21	83.4~87.5	83.4~87.5	8	29.3~33.3	29.3~33.3
20	79.3~83.3	79.3~83.3	7	25.1~29.2	25.1~29.2
19	75.1~79.2	75.1~79.2	6	20.9~25.0	20.9~25.0
18	70.9~75.0	70.9~75.0	5	16.8~20.8	16.8~20.8
17	66.8~70.8	66.8~70.8	4	12.6~16.7	12.6~16.7
16	62.6~66.7	62.6~66.7	3	8.4~12.5	8.4~12.5
15	58.4~62.5	58.4~62.5	2	4.3~8.3	4.3~8.3
14	54.3~58.3	54.3~58.3	1	1.0~4.2	1.0~4.2
13	50.1~54.2	50.1~54.2	0	0.0~0.9	0.0~0.9
12	45.9~50.0	45.9~50.0			

3.3.4. BMS(Battery Management System) ECU 제어기능

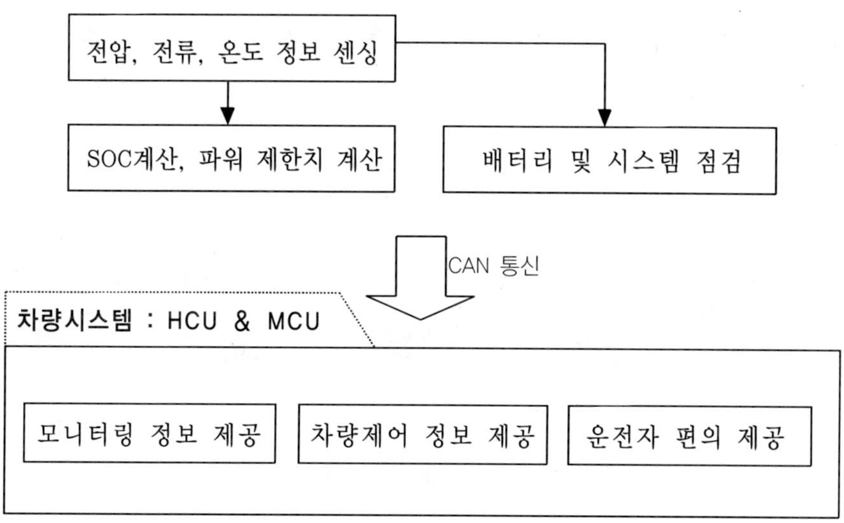

3.3.5. BMS 쿨링팬

[1] 팬 제어 구성부품

① 냉각팬 어셈블리, ② 팬 컨트롤러, ③ 블로워 릴레이, ④ 파워 트랜지스터, ⑤ BMS ECU

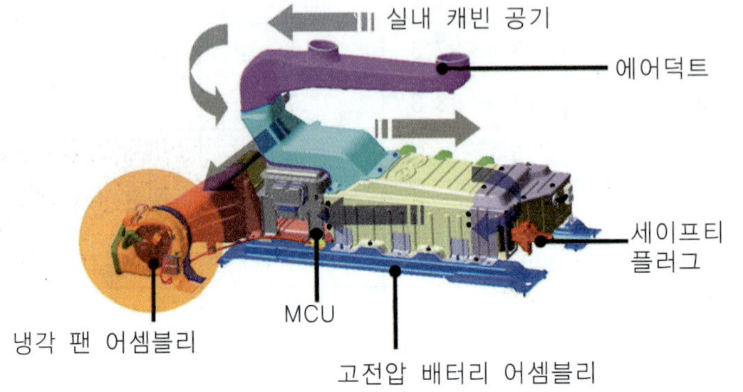

그림 31. BMS 쿨링팬의 구조

[2] BMS 쿨링팬 제어

① 강제통풍 방식(블로워 모터 이용)

② 배터리의 효율 최적화하기 위해 온도 다운시킴

③ 외기와 실내공기를 배터리 측을 통과시켜 냉각시킨다.

④ 배터리 온도를 BMS가 감지하여 팬 컨트롤러에게 구동신호를 출력한다.

⑤ 블로워 모터의 속도제어는 팬 컨트롤러가 파워TR 게이트 신호에 출력하여 제어한다.

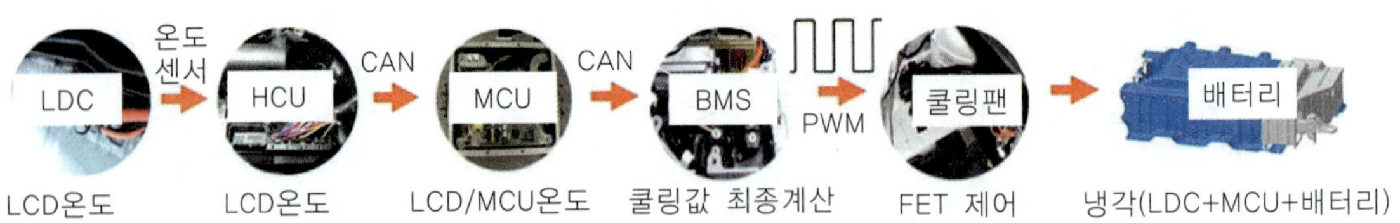

그림 32. BMS 쿨링팬 제어 흐름도

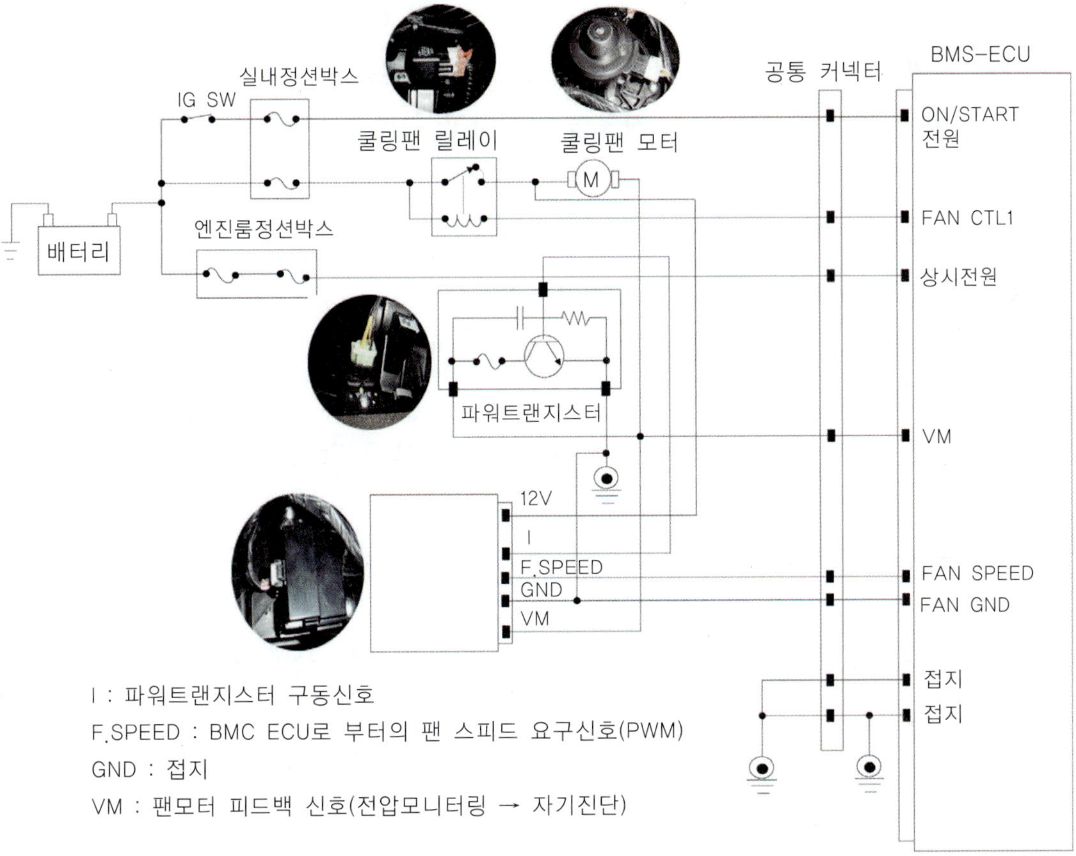

그림 33. BMS 쿨링팬 회로도

[3] 쿨링팬 제어값

NO	단계	쿨링팬 제어값	제어듀티율(%)
1	1단계(저속)	3.25V 〈 VB-VM 〈 4.9V	20%
2	2단계	4.15V 〈 VB-VM 〈 5.8V	30%
3	3단계(중속)	4.75V 〈 VB-VM 〈 6.4V	40%
4	4단계	5.75V 〈 VB-VM 〈 7.4V	50%
5	5단계(고속)	7.55V 〈 VB-VM 〈 9.2V	70%

3.4. 고전압 배터리 취급 시 유의사항

3.4.1. 배터리시스템 화재 발생 시

① 차량 시동 키 OFF : 에너지 입·출력 금지

② SAFETY PLUG 분리(화재 초기에는 신속 분리, 화재 진행 중에는 불가)

③ 차량 위치가 실내 일 경우 수소가스 방출을 위하여 문을 열어 환기한다.

④ 화재진압을 위하여 액체 물질 사용을 금지하고 분말소화기 또는 모래를 이용한다.

3.4.2. 가스 및 전해질 유출 시

① 차량 시동키 OFF : 에너지 입·출력금지

② SAFETY PLUG 분리(화재초기 또는 유출량이 적을 때 신속 분리, 화재진행 중에는 불가)

③ 가스 발생 시 가스는 수소 및 알칼리성 증기이므로 만일 차량 위치가 실내일 경우 즉각 환기를 시키고 안전한 장소로 대피한다.

④ 만일 누출된 액체가 피부에 접촉 시에는 즉각 붕산 용액으로 중화시키고, 흐르는 물 혹은 소금물로 환부를 세척한다.

⑤ 누출된 증기나 액체가 눈에 접촉 시에는 즉각 흐르는 물에 세척 후 의사의 진료를 받아야 한다.

⑥ 만일 고온에 의한 가스누출일 경우 배터리가 완전히 상온으로 식을 때까지 사용을 금지한다.

3.4.3. 차량 장기 방치 시

① 차량 시동키 분리 : 암 전류 등에 의한 배터리 방전 방지

② 장기 방치가 필요할 때에는 방치 초기 배터리 SOC가 30% 이상 되어야 한다(클러스터 내의 배터리 SOC 게이지가 적색구간 이상).

③ 2달 이상의 장기 방치 시에는 배터리 보호 및 관리를 위하여 균등 충전 실시한다.

④ 보조 배터리 방전여부 점검 및 교체 시 SOC 초기화에 따른 문제점을 점검한다.

3.5. 하이브리드 고전압장치의 정비

3.5.1. 고전압 차단

① 점화 스위치를 OFF하고 보조 배터리 12V의 (-)케이블을 탈거한다.

② 트렁크 내 고전압 배터리에서 장착 볼트를 풀고 안전 스위치 커버를 탈거한다.

③ 잠금 후크를 들어 올린 후 레버를 잡아 당겨 안전 스위치를 탈거한다.

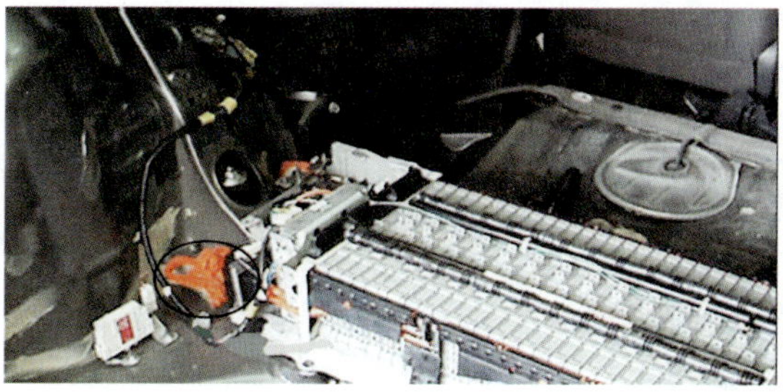

그림 34. 고전압 차단 안전스위치

(a) 스위치 ON　　　(b) 스위치 OFF

그림 35. 안전스위치 탈거

3.5.2. 고전압 배터리 팩 커버 탈거

① 고전압 회로를 차단한다.

② 트렁크 트림(A)를 탈거한다.

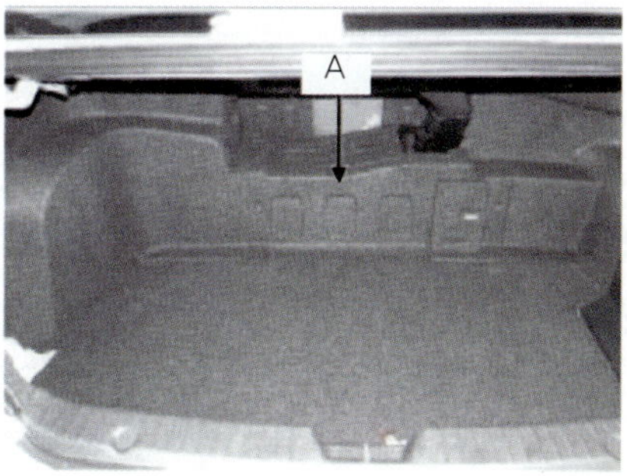

그림 36. 트림 탈거

③ 장착너트(A)를 풀고 인렛 쿨링 덕트(B)를 탈거한다.

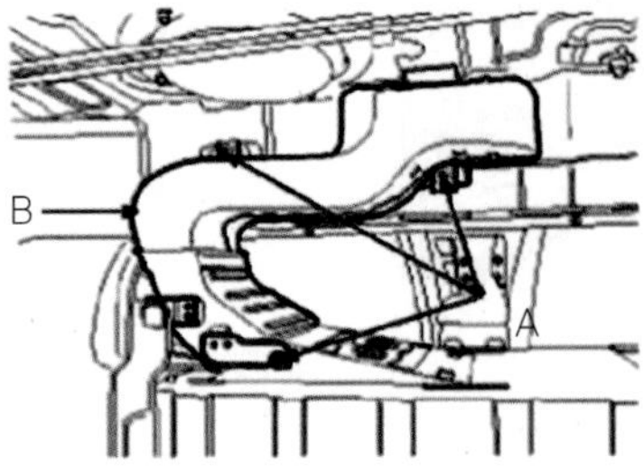

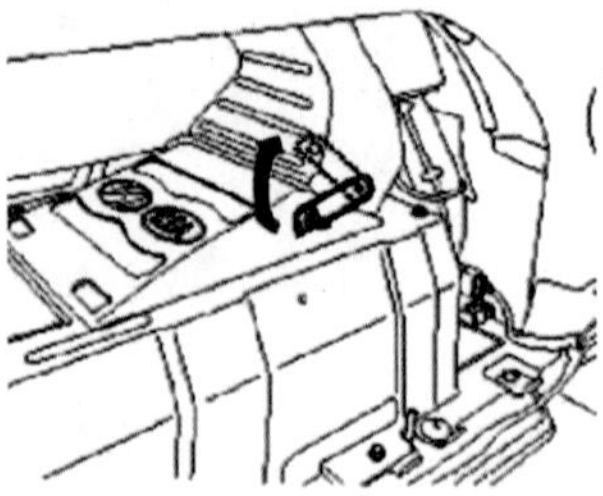

그림 37. 인렛 쿨링 덕트 탈거

④ 장착 너트(A)를 풀고 아웃렛 쿨링 덕트(B)를 탈거한다.

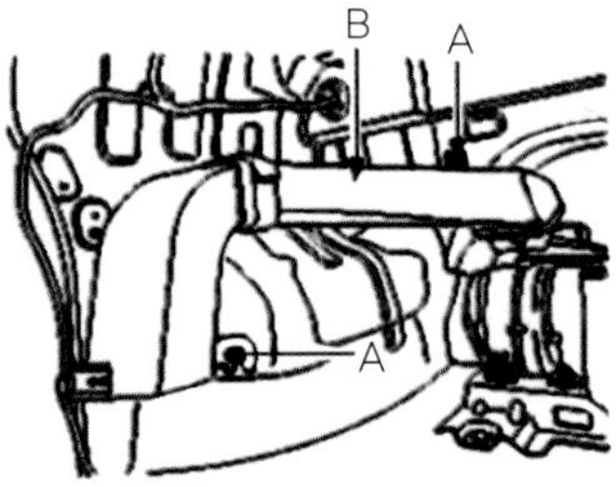

그림 38. 아웃렛 쿨링 덕트 탈거

⑤ 고전압 프런트 및 리어 커버를 탈거한다.

⑥ 쿨린 팬을 탈거한다.

⑦ 쿨링 팬 브라켓(A)를 탈거한다.

⑧ 장착 볼트와 너트를 풀고 고전압 배터리 팩 커버(B)를 탈거한다.

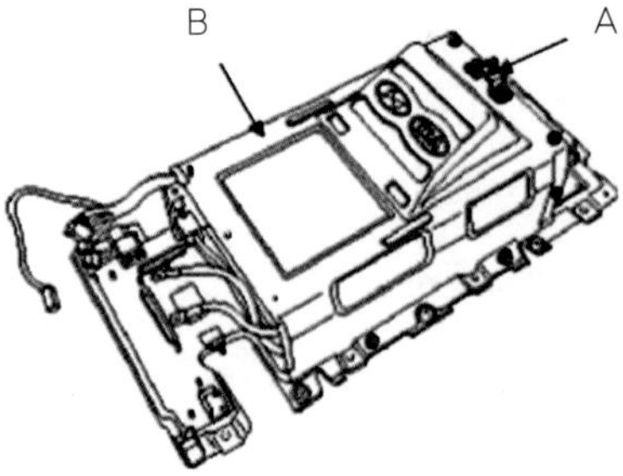

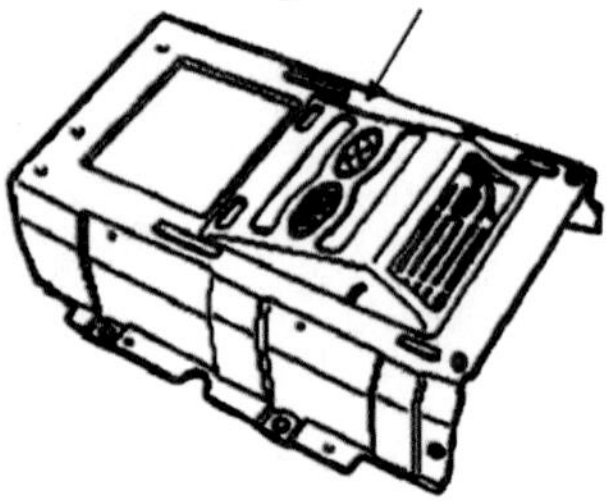

그림 39. 고전압 배터리 팩 커버 탈거

3.5.3. 고전압 프런트 커버 탈거

① 고전압 회로를 차단한다.

② 장착 볼트(A)를 풀고, 고전압 프런트 커버(B)를 탈거한다.

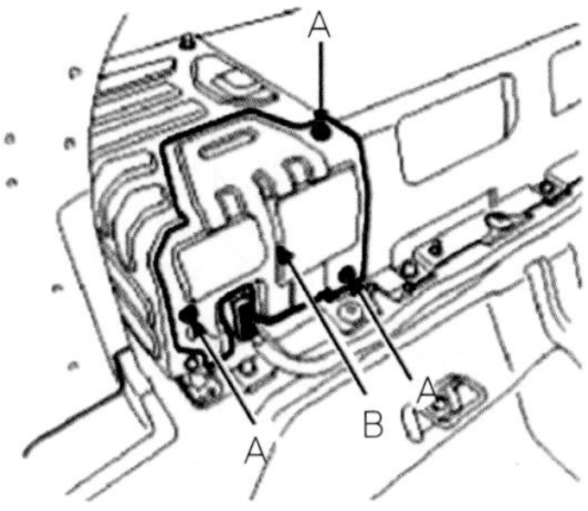

「그림」 40. 고전압 프런트 커버 탈거

3.5.4. 고전압 리어커버 탈거

① 고전압 프런트 커버를 탈거한다.

② 장착 볼트(A)와 너트(B)를 풀고, 고전압 리어 커버(C)를 탈거한다.

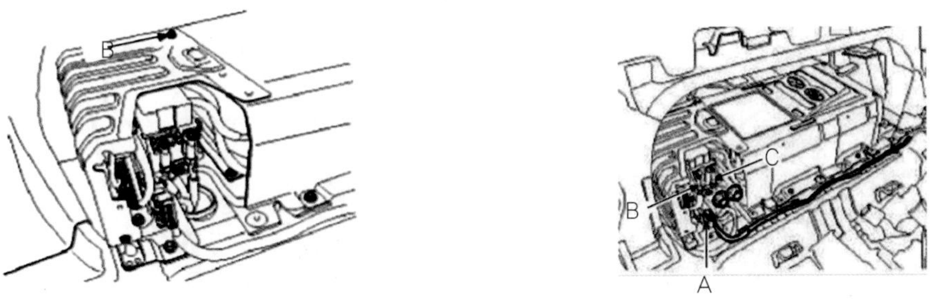

「그림」 41. 고전압 리어커버 탈거

3.5.5. 고전압 배터리 교환

① 고전압 회로를 탈거한다.

② 트렁크 트림을 탈거한다.

③ 쿨링 팬 커넥터(A)를 탈거한다.

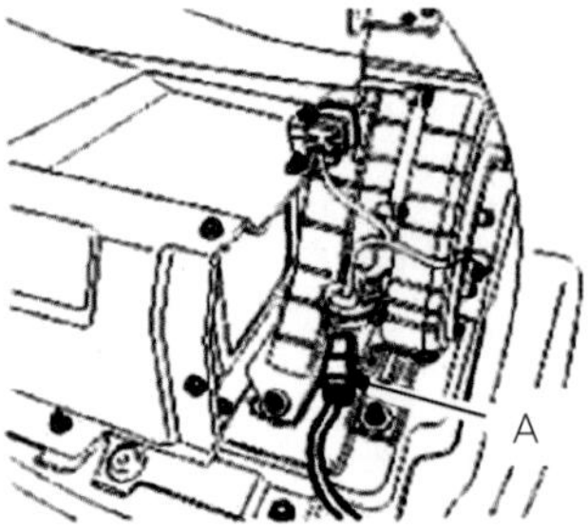

그림 42. 쿨링 팬 커넥터

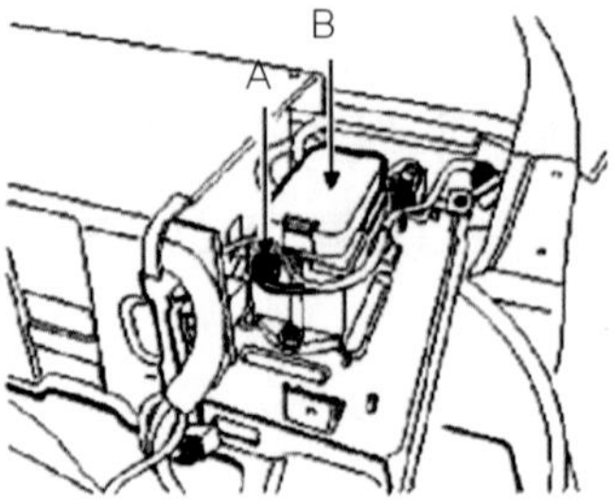

그림 43. PRA 커넥터 및 고전압 프로텍션 탈거

④ 장착 너트를 풀고 쿨링 팬을 탈거한다.
⑤ 장착볼트와 너트를 풀고, 고전압 배터리 팩 커버를 탈거한다.
⑥ PRA 커넥터 (A)를 탈거한다.
⑦ 고전압 프로텍션 (B)를 탈거한다.
⑧ 인버터 파워 케이블의 (+)커넥터 (A)와 (−)커넥터 (B)를 탈거한다.
⑨ 조임 너트를 풀고, 고전압 파워 케이블의 (+)단자(C)와 (−)단자(D)를 탈거한다.
⑩ 장착 너트(E)를 풀고, PRA를 고전압 배터리 팩 어셈블리로부터 탈거한다.

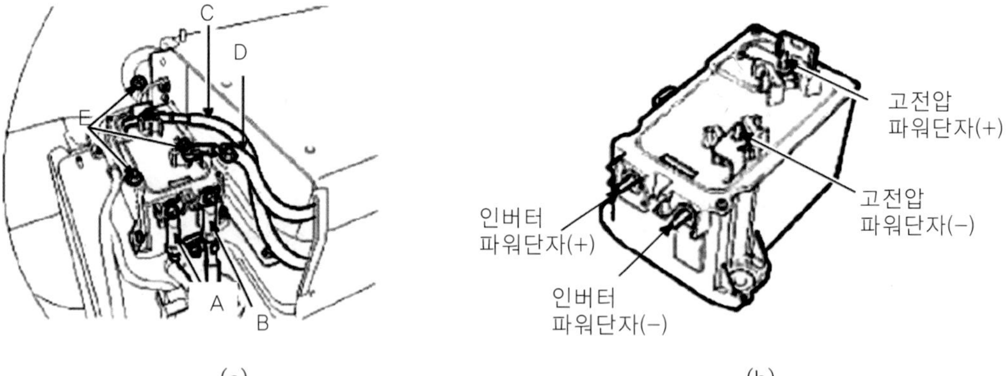

(a) (b)

그림 44. 인버터 파워케이블 및 고전압 파워케이블

⑪ BMS 커넥터를 분리한다.
⑫ 장착너트를 푼 후 BMS를 탈거한다.
⑬ 장차볼트를 푼 후 접지를 탈거한다.
⑭ 장차 볼트(A)를 풀고 고전압 배터리 팩 어셈블리를 탈거한다.

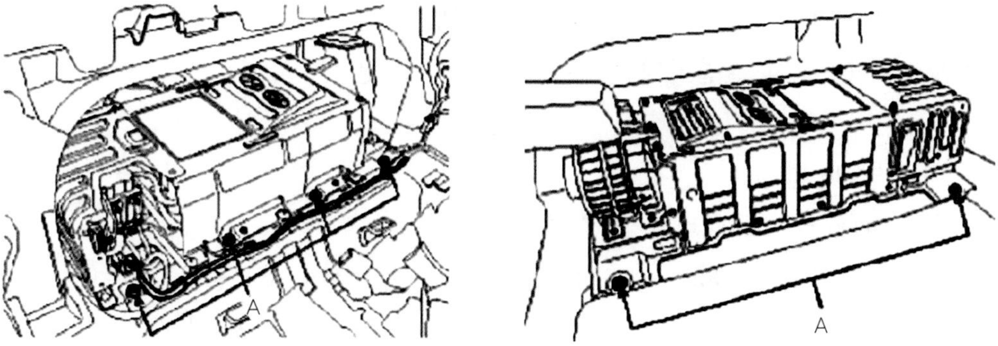

그림 45. 고전압 배터리 팩 어셈블리 탈거

3.5.6. 고전압 배터리시스템의 점검

[1] 고전압 배터리

(1) 전압점검

① 고전압 배터리 측의 안전 플러그 상단(+) 단자와 [고전압 배터리- PRA] 연결케이블(-)단자 간 전압을 측정한다. 정상 전압값 : 약 150V 이상

② 고전압 배터리 측의 안전플러그 하단(-) 단자와 [고전압 배터리-PRA]연결 케이블(+) 단자 간 전압을 측정한다. 정상 전압값 : 약 150V 이상

(2) 온도이상 점검(비접촉식 온도계 이용)

① 배터리 팩 케이스의 외부온도 확인

② 최초 온도 30분 후 온도측정 후 온도변화 확인

③ 정상기준 : 온도변화 3℃ 이하, 최대온도 30℃ 이하

④ 최대온도 35℃ 이상 시 : 건냉한 장소에 자연 방전 후 35℃ 부근에서 온도 점검 진행

⑤ 최초 온도와 30분 후 온도 차이가 3℃ 이상 상승할 경우 즉시 염수침전 실시

⑥ 30분 간격으로 온도측정 결과 온도 지속 상승 시 즉시 염수침전 실시

(3) 절연저항 점검(메가옴 테스터기 사용)

① 파워 릴레이 (+)단자와 배터리 팩 커버 간 절연저항 측정

② 파워 릴레이 (-)단자와 배터리 팩 커버 간 절연저항 측정

③ 정상기준 : 절연저항 5MΩ 이하(500V 전압 적용 시)

④ 절연저항 불량 시 절연처리 및 외부 절연체 포장

(4) 염수 침전 방전방법

① 대형 용기에 약 200리터의 물을 붓는다.

② 소금물의 농도가 약 35% 정도가 되도록 소금을 부어 소금물을 만든다.

③ 코끼리형 리프트 잭을 이용하여 고전압 배터리를 소금물에 담근다.

④ 소금물에 약 12시간 이상 방치한 후 고전압 배터리를 용기에서 꺼내어 건조한다.

⑤ 2개 이상의 고전압 배터리를 절대로 염수에 함께 넣지 말 것

[2] 메인퓨즈 점검

① 안전플러그 레버를 탈거한다.

② 안전플러그 커버를 탈거한 후 메인 퓨즈를 탈거한다.

③ 메인 퓨즈 끝 단자 사이의 저항을 측정한다.

④ 규정값 : 1Ω 이하(20℃)

⑤ 규정값을 벗어나면 메인 퓨즈를 교환한다.

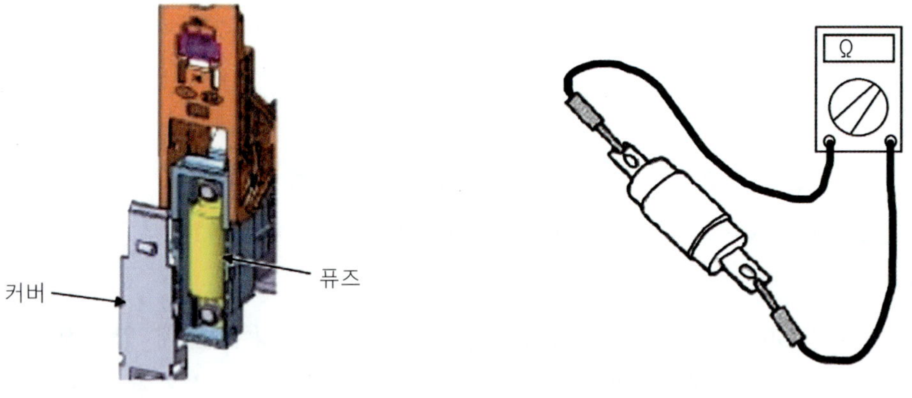

(a) 커버 및 퓨즈 탈거 (b) 퓨즈 점검

그림 46. 메인퓨즈 점검

[3] 프리 차지 릴레이 점검

(1) 회로점검(릴레이 OFF)

① 고전압 전원단자 (+)와 인버터 전원단자 (+) 사이의 저항을 측정한다.

② 규정값 : 단선

③ 규정값을 벗어나면 정비지침서에 따라 파워 릴레이 어셈블리(PRA)를 교환한다.

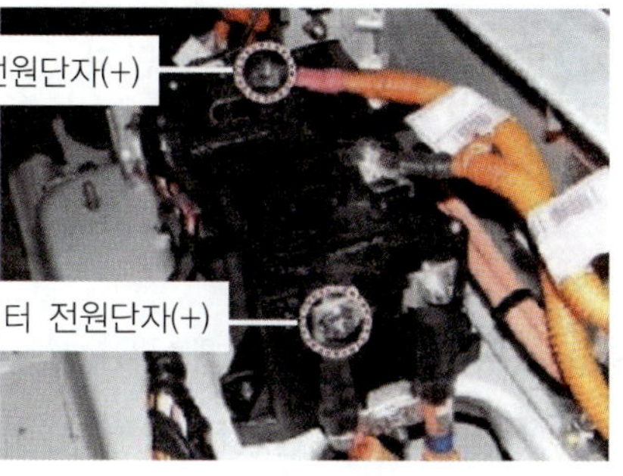

그림 47. 프리차지 릴레이 고전압 전원단자 (+)와 인버터 전원단자(+)

(2) 회로점검(릴레이 ON)

① 점화스위치를 ON한다.

② GDS강제 구동 기능을 이용하여 프리차지 릴레이를 작동한다. 릴레이 ON 시 릴레이 음이 발생한다.

③ 고전압 전원단자 (+)와 인버터 전원단자 (+) 사이의 저항을 측정한다.

④ 규정값 : 약 40Ω (20℃)

⑤ 규정값을 벗어나면 정비지침서에 따라 파워 릴레이 어셈블리(PRA)를 교환한다.

[4] 메인 릴레이(−) 점검

(1) 회로점검(릴레이 OFF)

① 고전압 전원단자 (−)와 인버터 전원단자 (−) 사이의 저항을 측정한다.

② 규정값 : 단선

③ 규정값을 벗어나면 정비지침서에 따라 파워 릴레이 어셈블리(PRA)를 교환한다.

그림 48. 프리차지 릴레이 고전압 전원단자 (-)와 인버터 전원단자(-)

(2) 회로점검(릴레이 ON)

① 점화스위치를 ON한다.

② GDS강제 구동기능을 이용하여 메인릴레이(-)를 활성화시킨다.

③ 고전압 전원단자 (-)와 인버터 전원단자 (-) 사이의 저항을 측정한다.

④ 규정값 : 1Ω 이하(20℃)

⑤ 규정값을 벗어나면 정비지침서에 따라 파워 릴레이 어셈블리(PRA)를 교환한다.

[5] 콘덴서 용량 점검

① 인버터 또는 전동식 A/C 컴프레서의 콘덴서 정전용량 측정 시 1000㎌ 이상을 측정할 수 있는 테스터기를 사용한다.

② 정확한 정전용량 측정을 위해 테스터기의 프로브를 단자에 30초 이상 접촉한다.

③ 콘덴서 회로를 분리하기 위해 장착 볼트를 푼 후, 흡기 에어덕트를 탈거한다.

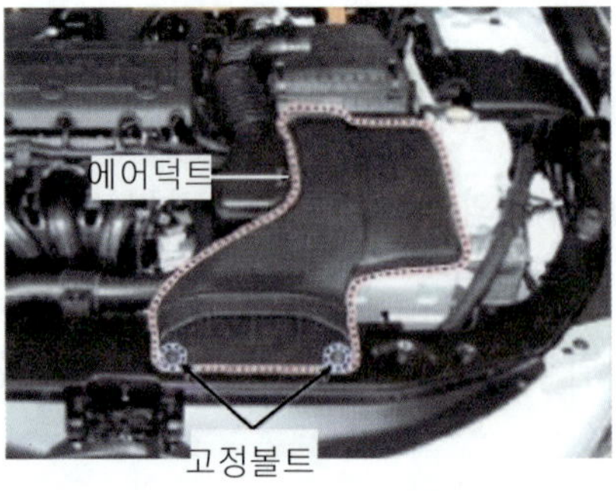

그림 49. 덕트 탈거

그림 50. 커넥터 탈거

④ 전동식 A/C컴프레서의 고전압 전원 커넥터를 탈거한다.

(1) 인버터 콘덴서

① 인버터 전원단자 (+)와 인버터 전원단자 (-)에 정전용량을 측정한다.

② 규정값 : 659~714㎌

③ 규정값을 벗어나면 정비지침서에 따라 HPCU를 교환한다.

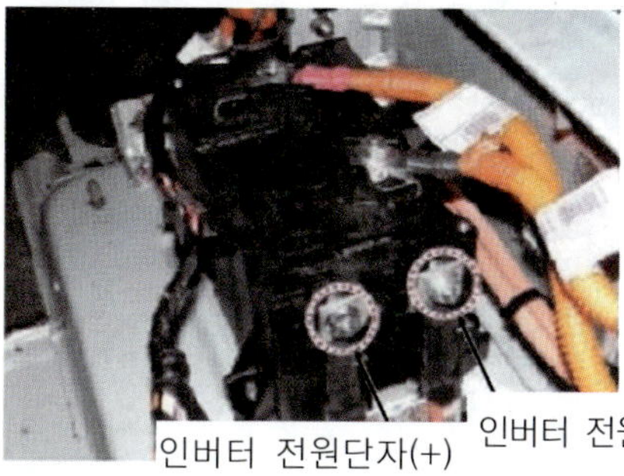

그림 51. 인버터 콘덴서 단자

(2) A/C 컴프레셔 콘덴서

① 분리된 커넥터의 두 단자를 이용하여 전동식 A/C컴프레서의 콘덴서 정전용량을 측정한다.

② 규정값 : 80~120㎌

③ 규정값을 벗어나면 정비지침서에 따라 전동식 A/C컴프레서를 교환한다.

3.5.7. 고전압 배터리 고장진단

[1] 고전압 배터리 고장진단 기능

① 배터리시스템 진단 통신기능

㉮ 진단 및 고장 환경 데이터 저장

㉯ 고장 이력 저장

② 고전압 배터리 & MCU 쿨링 팬 작동 점검

③ 소프트웨어 버전 관리 및 Upgrade

㉮ 배터리 제어기 초기화 기능

㉯ 배터리 제어기 SOC setting 기능

㉰ 배터리 제어기 S/W update 기능

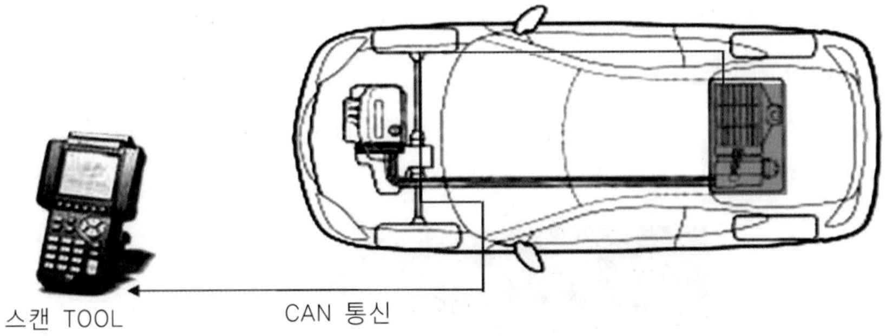

그림 52. 스캔 툴 연결

[2] BMS 자기진단 고장항목

(a)

차종 : MC/JB
제어장치 : HYBRID
사양 : 배터리제어(BMS)

01. 자기진단
02. 센서 출력
03. 액추에이터 검사
04. 시스템 사양정보
05. 센서 출력 & 자기진단
06. 센서 출력 & 액추에이터
07. 센서 출력 & 미터/출력

(b)

P1B00 HVBS 온도 초과
P1B01 HVBS 고온 경고
P1B02 보조 배터리 개방
P1B05 HVBS 충전 파워 초과
P1B06 HVBS 방전 파워 초과
P1B07 HVBS 절연파괴 검출회로 이상
P1B08 HVBS 절연파괴 검출
P1B08 HVBS 절연파괴 검출
P1B10 HVBS 과전류
고장코드 갯수 : 50개

소거 상태 도움

그림 53. 자기진단 고장항목(1)

P1B11 보조 배터리 과전압
P1B12 HVBS 내부저항 과다
P1B14 HVBS 저온 경고
P1B18 보조 배터리 저전압
P1B20 HVBS 블록 전압센서 개방
P1B21 HVBS 전체 블록 전압센서 개방
P1B25 HVBS 안전플러그 개방
P1B30 HVBS 전체 전압 높음
P1B31 HVBS 전체 전압 낮음
고장코드 갯수 : 50개
소거 상태 도움

(a)

P1B32 HVBS 블록 전압 높음
P1B33 HVBS 블록 전압 낮음
P1B40 HVBS 블록 온도센서 "1" 신호 높음
P1B41 HVBS 블록 온도센서 "1" 신호 낮음
P1B42 HVBS 전체 온도센서 신호 높음
P1B43 HVBS 외기 온도센서 신호 높음
P1B44 HVBS 외기 온도센서 신호 낮음
P1B49 HVBS 온도 편차
P1B50 HVBS 블록 온도센서 "2" 신호 높음
고장코드 갯수 : 50개
소거 상태 도움

(b)

P1B51 HVBS 블록 온도센서 "2" 신호 낮음
P1B52 HVBS 블록 온도센서 "3" 신호 높음
P1B53 HVBS 블록 온도센서 "3" 신호 낮음
P1B54 HVBS 블록 온도센서 "4" 신호 높음
P1B55 HVBS 블록 온도센서 "4" 신호 낮음
P1B56 HVBS 전체 온도센서 신호 낮음
P1B60 HVBS 전류센서 개방
P1B62 HVBS 전류센서 회로 이상
P1B64 HVBS 전류센서 편차 이상
고장코드 갯수 : 50개
소거 상태 도움

(c)

P1B67 HVBS 전류센서 오프셋 이상
P1B84 HVBS 셀 전압 편차
P1B85 HVBS 내부 저항 편차
P1B87 HVBS 블록 전압 편차
P1B90 HVBS 충전상태 매우 높음
P1B91 HVBS 충전상태 높음
P1B92 HVBS 충전상태 낮음
P1B93 HVBS 충전상태 매우 낮음
P1BA0 HVBS &MCU 냉각팬 릴레이 이상
고장코드 갯수 : 50개
소거 상태 도움

(d)

그림 54. 자기진단 고장항목(2)

[3] BMS 액추에이터 검사 항목

진단기능 선택 3/11

차종 : MC/JB
제어장치 : HYBRID
사양 : 배터리제어(BMS)

01. 자기진단
02. 센서 출력
03. 액추에이터 검사
04. 시스템 사양정보
05. 센서 출력 & 자기진단
06. 센서 출력 & 액추에이터
07. 센서 출력 & 미터/출력

(a)

액추에이터 1/5

배터리 냉각팬 1단계 구동	
구동시간	5초 구동
검사방법	강제구동
검사조건	시동키 ON 엔진정지 상태

준비되면 [시작]키를 누르시오.

START

(b)

액추에이터 2/5

배터리 냉각팬 2단계 구동	
구동시간	5초 구동
검사방법	강제구동
검사조건	시동키 ON 엔진정지 상태

준비되면 [시작]키를 누르시오.

START

(c)

액추에이터 3/5

배터리 냉각팬 3단계 구동	
구동시간	5초 구동
검사방법	강제구동
검사조건	시동키 ON 엔진정지 상태

준비되면 [시작]키를 누르시오.

START

(d)

그림 55. 액추에이터 검사항목(1)

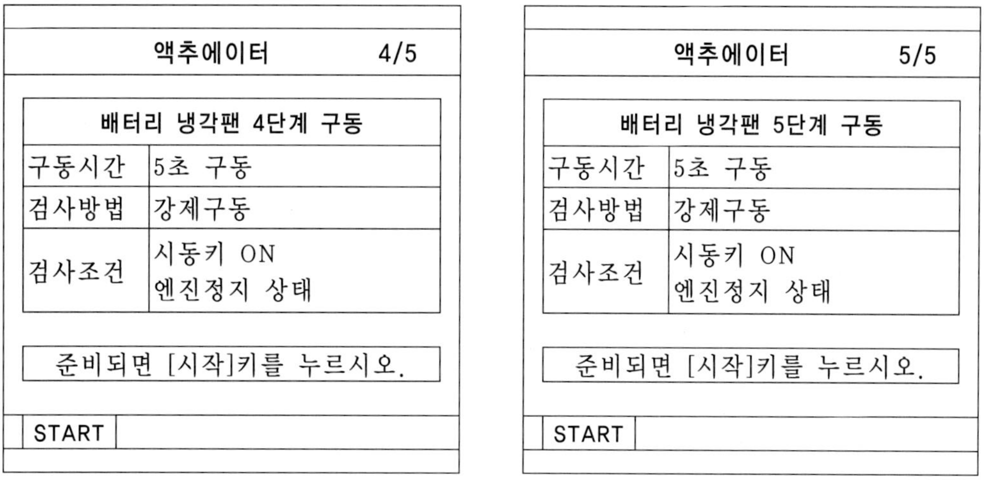

(a) (b)

그림 56. 액추에이터 검사항목(2)

[4] BMS ECU 초기화

BMS ECU를 초기화하면 SOC값은 60% 고정, A/S 공급 배터리 초기 SOC 60% 공급한다(시간에 따라 변함).

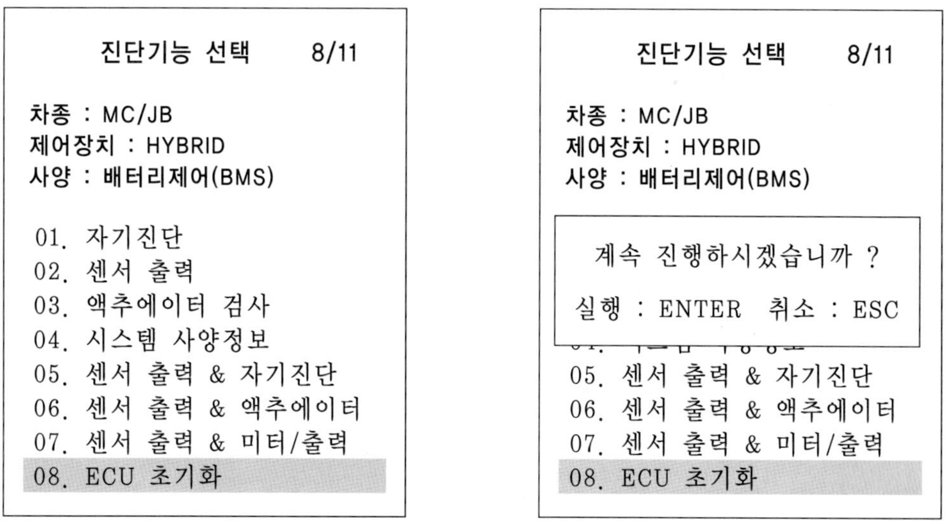

(a) (b)

그림 57. BMS ECU 초기화

Chapter

3

시동장치
(Starting System)

1 시동장치의 기본적인 이론

1.1. 시동장치의 개요

자력으로 내연기관은 회전할 수 없다. 그러므로 시동 시에는 외부로부터 회전을 시켜야 하기 때문에 시동전동기를 사용한다. 시동전동기는 시동 시 점화스위치 ST위치에서 시동전동기의 피니언이 플라이휠의 링기어와 물려 모터의 힘에 의해 크랭크축을 회전시켜 엔진을 시동시킨다.

그림 1. 시동장치의 구성

1.2. 시동전동기의 원리

기동전동기의 원리는 플레밍의 왼손법칙(fleming's left hand rule)으로 왼손의 엄지, 인지, 중지를 서로 직각이 되게 펴고 인지를 자력선의 방향으로, 중지를 전류의 방향에 일치시키면 도체에는 엄지의 방향으로 전자력이 작용한다는 법칙이며 계자철심 내에 설치된 전기자에 전류를 공급하면 전기자는 플레밍의 왼손법칙에 따르는 방향의 힘을 받는다. 이 원리에 따라 전기자에 전류를 흐르게 하면 전기자 양쪽의 전류방향이 역으로 되므로 회전력이 작용하여 회전운동을 발생시킨다. 이 회전력은 계자철심의 자력과 전기자에 흐르는 전류와의 곱에 비례한다. 기동전동기, 전류계, 전압계 등의 원리이다.

$$기동전동기의\ 필요\ 회전력 = \frac{피니언의\ 잇수 \times 회전\ 저항}{링\ 기어의\ 잇수}$$

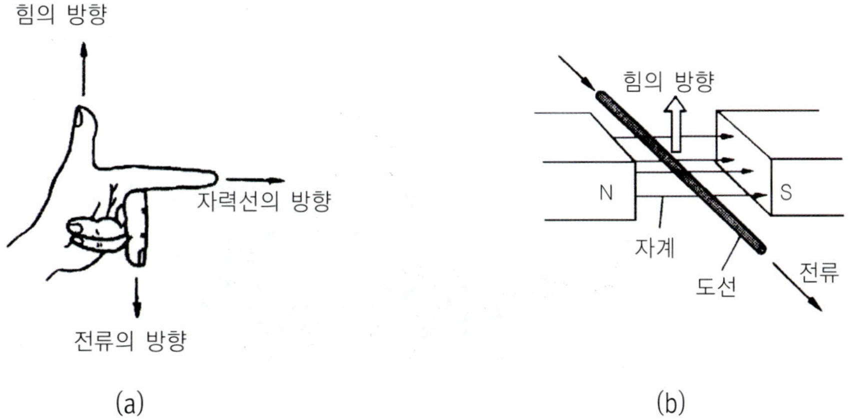

그림 2. 플레밍의 왼손법칙과 전동기의 원리

1.3. 시동전동기의 구조와 기능

전동기부분은 회전운동을 하는 부분(전기자와 정류자)과 고정되어 있는 부분(계자코일, 계자철심, 브러시)으로 구성되어 있다.

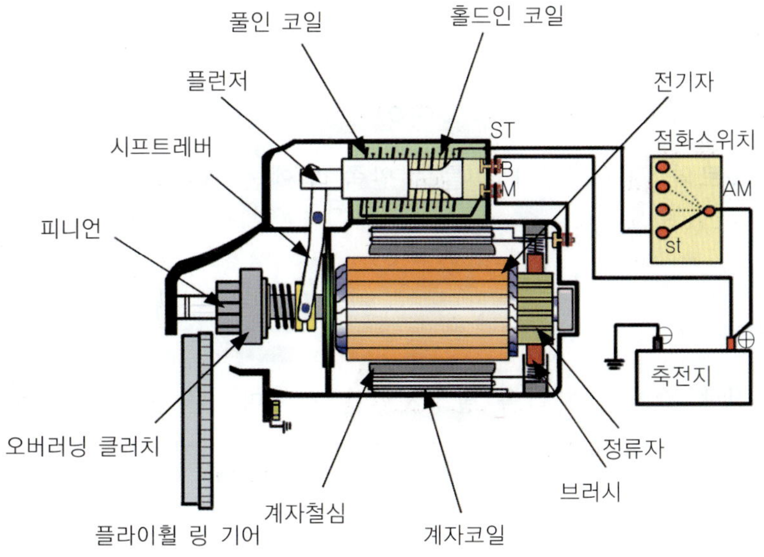

그림 3. 시동전동기의 구조

1.3.1. 전기자(Armature)

전기자는 회전부분으로 전기자 축, 철심, 절연되어 감겨있는 전기자 코일 등으로 구성되어 있으며, 전기자 축 앞쪽의 피니언 미끄럼 운동부에는 스플라인이 파져 있다.

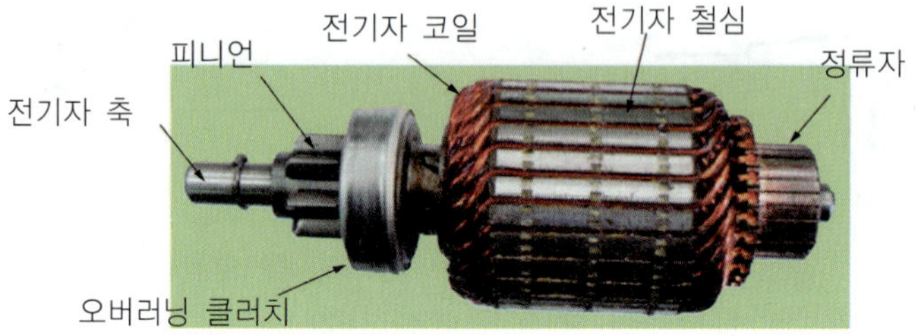

그림 4. 전기자의 구조

1.3.2. 정류자(Commutator)

경동(硬銅)으로 된 정류자편을 각각 절연하여 원형으로 결합한 것이며 원심력에 의해 튀어 나오지 않도록 V링 및 V형 운모로 고정되어 있다. 운모의 돌출로 인한 브러시와의 접촉 불량을 방지하기 위하여 정류자 편의 표면보다 0.5~0.8mm 낮게 파져 있다.

1.3.3. 계철과 계자철심(Yoke & Pole Core)

계철은 자력선의 통로와 시동전동기의 틀로 안쪽 면에는 계자코일을 지지하여 자극이 되는 계자철심이 나사로 고정되어 있다.

1.3.4. 계자코일(Field Coil)

이 코일은 계자철심에 감겨져 자력을 발생시키는 것이며, 큰 전류가 흐르므로 평각구리선을 사용한다. 코일의 바깥쪽은 테이프를 감거나 합성수지 등에 담가 막을 만든다.

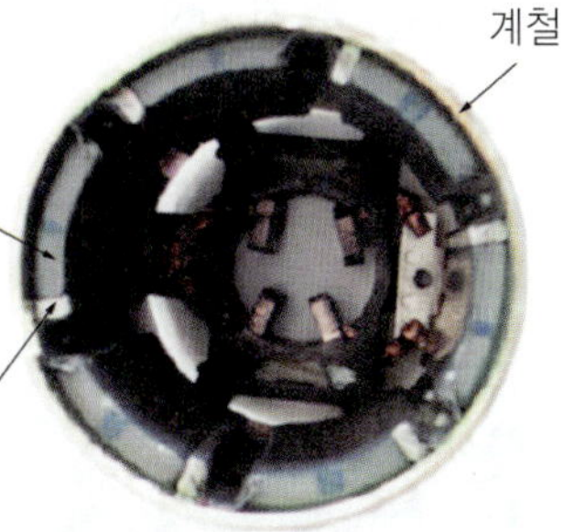

그림 5. 계철, 계자철심, 계자코일

1.3.5. 브러시와 브러시 홀더(Brush & Brush Holder)

브러시는 정류자를 통하여 전기자 코일에 전류를 출입시키는 일을 하며, 재질은 금속 흑연계열로 직육면체로서 브러시 홀더에 끼워져 홀더 스프링의 장력(0.5~1.0kgf/cm^2)에 의해 정류자 편에 접촉, 밀착된다. 브러시는 정류자를 거쳐 전기자 코일에 전류를 공급하며 2개의 절연브러시와 2개 또는 1개의 접지브러시로 구성되어 있다. 또 브러시가 표준 길이에서 1/3 정도 마멸되면 교환하여야 한다.

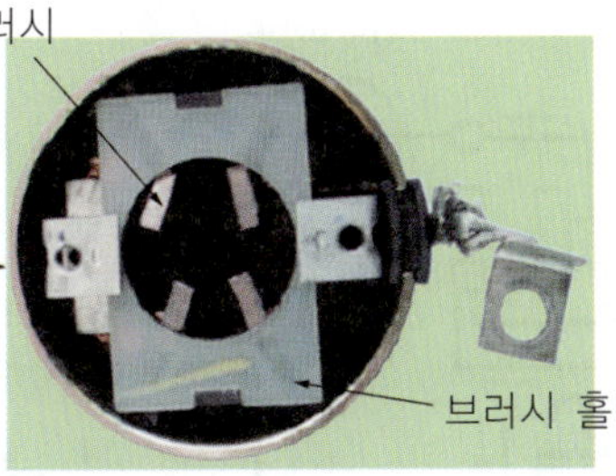

그림 6. 브러시와 브러시 홀더

1.3.6. 솔레노이드 스위치

솔레노이드 스위치는 마그넷 스위치라고도 부르며 전자력으로 작동하는 시동전동기용 스위치이다. 구조는 가운데가 비어 있는 철심, 철심 위에 감겨져 있는 풀인 코일과 홀드인 코일, 플런저, 접촉판, 2개의 접점(B단자와 M단자)으로 되어 있다.

풀인코일은 솔레노이드 스위치 ST단자(시동 단자)에서 감기 시작하여 M단자(전동기 단자)에 접속되어 있고, 홀드인 코일은 ST단자에서 감기 시작하여 솔레노이드 스위치 몸체에 접지되어 있다. 풀인 코일은 축전지와 직렬로 접속되며, 홀드 인 코일은 병렬로 연결되어 있다.

그림 7. 솔레노이드 스위치

1.3.7. 전자 피니언 섭동식의 작동

점화스위치(시동 키)를 시동(start)위치로 하면 솔레노이드 스위치의 풀인 코일이 축전지에서의 전류로 강력한 전자석이 되어 플런저를 잡아당긴다. 플런저는 시프트 레버를 잡아당겨 피니언을 플라이 휠 링 기어에 물린다.

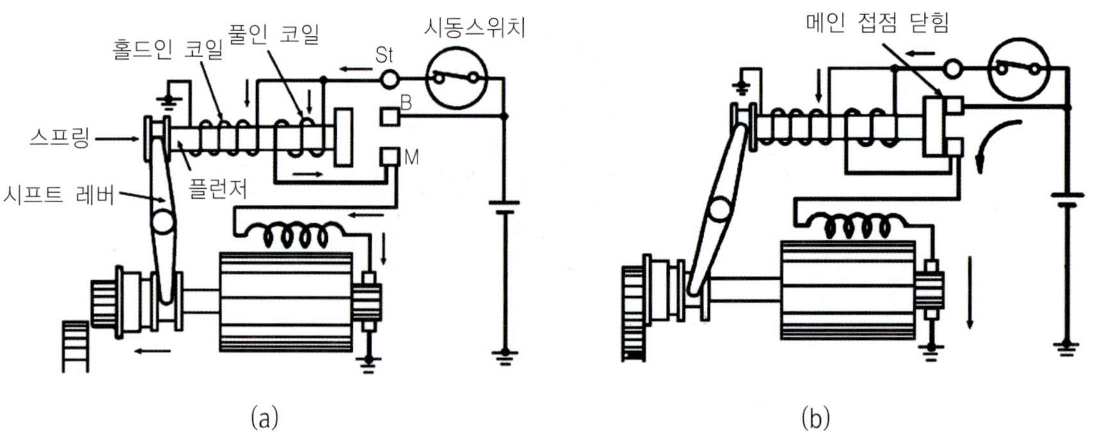

그림 8. 작동회로

이 물림이 완료되는 순간부터 시동전동기 스위치(솔레노이드 스위치의 B단자와 M단자)가 닫히면 풀인 코일에 흐르던 전류는 끊기고 동시에 홀드인 코일이 작동하여 플런저가 당긴 상태를 유지할 때 시동전동기에 축전지 전류가 흘러 강력한 회전을 시작하여 기관을 크랭킹 시킨다.

1.3.8. 오버 러닝 클러치(Over Running Clutch)

오버 러닝 클러치(over running clutch)란 기관이 시동된 후 피니언과 플라이휠 링 기어가 물린 상태이므로 이번엔 반대로 기관에 의해 시동전동기가 고속으로 구동되어 전동기가 손상된다. 이를 방지하기 위해 기관이 시동된 후 피니언이 공전하여 시동전동기가 구동되지 않도록 하는 장치를 말한다. 종류에는 롤러형식, 스프래그형식, 다판 클러치 형식 등이 있다.

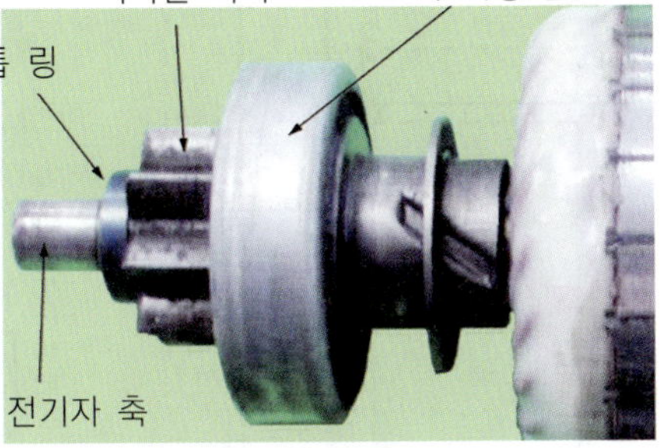

그림 9. 오버 러닝 클러치

1.3.9. 시동회로 전류의 흐름

① 배터리(+) → 이그니션 퓨저블 링크(30A) → 이그니션 스위치 AM단자 → 실내 정션박스 → 인히비터 스위치 → 스타트 릴레이 B6단자 → 접지 G15

② 이스니션 퓨즈블 링크 30A → 스타트 릴레이 → 스타팅 모터 ST단자 → 접지

③ 배터리(+) → 시동전동기 B단자 → 접지

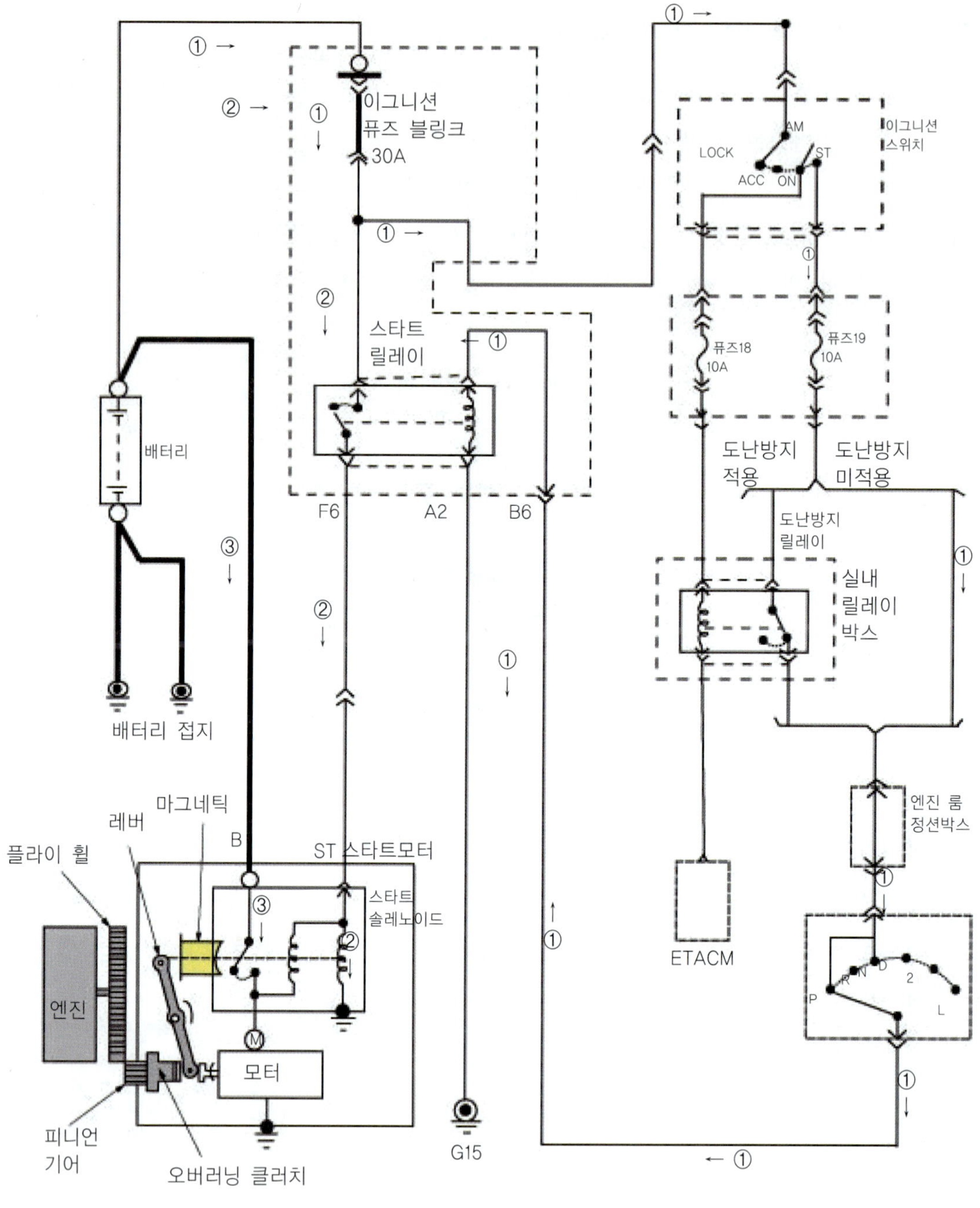

그림 10. 시동회로도(A/T)

1.3.10. 리모트 스타터(Remote Starter)

리모트 스타터는 리모컨으로 차량의 시동을 거는 것을 말한다. 이러한 원격 시동은 반드시 경계상태에서만 가능하다.

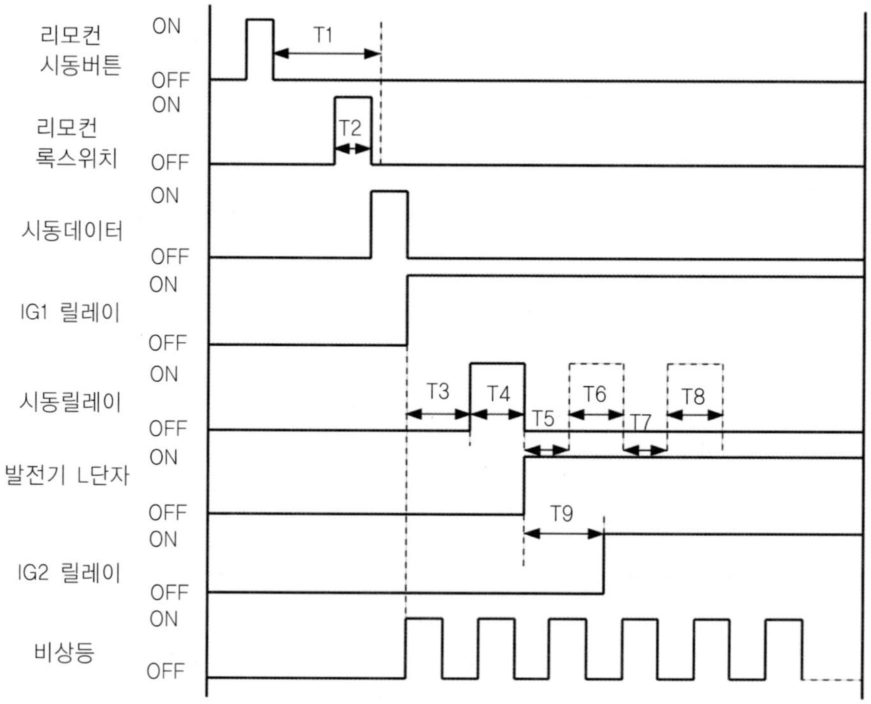

그림 11. 리모컨 스타터의 타임차트

사용자가 리모컨의 시동 버튼을 누르면 5초 동안 시동 허가 타이머가 작동한다. 이때 리모컨의 록 버튼을 누르면 즉시 원격 시동 데이터가 송신한다. 전장제어 ECU에서 시동 데이터가 수신되면 원격 시동조건 확인 후 이상이 없으면 IG1 릴레이를 구동시키고 4초 후 시동 릴레이를 구동한다. 만약 시동이 걸리지 않을 경우에는 3번에 걸쳐 재시동 출력을 낸다.

시동릴레이 구동 중 발전기 "L" 단자 출력이 나오면 출력을 멈춘다. 그리고 시동이 걸린 후 30초 후 IG2 릴레이를 구동시켜 공조장치 가동을 가능하게 한다. 비상등 램프는 시동 데이터 수신 이후부터 시동이 걸릴 때까지 0.6초 주기 50% 듀티로 구동시키고 시동 이후 3초 ON, 1초 OFF로 구동된다.

다음 다섯 가지 경우에는 엔진 시동이 금지된다. 첫째 원격 시동 중 또는 시동 후에 리모컨에 의한 엔진 정지 데이터가 출력된 경우 즉, 엔진 버튼 누르고 5초 이내에 언록 버튼을 누른 경우이다. 둘째는 원격 시동 후 10분이 경과하면 원격 시동은 해제된다.

셋째는 원격 시동 후에 도어를 연 경우이다. 즉 리모컨에 의하여 언록된 이 후 운전자에 의하여 문이 열리면 IG2 릴레이를 OFF한다. 여기서 30초가 경과되면 리모트 스타트 기능을 해제한다. 만약 30초 이전이라도 IG2 전원이 ETACS로 입력되면 리모트 스타트 기능을 해제한다.

표 리모트 스타터의 차종별 제어시간

차 종	제어시간	차 종	제어시간
아반떼 XD	T1 : 5±0.5초 T2 : 1초 이상 T3 : 4±0.2초 T4 : 1초 T5 : 2±0.2초 T6 : 1.5초 T7 : 2±0.2초 T8 : 2초 T9 : 30±3초	그랜저 XG	T1 : 5±0.5초 T2 : 1초 이상 T3 : 4±0.2초 T4 : 2±0.2초 T5 : 2±0.2초 T6 : 2.5±0.2초 T7 : 2±0.2초 T8 : 3±0.3초 T9 : 30±3초

넷째는 원격 시동으로 시동이 걸린 후 4초 후 "엔진 체크 램프"가 점등되어 있으면 시동 기능을 해제 한다. 단 엔진 경고등 점등 시 크랭킹은 가능하다.

다섯째는 원격 시동 중 혹은 시동 후 경보 조건에 돌입하거나 변속레버 "P" 위치, 주차 브레이크 OFF 등의 경우에도 리모트 스타트 기능을 해제한다.

1.3.11. 점화 스위치

[1] 키 위치 기능

① LOCK : 키를 삽입하거나 뽑는 위치이다.

② ACC : 엔진 시동을 걸지 않고도 전기장치(라디오, 시가라이터 등)의 일부를 사용할 수 있다.

③ ON : 엔진이 작동하기 전, 후에 모든 전기장치를 사용할 수 있는 위치이다.

④ START : 엔진 시동을 거는 위치이다. 시동이 걸려서 손을 떼면 ON위치로 되돌아간다.

그림 12. 키 스위치

[2] 시동방법

① 주차브레이크를 당긴다.

② 변속기를 중립에 놓는다(자동변속기는 P 또는 N위치로 한다).

③ 키 스위치를 START 위치로 하여 시동을 건다.

1.3.12. 시동전동기 고장원인 및 정비

[1] 시동전동기가 회전되지 않는다.

① 배터리 충전전압이 낮다 - 배터리 충전 또는 배터리 교환

② 배터리 케이블단자 느슨해짐 또는 부식 - 케이블단자 조임 또는 교환

③ 자동변속기 인히비터 스위치 불량 - 인히비터 스위치 조정 또는 교환

④ 수동변속기 클러치 페달 스위치 불량 - 클러치 페달 스위치 교환

⑤ 퓨즈블 링크 불량 - 퓨즈블 링크 교환

⑥ 엔진에서 차체로 연결된 접지선 접촉불량 - 접지선 수리 또는 교환

⑦ 점화스위치 불량 - 점화스위치 교환

⑧ 시동전동기 불량 - 시동전동기 수리 또는 교환

⑨ 스타트 릴레이 불량 - 스타트 릴레이 교환

[2] 시동전동기 회전이 느리다.

① 배터리 전압이 낮다 - 배터리 충전 또는 교환

② 배터리 케이블의 조립 불량 - 케이블 조임 또는 교환

③ 시동전동기 불량 - 시동전동기 수리 또는 교환

[3] 시동전동기가 멈추지 않고 계속 회전한다.

① 시동전동기 불량 - 시동전동기 수리 또는 교환

② 점화스위치 불량 - 점화스위치 교환

[4] 시동전동기는 회전하나 엔진이 회전하지 않는다.

① 배선의 단락 - 배선수리 또는 교환

② 피니언 기어 부러졌거나 전동기의 결함 - 시동전동기 교환

③ 링기어의 기어가 부러짐 - 플라이휠 링기어 또는 토크컨버터 교환

[5] 시동 시 시동모터에서 "딸깍" 하는 소리만 나고 크랭킹이 안 된다.

① 배터리 전압이 낮다 - 배터리 충전 또는 교환

② 시동모터에 연결된 B단자 헐거움 - B단자 조임

③ 엔진에서 차체로 연결된 접지선 접촉불량 - 접지선 수리 또는 교환

④ 점화스위치 ST단자와 시동모터 ST단자 간 배선불량 - 배선수리 또는 교환

2 시동장치의 점검 · 정비

2.1. 시동전동기의 탈 · 부착

① 차량을 리프트에 진입시키고 후드를 열어 배터리 (-)케이블을 공구를 사용하여 탈거한다.

② 배터리 본선과 연결된 시동전동기 B단자를 공구를 사용하여 탈거한다.

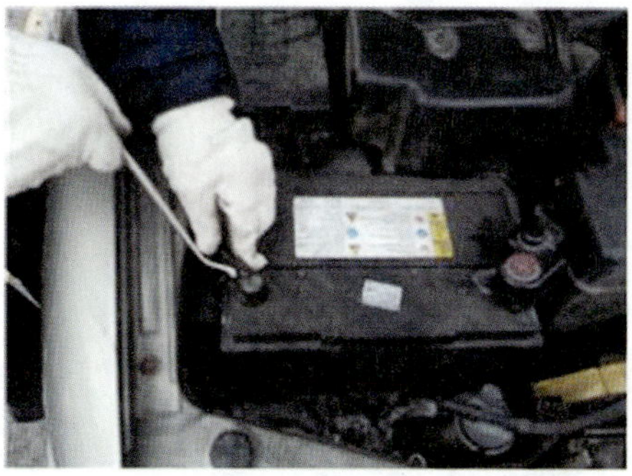

그림 13. (-)케이블 탈거

그림 14. B단자 탈거

③ 시동전동기의 ST단자 커넥터를 탈거한다.

④ 시동전동기 고정 볼트를 공구를 사용하여 탈거한다.

⑤ 신품의 시동전동기를 조립한다. 차종에 따라 체결볼트에 접지단자가 체결되는 경우가 있으므로 주의하며, 볼트는 2~3회 나누어 체결한다.

⑥ 시동전동기 B단자와 ST단자 커넥터를 연결한다. B단자 체결 시 단자보호 및 전기적 손상을 방지하도록 단자보호 덮개는 반드시 씌운다.

⑦ 배터리 (-)케이블을 연결하고 시동을 2~3회 연속적으로 걸어 정상 작동상태를 확인한다.

그림 15. ST단자 탈거

그림 16. 고정볼트 탈거

2.2. 시동전동기의 분해 · 조립

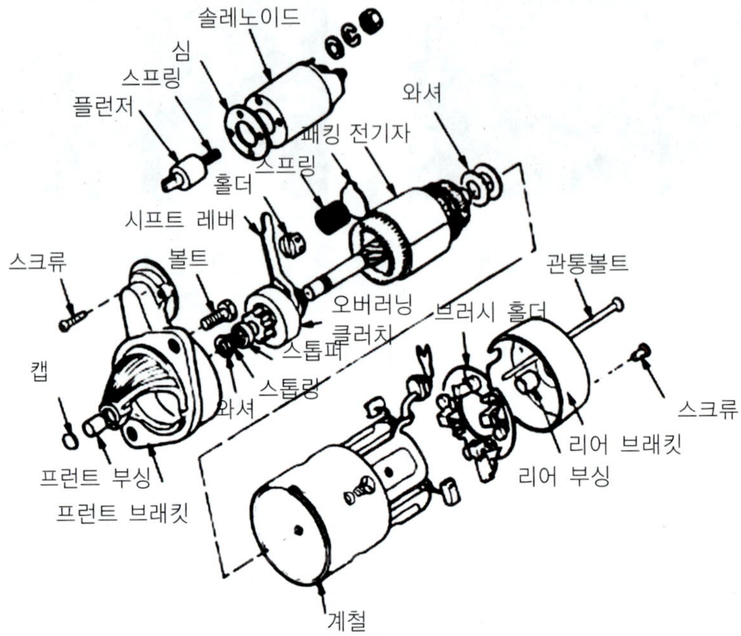

그림 17. 시동모터 분해도

① 솔레노이드 스위치 M단자(또는 F단자라고도 함)의 커넥터를 분리한 후, 고정 스크루를 풀고 솔레노이드 스위치를 분리한다.

그림 18. M단자 분리

그림 19. 솔레노이드 스위치 분리

② 관통볼트(2개)를 풀고 계철을 분리한다.

그림 20. 관통볼트 탈거

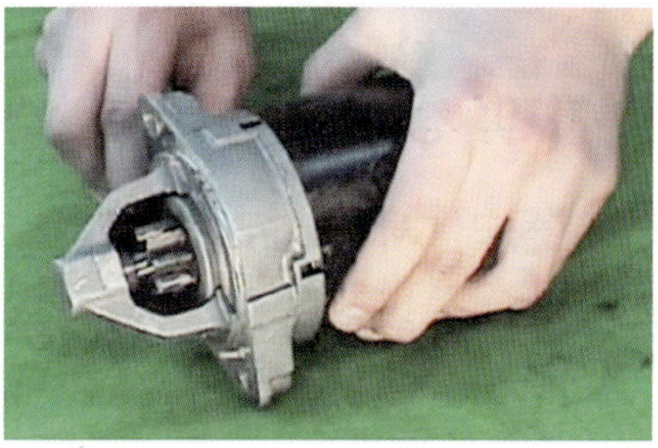

그림 21. 프론트 하우징 탈거

③ 시프트 레버와 전기자 어셈블리를 분리한다.

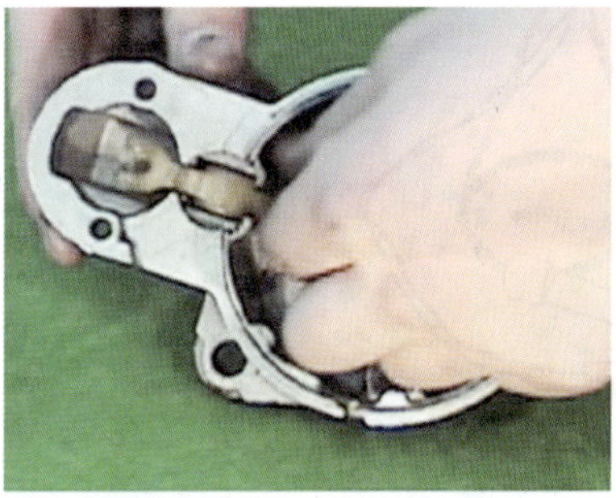

그림 22. 시프트레버 탈거

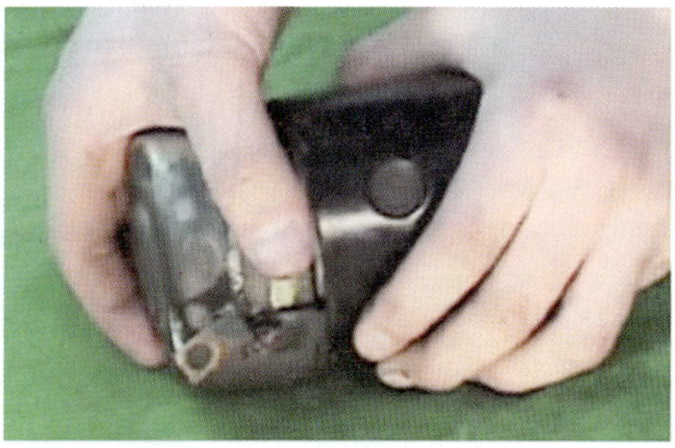

그림 23. 리어 브래킷 탈거

④ 계철 뒤쪽에서 접지 스크류를 풀고 리어 브래킷을 분리한다.

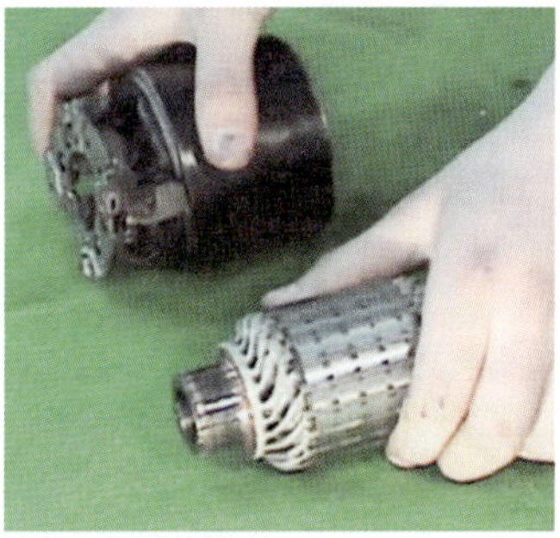

그림 24. 계철과 전기자 분리

그림 25. 브러시 탈거

⑤ 브러시 홀더에서 브러시를 분리한다.

⑥ 조립은 분해의 역순으로 작업한다.

2.3. 전기자 및 정류자 점검

2.3.1. 그로울러 시험기로 전기자 코일 점검

전기자코일은 그로울러 시험기로 점검한다.

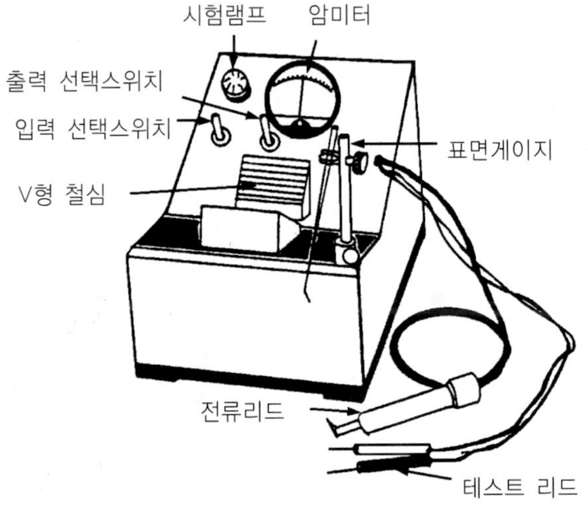

「그림」 26. 그로울러 시험기의 구조

[1] 전기자코일의 단선(개회로)시험

① 전원스위치를 OFF로 한 상태에서 그로울러 테스터의 V형 철심 위에 전기자를 올려놓는다.

② 전원스위치를 ON으로 한 다음 출력 및 입력 선택스위치를 모두 H쪽으로 한다.

③ 테스터의 리드 선을 서로 접속시켜 그로울러 테스터의 램프에 점등이 되는지 점검한다.

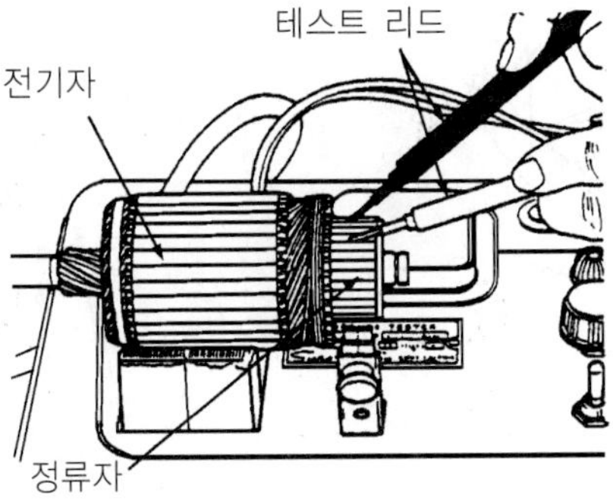

그림 27. 전기자코일 단선시험

④ 테스터 리드 선의 프로브를 정류자 편에 각각 접속하여 테스터의 램프에서 점등 여부를 점검한다.

⑤ 이때 테스터 램프가 점등되면 정상이고, 점등되지 않으면 단선된 상태이다.

[2] 전기자의 단락시험

① 그로울러 테스터의 V형 철심 위에 전기자를 올려놓는다.

② 전원스위치를 ON으로 한 다음 출력 및 입력 선택스위치를 모두 H쪽으로 한다.

③ 얇은 철판을 전기자 철심 위에 평행하게 댄 다음 전기자를 천천히 회전시키면서 철판이 흡입되거나 진동 여부를 점검한다.

④ 흡입 또는 진동이 없으면 정상이다.

[3] 전기자의 접지시험

① 그로울러 테스터의 V형 철심 위에 전기자를 올려놓는다.

② 전원스위치를 ON으로 한 다음 출력 및 입력 선택스위치를 모두 H쪽으로 한다.

③ 테스터의 리드 선을 서로 접속시켜 그로울러 테스터의 램프에 점등이 되는지 점검한다.

④ 테스터 리드 선의 프로브를 전기자 철심과 정류자 편에 접속하였을 때 테스터 램프에 점등이 되지 않으면 정상이다.

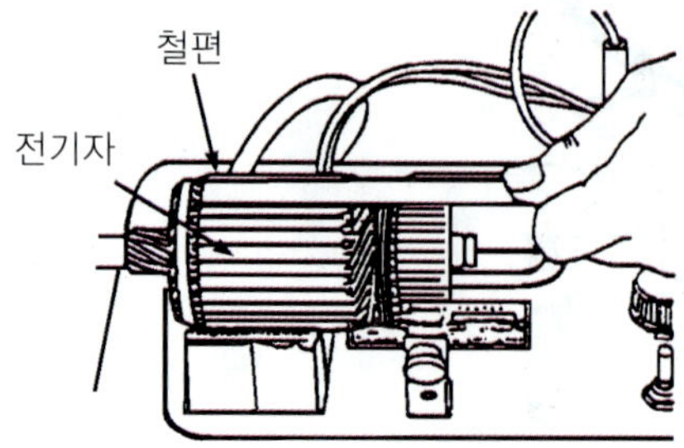

그림 28. 전기자 단락시험

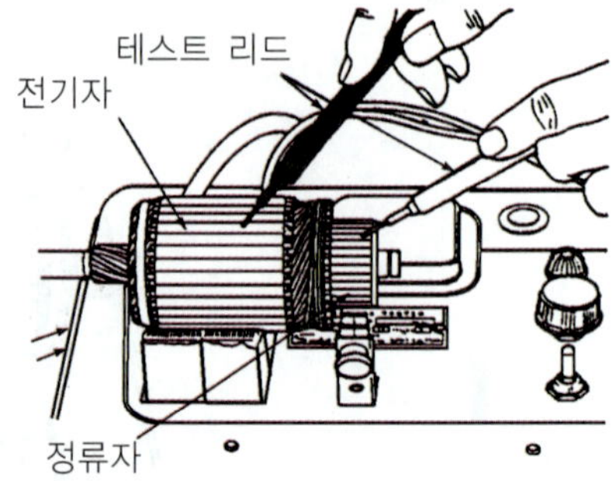

그림 29. 전기자 접지시험

2.3.2. 회로시험기로 전기자, 정류자, 계철점검

[1] 전기자 코일 단선시험(통전시험)

① 회로시험기의 셀렉터를 저항 ×1Ω 레인지에 설정한다.

② 회로시험기의 (+)단자를 전기자의 정류자 편에 연결한다.

③ 회로시험기의 (-)단자를 전기자 정류자 다른 편에 연결한다.

④ 눈금판에 나타나는 저항값을 기록한다.

⑤ 전기자를 회전(360° 회전)시키면서 각 정류자 편 사이의 저항을 측정한다.

⑥ 판정 : 0Ω 이 나오면 정상이다.

[2] 전기자 코일 접지시험

① 회로시험기의 셀렉터를 저항 ×1Ω 레인지에 설정한다.

② 회로시험기의 (+)단자를 전기자의 정류자 편에 연결한다.

③ 회로시험기의 (-)단자를 전기자 몸체에 연결한다.

④ 눈금판에 나타나는 저항 값을 기록한다.

⑤ 전기자를 회전(360° 회전)시키면서 각 정류자 편과 전기자 몸체 사이의 저항을 측정한다.

⑥ 판정 : ∞Ω 이 나오면 정상이다.

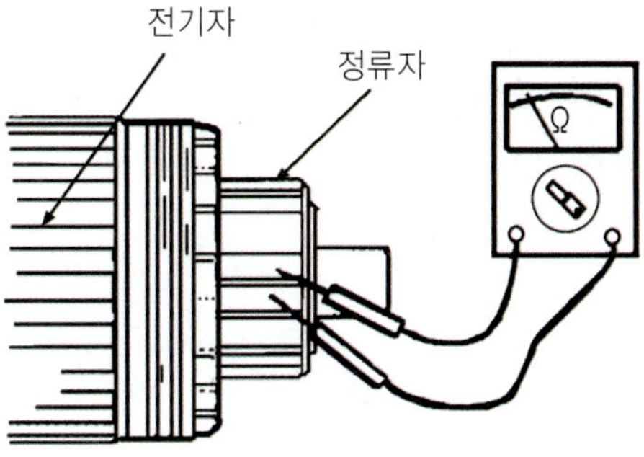

그림 30. 전기자 코일의 단선시험

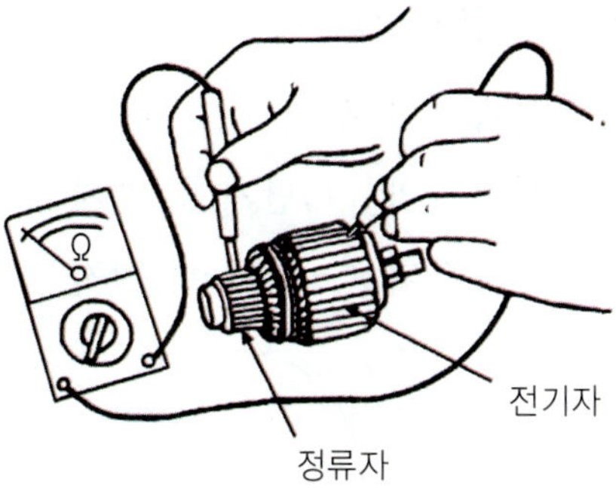

그림 31. 전기자 코일의 접지시험

[3] 정류자 세그먼트 홈 깊이(언더컷)

정류자 세그먼트 사이의 몰드 깊이가 한계 값 이하이면 교환한다.

① 표준 깊이 : 0.5~0.8mm

② 한계 값 : 0.2mm

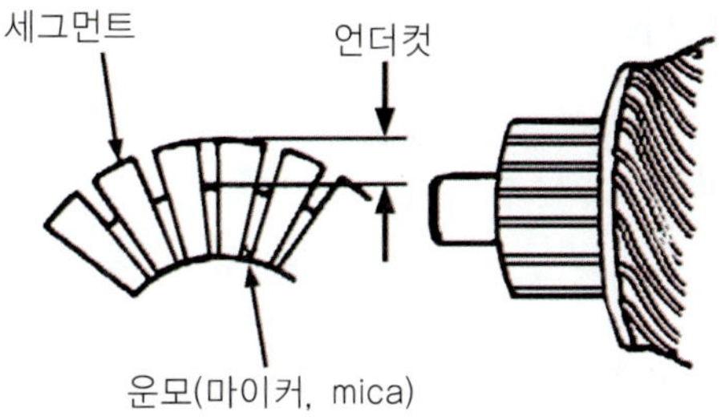

그림 32. 정류자 세그먼트 홈 깊이점검

[4] 계자코일 단선시험(도통시험)

① 회로시험기의 셀렉터를 저항 ×1Ω 레인지에 설정한다.

② 회로시험기의 (+)단자를 계자코일의 한 선에 연결한다.

③ 회로시험기의 (-)단자를 계자코일의 다른 선에 연결한다.

④ 눈금판에 나타나는 저항 값을 기록한다.

⑤ 계자코일의 각 선 사이의 저항을 돌아가면서 측정한다.

⑥ 판정 : 0Ω 이 나오면 정상이다.

[5] 계자코일 접지시험

① 회로시험기의 셀렉터를 저항 ×1Ω 레인지에 설정한다.

② 회로시험기의 (+)단자를 계자코일의 한 선에 연결한다.

③ 회로시험기의 (-)단자를 계자코일의 몸체에 연결한다.

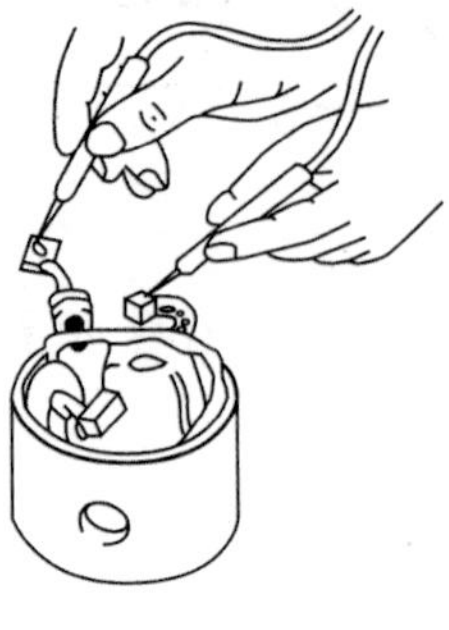

그림 33. 계자코일 단선시험

그림 34. 계자코일 접지시험

④ 눈금판에 나타나는 저항값을 기록한다.

⑤ 계자코일의 각 선과 몸체 사이의 저항을 돌아가면서 측정한다.

⑥ 판정 : ∞Ω (무한대)이 나오면 정상이다.

2.3.3. 브러시 점검 및 교환

[1] 브러시 길이 점검

브러시 길이는 버니어캘리퍼스나 곧은 자를 이용하여 측정하며 표준 길이의 1/3 이상 마멸된 경우에는 교환한다.

[2] 브러시와 브러시 홀더 점검

회로시험기로 (+)측 브러시와 브러시 홀더 사이의 통전을 점검하여 도통되면 홀더 어셈블리를 교환한다.

[3] 브러시 스프링장력 점검

① 스프링 저울을 준비한다.

② 스프링 저울의 훅을 브러시 스프링에 건다.

③ 브러시 스프링의 중심부분을 고정시킨다.

④ 스프링 저울을 위로 잡아당긴다.

⑤ 브러시 스프링이 움직이는 시점에서의 값을 기록한다.

⑥ 판정 : 스프링 장력은 0.5～1.0kgf/cm^2 정도이며, 규정 장력의 60～70% 정도이면 정상이다.

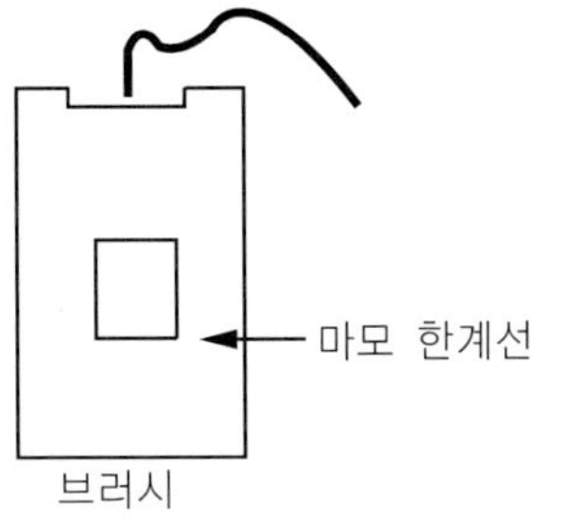

그림 35. 브러시 마모 한계선

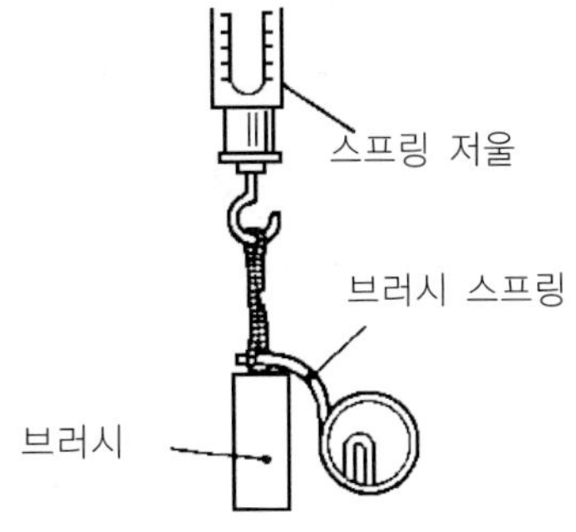

그림 36. 브러시 스프링장력 점검

[4] 브러시 교환방법

① 계자코일 브러시를 교환할 경우에는 피그 테일(pig tail)이 손상되지 않도록 마멸된 브러시를 빼낸다.

② 납땜이 잘되도록 피그 테일 끝을 샌드페이퍼로 가공한다.

③ 피그 테일 끝을 납땜한다.

④ 접지 브러시를 교환할 경우에는 리테이너링 스프링 뒤를 지지하고 있는 브러시를 밀어서 빼낸다.

그림 37. 브러시 교환방법

2.4. 솔레노이드 스위치 점검

2.4.1. 회로시험기로 점검

[1] 풀인 코일 점검

① 회로시험기의 셀렉터를 저항 ×1Ω 레인지에 설정한다.
② 회로시험기의 (+)단자를 솔레노이드 스위치 ST단자에 연결한다.
③ 회로시험기의 (-)단자를 솔레노이드 스위치의 M단자에 연결한다.
④ 눈금판에 나타나는 저항 값을 측정한다.
⑤ 판정 : 5Ω 이하가 나오면 정상이다.

그림 38. 풀인 코일 저항시험

[2] 홀드인 코일 점검

① 회로시험기의 셀렉터를 저항 ×1Ω 레인지에 설정한다.
② 회로시험기의 (+)단자를 솔레노이드 스위치의 ST단자에 연결한다.
③ 회로시험기의 (-)단자를 솔레노이드 스위치의 몸체에 연결한다.
④ 눈금판에 나타난 저항 값을 기록한다.
⑤ 판정 : 3Ω 이하가 나오면 정상이다.

[3] 솔레노이드 스위치 단락시험

① 회로시험기의 셀렉터를 저항 ×1Ω 레인지에 설정한다.
② 회로시험기의 (+)단자를 M단자에 연결한다.
③ 회로시험기의 (-)단자를 B단자에 연결하여 도통시험을 한다.

④ 판정 : 도통되면 불량이다.

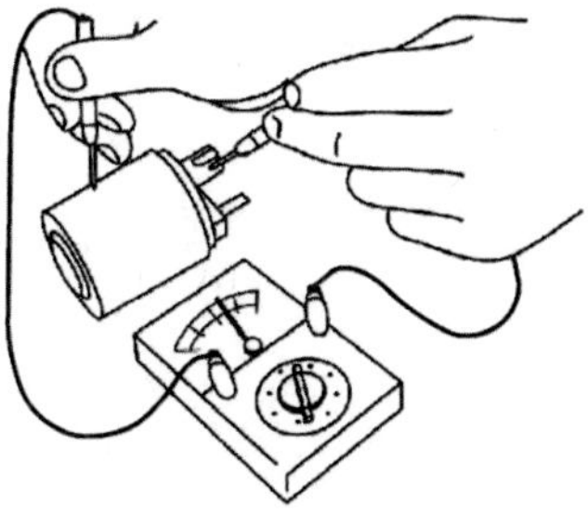

「그림」 39. 홀드인 코일시험

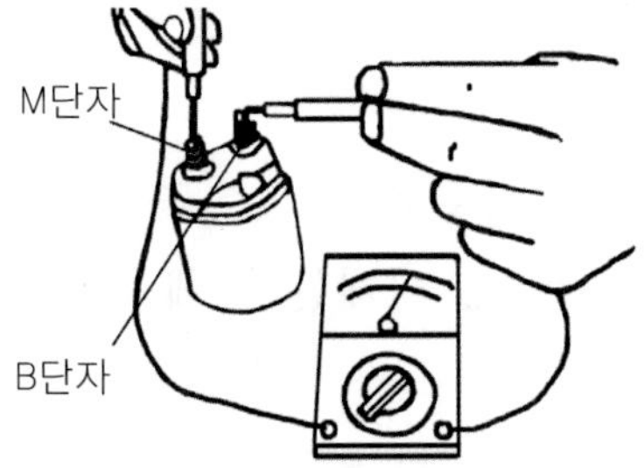

「그림」 40. B-M단자 단락시험

2.4.2. 솔레노이드 스위치의 작동점검

[1] 풀인 시험(Pull-In Test)

① 솔레노이드 스위치 M단자에서 배선을 분리한다.

② 솔레노이드 스위치 ST단자와 M단자 사이에 12V 축전지를 연결한다. 이때 시험은 10초 이내로 하여야 한다.

③ 피니언이 밖으로 움직이면 풀인 코일은 양호한 것이며 움직이지 않으면 솔레노이드 스위치를 교환한다.

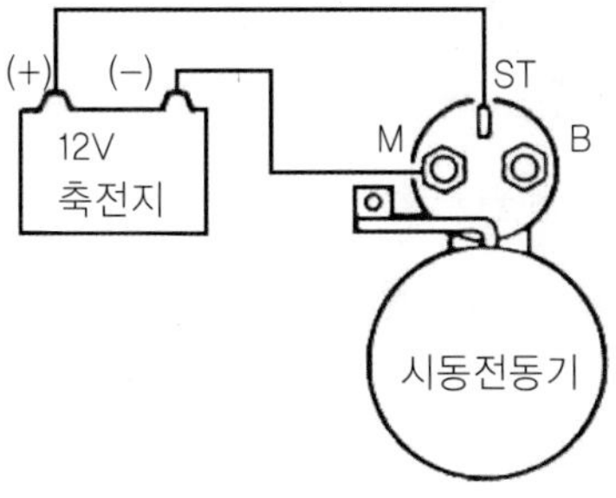

「그림」 41. 풀인 시험

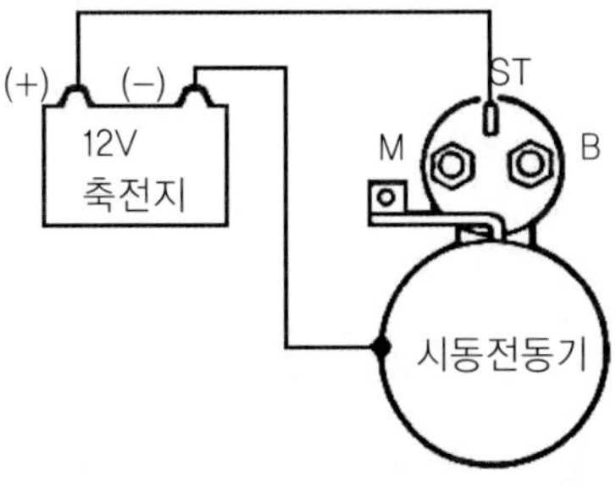

「그림」 42. 홀드인 시험

[2] 홀드인 시험(Hold - In Test)

① 솔레노이드 스위치 M단자에서 커넥터 배선을 분리한다.

② 솔레노이드 스위치 ST단자와 보디 사이에 12V 축전지를 연결한다. 이때 시험은 10초 이내로 실시한다.

③ 피니언이 바깥쪽에 있으면 정상이며, 피니언이 안쪽으로 이동을 하면 회로가 개방된 것이다. 이때는 솔레노이드 스위치를 교환한다.

[3] 솔레노이드 스위치 복원시험

① 솔레노이드 스위치 M단자에서 커넥터 배선을 분리한다.

② 솔레노이드 스위치 ST단자와 보디사이에 12V 배터리 전압을 연결한다. 이때 시험은 10초 이내로 실시하여야 한다.

③ 피니언을 밖으로 당겼다가 놓았을 때 피니언이 원위치로 빨리 복원하면 정상이며, 그렇지 못한 경우에는 솔레노이드 스위치를 교환하여야 한다.

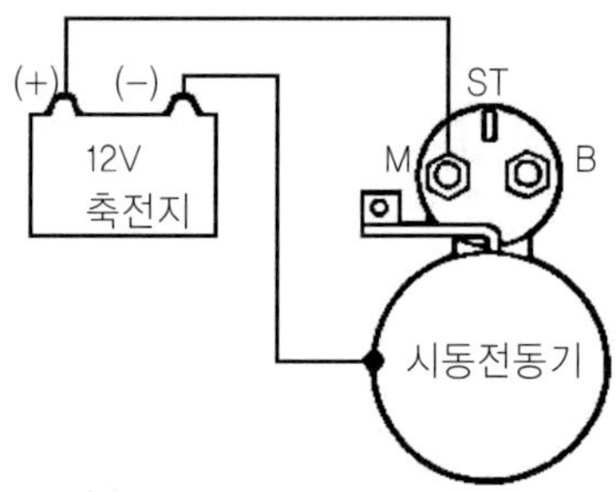

그림 43. 솔레노이드 스위치 복원시험

2.5. 시동전동기의 작동시험

2.5.1. 시동전동기 무부하 시험

[1] 시동전동기의 전압시험

① 시동전동기의 B 단자를 축전지 (+)단자에 연결한다.

② 시동전동기 몸체를 축전지 (-)단자에 연결한다.

③ 회로시험기의 셀렉터를 DC 50V 레인지에 설정한다.

④ 시동전동기를 작동시키기 전에 축전지 전압을 측정한다.

⑤ 회로시험기의 (+), (-)측정 프로브를 축전지의 (+), (-)단자에 연결한다.

⑥ 시동전동기의 ST단자와 B단자 사이의 스위치를 연결한다(시동전동기 구동).

⑦ 시동전동기가 작동하는 동안 회로시험기에 나타나는 안정된 전압을 측정한다.

⑧ 시동전동기 작동시간은 10초 이하로 할 것

⑨ 크랭킹 전압이 낮은 경우 배선 접촉 불량, 배터리 성능저하, 시동모터 불량 등을 점검한다.

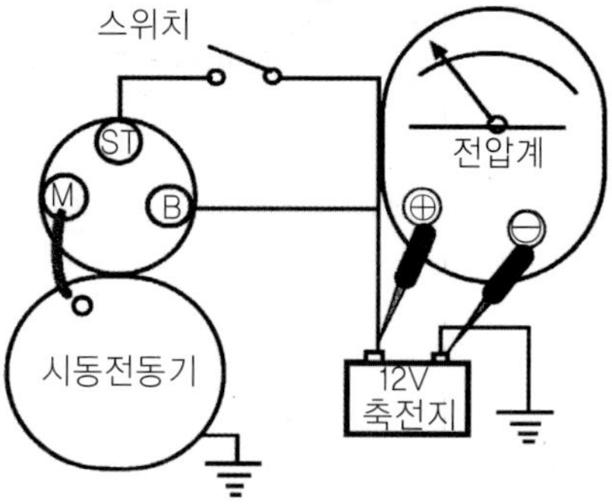

그림 44. 시동전동기 무부하 전압시험

[2] 시동전동기 무부하 전류시험

① 시동전동기 무부하 전류시험을 할 때 흐르는 전류는 50A 이상이다. 따라서 무부하 상태에서 전류를 측정하기 위해서는 클램프 형식의 전류계를 사용한다.

② 회로의 구성은 전압시험과 같다.

③ 전류계의 측정범위를 100A 영역에 두고, 영점 조정을 한 후 전류 흐름방향과 일치 되도록 회로시험기의 클램프를 축전지 (+)출력 단자 선에 설치한다.

④ 시동스위치를 작동시키고, 그때의 전류 값을 기록한다.

⑤ 전류 값이 규정 값보다 너무 높으면, 시동전동기의 잦은 사용에 의한 코일의 노후로 인한 내부저항이 증가된 결과이다(불량).

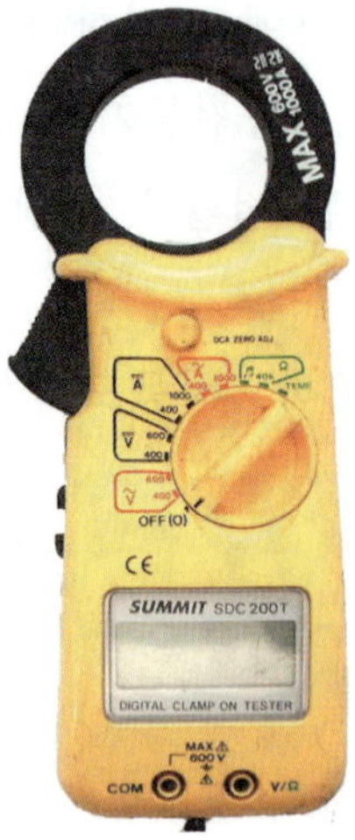

그림 45. 클램프형식 시험기

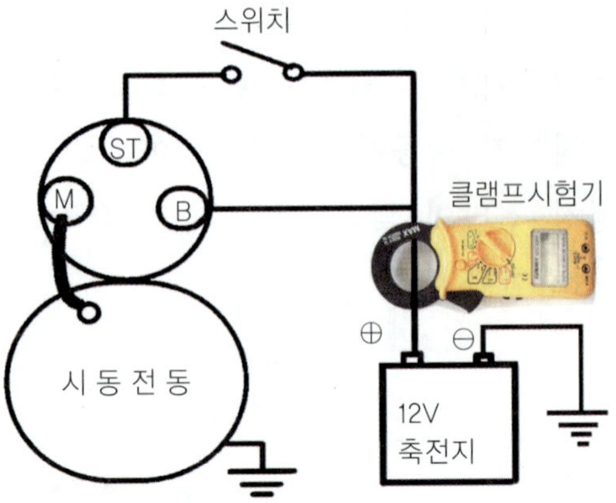

그림 46. 시동전동기의 무부하 전류시험

2.5.2. 시동전동기의 부하시험

[1] 시동모터 크랭킹 전압 강하시험

(1) 시험(측정)방법

① 엔진이 시동되지 않도록 점화 1차회로(점화코일, 파워 TR, 배전기 CAS, #1 TDC 센서) 커넥터를 탈거한다.

② 연료가 분사되지 않도록 인젝터 커넥터 또는 ECU 퓨즈를 탈거한다.

③ 축전지와 시동전동기의 배선 접속이 확실한가를 점검한다.

④ 축전지가 완전 충전되었는지 점검한다.

⑤ 멀티테스터의 셀렉터를 DC V에 선정한 후 적색 리드 선은 시동전동기 B단자 또는 축전지 (+)단자에, 흑색 리드 선은 엔진 본체 또는 축전지 (-)단자에 접지시킨다.

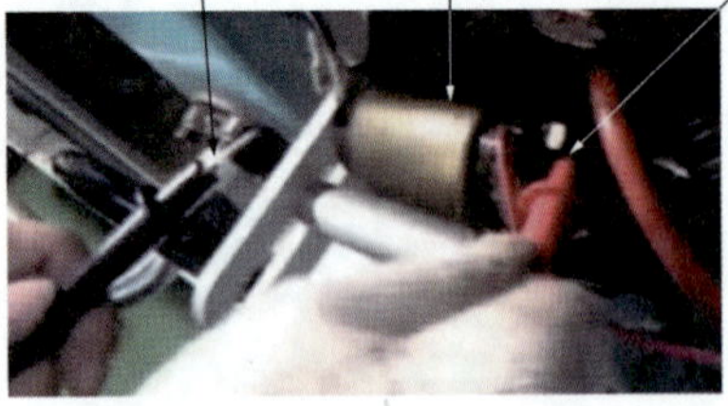

(a) 시동전동기에서 측정

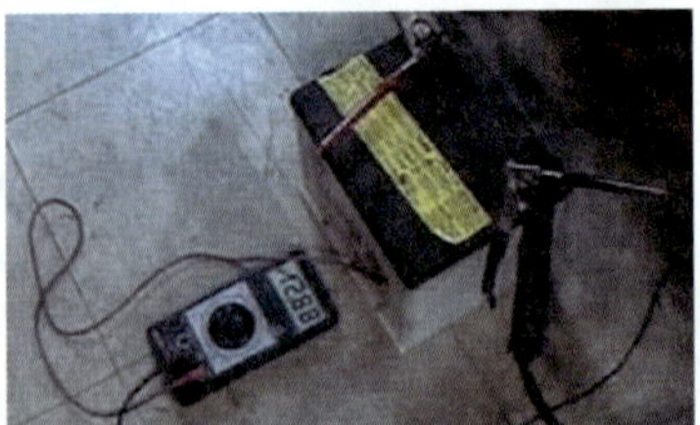

(b) 축전지에서 측정

그림 47. 테스터기 설치

⑥ 크랭킹하면서 전압계에 나타난 값을 점검한다. 크랭킹시간은 10초 이상을 넘지 않도록 한다.

그림 48. 전압강하 측정

(2) 결과 판정

결과 판정	불량 시 예상되는 증상
크랭킹 전압이 낮은 경우	· 배선 접촉 불량 · 배터리 성능 저하 · 시동 모터 불량

[2] 시동모터 전류 소모시험

(1) 측정방법

① 엔진이 시동되지 않도록 점화 1차회로(점화코일, 파워 TR, 배전기 CAS, #1 TDC 센서) 커넥터를 탈거한다.

② 연료가 분사되지 않도록 인젝터 커넥터 또는 ECU 퓨즈를 탈거한다.

③ 축전지와 시동 전동기의 배선 접속이 확실한가를 점검한다.

④ 축전지가 완전 충전되었는지 점검한다.

⑤ 테스터기의 스위치를 교류 400A에 선정한다.

⑥ REL을 눌러 0점 조정(0점 조정기 있는 타입은 0점 조정기로 0점 조정)한다.

그림 49. 테스터기

그림 50. 스위치 400A 선정 및 0점 조정

⑦ 클램프(훅) 미터를 시동전동기 B단자로 들어가는 축전지선(굵은 붉은 선으로 시동 전동기 B단자에 가깝게)에 걸은 다음(클램프의 화살표 방향이 전류의 흐르는 방향이 되도록) 크랭킹하면서 소모전류를 점검한다.

⑧ 크랭킹 시간은 10초 이상을 넘지 않도록 한다.

(a) 클램프를 벌린다.

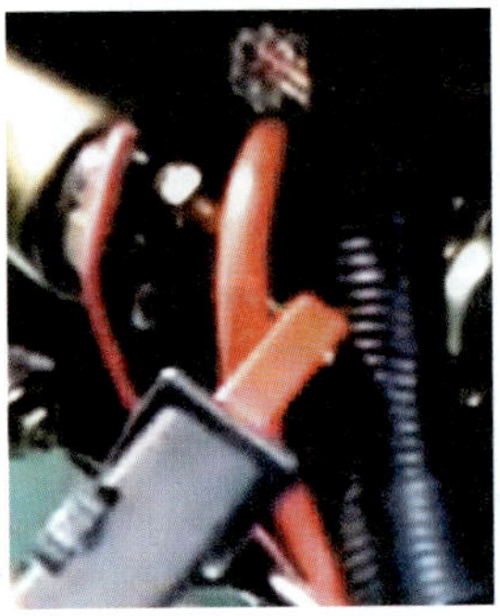

(b) 클램프 설치

그림 51. 클램프 설치

그림 52. 측정값 판독

(2) 결과 판정

결과 판정	예상되는 증상
높은 전류 지시	· 브러시와 정류자 또는 납땜 부분의 접촉 불량 · 회로의 개방 · 전기자 코일 단락, 접지불량, 계자코일 접지 불량, 브러시 마모

표 시동모터의 특성

시험 특성	시험 항목	규 정 값	비 고
무부하 특성	전압(V)	배터리 전압의 10% 이상	12V-50AH 배터리 : 10.8V 이상
	전류(A)	배터리 용량의 10% 이하	12V-50AH 배터리 : 45 ~ 55A 이하
부하 특성	전압(V)	배터리 전압의 20% 이상	12V-50AH 배터리 : 9.6V 이상
	전류(A)	배터리 용량의 3배 이하	12V-50AH 배터리 : 150A 이하

2.6. 점화 로크 스위치 점검

점화 로크 스위치란 기관을 시동할 때 운전자의 부주의에 의해 발생하는 사고를 방지 위해 클러치 페달을 밟아야만 시동이 걸리도록 한 장치이다. 점검방법은 다음과 같다.

① 스위치가 "ON" 되었을 때(클러치 페달을 밟았을 때) 단자 사이가 도통되면 정상이다.

② 스위치가 "OFF" 되었을 때 단자 사이가 도통되면 불량이다.

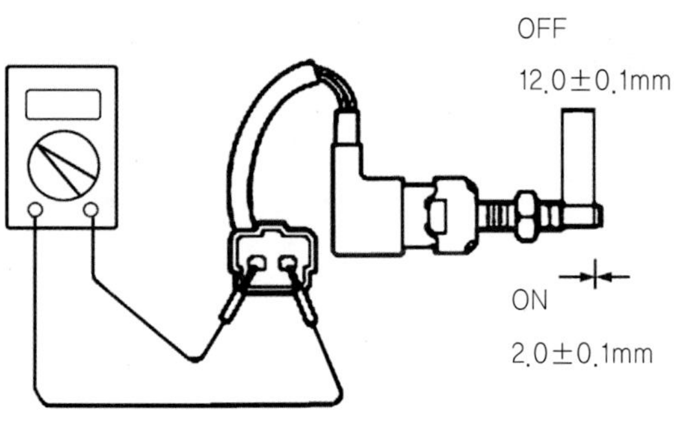

그림 53. 점화 로크 스위치

2.7. 이모빌라이저 키 입력방법

차종 선택 20/83

01. 아토스	11. 스쿠프
02. 뉴-클릭	12. 라비타
03 클릭	13. i30(GD)
04. 베르나(MC)	14. i30(FD)
05. 뉴 베르나	15. i40(VF) 16~
06. 베르나	16. i40(VF)
07. 벨로스터	17. 아반떼쿠페(JK)
08. 엑센트(RB)	18. 아반떼(MD)
09. 엑센트	19. 아반떼(HD HEV)
10. 엑셀	20. 아반떼(HD)

그림 54. 차종 선택

제어장치 선택 11/11

차종 : 아반떼(HD)

04. 제동제어
05. 에어백
06. 오토에어콘
07. 파워스티어링
08. 바디컨트롤모듈(BCM)
09. 트랜스미터코드등록
10. 스마트키(버튼시동)
11. 이모빌라이저

그림 55. 이모빌라이저 선택

진단기능 선택 3/5

차 종 : 아반떼(HD)
제어장치 : 이모빌라이저
사 양 : 가솔린

01. 키 등록정보
02. 패스워드 등록/변경
03. 키등록
04. EMS 초기화
05. 림폼 모드

그림 56. 키 등록 선택

사양 선택

차 종 : 아반떼(HD)
제어장치 : 이모빌라이저
상 태 : LEARNT

6자리 핀 코드를 입력하신 후,
[ENTER]키를 누르십시오.

CODE | 1 | 2 | 3 | 4 | 5 | 6 |

그림 57. 핀코드 입력

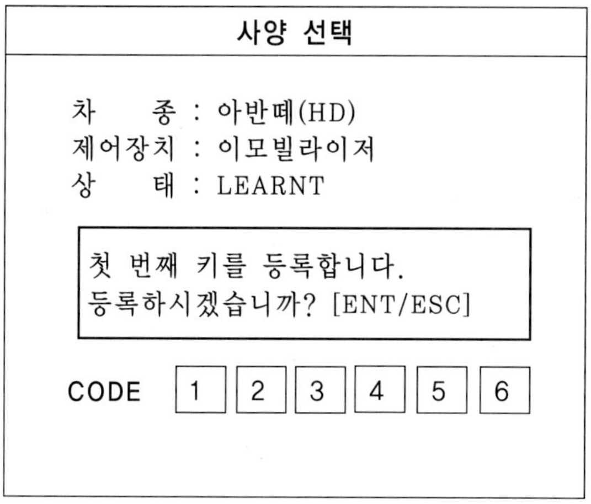

그림 58. 키 등록

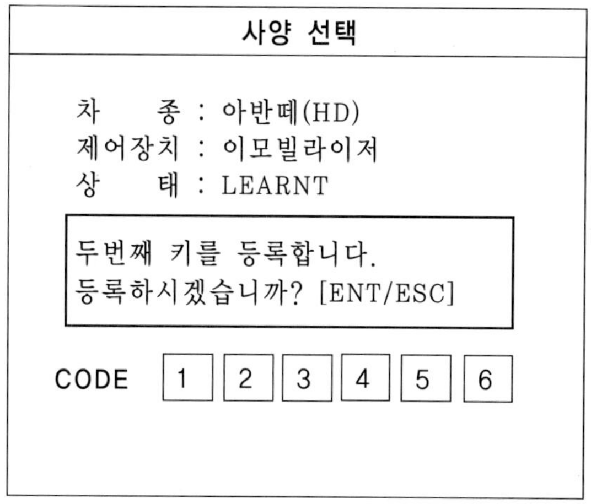

그림 59. 키를 한 개 이상 등록 시

Chapter

4

충전장치
(Charging System)

1 충전장치의 기본적인 이론

충전장치는 배터리, 레귤레이터가 내장된 알터네이터와 충전 경고등 및 와이어를 포함하는 일체를 말한다. 알터네이터(AC발전기)는 6개의 다이오드(3개의 (+)다이오드와 3개의 (-)다이오드)가 내장되어 있어 교류(AC)를 직류(DC)로 전파 정류하므로 AC 발전기 "B" 단자에는 직류(DC)가 발생된다.

그림 1. 충전장치의 구성

알터네이터(AC발전기)에서 발생되는 충전 전압은 축전지 전압조절기에 의하여 조정되며, 알터네이터(AC발전기)는 로터(rotor), 스테이터(stator), 정류기, 브러시, 베어링, 벨트풀리로 구성되어 있으며 브러시 홀더에는 IC형의 전압조정기가 부착되어 있다.

1.1. 교류발전기(Alternator)의 특징

① 저속에서도 충전이 가능하다.

② 회전부분에 정류자가 없어 허용 회전속도 한계가 높다.

③ 실리콘 다이오드로 정류하므로 전기적 용량이 크다.

④ 소형·경량이며, 브러시 수명이 길다.

⑤ 전압조정기만 필요하다.

⑥ 발전기 자체에는 극성을 주지 않아도 된다.

1.2. 발전기의 원리

1.2.1. 발전기와 플레밍의 오른손법칙

교류발전기는 자계(스테이터) 내에 고정된 코일(로터 코일)의 기계적 회전운동에 의해서 전자력을 발생시키며, 그림 2와 같은 원리로 작동된다.

① 그림 2(a)의 위치에서는 코일이 자력선을 차단하지 않으므로 기전력(electro motive)은 0[V]이다.

② 그림 2(b)의 위치에서는 코일이 자력선을 차단하기 시작하므로 기전력이 발생하기 시작한다.

③ 그림 2(c)의 위치에서는 코일이 많은 수의 자력선을 차단하기 때문에 기전력이 최대치가 된다.

④ 그림 2(d)의 위치에서는 자력선 차단의 수가 감소하고 따라서 기전력도 감소한다.

⑤ 그림 2(e)의 위치에서는 기전력이 다시 0[V]로 돌아간다.

⑥ 그림 2(f)의 위치에서 기전력의 방향은 역방향이다.

⑦ 그림 2(g)의 위치는 기전력이 최대가 된다.

⑧ 그림 2(h)의 위치에서는 기전력이 감소한다.

⑨ 이와 같은 과정을 그림 2(i)에 나타냈다. 이 파형은 교류와 힘의 정(+), 부(-)를 포함한 파형이다.

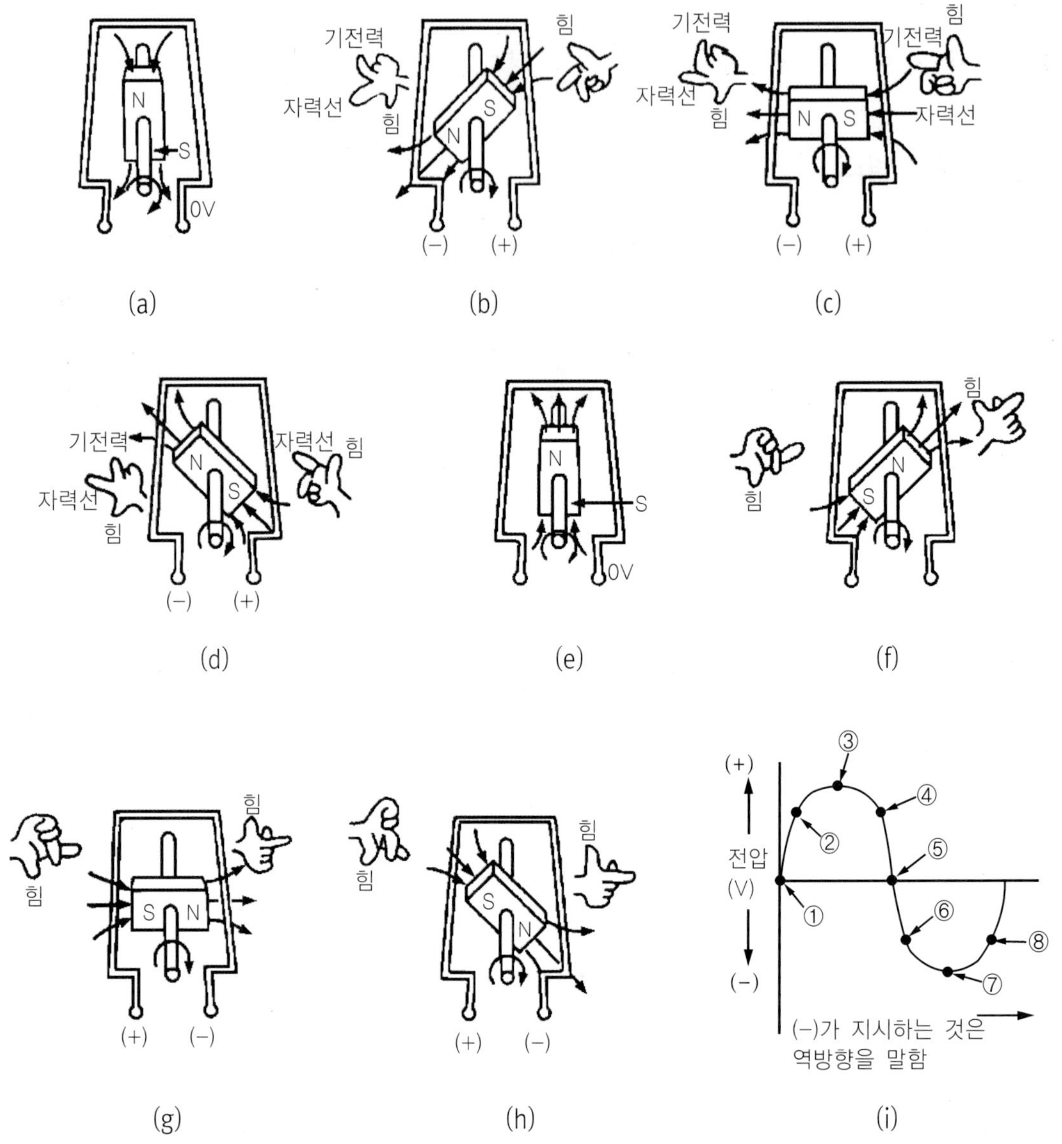

「그림」 2. 교류발전기의 원리와 파형

1.2.2. 발전기와 렌츠의 법칙(Lenz's Law)

발전기의 이론은 렌츠의 법칙을 통해서도 알 수 있다. 전류에 의해 발생하는 자력선과 자계의 운동방향은 반대이기 때문에 기전력은 교번한다. 예를 들면 그림 3에서 자석을 오른쪽으로 회전시키면 자력선은 자석을 왼쪽으로 회전시키려고 한다.

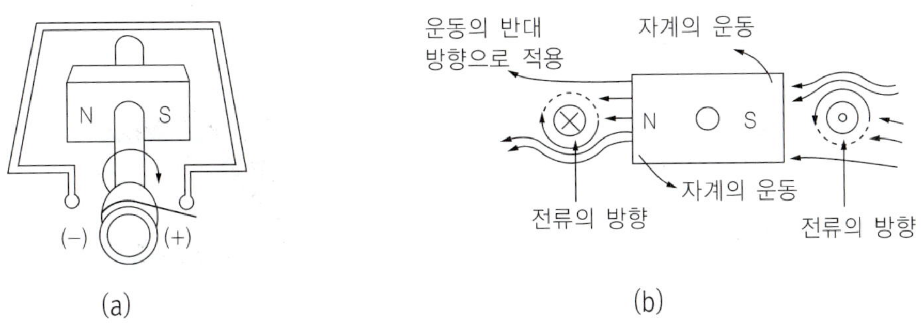

그림 3. 렌츠의 법칙에 의한 발전기의 원리

1.2.3. 교류발전기의 구조

교류발전기는 고정부분인 스테이터(고정자), 회전하는 부분인 로터(회전자), 로터의 양끝을 지지하는 엔드 프레임(end frame) 그리고 스테이터 코일에서 유기된 교류를 직류로 정류하는 실리콘 다이오드로 구성되어 있다.

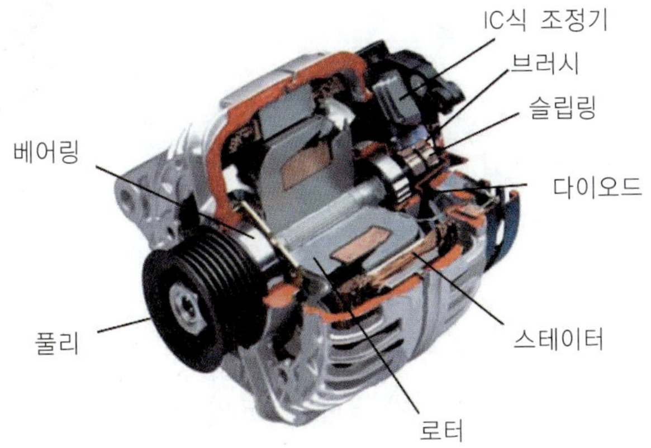

그림 4. 교류발전기의 구조

[1] 스테이터(Stator)

스테이터에는 독립된 3개의 코일이 감겨져 있고 여기에서 3상 교류가 유도된다. 스테이터 코일의 접속방법에는 Y결선(또는 스타결선)과 삼각형결선(델타결선)이 있으며, Y결선이 삼각형결선에 비하여 선간전압이 각 상 전압의 $\sqrt{3}$배가 높아 기관이 공전할 때에도 충전가능한 전압이 유도된다.

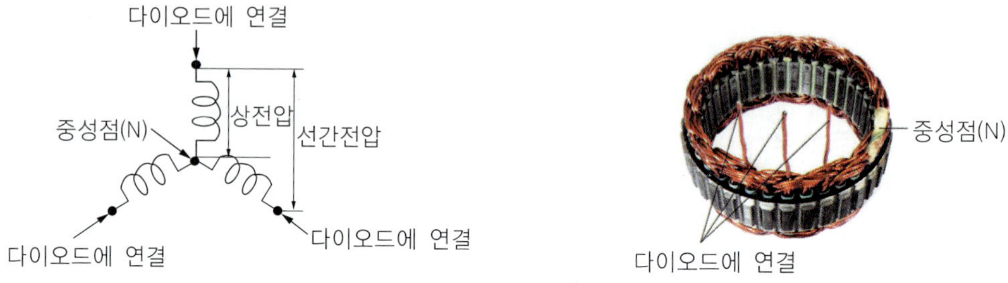

(a) Y결선 회로 (b) Y결선 스테이터

그림 5. Y결선

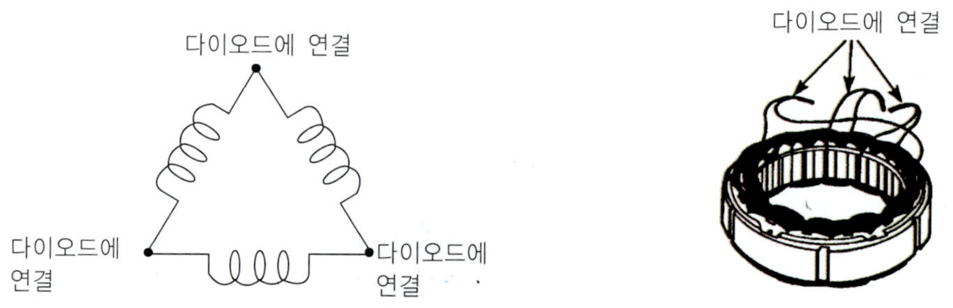

(a) 델타 결선회로 (b) 델타결선 스테이터

그림 6. 삼각형 결선

[2] 로터(Rotor)

로터는 자극을 형성한다. 로터의 자극편은 코일에 여자전류가 흐르면 N극과 S극이 형성되어 자화되며, 로터가 회전함에 따라 스테이터 코일의 자력선을 차단하므로 전압이 유도된다. 그리고 슬립 링(slip ring)은 축과 절연되어 있으며 각각 로터 코일의 양끝과 연결되어 있다. 이 슬립 링 위를 브러시가 미끄럼운동하면서 로터 코일에 여자 전류를 공급한다.

그림 7. 로터의 구조

[3] 정류기(Rectifier)

교류발전기에서는 실리콘 다이오드를 정류기로 사용한다. 교류발전기에서 다이오드의 기능은 스테이터 코일에서 발생한 교류를 직류로 정류하여 외부로 공급하고, 또 축전지에서 발전기로 전류가 역류하는 것을 방지한다. 다이오드 수는 (+)쪽에 3개, (−)쪽에 3개씩 6개를 두며, 여자 다이오드를 3개 더 두고 있다. 그리고 다이오드의 과열을 방지하기 위해 엔드 프레임에 히트 싱크(heat sink)를 두고 있다.

교류발전기는 로터 철심의 잔류 자기만으로는 발전이 어렵기 때문에 발전기를 구동할 때 외부에서 전원이 공급되기 때문에 타려자라 한다. 그 이유는 실리콘 다이오드의 사용에 있다. 즉, 실리콘 다이오드에 인가되는 전압이 매우 낮을 경우에는 큰 저항비율을 나타내므로 발전기의 회전속도가 상당히 크지 않으면 전류가 흐르지 않기 때문이다. 그리고 축전지의 단자 전압보다 발전기의 발생전압이 높아지면 자동적으로 충전을 시작한다.

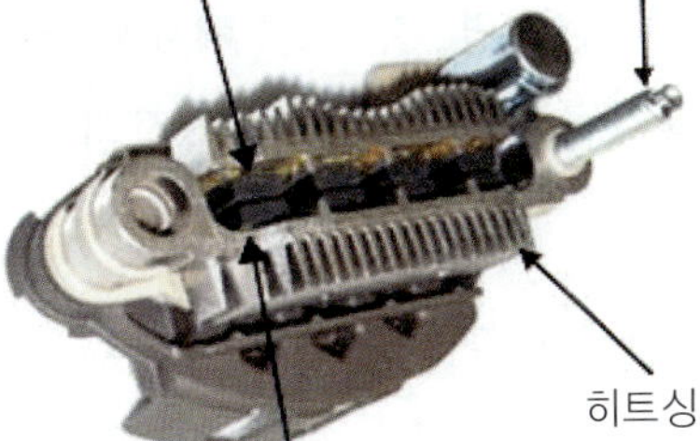

그림 8. 다이오드의 구조

[4] 브러시(Brush)

브러시의 재질은 내마모성이 우수하고 전압강하가 낮으며, 슬립링을 마모시키지 않는 조건이어야 한다. 일반적으로 슬립링의 재질이 구리인 경우에는 전기흑연 또는 금속흑연이 스테인리스인 경우에는 금속흑연이 사용된다. 브러시 홀더는 합성수지 성형부품이 사용되며, 전압조정기를 발전기 내부에 내장하는 경우에는 브러시홀더와 전압조정기를 일체로 하는 경우가 많다.

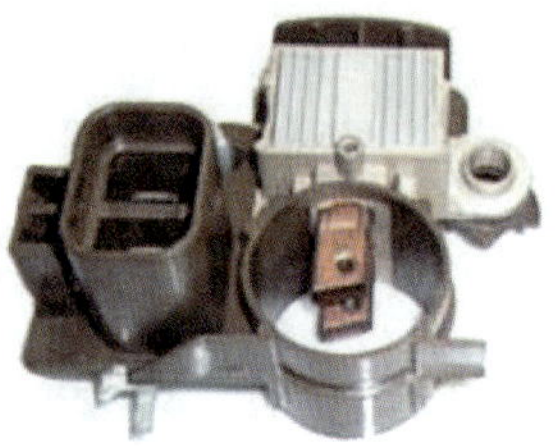

그림 9. 브러시와 전압조정기

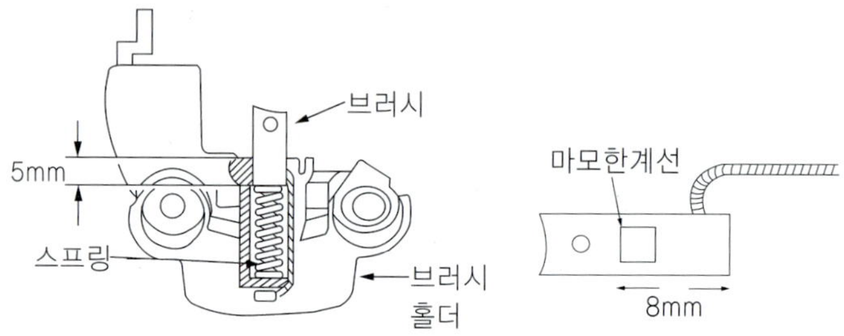

그림 10. 브러시의 구조

[5] 교류발전기 조정기

발전기의 출력은 스테이터 코일의 권수, 로터의 세기, 단위 시간당 자속을 자르는 횟수에 따라 결정된다. 따라서 기관의 회전속도가 증가하면 발전기의 발생전압과 전류가 모두 증가한다. 이에 따라 발전기 조정기가 필요하며, 교류발전기의 조정기는 전압조정기만 필요하다.

전압조정기는 발전기의 발생전압을 일정하게 유지하기 위한 장치이다. 작동은 발생전압이 규정보다 증가하면 로터코일에 직렬로 저항을 넣어 여자전류를 감소시켜 발생전압을 감소시키고, 발생 전압이 낮으면 저항을 빼내어 규정 전압으로 회복시킨다. 현재는 트랜지스터형이나 IC 조정기를 사용하며 IC조정기의 특징은 다음과 같다.

① 배선을 간소화할 수 있다.

② 진동에 의한 전압 변동이 없고, 내구성이 크다.

③ 조정 전압의 정밀도 향상이 크다.

④ 내열성이 크며, 출력을 증대시킬 수 있다.

⑤ 초소형화 할 수 있어 발전기 내에 설치할 수 있다.

⑥ 축전지 충전성능이 향상되고, 각 전기 부하에 적절한 전력 공급이 가능하다.

[6] 전압조정기 작용

(1) 시동 전 점화스위치(Key) ON일 때의 작용

1) 충전 경고등 점등 및 Tr 작동

① 축전지 → 충전 경고등 릴레이 → L 단자 → Tr2 베이스 전류 → 접지로 흐르면

② 축전지 → 충전 경고등 릴레이 → L 단자 → 로터 코일 → Tr2 이미터 전류 → 접지로 흐르게 되어 충전 경고등이 점등되며, Tr2가 작동된다.

2) 로터코일의 작동(Tr2가 작동하게 되면)

축전지 → IG 스위치 → R단자 → 로터코일 → Tr2 이미터 전류 → 접지로 충분한 전류가 흐르게 된다.

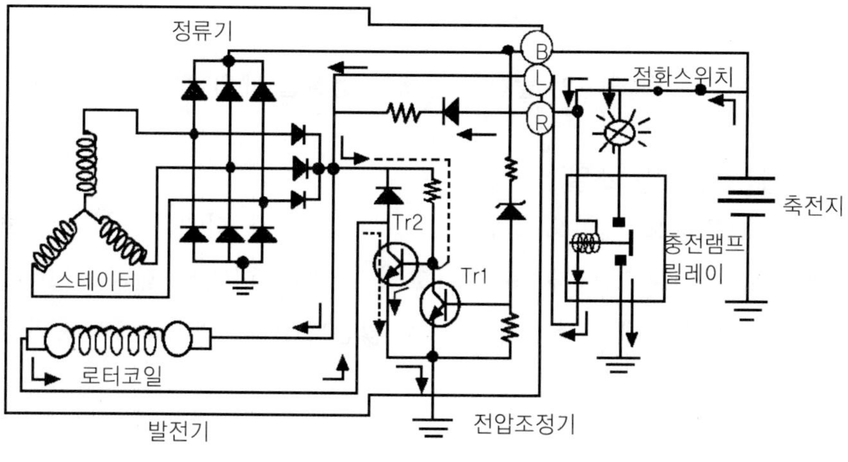

그림 11. 시동 전 점화스위치 ON일 때의 작용

(2) 기관 시동 후 발전기 출력이 정상상태일 때의 작용

기관이 시동되면 로터코일이 여자되어 있고, 발전기 전압은 축전지 전압보다 높아서 충전이 시작된다.

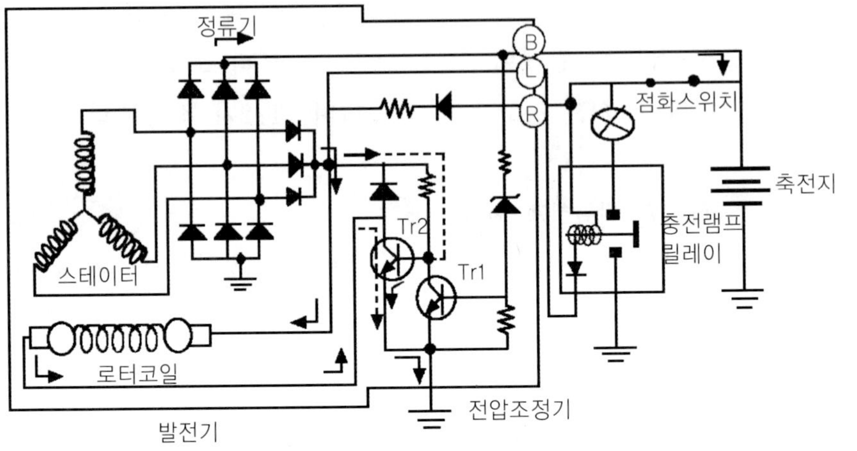

그림 12. 발전기 출력이 정상일 때의 작용

1) 발전기 정상작동(경고등 소멸)

① 발전기 출력(트리오 다이오드)단자 → Tr2 베이스 단자 → 접지로 흐르면

② 출력(트리오 다이오드)단자 → 로터코일 → Tr2 이미터 단자로 흐른다.

③ 충전 경고등 릴레이에는 전류가 흐르지 않는다(IG 스위치와 L단자의 전위가 같음).

2) 충전작용

발전기 출력 B단자 → 축전지

(3) 발전기 출력이 과대할 때의 작용(고속으로 주행할 때)

자동차가 고속으로 주행하면 발전기의 출력전압은 지나치게 높아지게 된다. 이것은 축전지의 과충전 상태를 유발시킬 수 있다.

1) 제너 다이오드의 작용

발전기 출력전압이 지나치게 높으면 제너 다이오드의 한계 값보다 높아지게 되어

① 발전기 B단자 → 제너 다이오드 → Tr1 베이스 단자 → 접지로 흐르면
② 발전기 트리오 다이오드 단자 → Tr1 이미터 단자 → 접지로 흐른다.

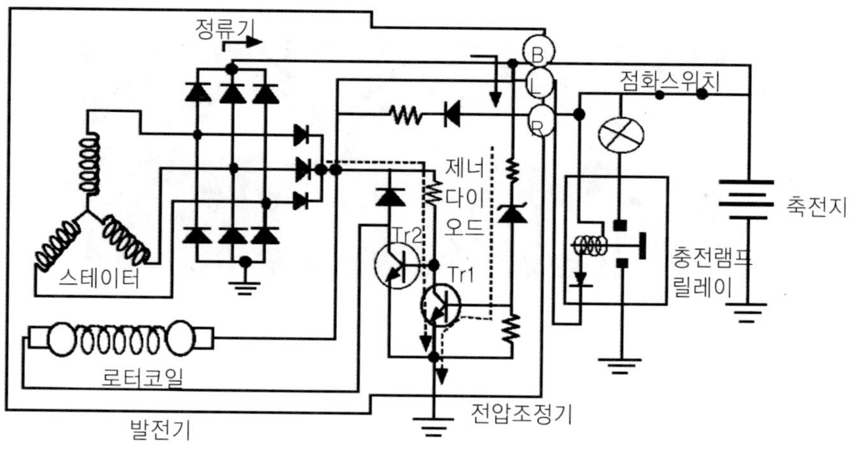

그림 13. 발전기 출력이 과대할 때의 작용

2) 로터코일 전류 차단(발전기 출력전압 감소)

① Tr1 이미터 전류가 흐르면 Tr2 베이스 전류는 흐르지 않는다(Tr2 베이스 입력단자의 전위가 0(zero)이 되기 때문).

② 로터코일의 전류가 차단되면 발전기 출력전압은 떨어지게 된다.

1.3. 시동 발전기(HSG : Hybrid Starter Generator)

하이브리드 자동차는 2종류의 배터리를 사용한다. 하나는 일반 차량과 같은 납산배터리이며 나머지 하나는 리튬 고전압 배터리를 사용한다. 시동발전기를 사용하지 않는 차량은 납산 배터리의 전원을 이용해 스타터 모터로 시동을 걸지만 기관과 벨트로 연결된 시동발전기 설치 차량은 고전압 배터리의 전기에너지를 이용하여 기관 시동을 걸어주고 고전압 배터리의 충전율 저하 시 기관의 동력을 이용하여 발전하고 고압 배터리에 전기 에너지를 공급시킨다.

시동발전기는 영구 자석형 동기모터(PMSM : permanent magent synchronous motor)로 수냉식이다.

그림 14. 시동발전기(HSG)

1.3.1. HSG의 특징

① 하이브리드 차량에서 납산 배터리(시동배터리)의 역할은 각종 제어기(ECU, HPCU 등), 오디오, 등화류, 도어록, 썬루프 등에 사용된다.

② 기관 시동은 납산배터리(시동배터리)가 아닌 리튬배터리로 전원을 공급받아 HSG(일반 차량의 스타트 모터 역할)가 시동을 건다. 역으로 리튬배터리 충전이 필요한 상황에서는 기관의 힘으로 HSG가 역회전하며 알터네이터처럼 작동하여 리튬배터리로 충전을 한다. 리튬배터리는 정차 시 히터의 온수공급을 위한 펌프, 에어컨 컴프레서, 자동변속기 오일펌프, 브레이크 유압을 만드는 데도 사용된다.

③ HSG를 구동하고 제어하는 것은 HPCU(hybrid power control unit)가 담당을 하는데 HPCU는 납산배터리(시동배터리)로 전원을 공급받기 때문에 납산 배터리(시동배터리) 방전 시 하이브리드 차량도 시동이 불가하다.

④ HPCU 내부에 LDC(DC-DC컨버터)가 리튬배터리의 고압전기를 변환시켜 납산배터리(시동배터리)를 충전시킨다.

1.3.2. HSG의 작동

[1] 첫 시동 후 저속주행(모터로만 주행)

① 납산배터리의 전력을 통해서 HPCU를 가동한다.

② HPCU가 리튬전지를 제어한다.

③ 리튬전지는 납산배터리를 충전하는 동시에 변속기 내부의 구동모터에 전력을 공급한다.

④ 구동모터는 차량의 바퀴를 구동시킨다.

[2] 가속 혹은 언덕 등판 시

① 가속을 시작하여 기관과 모터 모두 자동차를 움직인다.

② 첫 시동 후 저속주행(모터로만 주행)은 유지된다.

③ 리튬 배터리가 HSG에 전력을 공급한다.

④ HSG가 기관을 스타트(일반 내연기관 차량의 스타터 모터 역할)한다.

⑤ 기관이 바퀴를 함께 움직인다.

[3] 정속 주행 시

① 정속 주행으로 기관이 차량 구동과 리튬 배터리 충전을 진행한다.

② HPCU와 납산 배터리(시동 배터리)는 동일하게 역할한다.

③ 기관의 구동력을 통해서 HSG 회전하며 내연기관 차량의 발전기 역할을 한다.

④ HSG로 발전된 전력으로 리튬전지를 충전한다.

[4] 액셀 오프 시

① 액셀을 땐 상황에서 차량의 타력(관성)을 통한 회생제동과 기관에 의한 발전이 동시 작동 중이다.

② 기관의 구동으로 HSG가 회전하므로 리튬전지를 충전시킨다.

③ 차량의 타력(관성)으로 구동모터를 회전시킨다.

④ 바퀴가 구동모터를 회전시키므로 회생제동으로 전기에너지를 리튬전지를 충전시킨다.

[5] 기관 정지 후 회생제동 단독 작동

① 차량의 타력(관성)으로 구동모터를 회전시킨다.

② 바퀴가 구동모터를 회전시키므로 회생제동으로 전기에너지를 이용하여 리튬전지를 충전시킨다.

③ 기관과 HSG 작동은 중지된다.

2 충전장치의 점검 · 정비

2.1. 발전기의 탈 · 부착 및 벨트 장력조정

① 차량의 후드를 열고 배터리 (-)케이블을 탈거한다.

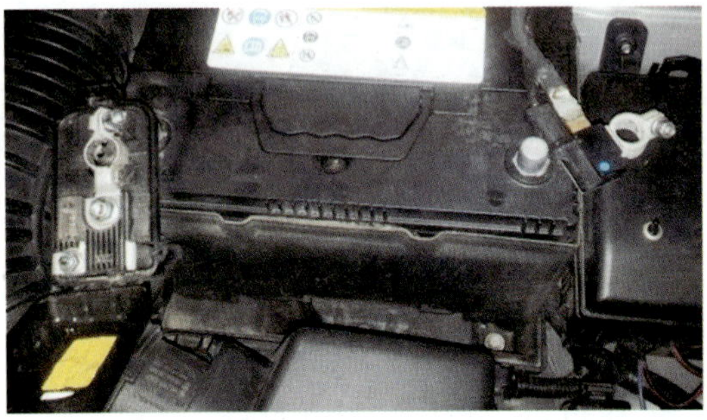

그림 15. (-)케이블을 탈거

그림 16. 에어컨벨트 탈거

② 에어컨벨트 텐션의 고정 볼트를 이완시키고, 에어컨벨트 장력 조정볼트를 돌려 벨트 장력을 느슨하게 한 후 에어컨벨트를 탈거한다.

③ 발전기 B단자 보호 커버를 열고 공구를 사용하여 B단자를 탈거한다.

④ 발전기 커넥터를 탈거한다.

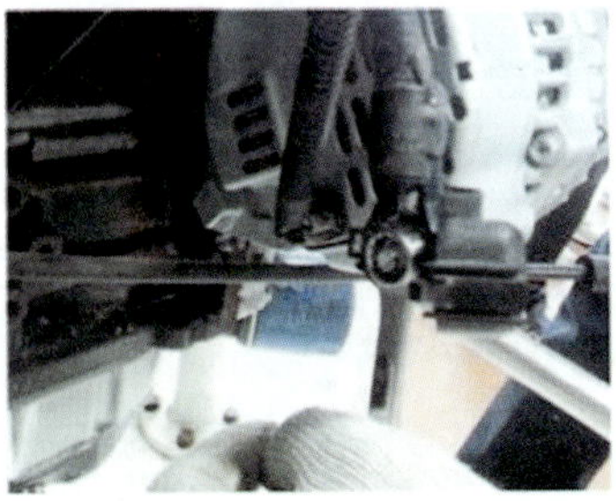

그림 17. B단자를 탈거

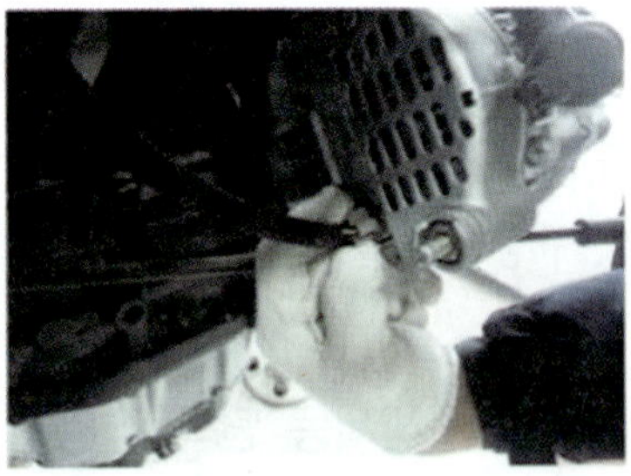

그림 18. 발전기 커넥터 탈거

⑤ 발전기 고정 관통볼트의 너트를 공구를 사용하여 이완시킨다.

⑥ 벨트장력 고정 볼트를 이완시킨다.

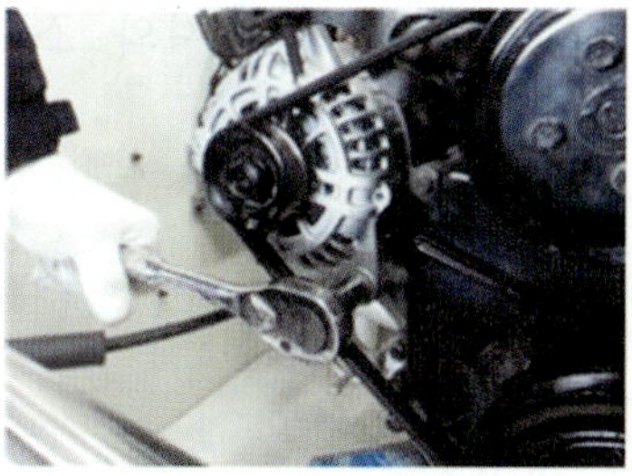

그림 19. 관통볼트의 너트 이완

그림 20. 벨트장력 고정볼트 이완

⑦ 벨트장력 조정볼트를 풀어 벨트 장력이 느슨해지도록 풀어준다.

⑧ 발전기를 엔진 몸체방향으로 들어 올리고 벨트를 탈거한다.

⑨ 발전기 벨트장력 고정 볼트를 풀어 탈거한다.

⑩ 발전기 고정 관통볼트의 너트를 풀고 관통볼트를 탈거하고 발전기를 탈거한다.

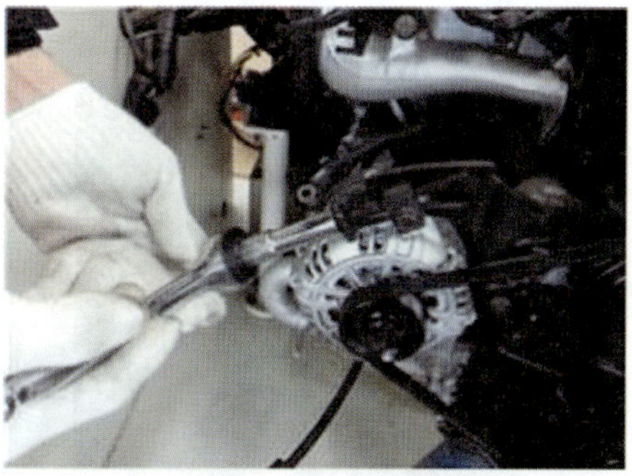

그림 21. 벨트장력 조정볼트로 장력이완

그림 22. 벨트 탈거

그림 23. 고정볼트 탈거

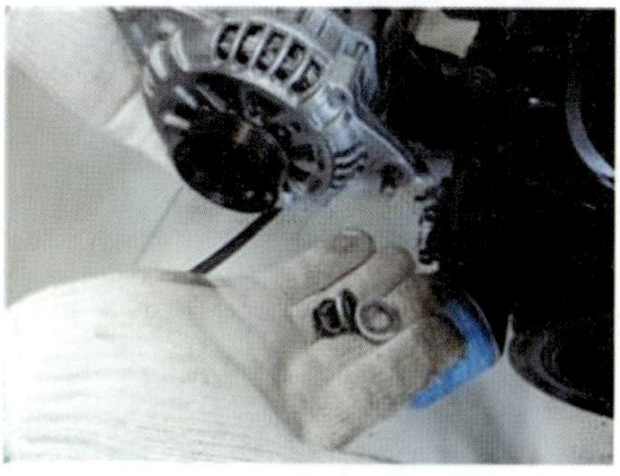

그림 24. 관통볼트를 탈거

⑪ 신품의 발전기에 관통볼트를 체결한다. 장착 시 반드시 평 와셔와 스프링 와셔를 장착한다.

⑫ 발전기 벨트를 장착한다.

⑬ 벨트 장력조정 고정 볼트를 체결한다. 완전히 조이는 것이 아니고, 벨트 장력을 조정한 후에 규정의 토크로 조인다.

⑭ 벨트 장력 조정볼트를 돌려 벨트의 장력을 조정한다.

⑮ 물펌프와 발전기 중간에서 벨트를 눌렀을 때 10mm 정도의 헐거움이면 적당하다.

⑯ 장력조정이 끝나면 관통볼트의 너트 및 발전기 장력조정 고정너트를 공구를 사용하여 조인다.

⑰ 발전기 커넥터 및 발전기 B단자를 공구를 사용하여 고정한다.

⑱ 배터리 (-)케이블을 연결한 후 시동을 걸고 발전기 출력전압(13.8~14.8V)을 확인한다.

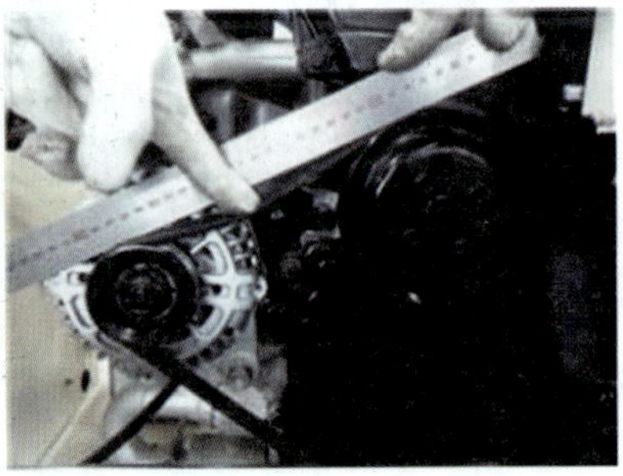

그림 25. 장력점검

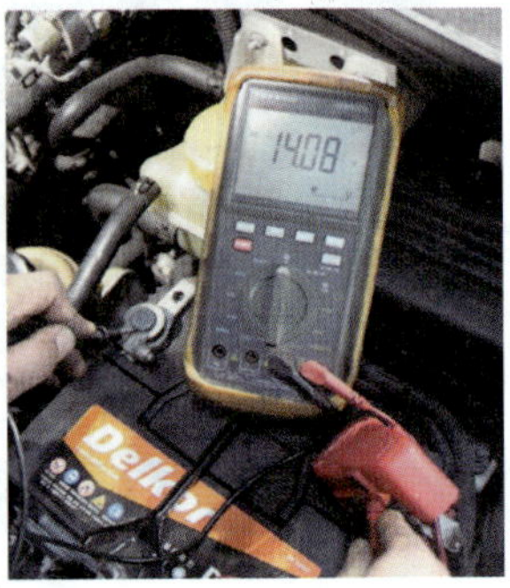

그림 26. 발전기 출력전압 점검

2.2. 발전기의 분해 · 조립

2.2.1. 분해

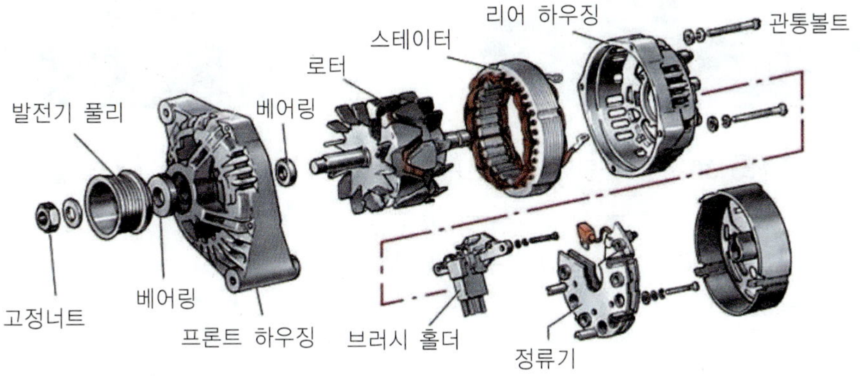

그림 27. 발전기 분해도

① 관통볼트를 푼 다음 그림 29와 같이 프런트 브래킷과 스테이터 사이에 드라이버를 넣고 분리한다. 이때 스테이터 코일을 손상시킬 염려가 있으므로 드라이버를 너무 깊게 넣지 않도록 한다.

그림 28. 관통볼트 탈거

그림 29. 프런트 브래킷과 스테이터 분리하기

② 로터를 바이스에 물린 후 고정 너트를 풀고 풀리를 분리한다. 이때 로터에는 헝겊이나 구리판 등을 대고 바이스에 물리도록 한다. 또한 불필요한 경우에는 풀리의 분해는 생략한다.

그림 30. 풀리 탈거

그림 31. 로터 탈거

③ 스테이터와 다이오드 접합 납땜부분을 분리한다.

④ 스테이터를 분리한다.

그림 32. 스테이터와 다이오드 접합 납땜부분을 분리

그림 33. 다이오드 납땜 부분

⑤ 전압조정기 및 다이오드 고정용 볼트를 푼다.

⑥ 전압조정기를 분리한 후 단자 L, B 접합 납땜부분을 분리한다.

그림 34. 전압조정기 분리

그림 35. L, B 접합 납땜 부분 분리

2.2.2. 조립

조립은 분해의 역순으로 시행하되 다음 사항을 주의한다.

① 로터를 리어 하우징에 설치하기에 앞서 철사를 리어 하우징의 작은 구멍에 넣어 브러시를 잡아준다.

② 로터를 조립한 후에는 철사를 빼낸다.

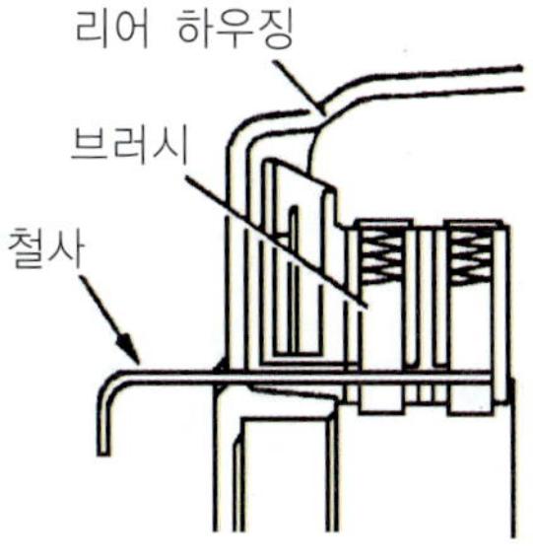

(a) 브러시를 누르고 철사 삽입

(b) 조립 후 철사를 뺀다.

그림 36. 철사를 끼운 상태

2.3. 발전기의 점검

2.3.1. 스테이터 코일점검

① 스테이터 코일의 통전 여부를 점검한다. - 코일과 코일 사이가 통전되는가를 점검하여 통전이 되지 않으면 스테이터 어셈블리를 교환한다.

② 스테이터 코일의 접지를 점검한다. - 코일과 스테이터 철심 사이의 통전 여부를 점검하여 통전이 되면 스테이터 어셈블리를 교환한다.

(a) 단선점검

(b) 접지시험

그림 37. 스테이터 코일점검

2.3.2. 로터코일 점검

① 로터코일의 통전여부를 점검한다. - 로터코일과 슬립링 사이가 통전되는가를 점검하여 저항값이 너무 낮으면 회로가 단락된 상태이며, 저항 값이 너무 높으면 회로가 개방된 상태이므로 로터 어셈블리를 교환한다.

② 로터코일의 접지를 점검한다. - 슬립링과 로터 철심 사이의 통전 여부를 점검하여 통전이 되면 로터 어셈블리를 교환한다.

(a) 단선시험 (b) 접지시험

그림 38. 로터코일 점검

2.3.3. 다이오드 점검

[1] 교류(AC)발전기의 정류기 구성 및 점검

① (+)다이오드 : 발전기의 출력(B)단자인 축전지의 (+)단자 쪽에 연결되어 있다.

② (−)다이오드 : 접지 쪽에 연결되어 있다.

③ 다이오드 트리오 : 보조 출력장치로서 충전 경고등 L단자에 연결되어 있다.

[2] (+)다이오드 점검

회로시험기로 (+)다이오드 히트 싱크와 스테이터 코일 연결단자 사이의 통전을 점검하였을 때 회로시험기의 바늘이 한쪽 방향에서만 통전되어야 한다. 만약 양쪽방향으로 모두 통전되거나 통전이 안 되면 다이오드가 단락 또는 단선된 상태이므로 다이오드를 교환한다.

[3] (-)다이오드 점검

회로시험기로 (-)다이오드 히트 싱크와 스테이터 코일 연결단자 사이의 통전을 점검하였을 때 회로시험기의 바늘이 한쪽방향에서만 통전되어야 한다. 만약 양쪽방향으로 모두 통전되거나 통전이 안 되면 다이오드가 단락 또는 단선된 상태이므로 다이오드를 교환하여야 한다.

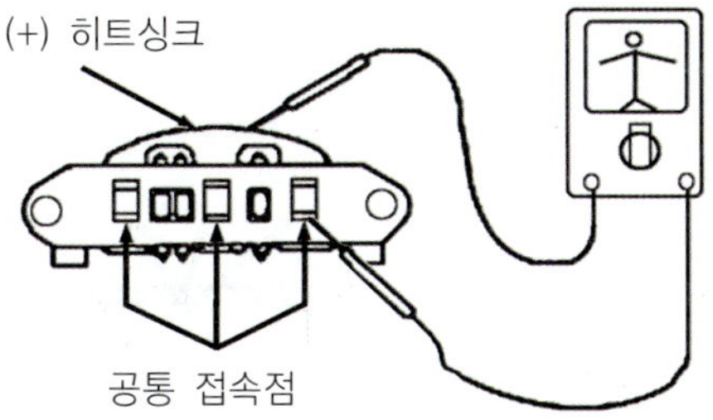

그림 39. (+)다이오드 점검

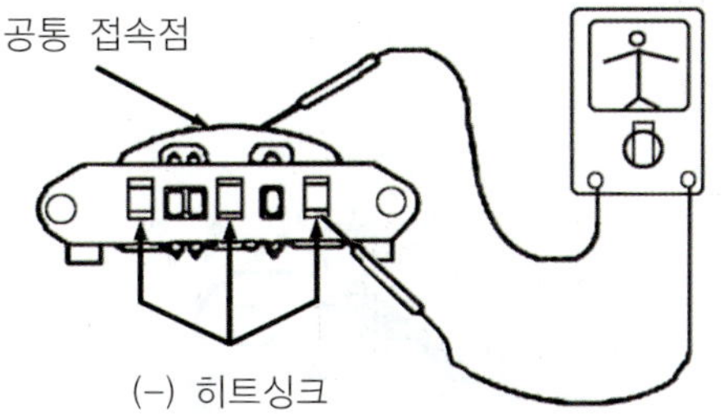

그림 40. (-)다이오드

[4] 트리오 다이오드시험

3개의 다이오드 사이에 회로시험기를 연결하여 통전을 점검하였을 때 회로시험기의 바늘이 한쪽 방향에서만 통전되어야 한다. 만약 양쪽 방향으로 모두 통전되거나 통전이 안 되면 다이오드가 손상된 상태이므로 다이오드 어셈블리를 교환하여야 한다.

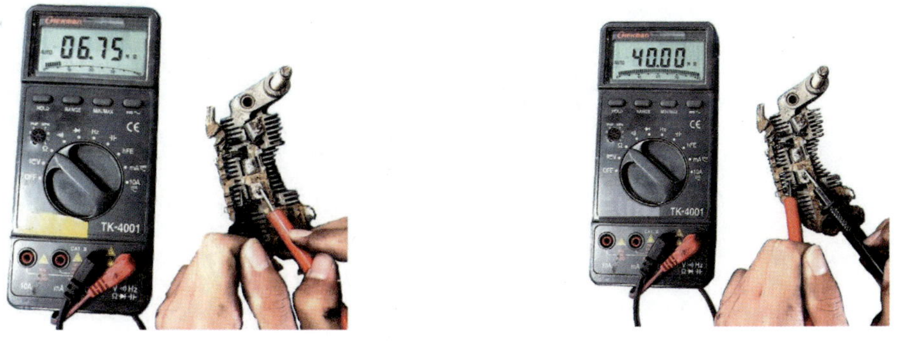

(a) 정방향　　(b) 역방향

그림 41. 트리오 다이오드 점검

2.3.4. 브러시 점검

브러시 길이를 점검하여 마모 한계선까지 마모되었으면 다음 순서로 브러시를 교환한다.

① 브러시 홀더에서 피그 테일(pig tail)의 납땜부분을 분리하고 구품 브러시와 스프링을 떼어낸다.

② 브러시 홀더에 신품 브러시와 스프링을 설치한다.

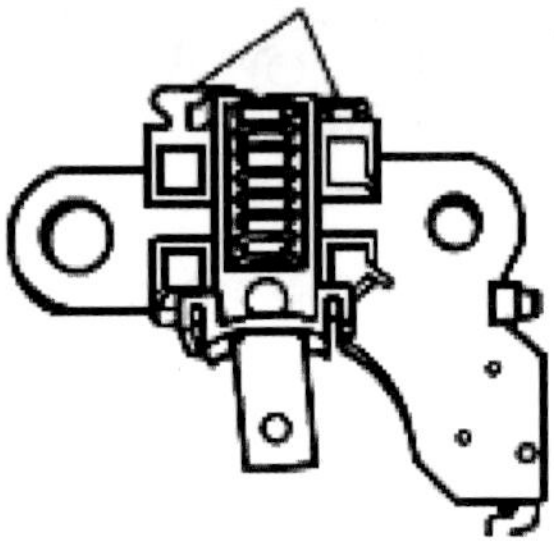

그림 42. 전압조정기(브러시 부착)

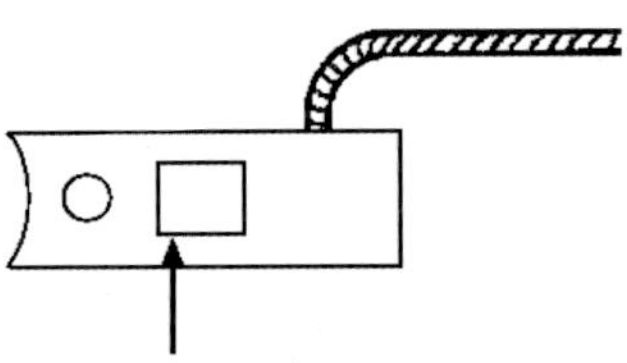

그림 43. 브러시 마모 한계선

③ 마모 한계선과 브러시 홀더 끝과의 간격이 2∼3mm가 되도록 브러시를 끼운다.

④ 브러시 홀더에 피그 테일을 납땜한다.

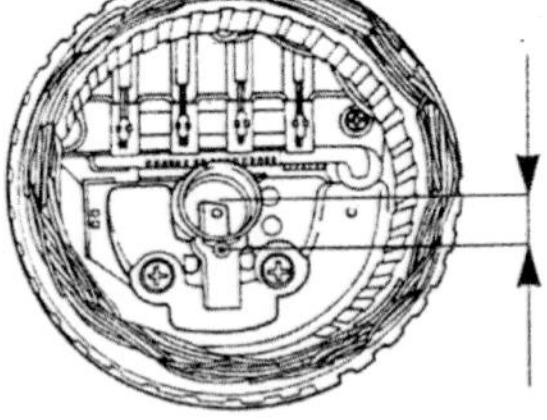

그림 44. 조립된 브러시 상태

2.4. 발전기 충전전류와 전압측정

2.4.1. 발전기 출력 배선의 전압 강하시험

이 시험은 발전기 B단자와 축전지 (+)단자 사이의 배선이 정확히 연결되어 있고 과

열로 인한 하니스의 변색 등을 점검할 때 실시한다. 발전기 출력배선의 전압강하 점검은 먼저 점화스위치를 OFF시킨 후 축전지 (+)단자와 발전기 B단자의 체결상태를 확인하고 전압계를 이용하여 축전지 (+)단자와 발전기 B단자의 전압을 측정하여 전압 수치가 일반적으로 0.2V 이내의 차이를 보이면 정상이고 전압 수치가 0.2V 이상이면 배선 불량으로 판단한다.

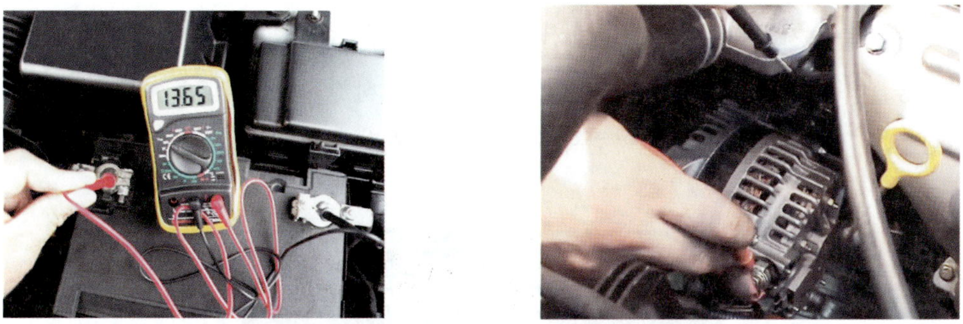

(a) 배터리 (+)단자 전압측정 (b) 발전기 B단자 전압측정

그림 45. 발전기 출력배선의 전압 강하시험

2.4.2. 발전기 출력(충전) 전압시험

① 아날로그 전압테스터기 또는 디지털 전압테스터기를 DC V에 선정한다.

② 테스터기 전압계 (+)리드 선을 발전기 B단자에 연결한다.

③ 테스터기 전압계 (–)리스선을 차체에 접지 또는 축전지 (–)단자에 연결한다.

④ 테스터기를 발전기 B단자에 접속하기 어려우면 축전지에 설치한다.

⑤ 엔진을 시동한 후 출력전압을 판독한다.

(a) 발전기 B단자에서 측정 (b) 축전지에서 측정

그림 46. 전압측정

2.4.3. 발전기 출력(충전) 전류시험

① 발전기의 출력용량을 확인한다.

② 배터리 전압을 측정한다. 충전전류를 측정할 때에는 약간 방전된 축전지를 사용하는 것이 좋다.

③ 전류계를 DC A레인지에 설정하고 0점 조정버튼으로 0점을 조정한다.

④ 발전기 B단자에 최대한 가까이 전류계를 설치한다. 발전기 B단자에 설치가 안 될 때는 축전지 (+)단자에서 발전기로 가는 배선에 설치한다.

⑤ 전조등 스위치를 ON으로 하여 3분 정도 방전시킨다.

⑥ 엔진을 시동한다. 이때 에어컨이나 히터 송풍기를 High로 켠다.

그림 47. 전류측정

⑦ 엔진의 회전속도를 2,000~2,500rpm으로 높인다.

⑧ 전류계의 눈금을 판독한다.

⑨ 측정 후 모든 상태를 원위치시킨다.

⑩ 충전전류는 발전기 정격 전류의 70% 이상이면 정상이다.

표 차종별 발전기 출력전압

차 종	정격 전류(A)	정격 전압(V)	회전수(rpm)
아반떼 XG	80	13.5	1,000~18,000
엑센트	75	13.5	1,000~18,000
EF 쏘나타	95	13.5	1,000~18,000
쏘나타	90	13.5	1,000~18,000
베르나	75	13.5	1,000~18,000
뉴 세피아	70	12	2,500~3,000
스포티지	70	12	2,500~3,000
에스페로	70	12	2,000
투스카나 2.0	90	13.5	1,000~18,000
프라이드	50	12	2,000~3,000

2.4.4. 충전계통의 고장진단 방법

(1) 기관을 정지시킨 상태로 점화스위치를 ON으로 하였을 때 충전경고등이 점등되지 않는다.

① 퓨즈가 끊어짐

② 충전 경고등 전구가 끊어짐

③ 배선 연결부의 풀림

④ 전압조정기 결함

(2) 기관의 시동을 한 후에도 충전경고등이 소등되지 않는다(축전지를 자주 충전시켜야 한다).

① 구동벨트가 이완 또는 마모됨

② 퓨즈가 끊어짐

③ 퓨저블 링크가 끊어짐

④ 배선의 결함

⑤ 전압조정기 또는 AC발전기의 결함

⑥ 축전지 케이블의 부식, 단자의 마모

(3) 축전지가 과다 충전된다.

① 전압조정기의 결함

② 전압 감지 배선의 결함

(4) 축전지가 방전된다.

① 구동벨트가 이완 또는 마모됨

② 배선 접속부분 또는 회로의 단락

③ 퓨저블 링크가 끊어짐

④ 접지불량

⑤ 전압조정기 불량

⑥ 축전지 수명이 다됨

2.5. 발전기 출력 파형분석

2.5.1. 충전전류 파형측정

① HI-DS 초기화면에서 차종을 선택하여 차량제원을 설정한 후 확인버튼을 누른다.

② 오실로스코프를 선택한다.

③ 1개의 채널을 선택한다.

④ Ch1번을 발전기의 B단자에 연결한다.

⑤ 모든 부하를 제거하고, 시동을 걸어 엔진이 안정화될 때까지 기다린다.

그림 48. Ch1번을 발전기의 B단자에 연결

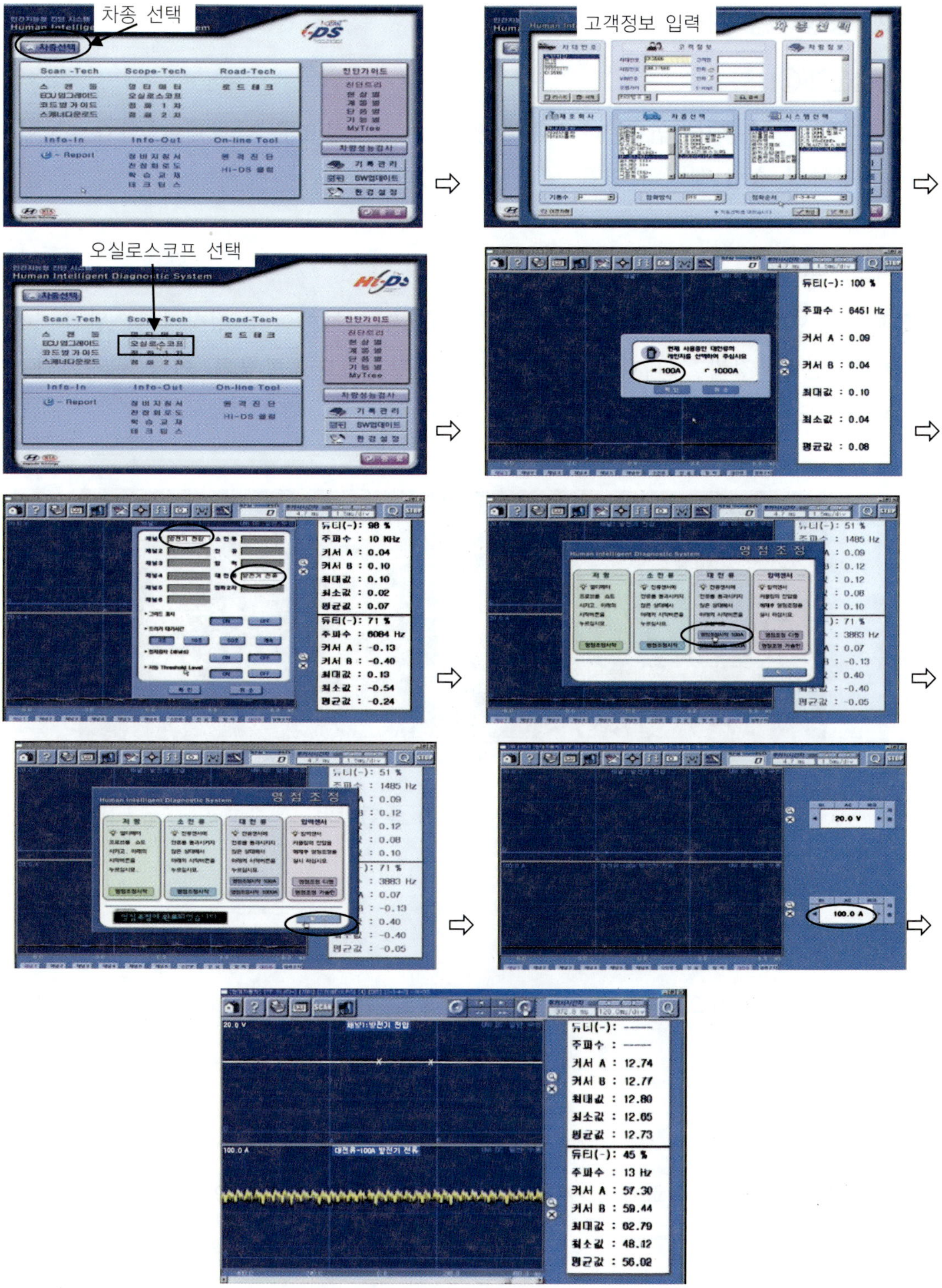

그림 49. 측정순서 및 충전 전류파형

2.5.2. 정상파형 해석

[1] 충전전압(①)

13.8~14.8V의 충전전압을 나타내고 있으며 일직선으로 나타내야 한다. 노이즈가 상당히 심하면 슬립 링의 오염을 예상할 수 있다.

[2] 피크전압(②)

산과 골 사이의 출력전압의 P-P 값이 500mV 이하이어야 정상이다. 만약 500mV 이상이면 전압조정기 제너다이오드 이상으로 판정한다. 파형의 이가 빠지거나 하면 정류다이오드의 파손을 예상할 수 있다.

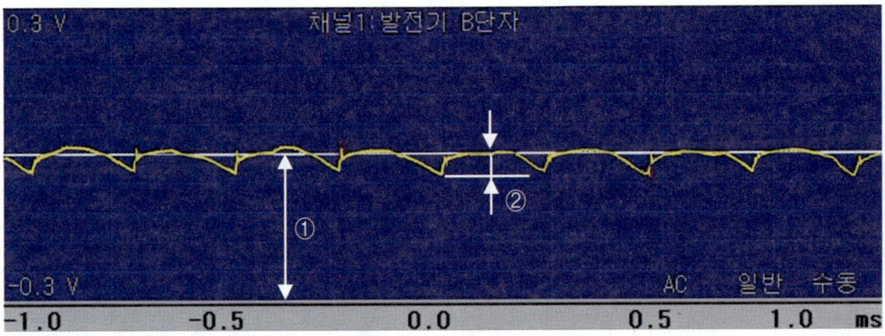

그림 50. 발전기 출력파형

2.5.3. 비정상 파형

[1] 다이오드 1개 단선

출력전압이 주기적으로 떨어지고, 출력 전류의 최고값이 정상파형보다 20% 정도 떨어진다.

[2] 다이오드 2개 단선

출력전압의 불균형 변화가 주기적으로 발생하고, 출력 전류의 최대값이 더욱 떨어진다.

[3] 다이오드 1개 단락

출력전압의 불균형 변화가 찌그러져 있고, 출력전류는 급격하게 떨어진다.

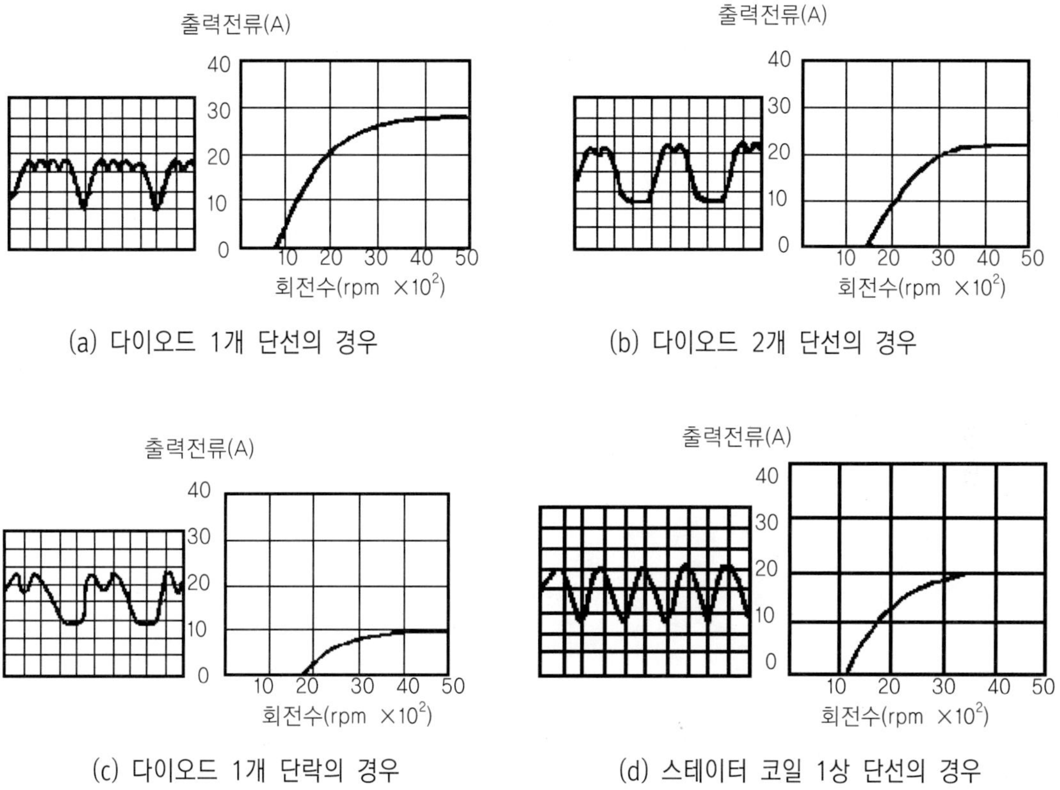

그림 51. 발전기 비정상 출력파형

[4] 스테이터 코일 1상 단선

출력 전압의 변화 폭과 주기가 정상파형보다 매우 증가하고, 출력 전류는 많이 감소한다.

Chapter

5

점화장치

(Ignition System)

1 점화장치의 개요

점화장치는 기관의 회전속도, 부하 정도, 기관의 온도 등을 검출하여 컴퓨터(ECU)에 입력시키면 컴퓨터는 점화시기를 연산하여 1차 전류를 차단하는 신호를 파워 트랜지스터(power TR)로 보내어 점화코일에서 2차 전압을 발생시키는 방식으로 되어있다. 여기에는 HEI와 DLI가 있으며 다음과 같은 장점이 있다.

① 접점이 없어 저·고속에서 매우 안정된 불꽃을 얻을 수 있다.

② 기관에서 노크가 발생할 때 점화시기를 자동적으로 늦추어(지각시켜) 노크발생을 억제시킨다.

③ 기관 상태를 감지하여 최적의 점화시기를 자동적으로 조절한다.

④ 높은 출력의 점화코일을 사용하므로 완벽한 연소가 가능하다.

1.1. 컴퓨터 제어방식의 점화장치

1.1.1. HEI(High Energy Ignition : 고 에너지 점화방식)

[1] 점화코일

점화코일은 폐자로형(몰드형) 철심을 사용하여 자기유도 작용에 의해 생성되는 자속이 외부로 방출되는 것을 방지하기 위해 철심을 통하여 자속이 흐르도록 한다. 기존의 점화코일보다 1차 코일의 저항을 감소시키고, 1차 코일을 굵게 하여 더욱 큰 자속을 형성시킬 수 있어 2차 전압을 향상시킬 수 있다. 또한 구조가 간단하고 내열성, 냉각 성능이 우수하여 성능 저하가 일어나지 않는다.

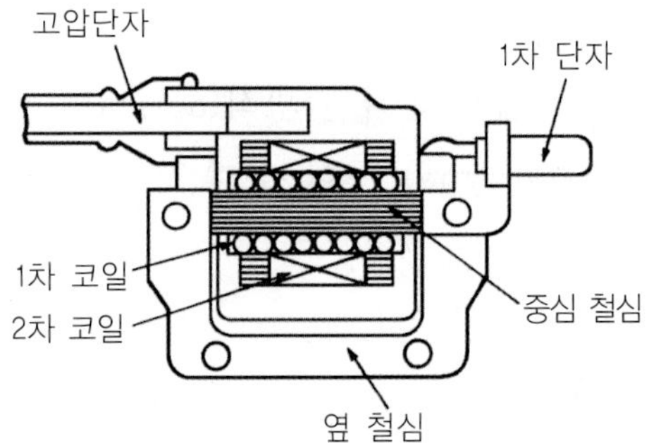

그림 1. 폐자로형 점화코일의 구조

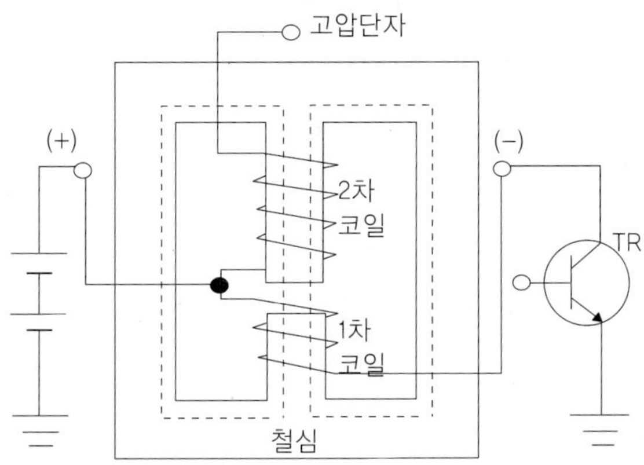

그림 2. 폐자로형 점화코일의 결선도

[2] 파워 트랜지스터(Power TR)

파워 트랜지스터는 컴퓨터에서 신호를 받아 점화코일의 1차 전류를 단속하는 작용을 한다. 구조는 컴퓨터에 의해 조절되는 베이스, 점화코일과 접속되는 컬렉터, 그리고 접지되는 이미터단자로 구성된 NPN형이다.

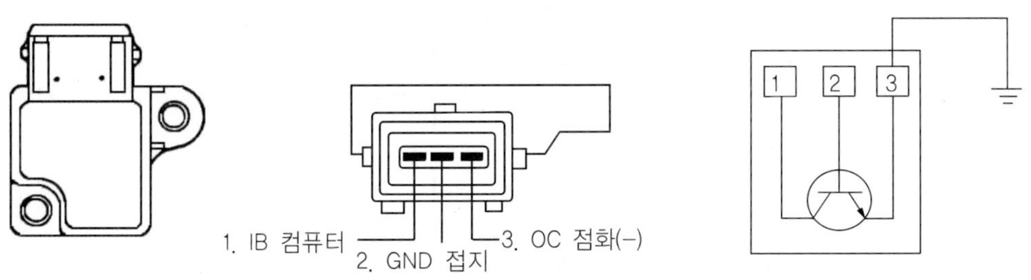

(a) (b) (c)

그림 3. 파워 트랜지스터의 구조

[3] 배전기 어셈블리

크랭크축 각도를 검출하는 방식에는 옵티컬 방식(optical type), 인덕션 방식(induction type), 홀 센서 방식(hall sensor type) 등이 있다.

(1) 옵티컬 방식(Optical Type)

1) 4실린더 기관용 배전기의 구조

4실린더 기관용의 배전기는 크랭크 각 센서, 제1번 실린더 상사점 센서, 배전기 축과 함께 회전하는 디스크, 점화코일에서 유도된 고전압을 점화순서에 따라 배분하는 로터(rotor) 등으로 구성되어 있다. 또 유닛 어셈블리에는 디스크를 설치한 2종류의 슬릿(slit)을 검출하기 위한 발광 다이오드와 포토 다이오드가 2개씩 들어있어 펄스 신호로 컴퓨터에 입력시킨다. 크랭크 각 센서와 제1번 실린더 상사점 센서는 디스크와 유닛 어셈블리로 구성되어 있으며 디스크에는 금속제 원판으로 주위에는 90° 간격으로 4개의 빛 통과용 크랭크 각 센서용 슬릿이 있고, 안쪽에는 1개의 제1번 실린더 상사점 센서용 슬릿이 있다.

2) 4실린더 기관용 배전기의 작동

발광 다이오드와 포토 다이오드 사이에서 디스크가 회전하면 발광 다이오드에서 방출된 빛은 디스크의 슬릿을 통하여 포토 다이오드에 전달되거나 차단된다. 이때 포토 다이오드가 빛을 받으면 역방향으로 통전이 되며 이 전류는 비교기(comparator)에 약 5V의 전압으로 감지되며 그림 5의 ②번 단자에서 컴퓨터로 5V가 입력된다.

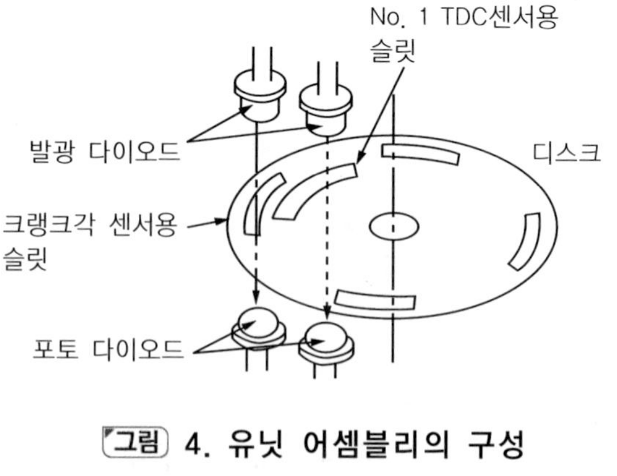

그림 4. 유닛 어셈블리의 구성

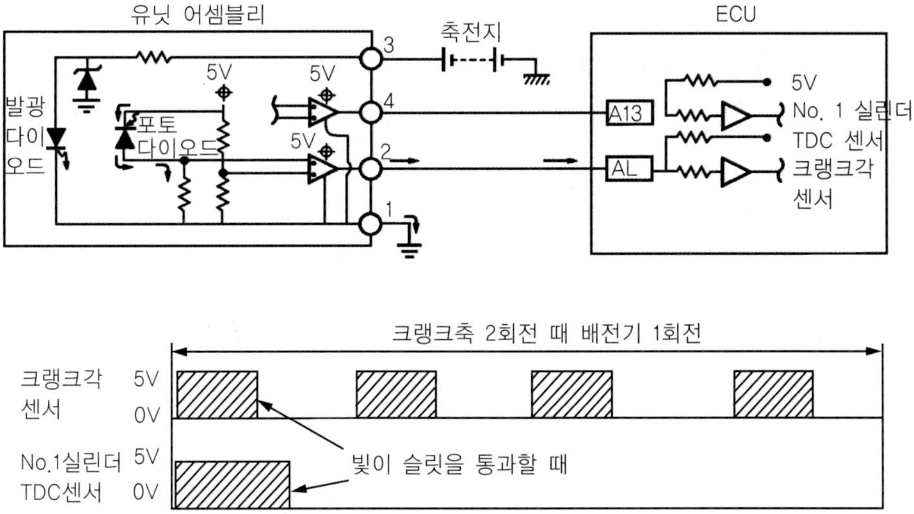

그림 5. 크랭크 각 센서와 제1번 실린더 상사점 센서의 작동

이 상태에서 디스크가 더 회전하여 포토 다이오드로 들어가는 빛이 차단되면 ②단자에 인가되는 전압이 0V가 된다. 이 작용을 반복하여 유닛 어셈블리에서 펄스신호로 컴퓨터에 입력시킨다. 4개의 크랭크 각 센서용 슬릿에서 얻어지는 신호는 기관의 회전 속도를 연산하는 기준 신호이며 각 실린더의 피스톤이 압축 상사점의 정 위치에 있는지를 검출하여 제1번 실린더 상사점 센서용 슬릿에서 얻어지는 신호에 의해 제1번 실린더에 대한 기초 신호를 식별하여 컴퓨터가 분사 순서를 결정하는데 사용한다.

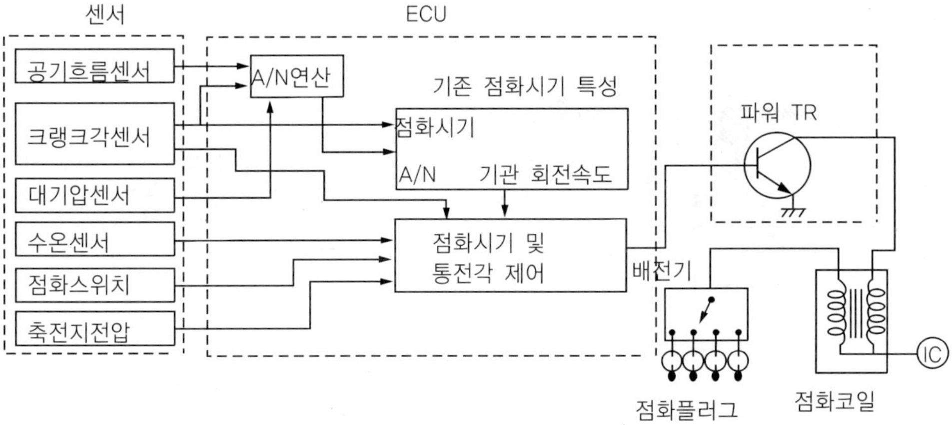

그림 6. 점화시기 진각 조절

그리고 점화시기 진각조절은 크랭크 각 센서의 신호에 의하여 기관 회전속도를 측정하고, 공기 흐름센서(AFS)를 이용하여 흡입공기량을 계측한 후 공기량과 기관 회전속도 사이의 비율 즉, 기관의 부하를 연산한 다음 그 결과에 따라 최적의 점화시기를 결정한다.

점화시기= 초기 기준 점화시기+기본 점화진각도+수온보정 진각도+고지 보정 진각도

↓ (초기 기준 점화시기) 5° BTDC

↓ (기본 점화진각도) 회전수에 의한 진각

3) 6실린더 기관용 배전기

6실린더 기관용 배전기의 상사점센서는 제1번 실린더의 상사점 위치만을 검출하는 작용이 아니라 제1, 3, 5번 실린더의 상사점을 검출하여 펄스신호로 바꾸어 컴퓨터로 입력하여 이 신호를 기준으로 연료 분사순서를 결정하게 한다. 디스크는 2가지 형식이 있는데 그 하나는 디스크 바깥 둘레에 상사점 센서 1° 검출용 슬릿 360개와 안쪽에는 크랭크각 센서용 슬릿이 6개 설치되는 방식과, 또 다른 하나는 디스크 바깥 둘레에 크랭크각 센서용 슬릿 6개와 안쪽에 상사점 센서용 슬릿이 4개 있는 방식이 있다. 그러나 작용은 배전기 축이 회전하여 발광 다이오드에서 빛을 방출시키면 포토 다이오드에서 검출하는 방식은 4실린더 기관용과 같으며 크랭크 각 센서에서 검출된 신호를 기준으로 기관의 회전속도를 연산할 뿐만 아니라 연료분사시기 및 점화시기를 조절한다.

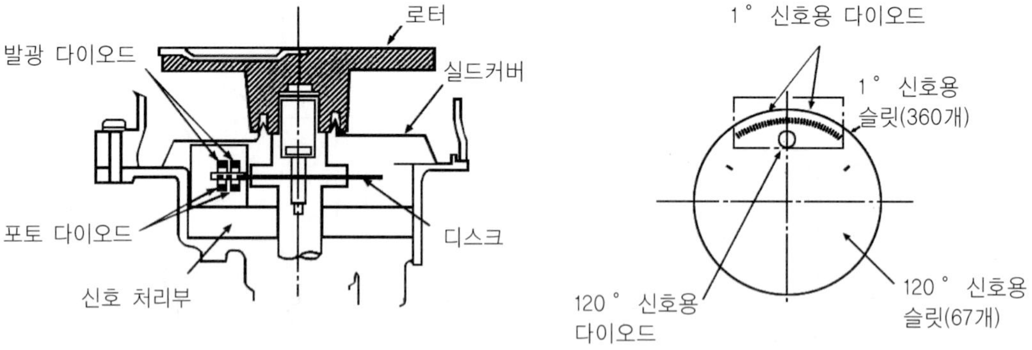

(a) 6실린더 기관용 상사점　　(b) 크랭크각 센서의 구조

그림 7. 6실린더 기관용 상사점 및 크랭크 각 센서의 구조

(2) 인덕션 방식(Induction Type)

인덕션 방식은 톤 휠(ton wheel)과 영구자석을 이용하는 것이다. 이 방식은 제1번 실린더 상사점 센서 및 크랭크 각 센서의 톤 휠을 크랭크축 풀리 뒤에 설치하고 크랭크축이 회전하면 기관 회전속도 및 제1번 실린더 상사점의 위치를 검출하여 컴퓨터로 입력시키면 컴퓨터는 제1번 실린더에 대한 기초 신호를 식별하여 분사순서를 결정한다.

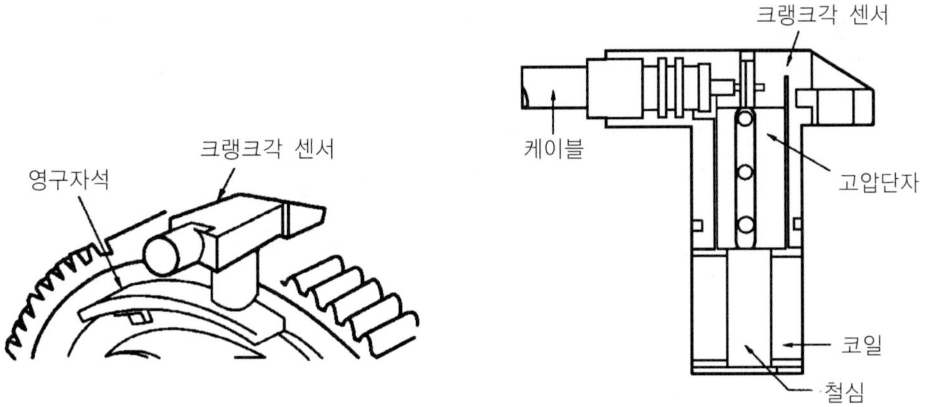

(a) 크랭크각 센서 (b) 펄스 제네레이터

그림 8. 인덕션 방식의 구조

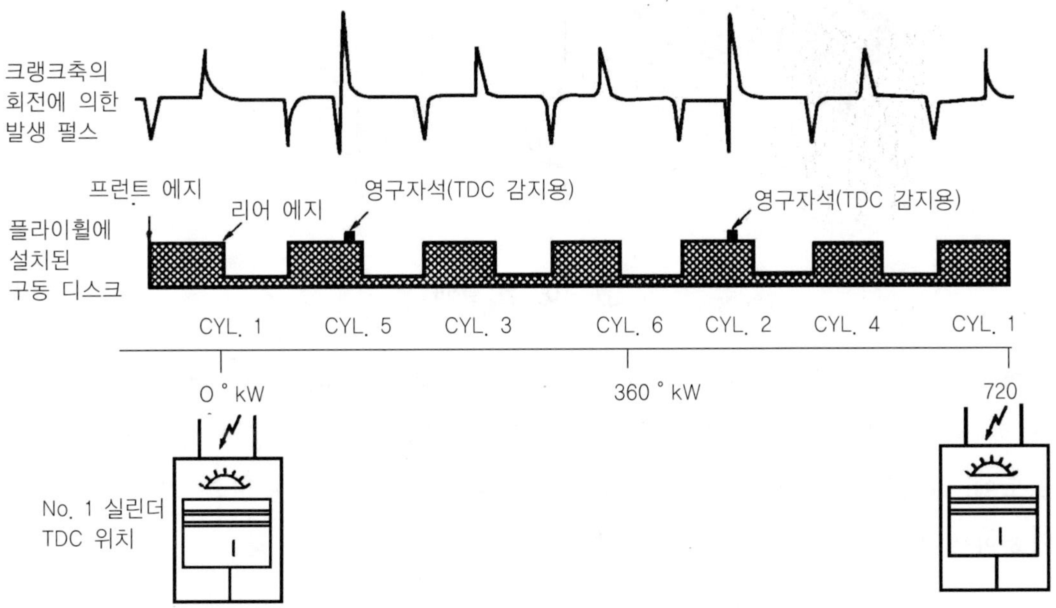

그림 9. 크랭크축 회전에 의한 발생 펄스

제1번 실린더 및 크랭크 각 센서의 구조는 영구자석 주위에 코일을 감아 톤 휠이 회전하면 에어 갭(air gap)의 변화에 따라서 유도된 펄스 신호를 컴퓨터로 입력시키면 제1번 실린더 상사점과 기관의 회전속도를 감지한다.

(3) 홀센서 방식(Hall Sensor Type)

이 방식은 홀센서를 배전기에 설치하고 홀 효과에 의해 발생된 전압 변동이 컴퓨터로 입력되고 컴퓨터는 이 펄스를 아날로그/디지털(A/D)변환기에 의해 디지털파형으로 변화시켜 크랭크 각을 검출한다.

홀 효과란 홀 소자인 게르마늄(Ge), 칼륨(K), 비소(As) 등을 사용하여 얇은 판 모양으로 만든 반도체 소자이다. 2개의 영구자석 사이에 홀 소자를 설치하고 전류(Iv)를 공급하면 홀 소자 내의 전자는 공급전류와 자속의 방향에 대하여 각각 직각방향으로 굴절이 된다.

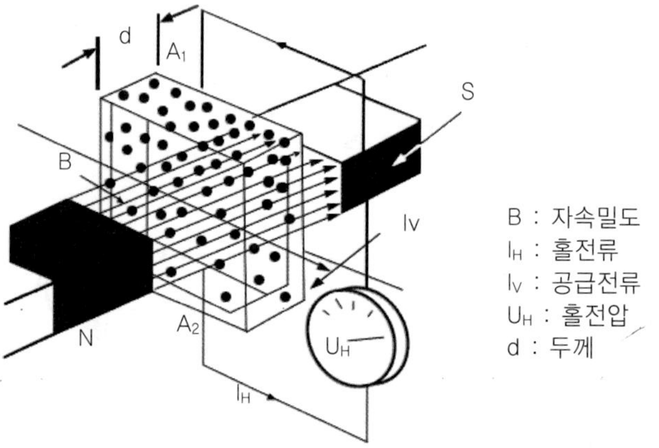

그림 10. 홀 효과

그 결과로 단면 A_1에는 전자 과잉상태로 되고, 단면 A_2에는 전자가 부족하여 A_1과 A_2사이에는 전위차가 생겨 전압(U_H)이 발생한다. 전류(Iv)가 일정할 때 전압(U_H)은 자속 밀도에 비례하며, 출력전압이 매우 작으므로 그림에 나타낸 바와 같이 OP앰프(A)를 이용하여 증폭시켜서 신호로 사용한다.

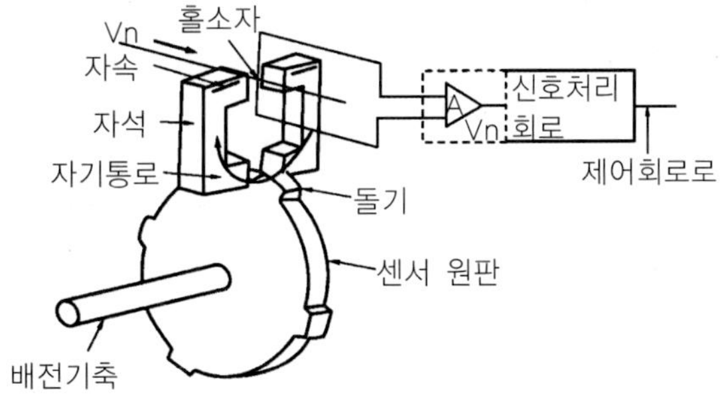

그림 11. 홀센서의 구조

1.1.2. DLI(Distributor Less Ignition : 전자 배전 점화방식)

트랜지스터 점화방식 및 HEI 등에서는 1개의 점화코일에 의해 고전압을 발생시켜 배전기와 고압 케이블을 거쳐 점화플러그로 공급한다. 이 과정에서 기계적으로 배전을 하므로 전압강하가 발생한다. 또 배전기 내의 로터와 배전기 캡 전극 사이의 에어 갭(air gap)을 뛰어 넘어야 하므로 에너지 손실이 발생하고 전파 잡음의 원인이 되기도 한다. 이와 같은 배전기 점화방식의 고전압 배전 중에 일어나는 단점을 보완한 점화방식이다.

[1] DLI의 종류와 그 특징

DLI는 전자제어방식에 따라 점화코일 분배방식과 다이오드 분배방식이 있으며, 점화코일 분배방식에는 1개의 점화코일로 2개의 실린더에 동시에 고전압을 분배하는 동시 점화방식과 각 실린더마다 1개의 점화코일과 1개의 점화플러그가 결합되어 직접 점화시키는 독립 점화방식이 있으나 주로 동시 점화방식을 사용한다.

DLI의 장점은 다음과 같다.

① 배전기에서 누전(漏電)이 없다.

② 배전기 로터와 접지 전극 사이의 고전압 에너지 손실이 없다.

③ 배전기 캡에서 발생하는 전파 잡음이 없다.

④ 점화 진각 폭의 제한이 없다.

⑤ 고전압 출력을 감소시켜도 방전 유효에너지 감소가 없다.

⑥ 내구성이 크고, 전파 방해가 없어 다른 전자제어장치에도 유리하다.

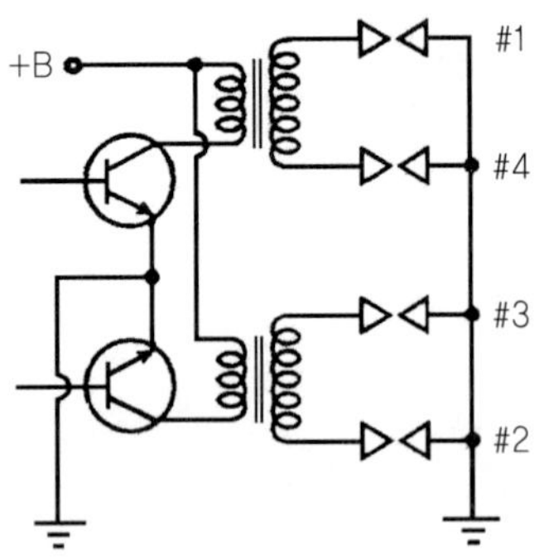

「그림」 12. 동시 점화방식

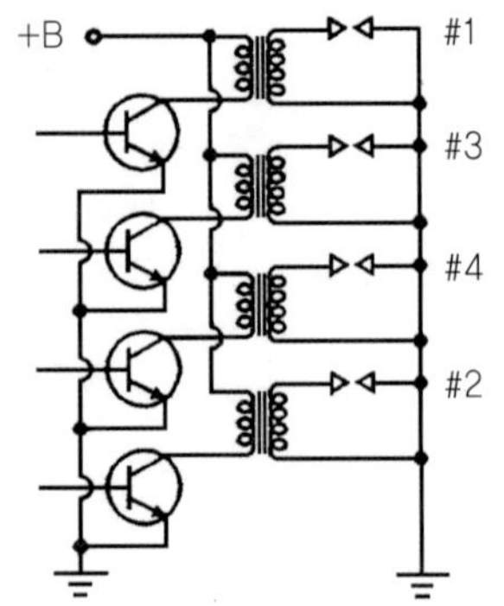

「그림」 13. 독립 점화방식

[2] DLI의 구성과 그 작동

DLI의 구성은 컴퓨터 신호에 의해 1차 전류를 단속하는 파워 트랜지스터, 파워 트랜지스터의 작동에 따라 고전압을 유도하는 점화코일, 크랭크 각 센서와 상사점 센서 등으로 구성되어 있다.

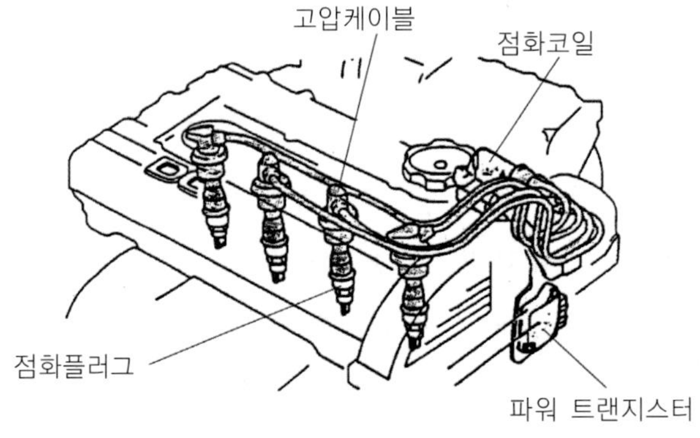

「그림」 14. DLI의 구성

(1) 점화코일과 파워 트랜지스터

점화코일은 2개의 폐자로형(몰드형)을 1개로 결합하여 실린더헤드에 설치하였으며, 이 점화코일은 1개의 점화코일에서 2개의 실린더로 동시에 고전압을 보낼 수 있도록 2개의 단자가 설치되어 있다. 점화코일의 1차 전류를 단속하는 파워 트랜지스터는 컴퓨터의 신호에 의해 작동한다.

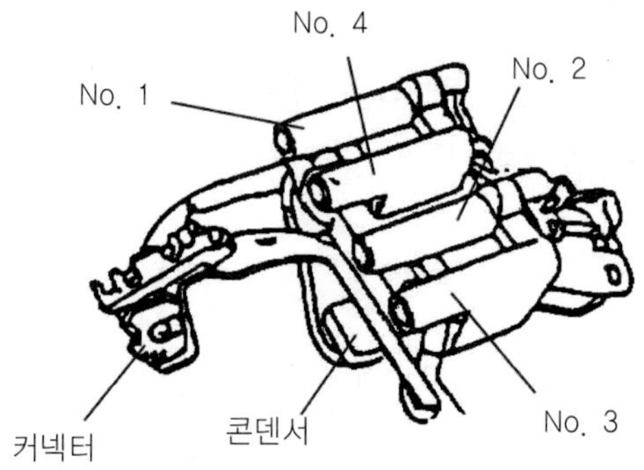

(a) 점화코일의 구조

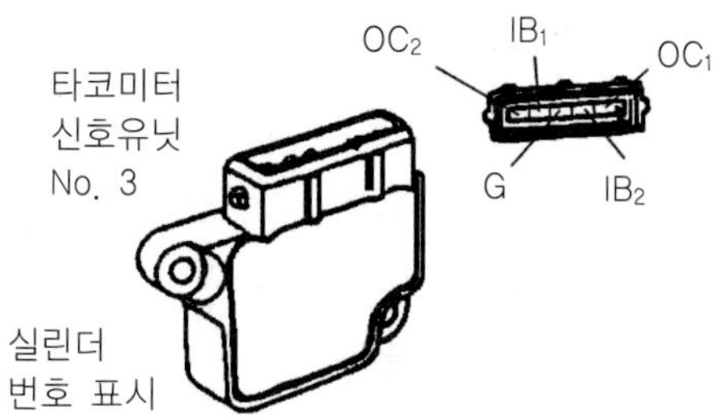

(b) 파워 트랜지스터의 구조

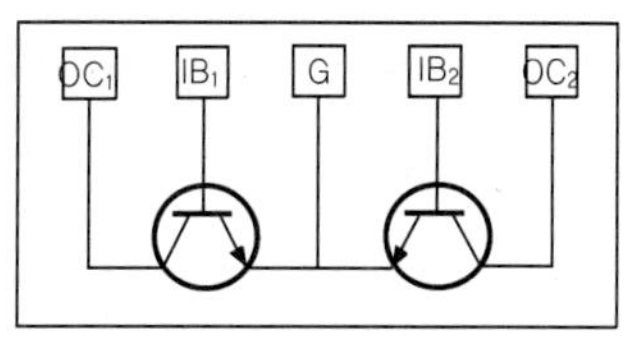

(c) 기본회로

그림 15. 점화코일 및 파워 트랜지스터의 구조와 회로도

(2) 크랭크 각 센서(CAS)와 상사점 센서

크랭크 각 센서는 디스크 바깥쪽에 설치된 4개의 슬릿(slit)에 의해 각 실린더의 크랭크 각을 검출하여 그 신호를 컴퓨터로 보낸다. 컴퓨터는 이 신호를 이용하여 기관 회전속도 및 1행정 당의 흡입공기량을 연산하고, 또 점화 진각을 계산하여 점화코일의 1차 전류 단속 신호를 파워 트랜지스터로 보낸다.

(a) CAS의 외관

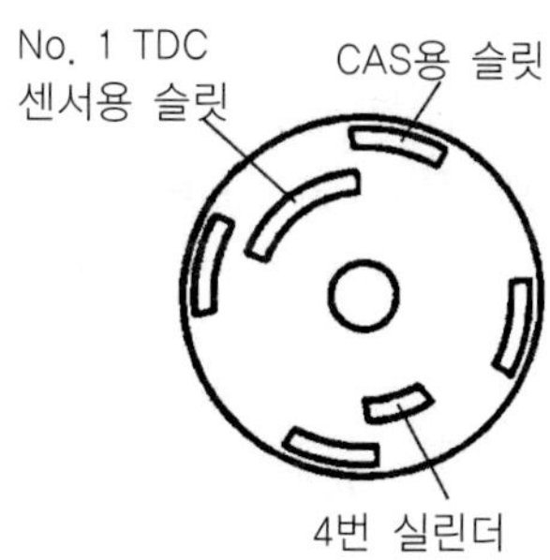

(b) 디스크의 구조

그림 16. 크랭크 각 센서의 외관과 디스크의 구조

상사점(TDC)센서는 디스크 안쪽에 설치된 2개의 슬릿에 의해 제1번과 제4번 실린더의 압축 상사점을 검출하여 컴퓨터로 보내며, 컴퓨터는 이 신호를 기초로 연료 분사 시기와 점화할 실린더를 결정한다.

[3] 동기 점화방식의 작동

DLI의 점화시기 조절은 기관의 각종 센서들로부터 신호를 받은 컴퓨터는 그 자체에 미리 설정된 데이터와 비교한 후 최적의 점화 진각 값으로 연산하여 2개의 파워 트랜지스터로 보내준다. 파워 트랜지스터의 작동에 따라 2개의 점화코일에 흐르는 1차 전류가 단속되며, 2차 코일에 유도된 고전압은 1(4) → 3(2) → 4(1) → 2(3) 점화순서로 분배되어 동시에 점화한다(단, 괄호 속의 번호는 동시에 점화되는 실린더 이다).

컴퓨터의 신호에 따라 파워 TR1이 ON이 되면 점화코일 A의 1차 전류가 ON이 되고, 파워 TR1이 OFF되면 점화코일 A의 2차 코일에는 (+), (-) 양극성의 고전압이 유도된다. 이때 점화코일에서 유도된 고전압은 2개의 단자를 통하여 제1번과 제4번 실린더로 공급되며, 제1번 실린더에는 (-)극성의 고전압이, 제4번 실린더에는 (+)극성의 고전압이 공급된다. 이에 따라 제1번 실린더가 압축행정이면 제4번 실린더가 배기행정이며, 제4번 실린더가 압축행정이면 제1번 실린더는 배기행정이므로 실질적인 점화는 2개의 실린더 중 1개의 실린더의 압축행정에서만 형성된다.

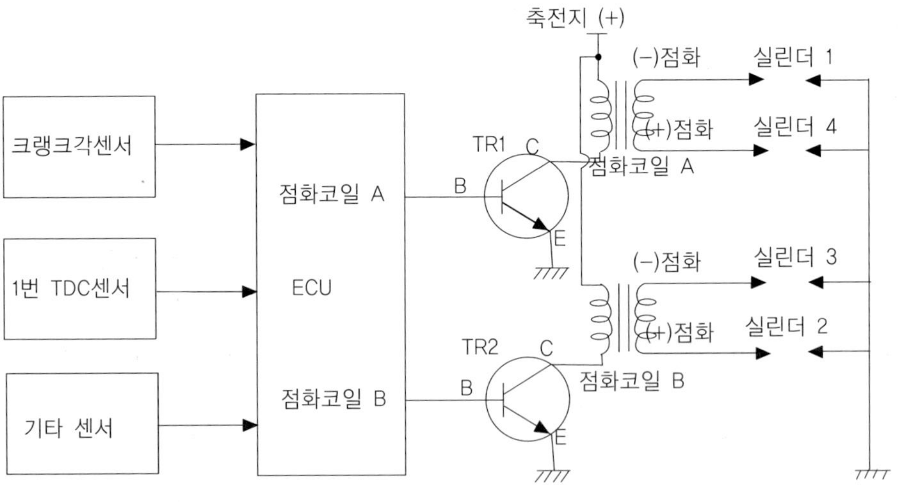

그림 17. DLI 동시 점화방식의 회로도

기관의 압축행정에서 공기분자의 밀도가 크기 때문에 기관에서 요구하는 전압은 높게 되며, 배기행정에서는 압축행정에 비해 거의 무저항 상태로 방전되므로 2개 극성 대부분의 고전압이 압축행정에 있는 점화플러그로 가해진다. 따라서 이 2개 극성의 고전압은 기존의 점화장치에서 1개의 점화플러그에 의해 불꽃 방전시키는 경우와 비교하여도 방전전압에는 별 차이가 없다.

[4] 점화 배전제어

컴퓨터는 상사점 센서(제1번과 제4번 실린더 상사점)의 신호를 기준으로 점화시킬 실린더를 결정하고, 크랭크 각 센서 신호를 기준으로 점화시기를 연산하여 점화 코일의 1차 전류 단속신호를 파워 트랜지스터로 보낸다.

컴퓨터에 크랭크 각 센서의 High(논리 1)신호가 입력되고, 상사점 센서의 High신호가 입력되면 컴퓨터는 제1번 실린더가 압축행정임을 판단하여 파워 트랜지스터 A를 OFF시켜 제1번과 제4번 실린더에 고전압을 보내 준다.

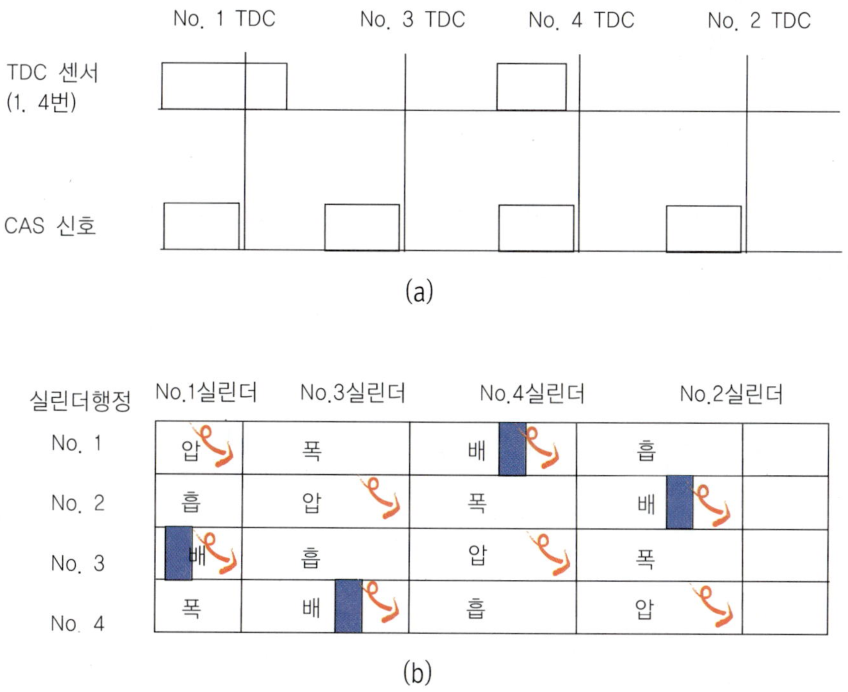

그림 18. 각 실린더 점화배전

또 크랭크각 센서의 High신호가 입력되고, 상사점 센서의 Low(논리 0)신호가 입력되면 제3번 실린더가 압축행정(제2번 실린더는 배기행정)임을 판단하여 파워 트랜지스터 B를 OFF시켜 제3번과 제2번 실린더로 고전압을 보낸다. 이와 같이 컴퓨터는 크랭크 각 센서와 상사점 센서의 신호에 따라 파워 트랜지스터 A와 B를 번갈아 선택하면서 OFF시켜 점화배전을 한다.

2 점화장치의 구조와 작동

2.1. 점화플러그(Spark Plug)

점화플러그는 실린더헤드의 연소실에 설치되어 점화코일의 2차 코일에서 발생한 고전압에 의해 중심전극과 접지 전극 사이에서 전기불꽃을 발생시켜 실린더 내의 혼합가스에 점화하는 일을 한다.

2.1.1. 점화플러그의 구조

점화플러그는 전극 부분(electrode), 절연체(insulator) 및 셀(shell)의 3주요부로 구성되어 있다.

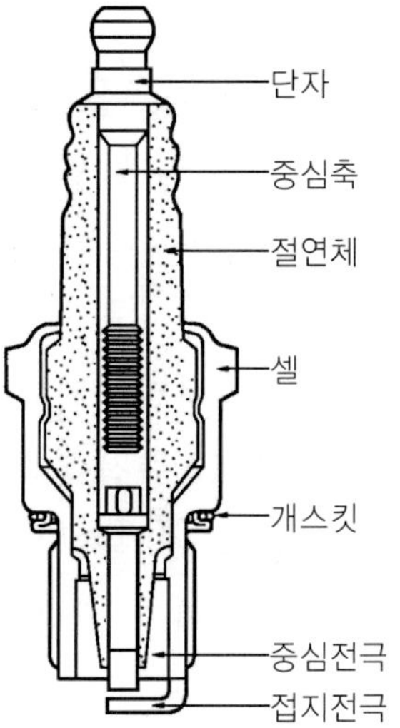

그림 19. 점화플러그의 구조

[1] 전극 부분

전극 부분은 중심전극과 접지전극으로 구성되어 있으며 점화코일에서 유도된 고전압이 중심축을 통하여 중심전극에 도달하여 바깥쪽의 접지전극과의 간극에서 불꽃이 발생하며 이들 사이에 0.7~1.1mm의 간극이 있다.

전극의 재료는 불꽃에 의한 손상이 적고, 내열성능 및 내부식성능이 우수한 것이 필요하므로 일반적으로 니켈합금이나 백금을 사용하는 경우도 있다. 그리고 중심전극은 방열성능 등을 고려하여 구리(銅)를 주입한 것도 있다. 중심전극의 지름은 일반적으로 2.5mm 정도이지만 최근에는 불꽃발생 전압의 저하방지 및 점화성능의 향상을 목적으로 중심전극의 지름을 1mm 정도까지 가늘게 하거나 접지전극의 안쪽 면에 U자형의 홈을 둔 것도 있다.

[2] 절연체

절연체는 중심축 및 중심전극을 둘러싸서 고전압의 누전을 방지하는 것이며, 점화플러그 성능을 좌우하는 중요한 부분이다. 따라서 전기절연이 우수하고, 열전도 성능 및 내열 성능이 우수하며 화학적으로 안정되고 기계적 강도가 커야 한다. 절연체는 절연성이 높은 세라믹(ceramic)으로 되어 있고 윗부분에는 고압전류의 플래시 오버(flashover)를 방지하기 위한 리브(rib)가 있다.

[3] 셀(Shell)

셀은 절연체를 에워싸고 있는 금속부분이며, 실린더헤드에 설치하기 위한 나사부분이 있고, 나사의 끝부분에 접지전극이 용접되어 있다. 나사의 지름은 10mm, 12mm, 14mm, 18mm의 4종류가 있으며, 나사부분의 길이(리치)는 나사의 지름에 따라 다르나 지름 14mm의 점화플러그는 9.5mm, 12.7mm, 19mm의 3종류가 있다. 그리고 절연체와 중심축 및 셀 사이의 기밀은 특수 실런트의 충전이나 글라스 실(glass seal : 특수 유리분말과 구리 분말을 혼합한 것을 중심축과 중심전극의 결합부분에 채우고 이것을 고온에서 녹여 절연체와 금속을 녹여 붙이는 방법)에 의한 녹여 붙임, 불꽃(spark)열에 의한 코킹 등의 방법으로 유지되고 있다.

2.1.2. 점화플러그의 구비조건

점화플러그는 점화회로에서는 방전을 위한 전극을 마주보게 한 것뿐이나 사용되는 주위의 조건이 매우 가혹하여 다음과 같은 조건을 만족시키는 성능이 필요하다.

① 내열 성능이 클 것
② 기계적 강도가 클 것
③ 내부식성능이 클 것
④ 기밀유지 성능이 양호할 것
⑤ 자기 청정온도를 유지할 것
⑥ 전기적 절연성능이 양호할 것
⑦ 강력한 불꽃이 발생할 것
⑧ 점화성능이 좋을 것
⑨ 열전도 성능이 클 것

2.1.3. 점화플러그의 자기 청정온도와 열값

기관 작동 중 점화플러그는 혼합기의 연소에 의해 고온에 노출되므로 전극 부분은 항상 적정 온도를 유지하는 것이 필요하다. 점화플러그 전극 부분의 작동온도가 400℃ 이하로 되면 연소에서 생성되는 카본이 부착되어 절연성능을 저하시키고 불꽃방전이 약해져 실화를 일으키게 되며, 전극 부분의 온도가 800~950℃ 이상 되면 조기점화를 일으켜 기관의 출력이 저하된다.

이에 따라 기관이 작동되는 동안 전극 부분의 온도는 500~600℃를 유지하여야 한다. 이 온도를 점화플러그의 자기 청정온도(self cleaning temperature)라 한다. 자기 청정 온도는 가해진 열량과 열방산량으로 결정되지만, 가해지는 열량은 기관의 형식 및 운전 상태에 따라 변화하고 또 열방산량은 점화플러그의 구조에 따라 달라진다. 따라서 점화플러그는 열방산 성능이 다르므로 기관에 적합한 것을 선택하여야 한다.

점화플러그의 열방산 정도를 수치로 나타낸 것을 열 값(heat value)라고 하며 일반적으로 절연체 아랫부분의 끝에서부터 아래 실(lower seal)까지의 길이에 따라 정해진다.

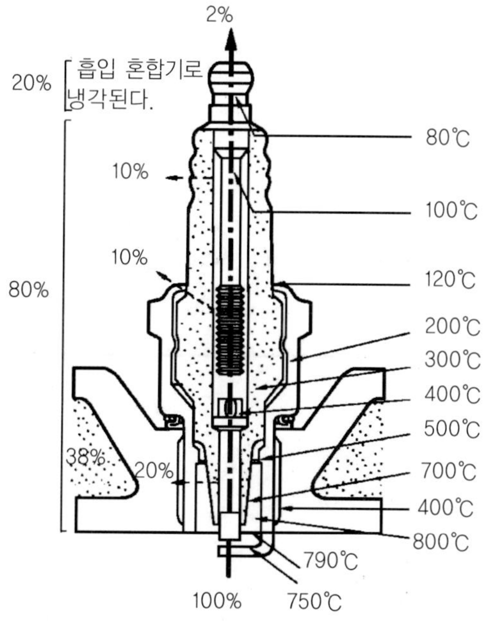

그림 20. 점화플러그의 열방출 관계

점화플러그의 소요 열값은 사용상 매우 중요하며 기관의 연소실 형식, 흡・배기밸브의 위치, 압축비, 회전속도 등에 따라 달라지나 원칙적으로 재질이 동일할 경우 연소가스에 노출되어 열을 받는 면적이 넓고 방열경로(절연체 각부의 길이)가 길수록 열 방산이 나쁘며 온도가 상승하기 쉽다. 이 형식을 열형(hot type)이라고 하며, 이 열형 점화플러그의 특징은 오손에 대한 저항력은 매우 크나, 조기점화에 대한 저항력이 낮으므로 저속・저부하 기관에 적합하다. 그리고 열방산 성능이 높고 온도상승이 적은 형식을 냉형(cold type)하고 하며, 이 냉형 점화플러그의 특징은 조기점화에 대한 저항력은 매우 크나 오손에 대한 저항력은 낮으므로 고속・고부하용 기관에 적합하다.

최근에는 넓은 범위의 운전조건에서도 한 종류의 점화플러그로 자기 청정온도를 유지할 수 있는 와이드 레인지(wide range)의 점화플러그도 사용되고 있다. 일반적으로 열값은 점화플러그의 형식 및 크기 등을 나타내는 기호의 일부로서 숫자로 표시되고 있다.

아래 표는 그 일례이며 열값을 나타내는 숫자는 점화플러그 제작회사에 따라 다르며 숫자가 크면 냉형, 숫자가 적으면 열형을 나타낸다.

표 점화플러그의 표시

◆ 종류 (A)

B	P 또는 (R)	6	E	S 또는 R	11
나사부분 지름		열값	나사부분의 길이	구조	점화플러그 전극 부분간극
A = 18mm B = 14mm(표준 6각, 대변치수 20.6mm) C = 10mm D = 12mm	• P: 자기돌출형 (Projected core nose plug) • R: 저항삽입형	크면: 냉형 적으면: 열형	• E = 19mm • H = 12.7mm • 무기호 : 표준형	• S: 구리심이 든 중심전극 • R: 실드형 저항 삽입형	11 = 1.1mm 13 = 1.3mm

◆ 종류 (B)

W	16	E	X-U	11
부착 나사 지름	열값	나사 길이	전극 형상 표시	점화플러그 전극 부분 간극
W = 14mm	(9,14,16,20,22) 열형↔냉형	E = 19mm F = 12.7mm	• V-U: U홈 접지전극이며, 풀 프로젝터형 • T: 접지전극이 2극 대향형 • 저항 삽입형	11 = 1.1mm 13: 1.3mm

◆ 종류 (C)

R	L	4	6	P	W	11
특수 설계	나사 길이	나사 바깥지름	열값	특수 설계	특수 설계	점화플러그 전극 부분 간극
R: 저항삽입형	L: 긴 리치 M: 중간 리치	4: 14mm 8: 18mm	(7, 6, 5, 4, 3, 2) 열형↔냉형	P: 자기 돌출형	• W: 구리심이 든 전극 • X: 중심전극에 크로스 컷(cross cut) 결합	11: 1.1mm 13: 1.3mm

2.2. 점화장치의 전류흐름

2.2.1. HEI(High Energy Ignition)-SOHC 기관용

① 점화스위치를 ON으로 하면 축전지 전압이 점화코일의 1차 코일에 공급된다.

② 배전기축이 회전함에 따라 점화신호가 컴퓨터(ECU)로부터 파워 트랜지스터(power TR)로 전송된다.

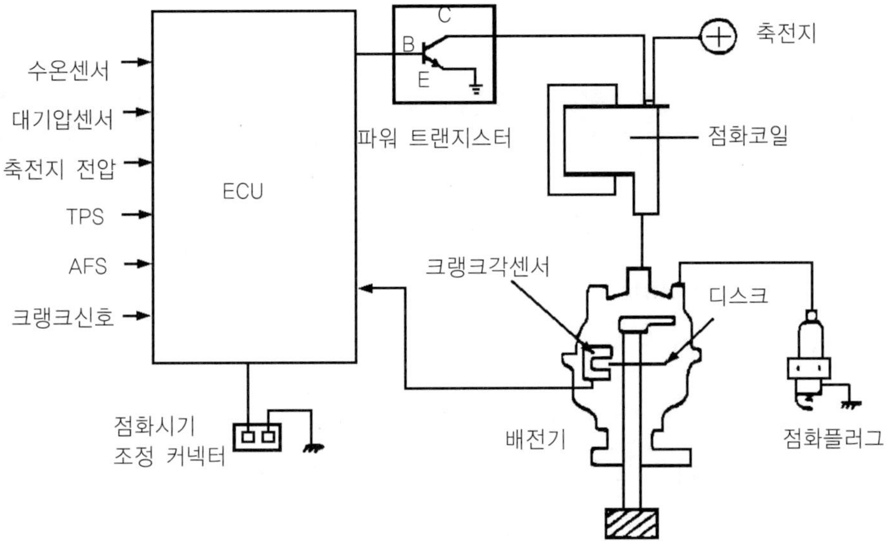

작동흐름도 : 센서 → ECU → 파워 트랜지스터 → 점화코일

그림 21. HEI의 점화회로

③ 이 신호는 파워 트랜지스터를 작동시키며 점화코일의 1차 전류를 파워 트랜지스터를 통하여 접지 또는 단락(ON과 OFF)을 반복한다.

④ 이 작동은 점화코일의 2차 코일에 고압을 형성하게 한다. 점화코일로부터 2차 코일에 유도된 전류는 배전기 로터를 통하여 점화플러그로 흘러 각 실린더는 점화된다.

2.2.2. DLI(Distributor Less Ignition) – DOHC 기관용

① 점화스위치를 ON으로 하면 축전지 전압이 점화코일의 1차 코일에 공급된다.

② 크랭크 각 센서 축이 회전함에 따라 점화신호가 컴퓨터(ECU)로부터 파워 트랜지스터로 전송된다.

③ 이 신호는 파워 트랜지스터를 작동시키며 점화코일 1차 전류를 파워 트랜지스터를 통하여 접지 또는 단락(ON과 OFF)을 반복한다.

④ 이 작동은 점화코일의 2차 코일에 고전압을 형성하게 하고 점화코일로부터 2차 코일에 유도된 전류는 직접 각 점화플러그를 통하여 각 실린더에 점화전압을 공급한다.

3 점화장치의 점검 · 정비

3.1. 점화코일(Ignition Coil)

3.1.1. 1차코일 저항측정

① 멀티테스터의 선택 레인지를 R×1에 위치한다.

② 아날로그 멀티테스터는 리드 선의 검침봉을 접촉시켜 0점을 조정한다.

③ 점화코일의 (+)단자와 (-)단자 사이의 저항을 측정한다.

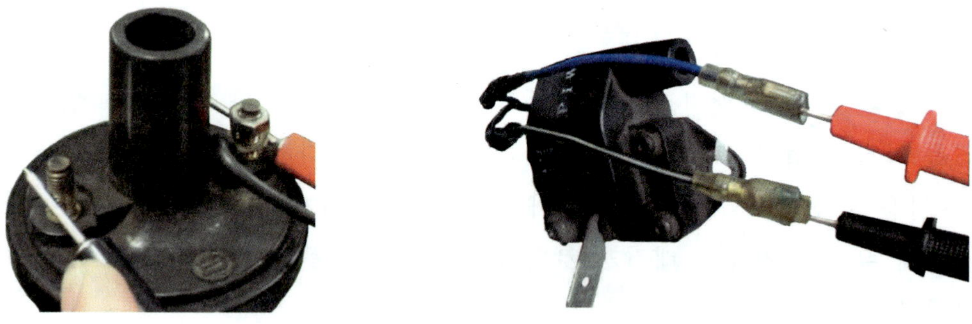

(a) 개자로형　　(b) 폐자로형

그림 22. 1차코일 저항시험

[1] 결과 분석

① 규정 값 이하 : 코일 사이 회로가 단락된 상태이다.

② 규정 값 이상 : 노화된 상태이다.

③ 무한대(∞) : 코일이 단선된 상태이다.

표 차종별 점화코일 1차 저항

차 종	1차 저항(Ω)	차 종	1차 저항(Ω)
엑센트	0.5±0.05	뉴그랜저 2.4, 3.0	0.8±0.08
아반떼	0.5±0.05	뉴그랜저 3.0D	0.67~0.81
소나타 Ⅱ	0.86±0.09	뉴 세피아	0.81~0.99
마르샤 2.0	0.77~0.95	스포티지	0.55~0.60
마르샤 2.5	0.67~0.81	씨에로, 르망MPFI	0.6~0.9
뉴그랜저 2.0	0.77~0.95		

3.1.2. 2차코일 저항측정

① 회로시험기의 셀렉터를 1kΩ (1,000Ω)에 선정한 후 시험기 리드 선의 적색과 흑색 프로브를 서로 접속하고 0점 조정을 한다. 이때 프로브 팁을 직접 손으로 잡지 않도록 한다.

② 회로시험기의 적색 프로브는 점화코일 중심 단자(2차 단자)에, 흑색 프로브는 점화코일 (-)단자에 접속한 후 시험기의 바늘이 가리키는 저항 값을 판독한다.

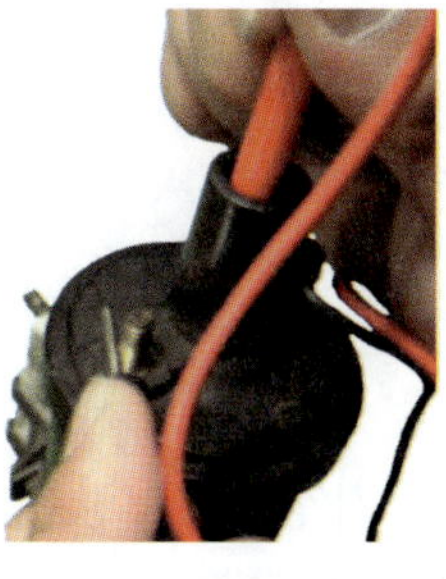

(a) 개자로형

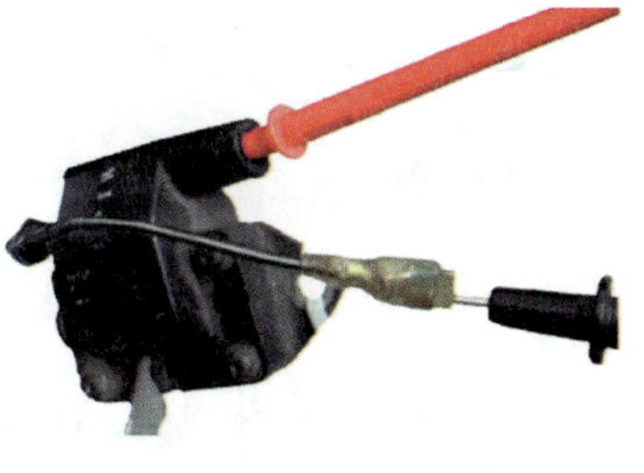

(b) 폐자로형

그림 23. 2차코일 저항측정

표 차종별 점화코일 2차 저항

차 종	2차 저항(kΩ)	차 종	2차 저항(kΩ)
엑센트	12.1±1.8	뉴그랜저 2.4, 3.0	12.1±1.8
아반떼	12.1±1.8	뉴그랜저 3.0D	11.3~15.3
소나타 Ⅱ	12.1±1.8	뉴 세피아	10~16
마르샤 2.0	10.3~13.9	스포티지	10~15
마르샤 2.5	11.3~15.3	씨에로, 르망MPFI	7.5~9.5
뉴그랜저 2.0	10.3~13.9		

3.1.3. 절연저항

점화코일의 절연저항 점검은 메거테스터(megger tester)로 점검한다.

① 적색 프로브는 점화코일 (+)단자에, 흑색 프로브는 점화코일 몸체에 연결한다.

② 작동 핸들을 100~120rpm의 속도로 돌리며 측정하는 방식과 작동 스위치를 누른 후 측정하는 방식이 있다.

③ 이때 눈금 판 수치를 판독하여 10MΩ 이상이면 정상이다.

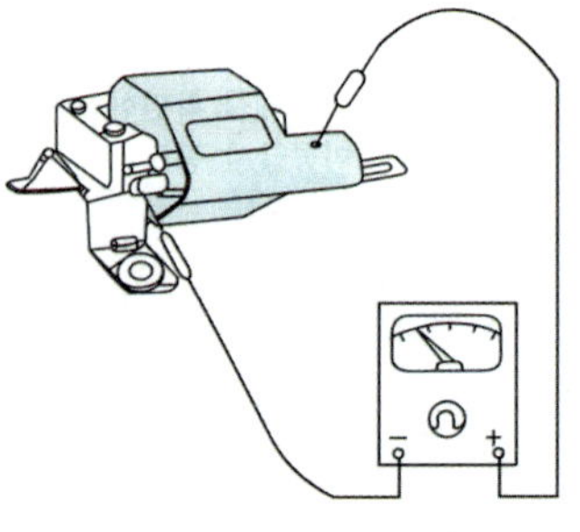

그림 24. 절연저항 점검

3.1.4. DLI형식의 점화코일 점검(현대 차량)

[1] 1차코일 저항측정

점화코일의 4번 단자와 1번 단자(1번과 4번 실린더용)사이의 저항을 측정한 다음 3번 단자와 2번 단자(2번과 3번 실린더용) 사이의 저항을 측정한다. 1차코일 저항값은 0.86±0.09Ω 이어야 한다.

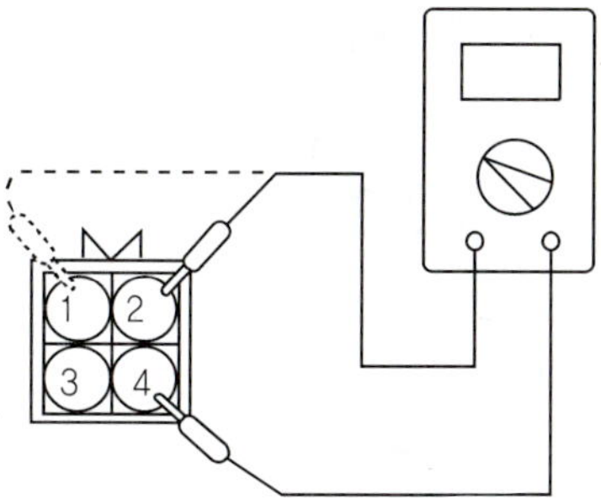

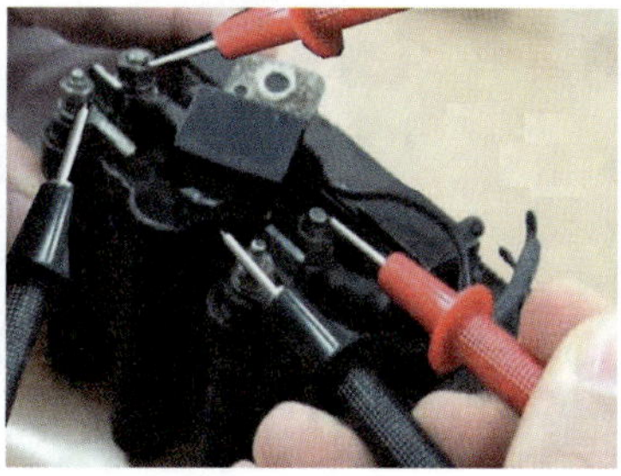

(a) 동시 점화방식

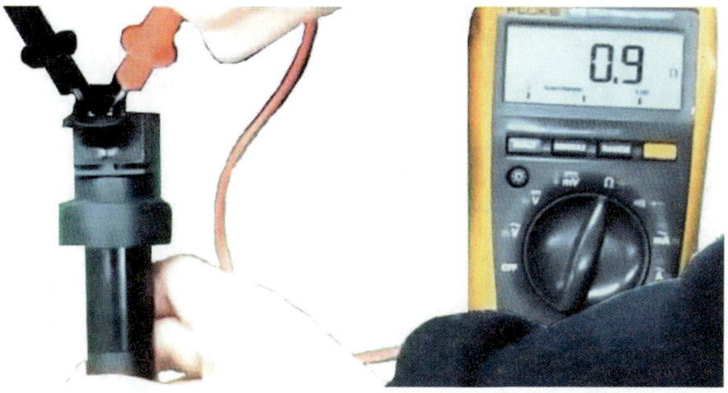

(b) 독립 점화방식

그림 25. DLI 1차코일 점검

[2] 2차코일 저항측정

1번과 4번 실린더용 고압 단자 사이의 저항과 2번과 3번 실린더용 고압 단자 사이의 저항을 측정한다. 2차코일 저항 값은 12±1.8kΩ 이어야 한다.

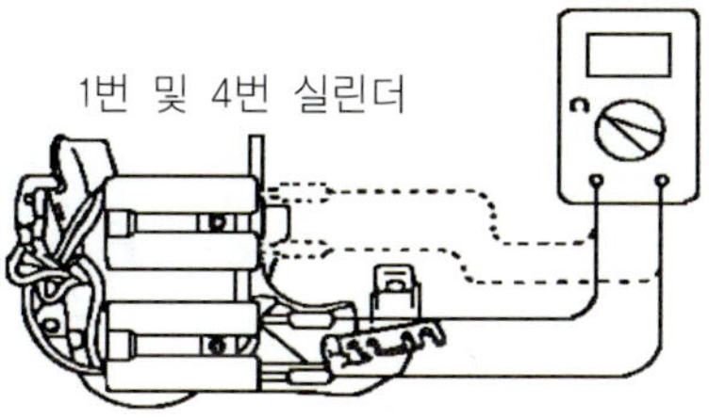

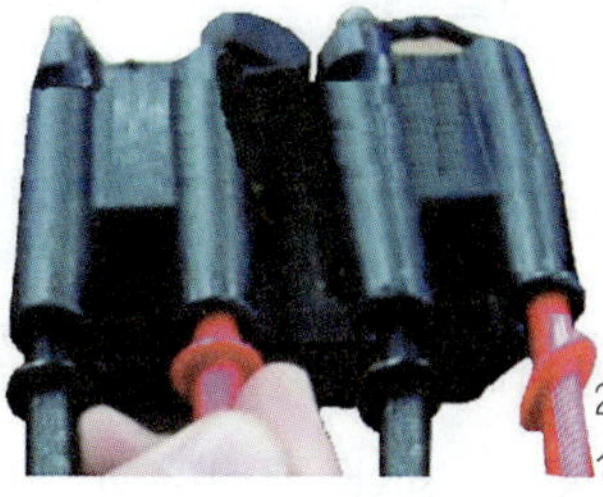

(a) 동시 점화방식

(b) 독립 점화방식

그림 26. DLI 2차코일 점검

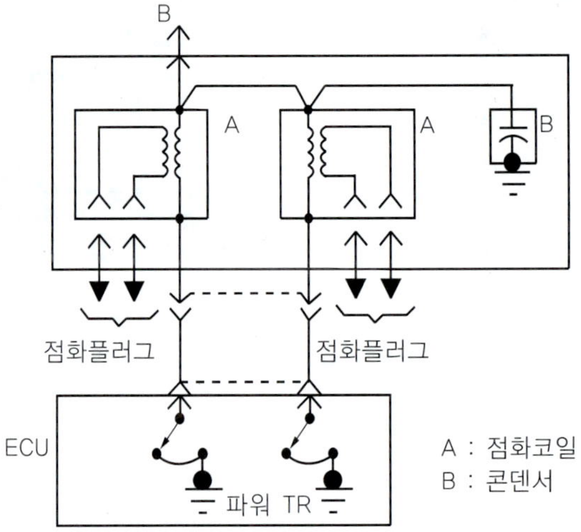

그림 27. DLI 점화방식 점화코일 결선도

3.2. 배전기 어셈블리

3.2.1. 배전기의 탈 · 부착순서

[1] 탈착순서

① 축전지 접지케이블을 분리시킨다.

② 배전기에서 고전압 케이블과 점화플러그 케이블을 분리시킨다.

③ 리드 와이어 커넥터를 분리시킨다.

④ 배전기 고정 너트를 풀고 배전기 어셈블리를 탈착한다.

[2] 부착순서

① 1번 실린더가 압축 상사점에 위치하도록 크랭크축을 회전시켜 크랭크축 풀리 마크를 TCD마크에 일치시킨다.

② 배전기 하우징 및 기어 일치표시를 맞춘다.

③ 배전기를 배전기 부착 스터드의 중심과 배전기의 장착 플랜지의 절단면으로 정렬시켜 기관에 장착한다.

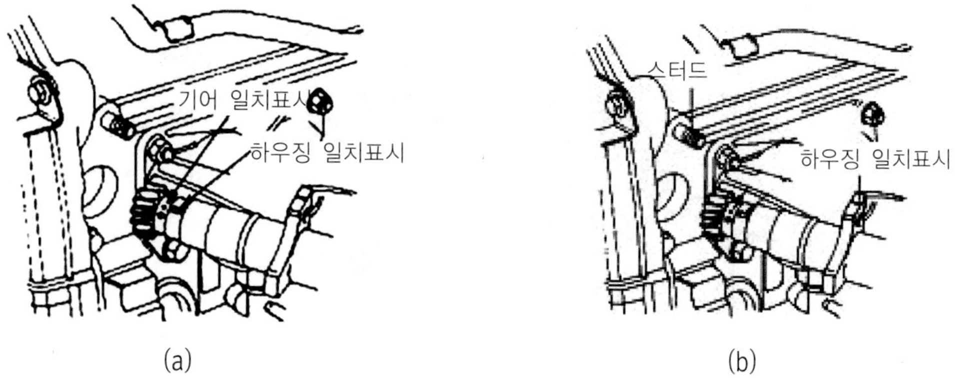

그림 28. 배전기장치 예시

3.2.2. HEI 배전기 분해 및 점검

[1] 배전기 분해순서

① 바이스에 배전기 하우징 부분을 가볍게 물린다.

② 배전기 캡 지지 클립을 분리하고 캡을 떼어낸다.

③ 로터 축에서 로터를 당겨 뺀 후 고무 패킹을 떼어낸다.

④ 커버를 빼낸 후 스크루드라이버로 로터축을 떼어낸다.

⑤ 디스크와 스페이서를 떼어낸 후 리드 와이어 커넥터를 분리한다.

⑥ 3개의 고정 스크루를 풀고 플레이트와 유닛을 빼낸다.

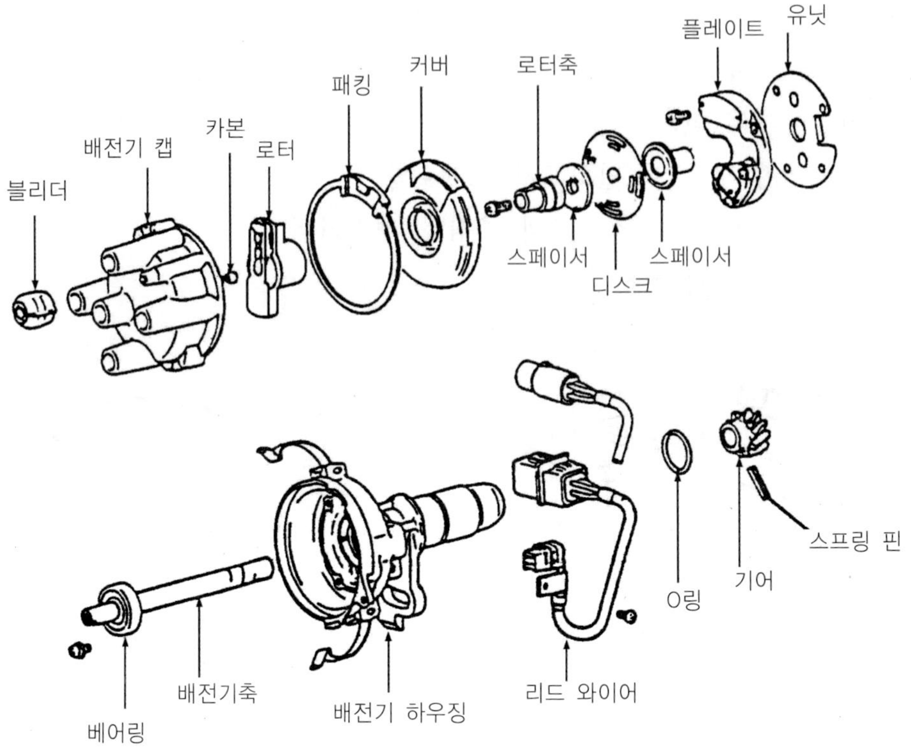

그림 29. HEI 배전기의 분해도

[2] 배전기 캡과 로터 점검

① 배전기 캡에 균열이 없어야 한다.

② 배전기 캡의 전극과 로터의 전극에 손상이 없어야 한다.

③ 카본의 흔적이 없어야 한다.

④ 배전기 캡과 로터에 있는 모든 이물질을 깨끗이 청소한다.

[3] 배전기의 조립순서

① 디스크의 슬릿이 배전기 축에 대하여 올바른 각도를 이루도록 스프링 핀을 집어 넣는다.

② 디스크를 유닛 어셈블리의 센서 부분에 넣고 스페이서를 설치한다. 이때 디스크의 슬릿이 막히면 안 된다.

③ 커버의 식별표지와 하우징 노치를 정렬시켜 설치한다.

[4] 1번 실린더 TDC센서와 크랭크 각 센서 점검

① 1번 단자(센서 접지)와 2번 단자(크랭크 각 센서), 1번 단자와 3번 단자(1번 실린더 TDC신호)에 회로시험기를 연결한다.

② 기관을 크랭킹시키면서 단자의 출력전압을 측정한다.

센 서	단 자	전 압
1번 실린더 TDC 센서	접지	0.2~1.2V(지침이 움직인다)
크랭크 각 센서	접지	1.8~2.5V

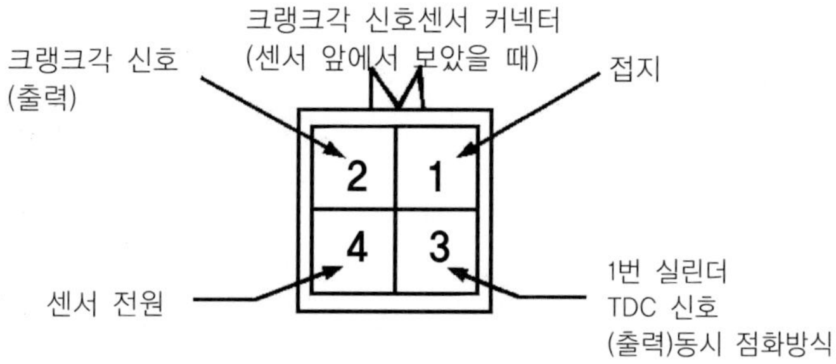

「그림」 30. 1번 실린더 TDC센서와 크랭크각 센서 점검

3.3. 점화플러그의 점검

3.3.1. 점화플러그 간극의 점검·조정

① 점화플러그 테스터를 사용하여 전극 부분을 깨끗이 청소한다.

② 점화플러그의 육안검사 항목 : 점화플러그는 40,000km 주행마다 교환을 해 주어야 한다.

㉮ 개스킷의 손상·파손여부를 점검한다.

㉯ 카본의 누적상태를 점검한다.

㉰ 절연체의 파손·손상여부를 점검한다.

㉱ 전극의 마멸상태를 점검한다.

③ 와이어형 게이지나 필러 게이지로 간극을 측정한다.

④ 간극 수정용 공구를 사용하여 접지전극을 구부려서 간극을 조정한다.

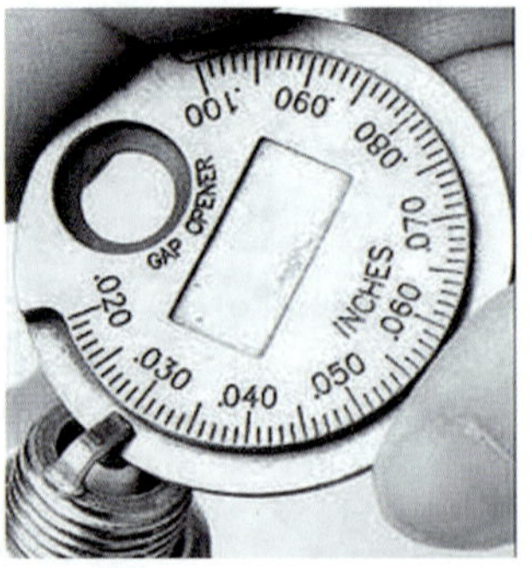

그림 31. 점화플러그 간극 점검

표 차종별 점화플러그 간극

차종 제원	엑셀, 엘란트라, 구형 그랜저	르망	프라이드	세피아, 캐피탈	콩코드
간극	1.0, 1.1	0.7, 0.8	0.75, 0.85	1.0, 1.10	1.3
규격	BP6ES-11 N9YC4	R46TS	BP6ES BP5ES	BP6ES-11 BP5ES	BP6ES BP5ES

그림 32. 점화플러그 간극 조정방법

3.4. 고압케이블의 점검

고압케이블 및 점화플러그 케이블 점검

① 캡과 외부의 균열을 점검한다.

② 케이블의 저항을 점검한다.

그림 33. 고압케이블의 저항시험

표 고압케이블 규정 값(16kΩ /1m 당)]

케이블 번호	No.1	No.2	No.3	No.4
규정 값	11.2kΩ	11.2kΩ	11.2kΩ	11.2kΩ

3.5. 파워 트랜지스터(Power TR)

파워 트랜지스터는 컴퓨터(ECU)의 신호를 받아 전자 점화 진각장치에서 점화코일의 1차 전류를 ON, OFF하는 NPN형 트랜지스터로 베이스에서 이미터로 전류 흐름이 순 방향이다. 구성은 컴퓨터에 의하여 제어되는 IB단자(베이스), 점화코일과 접속되는 OC단자(컬렉터), 그리고 접지된 G단자(이미터)로 구성되어 있다.

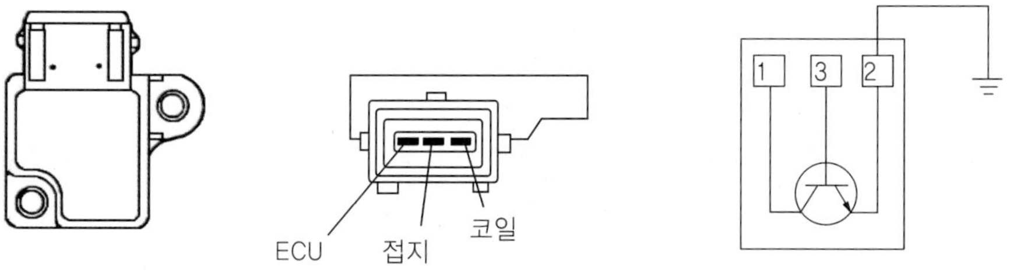

(a) (b) (c)

그림 34. 파워 TR의 구조

3.5.1. 파워 TR 저항 측정방법

저항측정은 아날로그 회로시험기의 레인지를 R로 선정한 후 측정한다.

① 컬렉터(C)와 이미터(E) 사이의 순방향 저항은 적색 프로브를 G(이미터)단자에, 흑색 프로브는 OC(컬렉터)단자에 접속하고 점검한다.

② 컬렉터(C)와 이미터(E) 사이의 역방향 저항은 적색 프로브를 OC(컬렉터)단자에, 흑색 프로브는 G(이미터)단자에 접속하고 점검한다.

③ 베이스(B)와 이미터(E) 사이의 순방향 저항은 적색 프로브를 G(이미터)단자에, 흑색 프로브는 IB(베이스)단자에 접속하고 점검한다.

④ 베이스(B)와 이미터(E) 사이의 역방향 저항은 적색 프로브를 IB(베이스)단자에, 흑색 프로브는 G(이미터)단자에 접속하고 점검한다.

⑤ 여기서 순방향 저항 값은 주위 온도나 제작회사에 따라서 약간 차이는 있으나 약 25Ω 정도이며 역방향 저항 값은 무한대(∞)이어야 한다.

[1] C와 E 사이 저항

(1) 순방향

C(컬렉터)에 회로시험기 리드 선의 (+)프로브를 E(이미터)에 (-)프로브를 접속하였을 때 통전이 되면 정상이다(이때 저항 값은 약 8~10Ω 이다).

(2) 역방향

C(컬렉터)에 회로시험기 리드 선의 (-)프로브를 E(이미터)에 (+)프로브를 접속하였을 때 ∞(무한대)이면 정상이다.

[2] B와 E 사이 저항

(1) 순방향

B(베이스)에 회로시험기 리드 선의 (+)프로브를 E(이미터)에 (-)프로브를 접속하였을 때 통전이 되면 정상이다(이때 저항 값은 약 40~160Ω 이다).

(2) 역방향

B(베이스)에 회로시험기 리드 선의 (-)프로브를 E(이미터)에 (+)프로브를 접속하였을 때 ∞(무한대)이면 정상이다.

3.5.2. 파워 TR 통전시험

[1] SOHC기관의 경우

파워 트랜지스터 커넥터를 분리한 후 파워 트랜지스터사이에 그림 35와 같이 1.5V의 건전지를 연결하고 ON 및 OFF시키면서 3번 단자와 2번 단자 사이의 통전을 점검한다. 이때 회로시험기의 적색 프로브는 2번 단자에, 흑색 프로브는 1번 단자에 연결한다.

2~3단자	1~2단자
전원 ON	통전되어야 한다.
전원 OFF	통전되지 않아야 한다.

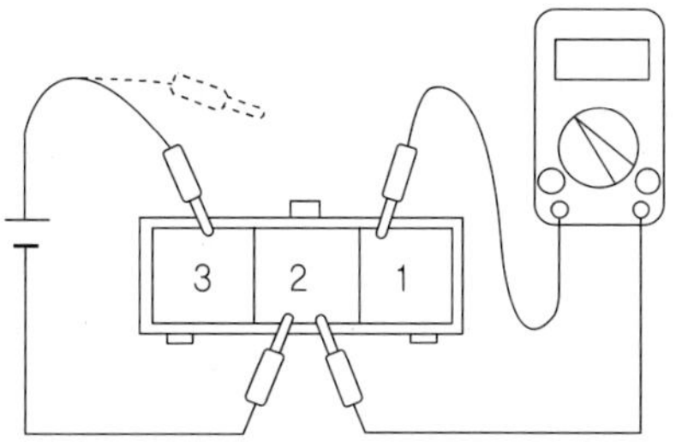

그림 35. 파워 트랜지스터 통전시험(1)

[2] HEI 기관의 경우

3V 전원의 (-)를 파워 트랜지스터 2번 단자에 연결하고, 3번 단자에는 (+)를 연결하였을 때 2번과 1번 단자 사이의 통전을 점검한다.

3번 단자와 전원 (+)	2번 단자와 1번 단자
연결	통전되어야 한다.
분리	통전되지 않아야 한다.

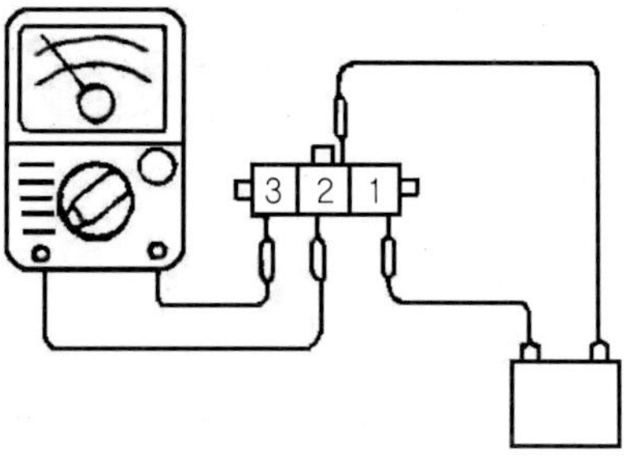

그림 36. 파워 트랜지스터 통전시험(2)

[3] DLI의 경우-DOHC 기관용

(1) 1번과 4번 실린더용 파워 트랜지스터

1.5V전원의 (-)를 파워 트랜지스터 3번 단자에 연결하고 (+)를 4번 단자에 연결하

였을 때 5번 단자와 3번 단자 사이의 통전을 점검한다. 이때 회로시험기 리드 선의 흑색 프로브는 파워 트랜지스터 5번 단자에 연결한다.

4번 단자와 전원(+)	5번 단자와 3번 단자
연결	통전되어야 한다.
분리	통전되지 않아야 한다.

(2) 2번과 3번 실린더용 파워 트랜지스터

1.5V 전원의 (-)를 파워 트랜지스터 3번 단자에 연결하고 (+)를 2번 단자에 연결하였을 때 1번 단자와 3번 단자 사이에 통전을 점검한다. 이때 회로시험기의 리드 선의 흑색 프로브는 파워 트랜지스터의 1번 단자에 연결하여야 한다.

2번 단자와 전원 (+)	1번 단자와 3번 단자
연결	통전되어야 한다.
분리	통전되지 않아야 한다.

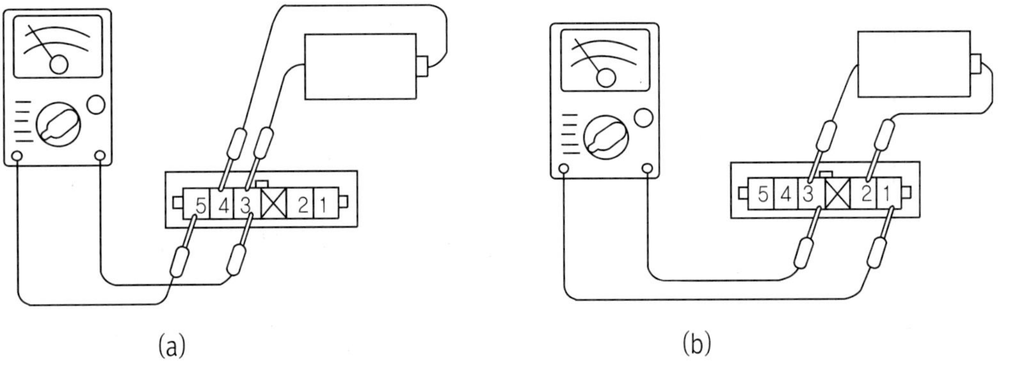

그림 37. 동시 점화방식용 파워 TR 점검

3.6. 컨트롤 릴레이(Control Relay)

컨트롤 릴레이는 전자석을 이용한 스위치 기능을 하는 장치이며, 연료펌프, 인젝터, 컴퓨터, 공기흐름 센서 등으로 전원을 공급해 주는 것이다. 이것이 불량하면 기관 기동이 되지 않는다.

3.6.1. 컨트롤 릴레이의 전압 측정방법

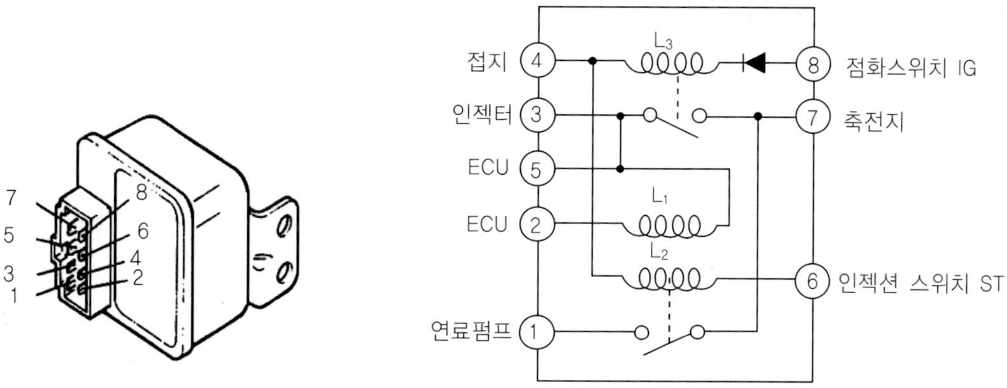

- 단자 1 : 연료펌프 전원 공급단자
- 단자 2 : 컴퓨터에 전원 공급단자
- 단자 3 : 인젝터에 전원 공급단자
- 단자 4 : 접지단자
- 단자 5 : 공기 흐름센서, 컴퓨터에 전원 공급단자
- 단자 6 : 인젝션 스위치 ST
- 단자 7 : 축전지 단자
- 단자 8 : 점화스위치 IG단자

그림 38. 컨트롤 릴레이 구조와 회로도

① 점화스위치 OFF상태에서 단자 7에 회로시험기의 리드 선의 적색프로브를 접속하고, 차체에 흑색프로브를 접속하였을 때 축전지 전압이 공급되는지를 점검한다. 이때 전압이 나오지 않으면 퓨저블링크를 점검한다.

② 점화스위치를 ON으로 한 상태에서 단자 3에 회로시험기의 리드 선의 적색프로브를 접속하고, 흑색프로브를 차체에 접속하였을 때 축전지 전압이 공급되는지를 점검한다.

③ 점화스위치를 ON으로 한 상태에서 단자 1에 회로시험기의 리드 선의 적색프로브를 접속하고, 흑색프로브를 차체에 접속하였을 때 축전지 전압이 공급되는지를 점검한다.

④ 점화스위치를 ON으로 한 상태에서 단자 5에 회로시험기의 리드 선의 적색프로브를 접속하고, 흑색프로브를 차체에 접속하였을 때 축전지 전압이 공급되는지를 점검한다.

⑤ 점화스위치를 OFF로 한 상태에서 단자 4에 회로시험기의 리드 선의 적색프로브를 접속하고, 흑색프로브를 차체에 접속하였을 때 저항이 0Ω 인지를 점검한다(단자 4와 차체 사이의 접지 확인).

⑥ 점검결과 규정 전압이 측정되지 않으면 컨트롤 릴레이를 교환하여야 한다.

3.6.2. HEI(SOHC기관용)의 경우

축전지 전압을 직접 연결할 때 정확히 단자에 연결하여야 한다. 만약 잘못 연결하면 릴레이가 손상된다.

(1) 코일 L_1 및 L_2

여자가 된다는 것은 6번과 4번 단자 사이에 전압이 인가되는 것을 의미한다.

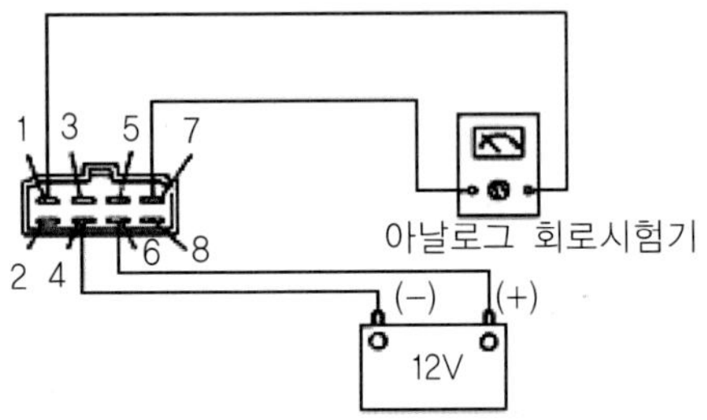

상 태	측정 단자	통전 유무
여자가 안 됨	1～7	통전 안됨(∞Ω)
	2～5	통전됨(약 95Ω)
	2～3	
	6～4	통전됨(약 35Ω)
여자 됨	1～7	통전됨(0Ω)

그림 39. 코일 L_1 및 L_2 점검

(2) 코일 L_3

여자가 된다는 것은 8번과 4번 단자에 전압이 인가되는 것을 의미한다. 결과가 규정 값을 벗어나면 컨트롤 릴레이를 교환하여야 한다.

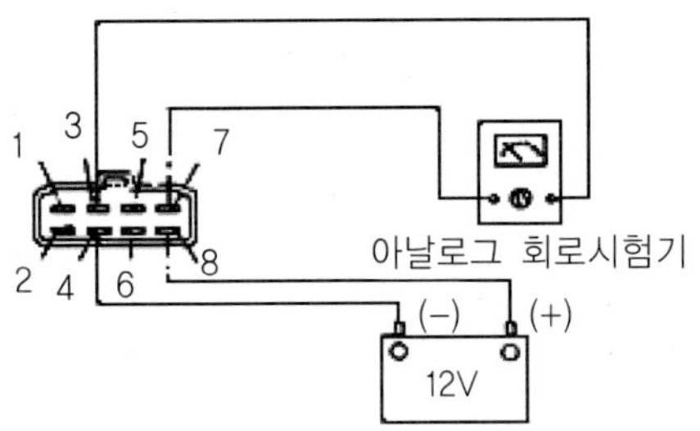

상 태	측정 단자	통전 유무
여자가 안됨	3～7	통전 안됨(∞Ω)
	4→8	통전 안됨(∞Ω)
	4←8	통전됨(0Ω)
여가 됨	3～7	통전됨(0Ω)

위 표에 있는 화살표는 전류가 흐르는 방향을 나타낸다. 이때는 통전을 점검하기 전에 회로시험기의 극성을 먼저 확인한 후 점검하여야 한다.

그림 40. 코일 L_3점검

3.6.3. DLI의 경우

축전지 전압을 직접 연결시킬 때 단자를 정확히 연결하여야 한다. 그렇지 않으면 컨트롤 릴레이를 손상시킬 수 있다.

① 컨트롤 릴레이 6번 단자에 12V 전원 (+)을 연결시키고, (-)전원을 8번 단자에 떼었다 붙였다 하면서 2번과 1번 단자의 전압을 측정한다.

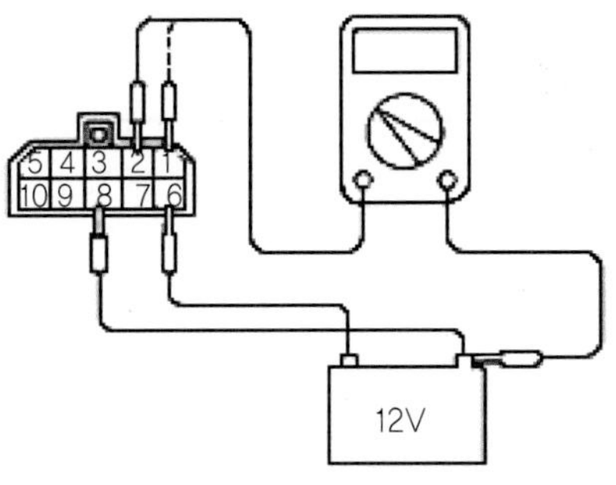

8번 단자와 12V(-) 전원 연결	단자 2	단자 1
연결	12V	12V
분리	0V	0V

그림 41. 컨트롤릴레이 점검(1)

② 컨트롤 릴레이의 10번 단자에 12V전원 (-)을 연결시키고, (+)전원을 7번 단자를 떼었다가 붙였다가 하면서 3번과 4번 단자의 통전성을 점검한다.

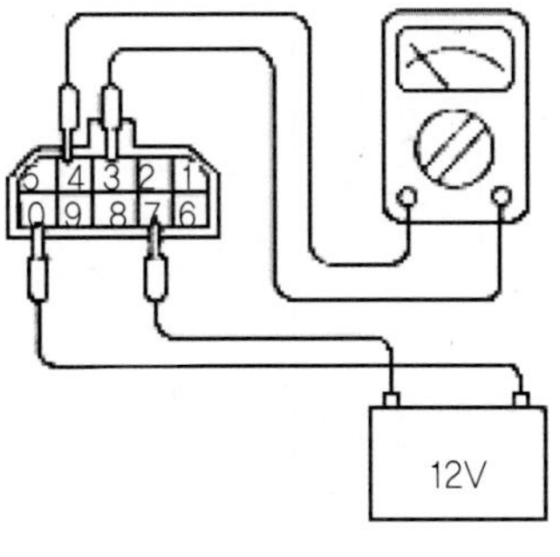

7번 단자와 12V(+) 전원 연결	단자 3번과 4번 단자
연결	통전됨
분리	통전 안됨

그림 42. 컨트롤 릴레이 점검(2)

③ 컨트롤 릴레이의 3번 단자에 12V(+)전원을 연결시키고 (-)전원을 9번 단자에 떼었다 붙였다 하면서 4번 단자의 전압을 측정한다.

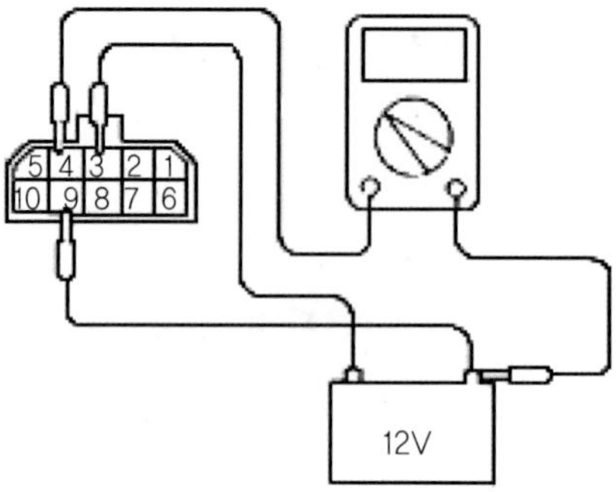

9번 단자와 12V(-) 전원 연결	단자 4번
연결	12V
분리	0V

그림 43. 컨트롤 릴레이 점검(3)

④ 위 점검사항 중 하나라도 부적당하면 컨트롤 릴레이를 교환하여야 한다.

3.6.4. DLI 점화회로의 이해

점화 1차 코일의 단속(ON-OFF) 작용을 ECU가 직접 제어하여 점화시기를 결정한다.

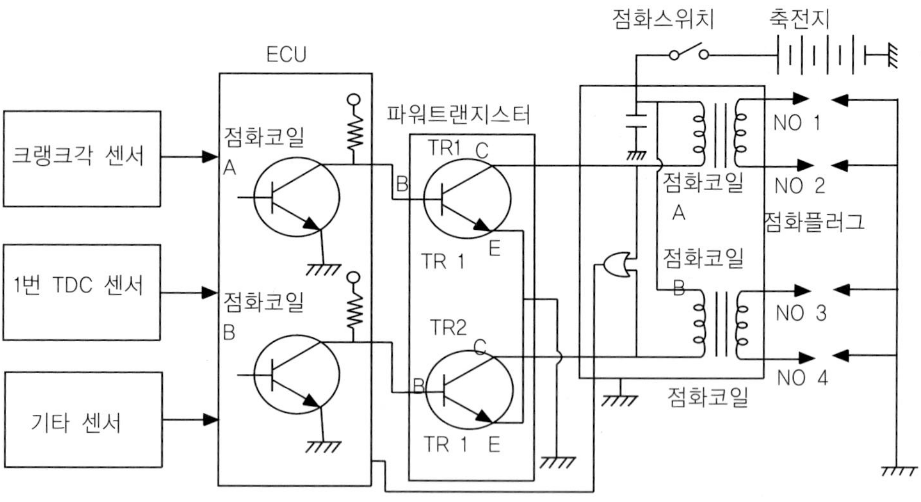

그림 44. DLI 동시 점화방식의 회로 상세도

[1] 전류의 흐름

① ECU에서 파워 TR의 베이스전류를 공급하면(베이스전류 : IB) : 파워 TR의 IB전류가 흐르면 IC전류가 흐르므로 축전지(+)단자 → 점화 1차 코일 → 파워 TR C단자 → E단자(컬렉터 전류 : IC) → 접지로 전류가 흐른다.

② ECU에서 파워 TR의 베이스전류를 차단하면 : 단속작용(파워 TR의 IB전류가 흐르지 않으면 IC전류도 흐르지 않으므로) : 점화 1차 코일 단속 → 1차 코일 자기 유도작용 → 2차 코일 상호 유도작용 → 점화플러그로 전류가 흐른다.

[2] DLI 점화장치(위 그림 DLI 동시 점화방식 회로도 기준)

(1) 1번-4번 실린더 동시점화(점화코일 A 작용)

① ECU에서 파워 TR(A형)의 베이스전류를 공급하면 : 축전지 (+)단자→ 점화 1차 코일 → 파워 TR C단자 → E단자(컬렉터 전류 : IC) → 접지

② ECU에서 파워 TR(A형)의 베이스전류를 차단하면 : 점화 1차코일 단속 → 1차코일 자기 유도작용 → 2차코일 상호 유도작용 → 점화플러그 1번, 4번 동시 점화

※ 1번 점화플러그가 점화시기일 때, 4번 점화플러그의 점화는 무효 점화가 된다.

(2) 2번-3번 실린더 동시점화(점화코일 B 작용)

① ECU에서 파워 TR(B형)의 베이스전류를 공급하면 : 축전지 (+)단자 → 점화 1차 코일 → 파워 TR C단자 → E단자(컬렉터 전류 : IC) → 접지

② ECU에서 파워 TR(B형)의 베이스전류를 차단하면 : 점화 1차코일 단속 → 1차코일 자기 유도작용 → 2차코일 상호 유도작용 → 점화플러그 2번, 3번 동시 점화

※ 2번 점화플러그의 점화시기일 때, 3번 점화플러그의 점화는 무효 점화가 된다.

[3] 점화시기 제어에 영향을 주는 ECU 입력요소

① 냉각 수온센서(WTS)

② 인히비터 스위치(자동변속기(A/T) 차량)

③ 산소센서

④ 축전지 전압

⑤ 차속센서

⑥ 공기 흐름센서(AFS)
⑦ 크랭크축 포지션 센서(CPS)
⑧ 스로틀 포지션 센서(TPS)
⑨ 흡기 온도센서
⑩ 에어컨 스위치

3.7. 점화시기의 조정방법

3.7.1. 점화시기가 부정확할 때 기관에 미치는 영향

[1] 점화시기가 늦으면

피스톤이 상사점을 지나서 실린더 내의 체적이 증대된 후에 점화가 이루어지므로 불완전 연소가 일어나고, 폭발압력의 저하로 실린더 및 피스톤이 화염에 접촉되는 시간이 길어져 다음과 같은 영향을 미친다.

① 기관의 출력이 감소한다.
② 기관 오일이 연소한다.
③ 기관이 과열한다.
④ 실린더 벽 및 피스톤이 손상된다.
⑤ 연소실에 카본 퇴적된다.
⑥ 유해 배기가스 배출이 증가한다.

[2] 점화시기가 빠르면

피스톤이 상사점에 도달하기 전에 점화가 일어나므로 피스톤 상승운동을 방해하며, 피스톤 헤드부에 강한 압력을 가하게 되는 결과를 초래하므로 크랭크축의 회전력과 혼합기의 폭발력이 강한 힘으로 서로 충돌하여 격렬한 충격음을 발생하는 노킹을 일으키므로 다음과 같은 영향을 미친다.

① 기관의 출력이 감소한다.
② 역화가 발생하기 쉽다.
③ 실린더 및 피스톤이 손상 또는 변형된다.
④ 커넥팅로드・크랭크축의 균열 및 변형이 발생한다.
⑤ 기관이 과열한다.

3.7.2. 타이밍라이트의 사용방법

[1] 측정 전 준비사항

① 기관 냉각수 온도를 80～90℃로 난기운전한다.

② 각종 등화장치 및 전장 부품은 OFF시킨다.

③ 변속레버 중립 및 주차 브레이크 레버를 당겨 제동을 한다.

④ 동력 조향식 차량은 조향핸들을 직진방향으로 한다.

[2] 초기 점화시기 점검

기관의 가동을 정지시킨 후 다음과 같이 배선한다.

(1) 3선식 타이밍라이트의 배선

① 적색 클립은 축전지 (+)단자에 흑색 클립은 (-)단자에 접속 또는 연결한다.

② 고압 픽업 클립을 제1번 실린더 고압 케이블에 설치한다. 픽업클립에 → 표시가 있는 경우에는 → 표시가 점화플러그 쪽으로 향하도록 설치한다.

(2) 4선식 타이밍라이트의 배선

① 적색 클립은 축전지 (+)단자에 흑색 클립은 (-)단자에 설치한다.

② 고압 픽업 클립을 제1번 실린더 고압케이블에 설치한다.

③ 녹색(또는 청색이나 황색) 클립은 점화코일 (-)단자에 연결한다.

[3] 점화시기 점검방법

① 노이즈 필터 커넥터 뒤쪽에서 페이퍼 클립(paper clip)을 끼운 후 리드 와이어를 사용하여 타코미터(tacho meter : 회전 속도계)를 연결한다. 이때 커넥터의 접속이 분리되어서는 안 된다.

② 공전속도를 점검한다.

표 현대 차량 초기 점화시기 및 공전속도

차 종	초기점화시기	공전속도	차 종	초기점화시기	공전속도
아반떼1.5 D	상사점전 9±5°	800±100rpm	소나타Ⅱ S	상사점전 5±1°	750±50rpm
아바떼1.8 D	상사점전 10±5°	800±100rpm	그랜저2.4 S	상사점전 5±2°	750±100rpm
소나타Ⅱ D	상사점전 5±2°	750±100rpm	그랜저2.0 D	상사점전 5±2°	750±100rpm

③ 기관의 시동을 정지시키고 리드 와이어를 점화시기 조정용 커넥터(EST CHECK)에 연결하고 다른 한쪽은 접지시킨다.

④ 기관을 시동한 후 공전상태에서 타이밍 라이트 스위치를 ON으로 하고 크랭크축 풀리와 타이밍벨트 커버의 타이밍마크에 비추어 발광(發光)에 의한 타이밍마크를 확인한다.

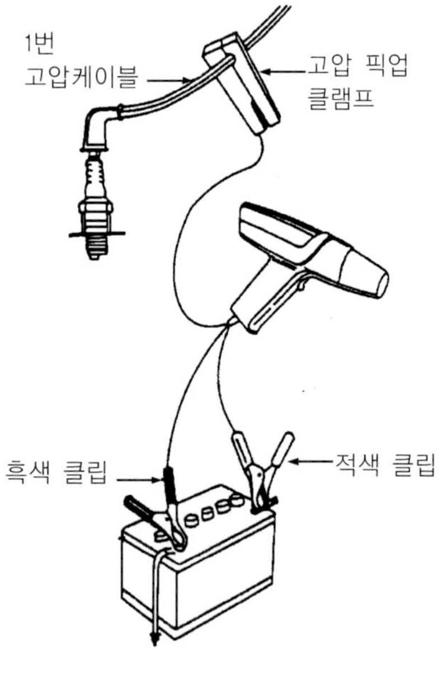

그림 45. 타이밍라이트 배선(3선식)

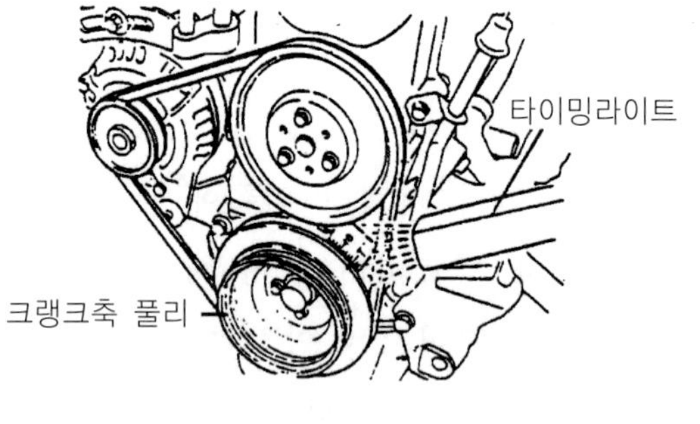

그림 46. 점화시기 점검

⑤ 점화시기가 규정값 범위에 있지 않으면 배전기 몸체 고정너트를 풀고 배전기 몸체를 좌우로 회전시켜 점화시기를 조정한다. SOHC기관은 배전기 몸체를 오른쪽으로 돌리면 점화시기가 늦어지고 왼쪽으로 돌리면 빨라진다. DOHC기관은 크랭크 각 센서를 오른쪽으로 돌리면 진각되고, 왼쪽으로 돌리면 지연된다. 조정 후에는 고정너트를 완전히 조인다.

⑥ 기관을 정지시킨 후 점화시기 조정용 커넥터에 연결하였던 리드 와이어를 분리한다.

⑦ 기관 시동을 다시 한 후 공회전 상태에서 실제 점화시기가 정확한지 점검한다.

⑧ 실제 점화시기는 컴퓨터(ECU)의 제어모드에 따라 변화할 수 있으므로 이때는 기본 점화시기를 재점검하여 변동이 없을 때에는 점화시기가 정상적인 것으로 판단한다.

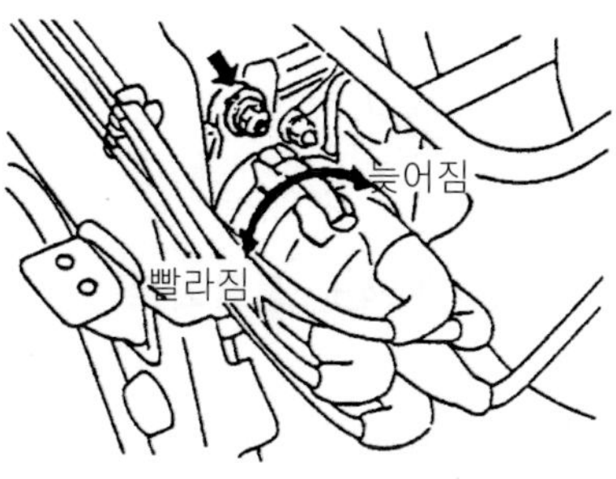

그림 47. 점화시기 조정

3.8. 점화회로 점검

점화회로는 회로시험기나 테스트램프를 이용하여 단자의 접속, 커넥터 접속상태와 단선 유무 등을 다음의 순서로 점검한다.

① 축전지 충전상태 및 단자 케이블의 접속 상태를 점검한다.

② 메인 퓨저블링크(50A)의 단자점검 및 축전지 (+)단자와의 접속 상태를 점검한다.

③ 서브 퓨저블링크(30A)의 단선을 점검한다.

④ 점화스위치의 AM, IG1 단자의 접속 상태 점검 및 커넥터를 점검한다.

⑤ 점화코일 1차 단자 커넥터의 접속 상태 및 고압케이블의 접속 상태를 점검한다.

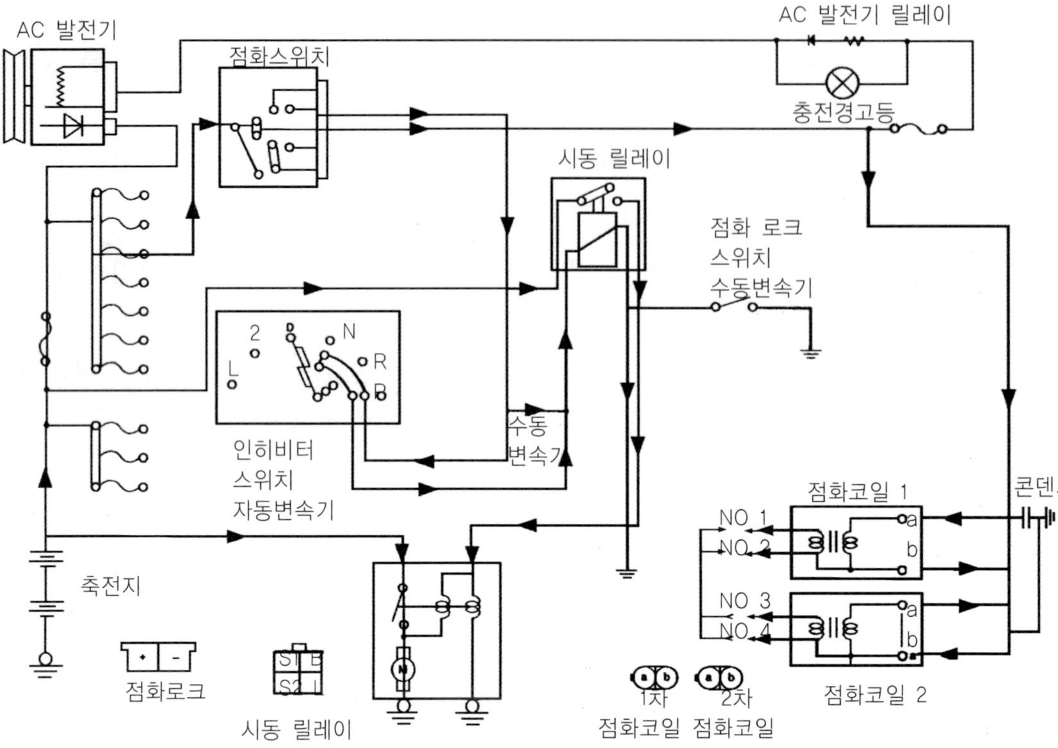

그림 48. 점화회로

⑥ 파워 트랜지스터의 커넥터 접속상태를 점검한다.

⑦ 배전기 커넥터 접속상태 및 로터, 배전기 캡 등을 점검한다.

⑧ 점화순서 확인 및 고압케이블의 접속상태를 점검한다.

⑨ 점화플러그 열값을 확인 및 점화플러그 간극(1.0~1.1mm 정도)을 점검한다.

3.9. 점화파형 점검

3.9.1. 점화 1차 파형

점화 1차 파형을 측정할 수 있도록 해당 측정단자를 점화코일 (-)단자에 연결하고 전류계를 점화코일 (+)단자 부분에 연결하고 파워 TR 베이스단자에 측정 케이블을 연결한 다음 전압과 시간을 조정하여 파형을 보기 좋게 조정하여 파형을 측정하여 파형을 분석한다.

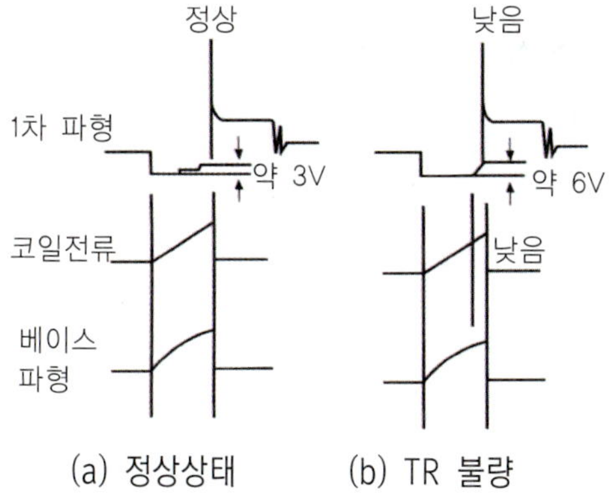

그림 49. 점화파형 분석

그림 50. 점화 1차 파형측정

[1] 점화 1차회로 드웰구간

드웰구간 중 파워 TR ON구간에서 OFF될 때까지 일정한 기울기를 갖게 되는데 이는 파워 TR 내부의 전압강하(약 0.7V 정도)로 인해 나타나는 현상으로 만약 1V 이상으로 된다면 파워 TR의 불량으로 볼 수 있다.

[2] 점화 1차회로 불꽃방전

불꽃방전은 엔진이 회전하여 파워 TR이 OFF되면 1차 코일에 기전력이 발생되어 전류가 흐르게 되는데 이때 전압은 1차 전압이 300~500V 정도가 발생한다.

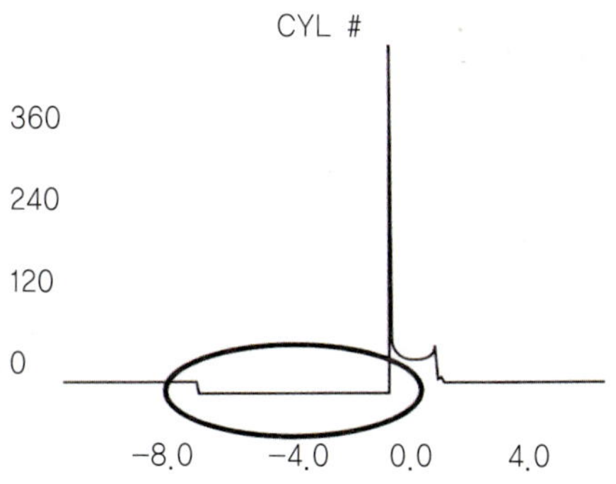

그림 51. 드웰구간

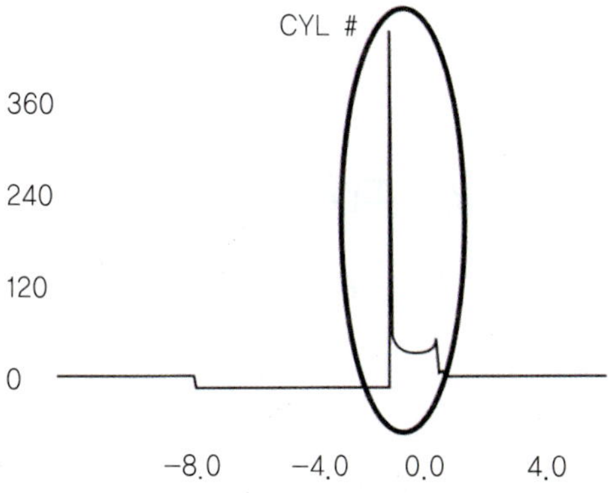

그림 52. 불꽃방전

발생된 전압은 점화플러그를 통해 불꽃이 방전을 시작하게 되는데 엔진이 공회전일 경우에는 약 1.2~1.3ms 정도가 되며 엔진이 부하상태에서 고속회전할 경우에는 점화전압은 높아지고 점화방전 시간은 짧아지게 된다.

불꽃방전에 영향을 미치는 원인은 점화플러그 및 연소상태 또는 공연비상태, 전압의 용량이 결정적 영향을 미치게 된다.

[3] 점화 1차회로 코일의 충·방전상태

코일의 충·방전상태는 점화방전 시간 종료 후 코일 내부에 있던 잔류 에너지가 방전되는 과정을 나타내고 있으며 약 2~3회 정도의 진동을 나타내며 1차 코일의 저항이 큰 것일수록 내부에너지가 방전되는데 시간이 걸리게 되며 약 4~6회 정도의 진동을 나타나게 된다. 진동이 없으면 내부 코일의 단락으로 볼 수 있다.

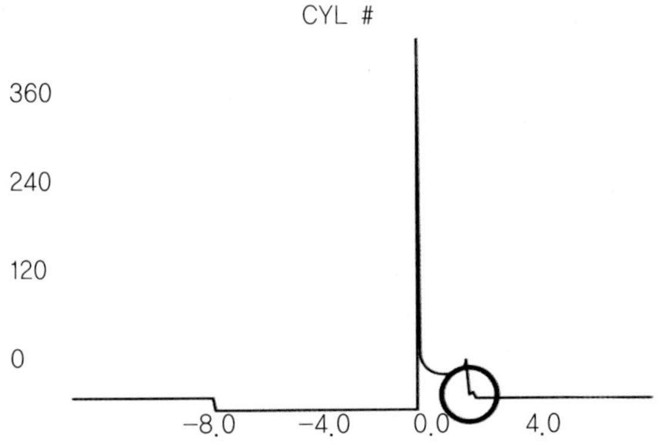

「그림」 53. 충·방전상태

3.9.2. 점화 2차 파형

점화 1차 전류가 정상인데도 차량의 이상이 점화장치의 문제라고 나왔다면 이때 점화 2차 파형으로는 점화 2차 코일의 상태, 고압선, 점화플러그의 상태, 고속으로 올려서 봤을 때는 혼합기의 희박 등을 할 수 있다.

점화전압은 엔진스코프에 의해 kV로 측정된다. 점화전압은 다음 표와 같은 요인에 의하여 변하며 점화전압의 절대치에 대한 것이 목적이 아니며 다만 모든 실린더의 점화전압이 일치해야 하는 것은 점화전압이 규정치 이내여야 하는 것보다 더 중요하다.

현재 국내 차량의 점화전압은 9~17kV 이내이며 3~4kV 정도의 차이가 있으면 개별 실린더의 고장으로 판단해도 무방하다.

점화전압이 결정되는 요인	점화 전압	
	높다	낮다
전극 간극	크다	작다
압축	높다	낮다
혼합비	희박	농후
전극 온도	낮다	높다
전극 형상	둥그스름하다	날카롭다
점화 시기	늦다	빠르다

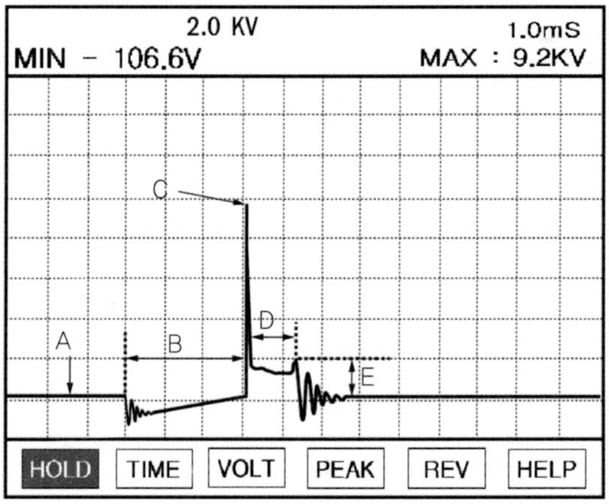

그림 54. 점화 2차 파형

① A : 배터리 전압(발전기 출력전압)

② B : 파워 TR ON-OFF, 1차 전류 흐르는 기간(Dwell)으로 보통 3~5ms

③ C : 점화전압 측정값(자기유도 전압, 피크전압, 서지전압 이라고도 함)으로 보통 7~13kV, 기통 간 차이는 4kV 이하, 코일 고압선에서 방전까지 저항이 많이 걸리면 전압은 높아지므로 고압선, 점화플러그, 로터, 캡, 연소상태에 불량이 있다.

④ D : 방전시간(연소시간)으로 보통 1.1~1.6ms로 연소실에서 불꽃이 전파되며 연소가 진행되는 구간

⑤ E : 방전전압(접지 전압)으로 코일의 잔여 에너지가 대기 중에 열로 방출되는 구간으로 보통 1~2kV

Chapter

6

등화장치
(Lighting System)

1 등화장치의 개요

등화장치는 차의 앞, 뒤, 옆면에서 조명 또는 신호를 제공하기 위한 용도로 장착되는 장치로서, 기능과 형태에 따라 다양한 등화장치가 장착되고 있다. 최근 광원(전구, LED)의 발전에 따라 자동차 디자인도 변화하고 있다.

자동차에 장착되고 있는 등화장치는 크게 두 가지 형태로 크게 분류할 수 있는데, 첫 번째로 야간운전 시 도로를 비추는 조명용 등화장치인 전조등, 앞면 안개등, 코너링 조명등, 후퇴등이 있다. 그리고 두 번째로 자동차의 방향전환, 정지등(브레이크)과 같은 신호제공 또는 위치를 알려주는 등화장치인 후미등, 제동등, 보조제동등, 차폭등, 방향지시등, 주간 주행등, 번호등, 후부반사기, 후부반사판, 뒷면 안개등, 바닥조명등이 있다.

표 자동차 등화장치의 종류

구 분	명 칭	주요기능
조명용	전조등(headlight)	• 상향등(high beam) : 원거리 조명 • 하향등(low beam) : 근거리 조명
	후퇴등(backward light)	후진 시에 후방 조명
	안개등(fog light)	비정상 기후(안개, 눈, 비)
	실내등(room lamp)	차 실내조명
신호용	제동등(brake lamp)	주 제동장치 작동 중임을 알림
	방향지시등(turm signal lamp)	선회방향을 알림
	비상등(emergency lamp)	비상상태, 또는 경고의 표시
외부표시용	차폭등(side lamp)	차체 폭 표시
	차고등(height lamp)	차체 높이 표시
	후미등(tail lamp)	차체 후방임을 표시
	번호판 등(license plate lamp)	번호판 조명
	주차등(parking lamp)	주차 중임을 표시

2 등화장치의 구성

2.1. 미등 및 번호등

저녁에 또는 안개가 끼거나 비 또는 눈이 올 때, 도로에서 차를 운행하거나 터널 안을 운행하거나 터널 안 도로에서 고장이나 그 밖의 부득이한 사유로 차를 정차 또는 주차하는 경우 켜야 하며, 미등 작동 시에는 번호등도 함께 작동된다.

(a)

(b)

그림 1. 미등 및 번호등

2.1.1. 미등회로 작동 시

미등작동은 라이트 스위치 ①을 작동하면 라이트 스위치에 와 있던 전원이 접지가 되어 미등 릴레이 ②가 작동하고 릴레이 접점 ③이 붙어 30번 단자에 와있던 상시 전원이 87단자로 흘러 좌우측의 미등전구에 전원을 공급하게 되어 미등 및 번호등이 작동하게 된다.

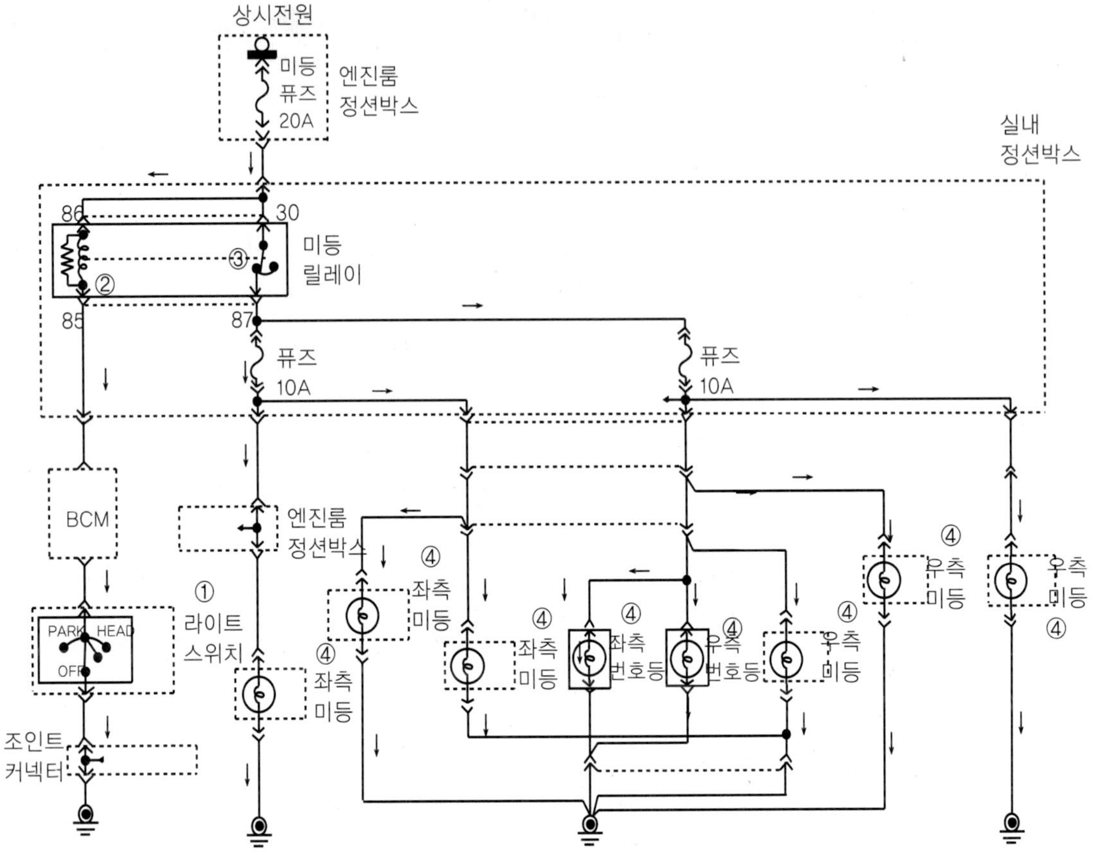

『그림』 2. 미등회로 작동 시

2.1.2. 미등 자동소등 제어의 개요

미등 자동소등 제어는 점화키 ON 후 미등을 ON한 경우 점화키가 OFF되고 운전석 도어가 열리면 미등을 자동으로 소등시켜 운전자 실수에 의한 배터리 방전을 방지하는 기능이다.

2.1.3. 미등 자동소등 제어의 타임차트

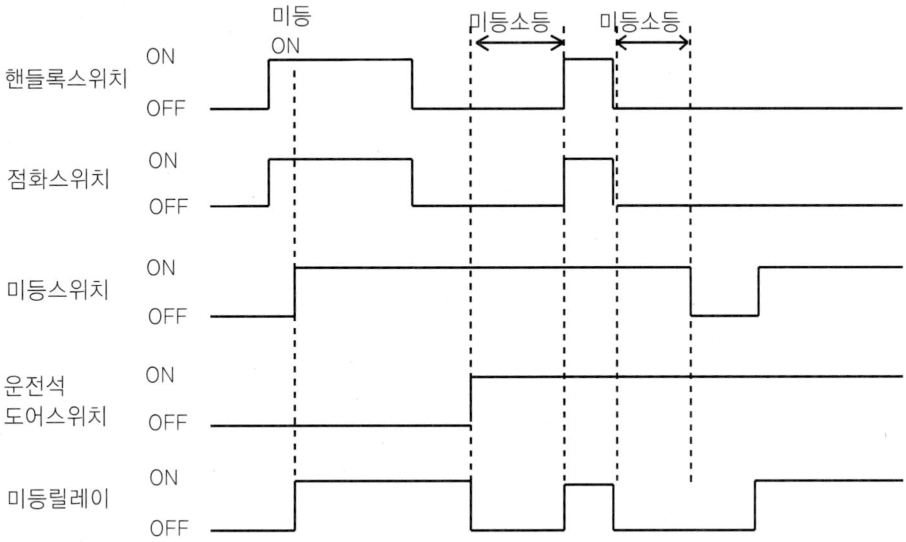

「그림」 3. 미등 자동소등 제어의 타임차트

2.1.4. 미등 자동소등 제어 다이어그램

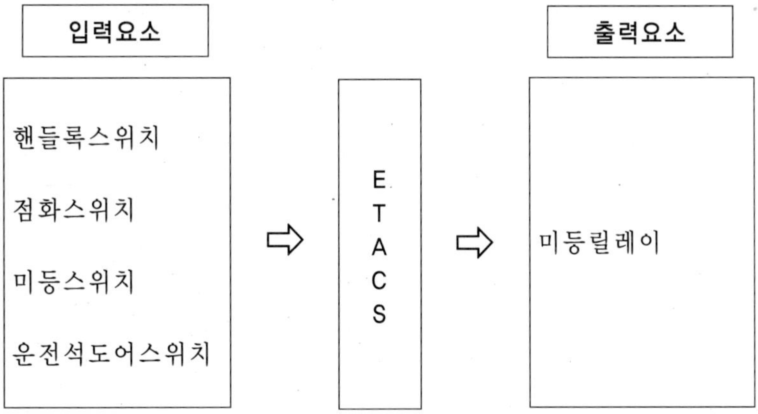

2.1.5. 미등 자동소등제어의 작동회로도

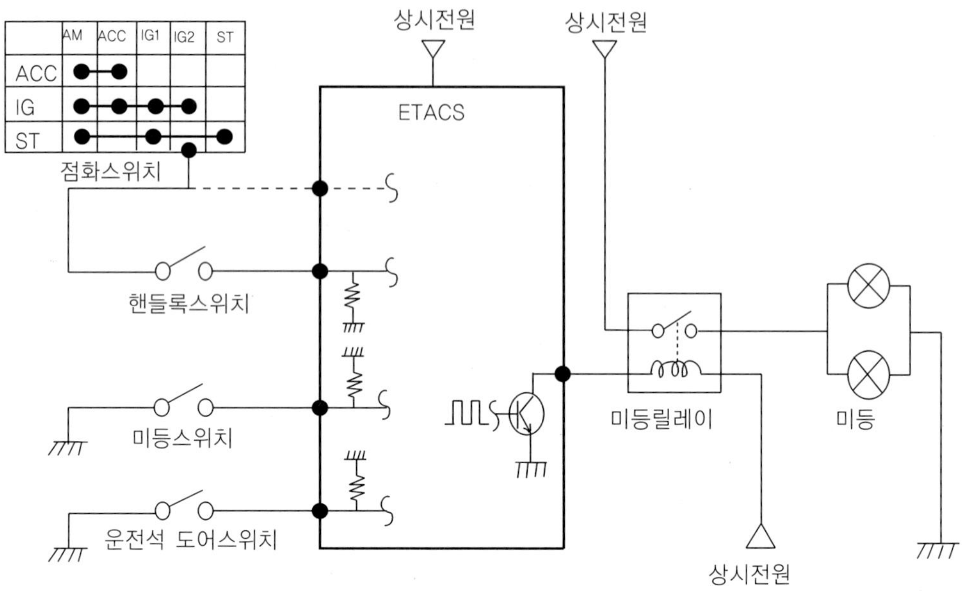

그림 4. 미등 자동소등제어의 작동회로도

2.1.6. 입·출력요소 단자특성

입·출력요소		전압레벨	
입력	핸들록 스위치	키삽입	12V
		키탈거	0V
	미등스위치	OFF	5V
		ON	0V
출력	미등릴레이	점등 시	0V(접지시킴)
		소등 시	12V(접지해제)

2.1.7. 미등 및 번호등 회로의 고장점검

회로시험기 또는 테스트램프를 사용하여 배선의 접속상태와 회로의 전원 공급상태, 접지상태, 회로의 단선에 대하여 점검한다.

① 점화스위치를 ON시킨다.

② 전조등 스위치 레버를 1단으로 돌려 미등 및 번호등을 작동 시켜 본다.

- 축전지 전압점검, 축전지 단자 연결상태 점검
- → 메인퓨즈(50A) 단선점검 축전지 (+)터미널 연결상태 점검
- → 서브 퓨저블 링크 퓨즈(30) 단선 및 접촉상태 점검
- → 미등스위치(전조등 스위치 1단) 및 커넥터 접촉상태 점검
- 미등 릴레이 및 소켓 접촉상태 점검
- → 퓨즈박스 내 미등(좌, 우) 퓨즈 단선 및 접촉상태 점검
- → 미등 전구 및 번호등 단선 점검 및 커넥터 접촉상태 점검

그림 5. 미등작동

그림 6. 미등 및 번호등 작동상태 확인

③ 미등과 번호등 모두 점등되지 않는다.

㉮ 축전지의 충전상태 및 터미널 연결 상태가 불량한지 점검한다.

㉯ 콤비네이션 스위치 점검 및 커넥터 연결 상태를 점검한다.

㉰ 퓨즈 및 릴레이 점검을 한다.

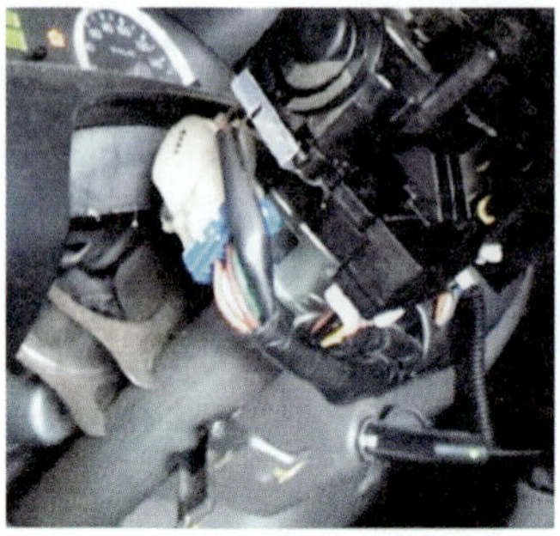

그림 7. 콤비네이션 스위치 커넥터 확인

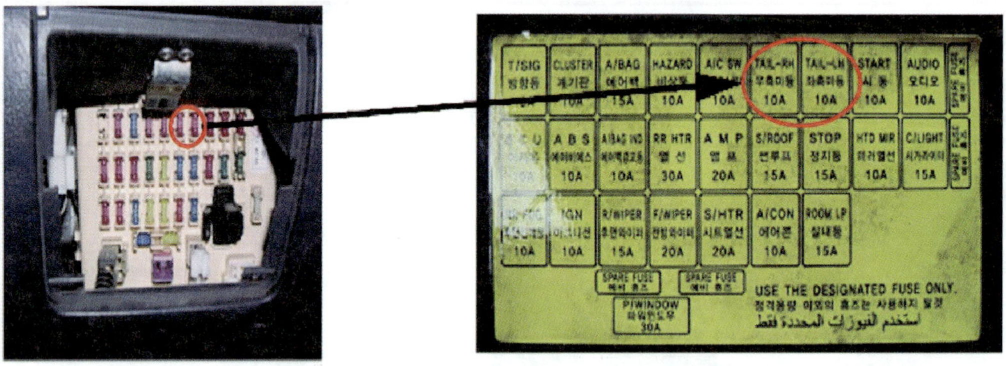

그림 8. 실내 정션박스 앞면 미등 퓨즈 점검

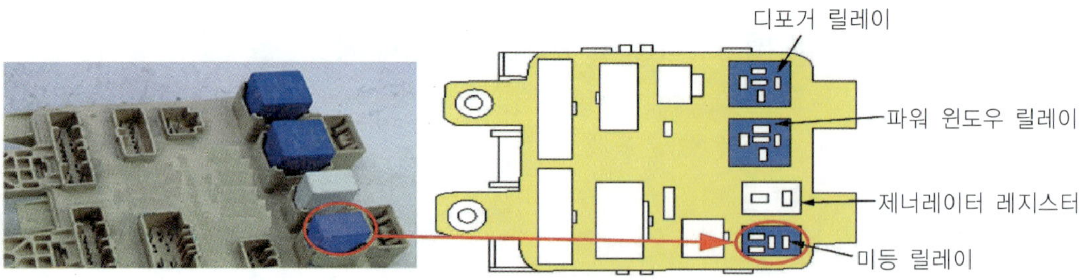

그림 9. 실내 정션박스 뒷면 미등 릴레이 점검

㉣ 접지상태 및 미등 커넥터 및 미등 전구의 손상여부를 점검한다.

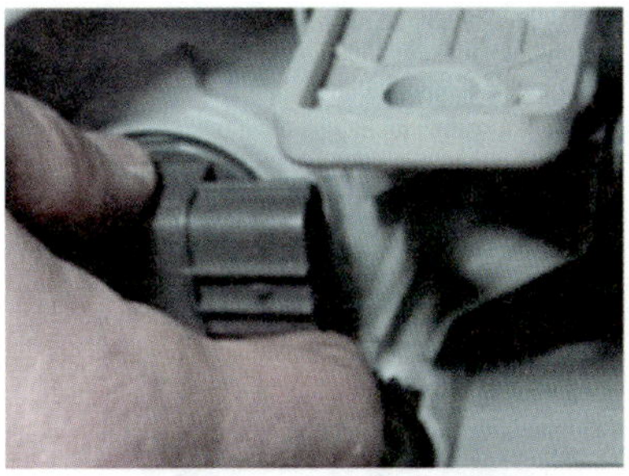

그림 10. 미등 커넥터 연결상태 확인

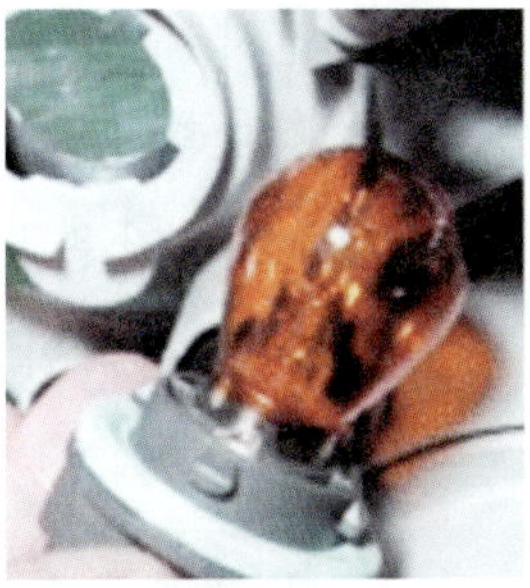

그림 11. 미등 전구상태 확인

④ 미등은 점등되나 번호등이 점등되지 않을 때는 번호등 커넥터 및 전구상태, 접지 상태를 점검한다.

⑤ 미등 일부만 점등되지 않으면 점등되지 않는 커넥터 및 전구손상 여부를 점검한다.

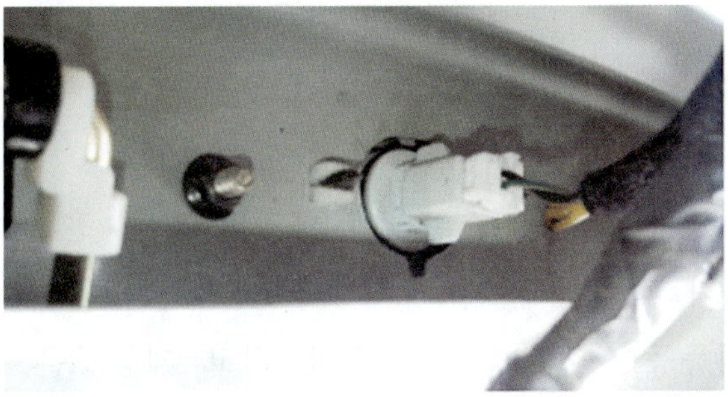

그림 12. 번호등 커넥터 및 전구상태 확인

2.2. 제동등

자동차에 설치되어 있는 등화장치의 전구들은 각자의 역할이 있기에 하나하나 모두 소중하지만, 그중에서도 특히 중요한 전구가 브레이크 등이다. 사람의 눈으로 식별 가능한 가시광선 영역 대에서는 붉은색이 가장 파장이 길기 때문에 멀리서도 확인이 가능한 붉은색이 사용되고 있다. 뒤차의 운전자에게 내 차의 정지 상태를 알려 추돌 상황을 방지하는 역할을 하기 때문인데, 브레이크 등은 운전자가 스스로 관심을 가지지 않으면 불이 들어오는지 안 들어오는지 알 수가 없다. 실제로 야간에 지나가는 차들을 유심히 살펴보면 한쪽 브레이크 등이 나간 상태로 운행하는 차들을 쉽게 볼 수 있다.

브레이크 등이 안 들어오거나 한쪽만 들어오는 상황은 뒤차의 운전자가 브레이크 밟는 타이밍을 지연시켜 사고를 유발하므로 각별히 주의해야 한다.

제동등은 주야간 모두 브레이크 페달을 밟는 순간 페달의 작동 또는 유압에 의하여 점등되는 적색등으로서 전구는 보통 후미등과 겸용을 사용하고 있으며, 필라멘트가 2개 설치된 더블 필라멘트 형식이며 제동등 전구는 15~30W 정도이다.

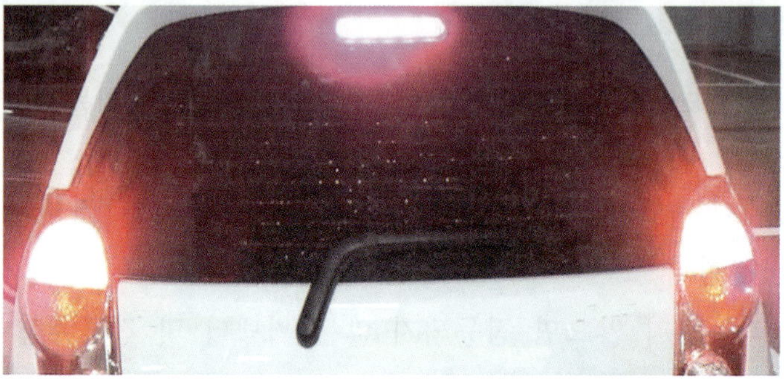

그림 13. 제동등

2.2.1. 제동등 회로 작동 시

제동등의 작동은 평상시 정지등 스위치에 와있던 작동 전원이 브레이크 페달을 밟으므로 제동등 스위치가 작동하게 되고 제동등 스위치에 와있던 상시전원이 뒤 좌우 콤비네이션 램프의 제동등에 전원을 공급하게 되고 제동등은 상시 작동전원에 의해 제동등은 작동하게 된다. 정지등 스위치 ㅁ는 브레이크 페달을 밟으면 close가 되고 정지등 스위치 Ⓑ는 open이 된다.

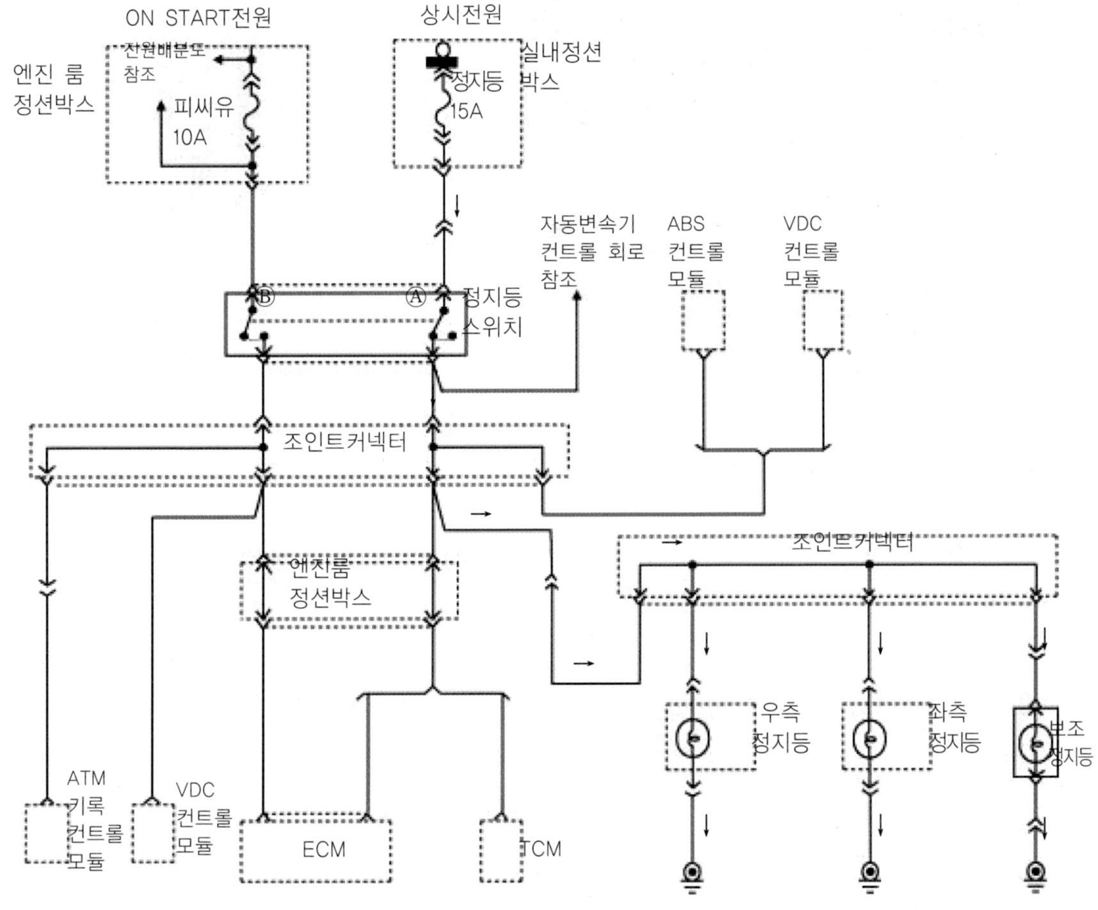

「그림」 14. 제동등 작동 시

2.2.2. 제동등 스위치

브레이크 페달에 의해 ON, OFF되는 스위치이다. 브레이크 페달을 밟으면 페달에 눌려 있던 스위치 푸시로드가 해방되기 때문에 접점이 연결되어 제동등을 점등하고 브레이크 페달을 놓으면 푸시로드가 눌려 접점이 차단되어 제동등이 소등된다.

그림 15. 제동등 스위치 설치 위치

그림 16. 제동등 스위치

2.2.3. 제동등 교환

① 차량을 평탄한 곳에 주차시키고 트렁크 리드를 열어 드라이버를 사용하여 콤비네이션 램프 고정 피스를 탈거한다.

② 콤비네이션 램프를 탈거한다. 콤비네이션 램프는 키 형태로 홈(쿼터 패널에 꼽혀있는 조립키에 의해)에 박혀 있으므로 고정 피스를 탈거하여도 떨어지지 않으며 램프를 잡아당겨 탈거하며, 차종에 따라 고정 볼트를 탈거한 후 램프를 좌 또는 우측으로 밀어 키를 분해하여 탈거하는 경우도 있다.

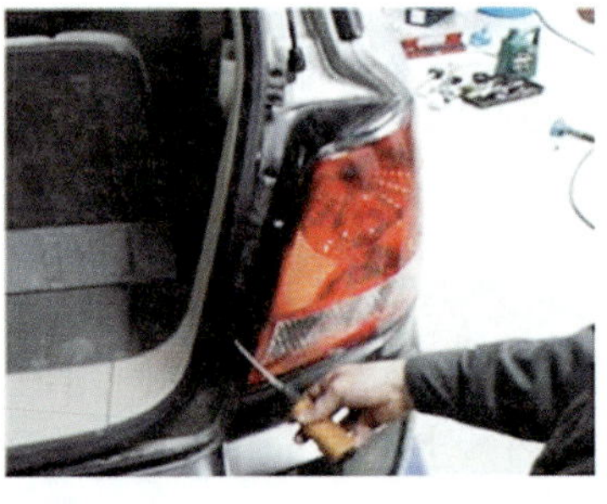

그림 17. 고정 피스 탈거

그림 18. 콤비네이션 램프 탈거

③ 제동등 소켓을 회전시켜 탈거한다.

④ 제동등을 커넥터에서 분리시키고 신품으로 교환한다. 일반적으로 후미등과 제동등은 더블전구를 사용하므로 전구의 조립방향에 주의한다.

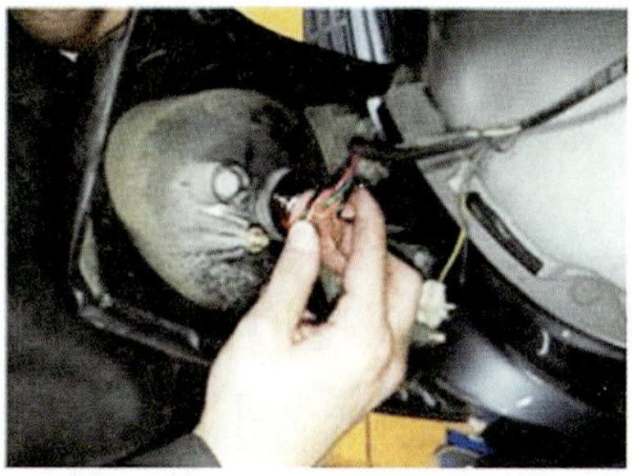

그림 19. 소켓 탈거

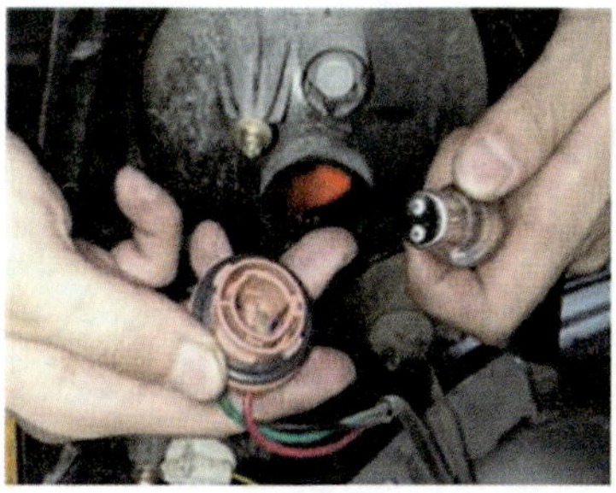

그림 20. 제동등 교환

⑤ 콤비네이션 램프 키 홈을 일치시킨다.

⑥ 콤비네이션 램프를 끼운다.

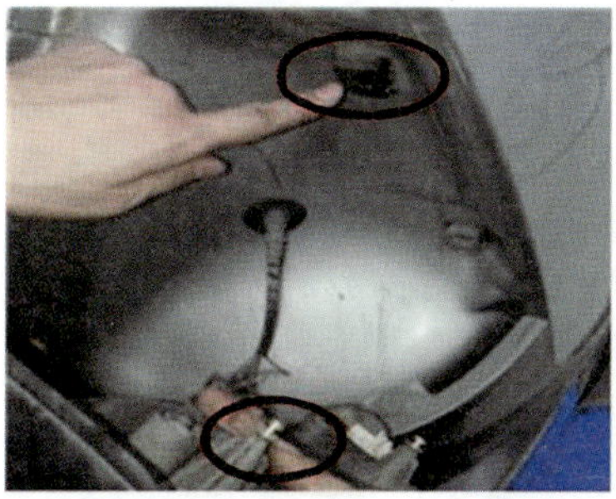

그림 21. 키 홈 일치

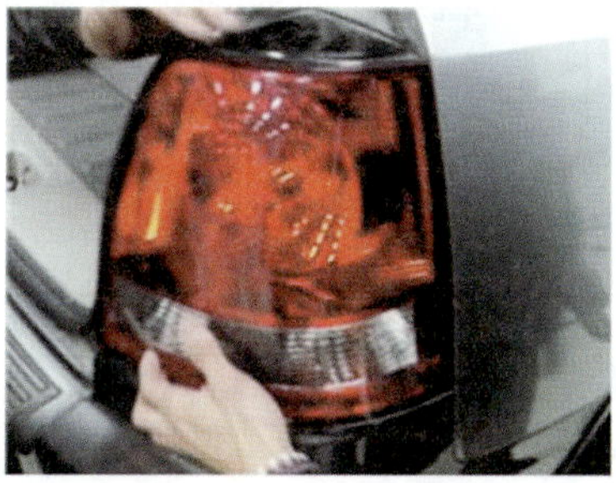

그림 22. 콤비네이션 램프 설치

⑦ 공구를 사용하여 콤비네이션 램프 고정 피스를 체결한다.

⑧ 조립이 끝나면 브레이크 페달을 밟아 정상적으로 제동등이 점등되는지 확인한다. 미등 S/W를 작동 시켜 후미등 점등 상태도 확인한다.

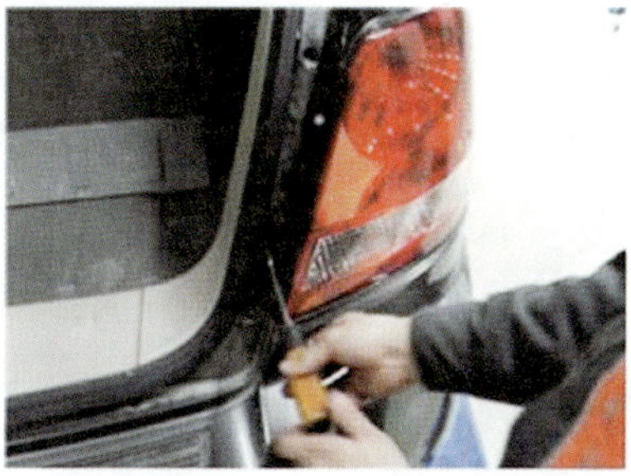

그림 23. 고정피스 체결

그림 24. 작동상태 확인

2.2.4. 제동등 스위치 점검

[1] 점검(1)

제동등 스위치는 브레이크 페달과 연결되어 있고 퓨즈 및 전구에는 이상이 없는데 제동등이 켜지지 않을 때는 제동등 스위치에 있는 배선 커넥터를 빼내어 짧은 전선을 이용하여 커넥터 내의 두 개의 단자에 직결시킨다. 이때 제동등이 점등되면 제동등 스위치 불량이므로 제동등 스위치를 교환한다.

[2] 점검(2)

회로시험기를 이용하여 브레이크 페달을 밟으면 페달에 눌려 있던 스위치 푸시로드가 해방되기 때문에 ①과 ②의 접점이 연결되어 통전이 되고 브레이크 페달을 놓으면 푸시로드가 눌러 ①과 ②의 접점이 차단되어 통전이 안 되어야 한다. 통전여부 점검 시 둘 다 통전이 안 되거나 둘 다 통전이 되면 제동등 스위치를 교환한다.

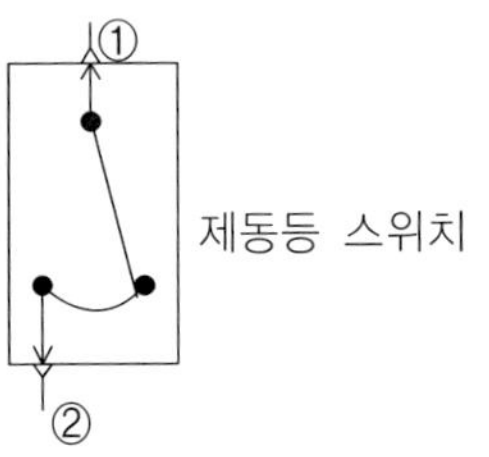

그림 25. 제동등 스위치 회로

2.2.5. 제동등 회로 점검

회로시험기 또는 테스트 램프를 사용하여 배선의 접속 상태와 회로의 접지상태, 회로의 단선에 대하여 점검한다.

배터리 전압점검 단자 연결 상태 점검 → 메인퓨즈(50A) 단선점검 및 배터리 (+)단자 연결 상태 점검

→ 퓨저블링크 퓨즈(50A, 30A)단선 및 접촉상태 점검 → 퓨즈박스 내 제동등 퓨즈 단선 점검

→ 제동등 스위치 작동상태 점검, 커넥터 접촉상태 점검 → 제동등 전구(램프)단선 및 커넥터 접촉상태 점검

① 브레이크를 밟아 제동등 작동상태를 점검한다.

그림 26. 제동등(브레이크등) 작동

② 제동등이 전부 작동을 하지 않을 때

㉮ 배터리 충전상태 및 터미널 연결 상태를 점검한다.

㉯ 메인퓨즈 및 제동등 관련 퓨즈를 점검한다.

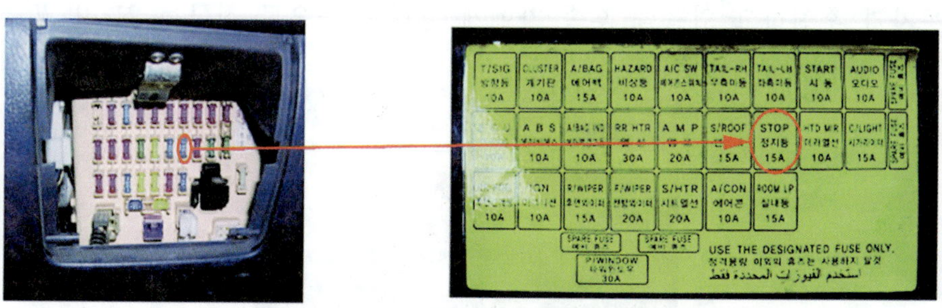

그림 27. 실내 정션 퓨즈박스에서 제동등 관련 퓨즈 위치

㉰ 제동등 전구 및 접지 상태를 점검한다.

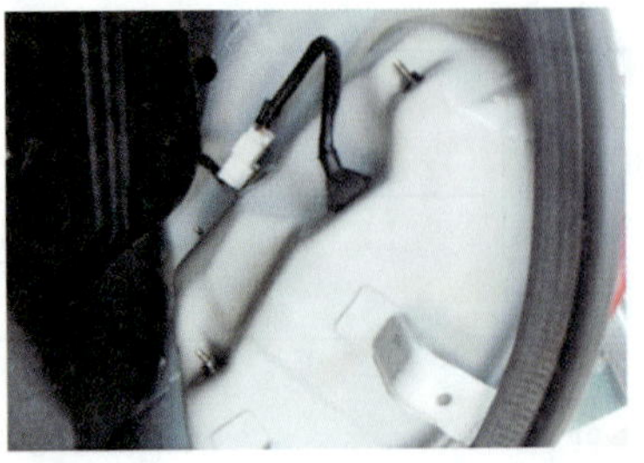

그림 28. 제동등 커넥터 점검

㉱ 제동등 커넥터를 점검한다.

㉲ 제동등 스위치(브레이크 스위치)를 점검한다.

그림 29. 제동등 전구점검

그림 30. 제동등 스위치 점검

2.3. 후진등

수동변속기 레버를 후진(R)위치로 하였을 때, 자동변속기 차량의 경우에는 인히비터 스위치가 R레인지 위치를 검출해서 점등되는 후진 방향의 조명등이다. 후퇴등이라고도 한다. 자동차가 후진하고 있음을 후속 차에게 알리는 등으로 전구는 21~27W 정도이다.

그림 31. 후진등

2.3.1. 후진등 회로 작동 시

평상시에 후진등 스위치에 와있던 작동 전원이 변속레버를 후진으로 하면 후진등 스위치가 작동하게 되고 후진등 스위치에 있던 상시전원은 뒤 좌우 콤비네이션 램프의 후진등에 전원을 공급하게 되고 후진등은 상시접지와 작동 전원에 의해 후진등은 작동하게 된다.

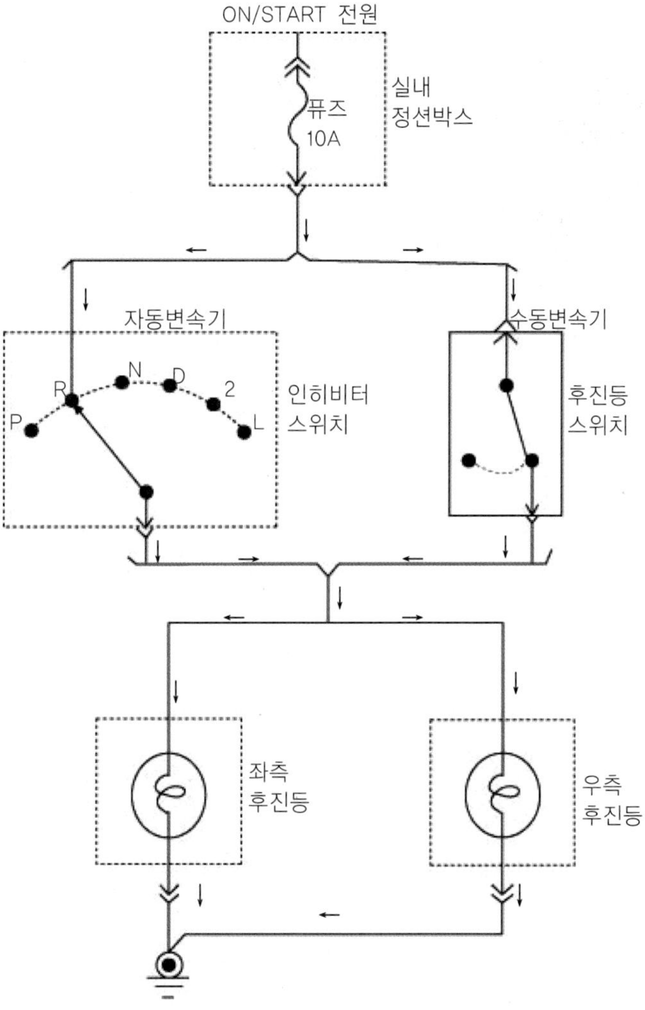

「그림」 32. 후진등 작동 시

2.3.2. 후진등 스위치 점검

[1] 수동변속기

후진등 스위치는 스위치 내부의 접점상태를 점검한다. 회로시험기를 이용하여 후진등 스위치를 후진위치에 놓고 ①과 ②의 통전여부를 점검한다. 통전여부를 점검한 후 통전이 불량이면 후진등 스위치를 교환한다.

그림 33. M/T 후진등 스위치

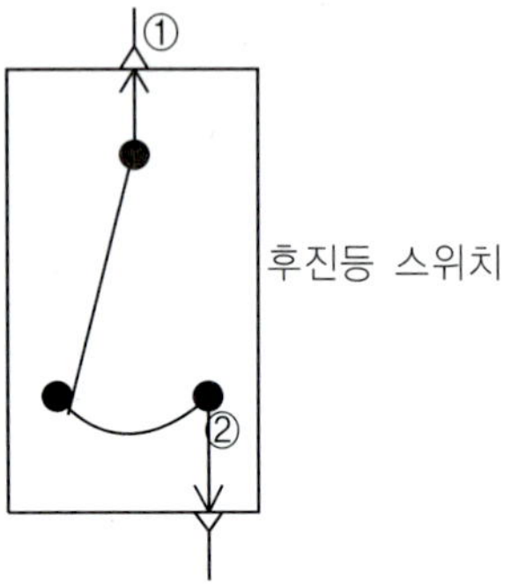

그림 34. M/T 후진등 스위치 점검

[2] 자동변속기

회로시험기를 이용하여 인히비터 스위치를 후진(R) 위치에 놓고 7번 단자와 8번 단자의 통전여부를 점검한다.

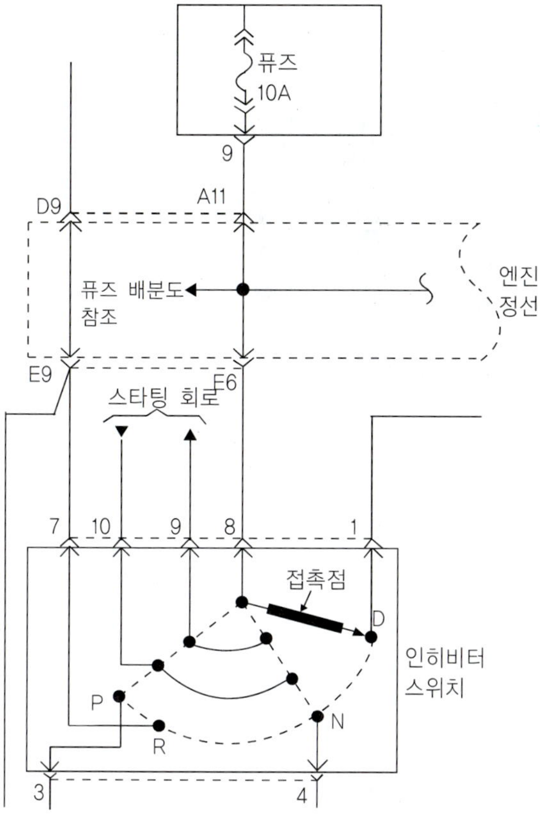

그림 35. 인히비터 스위치 회로도 및 인히비터 스위치

통전여부를 점검한 후 통전이 불량이면 인히비터 스위치를 교환한다.

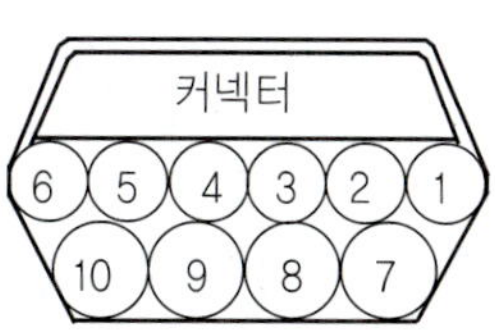

항 목	단자번호									
	1	2	3	4	5	6	7	8	9	10
P			●	—	—	—	—	●	●	●
R							●	●		
N				●	—	—	—	●	●	●
D	●	—	—	—	—	—	—	●		

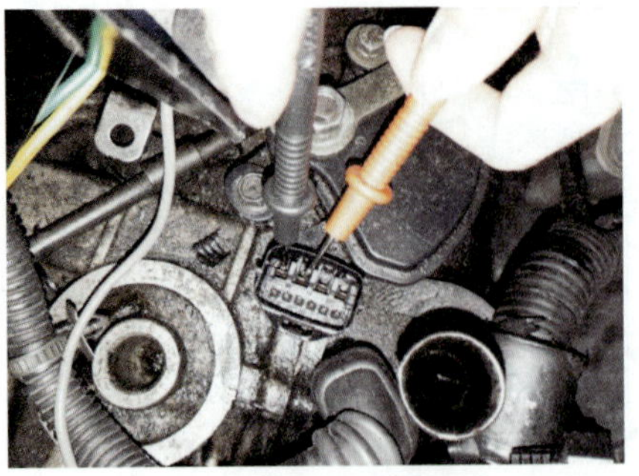

그림 36. 인히비터 스위치 점검

2.3.3. 후진등 회로점검

① 퓨즈의 상태를 점검한다.
② 후진등 회로의 단락 또는 단선 및 커넥터 연결 상태를 점검한다.
③ 후진등 스위치에서 전원 공급단자에 전원공급 여부를 전구 시험기 또는 회로시험기로 점검한다.
④ 후진등 스위치의 통전 여부를 점검한다.
⑤ 좌·우 후진등 단선상태 및 접촉상태를 점검한다.

2.4. 방향지시등

방향지시등은 자동차의 진행방향을 바꿀 때 사용하는 것이며 플래셔 유닛(flasher unit)을 사용하여 램프에 흐르는 전류를 일정한 주기(자동차 안전기준상 매분당 60회 이상 120회 이하)로 단속·점멸하여 전구를 점멸시키거나 광도를 증감시킨다. 또 긴급 정차 시에 전후, 좌우 모든 램프 점멸로 긴급 상황을 경고하는 비상 경고등 기능이 있다.

요즘 출시되는 차량에는 원터치 트리플 턴 시그널(레인 체인지 플래시)이 장착되는데, 방향지시등 레버를 가볍게 터치만 하고 차선변경을 하면, 따로 레버작동을 하지 않아도, 방향지시등이 3회 점멸한 후 자동 소등되는 기능이다. 기존 턴 시그널램프의 경우, 좌회전 혹은 우회전하는 경우에는 스티어링 휠이 정상위치로 풀리면서 자동으로 소등되지만, 차선변경과 같이 스티어링 휠의 작동범위가 작을 경우에는 자동 소등되지 않는 경우가 흔하다. 이럴 때 유용하게 사용할 수 있는 옵션이다. 원터치 트리플 턴 시그널은 릴레이가 아닌 플래셔 모듈로 릴레이 소리를 스피커를 통해 전자음으로 바꿔준다.

그림 37. 방향지시등

2.4.1. 방향지시등 회로 작동 시

방향지시등 스위치를 작동하면 방향지시등 스위치까지 와있던 접지(해당 방향의 작동 등의 필라멘트를 걸쳐서 오는 접지)에 의해 방향지시등 릴레이 L단자에 알려주게 된다. 이에 의해 방향지시등 릴레이 내에 있는 솔레노이드를 작동하고 작동에 의해 접점이 붙어 IG1전원이 좌측 또는 우측의 방향지시등 전구에 전원을 공급하게 되어 방향지시등을 작동하게 된다.

방향지시등 릴레이 코일 컨트롤단자에는 작동 전원이 입력되면 방향지시등 릴레이 내부회로의 작동에 의해 작동하고 있던 방향지시등 코일을 작동하지 않도록 전원을 차단하게 되고 코일의 작동이 멈춤으로 연결되었던 접점이 끊어지게 된다. 접점이 끊어지게 되면 다시 방향지시등 L단자에 접지가 공급되어 다시 릴레이 내에 있는 솔레노이드가 작동한다. 이런 원리에 의해 방향지시등은 점멸하게 된다.

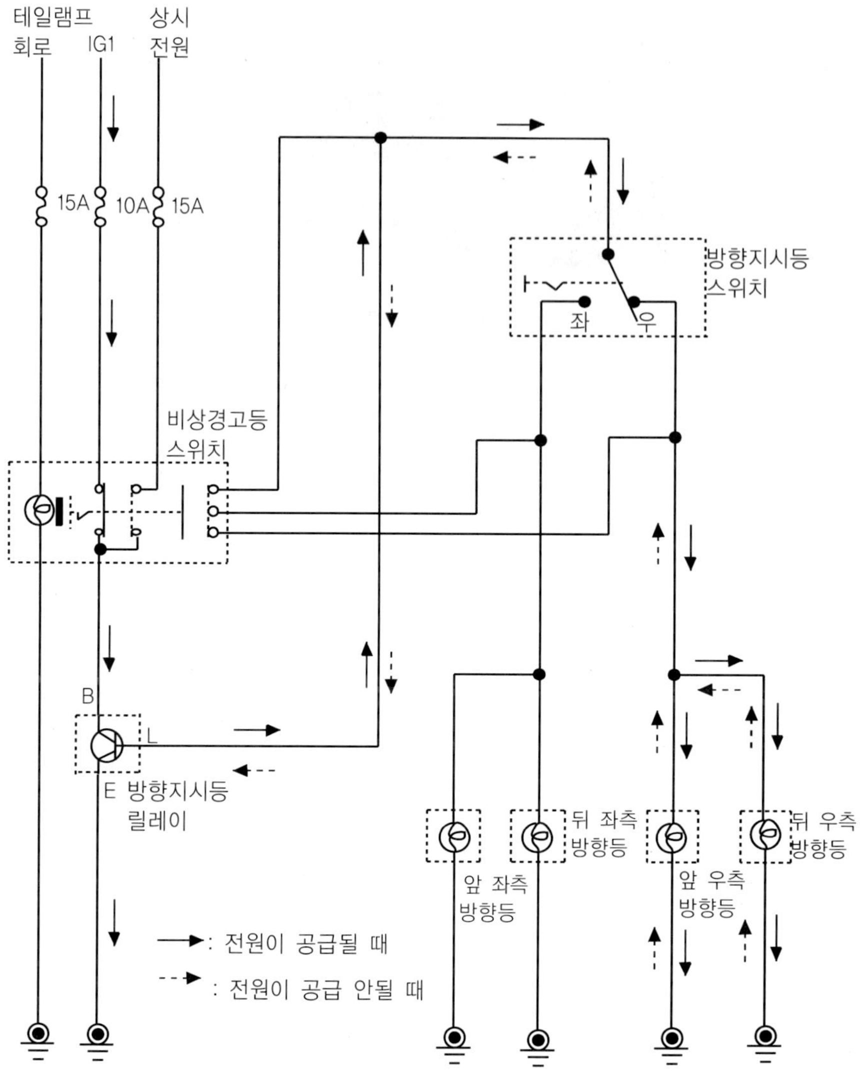

그림 38. 방향지시등 작동 시

2.4.2. 비상 경고등 작동

비상 경고등 스위치를 작동하면 먼저 키 ON에 관계없이 비상 경고등은 작동하므로 비상 경고등 스위치에 의해 상시전원이 방향지시등 릴레이에 전원을 공급이 된 상태에서 전원공급용의 스위치와 다른 비상 경고등 스위치 즉, 비상 경고등 전구를 작동시키는 스위치에 와있던 접지(양쪽 방향의 작동 등의 필라멘트를 거쳐서 오는 접지)에 의해 방향지시등 릴레이의 L단자 코일 컨트롤 단자로 신호를 알려주게 된다.

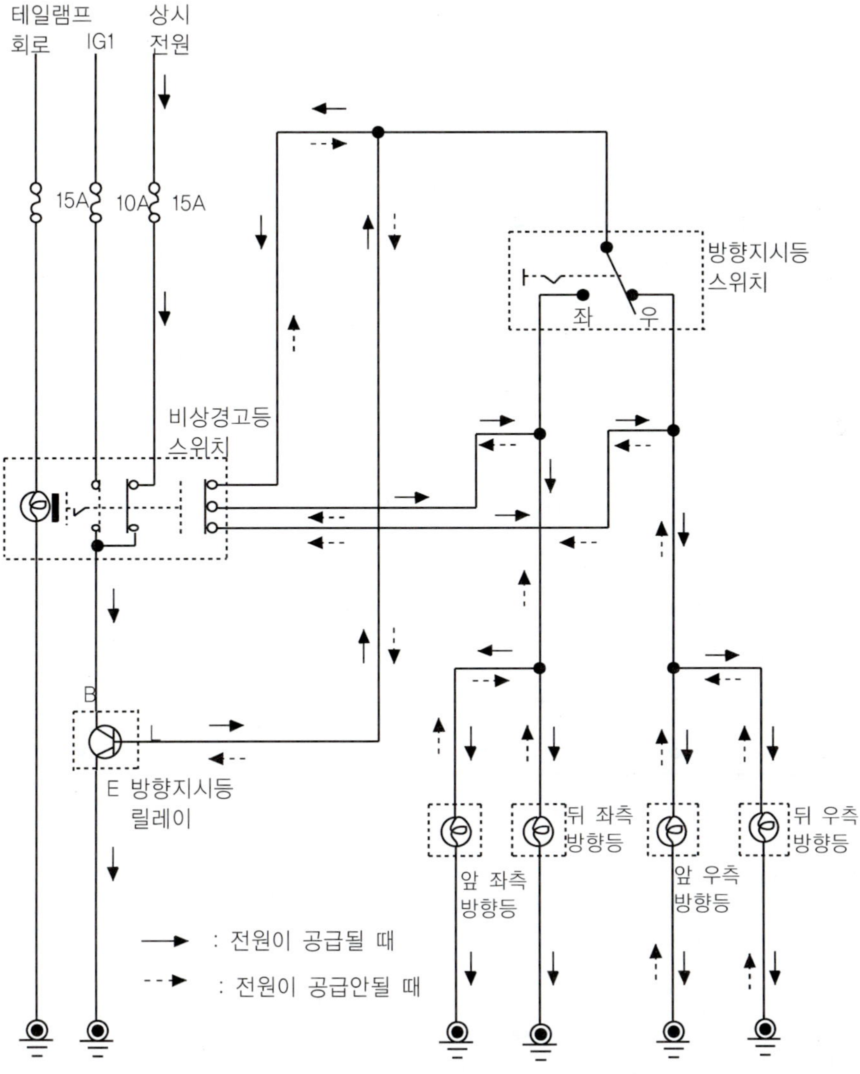

그림 39. 비상 경고등 작동 시

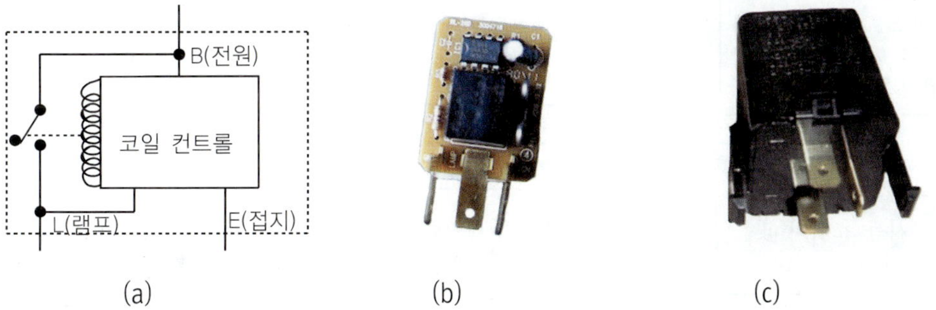

그림 40. 방향지시등 릴레이

이에 의해 방향지시등 릴레이는 유닛 내에 있는 솔레노이드를 작동하고 작동에 의해 접점이 붙여 상시전원이 비상 경고등 스위치의 좌・우측의 방향지시등 전구에 전원을 공급하게 되어 방향지시등이 작동하게 된다.

2.4.3. 방향지시등 및 비상등 스위치

스위치를 작동하며 회로시험기 또는 테스트 램프에 의하여 단자사이의 통전을 점검한다.

표 단자사이의 통전점검

단자		TB	방향지시 좌측(TL)	방향지시 우측(TR)	PL	점화 전원(IG)	공통 (C)	축전지 전원(B+)
비상 스위치	방향 지시							
OFF	L	●	●		●		●	
	N					●	●	
	R	●		●		●	●	
ON	L, N, R	●	●	●	●		●	●

2.4.4. 고장점검

[1] 고장점검 (1)

1. 축전지 전압점검, 단자 접속상태 점검 →
2. 메인퓨즈(50A) 단선점검 및 축전지 (+)단자 접속상태 점검 →
3. 서브 퓨저블 링크 퓨즈(30A) 단선 및 접촉상태 점검 →
4. 퓨즈박스 내 퓨즈(방향지시등) 단선 및 접촉상태 점검 →
5. 비상스위치 접촉상태 및 커넥터 접촉상태 점검 →
6. 점화스위치 및 커넥터 접촉상태 점검 →
7. 방향지시등 스위치 및 커넥터 접촉상태 점검 →
8. 방향지시등 릴레이점검 및 소켓 접촉상태 점검 →
9. 방향지시등 단선 및 커넥터 접촉상태 점검

[2] 고장점검 (2)

점화스위치를 ON시킨 방향지시등 스위치를 좌측 또는 우측으로 작동 시킨다.

방향지시등 전구의 단자에서 전압을 점검한다.

12V의 전압이 검출되는 경우 : 전구의 불량 또는 접지불량

전압이 검출되지 않는 경우: 운전석 퓨즈점검

퓨즈의 점검 시 이상이 없는 경우에는 플레셔 유닛의 B단자에서 전압을 점검한다.

12V의 전압이 검출되는 경우 : 플래셔 유닛의 단품 점검

전압이 검출되지 않는 경우 : 비상 경고등스위치 커넥터 접속상태 점검

플래셔 유닛 및 커넥터의 접촉상태가 정상이면 방향지시등 스위치 커넥터의 접속상태를 점검한다.

다기능 스위치를 단품 점검한다.

2.4.5. 전구의 필라멘트 및 퓨즈

회로시험기나 테스트 램프로 배선의 접속상태와 단선에 대해 점검한다.

2.4.6. 방향지시등 릴레이(플래셔 유닛)

① 회로시험기를 이용하여 단자(B. L. E)간 통전상태를 점검한다(B. E단자 간 통전되면 정상이다).

② 실내 릴레이 박스에서 플래셔 유닛을 떼어내 축전지(+)를 B단자에 연결하고, (-)를 E단자에 연결한다.

③ 그림 41(a)와 같이 플래셔 유닛 L단자에 방향지시등 (+)을 연결하고, 방향지시등 (-)은 접지시켰을 때 전구가 일정 주기로 점멸하는가를 점검한다.

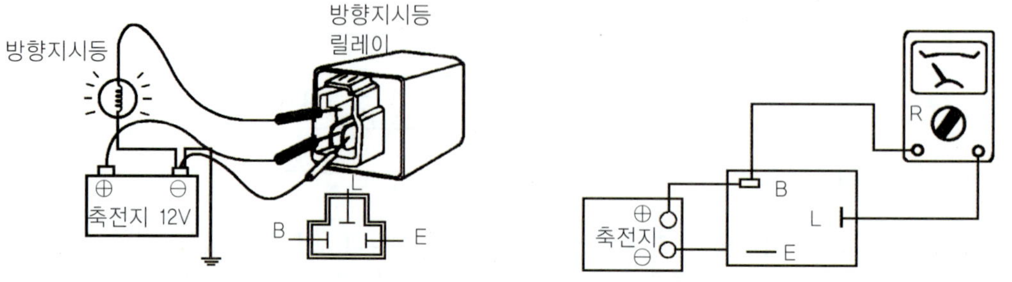

(a) 축전지에 의한 점검 (b) 회로시험기에 의한 점검

그림 41. 방향지시등 릴레이의 점검

④ 그림 41(b)와 같이 회로를 구성하고 회로시험기로 플래셔 유닛 B, L단자간 통전하는가 점검한다(통전되면 정상이다).

⑤ 방향지시등은 1분 동안 60~120회 이하의 일정한 주기로 점멸하거나 광도가 증감하는 구조이어야 한다.

2.4.7. 방향지시등 회로의 고장점검

회로시험기 또는 테스트 램프에 의하여 배선의 접속 상태와 회로의 접지상태 및 회로의 단선에 대하여 점검한다.

① 점화스위치를 ON시킨다.

② 전조등 스위치 레버를 위쪽으로 밀어 우회전, 다시 아래쪽으로 내려 좌회전 방향지시등의 작동상태 및 비상등 작동상태를 점검한다.

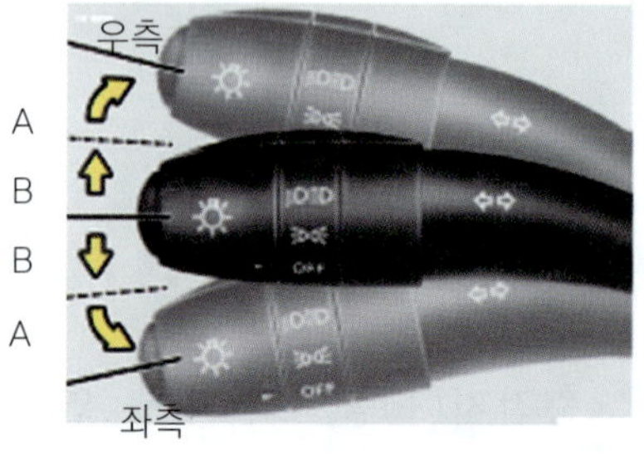

그림 42. 방향지시등 조작방법

그림 43. 비상등 스위치

③ 방향지시등이 점등되지 않는다.

㉮ 배터리의 충전상태 및 터미널 연결상태를 점검한다.

㉯ 퓨즈 및 릴레이를 점검한다.

㉰ 다기능 스위치 점검 및 커넥터 연결상태를 점검한다.

㉱ 비상등 스위치 상태 및 커넥터의 연결상태를 점검한다.

㉲ 전구의 단선 여부를 점검한다.

④ 좌, 우 점멸횟수가 다르거나 한쪽만 점멸할 때는 전구의 용량을 확인하고 전구의 손상 및 접지상태를 확인한다.

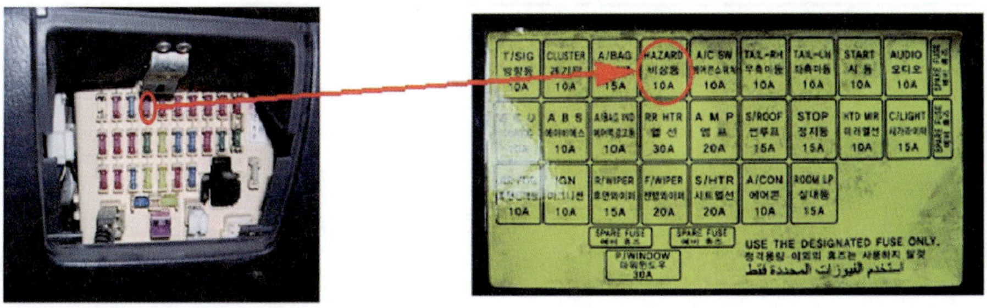

그림 44. 퓨즈점검

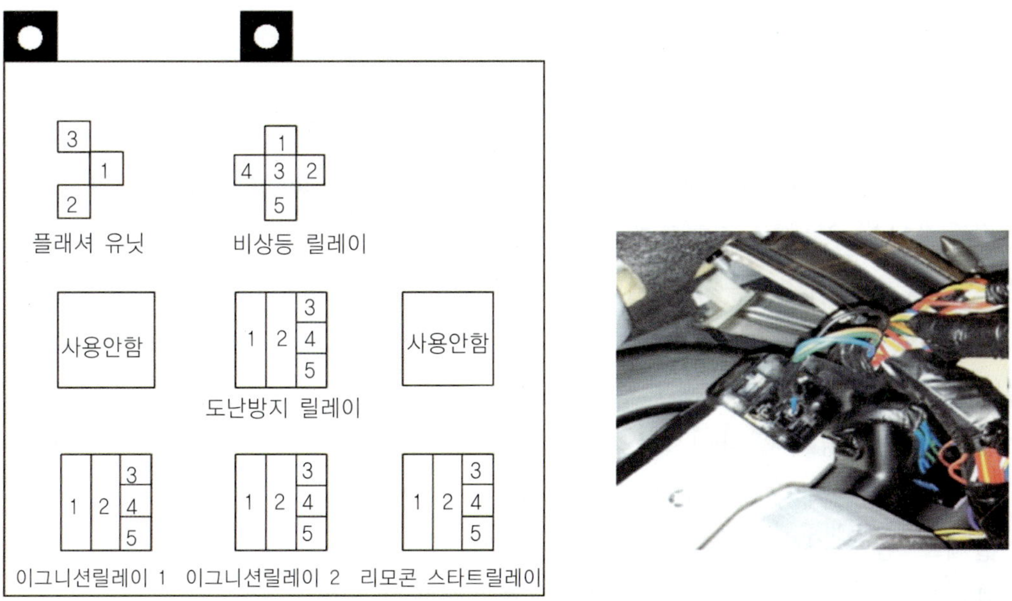

그림 45. 릴레이박스의 플래셔 유닛 위치

⑤ 점멸이 느릴 경우에는 전구의 용량, 배터리 상태, 플래셔 유닛 상태, 접지불량 상태를 점검한다.

그림 46. 방향지시등 전구 및 커넥터 점검

2.5. 전조등(Head Lamp)

광원에 따라서 할로겐 헤드램프, HID 또는 제논 헤드램프, LED 헤드램프, 레이저 헤드램프가 있고 빛을 내보내는 방식에 따라 렌즈타입, 클리어 타입과 프로젝션 타입으로 구분할 수 있다.

2.5.1. 전조등 분류

[1] 전조등(Head Light) 방식에 의한 분류

전조등에는 실드빔 방식(sealed beam type)과 세미 실드빔 방식(semi sealed beam type)이 있다. 전구(lamp)는 먼 곳을 비추는 하이빔(high beam : 상향등)의 역할을 하고, 다른 하나는 시내를 주행하거나 교행할 때 대향 자동차나 사람이 현혹되지 않도록 광도를 약하게 하고, 동시에 빔을 낮추는 로우빔(low beam : 하향등)이 있다.

(1) 실드빔 방식

이 방식은 반사경에 필라멘트를 붙이고 여기에 렌즈를 녹여 붙인 후 내부에 불활성 가스를 넣어 그 자체가 1개의 전구가 되도록 한 것이다. 즉, 반사경・렌즈 및 필라멘트가 일체로 된 형식이며 특징은 다음과 같다.

① 대기(大氣)의 조건에 따라 반사경이 흐려지지 않는다.

② 사용에 따르는 광도의 변화가 적다.

③ 필라멘트가 끊어지면 렌즈나 반사경에 이상이 없어도 전조등 전체를 교환하여야 한다.

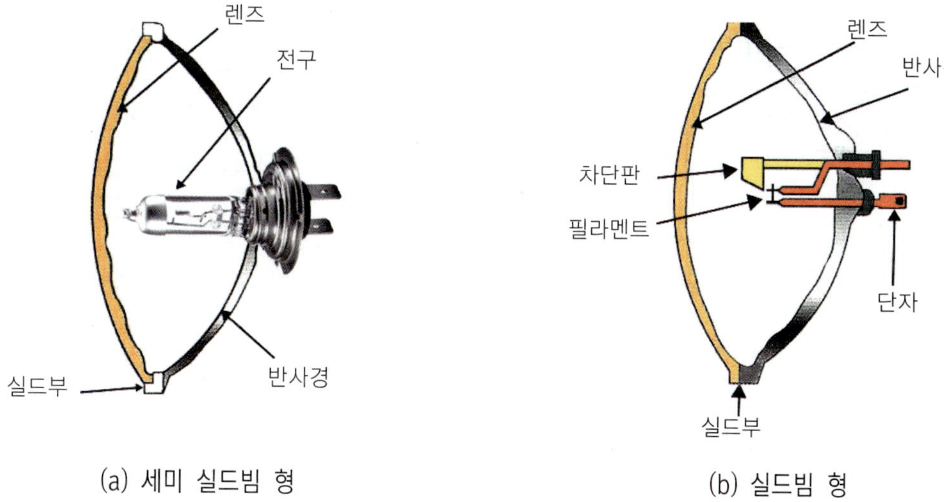

그림 47. 전조등의 종류

(2) 세미 실드빔 방식

이 방식은 렌즈와 반사경은 녹여 붙였으나 전구는 별개로 설치한 것이다. 필라멘트가 끊어지면 전구만 교환하면 된다. 그러나 전구 설치부분으로 공기 유통이 있어 반사경이 흐려지기 쉽다. 최근에는 전구를 할로겐램프를 주로 사용하고 있다.

[2] 광원에 따라서 분류

(1) 할로겐램프

필라멘트에 전류가 흐르면 열이 발생되는데 이 열이 빛으로 변한다. 이때 필라멘트는 높은 온도로 증발되기 때문에 전구 내면에 침착되어 검은색을 띠어 광도를 저하시킨다. 이러한 현상을 방지하고 필라멘트의 수명을 증대시키기 위해 전구 내부를 진공으로 하고 할로겐가스를 주입한다. 할로겐은 비활성 기체이므로 다른 물질과 반응을 잘하지 않는다.

텅스텐 필라멘트가 증발하면 텅스텐 증기는 할로겐과 결합하여 열운동에 의해 전구 내를 떠돌아다니다가 다시 필라멘트에서 할로겐과 텅스텐이 분리되어 텅스텐에 달라붙는 할로겐화 사이클을 통해 흑화현상을 방지하는 기능이 있다. 이러한 이유로 할로겐램프는 다른 전구에 비해 수명이 길다.

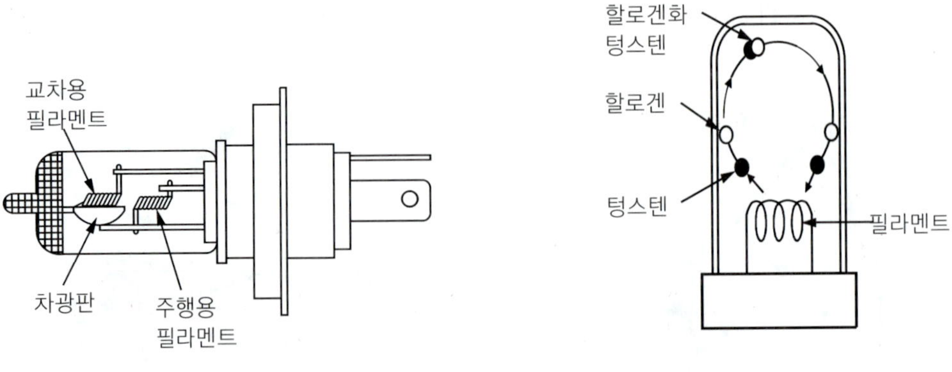

(a) 구조 (b) 할로겐화 사이클

그림 48. 할로겐램프

(2) HID램프(High Intensity Discharge Head lamp)

HID램프를 고휘도방전 램프(High Intensity Discharge Head lamp)라고도 한다. 투명한 유리처럼 램프 안쪽을 볼 수 있는 클리어 렌즈를 사용해 헤드램프의 조사거리와 밝기를 향상시켰다. 투명 융해 수정이나 알루미늄 튜브에 쌓인 텅스텐 전극과 아크 등으로 발광하는 방식으로서 이 튜브에는 가스와 금속염이 충전되어 있어서 최초 점광을 촉진해준다. 전구가 발광을 시작하면 금속염을 가열하여 기화시켜 플라즈마가 생성되면 전구의 광도와 광량을 급증시키면서 소모전력을 저하시켜 준다.

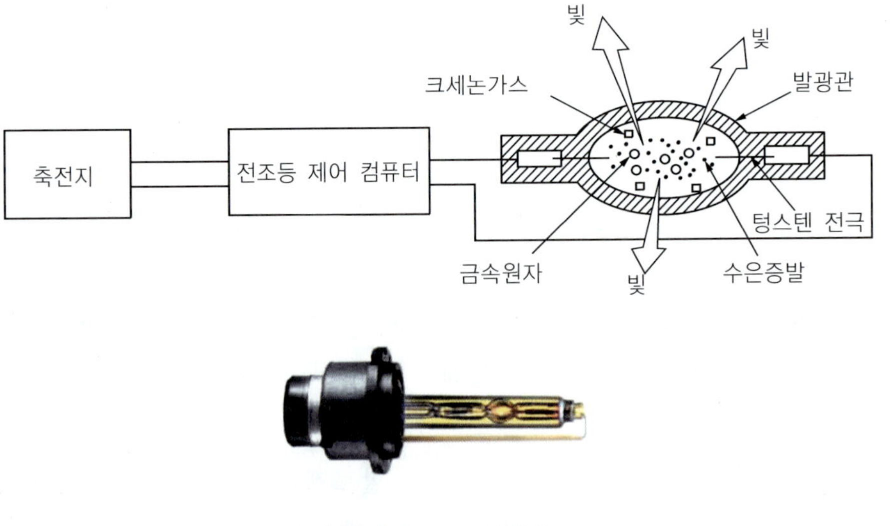

그림 49. HID전구

최근에 많이 사용되는데 구조는 필라멘트 대신 텅스텐전극이 설치되어 있으며, 전구(발광 관) 내에 크세논(Xe)가스, 금속 할로겐화물(metal halide)이 봉입되어 있다. 전조등 제어용 컴퓨터가 축전지로부터 12V를 받아 승압시켜 텅스텐 전극사이에 순간적으로 약 20,000V 이상의 펄스를 발생시키면 먼저 크세논가스가 활성화되면서 청백색의 빛을 발생시킨다. 이 상태에서 전구 내의 온도가 더욱 더 상승하면 수은이 증발하여 아크방전이 일어나고, 더욱 더 온도가 상승하면 금속 할로겐화물이 증발하면서 유리전자가 발생되는데, 이 유리전자가 금속원자와 충돌하면서 높은 휘도의 빛을 발생시킨다.

할로겐램프에 비해 약 2배 정도 밝으며, 태양광선에 가까운 백색의 자연광선을 얻을 수 있을 뿐만 아니라 소비전력은 할로겐램프의 약 1/2 정도이며, 수명은 필라멘트에 비해 2배 정도이나 텅스텐 전극에 높은 전압을 승압시키는 이그나이터(ignitor)와 전압을 안정적으로 공급하기 위해 전조등 제어용 컴퓨터가 필요하다.

(a) 할로겐램프 (b) HID램프 (c) LED램프

그림 50. 전조등의 밝기 비교(이미지 출처 : Nick Murray 유튜브)

(3) LED램프(Light Emitting Diodes)

LED램프는 발광다이오드 램프를 뜻한다. LED는 반도체소자로 전류가 흐르면 빛을 내기 때문에 전기적인 신호를 빛으로 전환한다. 예전에는 낮은 광량 때문에 브레이크등과 실내조명등에 주로 적용되었는데 지금은 LED광원의 발전으로 고광량 LED가 개발되어 헤드램프로 사용되고 있다. LED램프의 장점은 첫째, 전력효율이 우수하다. LED헤드램프는 40W로서 기존 할로겐이 55~60W인 것에 비해서 적은데 이것은 엔진의 연료효율에도 영향을 미치고 있다.

그림 51. LED램프

보통 100W 정도의 전력효율은 연료효율을 1% 올리는 것으로 알려져 있다. 둘째, 수명이 길다. 할로겐램프가 300~500시간인 것에 비해서 LED헤드램프는 6천~1만 시간 정도이기 때문에 엄청난 차이를 보여준다. 셋째, 환경유해물질을 사용하지 않는 친환경소재라는 점이다. 넷째, 디자인면에서 우수성을 나타낸다. 할로겐과 HID와는 달리 크기가 작고 간결해서 작은 모양으로 제작할 수 있어 다양한 모습을 나타낼 수 있다.

[3] 반사방식에 따른 분류

(1) 렌즈 타입

렌즈 타입은 전조등의 프런트 커버에 빛을 굴절시키는 렌즈 패턴이 새겨져 있어 이를 통해 빛을 모아주는 형식으로, 빛의 굴절과 난반사가 심하고, 사거리가 짧아 요즘은 사용하지 않는다. 또한 유리소재로 되어 있어 무거운 단점이 있다.

(2) 클리어 타입

클리어 타입은 렌즈 타입과 달리 전구 뒤쪽의 반사판을 이용하여 통해 빛을 모아주는 형식이다. 앞 유리가 투명하여 안쪽에 반짝이는 반사판이 보이기에 렌즈 타입보다 미관상 우수하다. 클리어 타입은 빛을 가깝지만 넓게 퍼뜨린다.

(3) 프로젝션 타입

프로젝션 타입은 전구가 보이지 않는 눈알모양의 전조등으로 뒤쪽 반사판을 사용하지 않고 대신 앞쪽의 둥근 렌즈를 통해 한 곳에 빛이 모이도록 투사하는 방식으로 이 프로젝션 헤드램프는 맞은편 운전자가 눈이 부시지 않도록 빛을 일직선으로 비추도록 한 것이다.

프로젝션 타입은 좁지만 멀리까지 보낸다는 것, 그리고 컷오프라인이 뚜렷하게 보인다. 전구 앞쪽에 위치한 렌즈만 조정하면 조사각을 조절할 수 있어 클리어 타입보다 수월하다.

2.5.2. 오토라이트 시스템

오토라이트 시스템은 주행 중 터널진입 시나 눈, 비, 안개등으로 주위가 갑자기 어두워질 경우 운전자는 미등 또는 전조등을 작동하여 주행을 하게 된다. 터널을 통과 후 또는 주위가 다시 밝아지는 경우에는 다시 미등 또는 전조등을 소등하고 주행해야 한다. 이러한 불편을 해소하기 위하여 자동으로 라이트를 제어하는 시스템이 바로 오토라이트 시스템이다. 오토라이트 시스템은 운전자가 점등스위치를 조작할 필요 없이 오토모드에 위치하면 주위 밝기의 변화를 센서로 감지하여 미등 또는 전조등을 자동으로 점등/소등하여 주는 편리한 시스템이다.

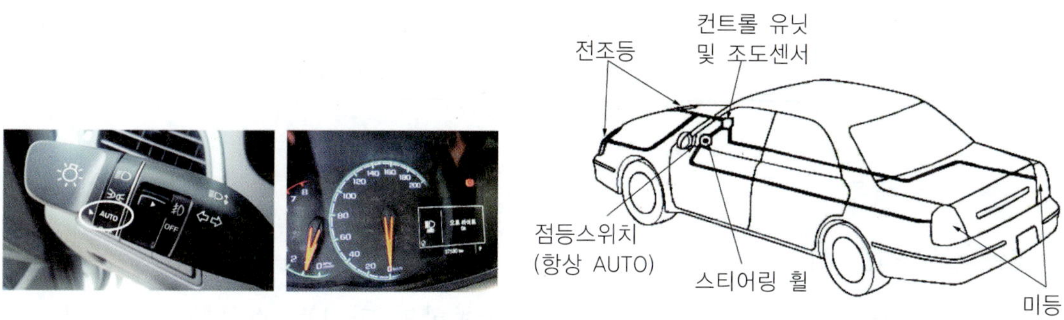

(a) 오토라이트 스위치 (b) 오토라이트의 구성품

그림 52. 오토라이트 시스템

[1] 오토라이트 시스템의 작동

오토라이트 시스템은 점등스위치 및 주위 밝기의 변화를 감지하는 조도센서 등의 입력신호를 받아 미등 또는 전조등을 자동으로 점등/소등시켜주는 시스템이다.

작동스위치 조도센서	→	제어장치	→	미등 점등/소등 전조등 점등/소등

구 분	미등	전조등
점등조건 조도	23.1±1.4Lux 이하	6.2±1.4Lux 이하
소등조건 조도	48.1±1.4Lux 이상	12±1.4Lux 이상

[2] BCM 제어기능

① 다기능 스위치에서 AUTO 단자를 선택한다.

② 오토라이트 센서가 빛을 감지하고 500ms±100ms 후에 라이트가 ON되어야 한다.

③ 빛이 차단되면 3초±1초 후에 라이트가 OFF되어야 한다.

④ 빛이 밝아 라이트가 OFF될 때는 미등이 꺼지기 300ms 전에 전조등이 먼저 꺼지고 난 후 미등이 꺼진다.

⑤ 오토라이트 센서의 출력 전압

	미등 램프	전조등
ON	1.77±0.08V	0.61±0.06V
OFF	3.47±0.10V	1.00±0.06V

2.5.3. 전조등 작동

[1] 전조등 로우 작동 시

전조등 로우 작동의 경우 라이트 스위치를 작동하면 라이트 스위치에 와있던 접지에 인해 전조등 로우 릴레이의 솔레노이드에 접지를 공급하게 되어 전조등 로우 릴레이가 작동하고 릴레이 접점에 와있던 상시전원이 좌우측의 전조등 로우 전구에 ON전원을 공급하게 되어 로우 전조등이 작동하게 된다.

또 릴레이로 공급하였던 접지는 딤머/패싱 스위치를 접지를 공급하여 하이 빔과 패싱 작동을 할 수 있도록 스위치 작동 접지를 공급하도록 되어 있다.

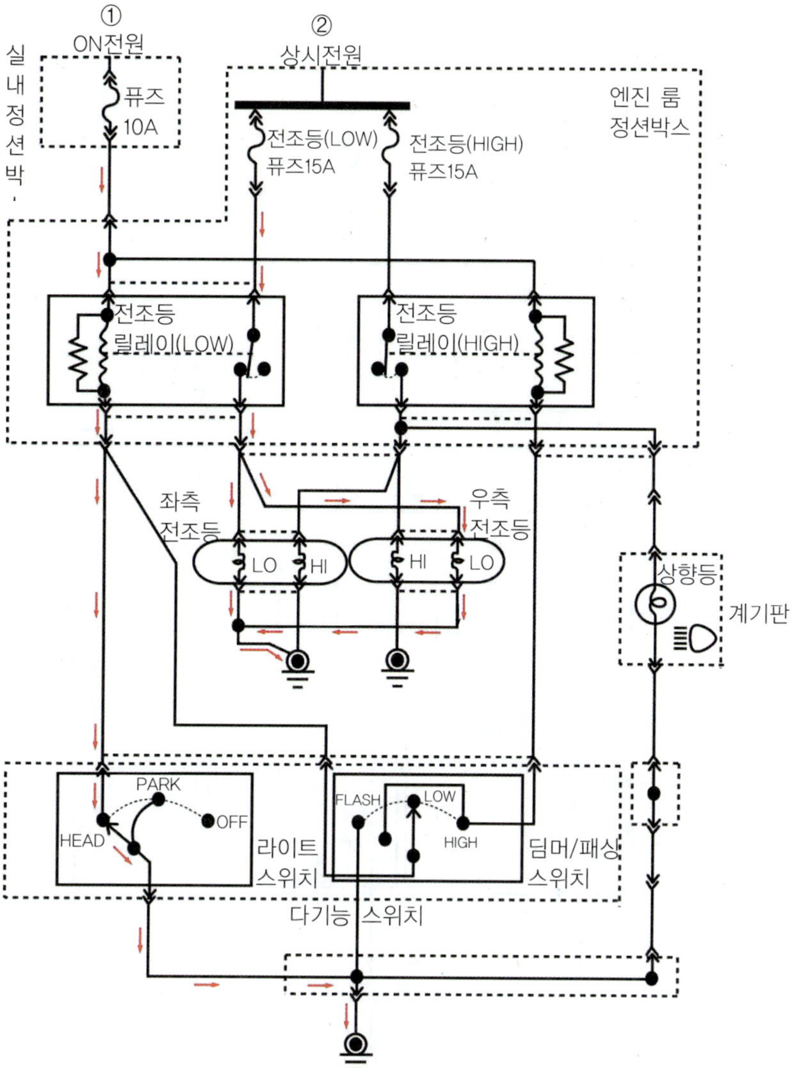

그림 53. 전조등 로우 작동 시

[2] 전조등 하이 작동 시

딤머/패싱 스위치를 이용하여 하이 작동 위치에 놓으면 딤머/패싱 스위치에 접지가 전조등 하이 릴레이에 접지를 공급하여 전조등 릴레이 하이가 작동하고 전조등 릴레이 하이 접점에 와있던 상시 전원이 좌우측의 전조등 하이 전구에 전원을 공급하게 되어 하이 전조등이 작동하게 된다. 또 하이 빔의 경우 계기판의 상향등 표시등을 작동하여 운전자에게 하이빔의 작동여부를 알려준다.

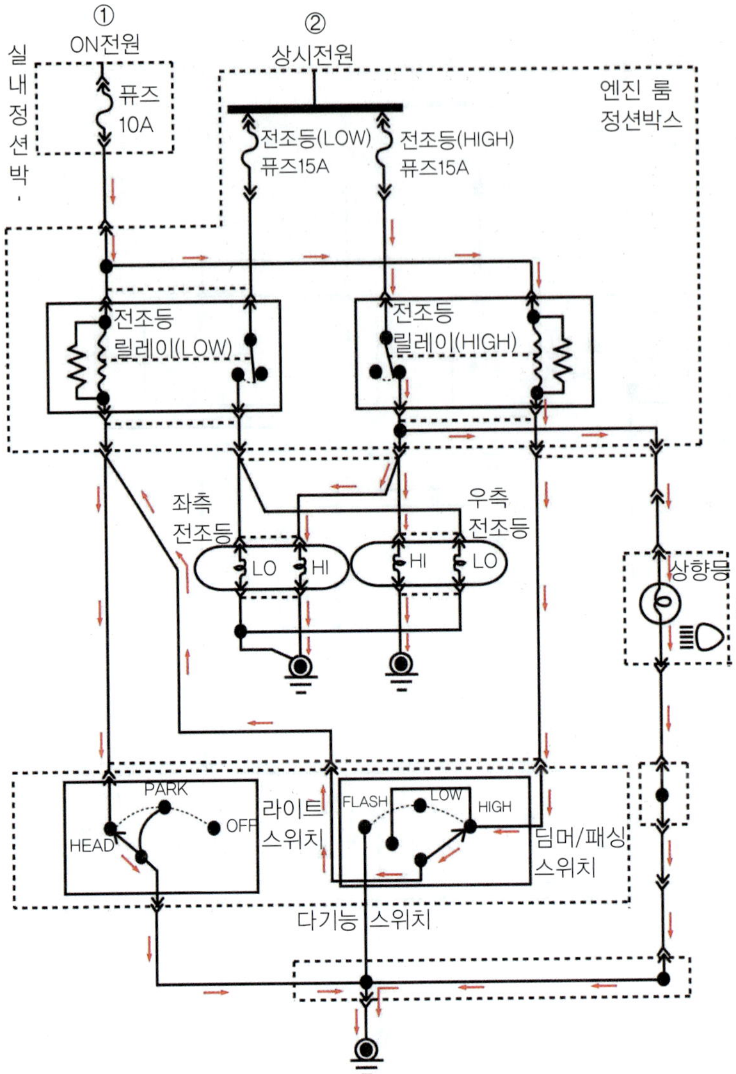

그림 54. 전조등 하이 작동 시

[3] 전조등 패싱 작동 시

전조등 패싱 작동의 경우 라이트 스위치를 작동하지 않은 상태에서도 패싱은 작동되도록 되어 있다. 작동은 딤머/패싱 스위치를 이용하여 패싱 작동 위치에 놓으면 딤머/패싱 스위치에 패싱 작동 접지가 전조등 하이 릴레이에 접지를 공급하여 하이 릴레이를 작동 시키고 하이 릴레이 접점에 와있던 상시전원이 좌우측의 하이 전구에 전원을 공급하게 되어 있어 하이 전조등이 작동하게 된다.

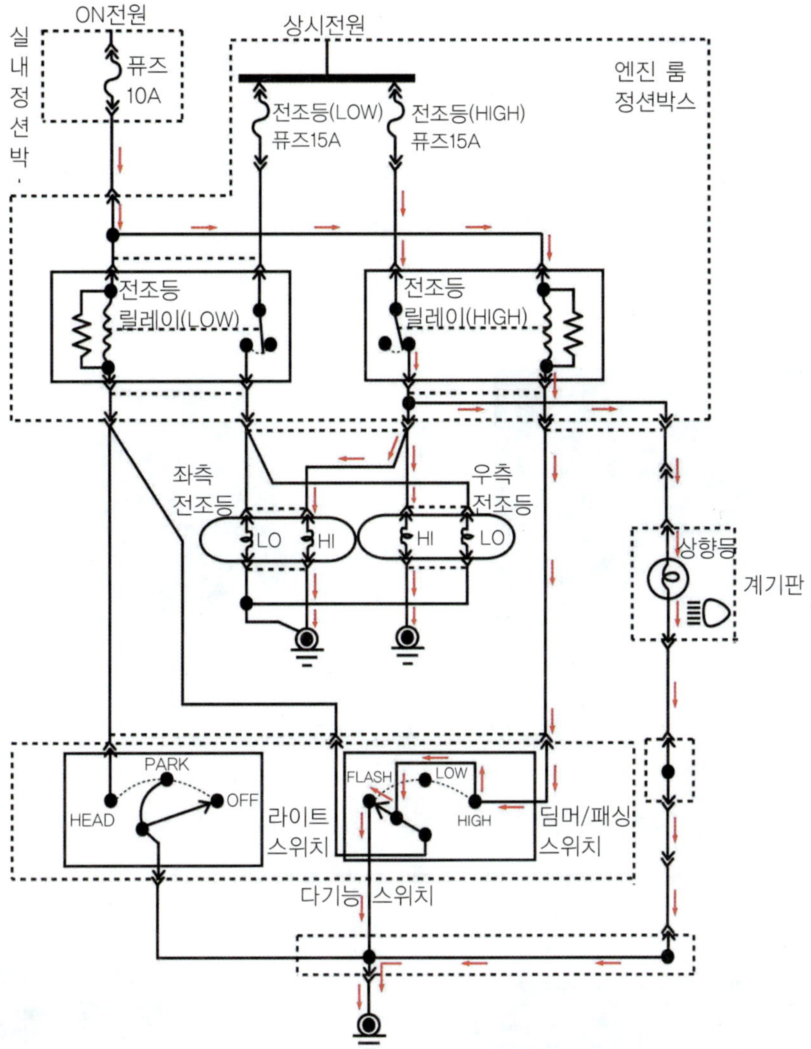

그림 55. 전조등 패싱 작동 시

또 패싱의 작동은 하이 빔이 라이트 스위치 OFF 시에 작동하고 이때 계기판에 상향등을 작동하여 운전자에게 패싱의 작동여부를 알려준다.

2.5.4. 전조등 교환방법

[1] 탈거

① 차량을 평탄한 노면에 주차시키고 보닛을 열어 놓는다.

② 축전지 (-)터미널을 탈거한다.

③ 전조등 우측 턴 시그널 램프 고정 너트를 탈거한다.

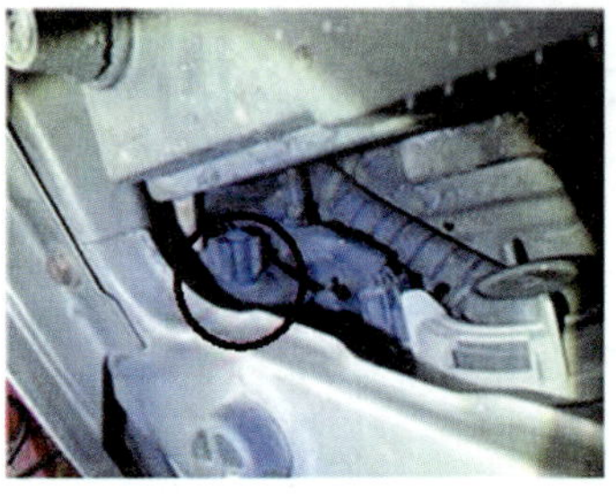

(a)

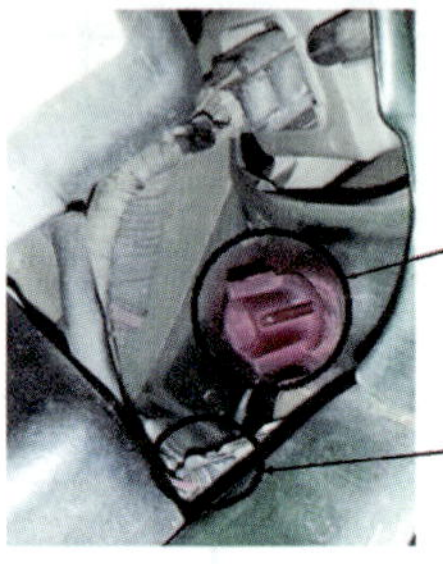

(b)

그림 56. 턴 시그널 고정너트 탈거

④ 턴 시그널 램프 커넥터를 탈거한다.

⑤ 전조등 고정 볼트(10mm 소켓, 3개)를 탈거한다.

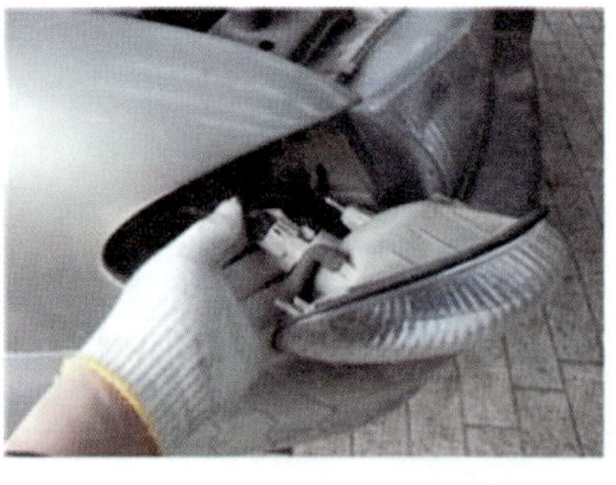

그림 57. 턴 시그널 커넥터 탈거

그림 58. 전조등 탈거

⑥ 전조등 램프 커넥터를 탈거한다.

⑦ 하향 전조등 더스트(dust) 커버를 돌려 탈거한다.

그림 59. 전조등 커넥터 탈거

그림 60. 하향 전조등 더스트 커버 탈거

⑧ 하향 전조등 커넥터를 탈거한다.
⑨ 하향 전조등 고정 스프링을 눌러 이격시킨다.

그림 61. 하향 전조등 커넥터 탈거

그림 62. 고정 스프링 이격

⑩ 하향 전조등을 탈거한다.
⑪ 상향 더스트 커버 및 커넥터를 탈거한다.

그림 63. 하향 전조등 탈거

그림 64. 상향 커넥터 탈거

⑫ 상향 전조등 고정스프링을 눌러 이격시킨다.

⑬ 상향 전조등을 탈거한다.

그림 65. 고정 스프링 이격

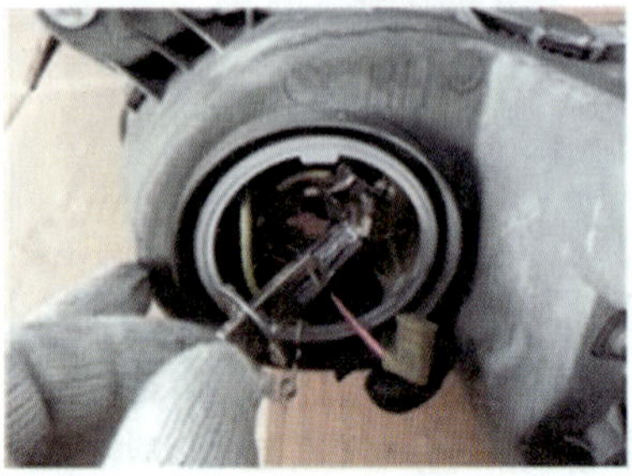

그림 66. 상향 전조등 탈거

[2] 조립

① 하향 전조등을 끼우고 커넥터를 연결한다.

② 상향 전조등을 끼우고 커넥터를 연결한다. 조립 시 전구의 조립표식대로 정위치에 조립되어야 밝기 및 조사각도가 정상적으로 작동한다.

그림 67. 하향 전조등 커넥터 연결

그림 68. 상향 전조등 커넥터 연결

③ 상·하향 전조등 더스트 커버를 조립한다. 차종에 따라 더스트 커버의 상·하 위치가 표기되어 있는 경우 방향을 정확히 일치시켜 조립한다.

④ 전조등 커넥터를 연결한다.

그림 69. 더스트 커버 조립

그림 70. 전조등 커넥터 연결

⑤ 전조등 고정 볼트를 조립한다.
⑥ 턴 시그널 램프 커넥터를 연결한다.

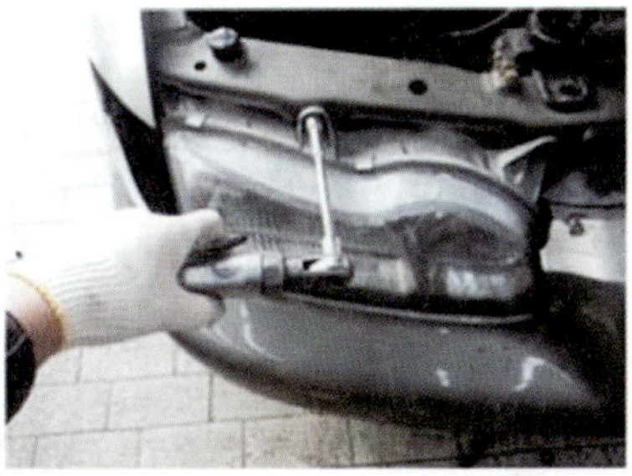

그림 71. 전조등 고정볼트 조립

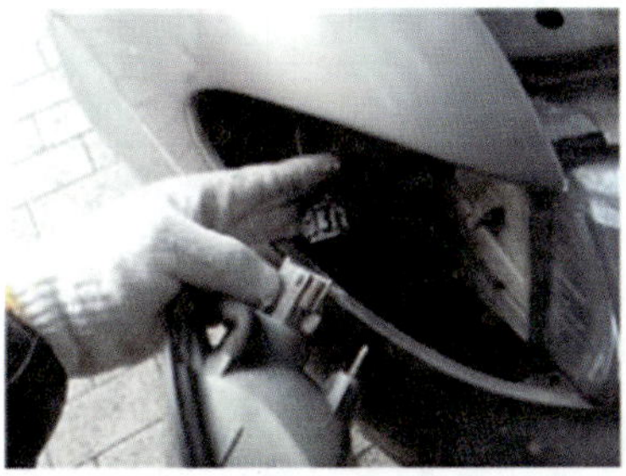

그림 72. 턴 시그널 커넥터 연결

⑦ 턴 시그널 램프 고정 너트를 체결한다.
⑧ 축전지 (-)터미널을 조립한다.
⑨ 전조등 조립 완료한 후 점화스위치를 ON하고 전조등을 작동 시켜 정상작동되는지를 확인한다.

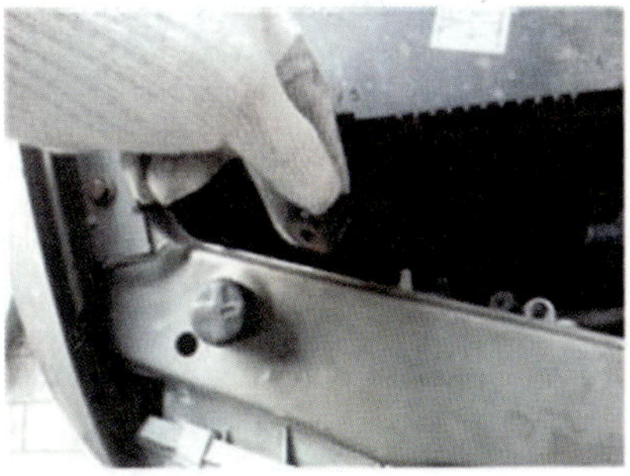

그림 73. 턴시그널 램프 고정너트 체결

그림 74. 전조등 정상작동 확인

2.5.5. 전조등 조사방향 확인

① 타이어를 규정 공기압으로 하고 운전자, 예비 타이어, 공구를 제외한 모든 부하를 제거한다.

② 평편한 지면에 자동차를 위치시킨다.

③ 수직선(각 전조등의 중앙을 통해 지나는 수직선)과 수평선(각 전조등의 중앙을 지나는 수평선)을 스크린에 그린다.

④ 전조등을 정렬시킨다.

위 치	H1	H2	W1	W2	L
공차 상태	589mm	339mm	1,218mm	1,105mm	3,000mm
1인 승차 상태	582mm	332mm	1,218mm	1,105mm	3,000mm

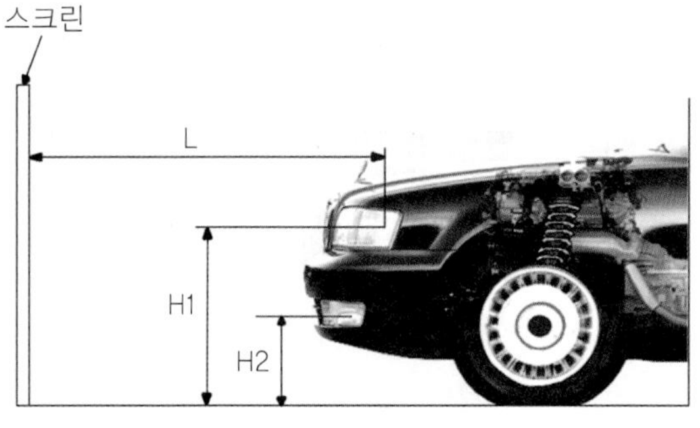

H1 : 전조등 지상고(상향)
H2 : 안개등 지상고
L : 전조등 중심과 스크린 사이의 거리

「그림」 75. 전조등 지상고

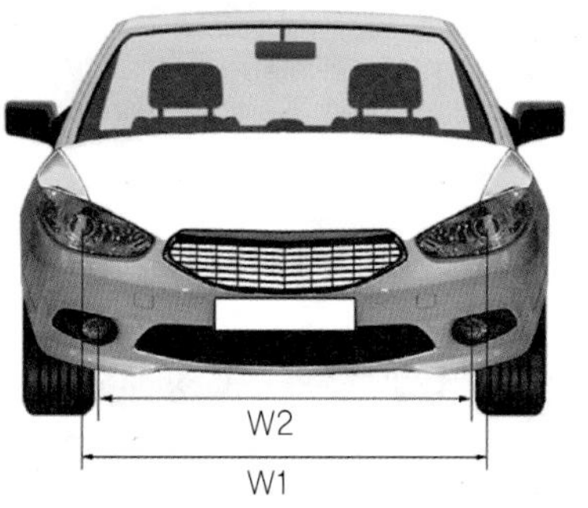

W1 : 전조등 사이의 폭(상향)
W2 : 안개등 사이의 폭

「그림」 76. 전조등사이의 폭

⑤ 조정노브를 사용하여 로빔의 수평과 수직 조정을 측정차량의 표준값으로 조정한다.

⑥ 상향등을 켠 상태에서 가장 밝은 부위가 아래 빗금친 부분의 허용범위 내에 들어오도록 조정한다.

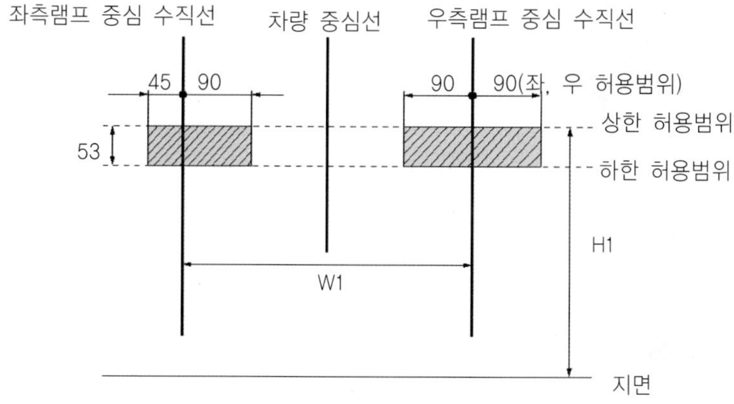

그림 77. 전조등 조사방향 허용범위

2.5.6. 전조등(헤드램프)회로의 구성부품(단품) 점검

[1] 전조등 릴레이

릴레이는 전자력에 의해 접점을 개폐하고, 각종 스위치의 접점을 보호한다.

① 회로시험기 또는 테스트 램프에 의하여 단자 간의 통전을 점검한다.

② 축전지 (+)케이블을 S2단자에, 축전지 (-)케이블을 S1단자에 연결한다.

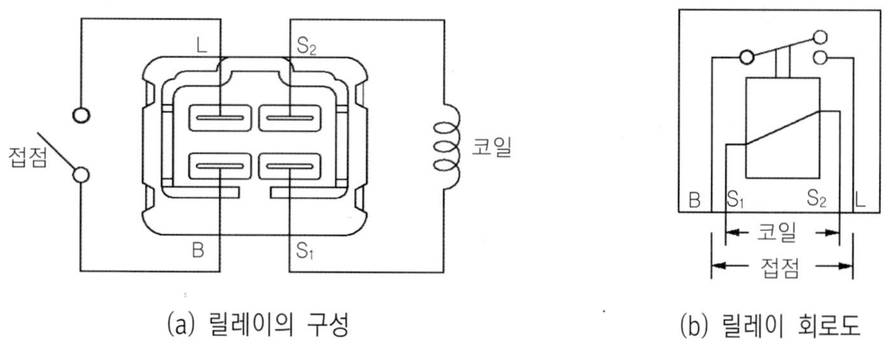

그림 78. 릴레이의 구성

③ L과 B단자 사이가 통전되고, 축전지 전원을 공급하지 않을 때(축전지 케이블 분리), L과 B단자 사이에 비통전되면 정상이다.

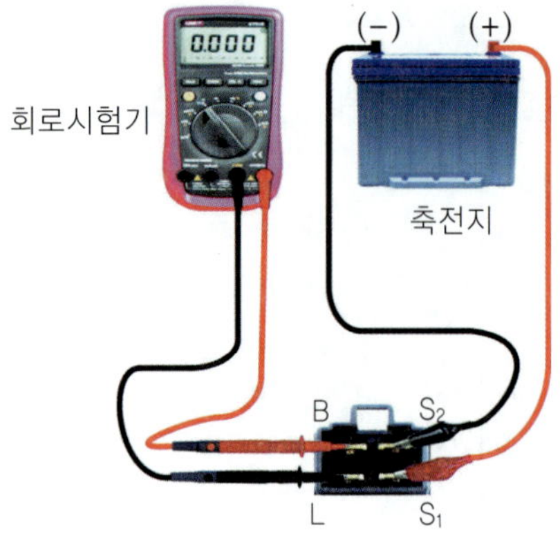

조건 \ 단자	B	S_2	L	S_1
전원공급 안됨		●		●
전원 공급됨	●		●	

그림 79. 릴레이의 점검

[2] 전조등 스위치

회로시험기로 전조등 스위치 1단(미등 및 차폭등)과 2단(전조등) 위치에서의 단자 사이의 통전 여부를 점검한다.

표 전조등 스위치 점검

위치 \ 단자	TS	HS(1)	ES
OFF			
I	●		●
II	●	●	●

●——● 통전

[3] 디머/패싱 스위치

스위치를 작동하여 아날로그 회로시험기 또는 테스트램프에 의하여 단자사이의 통전을 점검한다.

표 디머/패싱 스위치 점검

위치 \ 단자	Eb	HL	HU	HS(2)
HU	●		●	
HL	●	●		
P	●		●	●

●——● 통전

[4] 전구점검

전조등 단자(HU, HL, E) 중에서 임의의 한 개 단자를 선택하여 축전지 (+)선을 연결한다.

① HL(하향단자) : 전조등의 불빛이 어둡다(회로시험기로 측정할 때 저항값이 크다).

② HU(상향단자) : 전조등의 불빛이 밝다(회로시험기로 측정할 때 저항값이 작다).

③ E : 접지단자

2.5.7. 전조등회로 점검

① 점화스위치를 ON시킨다.

② 전조등 스위치 레버를 Ⅱ단으로 돌려 전조등을 상향, 하향을 작동 시켜 본다.

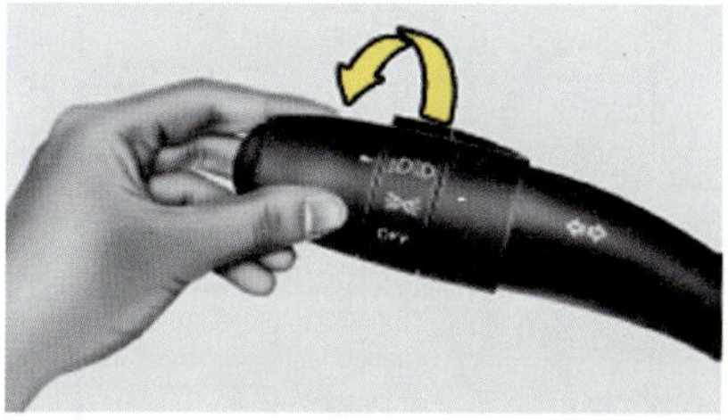

그림 80. 전조등 작동

그림 81. 전조등 작동상태 확인

③ 전조등 상향, 하향 모두 점등되지 않는다.

㉮ 축전지의 충전상태 및 터미널 연결 상태가 불량한지 점검한다.

㉯ 콤비네이션 스위치의 불량 및 커넥터 연결 상태를 점검한다.

㉰ 퓨즈 및 릴레이 상태를 점검한다.

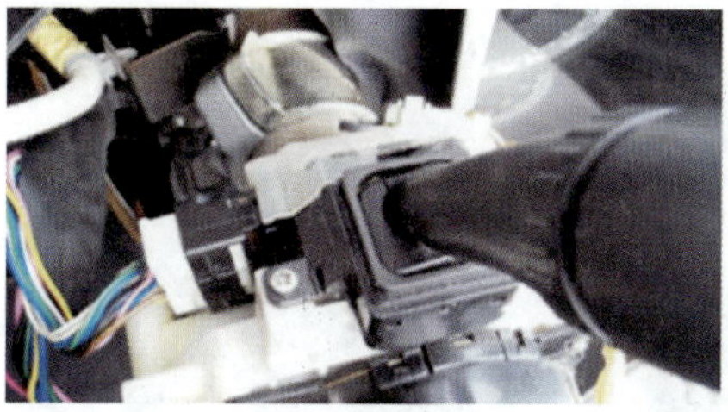

그림 82. 콤비네이션 스위치 점검

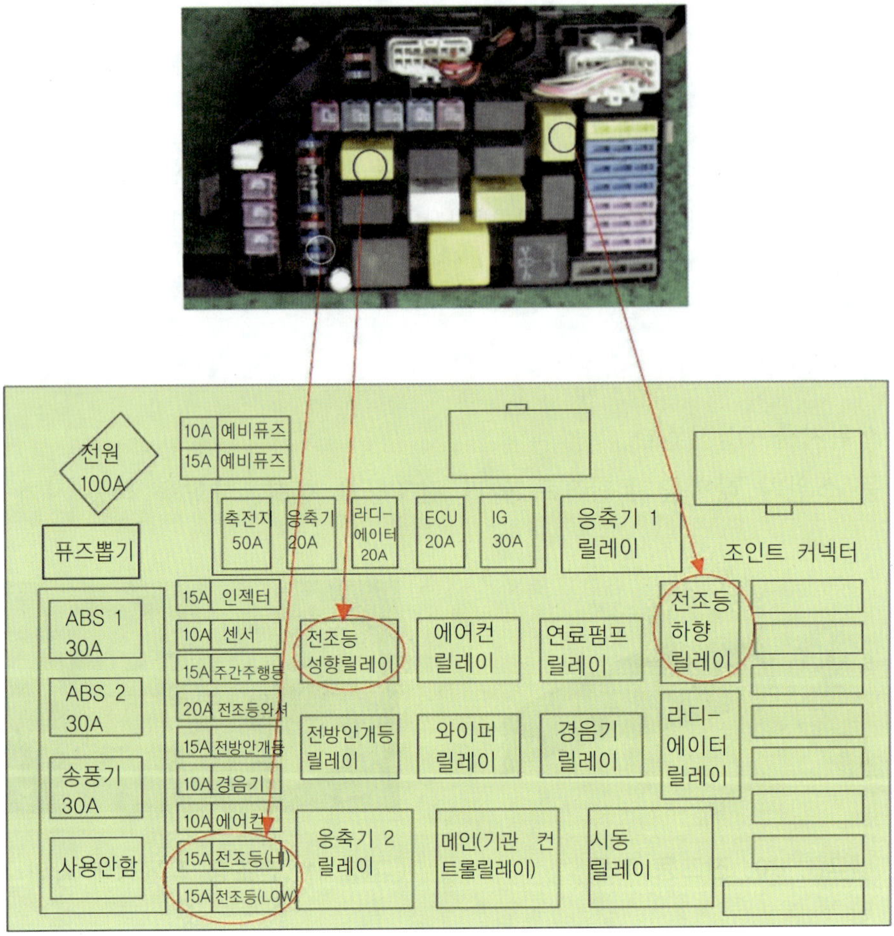

그림 83. 퓨즈 및 릴레이 위치

㉣ 접지 상태 및 전조등 커넥터 및 전조등 전구의 손상여부를 점검한다.

④ 전조등 일부만 점등되지 않으면 점등되지 않는 커넥터 및 전구손상 여부를 점검한다.

그림 84. 전구 커넥터 상태 점검

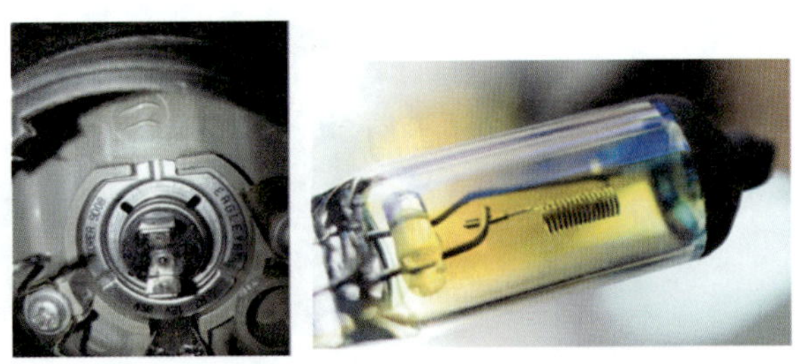

그림 85. 전구상태 점검

2.5.8. 오토라이트 컨트롤장치

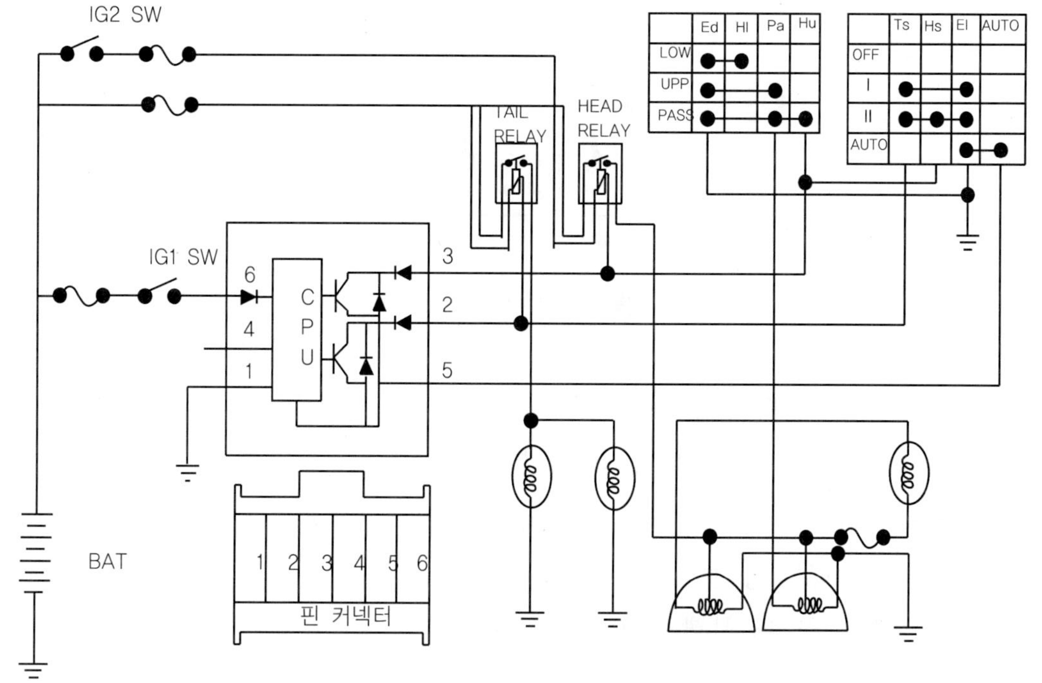

1. SYSTEM GRD 2. TAIL OUTPUT 3. HEAD OUTPUT 4. 검출조도 조정용 INPUT
5. AUTO LIGHT SW 6. IG SW(SYSTEM + 전원)

그림 86. 오토라이트 컨트롤 회로도

[1] 탈거

프론트 디프로스터 노즐 커버(조수석 위치)에서 공구를 사용하여 센서 유니트를 탈거한다.

[2] 점검

커넥터 단자 6번을 테스터의 (+), 커넥터 단자 1번을 테스터 (-)단자에 접속하여 통전 여부를 확인한다.

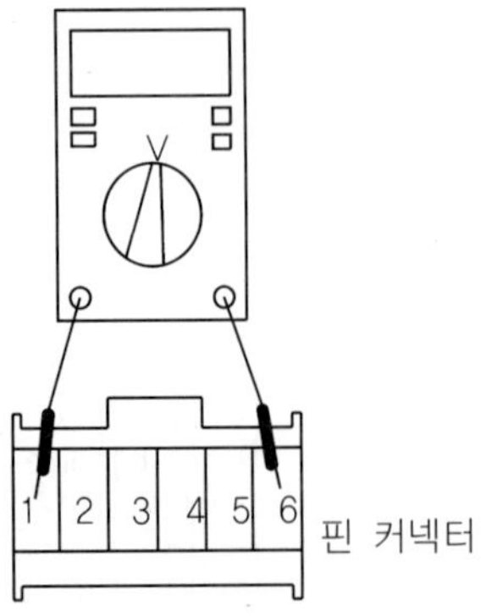

「그림」 87. 유니트 점검

2.5.9. 전조등시험기의 사용방법

[1] 운행자동차 등화장치의 광도 및 광축 확인방법

① 자동차는 예비 운전되어 있는 공차상태에 운전자 1인이 승차한 상태로 한다.

② 자동차의 배터리는 충전한 상태로 한다.

③ 자동차 엔진은 공회전상태로 한다.

④ 타이어 공기압력은 표준값으로 한다.

⑤ 전조등 측정 시 측정하지 아니하는 등화에서 발산하는 빛을 차단한 상태로 한다.

[2] 투영식 전조등시험기

(1) 사용설명

① 기둥(자) : 시험기 몸체를 지지하는 기둥이며, 옆면에는 높이를 표시하는 눈금이 그려져 있다.

② 상·하 이동핸들 : 시험기 몸체를 상하로 이동시킬 때 사용한다.

③ 줄자(진척) : 시험기와 자동차 전조등 사이의 거리를 측정할 때 사용한다.

④ 점검창 : 시험기와 자동차가 일치되었는가를 점검할 때 사용하는 것이며, 일치되지 않았을 경우에는 수평 조정기로 조정한다.

⑤ 수준기 : 시험기가 수평으로 설치되었는지를 점검하는 수포가 들어 있다.

⑥ 전원 스위치

⑦ 집광렌즈 : 전조등의 빛을 받아들이는 부분이다.

⑧ 좌·우 광축계 : 광축이 좌·우로 비추는 양을 각도 또는 cm로 나타낸다.

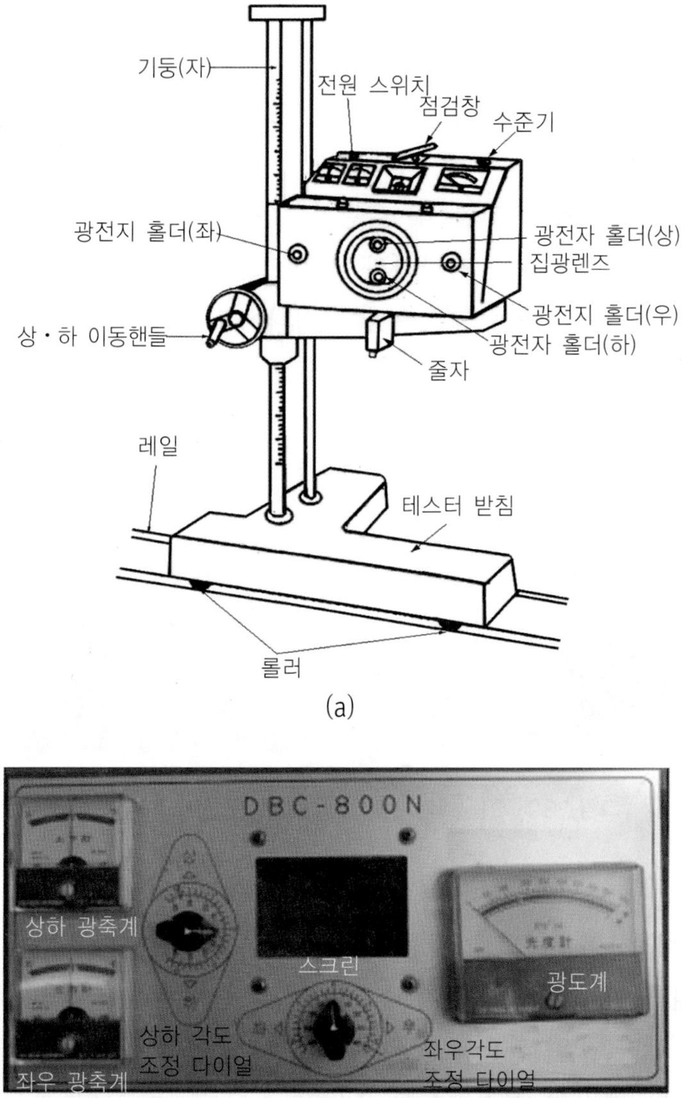

(a)

(b)

그림 88. 투영식 전조등시험기

⑨ 상하 광축계 : 광축이 상・하로 비추는 양을 각도 또는 cm로 나타낸다.

⑩ 광도계 : 광축의 광도(Cd)를 나타내는 계기이다(수치×100Cd).

⑪ 스크린 : 전조등 중심을 볼 수 있는 부분이다.

⑫ 좌・우 조정다이얼 : 좌・우 각도 또는 cm를 맞추는 다이얼이다.

⑬ 상하 조정다이얼 : 상・하 각도 또는 cm를 맞추는 다이얼이다.

(2) 측정조건

① 타이어 공기압력을 규정 압력으로 한다.

② 배터리 성능이 정상이어야 한다.

③ 시험기가 수평인지를 수준기로 확인한다.

④ 전조등의 이상 유무를 점검한 후 운전자 1인 승차한다.

⑤ 시험하고자 하는 자동차를 시험기와 직각으로 3m가 되도록 진입시킨 다음 중심점 2개가 일직선상에 보이도록 수평 조정나사로 조정한다.

⑥ 점검창 정대용 파인더로 보닛 위에 중심점 2개가 일직선상에 보이도록 수평 조정나사로 조정한다.

⑦ 좌・우, 상・하 조정 다이얼을 0에 맞춘다.

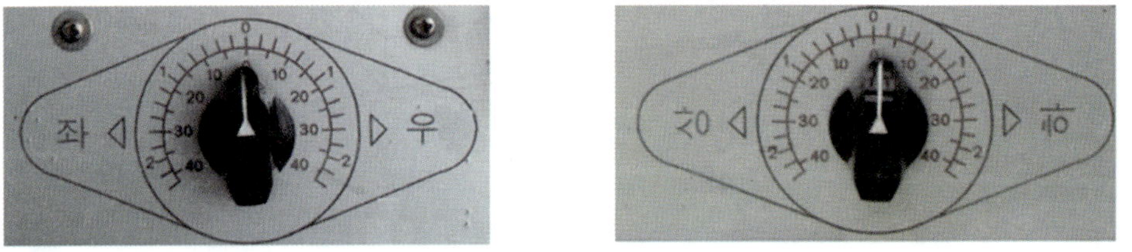

그림 89. 좌・우, 상・하 각도 조정 다이얼 0점

(3) 측정방법

① 전조등을 상향(하이 빔)으로 점등한다.

② 시험기 몸체를 좌・우로 조정하고, 상・하 이동 핸들을 돌린 후 스크린을 보아 전조등의 중심점(검은 색으로 보임)이 "+"(십자)의 중심에 오도록 조정한다. 가속페달을 밟아 엔진의 회전속도를 2,000rpm 정도로 하여 광도계의 눈금을 읽고 기록한다.

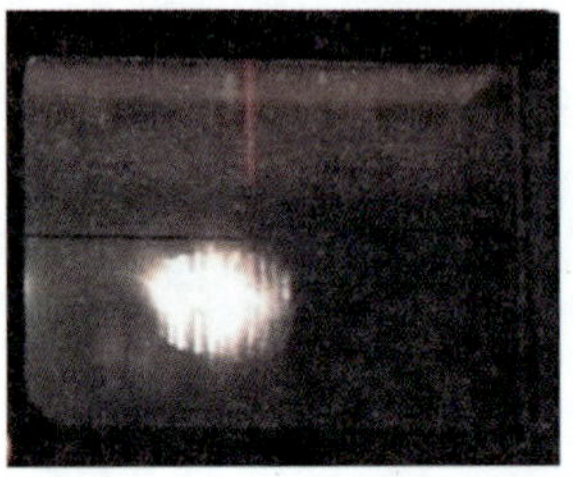

그림 90. 스크린 상의 +(십자) 중심점에 일치

그림 91. 광도계 눈금판독

③ 시험기 몸체를 좌·우로 밀고, 상·하 이동 핸들을 돌려 좌·우, 상·하 광축계의 지침이 "0"에 오도록 조정한다.

④ 스크린을 보아 전조등의 중심점을 스크린 "+"(십자)의 중심에 오도록 좌·우, 상·하 조정 다이얼로 조정한다.

⑤ 좌·우 조정 다이얼의 값과 상·하 조정 다이얼의 값을 읽고 기록한다(cm로 기록).

(a) 좌·우 광축계 지침 0으로 조정

(b) 상·하 광축계 지침 0으로 조정

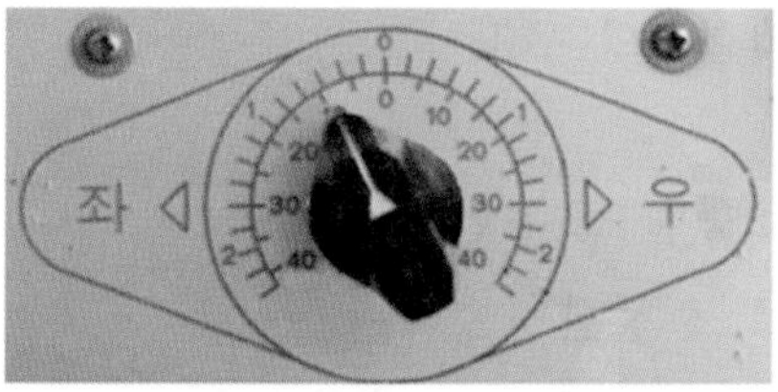

(c) 좌·우 광축계 다이얼 값 판독

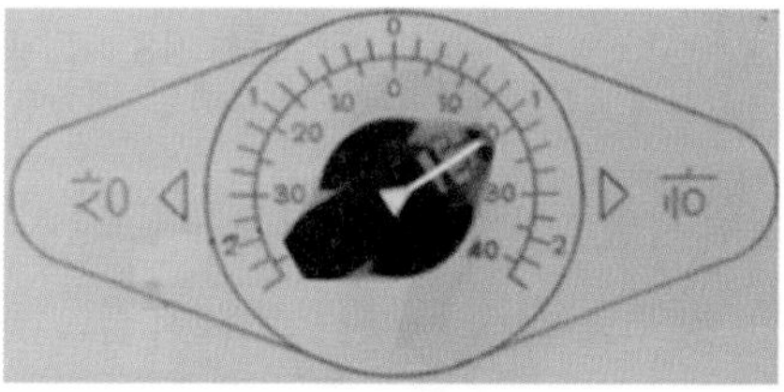

(d) 상·하 광축계 다이얼 값 판독

그림 92. 좌 · 우, 상 · 하 광축계 지침 0점 조정 후 다이얼 판독

[3] 집광식 전조등시험기

① 자동차를 전조등 시험용 레일에 직각으로 진입시켜 전조등과 수광부를 시험기의 측정 거리(1m)로 한다.

② 자동차 정대용 조준기로 시험기와 자동차를 정대시킨다. 이 때 스위치를 0점 위치로 놓는다. 0점 기능은 내부의 태양전지 소자를 시험기의 정 가운데로 위치시키는 작용을 하는데 만약 이를 시행하지 않으면 자동차를 정대하여도 뒷면의 정대경에는 전조등이 비춰지지 않는다.

③ 전조등을 점등시켜 전조등 정대용 조준기로 시험기와 전조등을 정대시킨다. 뒷면 정대경을 보고 전조등 광원을 정 가운데로 오도록 시험기를 이동시킨 후 고정한다.

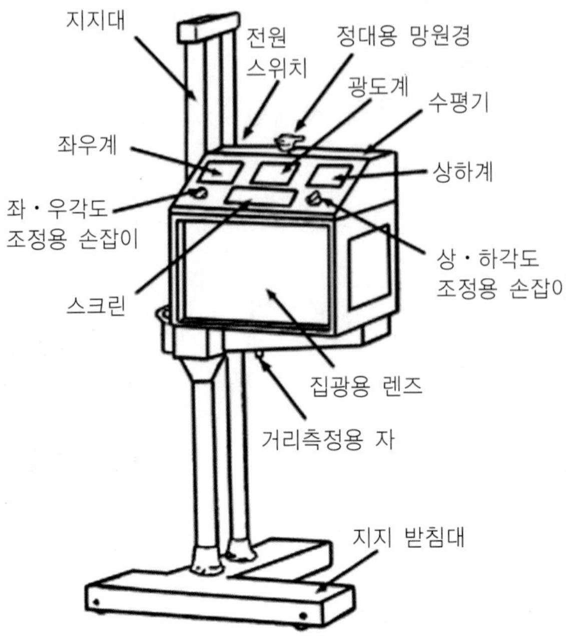

「그림」 93. 집광식 전조등시험기의 구조

④ 스위치를 "측정" 위치로 하고 자동차의 전조등을 조정한다.

㉮ 광도·광축 변환 스위치를 "광축" 쪽으로 선정한다.

㉯ 좌·우, 상·하 광축 다이얼을 돌려 각각의 지침이 중심에 오도록 조정한 다음 좌·우, 광축계를 읽고 기록한다. 이것이 광축의 진폭이 된다.

㉰ 광축 다이얼을 그대로 두고, 변환 스위치를 광도 쪽으로 한다.

⑤ 광도계의 지시에 의해 광도를 측정한다. 광도의 표시는 4단의 디지털표시기로 나타나는데 최소 단위는 100cd로 표시된다. 다만, 광량은 디지털로 표시되므로 수치의 변화가 민감하게 표현되는 문제점으로 인해 마치 수치가 불안전한 것처럼 느껴질 수도 있다.

⑥ 위의 ①~④를 반복하면 전조등 시험이 완료된다.
특히 ④의 경우 자동차의 전조등을 교정하면 교정 후 값의 변화가 연속하여 나타나므로 시험기를 일체 조작하지 아니하고도 교정 작업을 완료할 수 있다.

⑦ 광축의 진폭조정은 광축 다이얼을 조정하려는 숫자로 설정하고 관축계의 지시값이 0이 되도록 전조등의 방향을 조절한다.

[4] 검사기준

구 분		2등식	4등식
광 도		15,000cd ~ 112,500cd	12,000cd ~ 112,500cd
광축 (상・하, 좌・우 진폭)	좌측 전조등	상향 10cm 이하	상향 10cm 이하
		하향 30cm 이하	하향 30cm 이하
		좌향 15cm 이하	좌향 15cm 이하
		우향 30cm 이하	우향 30cm 이하
	우측 전조등	상향 10cm 이하	상향 10cm 이하
		하향 30cm 이하	하향 30cm 이하
		좌향 30cm 이하	좌향 30cm 이하
		우향 30cm 이하	우향 30cm 이하

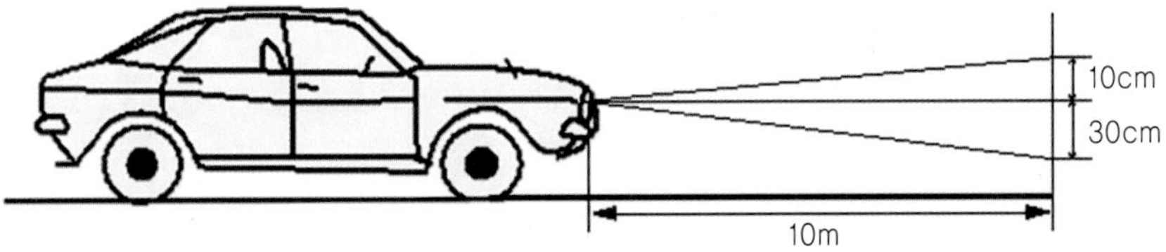

(a) 상・하 진폭

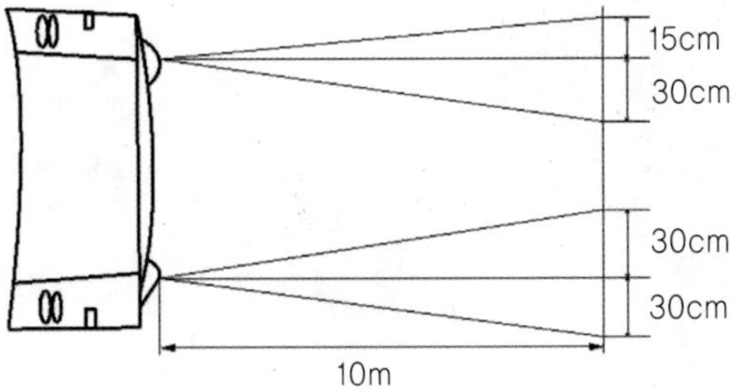

(b) 좌・우 진폭

그림 94. 전조등 상・하, 좌・우 진폭

[5] 전조등 조정방법

(1) 말리부 전조등

① 일반적으로 안쪽에 있는 것은 상・하 조사각을 조절한다.

② 십자드라이버를 이용하여 시계방향으로 돌리면 조사각이 위로, 시계 반대방향으로 돌리면 아래로 이동한다.

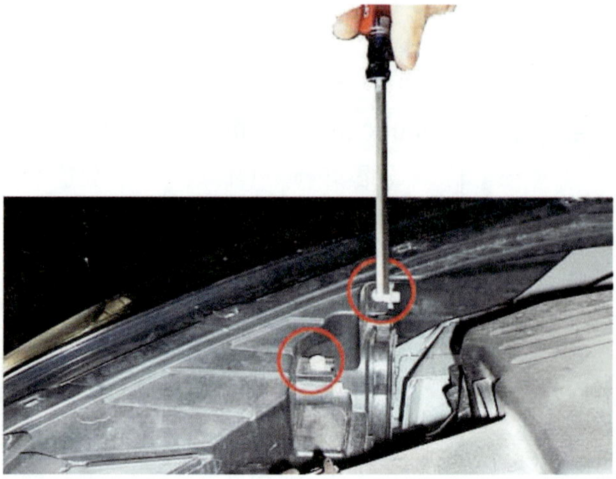

그림 95. 조사방향 조정 (1)

③ 바깥쪽에 있는 것은 좌·우 조절을 한다.

(2) i30 전조등

시계방향으로 돌리면 조사각이 내려가고, 반시계방향으로 돌리면 올라간다.

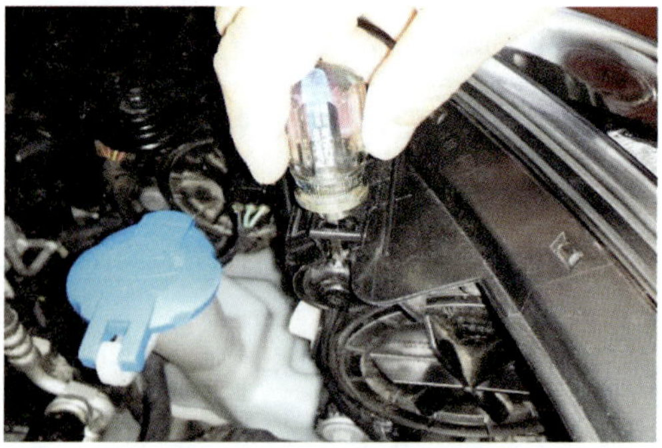

그림 96. 조사방향 조정 (2)

(3) 베라크루즈

십자드라이버를 이용하여 조사각을 조절한다.

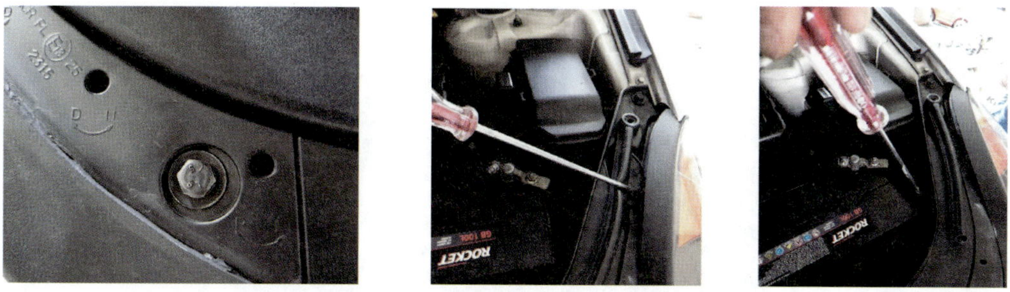

(a) 상향등 조정　　(b) 전조등 좌・우 조정　　(c) 전조등 상・하 조정

그림 97. 조사방향 조정 (3)

(4) 기타 차량들

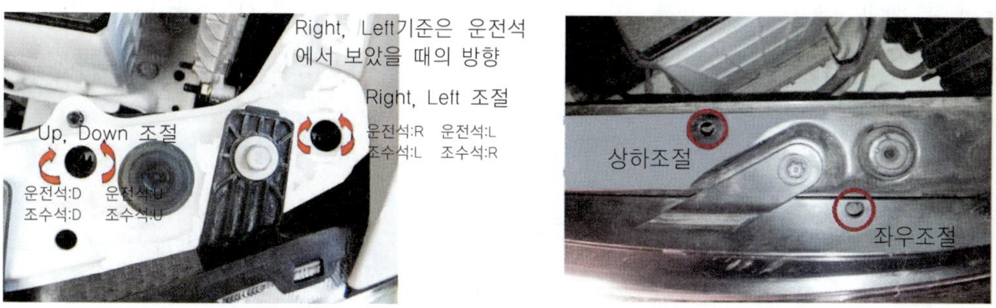

그림 98. 조사방향 조정(4)

2.6. 실내등

가까운 실내 천장의 중앙이나 윈드실드 가까운 장소에 설치되어 차량의 어두운 실내를 환하게 조명하기 위한 등으로, 룸 라이트 또는 룸 램프라고도 한다.

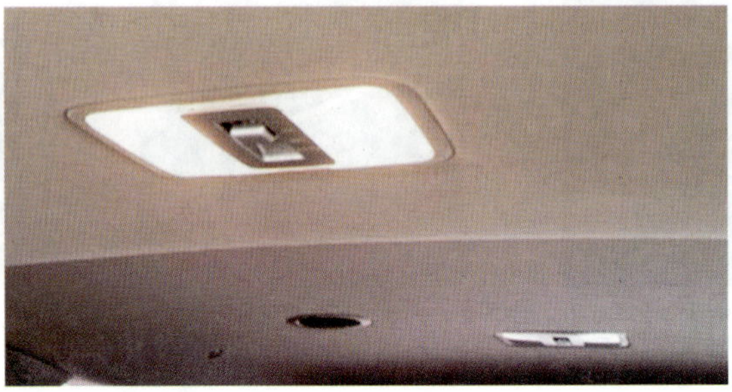

그림 99. 실내등

2.6.1. 감광식 룸램프 제어

감광식 룸램프 제어는 도어를 연 후 닫을 때 실내등이 즉시 소등되지 않고 서서히 소등될 수 있도록 하여 시동 및 출발 준비를 할 수 있도록 편의를 제공하는 기능이다.

2.6.2. 감광식 룸램프 제어 타임차트

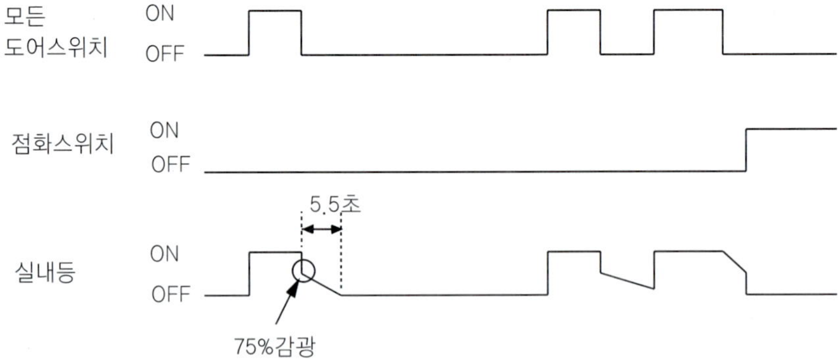

2.6.3. 감광식 룸램프 제어 다이어그램

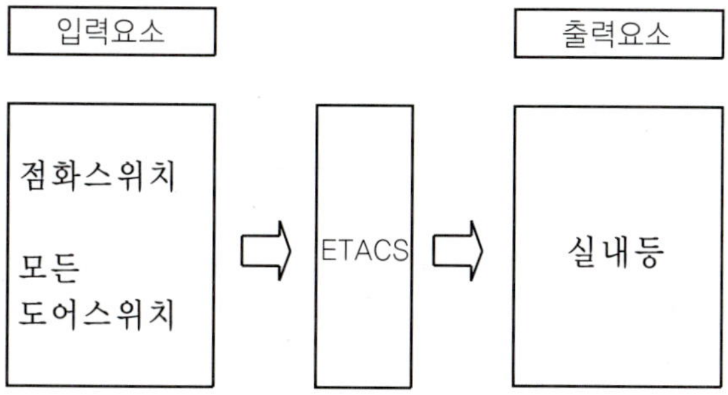

2.6.4. 감광식 룸램프 제어 회로

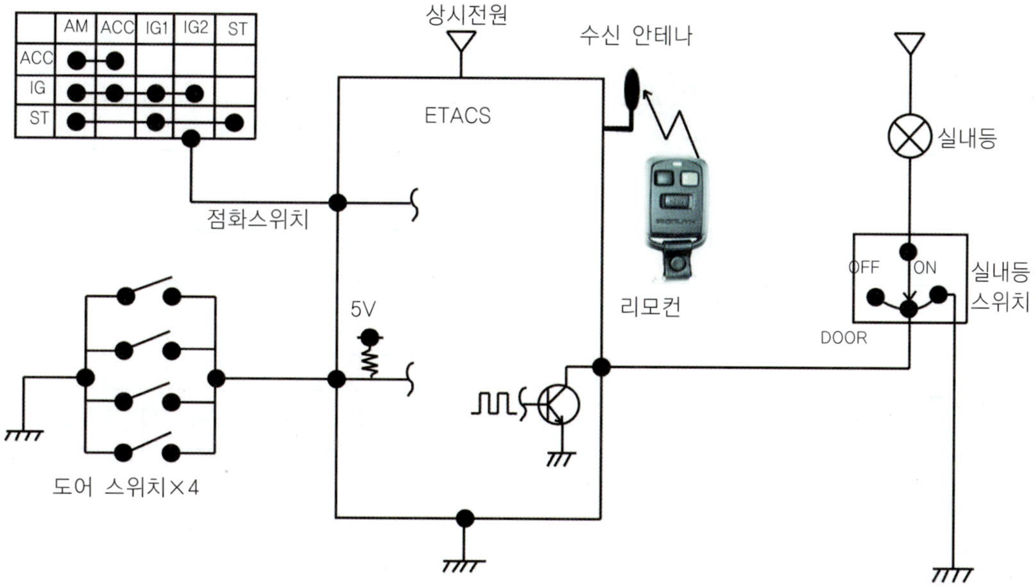

그림 100. 감광식 룸램프 회로도

2.6.5. 입 · 출력요소 단자특성

입 · 출력요소		전압레벨	
입력	점화스위치	ON 시	12V
		OFF 시	0V
	모든 도어스위치	도어 열림 시	0V
		도어 닫힘 시	12V
출력	룸램프	점등 시	0V(접지시킴)
		소등 시	12V(접지해제)

2.6.6. 실내등회로 점검

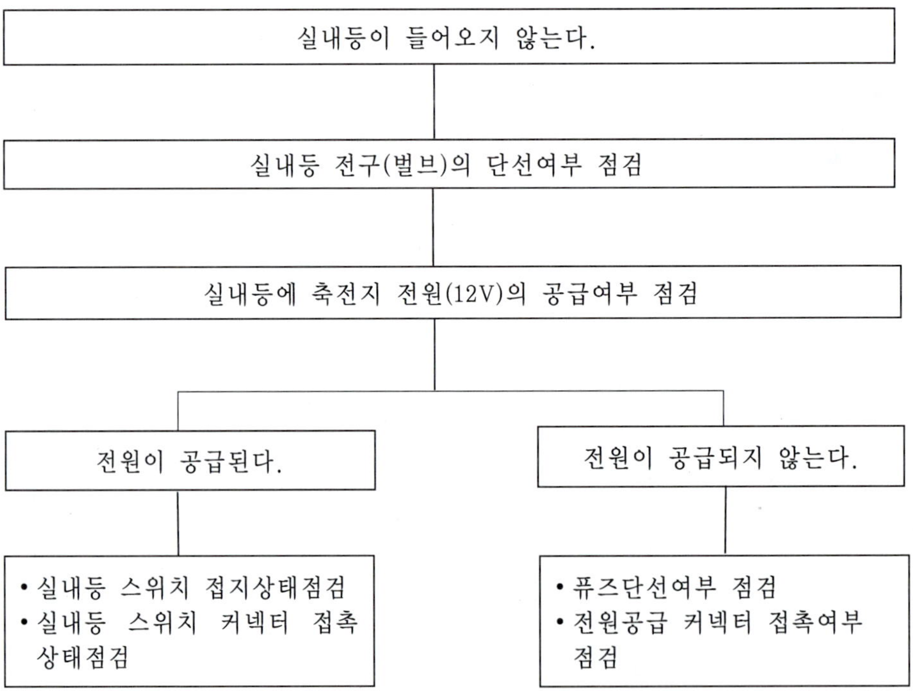

① 실내등을 ON시켜 점검한다.

그림 101. 실내등 점검

② 배터리의 충전상태 및 터미널의 상태를 점검한다.

③ 실내등 퓨즈를 점검한다.

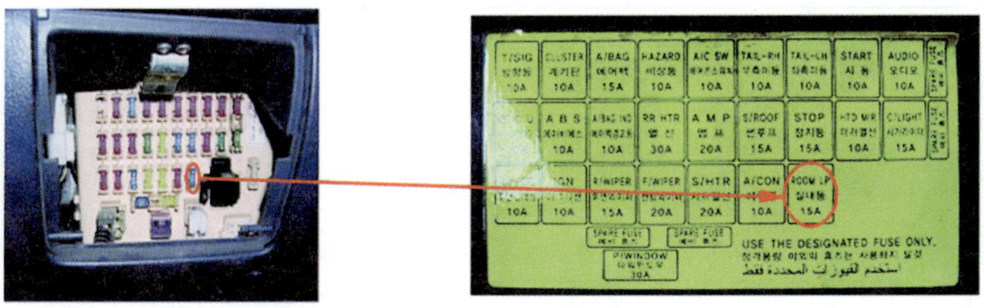

그림 102. 실내 정션 퓨즈박스에서 실내등 관련 퓨즈 위치

④ 실내등 커버를 탈거하고 회로시험기 또는 테스트 램프를 이용하여 실내등 전구에 전원이 오는지를 점검하고 전원이 들어오면 실내등 전구를 점검한다.

(a) 실내등 커버 탈거 (b) 실내등 전원점검 (c) 전구점검

그림 103. 실내등 전구점검

⑤ 도어 스위치를 탈거하여 통전 여부를 점검한다.

(a) 도어 스위치 탈거 (b) 스위치 OFF(비통전) (c) 스위치 ON(통전)

그림 104. 도어 스위치 점검

Chapter

7

보디 전기장치
(Body Electric System)

1 파워 윈도우

1.1. 파워 윈도우의 종류

파워 윈도우는 수동핸들을 돌려서 창문을 여닫는 것이 아니라 스위치에 의해 모터로 자동차 창문을 열고 닫는 것이다. 파워 윈도우 종류에는 보통 스위치에 아무것도 적혀있지 않는 파워 윈도우, AUTO DOWN이라고 적혀 있는 오토 파워 윈도우, AUTO라고 적혀 있는 세이프티 파워 윈도우가 있다.

[1] 파워 윈도우(Power Window)

스위치에 의해 모터로 자동차 창문을 열고 닫는 것이다. 스위치를 누르고 있는 동안에만 창문이 열리거나 닫힌다.

[2] 오토 파워 윈도우(Automatic Power Window)

한번 스위치를 누르면 완전히 열리거나 닫힐 때까지 자동으로 모터가 동작하는 것이다. 대부분의 차에는 오토 파워 윈도우는 열리는 기능만 들어 있다. 법적으로 자동으로 닫히는 동안 장애물이 끼었을 때 장애물을 감지하여 다시 여는 기능이 없으면 오토로 닫히는 기능을 못 넣도록 하고 있다.

운전자가 열림 또는 닫힘 버튼을 누르면 2개의 C접점 릴레이 중 하나를 동작시켜 모터를 회전시킴으로써 자동차 파워 윈도우를 열거나 닫는다. 오토 파워 윈도우는 릴레이로 모터를 동작시키기 때문에 스위치를 누르면 릴레이가 동작하는 딸깍 소리가 들린다.

① 타이머를 사용하여 일정 시간 동안 모터를 동작시키는 방법

② 리밋 스위치를 사용하여 리밋 스위치가 동작하면 모터를 멈추는 방법

③ 모터 회전수를 검출하여 모터를 동작시키는 방법

[3] 세이프티 파워 윈도우(Auto Reversing Power Window)

세이프티 파워 윈도우는 자동으로 닫히는 도중 장애물을 감지하면 다시 열리는 것이다. 세이프티 파워 윈도우는 2개의 홀 센서로 모터 회전수와 방향을 검출하고 모터 동작 중 모터가 회전하지 않으면 창문이 완전히 닫혔거나 물체가 끼었다고 판단한다.

창문이 완전히 닫혔는지 또는 물체가 끼었는지를 판단하기 위해 모터 회전수로 창문의 위치를 계산한다. 창문이 완전히 닫힌 위치에 있지 않을 때 모터가 회전하지 않으면 물체가 끼였다고 판단하다.

세이프티 파워 윈도우는 모터의 회전수로 창문의 위치를 계산해야 하기 때문에 배터리 방전 등으로 위치 저장 데이터가 지워지면 초기화를 해줘야 한다. 세이프티 파워 윈도우에서 홀 센서를 이용한 방식 이외에 창틀 끝에 센서를 부착하는 방식도 있다. 이러한 방식은 초기화를 하지 않아도 되는 장점이 있다.

1.2. 파워 윈도우 모터(윈도우 레귤레이터)의 탈·부착

1.2.1. 탈거

① 도어를 열어 사이드미러 안쪽 커버를 탈거한다.

② 사이드미러 안쪽 커버의 커넥터를 탈거한다.

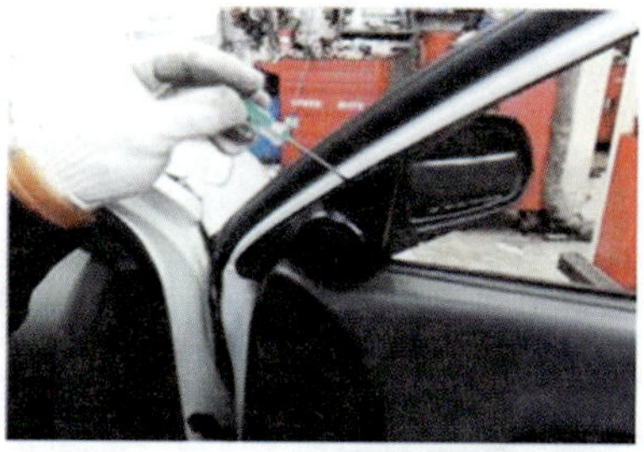

그림 1. 사이드 미러 커버 탈거

그림 2. 사이드 미러 커넥터 탈거

③ 도어 내측 트립의 플라스틱 고정 핀을 제거한다.

④ 도어 내측 트립의 고정피스를 드라이버를 이용하여 탈거한다.

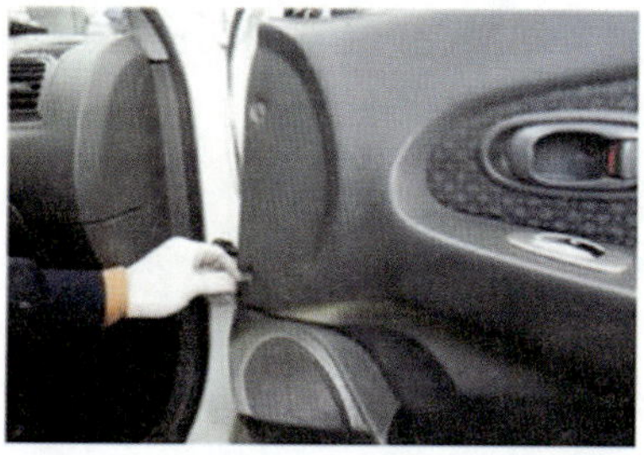

그림 3. 플라스틱 고정 핀 제거

그림 4. 트립 고정피스 탈거

⑤ 드라이버를 이용하여 도어 내측 트립의 손잡이 고정피스를 탈거한다.
⑥ 도어 내측 트립의 도어 열림 캐치 고정피스를 드라이버를 이용하여 탈거한다.

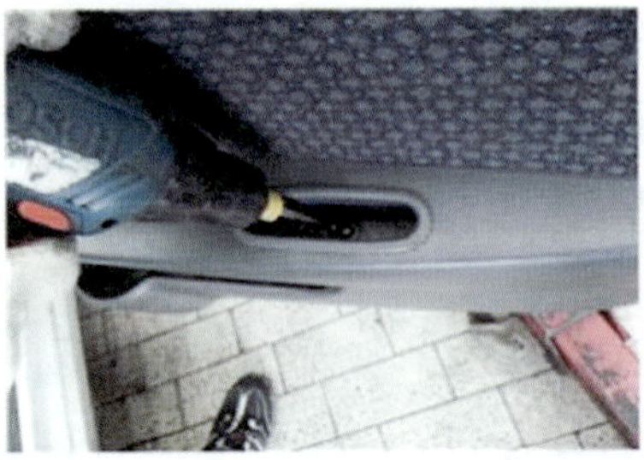

그림 5. 손잡이 고정피스 탈거

그림 6. 캐치 고정피스 탈거

⑦ 인사이드 핸들(내캐치) 링크 키를 분리하고 캐치를 탈거한다.
⑧ 도어 내측 트립의 하단을 손으로 잡아당겨 이격시키고 위쪽으로 밀어 올려 트립을 탈거한다.

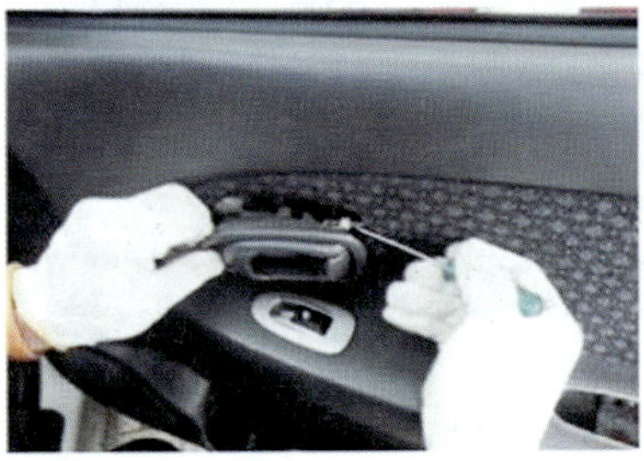

그림 7. 내 캐치 링크 키 분리

그림 8. 트립 탈거

⑨ 트립 안쪽의 커넥터를 탈거한다.
⑩ 트립을 제거하고 드라이버를 이용하여 트립과 고정하는 브래킷(bracket)을 탈거한다.

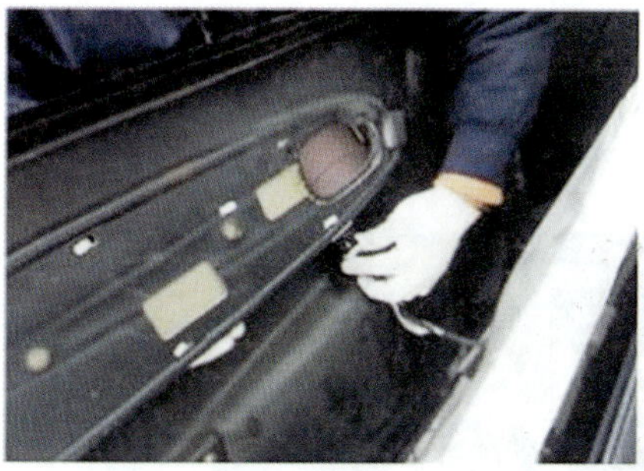

그림 9. 커넥터 탈거

그림 10. 트립 고정 브래킷 탈거

⑪ 더스트(dust) 커버를 탈거한다.

⑫ 도어유리 고정 볼트(2개)를 탈거한다. 볼트를 풀면 유리가 떨어져 깨질 수 있으니 유리가 떨어지지 않도록 고정 장치를 끼우고 작업한다.

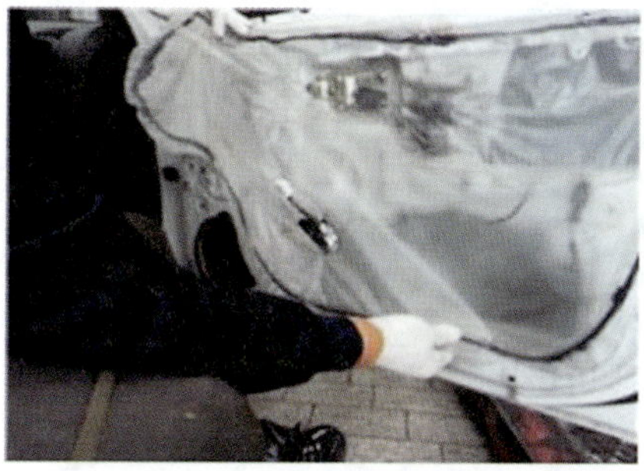

그림 11. 더스트 커버 탈거

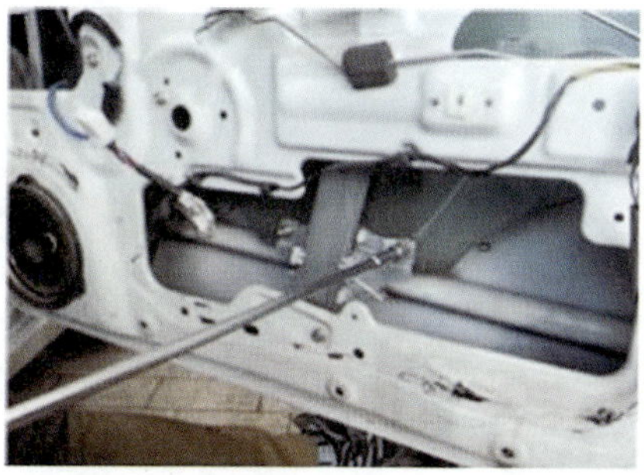

그림 12. 도어유리 고정볼트 탈거

⑬ 파워 윈도우 레귤레이터 고정 너트(4개)를 탈거한다.

⑭ 파워 윈도우 모터 커넥터를 탈거한다.

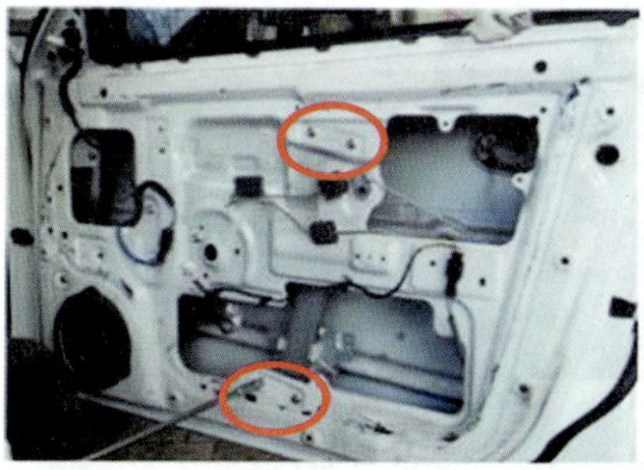

그림 13. 레귤레이터 고정 너트 탈거

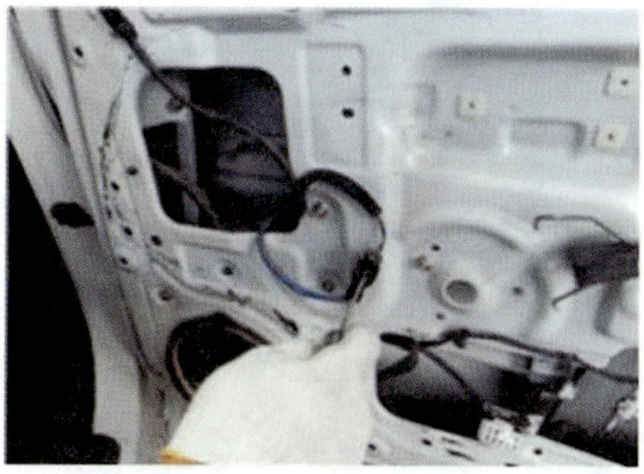

그림 14. 모터 커넥터 탈거

⑮ 파워 윈도우 모터 고정너트(3개)를 탈거한다.

⑯ 파워 윈도우 모터 링키지를 빼낸다.

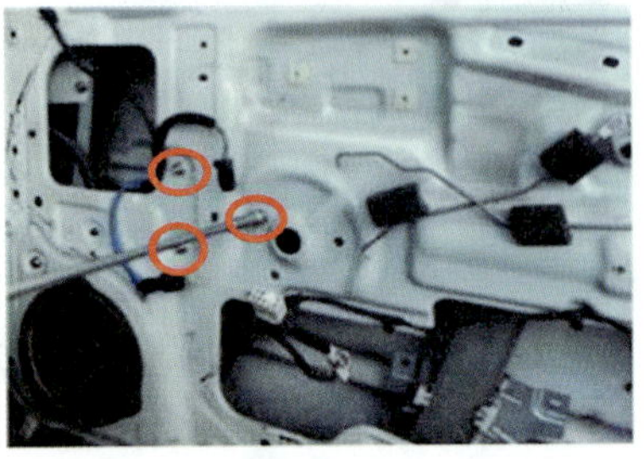

그림 15. 모터 고정너트 탈거

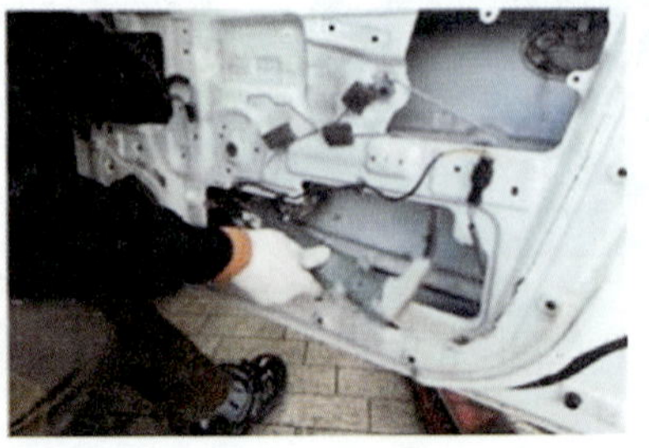

그림 16. 링키지 탈거

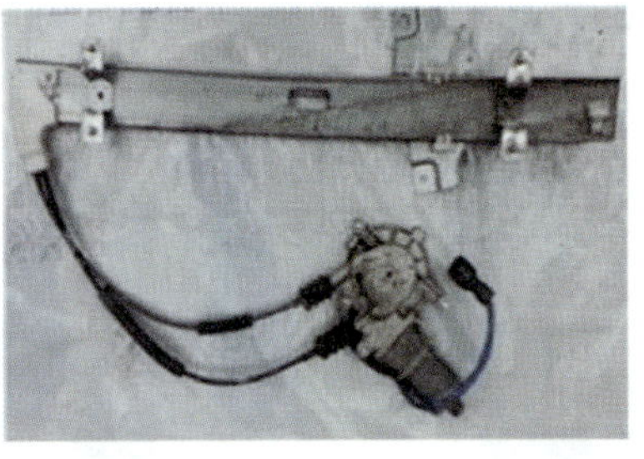

그림 17. 윈도우 레귤레이터

1.2.2. 조립

① 파워 윈도우 모터와 레귤레이터를 끼운다.

② 파워 윈도우 모터 고정너트를 손으로 충분히 돌려 고정한다.

그림 18. 링키지 조립

그림 19. 모터 고정너트 조립

③ 파워 윈도우 레귤레이터 고정너트를 손으로 충분히 돌려 고정한다.

④ 고정너트를 조인다.

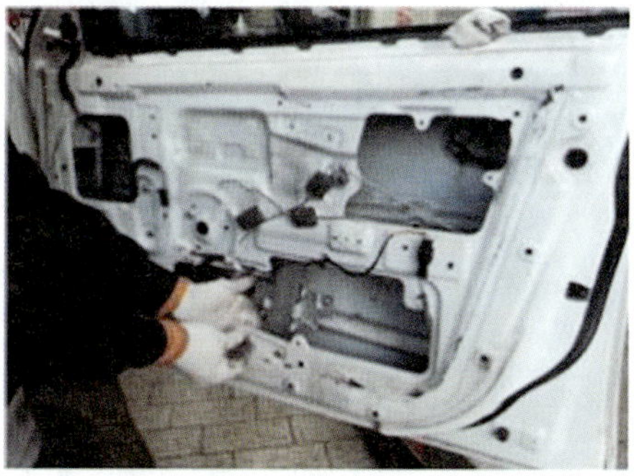

(a)

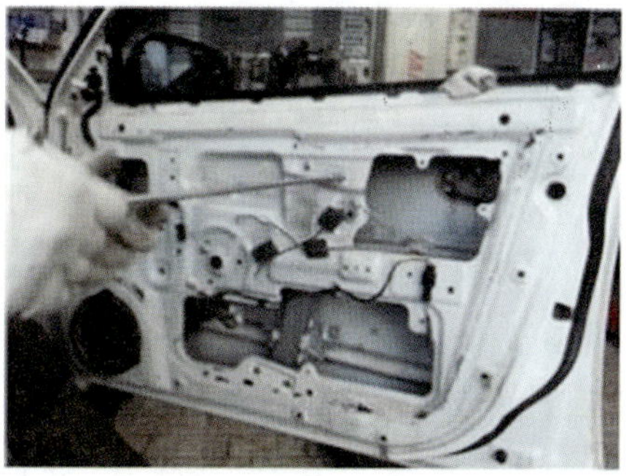

(b)

그림 20. 레귤레이터 고정너트 조립

⑤ 파워 윈도우 모터 커넥터를 연결한다.

⑥ 도어유리를 정 위치에 맞추고 고정 볼트(2개)를 고정한다.

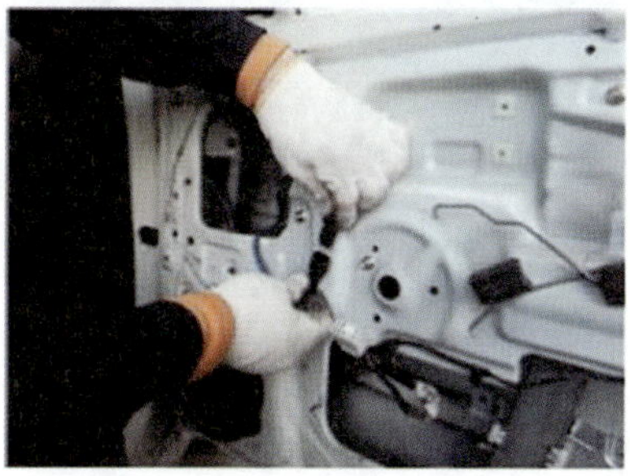

그림 21. 커넥터 조립

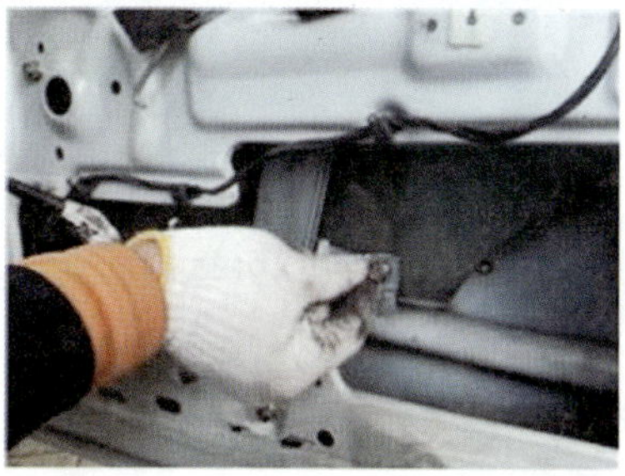

그림 22. 도어유리 고정볼트 조립

⑦ 더스트(Dust) 커버를 붙인다.

⑧ 트립과 고정하는 브래킷(bracket)을 조립한다.

그림 23. 더스트 커버 조립

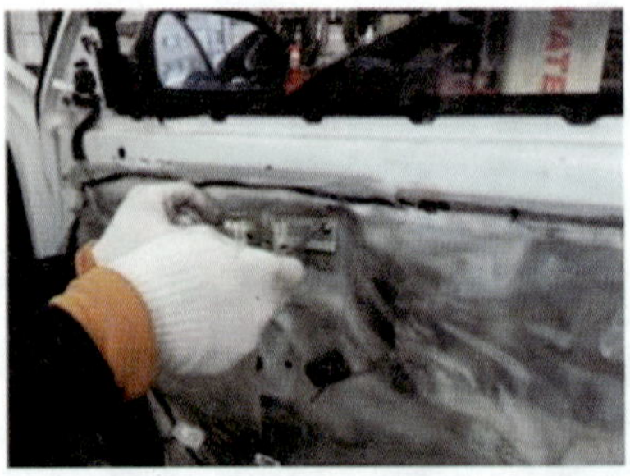

그림 24. 트립 브래킷 조립

⑨ 트립 안쪽의 커넥터를 연결한다.

⑩ 도어 내측 트립을 위쪽에서 아래방향으로 눌러 끼우고 트립과 도어의 키를 맞추어 체결한다.

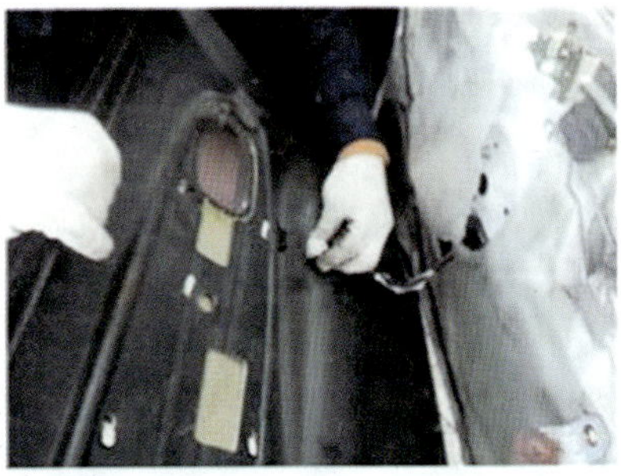

그림 25. 트립 안쪽 커넥터 조립

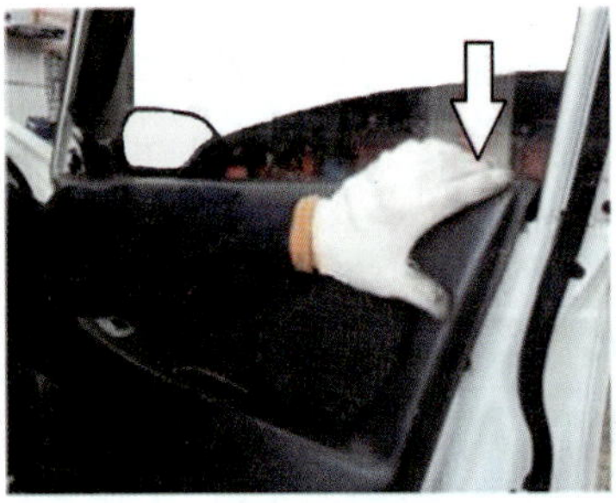

그림 26. 트립 조립

⑪ 인사이드 핸들(내캐치)의 링크키를 끼우고 캐치를 조립한다.

⑫ 드라이버를 이용하여 인사이드 핸들(내캐치)의 손잡이 고정피스를 조립한다.

⑬ 드라이버를 이용하여 도어 내측 트립의 손잡이 고정피스를 조립한다.

⑭ 드라이버를 이용하여 도어 내측 트립의 고정피스를 조립한다.

그림 27. 내캐치 조립

그림 28. 내캐치 고정피스 조립

그림 29. 손잡이 고정피스 조립

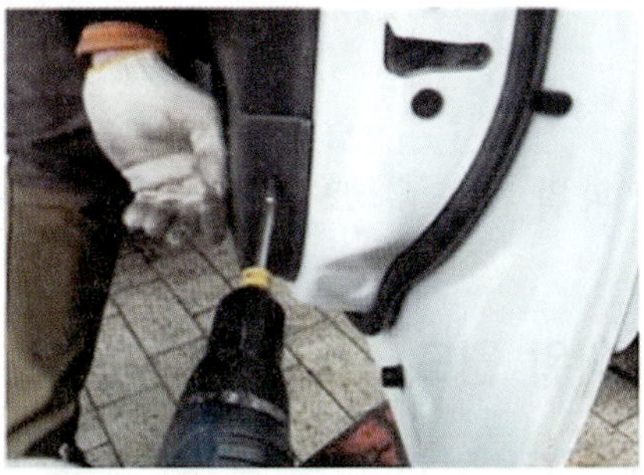

그림 30. 내측 트립 고정피스 조립

⑮ 도어 내측 트립의 플라스틱 고정 핀을 조립한다.

⑯ 사이드미러 안쪽 커버의 커넥터를 조립한다.

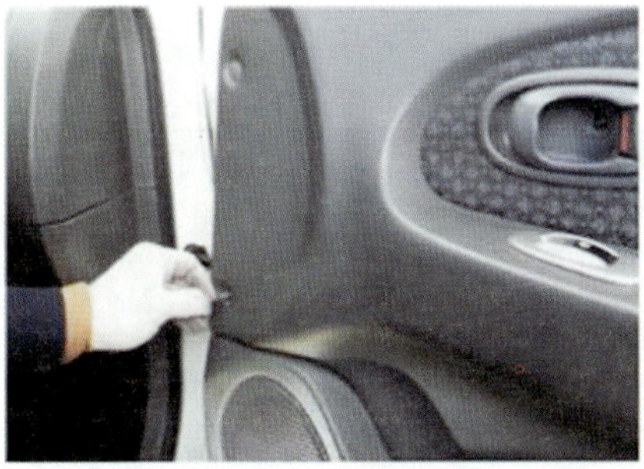

그림 31. 플라스틱 고정 핀 조립

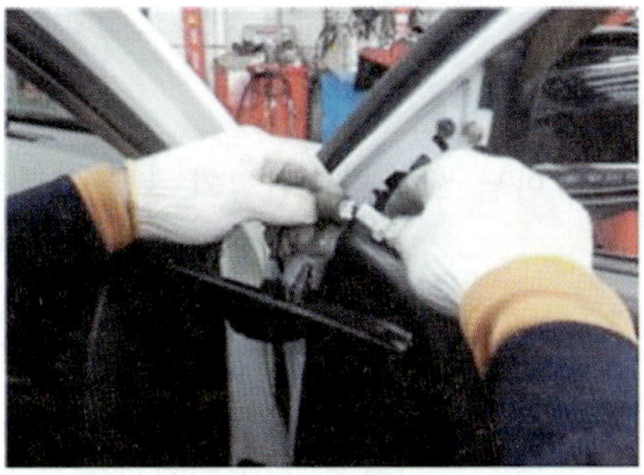

그림 32. 사이드미터 커넥터 조립

⑰ 사이드미러 안쪽 커버의 키홈을 일치시켜 눌러 조립한다.

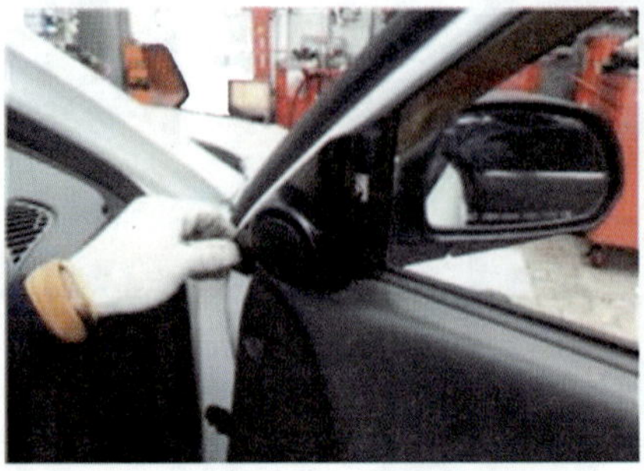

그림 33. 사이드미러 안쪽 커버 조립

⑱ 파워 윈도우 모터 스위치를 작동시켜 정상 작동상태를 확인한다.

1.3. 파워 윈도우의 점검

1.3.1. 고장점검 (1)

파워 윈도우가 모두 작동하지 않는다.

↓

점화스위치 2단(ON)위치에서 파워 윈도우 릴레이를 분리하여 점검한다.

↓

아날로그 회로시험기나 테스트램프를 이용하여 릴레이를 점검한다.

↓

B단자와 S_1단자에 (+)전원이 S_2 단자 (-)전원이 공급된다.	B단자와 S_1단자에는 (+)전원이 S_2단자에 (-)전원이 공급되지 않는다.
정 상	• 퓨즈 점검 • 파워 윈도우 스위치 점검

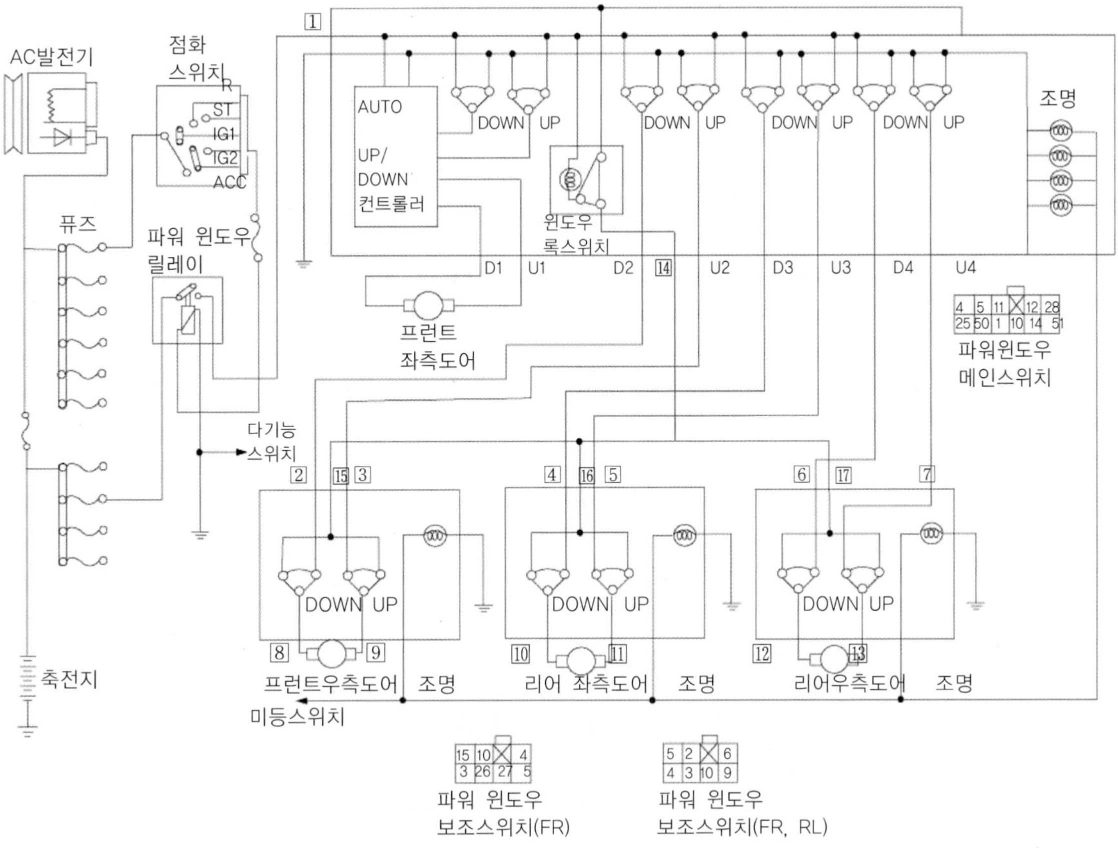

(그림) 34. 파워 윈도우 회로도

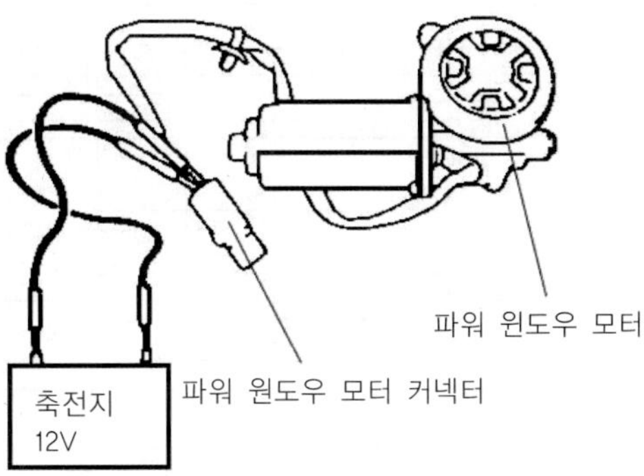

(그림) 35. 파워 윈도우 모터 점검

1.3.2. 고장점검 (2)

파워 윈도우가 운전석쪽이 작동하지 않는다.

↓

점화스위치 2단(ON)위치에서 파워 스위치를 UP(상), DOWN(하)작동시키면서 D_1(DOWN), U_1(UP)회로에 축전지 전원공급여부를 점검한다.

전압이 되지 않는다.	전원공급이 된다.
메인 파워 윈도우 스위치 점검	파워 윈도우 모터 점검

표 파워 윈도우 메인스위치 점검

위치	단자	3	4	5	6	7	11	12	13	14	15	16
프런트 좌측	UP	○	─	○			○	─	─	─	─	○
	OFF			○	─	─	○	─	─	─	─	○
	DOWN	○	─	─	─	─	─	─	─	─	─	○
				○	─	─	○					
프런트 우측	UP	○	─	─	○		○	─	─	○		
	OFF				○	─	○	─	─	○		
	DOWN	○	─	─	─	─	─	─	─	○		
				○	─	─	○					
리어 좌측	UP	○	─	─	─	○	○	─	○			
	OFF					○	○	─	○			
	DOWN	○	─	─	─	─	─	─	○			
						○	○					
리어 우측	UP	○	○				○	○				
	OFF		○	─	─	─	○	○				
	DOWN	○	─	─	─	─	─	○				
			○	─	─	─	○					

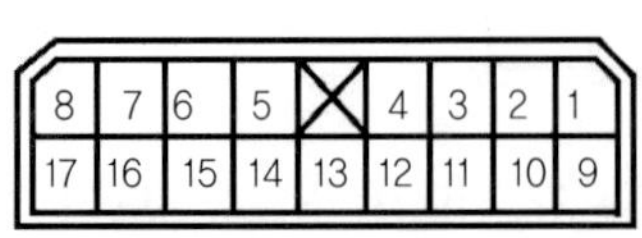

그림 36. 파워 윈도우 메인스위치 커넥터

1.3.3. 고장점검(3)

파워 윈도우가 메인스위치로는 작동되나 각 도어 스위치를 작동하지 않는다.

- 점화스위치 2단(ON)에 위치한다.
- 메인 파워 윈도우 스위치의 윈도우 록 스위치를 작동시킨다.

14번 단자에 축전지 전원공급 여부를 점검한다.

전원이 공급되지 않는다.

윈도우 록 스위치 불량

15, 16, 17회로에 축전지 전원 공급여부를 점검한다.

전원이 공급되지 않는다.

윈도우 록 스위치와 각 도어 스위치의 회로 고장

표 파워 윈도우 스위치(각 도어 스위치)

위치 \ 단자	1	2	4	5	6	3	7
UP		○──	──○	○──	──○		
OFF	○──	──○		○──	──○	○──⊗	──○
DOWN	○──	──○	○──	──○			

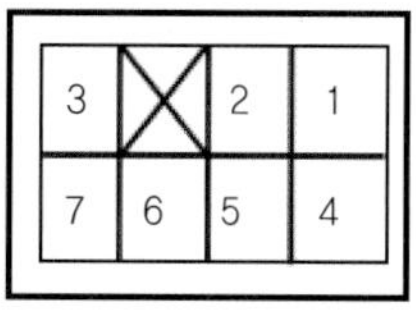

○──○ 통전

1.3.4. 고장점검(4)

메인 스위치로 작동 시 운전석 파워 윈도우만 작동된다.

점화스위치 2단(ON)에서 파워 윈도우 메인스위치를 작동시키면서 D_2, U_2, D_3, U_3, D_4, U_4 회로에 축전지 전원공급여부를 점검한다.

정상	전원이 공급된다.
불량	메인 파워 스위치 점검

파워 윈도우 메인스위치를 작동시키면서 [2], [3], [4], [5], [6], [7], [8], [9], [10], [11], [12], [13]회로에 축전지 전원공급 여부를 점검한다.

[2], [3], [4], [5], [6], [7]회로에 전원공급이 안 된다.

- 파워 메인 스위치 점검
- 각 도어 스위치 점검

[8], [9], [10], [11], [12], [13]회로에 전원공급이 안 된다.

각 도어 스위치 점검

표 윈도우 록 스위치

위치 \ 단자	1	3
NORMAL	○	○ (1–3 통전)
LOCK		

○——○ 통전

1.3.5. 고장점검 (5)

① 파워 윈도우를 조작해 본다.

② 파워 윈도우가 전체적으로 작동을 하지 않을 때

㉮ 배터리 충전상태 및 터미널 연결상태를 점검한다.

㉯ 파워 윈도우 퓨즈를 점검한다.

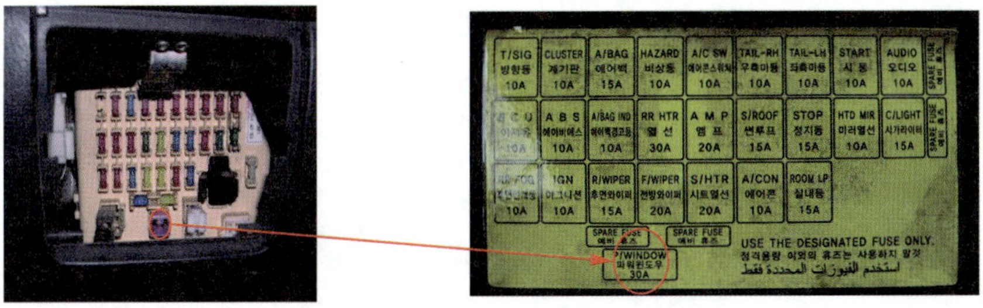

그림 37. 실내 정션 퓨즈박스에서 파워 윈도우 관련 퓨즈 위치

㉰ 파워 윈도우 릴레이를 점검한다.

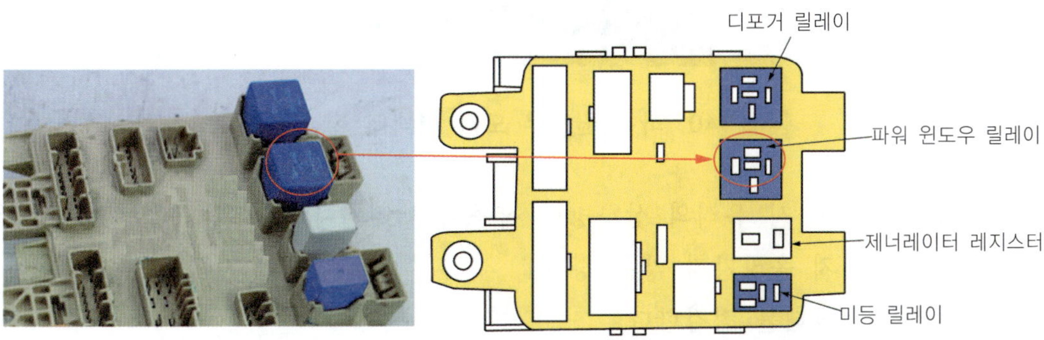

그림 38. 실내 정션박스 뒷면 파워 윈도우 릴레이 위치

㉱ 파워 윈도우 메인 스위치를 점검한다.

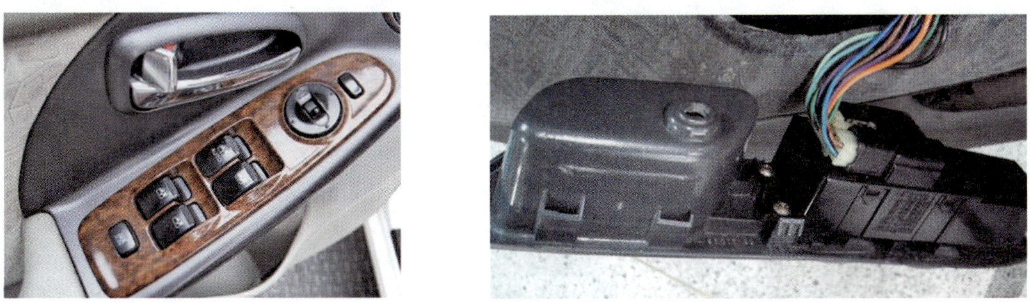

(a) 파워 윈도우 스위치

(b) 파워 윈도우 스위치 커넥터

그림 39. 메인 스위치 점검

③ 작동하지 않는 파워 윈도우 모터를 점검한다.

④ 작동하지 않는 서브 스위치를 점검한다.

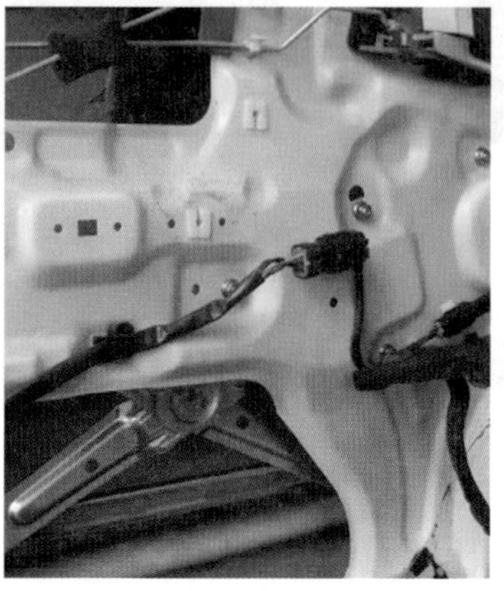

그림 40. 파워 윈도우 모터 커넥터 점검

⑤ 파워 윈도우 작동 시 유리의 상하방향 작동이 느리거나 유리가 레일에서 이탈하고 유리가 끝까지 올라가지 않는 경우

㉮ 배터리 충전상태를 점검한다.

㉯ 파워 윈도우 유리 가이드 레일 조정상태를 점검한다.

㉰ 파워 윈도우 모터를 점검한다.

㉱ 가이드 고무 상태를 점검한다.

2 경음기

2.1. 경음기의 탈 · 부착(소나타Ⅲ)

① 보닛을 열어 배터리 (-)케이블을 탈거한다.
② 조수석 방향지시등을 탈거한다.

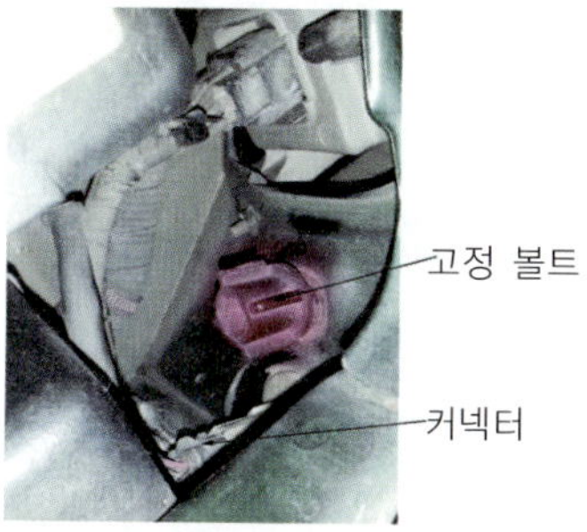

그림 41. 방향지시등 고정볼트 및 커넥터

그림 42. 방향지시등 탈거

③ 조수석 전조등을 탈거한다.
④ 조수석 경음기 커넥터를 탈거한다.
⑤ 조수석 경음기 고정 볼트를 탈거한다.
⑥ 라디에이터 그릴을 탈거한다.
⑦ 경음기 커넥터를 탈거한다.
⑧ 경음기 고정 볼트를 탈거한다.

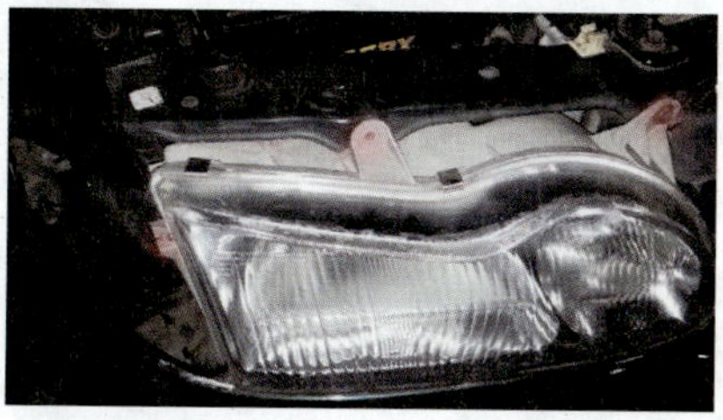

그림 43. 전조등 탈거

그림 44. 경음기 설치 위치

그림 45. 조수석 경음기 커넥터 및 고정볼트

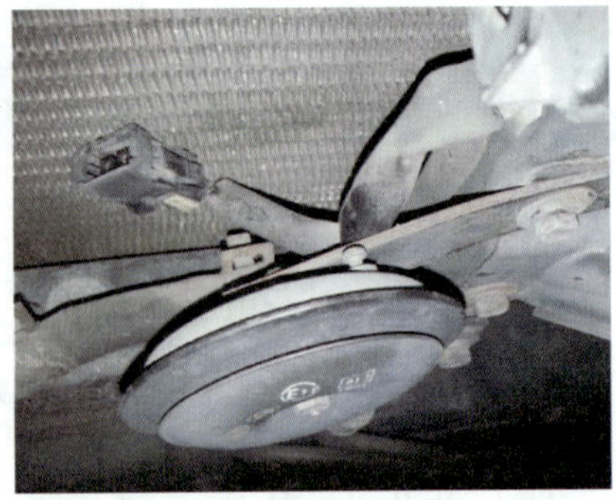

그림 46. 라디에이터 그릴 쪽 경음기

⑨ 조립은 탈거의 역순으로 한다.

⑩ 배터리 (-)케이블을 연결하고 점화스위치 ON에서 경음기가 작동되는지 확인한다.

2.2. 경음기 릴레이의 탈·부착 및 점검

2.2.1. 경음기의 탈·부착

① 엔진룸의 퓨즈박스 커버를 탈거한다.

② 퓨즈박스 커버 안쪽의 릴레이 위치를 보고 퓨즈박스에서 경음기 릴레이 위치를 파악한다.

③ 경음기 릴레이를 탈거한다.

④ 릴레이를 조립하고 점화스위치를 ON상태에서 경음기가 작동하는지 점검한다.

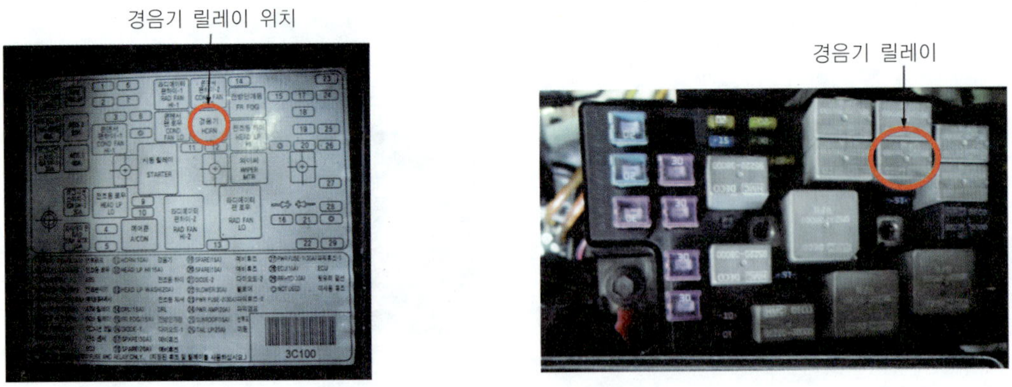

그림 47. 퓨즈박스 릴레이

2.2.2. 경음기 릴레이 점검

① 회로시험기로 배선의 접속 상태 및 단선 여부 전압강하를 점검한다.

② 회로시험기로 경음기 릴레이의 단자 사이의 통전상태를 점검한다.

표 경음기 릴레이 점검

조 건 \ 단 자	B	S	HO
전원공급 됨	●		●
전원공급 됨	●—	—○—	—●

㉮ HO단자(경음기 단자)에 (-)전원이 공급되는지 점검하고, 전원이 공급되지 않으면 경음기 및 배선의 단선을 점검한다.

㉯ B단자에 (+)전원이 공급되는지 점검하고, 전원이 공급되지 않으면 퓨즈 및 배선의 단선을 점검한다.

㉰ S단자에 (-)전원이 공급되는지 점검하고, 전원이 공급되지 않으면 스위치 및 배선의 단선을 점검한다.

㉱ H, B, S단자에 전원 공급이 정상이면, 경음기 릴레이의 불량이다.

2.3. 경음기 조정

2.3.1. 음량조정

소리가 나지 않거나 이상음이 발생하면 경음기를 축전지에 연결하고 드라이버를 이용 음량 조절 나사로 조정한다(up → 소리가 커진다. down → 소리가 작아진다).

2.3.2. 음색조정(공기 틈새 조정)

소리가 나지 않거나 이상음이 발생하면 공기 틈새 조정 스톱 스크루(음색 조절나사)를 돌려 조정(시계방향은 공기 틈새가 좁아지고 시계 반대방향은 공기 틈새가 넓어진다). 공기 틈새가 넓으면 전압이 낮을 때 소리가 적거나 나지 않고, 전압이 높을 경우에는 가동 판과 철심이 접촉하여 음색이 좋지 못하게 된다.

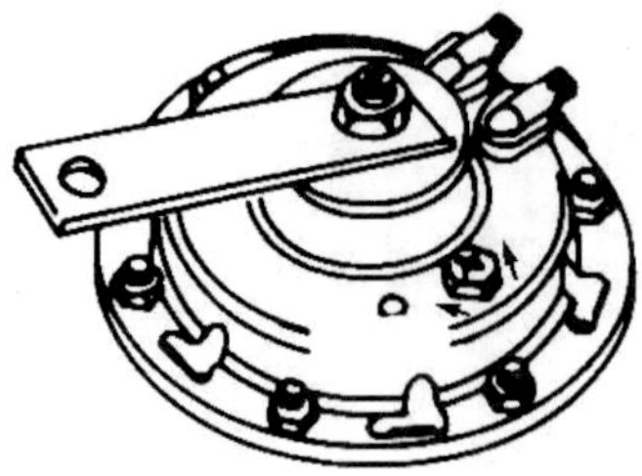

「그림」 48. 음량조정

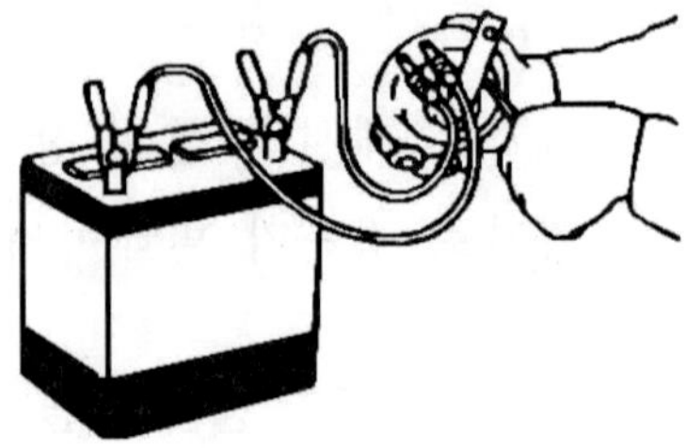

「그림」 49. 음색조정

2.4. 경음기회로 점검

축전지 전압 및 단자 연결상태 점검 → 메인퓨즈(50A) 단선 및 축전지 (+)단자 접촉상태 점검 → 서브 퓨저블 링크 퓨즈(50A) 단선 및 접촉상태 점검

→ 퓨즈박스 내 경음기 퓨즈 단선 점검 → 경음기 릴레이 작동점검 및 소켓 접촉상태 점검 → 경음기 스위치 점검 및 커넥터 접촉상태 점검

→ 경음기 작동점검 및 커넥터 접촉상태 점검

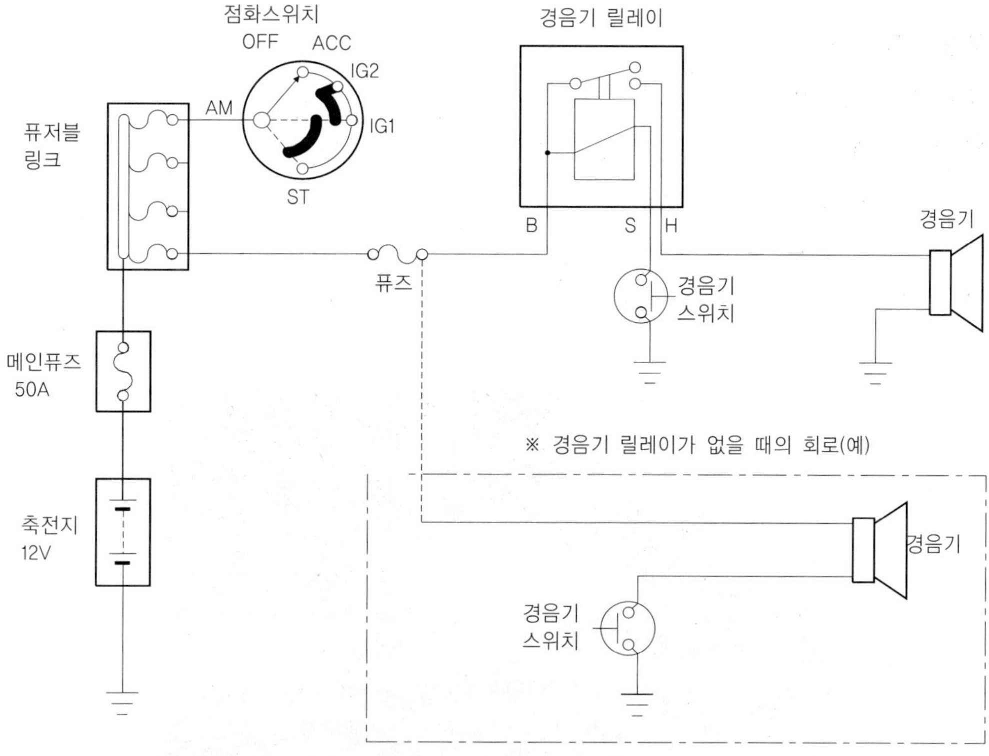

「그림」 50. 경음기 회로도

2.4.1. 릴레이가 있는 경우

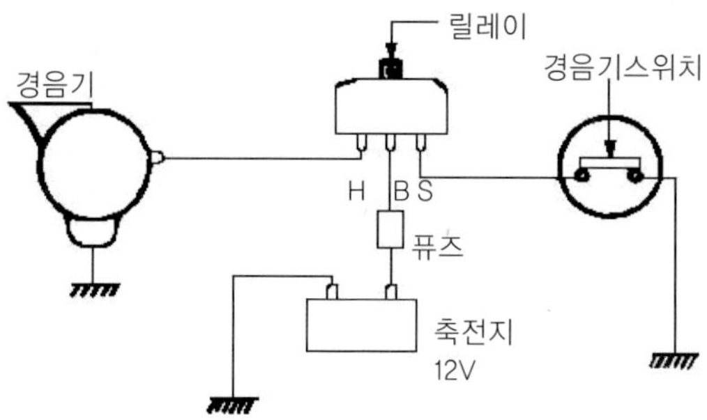

「그림」 51. 경음기 회로도(릴레이 있음)

① 점화스위치를 ON시킨다.

② 경음기를 작동시킨다.

③ 경음기가 작동이 안 될 경우

㉮ 배터리의 충전상태 및 터미널 연결상태를 점검한다.

㉯ 퓨즈 및 릴레이를 점검한다.

㉰ 경음기 작동상태 및 커넥터 상태를 점검한다.

㉱ 회로시험기 또는 테스트 램프로 배선의 접속 상태와 단선에 대하여 점검한다.

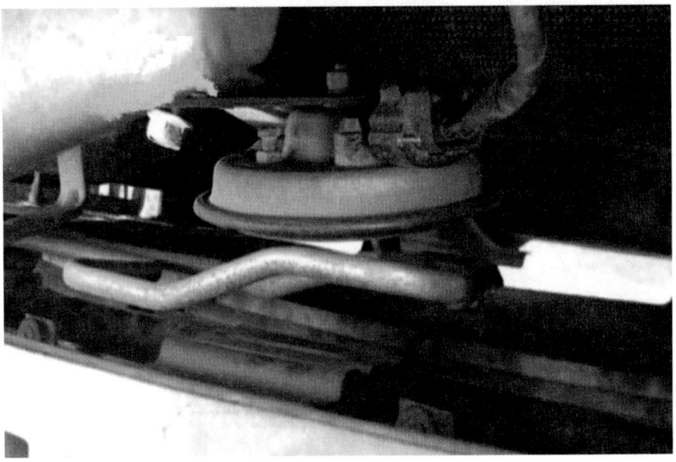

그림 52. 경음기 및 커넥터 점검

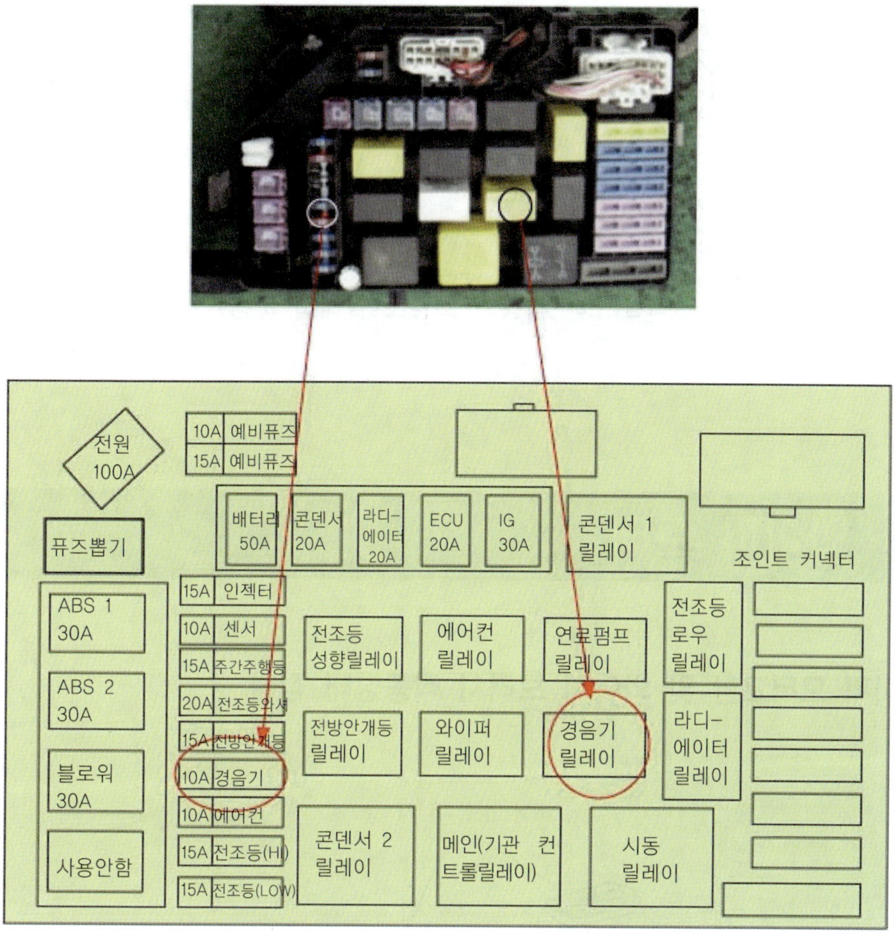

그림 53. 엔진 룸 퓨즈박스에서 경음기 릴레이 및 퓨즈 위치

2.4.2. 경음기 릴레이가 없는 경우(현대, 대우 차량)

① A단자에 (-)전원이 공급되는지 확인한다.

② B단자에 (+)전원이 공급되는 지 확인한다. 전원이 공급되지 않으면 퓨즈 및 배선의 단선을 점검한다.

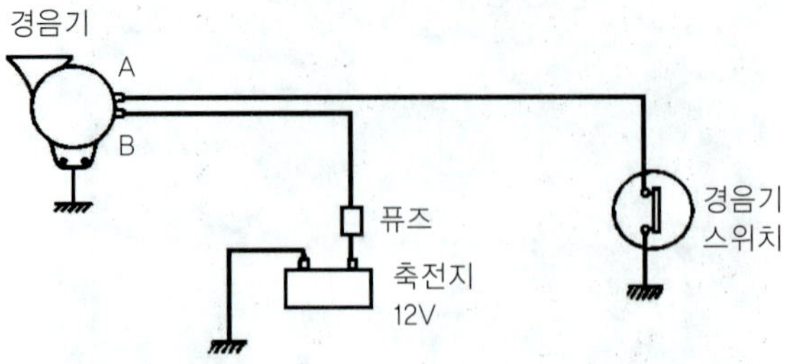

그림 54. 경음기 회로도(릴레이 없음)

3 와이퍼 모터

3.1. 와이퍼 모터교환 및 와이퍼 브러시 작동상태 점검

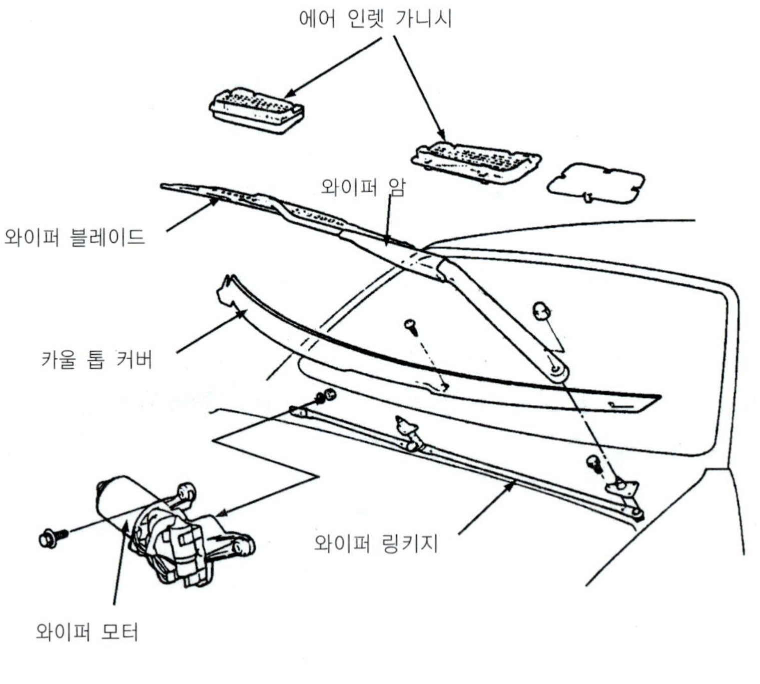

그림 55. 윈드 실드 와이퍼의 구성부품

3.2. 윈드 실드 와이퍼 모터의 탈거 및 조립

3.2.1. 탈거

① 보닛을 열고 배터리 (-)케이블을 탈거한다.

② 와이퍼 블레이드 암 고정너트 캡을 탈거한다.

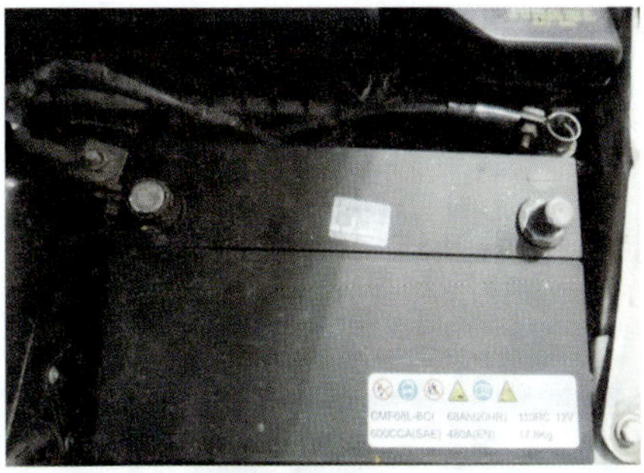

그림 56. 배터리 (-)케이블 탈거

그림 57. 캡 탈거

③ 와이퍼 블레이드 암 고정너트를 탈거한다.

④ 그림 59처럼 해당부위를 눌러 와이퍼 블레이드 암을 탈거한다.

그림 58. 고정너트 탈거

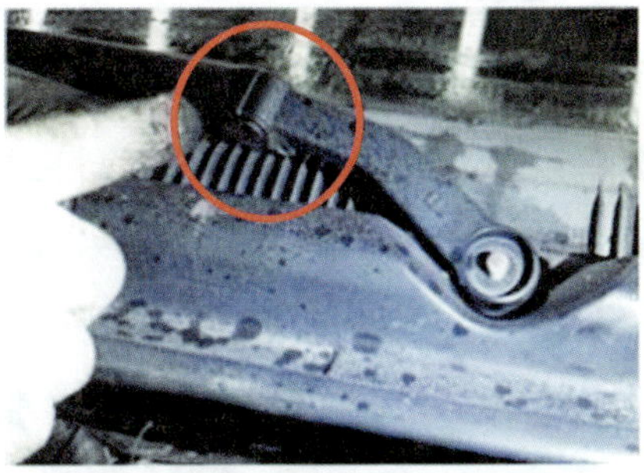

그림 59. 블레이드 암 탈거

⑤ 고무 패드를 탈거한다.

⑥ 카울 커버를 고정하고 있는 플라스틱 고정 핀 및 고정피스를 탈거한다.

⑦ 카울 커버를 탈거한다.

그림 60. 고무패드 탈거

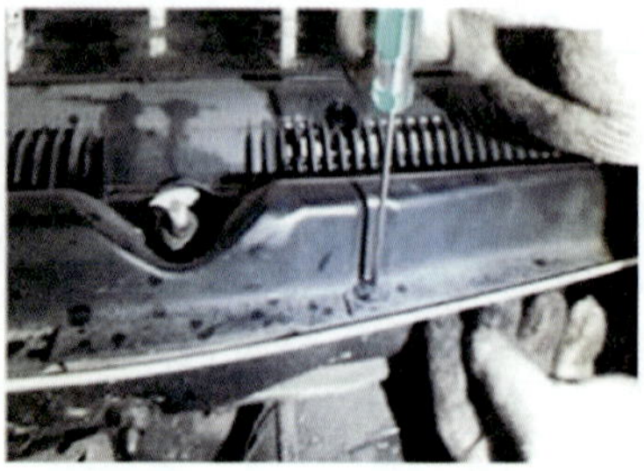

그림 61. 고정 핀 및 피스 탈거

그림 62. 카울 커버 탈거

⑧ 와이퍼 모터 커넥터를 탈거한다.

⑨ 와이퍼 모터 고정 볼트를 풀고 링키지와 모터를 분리하여 모터를 탈거한다.

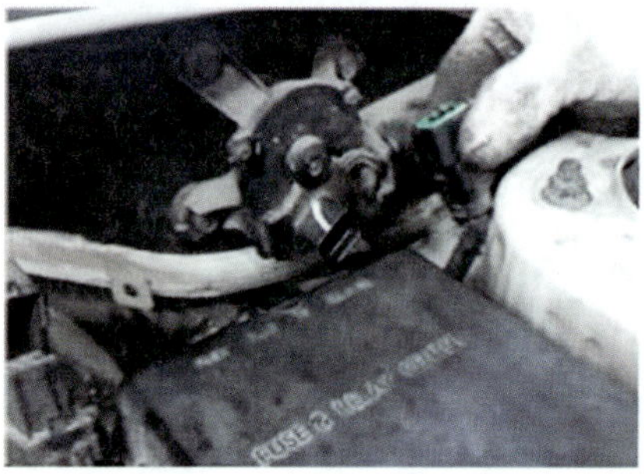

그림 63. 커넥터 탈거

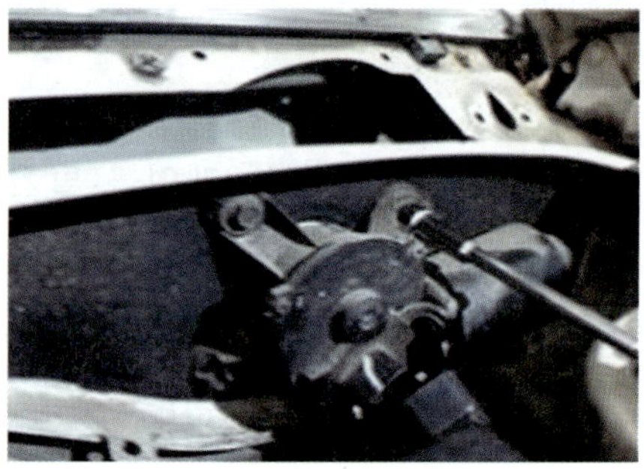

그림 64. 고정 볼트 탈거

⑩ 와이퍼 모터 링키지 고정너트를 탈거한다.

⑪ 와이퍼 모터 링키지를 탈거한다.

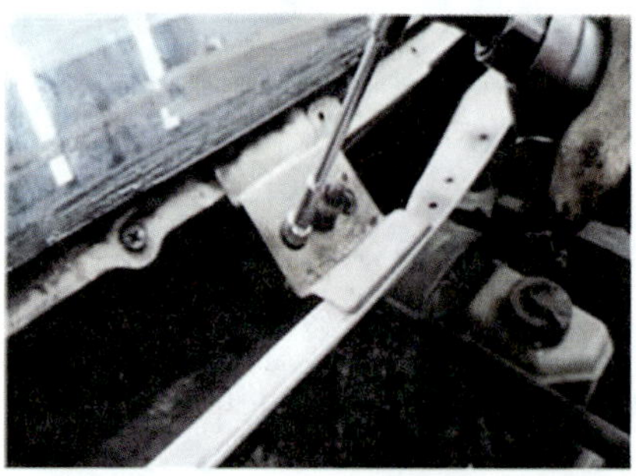

그림 65. 링키지 고정너트 탈거

그림 66. 링키지 탈거

3.2.2. 조립

① 와이퍼 모터 링키지를 끼우고 고정너트를 조립한다.

② 와이퍼 모터와 링키지를 결합하고 와이퍼 모터 고정 볼트를 조립한다.

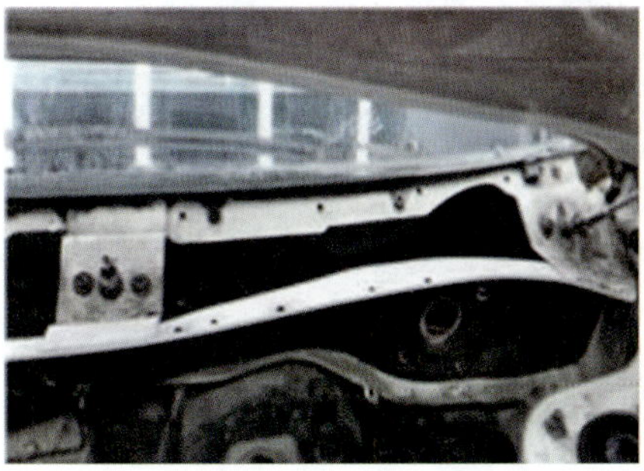

그림 67. 고정너트 조립

그림 68. 고정 볼트 조립

③ 와이퍼 모터 커넥터를 조립한다.

④ 카울 커버 고정피스 및 플라스틱 키를 끼운다.

⑤ 고무패드를 조립한다.

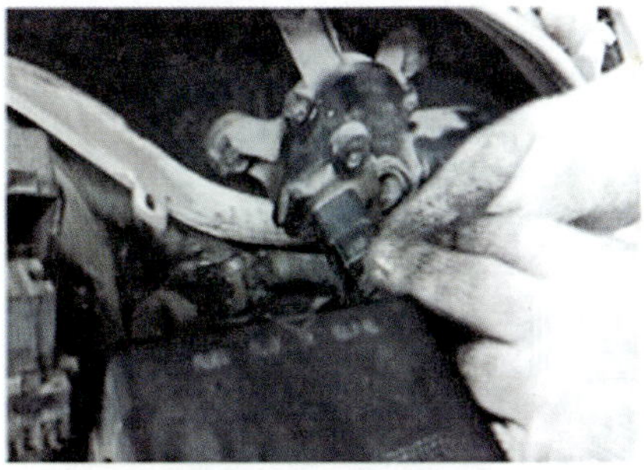

그림 69. 커넥터 조립

그림 70. 고무패드 조립

⑥ 와이퍼 블레이드 암을 정확한 위치를 선정하여 조립하고 고정너트를 조립한다.

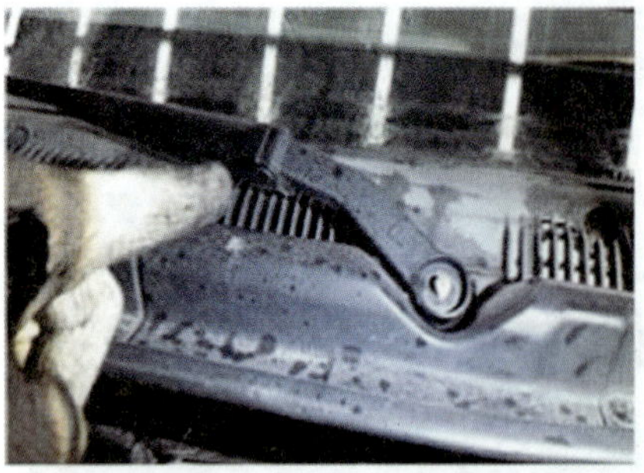

그림 71. 블레이드 암 조립

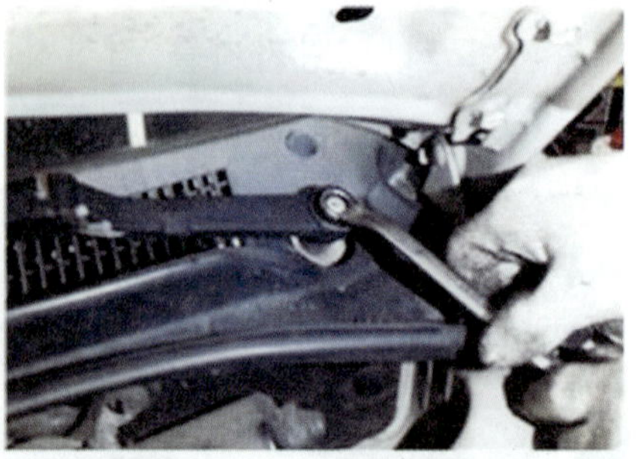

그림 72. 고정너트 조립

⑦ 배터리 (-)케이블을 연결한다.

⑧ 와이퍼를 작동시켜 정상작동 여부를 확인한다.

3.3. 와이퍼 모터의 점검방법

3.3.1. 와이퍼 작동속도 점검

① 와이퍼 모터에서 커넥터를 분리한다.

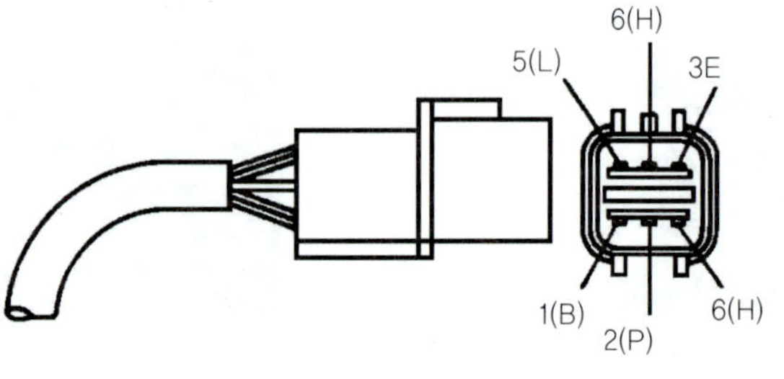

그림 73. 와이퍼 모터 커넥터

② 아래 표와 같이 축전지를 연결한 다음 정상속도로 작동하는지를 점검한다.

축전지 단자 연결		와이퍼 모터 작동속도
(+)단자	(−)단자	
1	5	저속
1	6	고속

3.3.2. 자동 정지 작동점검

① 와이퍼 모터를 저속으로 작동시킨다.

② OFF 이외의 위치에서 단자 5를 분리시켜 모터의 작동을 정지시킨다.

③ 단자 2와 단자 5를 연결한다.

④ 축전지 (+)단자를 와이퍼 모터 단자 1에 접속한다.

⑤ 와이퍼 모터를 다시 작동시켜 모터가 OFF위치에서 정지하는지 확인한다.

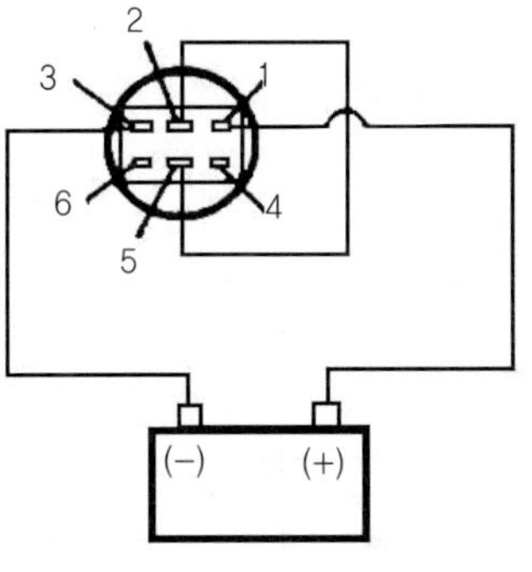

「그림」 74. 자동 정지 작동점검

3.3.3. 와이퍼 모터의 작동점검

① 점화스위치를 OFF한다.

② 와이퍼 모터 커넥터를 분리한다.

③ 와이퍼 모터 커넥터를 다음 그림 75와 같이 연결하여 작동 시험을 한다.

④ 본선(B단자)을 고정시키고 축전지 (-)선을 나머지 단자에 연결하여 돌아가는 속도를 보고 확인한다(HI, LOW).

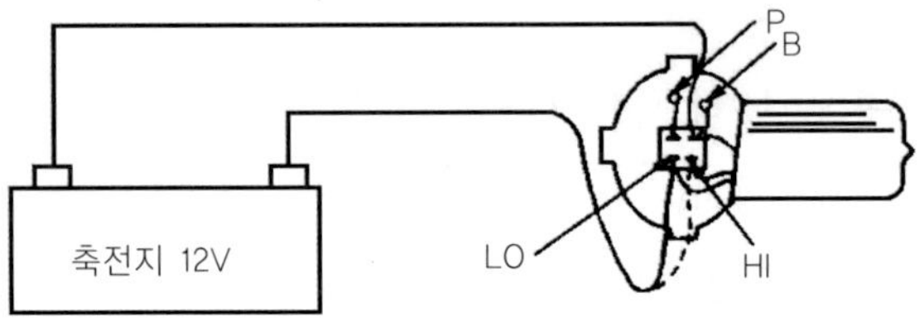

그림 75. 와이퍼 모터의 작동점검

3.4. 윈드 실드 와이퍼 점검

표 와이퍼 스위치 단자 점검

위치 \ 단자	LO	HI	P	IM	EW	INT(T)
OFF	●	────	●			
INT	●	────	●	●	●	●
LO	●	────	────	────	●	
HI		●	────	────	●	

3.4.1. 와이퍼 점검(1)

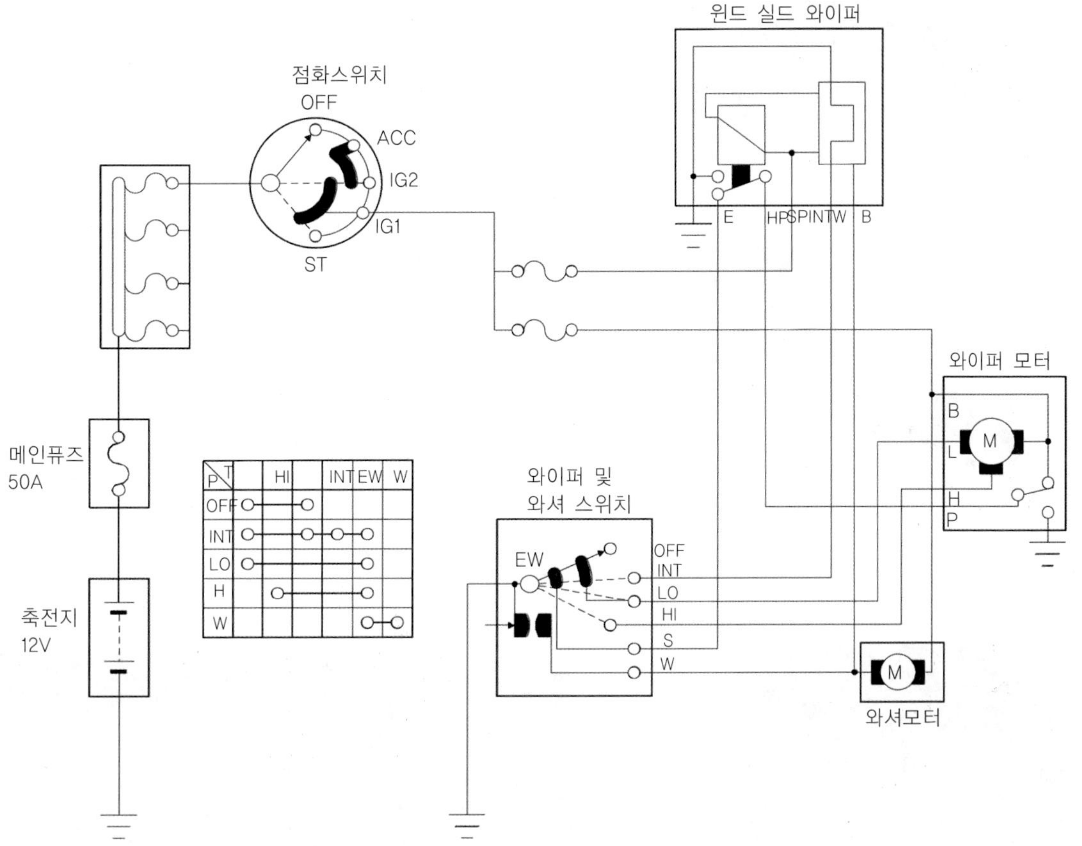

그림 76. 와이퍼 회로도

① 점화스위치를 ON시킨다.

② 와이퍼 스위치 레버를 작동시켜 본다.

③ 와이퍼가 전혀 작동하지 않는다.

㉮ 배터리의 충전상태 및 터미널 연결 상태를 점검한다.

㉯ 퓨즈를 점검한다.

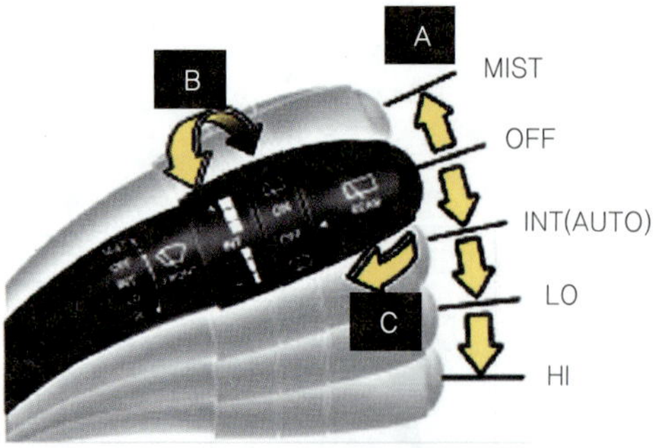

A : 와이퍼 속도 조절
- MIST – 와이퍼 1회 작동
- OFF – 작동정지
- INT(AUTO) – 간헐작동 또는 자동조절
- LO – 저속작동
- HI – 고속 작동

B : 간헐 작동 또는 자동조절 시 속도 기준 변경
C : 와셔액 분출 및 와이퍼 일시 작동

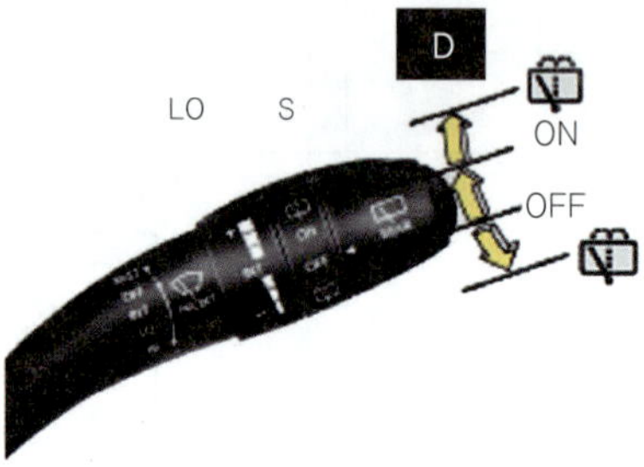

D : 뒷 유리 와이퍼/와셔 조절
- (와셔 표시) – 와셔액 분출
- ON – 와이퍼 연속 작동
- OFF – 작동 정지
- (와셔 표시) – 와셔액 분출 및 와이퍼 일시작동

그림 77. 와이퍼 조작방법

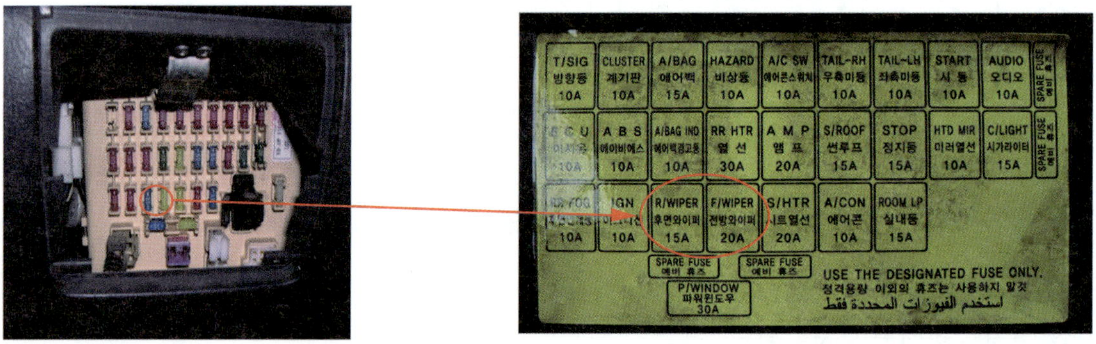

그림 78. 퓨즈 점검

㉰ 와이퍼 스위치 및 커넥터 연결 상태를 점검한다.

㉱ 와이퍼 모터 및 커넥터 연결 상태를 점검한다.

④ 스위치를 OFF시켜도 멈추지 않을 때는 와이퍼 모터가 불량인 경우이다.

⑤ 와셔가 작동하지 않을 때

㉮ 와셔모터의 퓨즈를 점검한다.

㉯ 와셔모터 및 커넥터 연결 상태를 점검한다.

그림 79. 와이퍼 모터 커넥터 점검

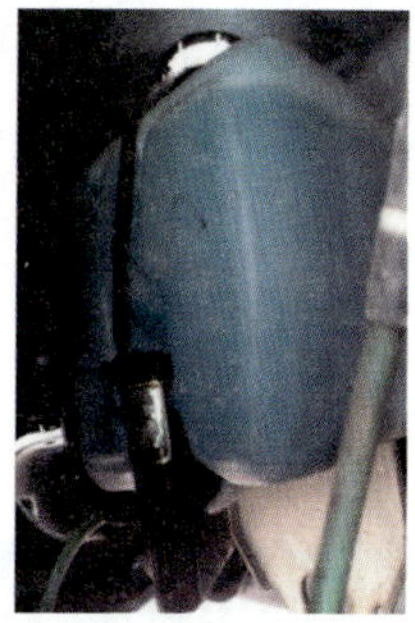

그림 80. 와셔모터 점검

⑥ 와이퍼 스위치 INT(간헐작동) 위치에서만 와이퍼가 작동되지 않으면 와이퍼 간헐작동 릴레이 또는 ETACS 유닛을 점검한다.

3.4.2. 와이퍼 회로 점검(2)

회로시험기 또는 테스트램프에 의하여 커넥터의 접속 상태와 배선의 단선에 대하 점검한다.

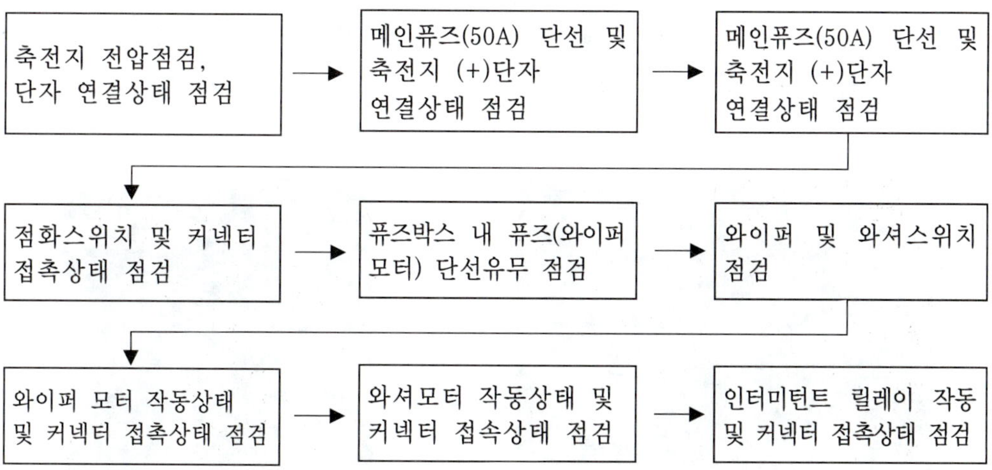

3.4.3. 와이퍼 회로 점검(3)

점화스위치 ON상태에서 와이퍼가 전혀 작동하지 않을 경우

① 퓨즈박스에서 15A 퓨즈를 점검한다.

② 와이퍼 모터에서 커넥터를 분리한 후 IG2단자에 전원이 공급되는가 확인한다.

③ 다기능 스위치 LOW단자와 접지단자 사이의 통전상태를 점검한다.
④ 다기능 스위치 HI단자와 접지단자 사이의 통전상태를 점검한다.

4 에어컨벨트 및 블로워 모터

4.1. 에어컨벨트 교환

① 제너레이터(AC발전기) 구동벨트가 에어컨 벨트 앞에 있는 차량은 제너레이터 구동벨트부터 탈거한다.
② 텐션 풀리 고정 볼트를 헐겁게 한다.
③ 텐션 풀리 벨트 조정 너트를 조정하여 벨트를 헐겁게 하고 에어컨 구동 벨트를 탈거한다.
④ 에어컨 구동벨트 조립은 탈거의 역순으로 하고 조립 후 에어컨과 크랭크샤프트 풀리 중간에서 벨트를 눌렀을 때 10mm 정도로 벨트의 장력을 조정한다.
⑤ 시동을 걸고 에어컨을 작동시켜 에어컨이 원활히 작동되는지 확인한다.

그림 81. 텐션 풀리 고정볼트 이완

그림 82. 장력 이완

그림 83. 벨트 탈거

4.2. 히터 블로어 모터

4.2.1. 탈거

① 차량을 평탄한 곳에 주차시키고 조수석 도어를 열어 놓는다.

그림 84. 조수석 도어 개방

② 글로브(glove)박스 좌우 고정 스톱퍼를 탈거한다.

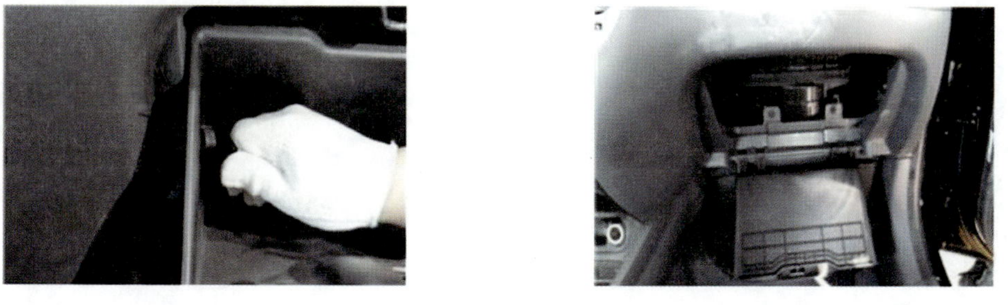

(a) 탈거　　(b) 탈거된 상태

그림 85. 스톱퍼 탈거

③ 글로브박스 하단의 고정홈을 이격시켜 탈거한다.

④ 블로워(blower) 모터 커넥터를 탈거한다.

⑤ (+)드라이버를 사용하여 블로워 모터 고정 피스를 탈거한다.

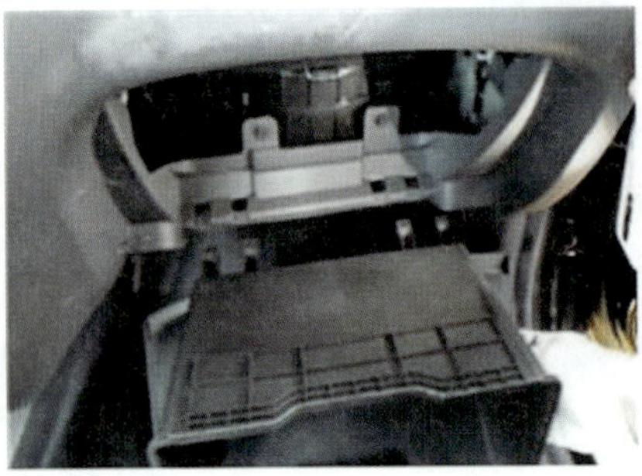

그림 86. 글로브박스 탈거

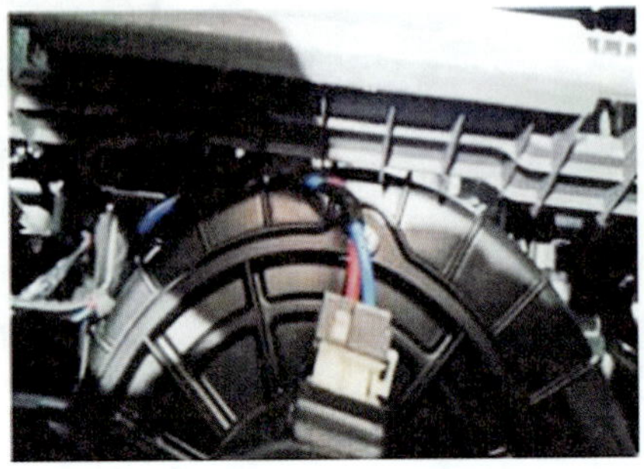

그림 87. 커넥터 탈거

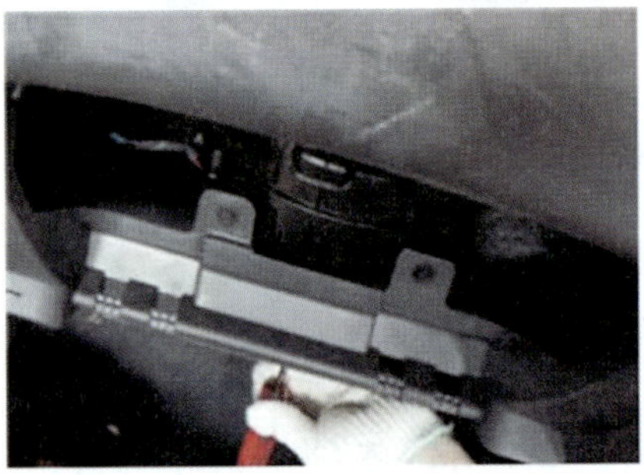

그림 88. 블로워 모터 고정 피스 탈거

4.2.2. 조립

① 블로워 모터를 조립한다.
② 블로워 모터 커넥터를 연결한다.

그림 89. 블로워 모터 고정 피스 조립

그림 90. 커넥터 연결

③ 글로브박스 하단의 키 홈을 일치시켜 눌러 끼운다.
④ 글로브박스 좌우 고정 스톱퍼를 조립한다.
⑤ 점화스위치를 ON으로 위치시키고 히터를 구동시켜 블로워 모터의 정상작동 여부를 확인한다.

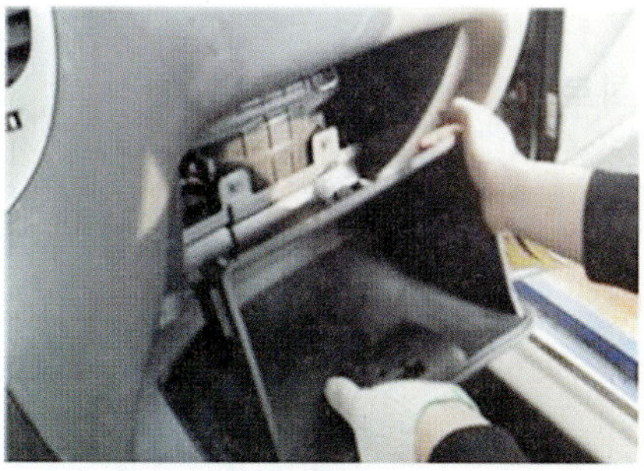

그림 91. 글로브박스 조립

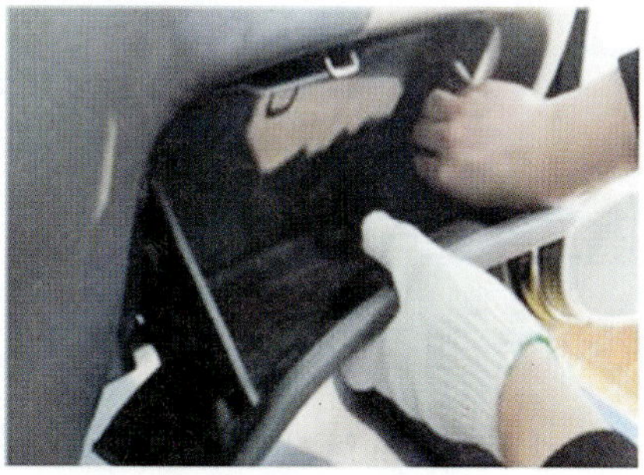

그림 92. 스톱퍼 조립

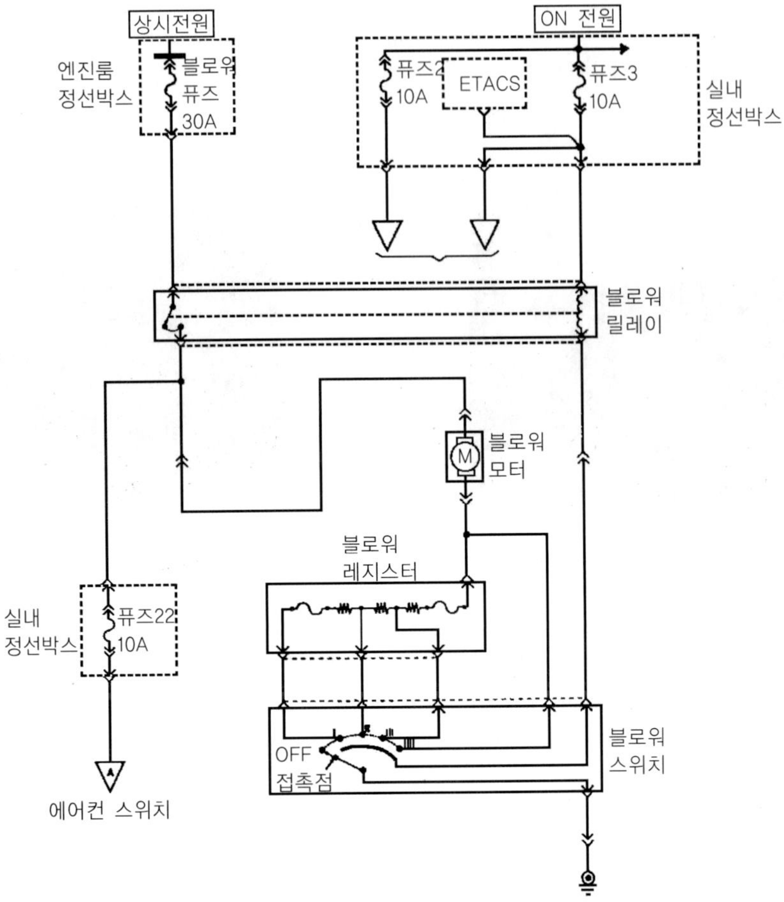

그림 93. 블로워 모터 회로도

4.3. 블로워 모터 점검

4.3.1. 기본 점검

테스트램프나 회로시험기를 이용하여 엔진룸의 블로워 모터 퓨즈(30A), 실내 퓨즈박스의 퓨즈 (10A)의 이상 유무를 점검한다.

4.3.2. 블로워 모터 점검

① 블로워 모터의 하니스쪽 커넥터를 분리하고 점화스위치와 블로워 스위치를 ON 시킨다.

② 회로시험기의 전압계를 이용하여 블로워 모터 하니스 커넥터 2번 단자(상시전원)와 접지 사이 전압을 점검한다.

[1] 블로워 모터 점검 (1)

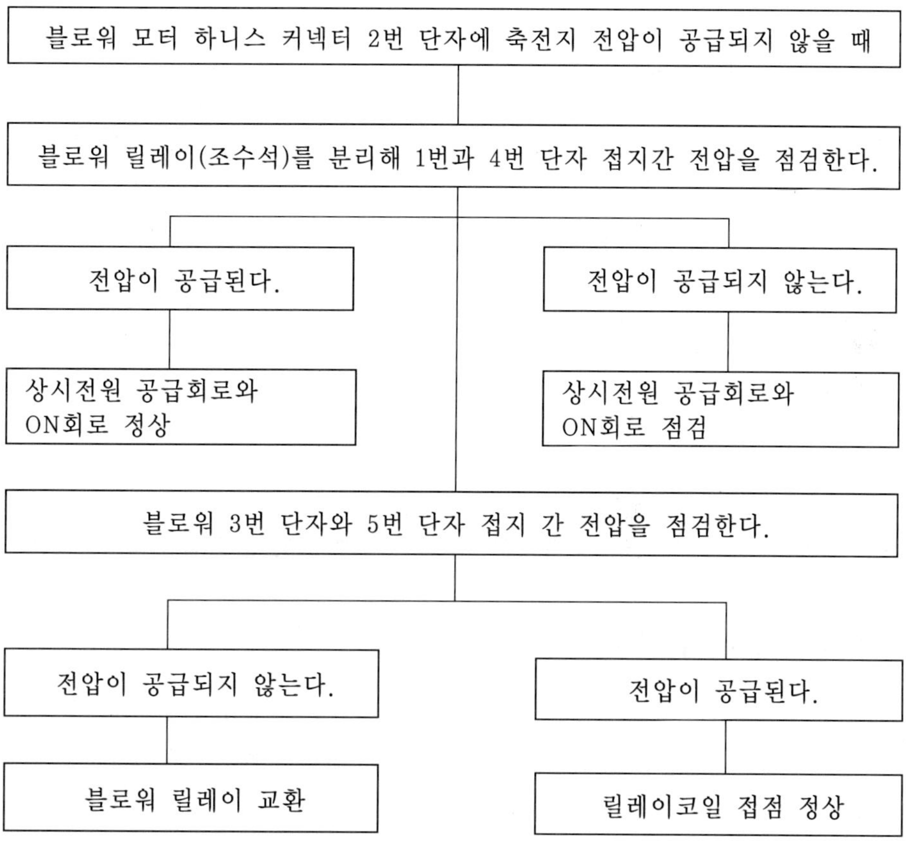

[2] 블로워 모터 점검 (2)

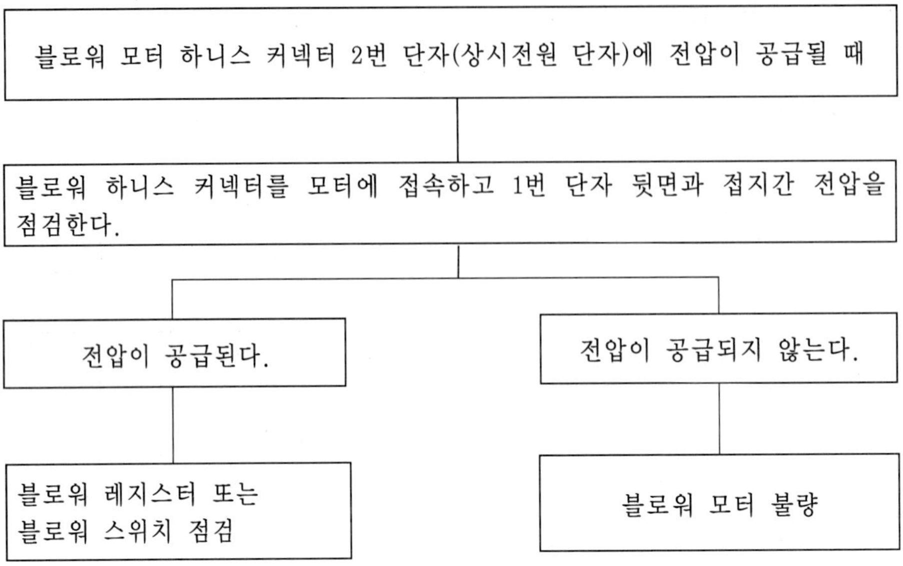

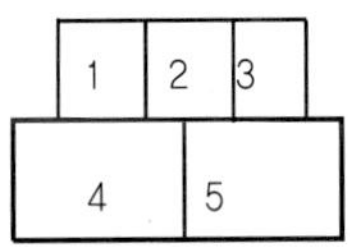

그림 94. 블로워 릴레이 하니스 커넥터

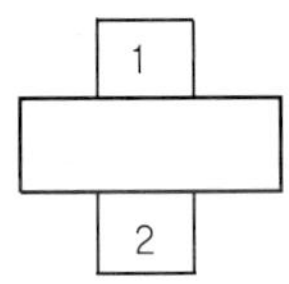

그림 95. 블로워 모터 하니스 커넥터

4.4. 블로워 모터 릴레이 점검

회로시험기의 셀렉터를 R 또는 ×1위치에서 단자 사이의 통전을 점검한다.

① 회로시험기 리드 프로브를 B단자와 L단자에 접촉시켰을 때 통전이 되지 않으면 정상이고, 통전되면 릴레이 접점의 단락이다.

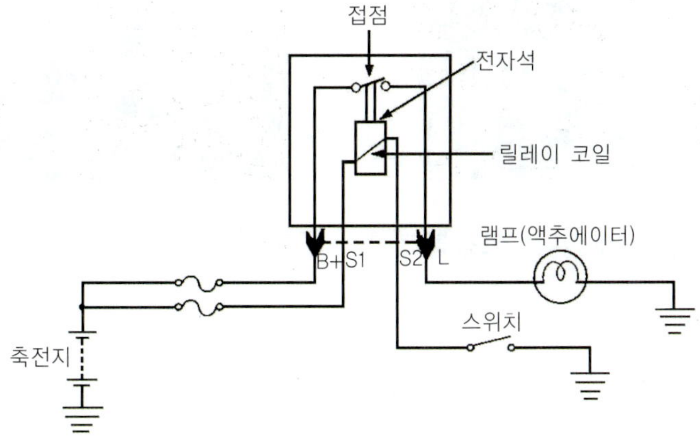

그림 96. 블로워 모터 릴레이 점검

② 회로시험기 리드 프로브를 S1단자와 S2단자에 접촉시켰을 때 통전되면 정상이고, 통전되지 않으면 릴레이 코일의 단락이다.

③ 회로시험기 리드 프로브를 B단자 또는 L단자를 S1단자에 접속시켰을 때 통전되지 않으면 정상이고, 통전되면 내부적인 단락이다.

④ 회로시험기 리드 프로브를 S1단자와 L단자에 접촉시켰을 때 통전되지 않으면 정상이다.

5 전동팬

5.1. 전동팬 탈거

① 냉각수를 배출한다(상부호스 탈거 안 해도 되는 차량은 냉각수 배출 안 해도 된다).

② 상부호스를 탈거한다.

③ 전동팬 커넥터를 탈거한다.

④ 전동팬 고정 볼트 아래 부분 및 위 부분을 탈거한다.

⑤ 조립은 탈거의 역순으로 한다. 냉각수 배출했을 때는 냉각수를 규정량 주입한다.

⑥ 자동차를 워밍업 시킨 후 전동팬이 회전하는지 확인한다.

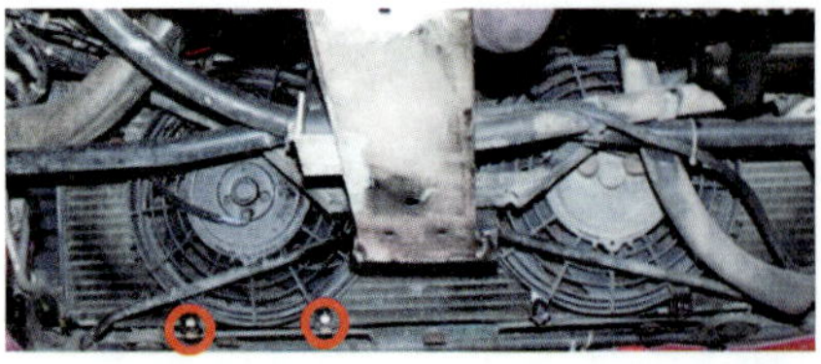

그림 97. 전동팬 아래 부분 고정볼트

그림 98. 전동팬 위 부분 고정볼트

5.2. 전동팬 회로점검

① 배터리 충전상태 및 터미널 연결 상태를 점검한다.

② 메인퓨즈 단선점검을 한다.

③ 전동팬 퓨즈 및 릴레이를 점검한다.

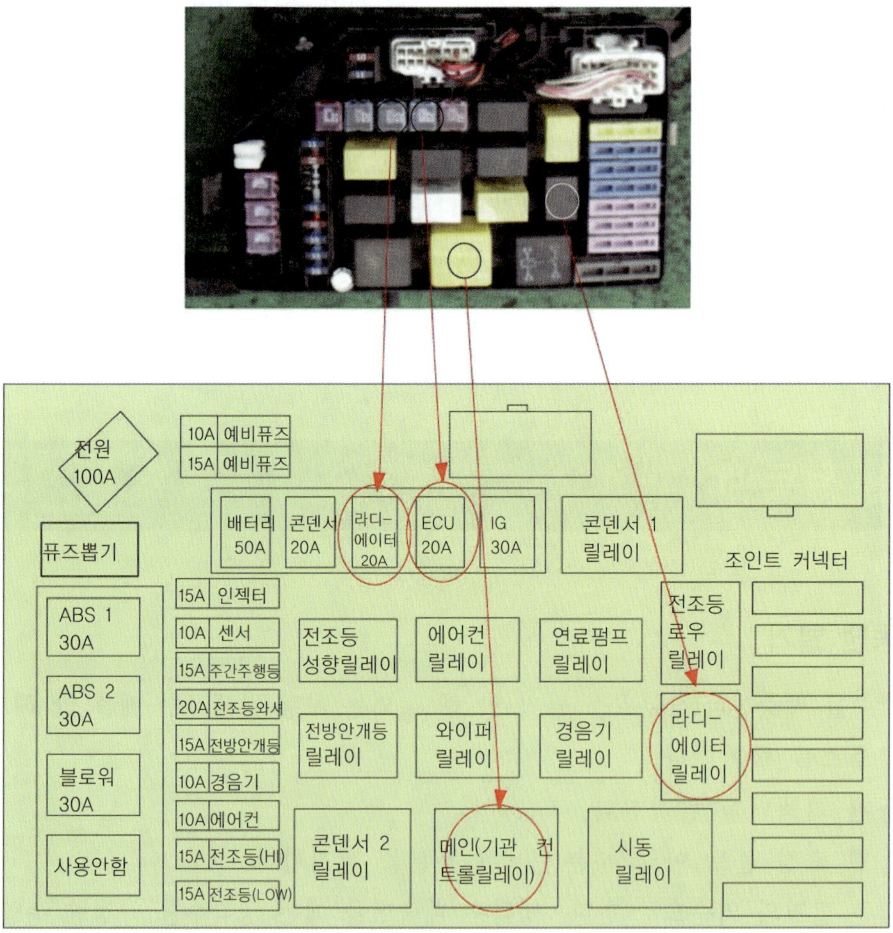

그림 99. 엔진 룸 퓨즈박스에서 냉각팬 관련 퓨즈 및 릴레이 위치

④ 전동팬 모터 커넥터를 점검한다.

⑤ 서모 스위치 또는 차종에 따라 수온센서를 점검한다.

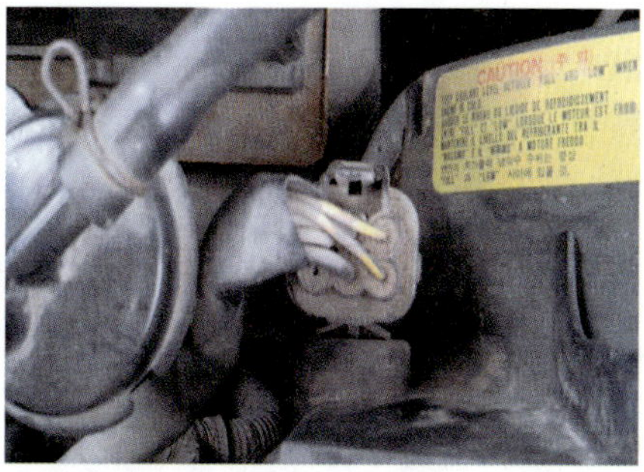

(a) 커넥터 점검

(b) 모터 점검

그림 100. 냉각팬 커넥터 및 모터 점검

⑥ 엔진 작동 중 A/C을 작동시키거나 수온센서 커넥터를 탈거 시 전동팬이 회전하면 냉각팬은 정상이다.

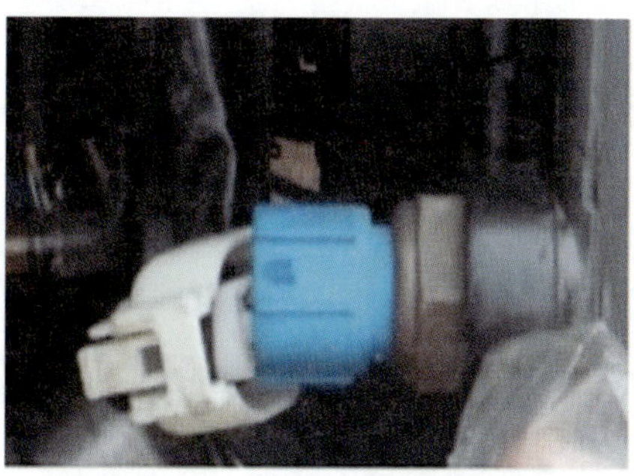

그림 101. 서모스위치 점검

그림 102. 수온센서 점검

6 에어컨

6.1. 에어컨 압력점검

6.1.1. 준비사항

① R-134a 냉매는 휘발성이 매우 크므로 작업할 때 손이나 피부에 묻으면 동상에 걸리기 쉬우므로 냉매작업을 할 경우에는 반드시 장갑을 끼도록 한다.

② 냉매가 눈에 들어갔을 경우에는 즉시 깨끗한 물로 닦아낸다. 에어컨 냉매작업을 할 때에는 반드시 보안경을 착용하도록 한다.

③ R-134a 냉매 용기는 고압축되어 있으므로 뜨거운 장소에 보관해서는 안 되며 저장온도는 항상 52℃ 이하를 유지하여야 한다.

④ 냉매 누설을 검사할 때에는 비눗물이나 할로겐 누설 탐지기로 하며, 탐지기를 사용할 경우에는 탐지기에서 나오는 불꽃과 R-134a에서 누설되는 가스가 접촉하면 유독가스가 발생하므로 주의한다.

6.1.2. 에어컨 냉매(R-134a) 회수 및 재충전

[1] 에어컨 냉매 회수 재생기 이용

① 차량을 평탄한 곳에 주차시키고 보닛을 들어 올린다.

② 고압측 캡을 열고 고압 어뎁터를 연결한다. 에어컨 저·고압 어뎁터는 2중 물림 체결방식으로 체결 및 분리 시 주의하며 작업한다.

③ 저압측 캡을 열고 저압 어뎁터를 연결한다.

그림 103. 고압측 어뎁터 설치

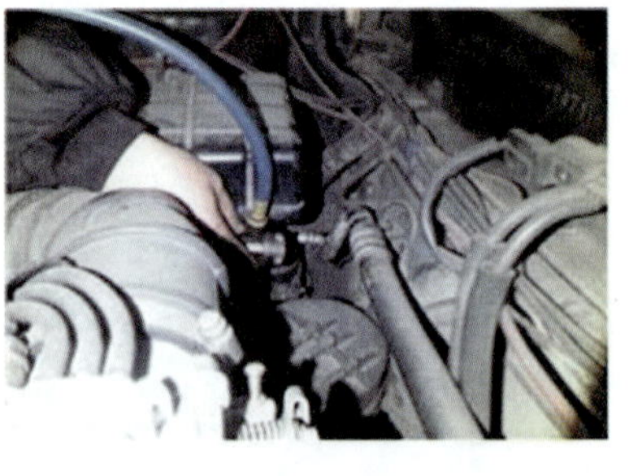

그림 104. 저압측 어뎁터 설치

④ 에어컨 냉매 주입기 전원을 작동시키고 회수버튼을 누른다.

⑤ 냉매 회수가 끝나면 진공 버튼을 누르고 진공시간을 숫자 키를 눌러 입력한다. 진공 시간은 부품 교환 시 15분 정도, 기타 5~10분 정도 실시한다.

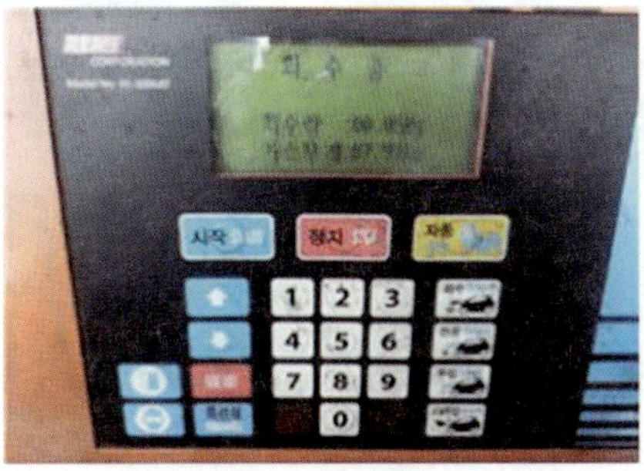

그림 105. 냉매 회수

그림 106. 진공 버튼 작동

⑥ 진공시간을 입력하고 시작버튼을 누르면 진공유지시간 입력화면으로 바뀌고, 진공유지시간을 숫자 키를 눌러 입력한다. 일반적으로 진공유지시간은 5분 정도 실시한다.

⑦ 진공유지시간을 입력하고 시작버튼을 누르면 오일주입량 입력화면으로 바뀌고, 차종별로 오일주입량이 다르므로 제원표를 참조하여 오일주입량을 숫자 키를 눌러 입력한다.

그림 107. 진공유지 시간 입력

그림 108. 오일 주입량 입력

⑧ 오일주입량을 입력하고 시작버튼을 누르면 진공작업이 시작된다.

⑨ 진공작업이 끝나면 주입버튼을 누른다.

그림 109. 진공 실행 중

그림 110. 주입버튼 작동

⑩ 주입버튼을 누르고 시작버튼을 누르면 냉매량 입력화면으로 바뀌고, 차종별로 냉매량이 다르므로 제원표를 참조하여 냉매량을 숫자 키를 눌러 입력한다.

표 냉매 주입량

차종(현대)	냉매 주입량	차종(기아)	냉매 주입량	차종(대우, 쌍용, 삼성)	냉매 주입량
엘란트라	0.65±0.03kgf	리오	0.65±0.05kgf	씨에로	0.73kgf
아반떼/티뷰론	0.70±0.03kgf	카렌스	0.80kgf	티코	0.5kgf±0.02kg f
엑센트/베르나	0.68kgf	아벨라	0.75kgf	누비라	0.73±0.02kgf
쏘나타 Ⅰ, Ⅱ, Ⅲ	0.73kgf	프라이드	0.65kgf	레간자	0.73±0.02kgf
그랜저XG	0.67kgf	스포티지	0.70±0.05kgf	매그너스	0.78kgf
EF소나타	0.67kgf	하이베스타	1.15kgf	코란도	0.75kgf
다이너스티	1.02kgf	엘란	0.70±0.05kgf	무쏘	0.70kgf
에쿠스	REAR 有 0.91kgf	카니발	REAR 有 1.00±0.05kgf	이스타나	REAR 有 1.10kgf
	REAR 無 0.68kgf		REAR 無 0.85±0.05kgf		REAR 無 0.70kgf
아반떼 XG	0.68kgf	프레지오 밴	0.85±0.05kgf	SM5	0.75kgf

⑪ 냉매량을 입력하고 시작버튼을 누르면 냉매가 주입된다.

그림 111. 냉매량 입력

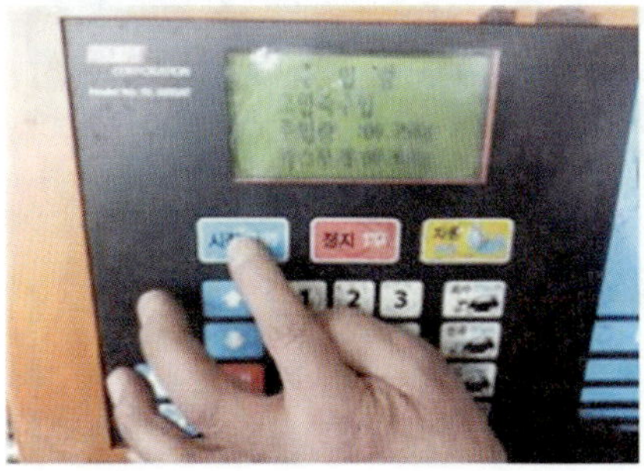

그림 112. 냉매주입 시작

⑫ 주입이 완료된 후 압력게이지를 확인하고 정상 압력이면 시작버튼을 누른다.

⑬ 그림 114와 같은 화면이 뜨면 고압측 호스를 탈거하고 시동을 걸어 에어컨을 작동시킨다.

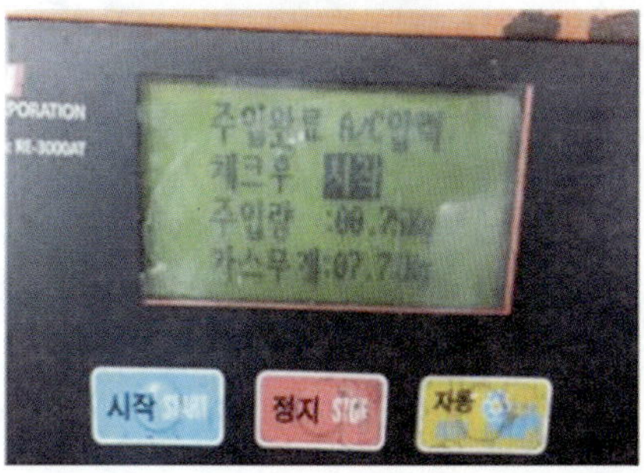

그림 113. 게이지 압력 확인 화면

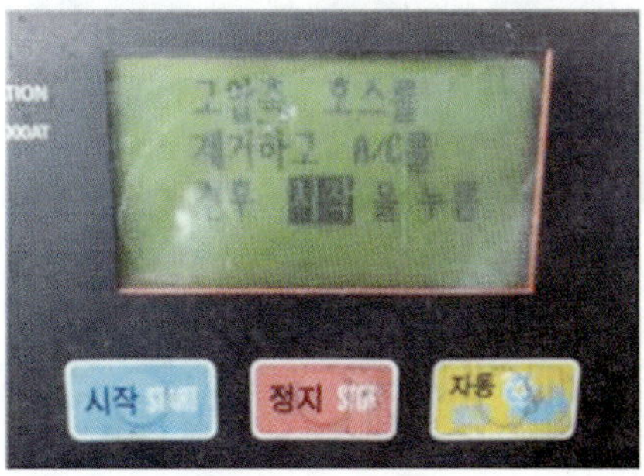

그림 114. 고압측 호스제거 화면

⑭ 고압측 어뎁터를 탈거하고 시작버튼을 누른다.

⑮ 저압측 압력이 최저가 되면 정지버튼을 누른다.

그림 115. 고압측 호스 탈거

그림 116. 저압호스 제거화면

⑯ 본 화면에서 다시 한 번 정지버튼을 누른다.

⑰ 저압측 어뎁터를 탈거한다.

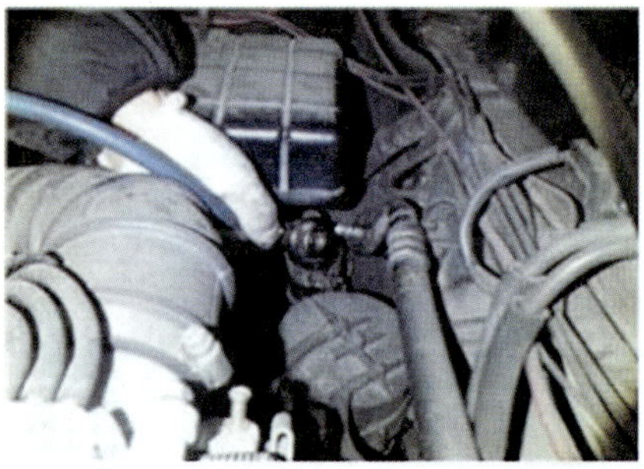

그림 117. 정지버튼 작동

그림 118. 저압측 어뎁터 탈거

⑱ 저압 및 고압측 어뎁터 연결부 캡을 닫는다.

그림 119. 연결부 캡 설치

[2] 매니폴드 게이지를 이용

(1) 냉매 회수

① 매니폴드 게이지를 고압과 저압 계통에 연결한다.

② 센터 호스 끝 부분을 수건 위에 놓는다.

③ 고압밸브를 천천히 열어 냉매를 배출시킨다.

④ 매니폴드 게이지의 눈금을 3.5kgf/cm² 이하로 낮춘 후에 저압의 밸브를 서서히 개방시킨다.

⑤ 압력이 0kgf/cm² 될 때까지 개방시킨다.

그림 120. 매니폴드 게이지 설치

(2) 에어컨시스템 진공작업

① 점화스위치가 OFF 위치에 있는지 확인한다.

② 매니폴드 게이지를 컴프레서의 고압과 저압 피팅에 연결하고 양쪽 핸들 밸브를 잠근다.

③ 냉매가 에어컨계통 내에서 완전히 배출되었는지 확인한다.

④ 매니폴드 게이지 센터 호스를 진공 펌프 흡입부에 연결한다.

⑤ 진공펌프를 작동시키고 매니폴드 게이지 고압 및 저압밸브를 개방시킨다.

⑥ 양쪽 매니폴드 게이지의 눈금이 0.96kgf/cm²의 진공을 약 15분 정도 유지시킨다. 이때 진공이 유지되지 않으면 에어컨계통 내에서 누설이 있으므로 누설부위를 찾아 수리한다.

그림 121. 진공작업

⑦ 15분 정도 진공 작업을 실시한 후 양쪽 매니폴드의 핸드 밸브를 닫고 진공 펌프를 정지시킨 후 진공 펌프에서 센터 호스를 탈거한다.

(3) 냉매 충전(주입)

① 에어컨계통의 진공작업 후 매니폴드 게이지의 센터 호스를 냉매 저장 용기의 서비스밸브에 연결한다.

② 냉매 저장 용기의 밸브를 반 시계방향으로 완전히 돌린다. 냉매 주입 시 저장용기는 똑바로 세운 상태에서 주입한다.

③ 저압밸브를 열고 냉매가스를 주입한다.

④ 엔진을 공회전 상태를 유지하면서 에어컨을 작동시킨다.

⑤ 컴프레셔를 구동시키면서 주입 시에는 매니폴드 게이지의 고압측 밸브는 항상 닫아둔다.

⑥ 규정의 냉매를 주입시킨 후 저압측 밸브를 잠근다.

⑦ 냉매 저장용기 밸브를 잠근다.

⑧ 에어컨을 끄고 엔진 시동을 끈 후 매니폴드 게이지를 분리한다.

⑨ 고압 및 저압 주입구에 캡을 씌운다.

6.2. 에어컨 라인압력에 따른 고장진단

6.2.1. 정상적인 경우

A	압력	• 저압 : 1.5~2.0kgf/cm^2 • 고압 : 14.5~15.0kgf/cm^2
B	판단	• 냉매 가스 상태 양호 • 냉방 상태 양호 • 정상적인 에어컨시스템 상태

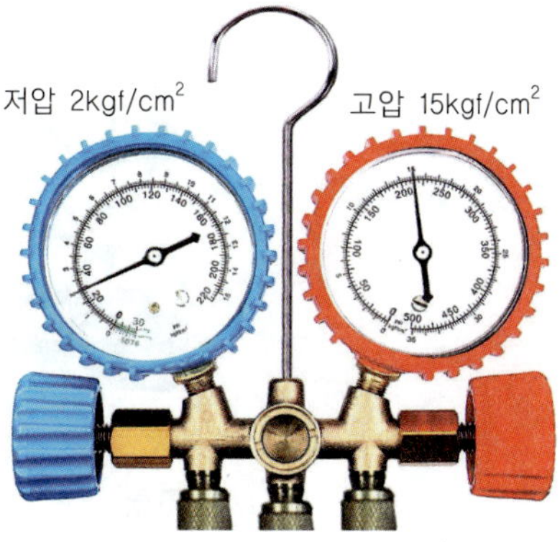

그림 122. 정상적인 경우

6.2.2. 냉매충전량이 부족한 경우

A	압력	• 저압 : 0.8kgf/cm^2(낮다) • 고압 : 8~9kgf/cm^2(낮다)
B	상황	• 냉방상태 부족(토출구가 거의 차갑지 않음) • 사이트 글라스(Sight Glass) 기포가 많이 발생
C	원인	• 에어컨시스템 내의 냉매가스 누설 • 팽창밸브(Expansion-Valve)가 막혔음 • 리시버 드라이어(Receiver-Dryer)가 막혔음
D	판단	• 에어컨시스템 내의 냉매부족 및 누설
E	대책	• 냉매가스 누설 부분수리 및 냉매가스 보충 • 팽창밸브 및 리시버 드라이어 수리 및 교환

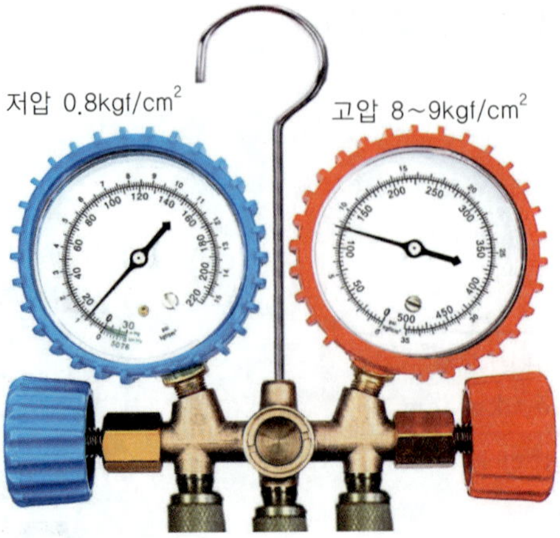

그림 123. 냉매 충전량이 부족한 경우

6.2.3. 냉매 충전량이 많은 경우

A	압력	• 저압 : 2.5kgf/cm^2(높다) • 고압 : 20kgf/cm^2(높다)
B	상황	• 냉방상태가 별로 좋지 않음 • 사이트 글라스(Sight Glass) 기포가 전혀 보이지 않음
C	원인	• 냉매 과다 • 콘덴서 냉각 불량
D	판단	• 냉매가 과충전된 상태 • 콘덴서 냉각 불량 : 콘덴서 핀 불량 및 쿨링 팬(Fan) 불량
E	대책	• 냉매가스 분출 • 콘덴서 세척 및 쿨링 팬벨트 점검

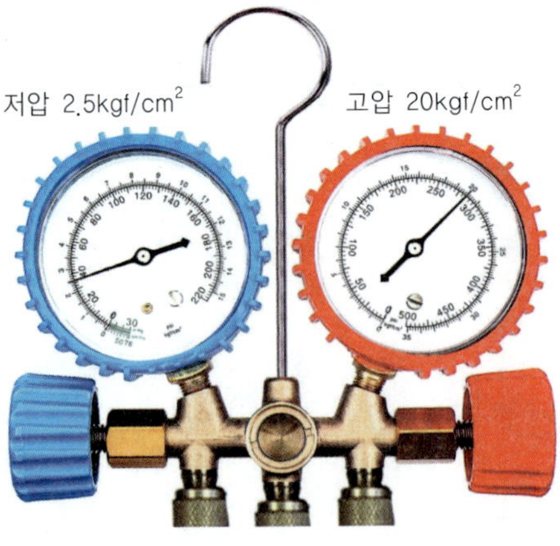

그림 124. 냉매 충전량이 많은 경우

6.2.4. 에어컨시스템 내 공기가 혼입된 경우

A	압력	• 저압 : 2.5kgf/cm^2(높다) • 고압 : 23kgf/cm^2(높다)
B	상황	• 냉방상태가 불량(차갑지 않음) • 저압 파이프를 손으로 만졌을 때 차갑지 않음
C	원인	• 에어컨시스템 내에 공기 혼입
D	판단	• 에어컨시스템의 진공작업 불량
E	대책	• 재진공 작업하여 냉매가스를 충전 • 컴프레서 오일 오염, 유량 점검 • 리시버 드라이어 교환

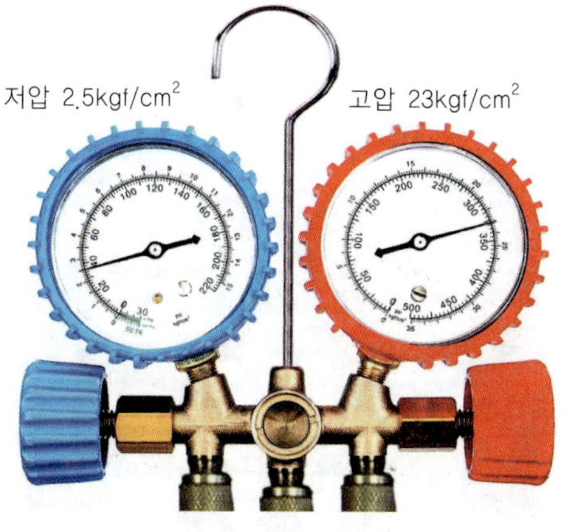

그림 125. 에어컨시스템 내 공기가 혼입된 경우

6.2.5. 에어컨시스템 내 수분이 혼입된 경우

A	압력	• 저압 : 50cmHg~1.5kgf/cm²(낮거나 심하게 떨림) • 고압 : 7~15kgf/cm²(낮거나 심하게 떨림)
B	상황	• 에어컨 냉방상태가 주기적으로 차거나 차지 않음 • 매니폴드 게이지 압력이 가끔 떨어졌다가 정상압력이 되었다 함
C	원인	• 에어컨시스템 내의 수분이 혼입되어 팽창밸브가 가끔 동결
D	판단	• 리시버 드라이어가 과포화 상태 • 수분이 팽창밸브에 동결
E	대책	• 재진공 작업하여 냉매가스를 충전 • 리시버 드라이어를 교환

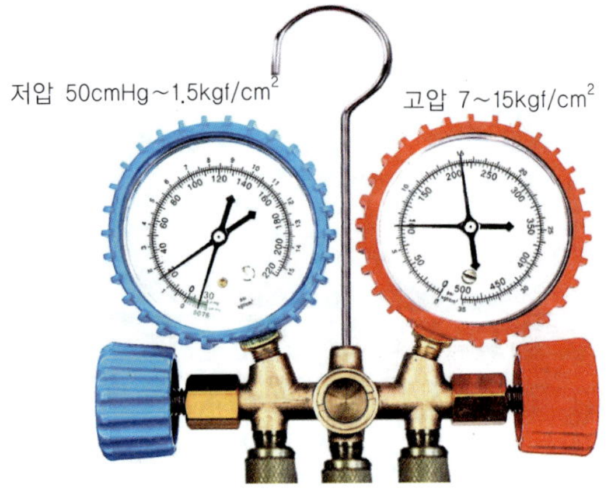

그림 126. 에어컨시스템 내 수분이 혼입된 경우

6.2.6. 에어컨시스템 내 냉매가스가 순환하지 않을 경우

A	압력	• 저압 : 부압(아주 낮다) • 고압 : 6kgf/cm^2(낮다)
B	상황	• 냉방상태 부족(차갑지 않음) : 가끔 차가울 때가 있음
C	원인	• 팽창밸브의 구멍이 막혔음 (동결, 먼지 및 이물질로 인해 막힘) • 팽창밸브의 감온통 가스 누설
D	판단	• 팽창밸브의 구멍이 막혔음
E	대책	• 수분 제거 : 재진공 작업하여 냉매가스를 충전 • 먼지 제거 : 팽창밸브를 분해하여 에어(Air)로 청소 및 교환 • 리시버 드라이어 교환 • 팽창밸브의 감온통 가스 누설 : 교환

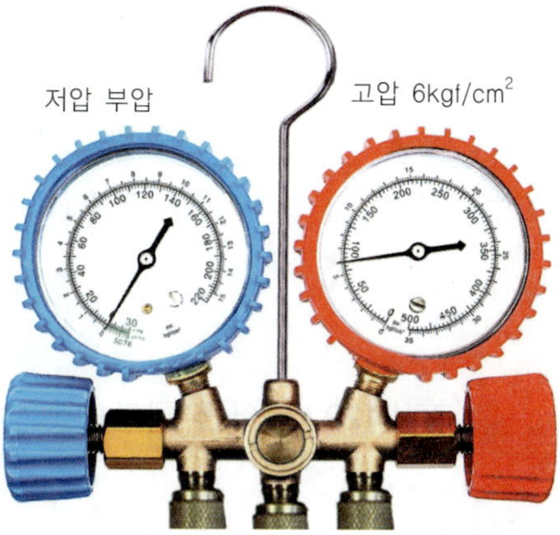

그림 127. 에어컨시스템 내 냉매가스가 순환하지 않을 경우

6.2.7. 컴프레서(Compressor) 압축불량일 경우

A	압력	• 저압 : 4~6kgf/cm^2(높다) • 고압 : 7~10kgf/cm^2(낮다)
B	상황	• 냉방상태가 부족(차갑지 않음)
C	원인	• 컴프레서 내부 누설
D	판단	• 컴프레서 압축 불량(밸브누설 및 파손)
E	대책	• 컴프레서 수리 및 교환

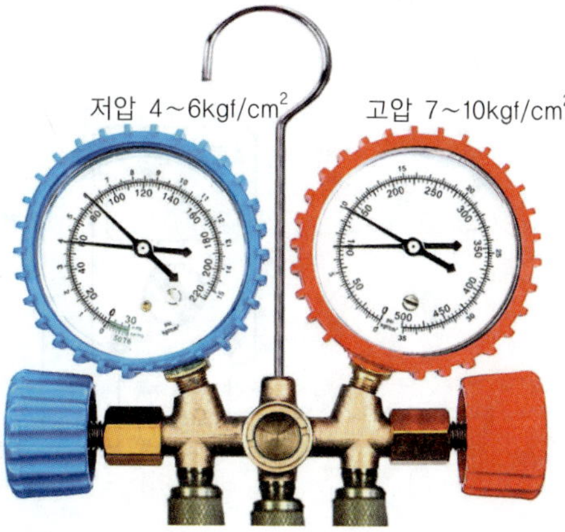

그림 128. 컴프레서 압축불량인 경우

6.3. 에어컨 작동회로 점검

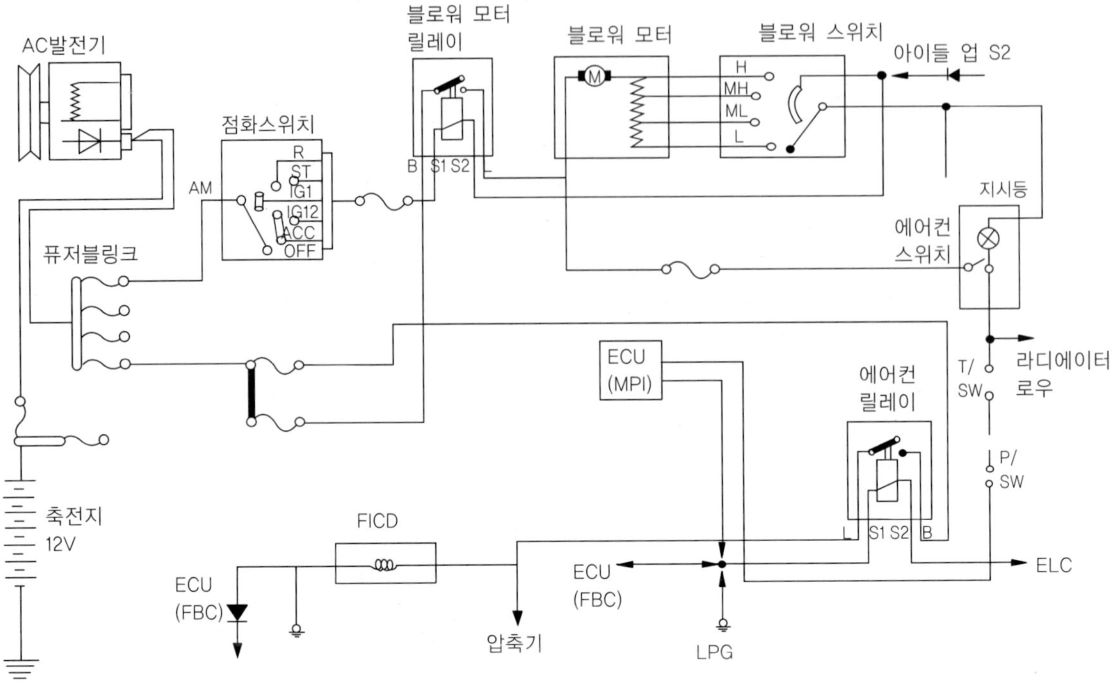

「그림」 129. 에어컨 회로도

6.3.1. 에어컨 작동회로 점검(1)

점화스위치 ON상태에서 블로워 스위치를 ON시켰을 때 블로워 모터가 회전하지 않는다.

① 퓨즈계통을 점검한다(메인 퓨즈 50A, 서브 퓨즈 30A, 블로워 릴레이 퓨즈).

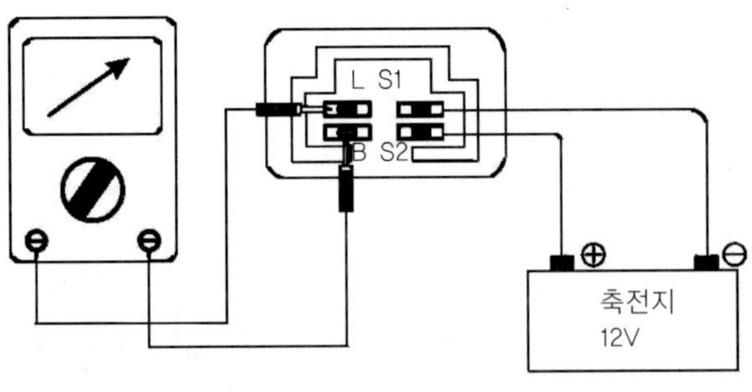

「그림」 130. 에어컨 릴레이 점검

② 퓨즈가 정상일 때

㉮ 블로워 릴레이를 탈거하여 단품 점검한다.

㉯ 정상이면 블로워 릴레이 B단자와 연결되는 배선의 전압을 점검한다.

㉰ 전압이 검출되면 블로워 모터 또는 블로워 스위치의 결함이다.

6.3.2. 에어컨 작동회로 점검(2)

점화스위치 ON상태에서 에어컨 스위치를 ON시켰을 때 블로워 모터는 회전하지만 압축기의 전자 클러치가 작동하는 음(딸깍하는 소리)이 들리지 않는다.

① 퓨즈를 점검한다.

② 퓨즈가 정상일 때

㉮ 에어컨 릴레이를 탈거하여 단품을 점검한다.

㉯ 정상이면 에어컨 릴레이 S_1단자와 연결되는 배선의 전압을 점검한다.

㉰ 릴레이 S_1의 연결 배선에서 전압이 검출되면 압축기 전자 클러치의 결함이다.

㉱ 릴레이 S_1단자의 연결 배선에서 전압이 검출되지 않으면 리시버 드라이어의 압력스위치와 연결된 배선의 전압을 점검한다.

㉲ 압력스위치와 연결된 배선에서 전압이 검출되지 않으면 에어컨 스위치 또는 서모 스위치의 결함이다

6.3.3. 에어컨 작동회로 점검(3)

① 배터리 충전상태 및 터미널 연결 상태를 점검한다.

② 에어컨 냉매를 점검한다.

③ 메인퓨즈 및 에어컨 관련 퓨즈를 점검한다.

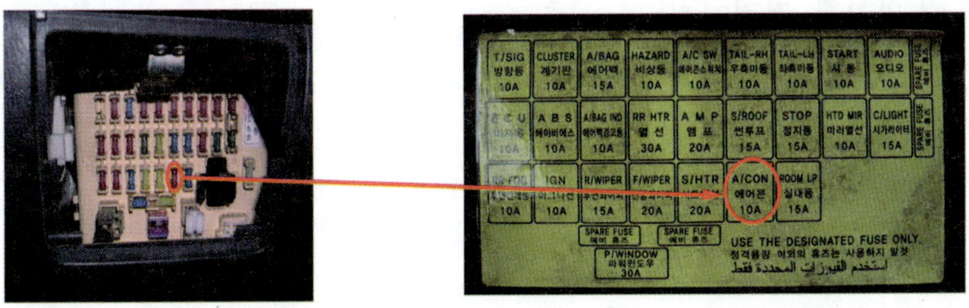

그림 131. 실내 정션 퓨즈박스에서 에어컨 관련 퓨즈 위치

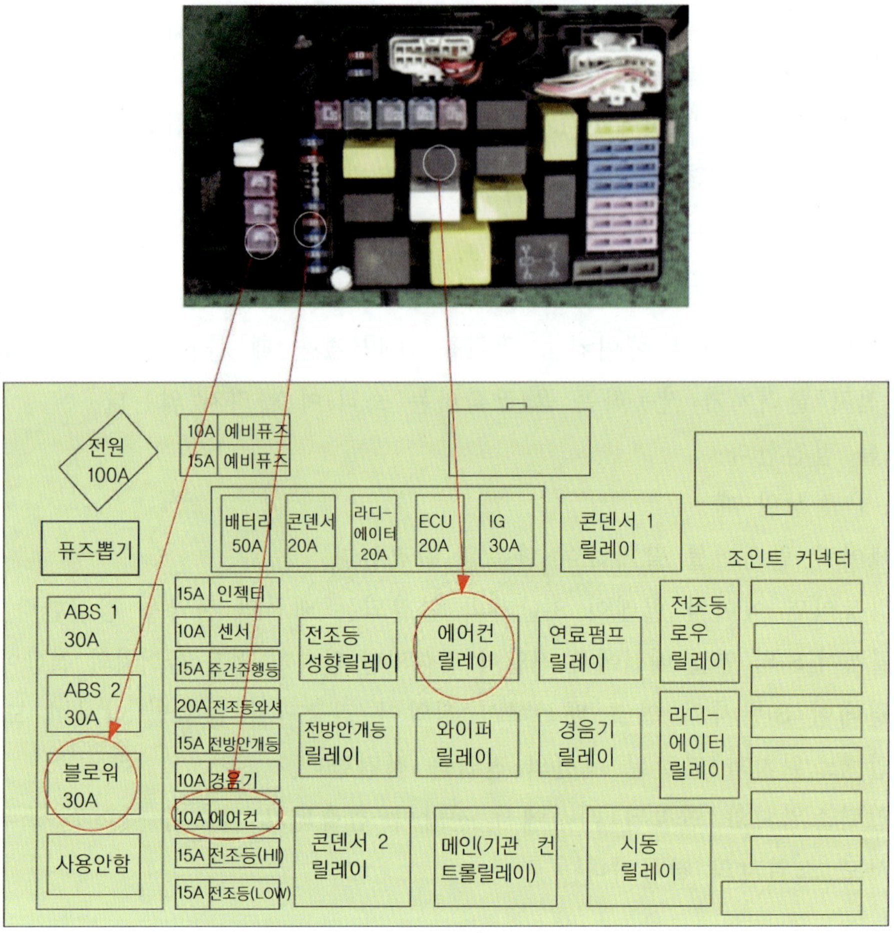

그림 132. 엔진 룸 퓨즈박스에서 에어컨 관련 퓨즈 및 릴레이 위치

④ 블로워 퓨즈를 점검한다.

⑤ 블로워 모터 및 블로워 스위치를 점검한다.

⑥ 에어컨 릴레이를 점검한다.

⑦ 에어컨 스위치를 점검한다.

⑧ 에어컨 컴프레셔를 점검한다.

그림 133. 에어컨 스위치 점검

그림 134. 에어컨 컴프레셔 점검

⑨ 압력 스위치를 점검한다.

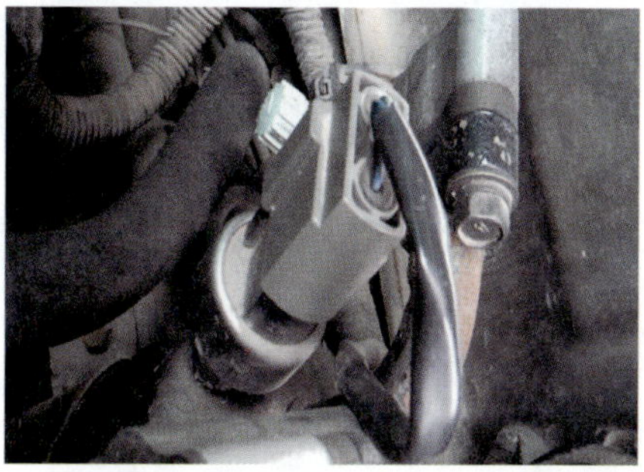

(a)

(b)

그림 135. 압력스위치 점검

⑩ 핀센서(서미스터 센서) 및 파워 트랜지스터를 점검한다.

그림 136. 핀센서 및 파워 트랜지스터 점검

6.4. 다기능 스위치(콤비네이션 S/W) 교환

① 배터리 (-)케이블을 탈거한다.

② 혼 패드와 혼 스위치를 탈거한다.

③ 스티어링 휠 고정너트를 탈거한다.

④ 스티어링 칼럼 상, 하 시라우드를 탈거한다.

그림 137. 스티어링 휠 고정너트 탈거

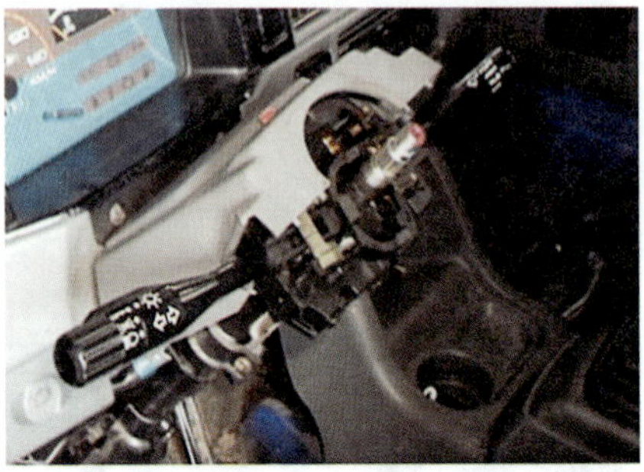

그림 138. 스티어링 칼럼 시라우드 탈거

⑤ 다기능 스위치 장착볼트를 탈거한다.

그림 139. 다기능 스위치 장착볼트 탈거

⑥ 다기능 스위치 배선 커넥터를 탈거한다.

그림 140. 탈거된 다기능 스위치

⑦ 조립은 탈거의 역순으로 한다.

⑧ 배터리 (-)케이블을 연결하고 점화스위치 ON상태에서 각 조명장치, 혼, 와이퍼가 정상으로 작동되는지 점검한다.

7 소음측정기의 사용법

7.1. 소음측정기 사용방법의 개요

이 측정방법은 소음을 과다하게 배출하는 자동차(배기관 및 소음기의 훼손 또는 제거한 경우, 고소음 경음기 또는 쌍 경음기를 부착한 자동차, 노후된 대형 버스 및 화물차, 이륜자동차 등)의 배기소음 및 경적 소음을 측정하는 데 적용한다.

7.1.1. 측정 장소의 선정

① 가능한 주위로부터 음의 반사와 흡수 및 암소음에 의한 영향을 받지 않는 개방된 장소로서 마이크로폰 설치 중심으로부터 반경 3m 이내에는 돌출 장애물이 없는 아스팔트 또는 콘크리트 등으로 평탄하게 포장되어 있어야 하며, 주위 암소음의 크기는 자동차로 인한 소음의 크기보다는 가능한 10dB 이하이어야 한다.

② 마이크로폰 설치의 높이에서 측정한 풍속(風速)이 2m/sec 이상일 때에는 마이크로폰에 방풍망을 부착하여야 하고, 10m/sec 이상일 때에는 측정을 삼가야 한다.

7.1.2. 시험기

① 소음시험기는 KSC-1502에서 정한 보통 소음계 또는 이와 동등한 성능 이상을 가진 것을 사용하고, 지시계의 동특성은 빠름(fast) 동특성을 사용하여 측정한다.

② 자동 기록장치는 소음 측정기에 연결된 상태에서 정밀도 및 동특성 등의 성능이 보통(지시)소음 시험기 이상의 성능을 가진 것이어야 하며, 동특성을 선택할 수 있는 경우에는 빠름(fast) 동특성에 준하는 상태에서 사용하여야 한다.

③ 시험기는 제작자 사용 설명서에 준하여 조작하고 측정 전에 충분한 예열 및 교정을 실시하여야 한다.

7.2. 소음 측정방법

7.2.1. 경적 소음 측정방법

자동차의 엔진을 가동시키지 않은 정차상태에서 경음기를 5초 동안 작동시켜 그 동안에 경음기로부터 배출되는 소음 크기의 최대값을 측정하며, 2개의 경음기가 연동하여 음을 발하는 경우에는 연동하는 상태에서 측정하고, 축전지는 측정 개시 전에 완전 충전된 상태이어야 한다.

마이크로폰 설치 위치는 경음기가 설치된 위치에서 가장 소음도가 크다고 판단되는 자동차의 면에서 전방으로 2m 떨어진 지점을 지나는 연직선으로부터 수평거리가 0.05m 이하인 동시에 지상 높이가 1.2±0.05m(이륜자동차, 측차부 이륜자동차 및 원동기부 자전거는 1±0.05m)인 위치로 하고 그 방향은 당해 자동차를 향하여 차량 중심선에 평행하여야 한다.

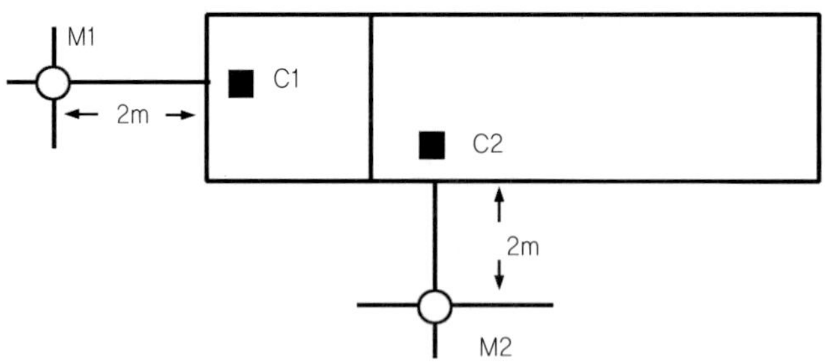

C1, C2 : 경음기 부착위치 M1, M2 : 마이크로 폰 설치위치

그림 141. 경적 소음을 측정할 때 마이크로폰 설치 위치

[1] 음량계 사용방법

① 마이크로폰 : 음량 측정구로 강한 바람이 불 때는 방풍망을 장착 측정할 수 있다.

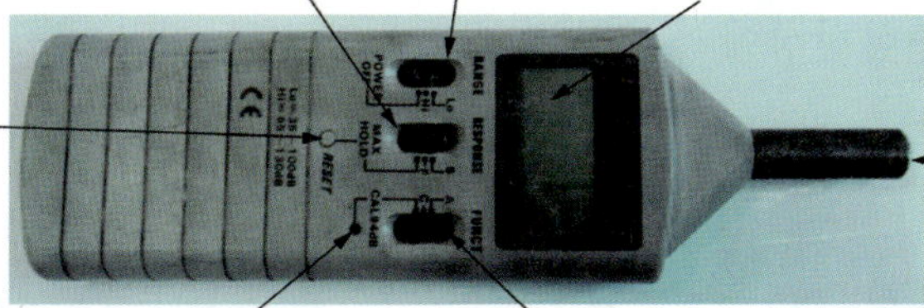

그림 142. 소음측정기

② 기능 선택(function) 스위치

㉮ A위치(환경소음) : A특성의 소음(배기음)을 측정 시 선택

㉯ C위치(기계소음) : C특성의 소음(경음기)을 측정 시 선택

㉰ CAL(94.0dB)위치 : 0점 세팅(94.0dB) 교정 시 선택

③ 측정범위 선택(range) 스위치

㉮ LO : 35~100dB

㉯ Hi : 65~130dB

㉰ OFF : 전원 차단 시 선택

④ 액정판(display) : 음압범위, 초과범위, 이하범위, 건전지 상태가 표시된다.

㉮ 음압 범위 : 0.1dB 차이로 증감되며 dB로 표시된다.

㉯ 초과범위(over) : 입력되는 레벨이 설정 레벨보다 낮을 때 표시

㉰ 이하범위(under) : 입력되는 레벨이 설정 레벨보다 높을 때 표시

㉱ 건전지상태(BATT) : 건전지가 1.9V 이하 시에 표시(건전지 용량이 부족 시)

⑤ 리셋 버튼(reset button) : 측정 후 액정판의 숫자를 지울 때 사용

⑥ 측정 및 홀드스위치

㉮ S : SLOW

㉯ F : FAST

㉰ MAX HOLD : 측정 시 최고 음량을 측정하기 위하여 사용

⑦ 교정 다이얼 : 측정 전 액정판의 표기 음량 조정 시 사용

[2] 측 정

① 측정하기 전에 반드시 지시면에 나와 있는 94.0dB로 고정한다.

② 혼 테스터를 차량 중심선상에서 지상 1.2±0.05m 높이로 하고 차량 전방 2m에 설치한다.

그림 143. CAL 선정 후 94dB로 조정

그림 144. 소음측정기 설치상태

③ 스위치를 다음과 같이 선정하여 측정한다.

㉮ 기능 선택 스위치를 C특성에 선정한 후 측정한다.

㉯ 최고 음량 측정 시는 Max HOLD로 위치하고 측정한다.

그림 145. MAX HOLD에 선정

㉰ 측정범위 선택 스위치는 Hi에 위치한다(Lo : 35~100dB, Hi : 65~130dB).

㉱ 보조자에게 신호하여 경음기를 작동케 하여 음량을 측정한다.

④ 액정 표시기에 초과 범위(OVER)나 이하 범위(UNDER)가 표시되면 측정 범위 선택 스위치(RANGE SWITCH)를 즉시 적절한 위치로 바꾼다. 또한 재측정하고자 할 때는 리셋버튼을 누르고 한다.

그림 146. 음량 측정

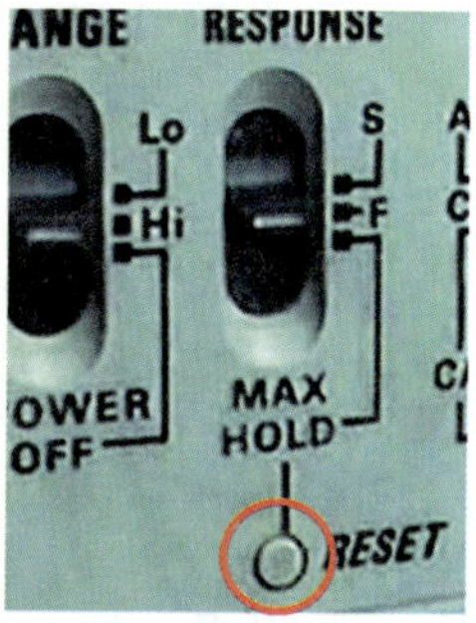

그림 147. RESET 버튼

7.2.2. 배기 소음 측정방법

배기 소음시험은 자동차의 변속기어를 중립으로 하고 정지 가동(공회전)상태에서 자동차를 엔진의 최고 출력상태의 75% 회전속도에서 4초 동안 운전하여 그 동안에 자동차로부터 배출되는 소음의 크기의 최대값을 측정한다. 다만, 엔진의 회전 속도계를 사용하지 아니하고 배기소음을 측정할 때에는 정지 가동 상태에서 엔진 최고 회전속도로 배기소음을 측정하고, 이 경우 측정값의 보정은 중량 자동차의 5dB, 중량 자동차 이외의 자동차는 7dB를 측정값에서 뺀 후 최종 측정값으로 한다.

또한 승용 자동차 중 엔진이 차체 중간 또는 뒤쪽에 설치된 자동차는 배기 소음 측정값에서 8dB를 빼서 최종 측정값으로 한다. 마이크로폰 위치는 시험 대상 자동차의 배기관 끝으로부터 배기관 중심선에 45 ± 10° 의 각(차체 외부 면에서 먼 쪽 방향)을 이루는 연장선 방향으로 0.5m 떨어진 지점이어야 하며, 동시에 지상으로부터의 높이는 배기관 중심 높이에서 ±0.05m인 위치에 마이크로폰을 설치한다(지상으로부터 최소 높이는 0.2m 이상이어야 한다).

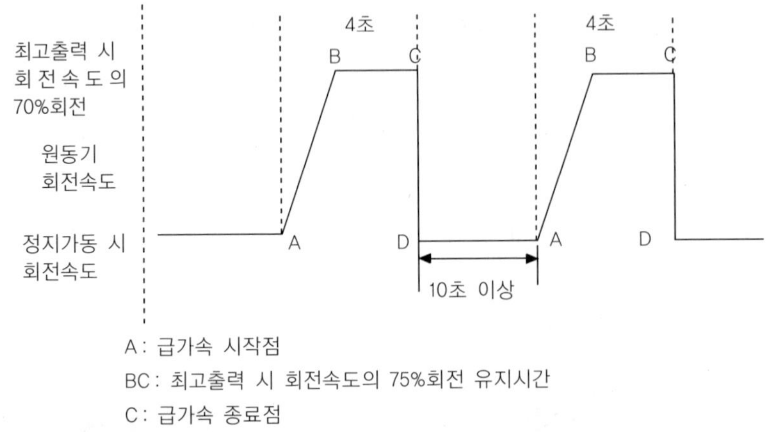

그림 148. 배기소음 측정순서 도표

또한 자동차의 배기관이 차체 상부에 수직으로 설치되어 있는 경우의 마이크로폰 설치 위치는 배기관 끝으로부터 배기관 중심선의 연직선 방향으로 0.5m 떨어진 지점을 지나는 동시에 지상 높이가 배기관 중심 높이 ±0.05m인 위치로 하며, 그 방향은 지면의 상향으로 배기관 중심선에 평행하는 방향이어야 한다. 다만 자동차 배기관이 2개 이상일 경우에는 인도(人道)쪽과 가까운 쪽 배기관에 대하여 마이크로폰을 설치하여야 한다.

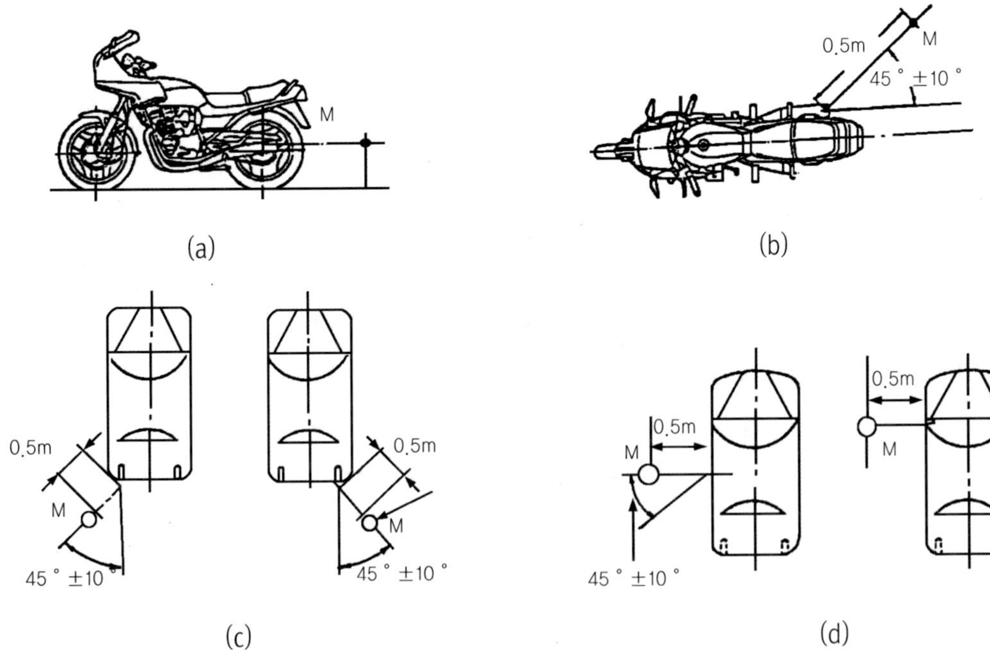

그림 149. 운행자동차 배기소음을 측정할 때 마이크로폰의 설치 위치

7.3. 운행 차량 소음 허용기준

표 1999년 12월 31일 이전에 제작되는 자동차

소음 항목 / 대상 자동차 / 자동차 종류	배기소음(dB (A))		경적소음(dB (C))
	1995년 12월 31일 이전에 제작된 차량	1996년 1월 1일 이후에 제작된 차량	모든 차량
경자동차	103 이하	100 이하	115 이하
승용자동차	103 이하	100 이하	
소형 화물자동차	103 이하	100 이하	
중량자동차	107 이하	105 이하	
이륜자동차	110 이하	105 이하	

표 2000년 1월 1일 이후에 제작되는 자동차

소음 항목 / 차량 종류		배기소음(dB (A))	경적소음(dB (C))
경자동차		100 이하	110 이하
승용자동차	승용 1	100 이하	110 이하
	승용 2	100 이하	110 이하
	승용 3	100 이하	112 이하
	승용 4	105 이하	112 이하
화물자동차	화물 1	100 이하	110 이하
	화물 2	100 이하	110 이하
	화물 3	105 이하	112 이하
이륜자동차		105 이하	110 이하

표 2006년 1월 1일 이후에 제작되는 자동차

차량 종류 \ 소음 항목		배기소음(dB (A))	경적소음(dB (C))
경자동차		100 이하	110 이하
승용자동차	소형	100 이하	110 이하
	중형	100 이하	110 이하
	중대형	100 이하	112 이하
	대형	105 이하	112 이하
화물자동차	소형	100 이하	110 이하
	중형	100 이하	110 이하
	대형	105 이하	112 이하
이륜자동차		105 이하	110 이하

7.4. 측정값 산출

① 측정 항목별로 자동차로 인한 소음의 크기는 소음시험기 지시값(자동 기록장치를 사용한 경우에는 자동 기록장치의 기록값)의 최대값을 측정값으로 하며, 암소음의 크기는 소음시험기 지시값의 평균값으로 한다.

② 자동차로 인한 소음 크기의 측정은 자동 기록장치를 사용하여 기록하는 것을 원칙으로 하고 측정 항목별로 2회 이상 실시하여야 하며, 각 측정값의 차이가 2dB를 초과할 때에는 각각의 측정값은 무효로 한다.

③ 암소음 크기의 측정은 각 측정 항목별로 측정 실시의 직전 또는 직후에 연속하여 10초 동안 실시하며, 순간적인 충격음 등은 암소음으로 취급하지 아니한다.

④ 자동차로 인한 소음과 암소음의 측정값의 차이가 3dB 이상 10dB 미만인 경우에는 자동차로 인한 소음의 측정값으로부터 아래 표의 보정값을 뺀 값을 최종 측정값으로 하고, 차이가 3dB 미만일 경우에는 측정값을 무효로 한다.

자동차 소음과 암소음의 측정값 차이	3	4～5	6～9
보정값	3	2	1

⑤ 자동차로 인한 소음의 2회 이상 측정값(보정한 것을 포함한다) 중 가장 큰 쪽의 값을 측정의 성적으로 한다.

8 열화장치 및 수온센서 점검

8.1. 예열장치

8.1.1. 예열장치의 정의

예열장치는 디젤엔진에서 시동을 용이하게 하기 위하여 연소실로 유입되는 공기를 가열하는 장치이다.

8.1.2. 예열장치 작동검사

① 전압계를 예열플러그판과 플러그 몸체(접지) 사이에 연결한다.

② 점화스위치 ON상태에서 전압을 측정한다.

③ 시동 후에 예열 표시등은 약 6초 동안 켜지고, 축전지 전압은 36초간 9V 이상을 표시하는지 검사한다(냉각수 온도 20℃에서). 냉각수 온도에 따라 통전 시간은 변화한다.

④ ③항 검사 후, 점화스위치를 시동위치에 놓는다.

⑤ 시동 후, 엔진이 구동되는 동안 6초 동안 축전지 전압이 9V 이상이면 정상이다.(냉각수 온도 20℃에서)

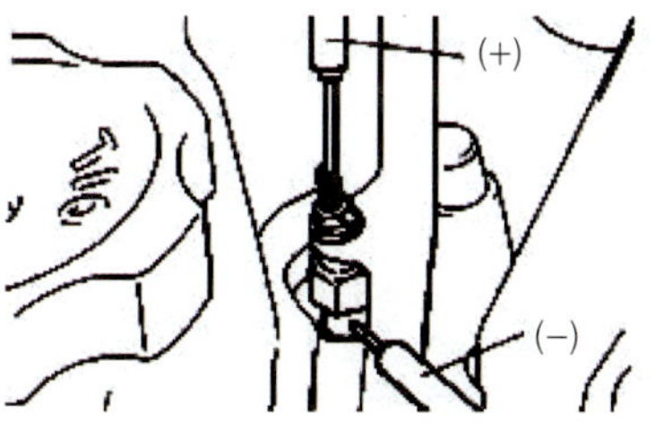

그림 150. 예열장치 작동검사

8.1.3. 예열플러그 릴레이 검사

① 예열플러그(글로 플러그) 릴레이를 탈거한다.

② 릴레이 C단자에 축전지 (+)전원을 연결하고, 릴레이의 접지 브래킷에 축전지 (-) 전원을 연결한다.

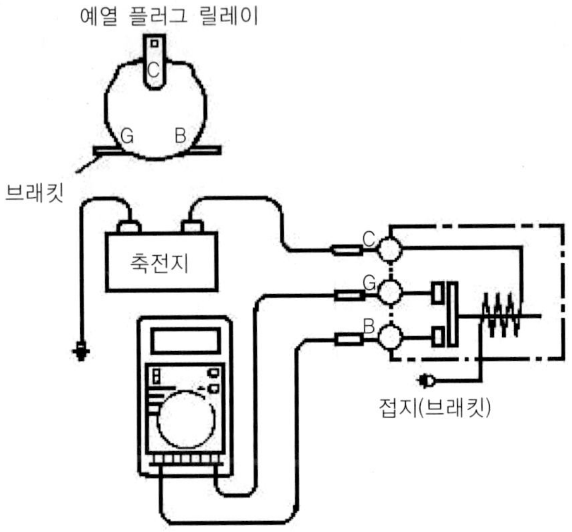

「그림」 151. 예열플러그 릴레이 점검

③ 회로시험기를 이용하여 릴레이의 G와 B단자 사이의 통전시험을 한다. 통전이면 정상

8.1.4. 예열플러그 점검

[1] 단품점검

그림 152와 같이 예열플러그의 핀 끝(단자)과 몸체사이의 통전 상태를 점검하여 통전이 안되거나 저항이 큰 것은 교환한다(표준 값 : 0.25Ω -실드형).

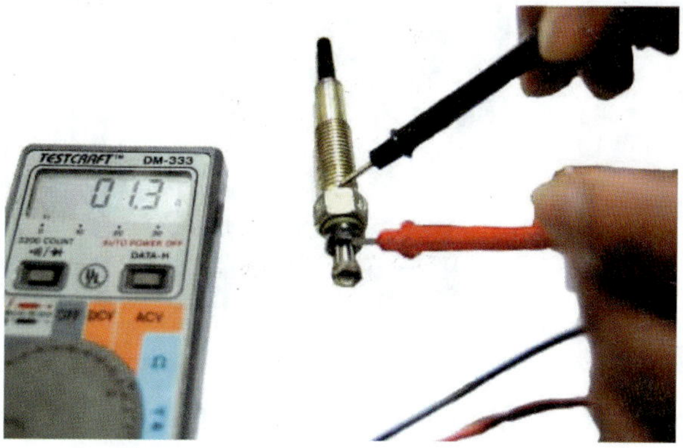

그림 152. 예열플러그 점검(1)

[2] 조립된 상태에서 점검

① 예열플러그 릴레이에서 예열플러그 커넥터를 분리한다. 커넥터에는 예열플러그의 번호가 적혀 있다.

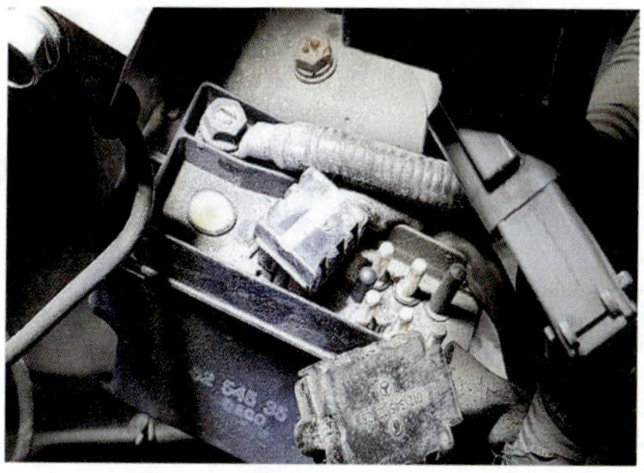

(a) 예열플러그 릴레이

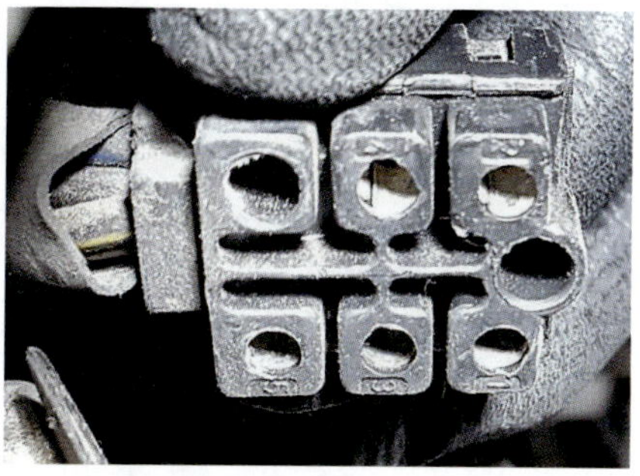

(b) 커넥터 탈거

그림 153. 예열플러그 점검(2)

② 테스터기의 레버를 옴 위치에 둔다.

③ 테스터기의 마이너스는 배터리 마이너스에 설치하고 플러스는 예열릴레이 접점 단자 구멍에 설치한다.

④ 통전이 안 되거나 저항이 큰 것은 교환한다(표준값 : 0.25Ω -실드형).

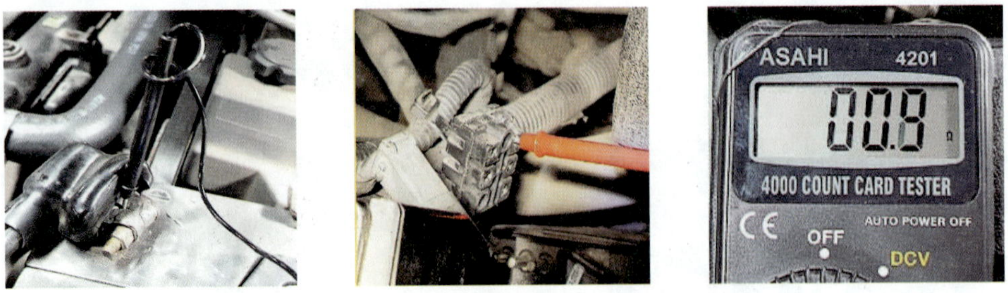

(a) (-)단자 설치 (b) 예열플러그 점검 (c) 저항값 판독

그림 154. 예열플러그 점검(3)

8.1.5. 예열플러그 회로 이해

① 점화스위치를 시동 위치에 두면 : 축전지 전원 → 점화스위치 → 예열 표시등 → 예열 컨트롤유닛 → 예열플러그 릴레이 코일 → 접지 → 예열플러그 릴레이 작동 및 예열 표시등 작동

② 예열 플러그 릴레이가 작동하면 : 축전지 전원 → 예열 플러그 릴레이 → 예열 플러그 → 접지

③ 냉각 수온센서의 정보를 토대로 예열작용을 지속

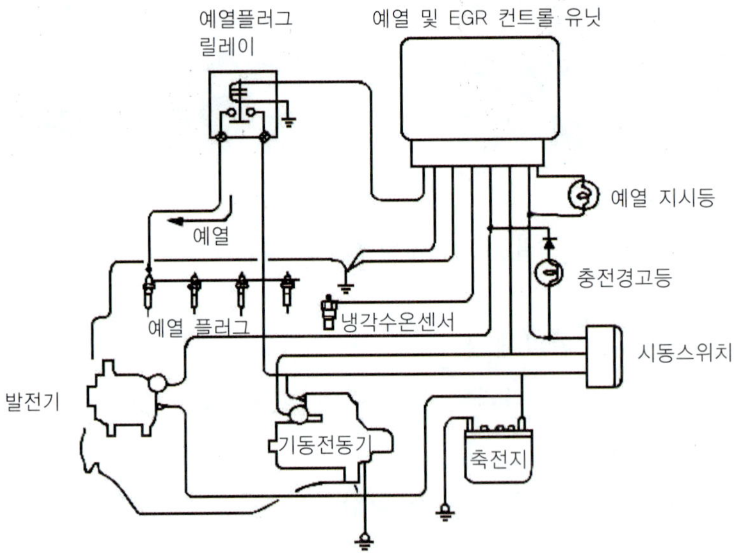

그림 155. 예열플러그 회로

8.2. 수온센서

8.2.1. 수온센서의 점검

[1] 저항시험

① 냉각 수온센서를 탈거한다.

② 회로시험기를 저항 ×1kΩ 측정범위에 설정한다.

③ 수온센서의 두 단자 사이의 저항을 측정한다.

④ 냉각 수온센서 저항값이 표준값에 맞는지 검사한다(표준값 : 2.92~3.58kΩ (20℃ 에서)).

그림 156. 수온센서 정면

8.2.2. 수온에서의 반응검사

① 수온센서를 탈거한다.

② 수온센서 감온 부분을 물에 담그어 (B)단자와 몸체 사이 저항을 측정한다.

③ 아래와 같은 저항 범위에 속하는지 확인한다.

온도(℃)	-2	0	20	40	80
저항값(KΩ)	24.8±2.5	8.6	24.8±2.5	1.5	0.3

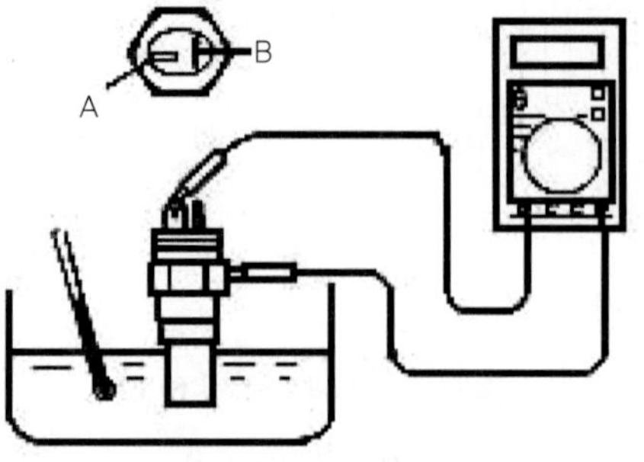

그림 157. 수온센서의 반응검사

8.2.3. 수온센서 장착

① 검사 후에 수온 센서 나사부분에 규정 접착제를 바른 후

② 토크렌치를 이용해서 규정 토크로 체결한다.

㉮ 규정 접착제 : 3M4171 또는 상당부품

㉯ 규정 토크 : 0.8~1.0kgf·m(6~7ft·lbs)

Chapter

8

편의장치

(Convenience System)

01 계기판 및 IMS(Integrated Memory System)
02 경보장치의 고장진단
03 내비게이션장치의 점검 · 정비

자동차를 더 쾌적하고 편안하게, 그리고 편리하게 이용할 수 있게 다양한 편의장치들은 운전자와 탑승자의 안락성이나 편의성을 위한 것이지만, 보다 근본적으로는 운전 집중도를 높여서 사고를 예방하기 위한 예방안전에 기여한다고 볼 수 있다.

1 계기판 및 IMS(Integrated Memory System)

1.1. 계기판

교통안전을 도모하고 쾌적한 운전할 수 있도록 하기 위하여 운전 중인 차량상황을 알기 쉽도록 계기판(instrumental panel)에 계기를 부착한다. 주요 계기에는 속도계, 전류계(또는 충전경고등), 유압계(또는 유압경고등), 연료계, 수온계 등이 있으며, 그밖에 차량 종류에 따라서는 엔진 회전속도계, 운행기록계 등이 있다. 차량에 사용되는 유압계, 연료계, 온도계 등 대부분이 전기로 작동되며, 계기부분과 유닛부분으로 구성되어 있다.

1.1.1. 계기판의 탈·부착

① 축전지 (-)케이블을 탈거한다.

② 핸들의 옆 부분의 틸트(핸들 올리고 내리는 것)를 이용해 핸들을 아래로 내려놓는다.

③ 우드몰딩 전용 탈착공구를 이용하여 우드몰딩을 탈거한다.

④ 좌측 우드몰딩도 탈거한다.

그림 1. 우측 우드몰딩 탈거

그림 2. 좌측 우드몰딩 탈거

⑤ 리셋 스위치 달린 바닥판을 당겨서 탈거하고 커넥터를 탈거한다.

⑥ 계기판 하단 고정나사 2개를 탈거한다.

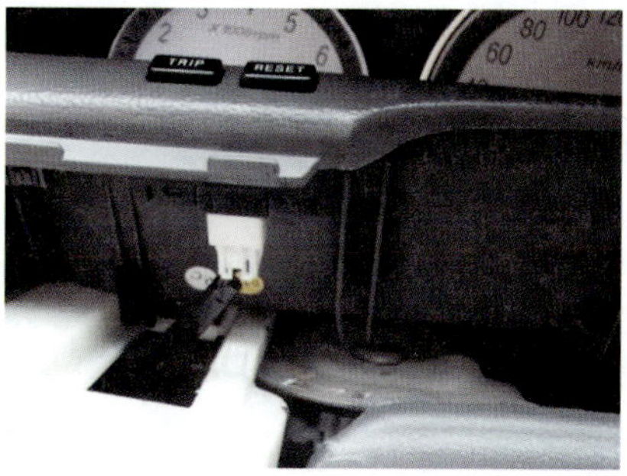

그림 3. 바닥판 커넥터 탈거

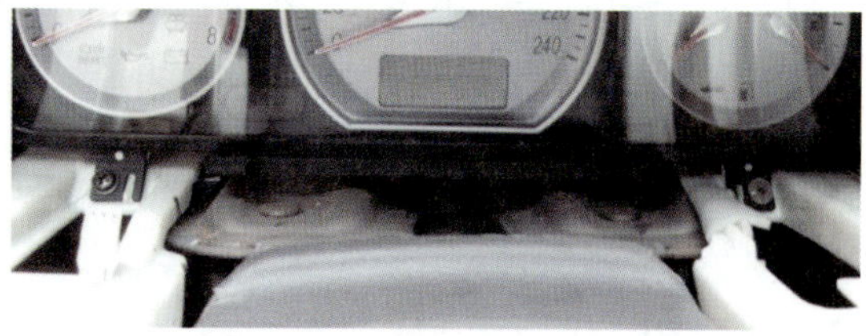

그림 4. 하단 고정나사 탈거

⑦ 계기판 뒤편 위 양쪽에 플라스틱 키로 고정되어 있기 때문에 당기면 탈거된다.

⑧ 조립은 탈거의 역순으로 한다.

⑨ 조립 후 계기판이 정상적으로 작동하는지 확인한다.

그림 5. 계기판 탈거

1.2. IMS(Integrated Memory System)

1.2.1. 수동(manual)스위치에 의한 수동 작동

수동스위치에 의해 시트의 전동기를 직접 구동하는 것으로 시트의 슬라이드, 리클라이닝, 틸트, 하이트를 조정할 수 있다.

1.2.2. 메모리스위치에 의한 시트위치 기억 및 재생작동

점화스위치 ON과 동시에 수동스위치가 모두 OFF의 경우 메모리스위치를 누른 후 5초 이내에 포지션 스위치를 누르면 현재의 시트위치를 기억한다. 그리고 메모리 허가상태의 해제는 다음 조건 중 하나라도 성립되는 경우에 실행한다.

① 메모리스위치를 ON으로 한 후 4초가 경과된 경우

② 시트 수동스위치가 ON으로 된 경우

③ 자동 조정이 금지로 된 경우

1.2.3. 메모리 재생동작

① 점화스위치를 ON으로 한 후 메모리스위치가 OFF인 경우 각 스위치를 누름에 따라 기억되어 있는 위치로 조정한다.

② 기억되어 있지 않은 포지션 스위치의 재생동작은 실행하지 않는다.

③ 동시에(50m/sec) 1개의 포지션 스위치를 누를 경우 재생 동작을 하지 않는다.

④ 재생 금지조건 : 인히비터 “P” 스위치 OFF, 주행속도 2km/h 이상, 수동 스위치 조작이 있는 경우

1.2.4. 부저(Buzzer)출력

① 기억 허가상태가 되었을 경우(메모리 스위치 ON)에는 1회 출력한다.

② 기억이 완료(포지션 스위치 ON)되었을 경우 2회 출력한다.

③ 기억 재생 작동(포지션 스위치 ON)을 할 때 1회 출력한다.

④ 센서 고장으로 인한 이상을 검출하였을 때 10회 출력한다.

2 경보장치의 고장진단

2.1. 경보장치의 고장진단 방식

2.1.1 정전압방식

5V가 출력되며 5V와 0V로 스위치 동작여부를 알 수 있다. 멀티미터를 가지고 전압 변화를 쉽게 볼 수 있다. 초기 차량부터 EF소나타 차량까지 적용되어 있다.

2.1.2 스트로브방식

5V펄스(PULSE)가 출력되며 5V와 0V로 스위치 동작 여부를 알 수 있다. 40ms 동안 0V 강하되면 스위치가 동작했다고 인식한다. 멀티미터를 가지고는 전압의 변화를 알기 매우 힘들다. 따라서 하이스캔을 사용하여 파형측정 후 파형의 변화를 살펴야 한다. 이 방식은 그랜저XG부터 현재 생산되는 차량에 주로 적용되고 있다.

전장제어 ECU 입력스위치의 전압레벨은 표에 나타내었다. 자동차 입력스위치에 사용되는 IC는 CMOS이며 전압은 5V이다. 5V CMOS IC의 "1"은 3.5V 이상 "0"은 1.5V 이하이지만 에탁스 내부회로에 의해서 커넥터 앞단에 측정되는 전압레벨은 "1"이 2.5V 이상 "0"이 0.8V 이하로 측정되면 정상이다.

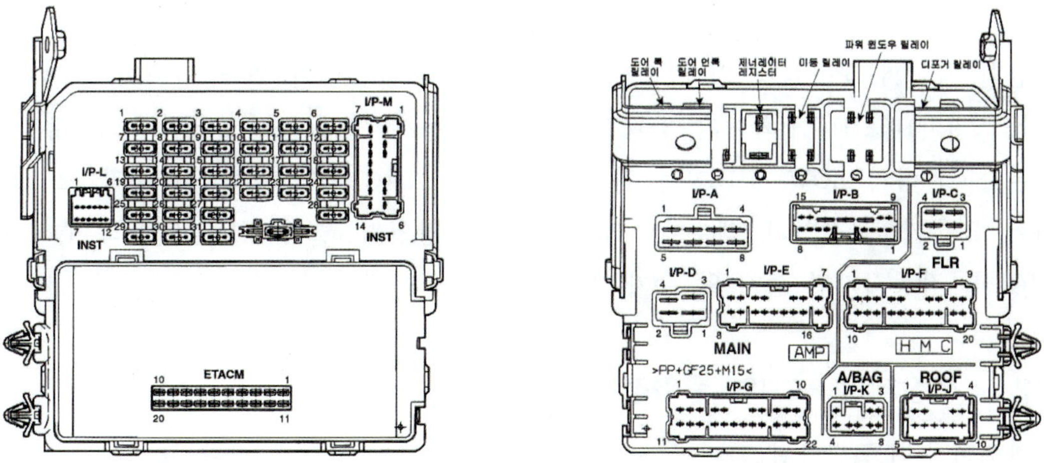

(a) 앞면 (b) 뒷면

그림 6. 실내 정션박스 퓨즈 및 릴레이 위치도(뉴 EF소나타)

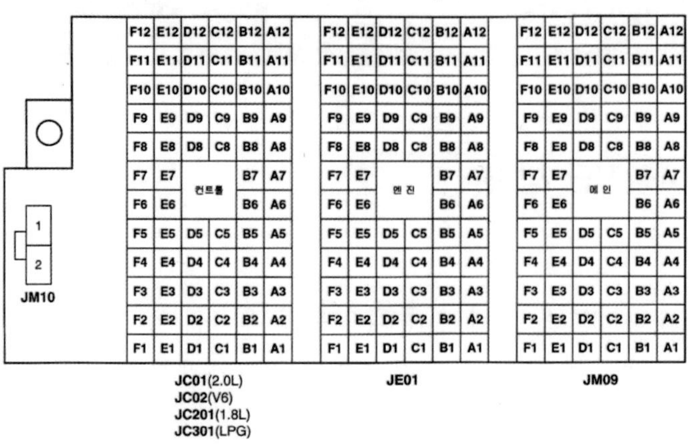

그림 7. 엔진룸 정션박스 위치도(뉴 EF소나타)

표 입력스위치의 전압레벨

사용 IC	전압레벨	1(통상적으로 스위치 OFF)	0(통상적으로 스위치 ON)	비고
TTL IC	5V	2.5V 이상	0.8V 이하	업체마다 차이 발생
CMOS IC	12V	V×2/3 이하(4V 이상)	V×1/3 이하(4V 이하)	

2.2. 간헐 와이퍼의 고장진단

2.2.1. 액추에이터 검사

간헐 와이퍼 작동불량 시에 와이퍼가 동작하지 않는다면 먼저 와이퍼 LOW(와이퍼 2단 스위치)나 HIGH(와이퍼 3단 스위치)를 구동시켜 와이퍼 모터의 정상 유무를 알아본다. 와이퍼 LOW, HIGH는 전장제어 ECU(ETACM)과 관계없이 동작하므로 전장제어 ECU가 고장인지 액추에이터 자체의 고장인지 알기 위해서는 와이퍼 LOW, HIGH를 작동시키면 쉽게 알 수가 있다.

2.2.2. 전장제어 ECU의 출력점검

와이퍼가 구동된다면 와이퍼 모터 자체는 문제없는 것으로 판단하고 전장제어 ECU 입·출력을 점검한다. 먼저 출력을 점검하여 보자. 와이퍼 모터 릴레이를 점검한다. 와이퍼 모터 릴레이 접지단자를 접지와 연결시키면 와이퍼가 작동되어야 한다.

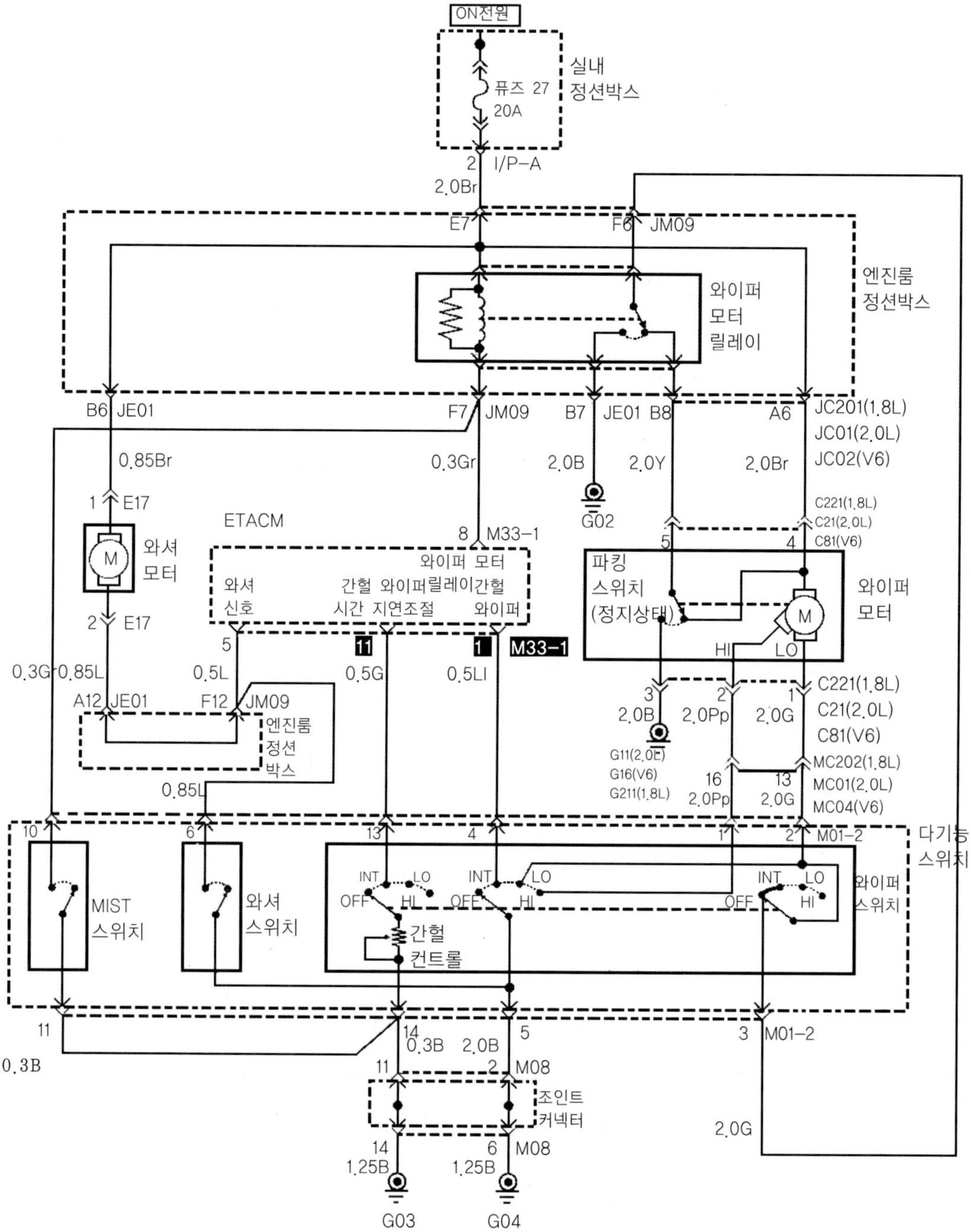

「그림」 8. 뉴 EF소나타의 와이퍼 & 워셔(3) 회로도

뉴 EF소나타 차량은 와이퍼 & 워셔(3) 회로도(레인센서 미적용)에서 M33-1 커넥터의 8번 단자를 차체에 연결시켰을 때 와이퍼가 구동되면 와이퍼 모터 릴레이는 정상

이므로 전장제어 ECU의 입력요소를 확인하고 구동되지 않으면 와이퍼 모터 릴레이를 교환하여 점검한다.

2.2.3. 전장제어 ECU의 입력점검

[1] 간헐 와이퍼 스위치

와이퍼가 원활하게 구동되었다면 입력 스위치 중 INT 스위치를 점검한다. 와이퍼의 INT 스위치가 입력되는 전장제어 ECU(ETACM)의 단자를 살펴본다.

뉴 EF소나타는 와이퍼 & 워셔(3) 회로도에서 M33-1의 1번 단자를 살펴보면 된다. 와이퍼 INT 스위치가 OFF 시에는 5V가 출력되고 INT 스위치 ON 시에는 0V로 강하된다. 만일 0V로 강하되지 않는다면 배선 단선 및 다기능 스위치 불량이고 5V 자체가 출력되지 않는다면 전장제어 ECU 불량으로 볼 수 있다.

[2] 간헐 와이퍼 볼륨 스위치

간헐 와이퍼 볼륨 스위치가 입력되는 전장제어 ECU의 단자는 뉴 EF 소나타의 경우 와이퍼 & 워셔(3) 회로도의 M33-1 커넥터의 11번 단자이다. 이 단자에 멀티미터나 오실로스코프, HI-SCAN 등을 사용하여 전압을 체크하여 본다. 간헐 와이퍼 볼륨 전압은 0V~3.8V까지 원활하게 움직이면 정상이나 와이퍼 제어 시간에만 영향을 주는 요소이므로 불량 시 와이퍼 구동에 문제는 없다.

2.2.4. 전장제어 ECU 점검

액추에이터도 이상이 없고, 전장제어 ECU의 출력요소와 입력요소가 모두 정상인데도 간헐 와이퍼가 정상이 아니라면 마지막으로 전장제어 ECU(ETACM) 자체의 고장이므로 교환 후에 작동 여부를 확인한다.

2.3. 워셔 연동 와이퍼제어의 고장진단

워셔 연동 와이퍼제어도 간헐 와이퍼와 마찬가지로 레인센서가 적용된 차량과 레인센서 미적용 차량이 서로 다르게 되어 있다.

레인센서 적용 차량의 경우는 간헐와이퍼 제어 및 워셔 연동 와이퍼 제어를 레인센서가 기능을 담당하고 있으나 레인센서 미적용 차량의 경우는 전장제어 ECU(ETACM)가 기능을 담당하고 있다. 이번 실습도 레인센서 미적용 차량을 대상으로 실습을 하여보자.

2.3.1. 액추에이터 검사

워셔 연동 와이퍼 제어에 작동하는 액추에이터는 워셔 모터와 와이퍼 모터가 있으므로 각 액추에이터의 상태를 살펴본다.

[1] 워셔 모터

워셔 모터의 정상 작동 여부를 알기 위해서는 워셔 스위치를 작동시키면서 워셔 모터의 소리를 들어본다. 모터 소리가 들리면 워셔 모터는 정상적으로 작동하는 것이다.

[2] 와이퍼 모터

와이퍼 모터의 작동상태를 알아보기 위해서는 먼저 와이퍼 LOW(와이퍼 2단 스위치)나 HIGH(와이퍼 3단 스위치)를 구동시켜 와이퍼 모터의 정상 유무를 알아본다. 와이퍼 LOW, HIGH는 전장제어 ECU(ETACM)과 관계없이 동작하므로 전장제어 ECU가 고장인지 액추에이터 자체의 고장인지 알기 위해서는 와이퍼 LOW, HIGH를 작동시키면 쉽게 알 수가 있다.

2.3.2. 전장제어 ECU의 출력점검

액추에이터는 정상인데도 와이퍼가 작동하지 않으면 전장제어 ECU 입·출력을 점검한다. 먼저 출력을 점검한다. 와이퍼 모터 릴레이를 점검한다. 와이퍼 모터 릴레이 접지단자를 접지와 연결시키면 와이퍼가 작동되어야 한다.

뉴 EF소나타 차량에서는 와이퍼 & 워셔(3) 회로도에서 M33-1 커넥터의 8번 단자를 차체 접지와 연결시켰을 때 와이퍼가 구동되면 와이퍼 모터 릴레이는 정상이므로 전장제어 ECU의 입력요소를 확인하고 구동되지 않으면 와이퍼 모터 릴레이를 교환하여 점검한다.

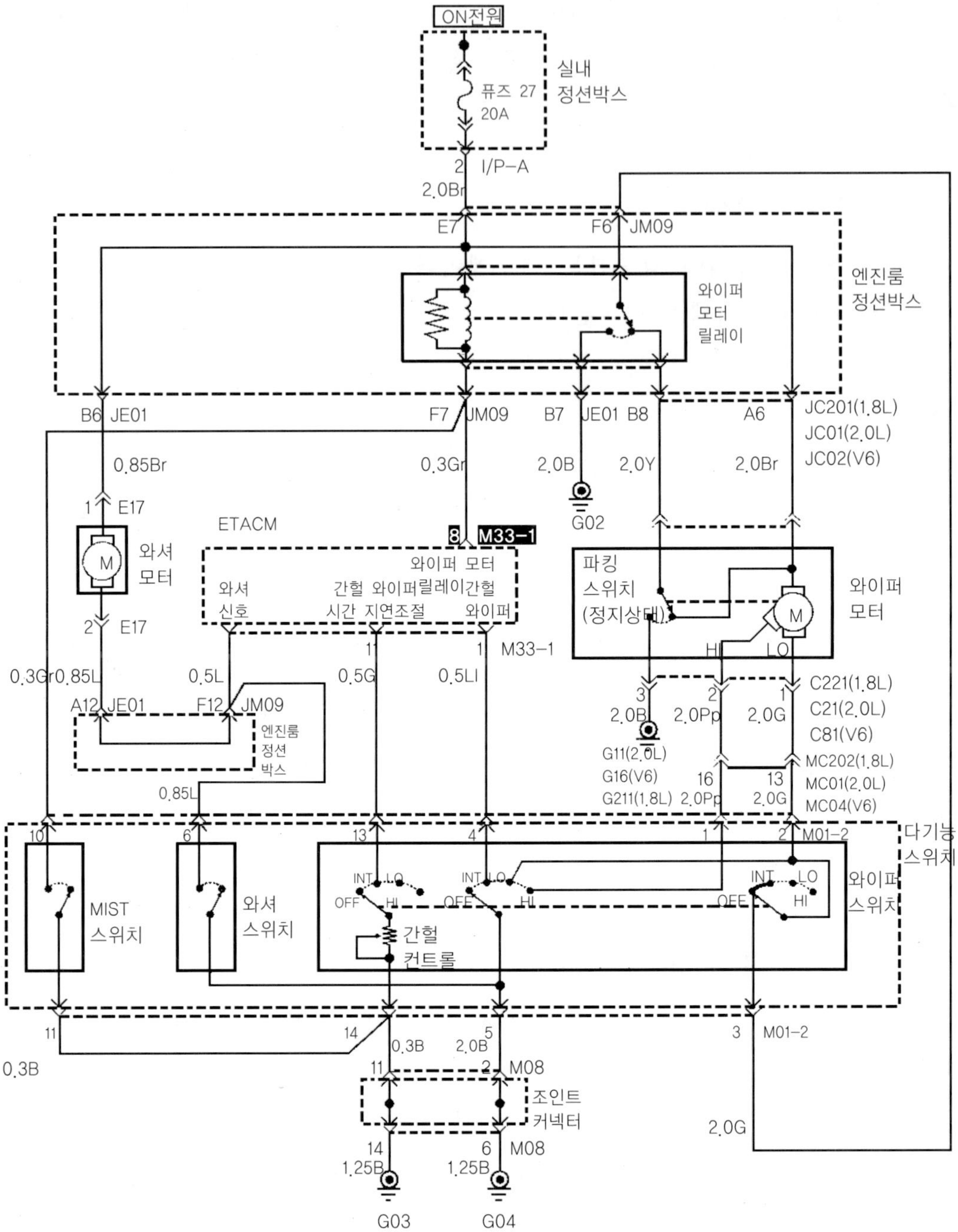

「그림」 9. 뉴 EF소나타의 와이퍼 & 워셔(3) 회로도

2.3.3. 전장제어 ECU 입력점검

입력스위치 중 와셔스위치를 점검한다. 워셔 스위치가 입력되는 전장제어 ECU(ETACM)의 단자를 살펴본다. 뉴 EF소나타는 와이퍼 & 워셔(3) 회로도에서 M33-1의 5번 단자를 살펴본다. 워셔 스위치가 OFF 시에는 12V가 출력되고 워셔 스위치 ON 시에는 0V로 강하된다. 만일 0V로 강하되지 않는다면 배선 단선 및 다기능 스위치 불량이다.

2.3.4. 전장제어 ECU 점검

액추에이터도 이상이 없고, 전장제어 ECU의 출력요소와 입력요소가 모두 정상인데도 워셔 연동 와이퍼가 정상이 아니라면 마지막으로 전장제어 ECU(ETACM) 자체의 고장이므로 교환 후에 작동 여부를 확인한다.

2.4. 열선 타이머 제어의 고장진단

2.4.1. 액추에이터 검사

우선 열선이 동작하려면 시동이 걸려 있어야 하고 열선 스위치를 누르면 열선이 동작한다. 열선이 동작하지 않는다면 기본적으로 충전전압이 충분히 나오는지를 확인한다. 뉴 EF소나타의 경우 충전회로도(1)의 I/P-G의 5번 단자를 통해 전장제어 ECU(ETACM)으로 들어오는 충전전압을 확인한다. 충분한 충전전압이 나오면 뉴 EF소나타의 경우에는 뒷유리 & 아웃사이드 미러 디포거 회로도의 I/P-C의 3번(그림 11 참조) 단자를 접지시킨다. 열선이 작동하면 열선 자체에는 문제가 없는 것이고 열선이 작동하지 않으면 배선, 접지, 열선의 순서로 점검을 한다.

2.4.2. 전장제어 ECU 출력점검

열선 스위치를 작동시키면서 열선 릴레이가 정상적으로 작동하는지를 확인한다. 뉴 EF소나타의 경우 열선릴레이와 전장제어 ECU는 실내 정션박스 안에서 연결되어 있으므로 열선 스위치를 작동시켰을 때 실내 정션박스를 통해 나오는 열선 릴레이의 출력을 확인한다. 이것은 뒷유리 & 아웃사이드 미러 디포거 회로도의 I/P-C의 3번 단자와 I/P-B의 2번 단자에서 12V 전압이 나오면 열선 릴레이는 정상으로 작동하는 것이고 그렇지 않으면 열선릴레이가 고장이므로 교환 후에 다시 한번 점검하여 본다.

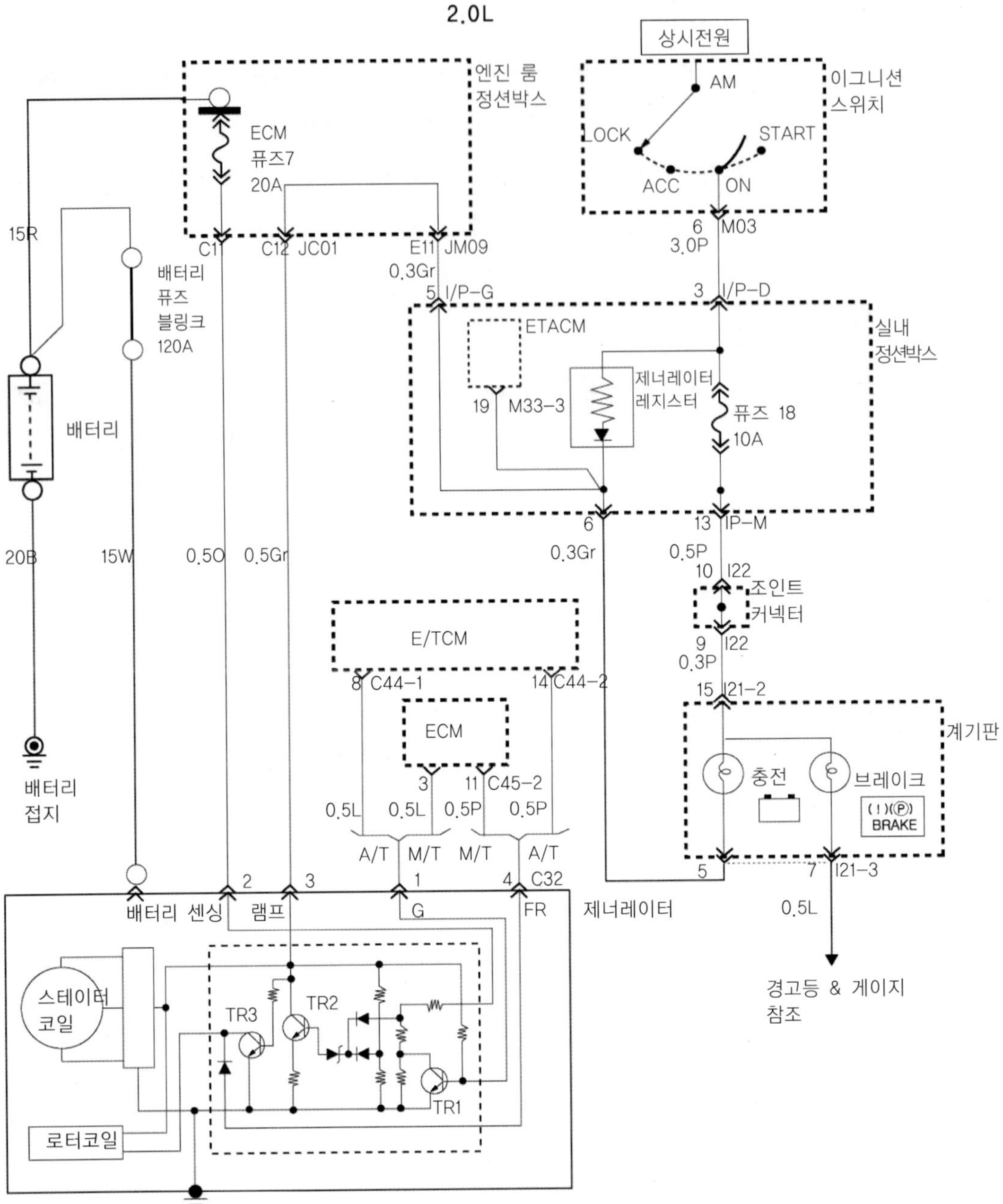

「그림」 10. 뉴 EF소나타의 충전회로(1) 회로도

2.4.3. 전장제어 ECU 입력점검

[1] 발전기 L단자

열선회로에는 문제가 없다면 입력단자인 발전기 "L" 단자를 점검한다.

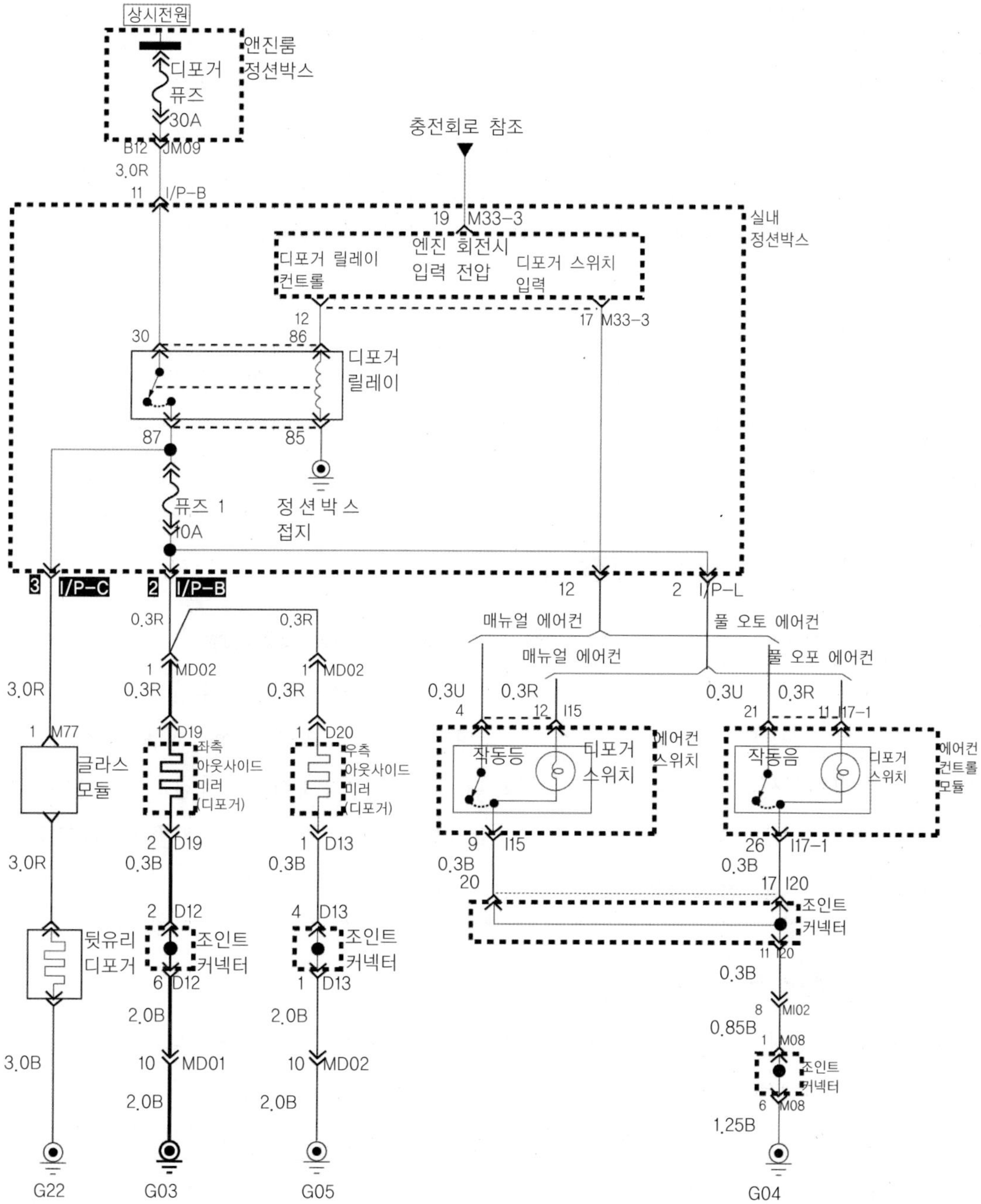

「그림」 11. 뉴 EF소나타의 뒷유리 & 아웃사이드 미러 디포거 회로도

발전기 단자에서 시동키 OFF 시 0V, 시동키 ON 시 2~3V, 차량의 시동 시에는 충전전압이 입력되면 정상이고 최소한 시동 시 5V 이상은 입력되어야 한다.

[2] 열선 스위치

발전기 단자의 입력이 정상이라면 열선 스위치를 점검한다. 열선 스위치는 5V 전압으로 감지하며 열선 스위치를 누르면 0V로 강하된다. 열선 스위치는 PUSH 타입의 스위치이므로 계속 누르고 있어야만 전압이 강하되는 것을 확인할 수 있다. 차종에 따라서 정전압 방식과 스트로브 방식으로 나누어진다. 전압강하가 잘 이루어지면 전장제어 ECU 문제이고 그렇지 않으면 열선스위치와 배선을 점검한다.

2.4.4. 전장제어 ECU 점검

액추에이터도 이상이 없고, 전장제어 ECU의 출력요소와 입력요소가 모두 정상인데도 열선 타이머 제어가 정상이 아니라면 마지막으로 전장제어 ECU(ETACM) 자체의 고장이므로 교환 후에 작동 여부를 확인한다.

2.5. 감광식 실내등 제어의 고장진단

2.5.1. 액추에이터 검사

우선 실내등이 동작하려면 실내등 스위치를 ON으로 하여서 실내등이 켜지는지 확인한다. 만약 실내등이 켜지지 않으면 실내등 전구를 확인하여 전구 고장이 아닌지 확인한다. 만약 실내등 전구가 정상이라면 실내등 커넥터를 점검하여 전원 단자에 12V가 공급되고 있는지 확인한다. 뉴 EF소나타는 M88 커넥터의 3번 단자(그림 12)를 테스터 램프 등으로 확인하여 12V가 공급되고 있는지 확인한다.

2.5.2. 전장제어 ECU 출력점검

전장제어 ECU가 실내등을 제어하는 단자를 확인한다. 뉴 EF소나타의 경우에는 실내등(1) 회로도(그림 12)를 보면 M33-3 커넥터의 11번 단자가 실내등을 제어하는 단자이다. 그런데 이 단자는 실내 정션박스 내부에 있으므로 외부에서 확인할 수 없다. 따라서 이 단자와 연결된 I/P-J 커넥터의 9번 단자를 통해서 확인하여야 한다. 확인하는 방법은 실내등 스위치를 "DOOR"의 위치에 놓고 시동키는 탈거한 상태에서 임의의 도어 하나를 열었다가 닫았을 때 I/P-J 커넥터의 9번 단자가 0V로 강하되는지 확인한다.

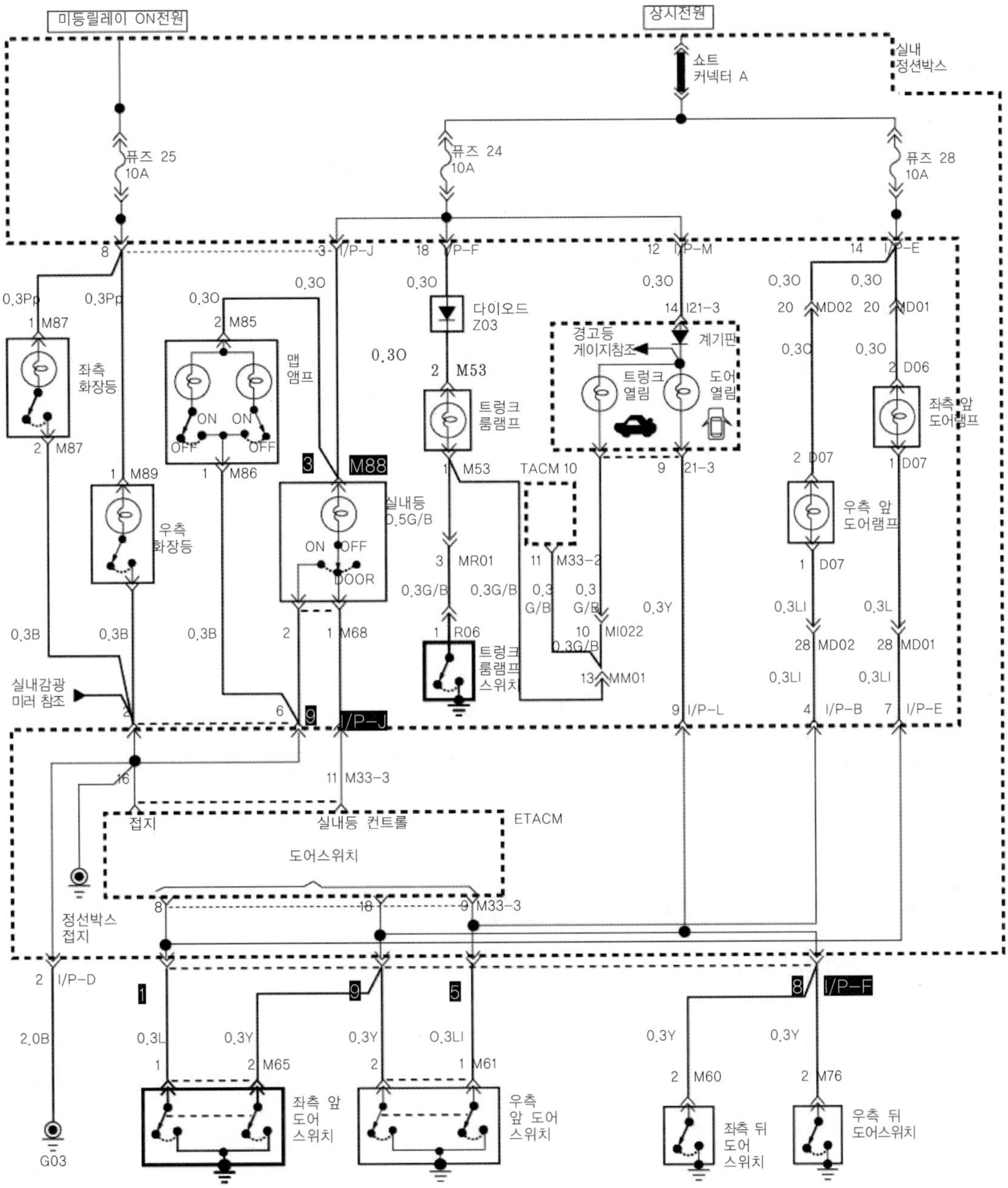

「그림」 12. 뉴 EF소나타의 실내등(1) 회로도(선루프 미적용)

2.5.3. 전장제어 ECU 입력점검

전장제어 ECU에 입력되는 4개 도어 스위치의 정상여부를 확인한다.

뉴 EF소나타의 경우에 실내등(1) 회로도(그림 12)를 보면 운전석 도어 스위치는 "좌측 앞 도어 스위치" 로, 조수석 도어 스위치는 "우측 앞 도어 스위치" 로, 운전석 뒤 도어 스위치는 "좌측 뒤 도어 스위치" , 그리고 조수석 뒤 도어 스위치는 "우측 뒤 도어 스위치" 로 표기되어 있다. 또한 모든 도어 스위치는 문이 열리면 스위치가 닫혀서 접지와 연결되므로 도어 스위치와 연결된 배선은 0V로 강하된다.

그림 12의 회로도를 잘 살펴보면 운전석 도어 스위치는 M33-3 커넥터의 8번과 18번 단자에 연결되어 있고, 조수석 도어 스위치는 M33-3 커넥터의 9번과 18번 단자에 연결되어 있으며 운전석과 조수석 뒤 도어 스위치는 M33-3 커넥터의 18번 단자에 함께 연결되어 있는 것을 알 수 있다. 따라서 4개 도어 스위치 중 어느 한 개 이상의 도어 스위치가 열려 있으면 M33-3 커넥터의 18번 단자가 무조건 0V로 강하된다.

뉴 EF소나타는 M33-3 커넥터의 18번 단자가 실내 정션박스의 내부에 있으므로 이 단자와 연결된 I/P-F 커넥터의 9번 단자가 0V로 되는지 확인하면 된다.

2.5.4. 전장제어 ECU 점검

액추에이터도 이상이 없고, 전장제어 ECU의 출력요소와 입력요소가 모두 정상인데도 감광식 실내등 제어가 정상이 아니라면 마지막으로 전장제어 ECU(ETACM) 자체의 고장이므로 교환 후에 작동 여부를 확인한다.

2.6. 파워 윈도우 타이머 제어의 고장진단

2.6.1. 액추에이터 검사

우선 파워 윈도우가 동작하려면 운전석 도어에 있는 파워 윈도우 메인 스위치를 작동시켜서 4개 도어의 윈도우를 작동시켜 본다. UP, DOWN방향으로 모두 작동시키면서 4개 윈도우가 정상적으로 작동되는지 살펴보자. 만약 4개 윈도우가 모두 작동되지 않으면 파워 윈도우 릴레이 또는 전원공급 라인을 점검하여야 하고 4개 윈도우 중 한, 두개의 윈도우만 작동되지 않으면 작동되지 않는 윈도우 모터 자체의 문제이므로 윈도우 모터를 점검하여야 한다.

2.6.2. 전장제어 ECU 출력점검

파워 윈도우 릴레이가 시동키를 OFF 시킨 후에도 일정시간 동안 동작하고 있는 지 확인하여야 한다.

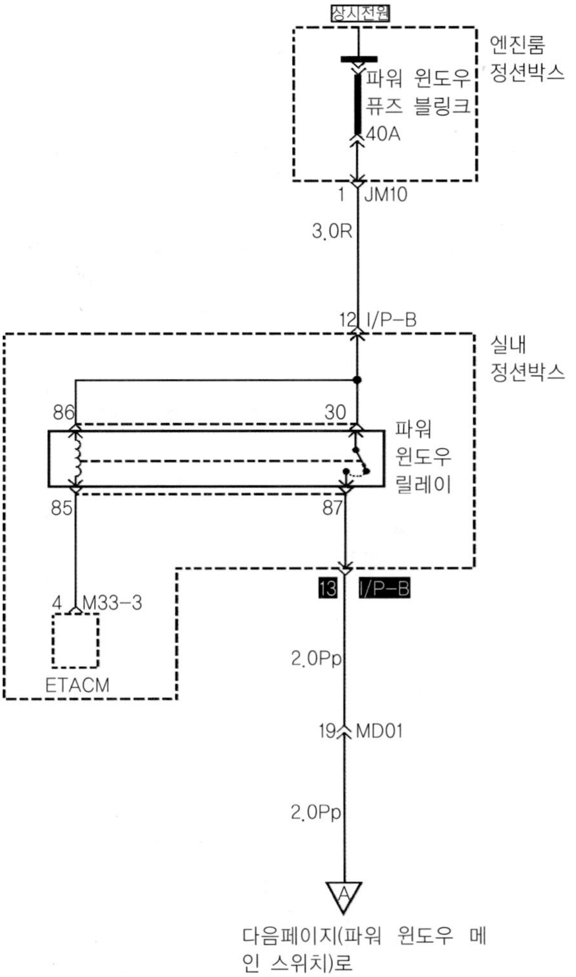

그림 13. 뉴 EF소나타의 파워 윈도우(1) 회로도

뉴 EF소나타의 파워 윈도우(1) 회로도를 보면 전장제어 ECU(ETACM)와 파워 윈도우 릴레이가 연결되는 단자는 M33-3 커넥터의 4번 단자인데 이 단자는 실내 정션박스의 내부에 있으므로 I/P-B 커넥터의 13번 단자를 사용하여 파워 윈도우 릴레이의 동작여부를 확인하여야 한다.

검사방법은 시동키를 OFF 시킨 후에 I/P-B 커넥터의 13번 단자가 몇 초 동안 12V

출력이 나오는지 확인한다. 운전석 도어를 열어 놓은 상태에서 시동키를 OFF 시킨 후에도 파워 윈도우 릴레이가 작동하는지 확인한다.

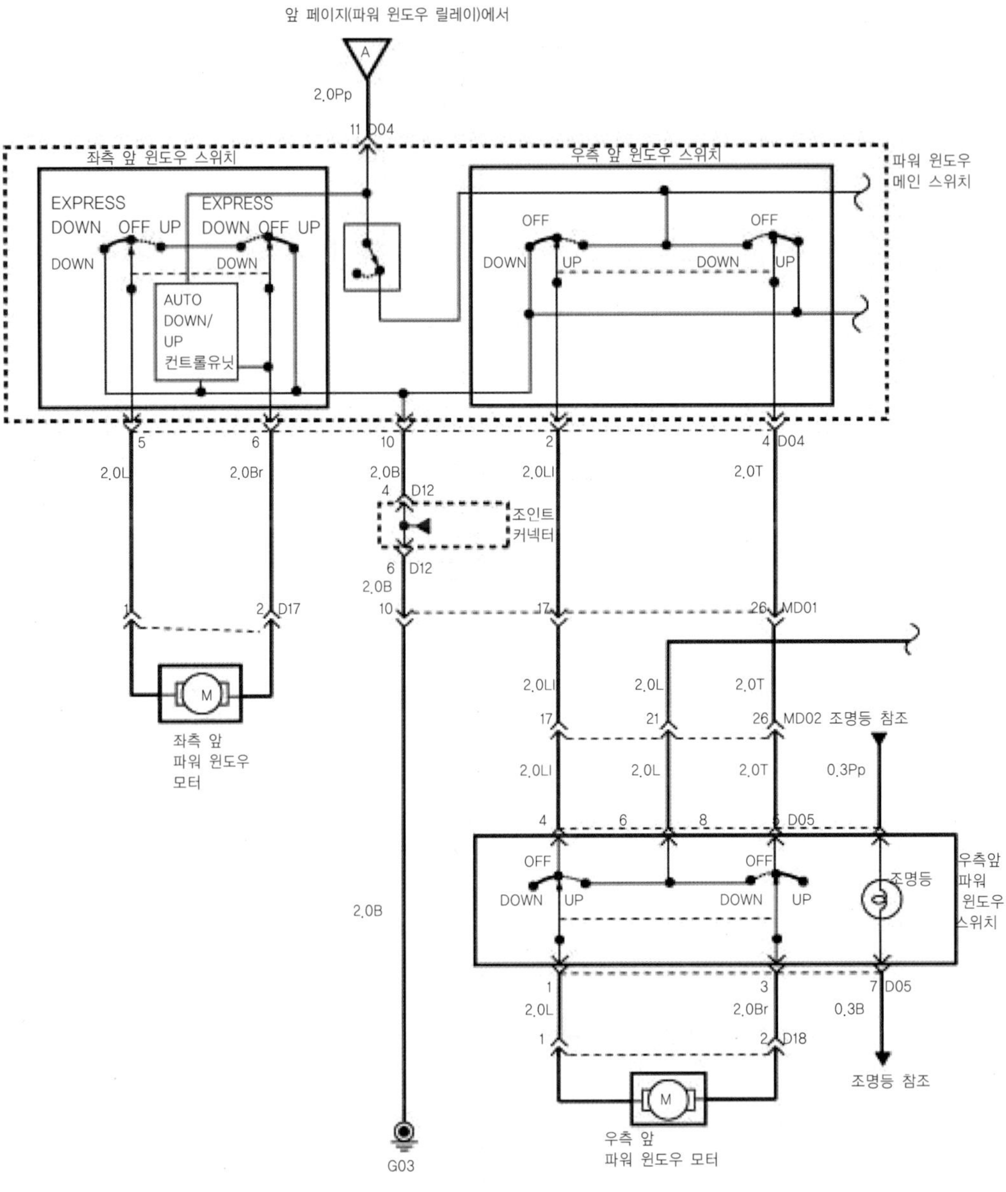

「그림」 14. 뉴 EF소나타의 파워 윈도우(2) 회로도

파워 윈도우 타이머제어를 위한 입력신호는 시동키 신호와 운전석 및 조수석 도어 스위치이다. 운전석 및 조수석 도어 스위치는 실내등 회로도에 나타나 있으며 시동키 스위치는 전원 배분도에 나타나 있다.

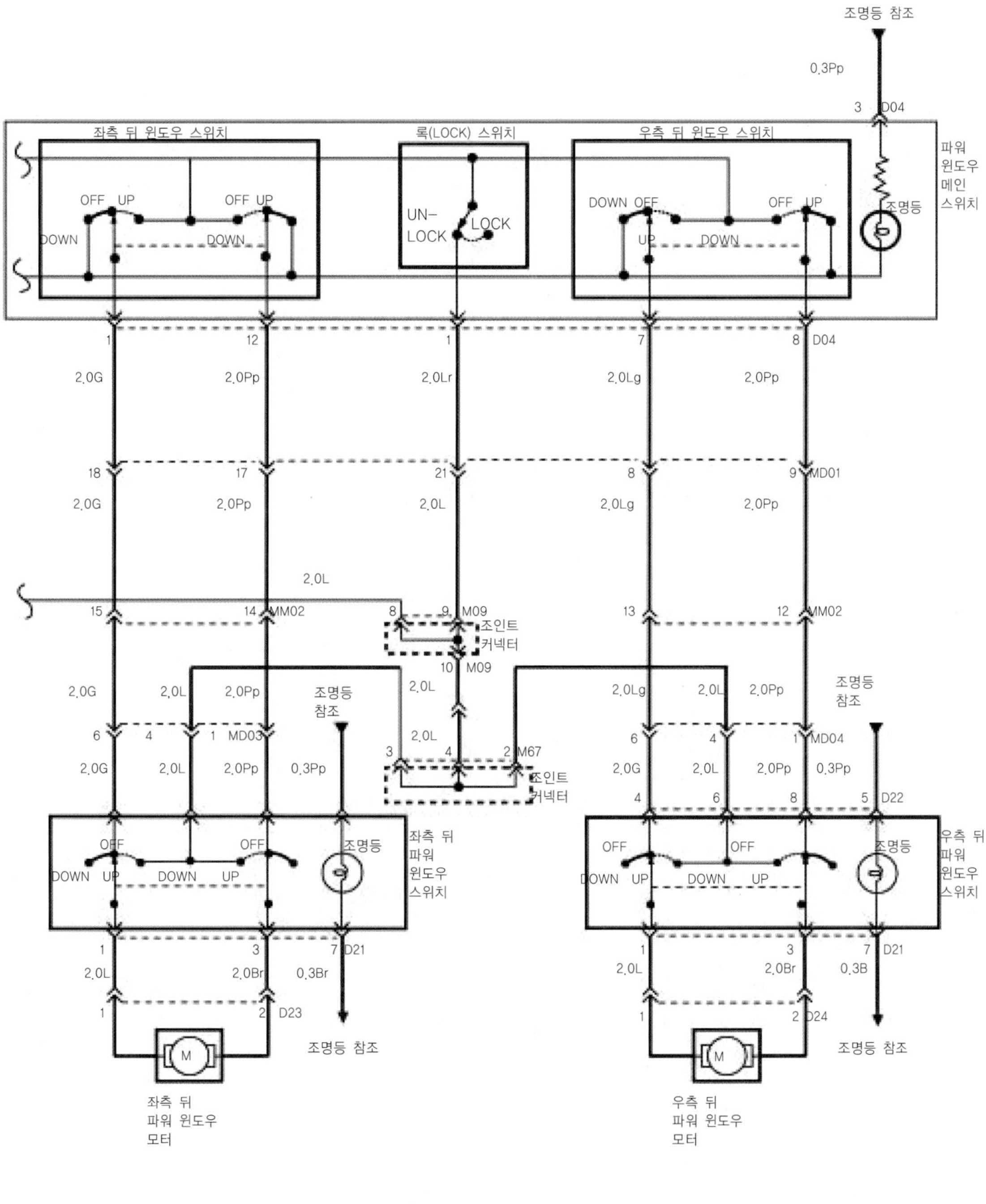

그림 15. 뉴 EF소나타의 파워 윈도우(3) 회로도

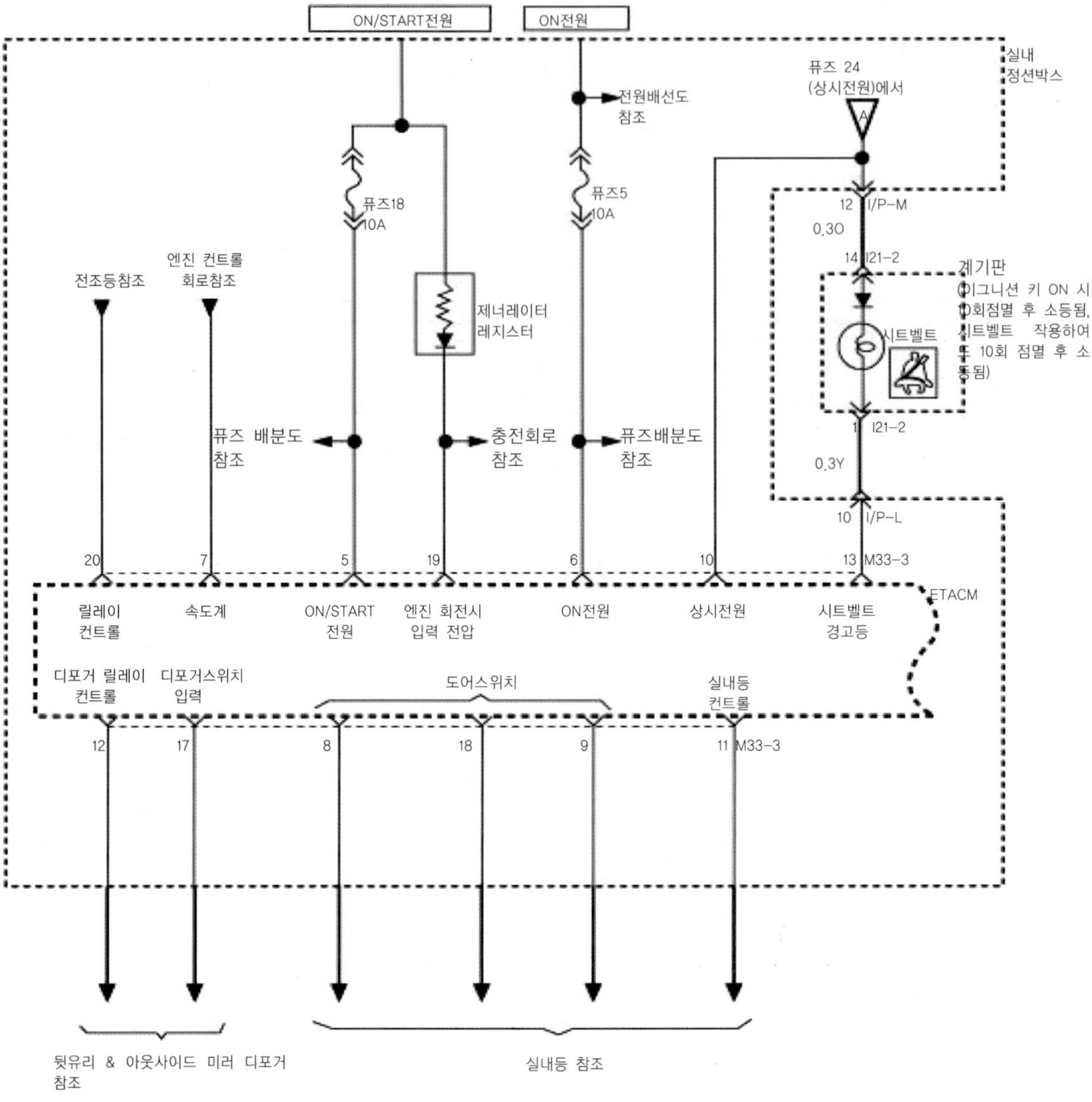

『그림』 16. 뉴 EF소나타의 ETACS(에탁스) 회로도

뉴 EF소나타의 경우 시동키 회로는 전원배분도의 이그니션 스위치와 실내 정션박스에서 퓨즈5(ETACM)에 연결된 커넥터이므로 I/P-D 커넥터의 1번 단자(그림 17)이다. 키 ON상태에서 12V 키 OFF상태에서 0V가 되는지 확인하면 된다.

운전석 및 조수석 도어 스위치는 실내등(1) 회로도(그림 18)에서 알 수 있다. 뉴 EF소나타에서는 M33-3 커넥터의 8번과 18번이 운전석 도어 스위치와, M33-3 커넥터의 9번과 18번이 조수석 도어 스위치와 연결되어 있다.

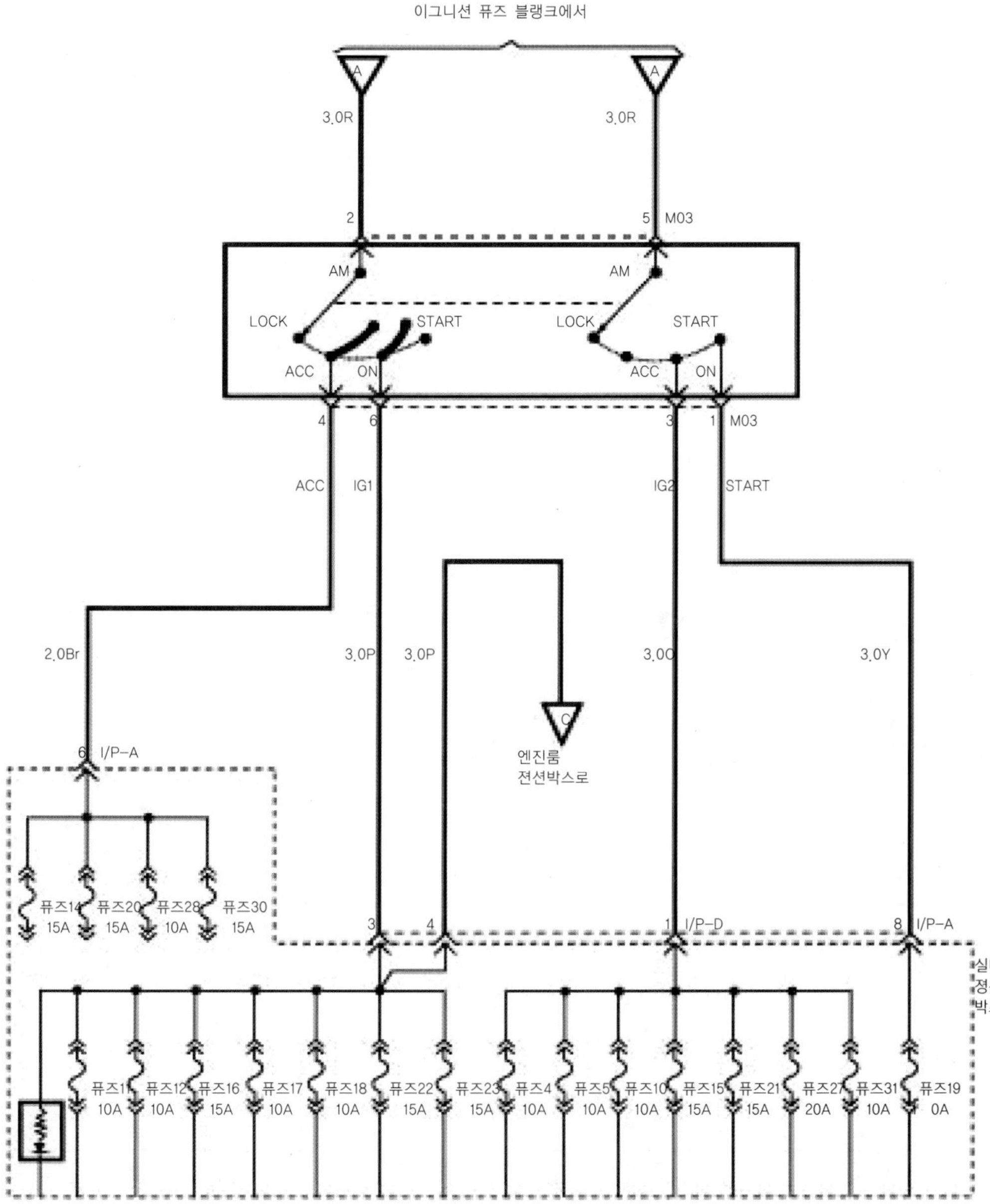

그림 17. 뉴 EF소나타의 전원배분도(10) 회로도

이 단자 역시 실내 정션박스의 내부에 있으므로 M33-3 커넥터의 8번 단자는 I/P-F 커넥터의 1번 단자로 확인할 수 있고 M33-3 커넥터의 18번 단자는 I/P-F커넥터의 9번 단자로 확인할 수 있으며 M33-3 커넥터의 9번 단자는 I/P-F의 5번 단자로 각각 연결되어 확인할 수 있다. 운전석과 조수석의 도어를 각각 열었다 닫았다 하면서 각 단자의 변화를 살펴본다.

[선루프 미적용]

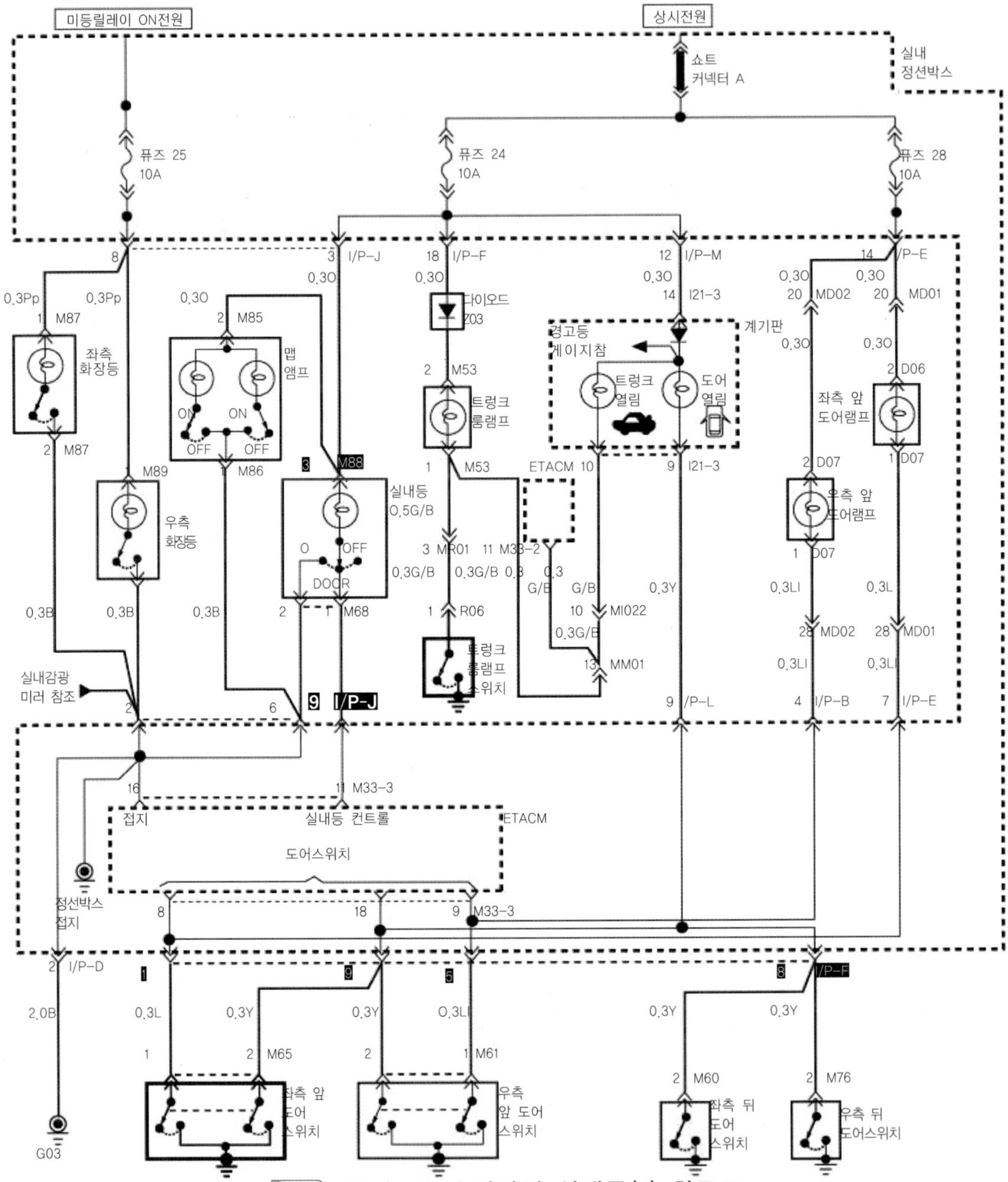

그림 18. 뉴 EF소나타의 실내등(1) 회로도

2.7. 키 회수 제어의 고장진단

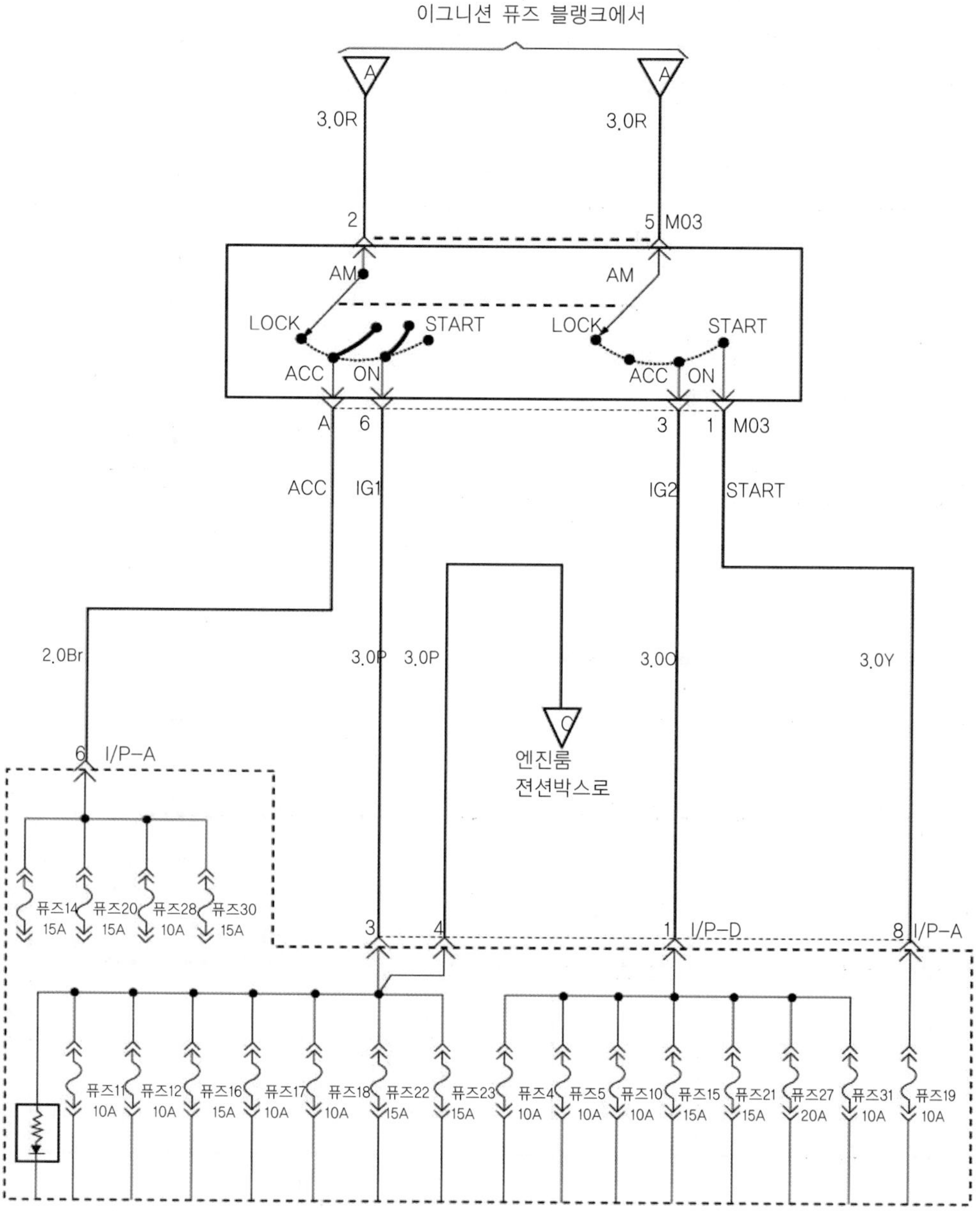

그림 19. 뉴 EF소나타 전원 배분도 회로도

2.7.1. 액추에이터 검사

키 회수 제어를 위해서는 도어 언록 액추에이터가 정상적으로 작동하여야 한다. 따라서 파워 윈도우 메인 스위치의 도어 록/언록 스위치를 작동시키면서 4개 도어의 도어 록/언록 액추에이터가 정상적으로 작동하는지 검사하면 된다.

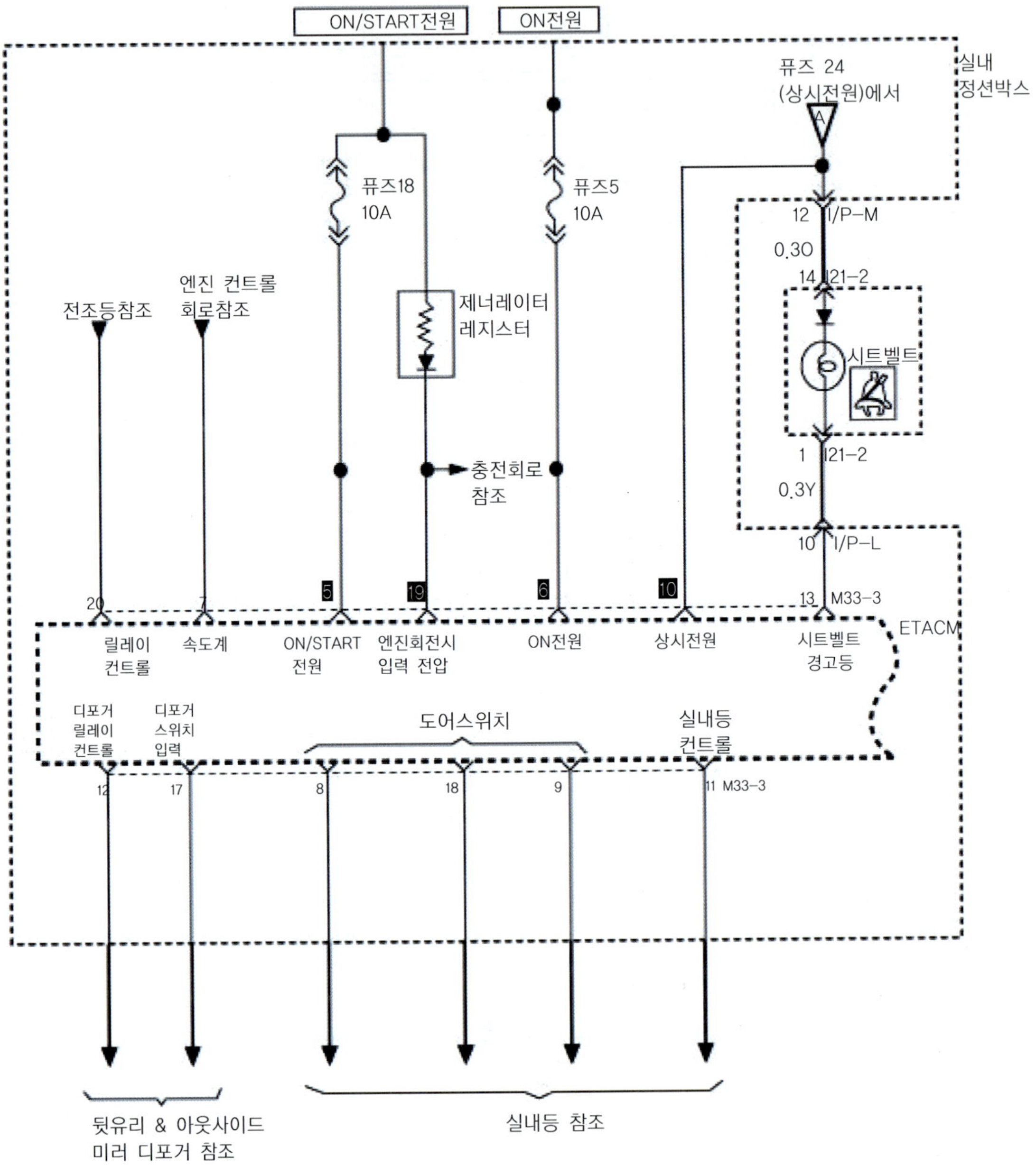

그림 20. 뉴 EF소나타 ETACS(1) 회로도

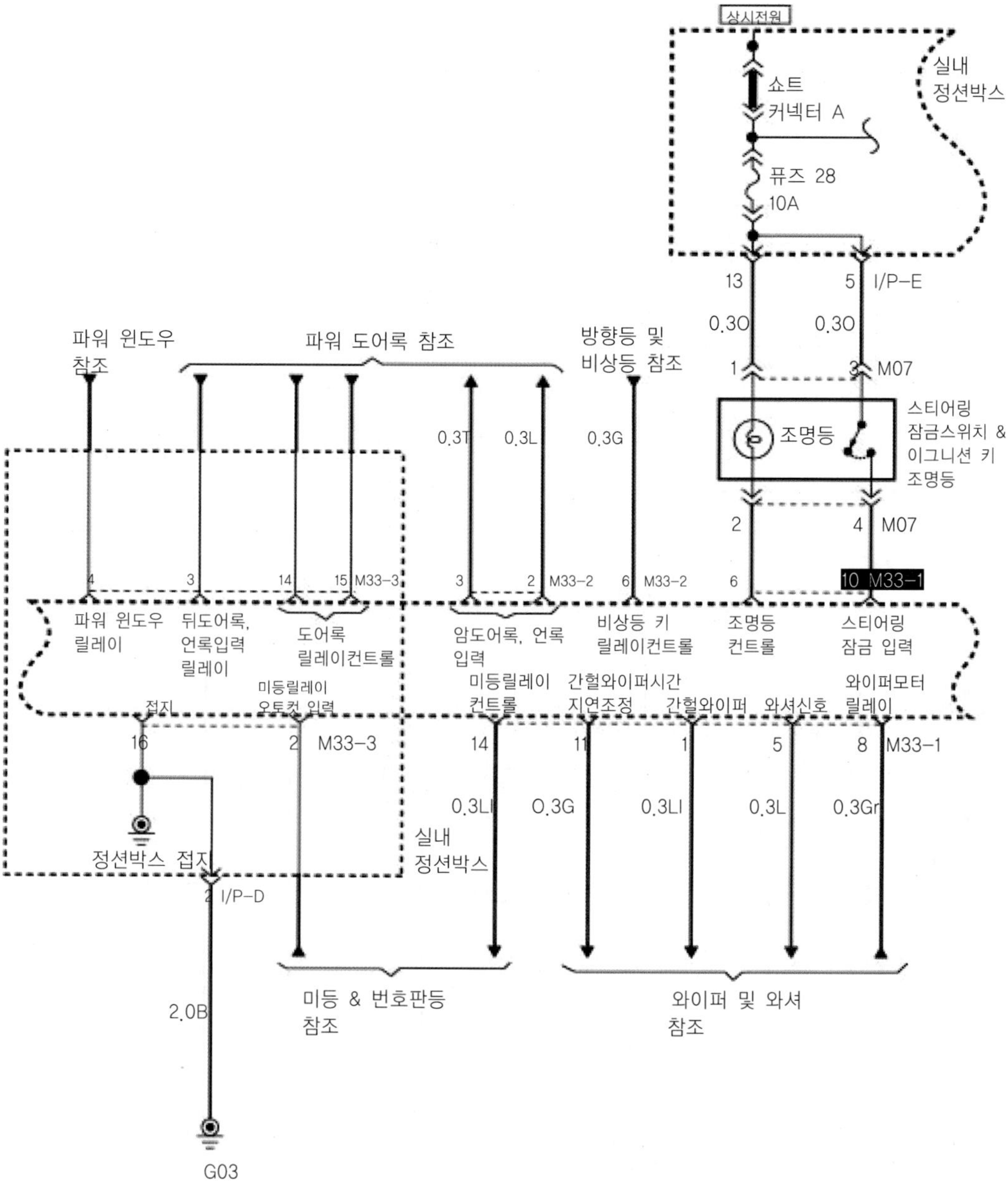

그림 21. 뉴 EF소나타 ETACS(2) 회로도

2.7.2. 전장제어 ECU 출력점검

키 회수 제어의 출력단자는 도어 언록 릴레이이다. 차종마다 언록 릴레이의 위치가 조금씩 다르게 되어 있으나 대부분의 경우 실내 정션박스에 위치해 있다.

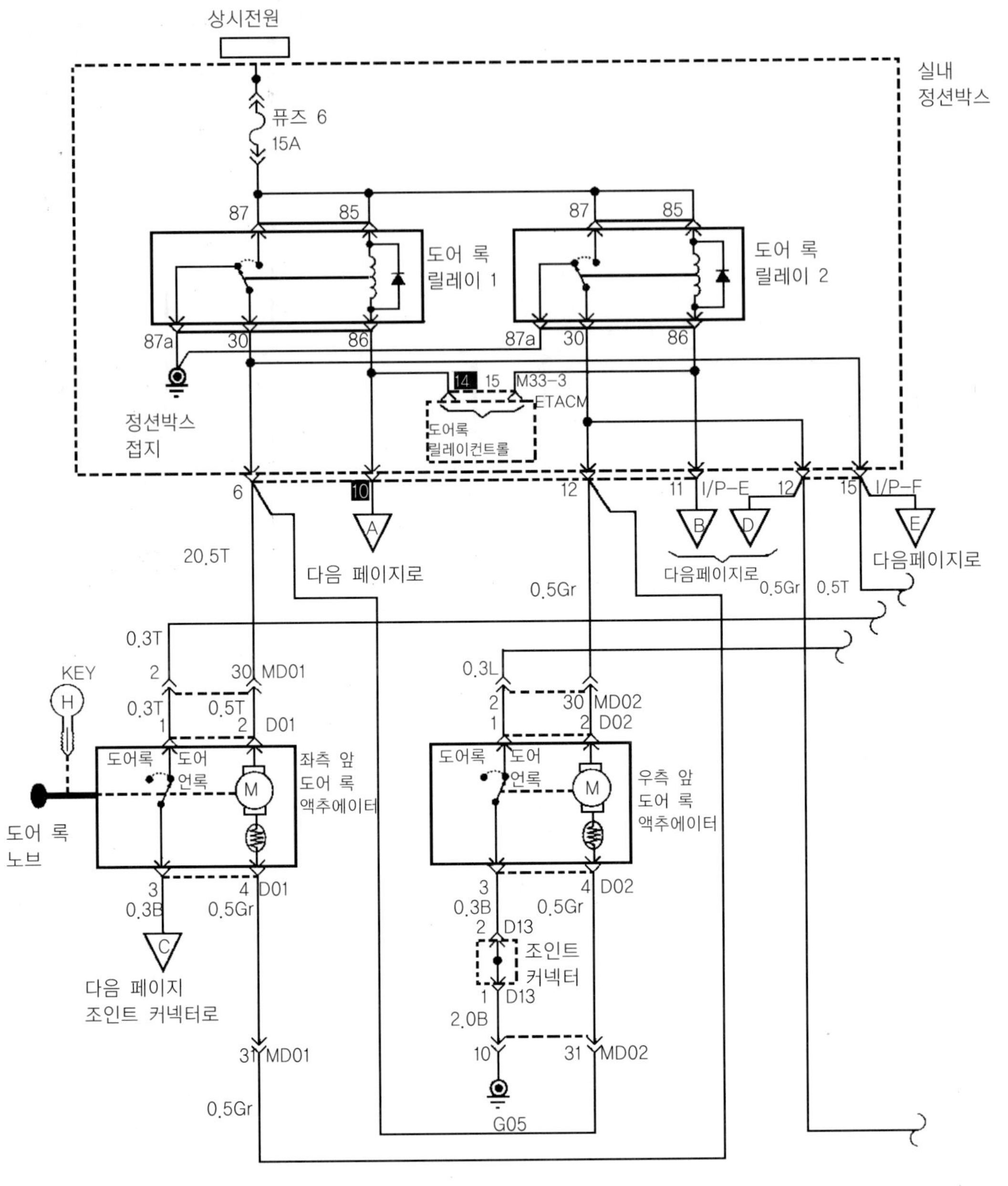

「그림」 22. 뉴 EF소나타 파워 도어록(1) 회로도

뉴 EF소나타에서도 도어 언록 릴레이는 실내 정션박스에 있으며 전장제어 ECU (ETACM)와 M33-3 커넥터의 14번 단자와 연결되어 있다. 그런데 이 단자도 실내 정션박스의 내부에 위치해 있으므로 이 단자의 확인을 위해서는 실내 정션박스의 I/P-E 커넥터의 10번 단자를 사용할 수 있다.

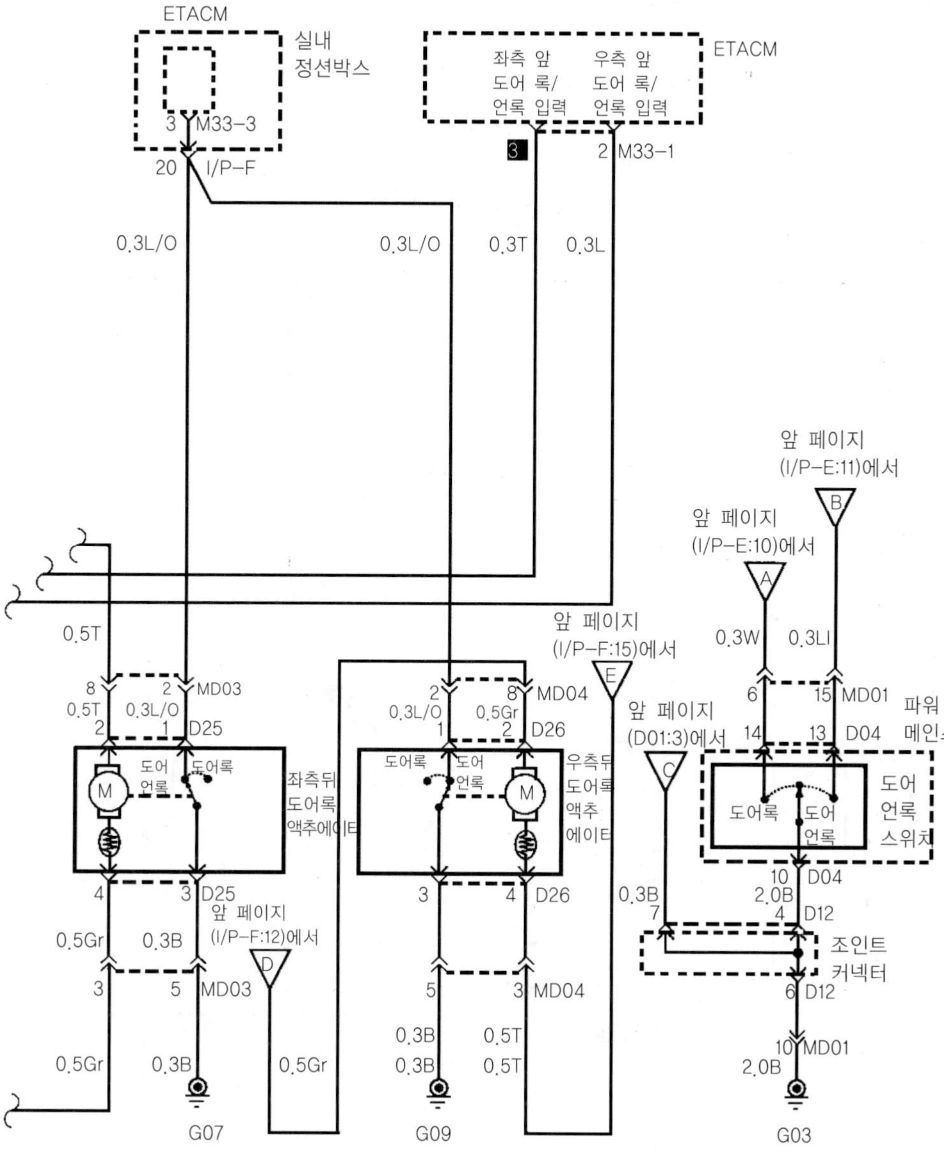

그림 23. 뉴 EF소나타 파워 도어록(2) 회로도

키 회수 제어조건을 만들어 놓은 후에 이 단자가 0V로 강하가 되는 지 확인한다. 즉 키를 키박스에 꽂아 놓은 상태에서 운전석 문을 열고 운전석 도어노브를 작동시켜서 문을 잠근다. 이 조건이 되면 전장제어 ECU(ETACM)은 키 회수제어를 위해서 언록 출력을 내보내야 하므로 M33-3 커넥터의 14번 단자를 접지시킨다. 이렇게 되면 실내 정션박스의 I/P-E 커넥터의 10번 단자도 접지되어 도어가 언록작동을 하게 된다.

2.7.3. 전장제어 ECU 입력점검

키 회수 제어를 위한 입력은 키 삽입 스위치(핸들 록 스위치, 스티어링 잠금 입력), 운전석 도어 스위치, 운전석 도어 록 스위치이다.

[선루프 미적용]

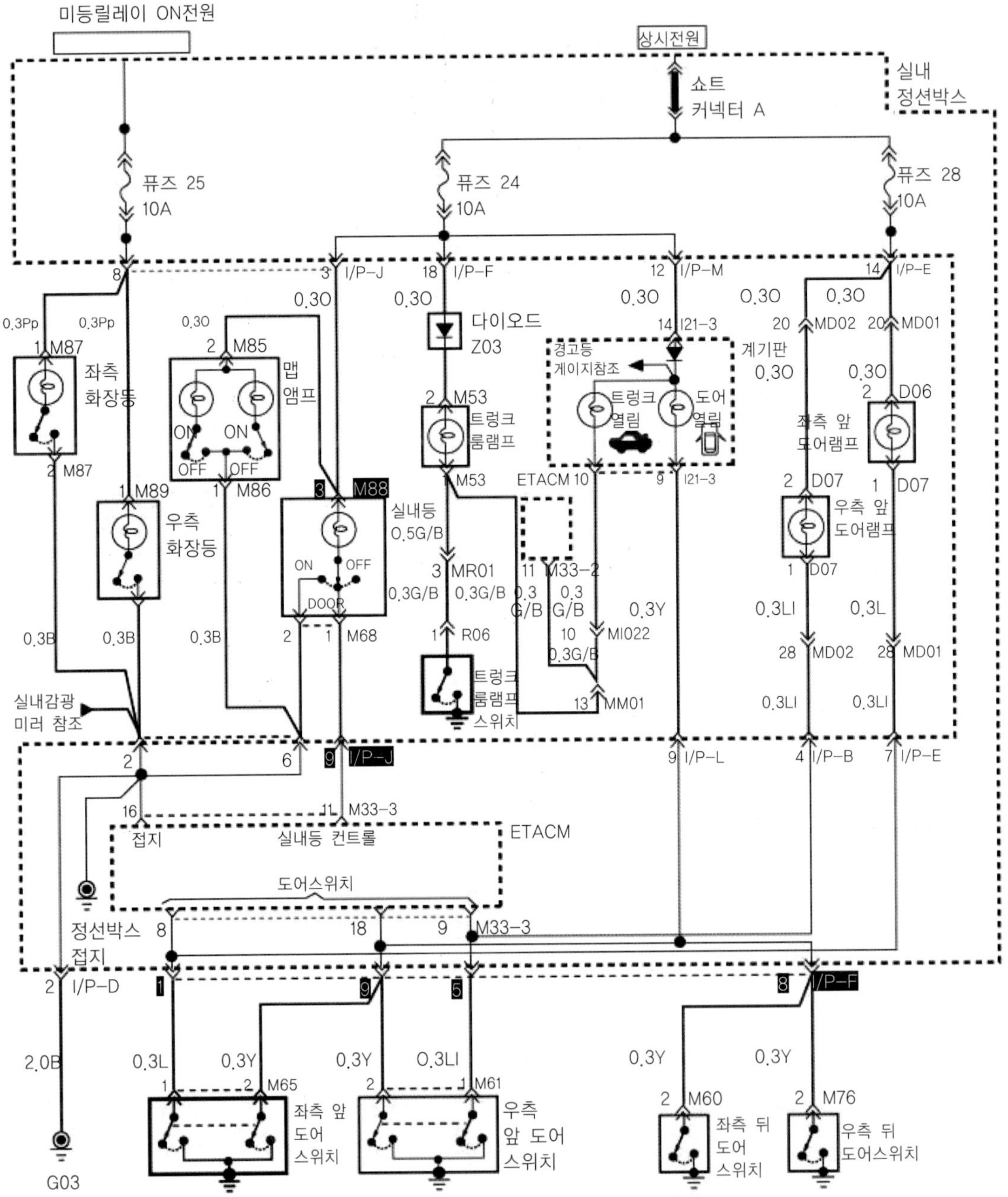

「그림」 24. 뉴 EF소나타의 실내등(1) 회로도

[1] 키 삽입 스위치

이것은 키가 키박스에 꽂혀 있는 지의 여부를 알기 위한 스위치이다. 보통핸들 록 스위치, 스티어링 잠금 입력이라고 부르기도 한다. 뉴 EF소나타에서는 M33-1 커넥터의 10번 단자로 신호가 입력된다. 키를 키박스에 꽂지 않은 상태에서는 0V가 검지되고 키를 키박스에 꽂은 상태에서는 12V가 검지되면 정상이다.

[2] 운전석 도어 스위치

운전자가 문을 열고 나가려는 것을 검지하기 위한 스위치이다. 또한 키 회수 제어는 운전석 도어가 열려있는 상태에서만 제어를 한다. 즉 열었다 닫으면 키 회수 제어는 작동하지 않는다.

뉴 EF소나타에서는 실내등(1) 회로도에서 M33-3 커넥터의 8번과 18번 단자가 0V로 되면 정상이다. 마찬가지로 M33-3 커넥터는 실내 정션박스 내부에 있으므로 그 대신에 I/P-F 커넥터의 1번과 9번 단자를 사용해서 점검할 수 있다. 문이 열렸을 경우에는 0V 닫혔을 경우에는 12V가 출력되면 정상이다.

[3] 운전석 도어 록 스위치

운전자가 키를 키박스에 꽂아 두고 운전석 도어를 열어 놓은 상태에서 운전석 도어 노브를 눌러서 운전석 도어를 잠그려는 것을 검지하기 위한 것이다. 뉴 EF소나타의 파워 도어 록(1), (2) 회로도에서 전장제어 ECU(ETACM)에 입력되는 단자는 M33-1 커넥터의 3번 단자이다. 도어 언록 상태에서는 0V가 검지되고 도어 록 상태에서는 5V가 검지되면 정상이다.

2.7.4. 전장제어 ECU 점검

액추에이터도 이상이 없고, 전장제어 ECU의 출력요소와 입력요소가 모두 정상인데도 키 회수 제어가 정상이 아니라면 마지막으로 전장제어 ECU(ETACM) 자체의 고장이므로 교환 후에 작동 여부를 확인한다.

2.8. 안전벨트 경고등 타이머 제어의 고장진단

2.8.1. 액추에이터 검사

우선 안전벨트 경고등이 동작하려면 시동키를 OFF상태에서 돌려서 시동을 걸어야 한다. 이 때 경고등이 점멸한다. 만약 경고등이 점멸하지 않으면 경고등의 입력단자와 출력단자를 점검해야 한다.

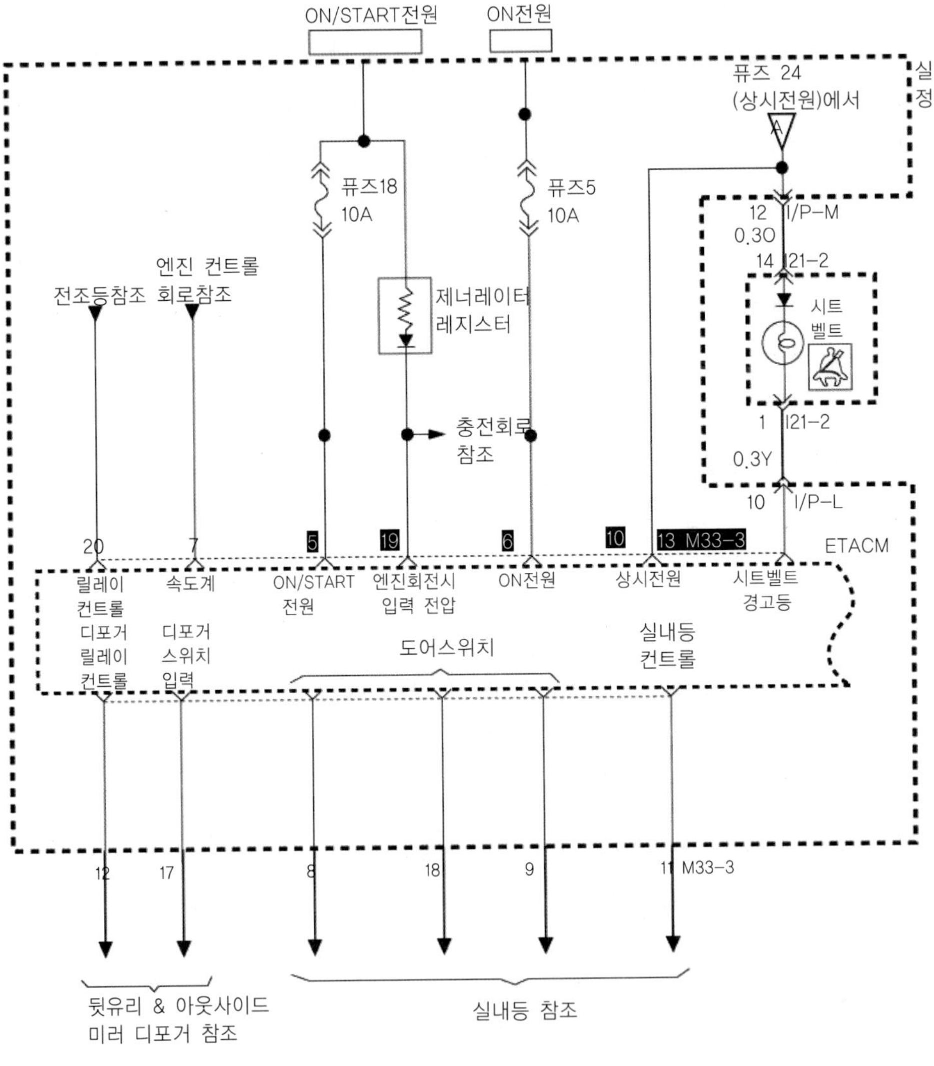

그림 25. 뉴 EF소나타 ETACS(1) 회로도

2.8.2. 전장제어 ECU 출력점검

경고등의 입·출력단자를 점검하기 위해서는 먼저 경고등에 전원이 공급되는지 살펴본다. 뉴 EF소나타에서는 ETACM회로(1)에 보면 I/P-M 커넥터의 1번 단자에 배터리 전압 12V가 공급되면 경고등과 전장제어 ECU(ETACM)에 상시전원이 공급됨을 알 수 있다.

경고등의 출력단자는 ETACM회로(1)에 보면 전장제어 ECU(ETACM)의 M33-3 커넥터의 13번 단자로서 실내 정션박스의 내부에 있으므로 이 단자를 대신하여 I/P-L 커넥터의 10번 단자가 0V로 접지되는지 확인한다.

2.8.3. 전장제어 ECU 입력점검

안전벨트 경고등 제어의 입력신호인 IG1 신호가 정상적으로 입력되고 있는지 확인하여야 한다. 뉴 EF소나타에서는 ETACM회로(1)에 보면 M33-3 커넥터의 5번 단자에 IG1 신호가 입력되는데 이것은 실내 정션박스의 내부단자이므로 다시 전원배분 회로도(그림 26)를 살펴보면 실내 정션박스의 I/P-D 커넥터의 3번 단자에서 IG1 신호를 확인할 수 있다. 키를 OFF상태에서 시동을 걸면서 단자 전압이 0V에서 12V로 변하면 정상이다.

2.8.4. 전장제어 ECU 점검

액추에이터도 이상이 없고, 전장제어 ECU의 출력요소와 입력요소가 모두 정상인데도 안전벨트 경고등 타이머 제어가 정상이 아니라면 마지막으로 전장제어 ECU(ETACM) 자체의 고장이므로 교환 후에 작동 여부를 확인한다.

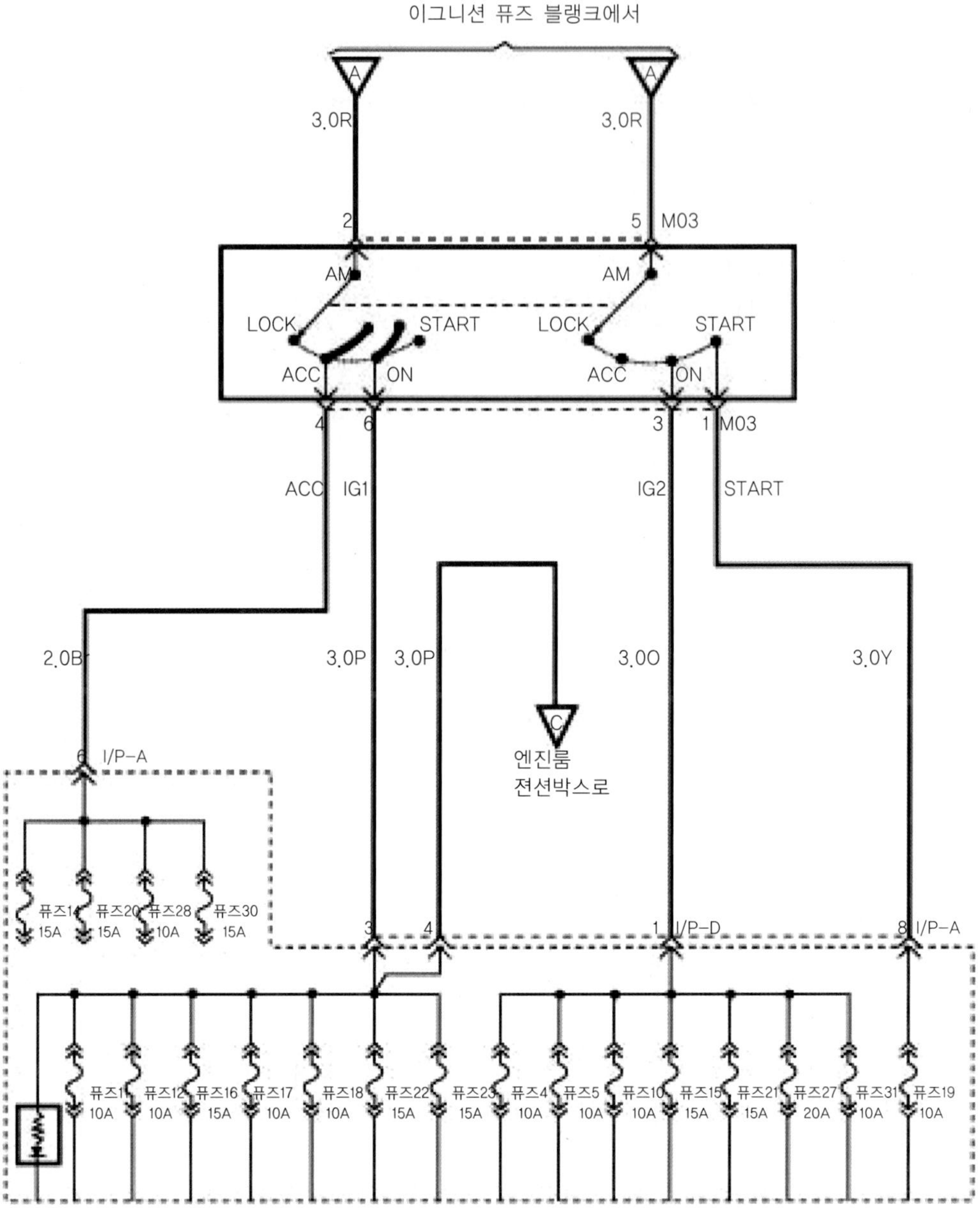

그림 26. 뉴 EF소나타 전원 배분 회로도

2.9. 중앙 집중식 도어 록 제어의 고장진단

2.9.1. 액추에이터 검사

중앙 집중식 도어 록 제어를 위해서는 도어 록/언록 액추에이터가 정상적으로 작동하여야 한다.

따라서 파워 윈도우 메인 스위치의 도어 록/언록 스위치를 작동시키면서 4개 도어의 도어 록/언록 액추에이터가 정상적으로 작동하는지 검사하면 된다. 이렇게 하면 ETACM의 문제가 있어서 도어록/언록이 되지 않는 것인지 아니면 액추에이터에 문제가 있는 것인지 알 수가 있게 된다.

운전석 도어에 있는 이 파워 윈도우 메인 스위치의 도어 록/언록 스위치는 그림 27의 회로도를 잘 살펴보면 알 수 있는 것처럼 전장제어 ECU(ETACM)과 관계없이 4개의 도어를 록 또는 언록시킬 수 있도록 되어 있다. 즉 전장제어 ECU(ETACM)이 고장이 나도 파워 윈도우 메인 스위치의 도어 록/언록 스위치를 작동시키면 4개 도어는 록/언록이 된다.

2.9.2. 전장제어 ECU 출력점검

중앙 집중식 도어 록 제어의 출력단자는 도어 록 릴레이와 도어 언록 릴레이이다. 차종마다 언록 릴레이의 위치가 조금씩 다르게 되어 있으나 대부분의 경우 실내 정션박스에 위치해 있다.

뉴 EF소나타에서도 도어 록 릴레이와 도어 언록 릴레이는 실내 정션박스에 있으며 전장제어 ECU(ETACM)와 M33-3 커넥터의 15번 단자는 도어 록 릴레이와 연결되어 있고 M33-3 커넥터의 14번 단자는 도어 언록 릴레이와 연결되어 있다. 그런데 이 단자도 실내 정션박스의 내부에 위치해 있으므로 이 단자의 확인을 위해서는 실내 정션박스의 I/P-E 커넥터의 12번 단자와 10번 단자를 사용할 수 있다.

운전석에서 도어 록 노브를 사용하여 도어를 록 시키면서 I/P-E 커넥터의 12번 단자가 0V로 변하는지 확인하여 본다. 다시 도어 록 노브를 사용하여 도어를 언록시키면서 I/P-E 커넥터의 10번 단자가 0V로 변하는지 확인한다. 이번에는 차량 바깥에서 시동키를 사용하여 운전석 또는 조수석의 도어를 록 시키면서 I/P-E커넥터의 12번과 10번 단자가 0V로 변하는지 확인한다. 강제 구동시험을 위해서는 I/P-E커넥터의 12번과 10번 단자를 차체에 접지시키면서 4개 도어가 록/언록이 되는지 살펴보면 된다.

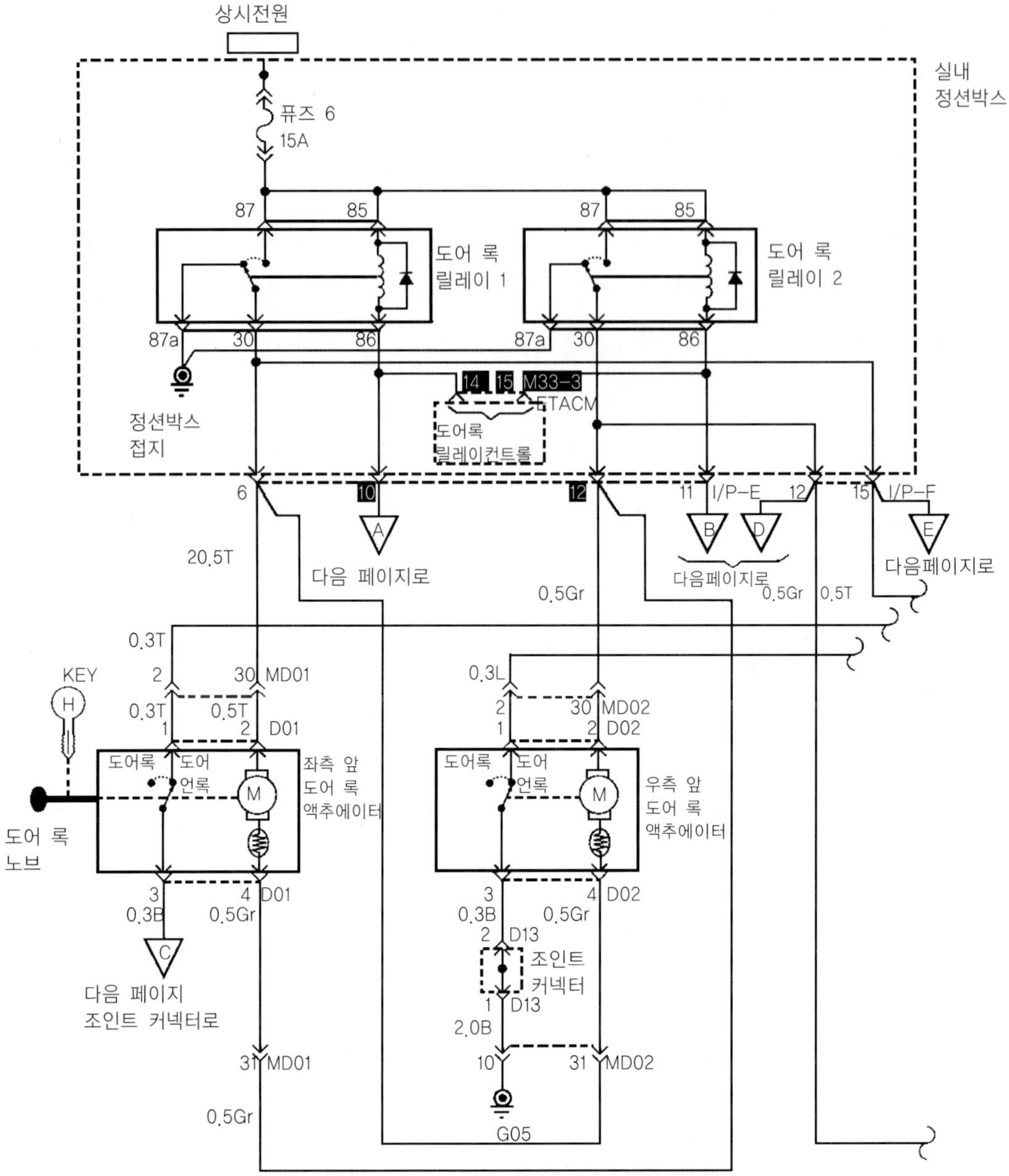

그림 27. 뉴 EF소나타 파워 도어록(1) 회로도

2.9.3. 전장제어 ECU 입력점검

중앙 집중식 도어 록 제어를 위한 입력은 운전석 도어 록 스위치, 조수석 도어 록 스위치이다.

[1] 운전석 도어 록/언록 스위치

운전석 도어 노브를 눌러서 4개 전체 도어를 록/언록시키려는 것을 검지하기 위한 것이다. 뉴 EF소나타의 파워 도어록(1), (2) 회로도에서 전장제어 ECU(ETACM)에 입력되는 단자는 M33-1 커넥터의 3번 단자이다. 도어 언록 상태에서는 0V가 검지되고 도어 록 상태에서는 5V가 검지되면 정상이다.

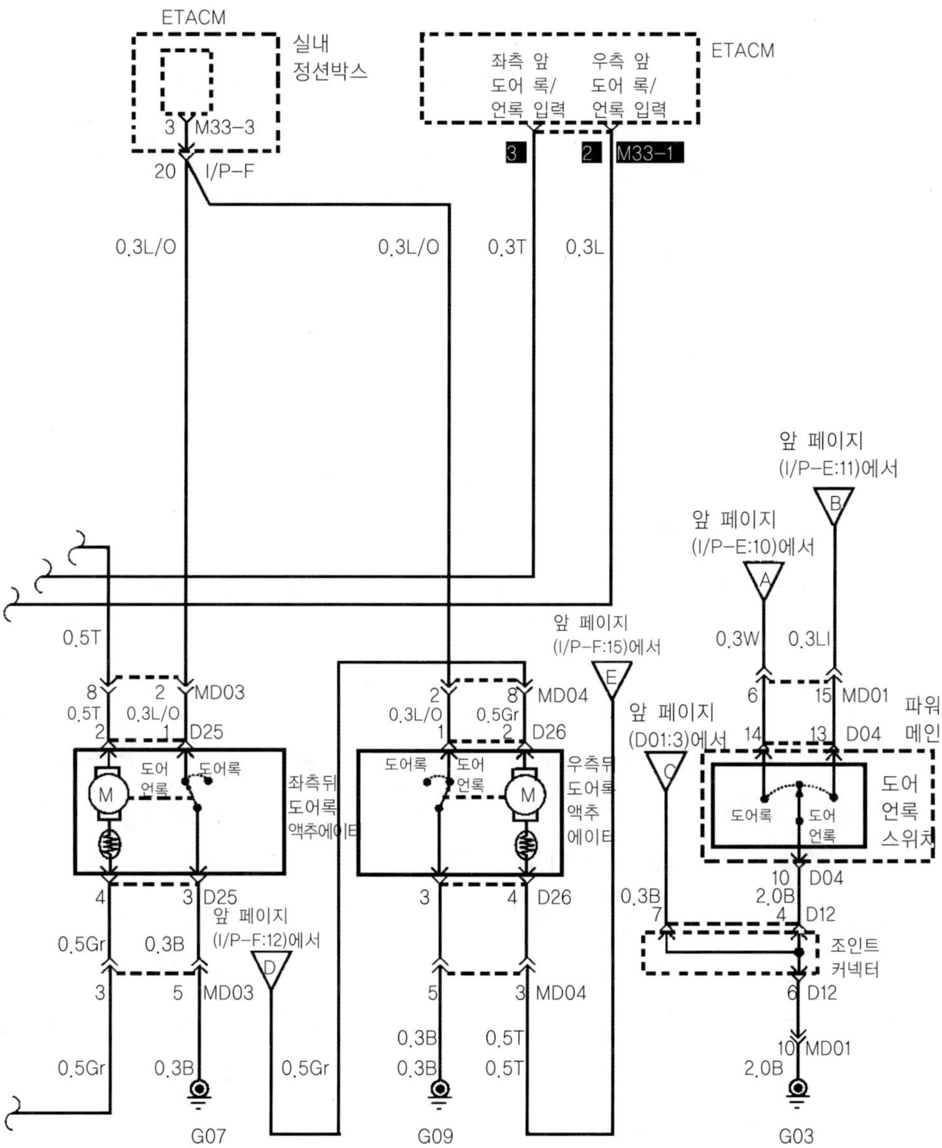

「그림」 28. 뉴 EF소나타 파워 도어록(2) 회로도

[2] 조수석 도어 록, 언록 스위치

조수석 도어 노브를 눌러서 4개 전체 도어를 록/언록시키려는 것을 검지하기 위한 것이다. 뉴 EF소나타의 파워 도어록(1), (2) 회로도에서 전장제어 ECU(ETACM)에 입력되는 단자는 M33-1 커넥터의 2번 단자이다. 도어 언록 상태에서는 0V가 검지되고 도어 록 상태에서는 5V가 검지되면 정상이다.

[3] 전장제어 ECU 점검

액추에이터도 이상이 없고, 전장제어 ECU의 출력요소와 입력요소가 모두 정상인데도 중앙 집중식 도어 록 제어가 정상이 아니라면 마지막으로 전장제어 ECU (ETACM) 자체의 고장이므로 교환 후에 작동 여부를 확인한다.

2.10. 미등 자동 소등제어의 고장진단

2.10.1. 액추에이터 검사

우선 미등이 정상적으로 동작하는지 확인하려면 미등 스위치(라이트 1단)를 ON/OFF하면서 미등이 정상적으로 동작시켜본다. 만약 차량의 모든 미등이 켜지지 않으면 전체 미등 퓨즈, 전원 공급라인을 점검하고 임의의 미등 한두 개가 켜지지 않으면 그 켜지지 않는 미등의 전구, 회로도의 부분 미등 퓨즈 등을 확인한다.

2.10.2. 전장제어 ECU 출력점검

미등 자동 소등조건을 설정한 후 미등 릴레이가 정상적으로 제어되는지 확인한다. 즉 미등을 켜놓은 상태에서 시동키를 OFF 시키고 키 박스에서 뽑은 후에 운전석도어를 열면 미등 릴레이가 OFF로 작동하는지 확인하면 된다.

뉴 EF소나타에서는 미등 & 번호판등(1), (2)에서 전장제어 ECU(ETACM)과 미등릴레이가 실내 정션박스에서 내부적으로 연결되어 있으므로 미등 릴레이의 접지단자의 변화를 확인할 수는 없다. 따라서 미등 릴레이의 출력단자를 확인하면 된다. 예를 들어 실내 정션박스의 I/P-E 커넥터의 15번 단자가 미등 릴레이가 OFF 상태로 변할 때 0V로 변하는지 확인하면 된다.

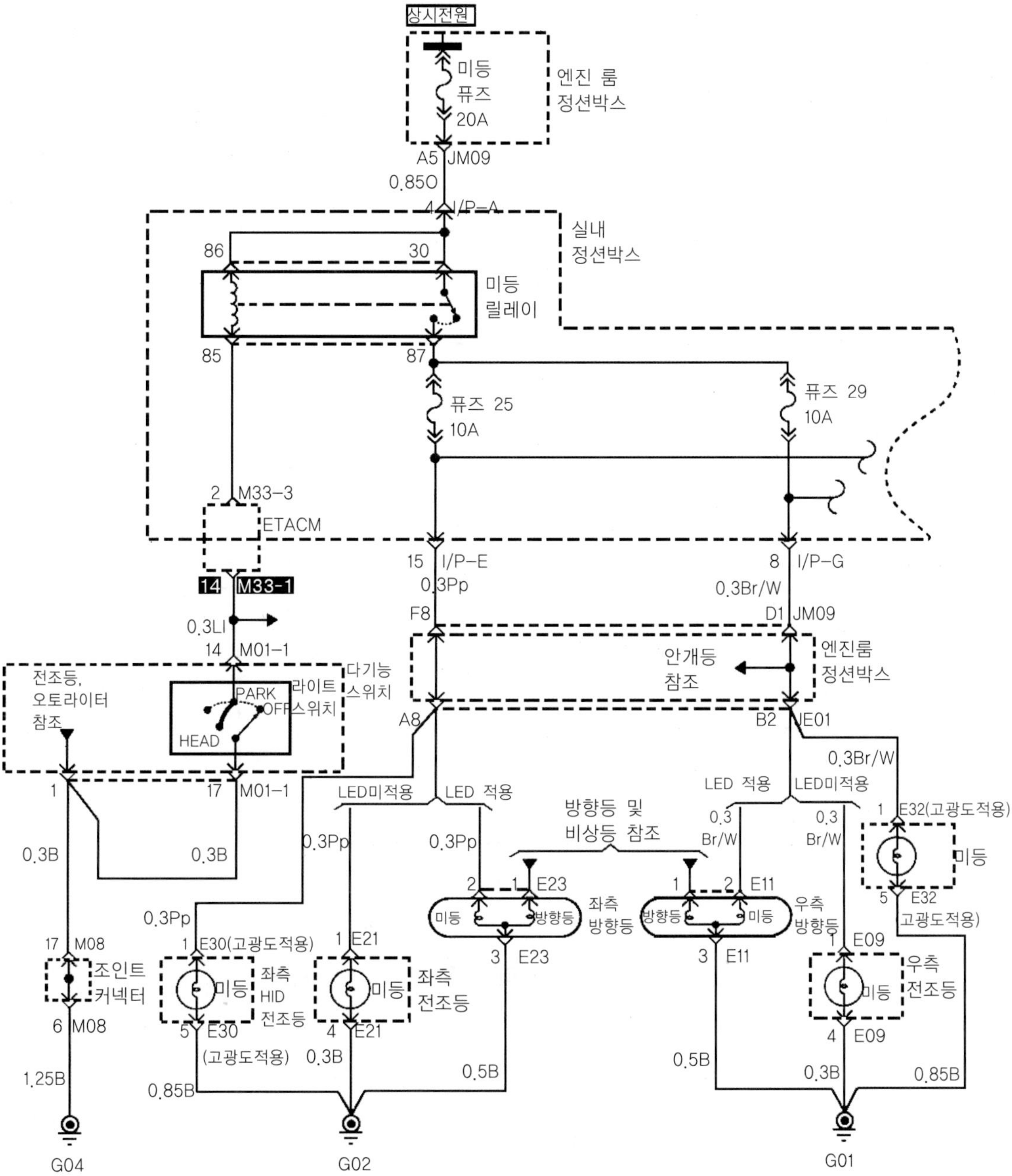

「그림」 29. 뉴 EF소나타 미등 & 방향등(1) 회로도

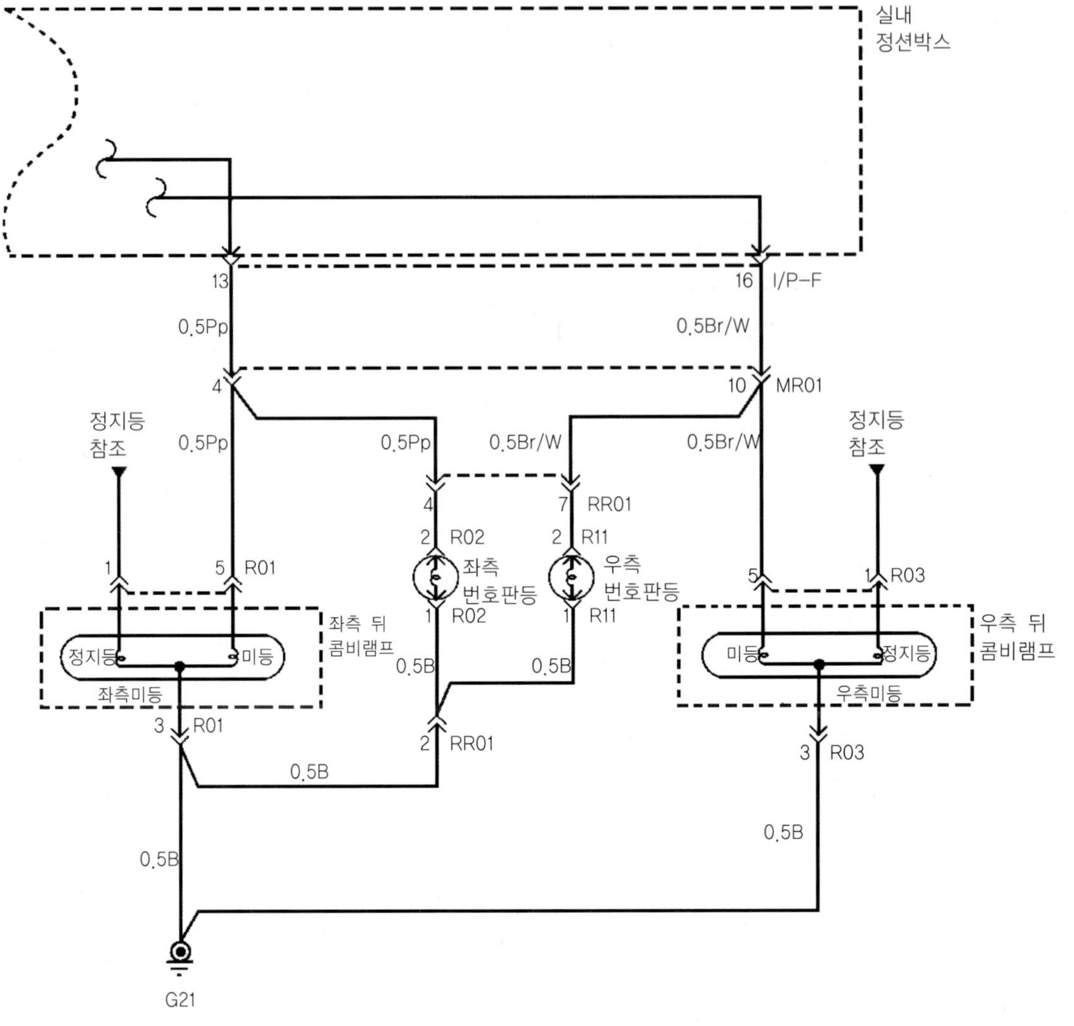

「그림」 30. 뉴 EF소나타 미등 & 방향등(2) 회로도

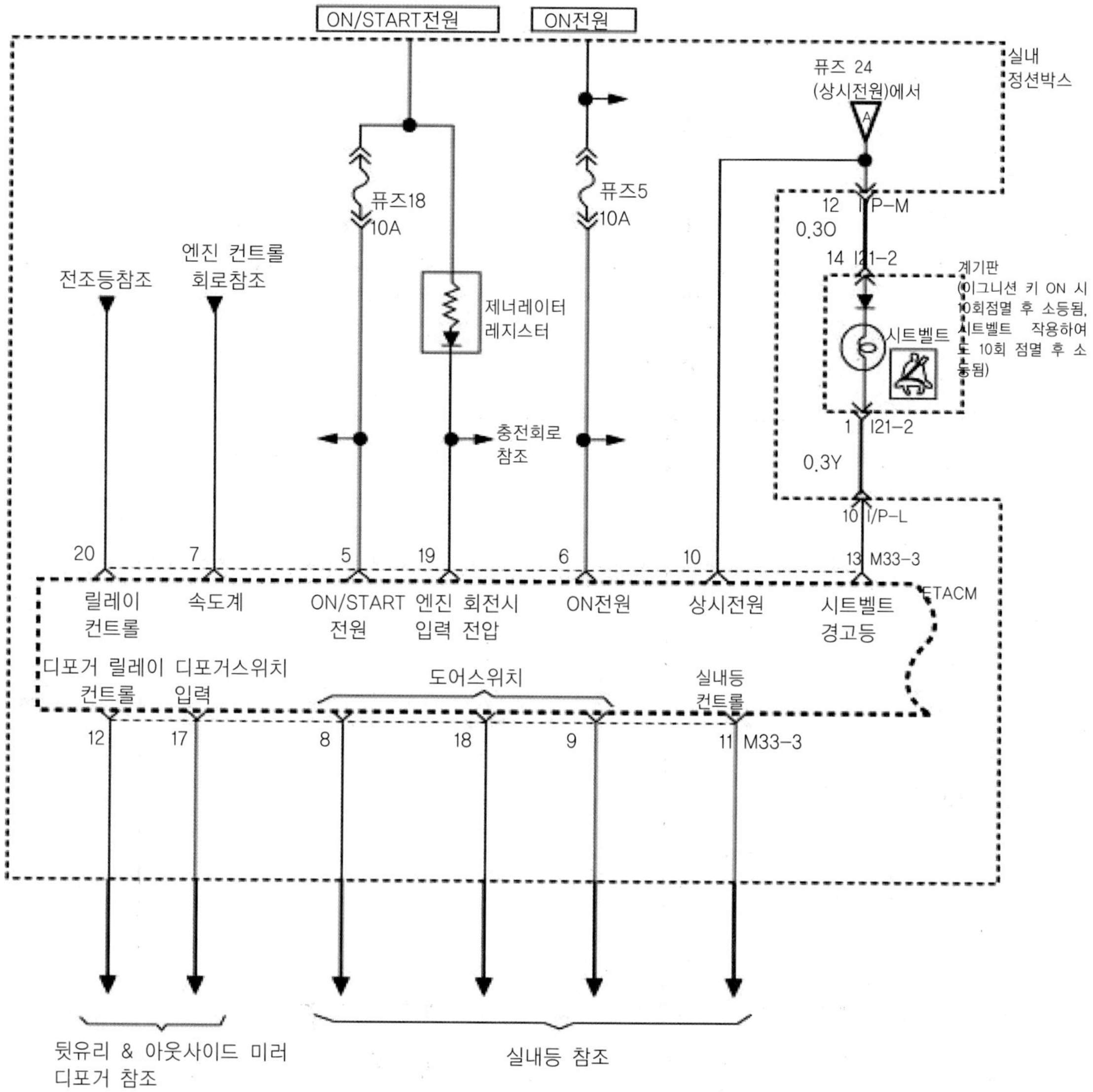

「그림」 31. 뉴 EF소나타 ETACS(에탁스) 회로도

2.10.3. 전장제어 ECU 입력 점검

[1] 시동키 스위치

시동키 스위치는 전원배분도 회로도를 참고하여 IG1 신호가 입력되는 실내 정션박스의 단자를 확인하면 된다. 시동키를 OFF 시켰다가 시동을 걸면서 단자 전압의 변화를 살펴본다. OFF 상태에서는 0V, 시동을 걸면 12V가 되면 정상이다.

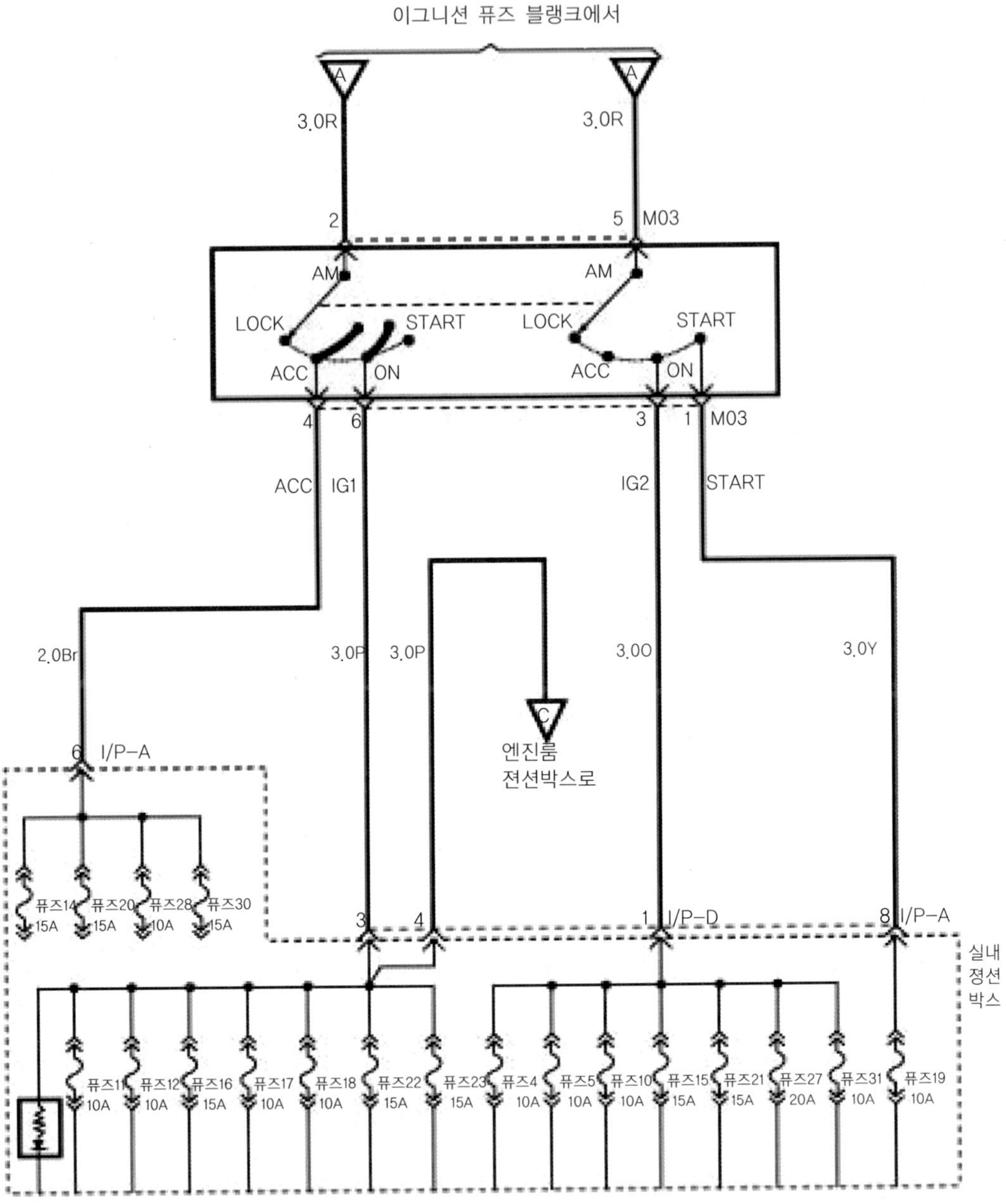

그림 32. 뉴 EF소나타 전원 배분 회로도

뉴 EF소나타에서는 전원배분도 회로도에서 실내 정션박스의 I/P-A의 3번 단자를 통해서 퓨즈 18번을 통한 후 전장제어 ECU(ETACM)로 IG1 신호가 들어오므로 실내 정션박스의 I/P-A의 3번 단자를 확인하면 된다.

[2] 키 삽입 스위치

이것은 키가 키 박스에 꽂혀 있는 지의 여부를 알기 위한 스위치이다. 보통 핸들록 스위치, 스티어링 잠금 입력이라고 부르기도 한다. 뉴 EF소나타에서는 전장제어 ECU (ETACM) 회로도(2)에서 보면 M33-1 커넥터의 10번 단자로 신호가 입력된다.

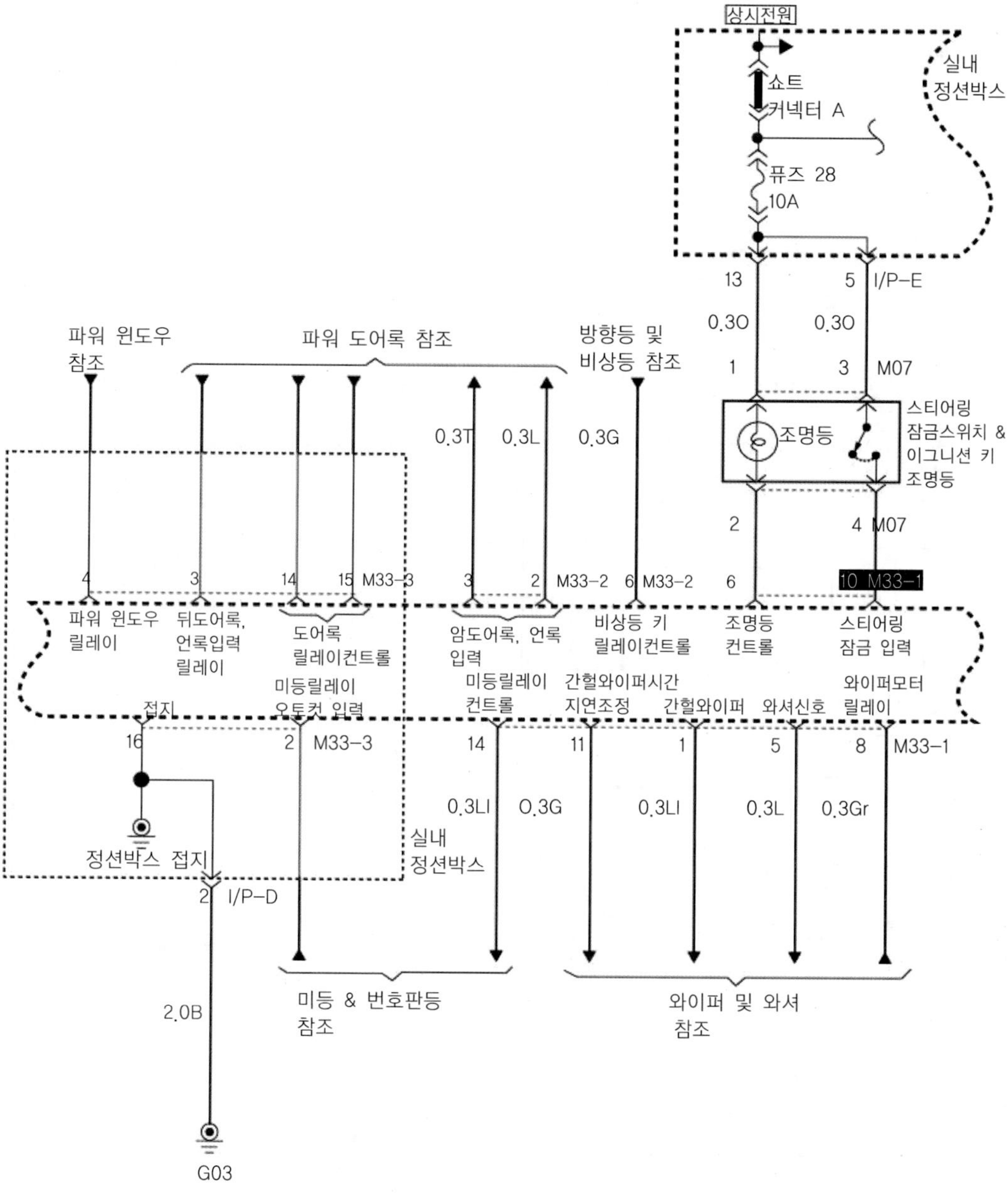

그림 33. 뉴 EF소나타 ETACS(2) 회로도

키를 키 박스에 꽂지 않은 상태에서는 0V가 검지되고 키를 키 박스에 꽂은 상태에서는 12V가 검지되면 정상이다.

[선루프 미적용]

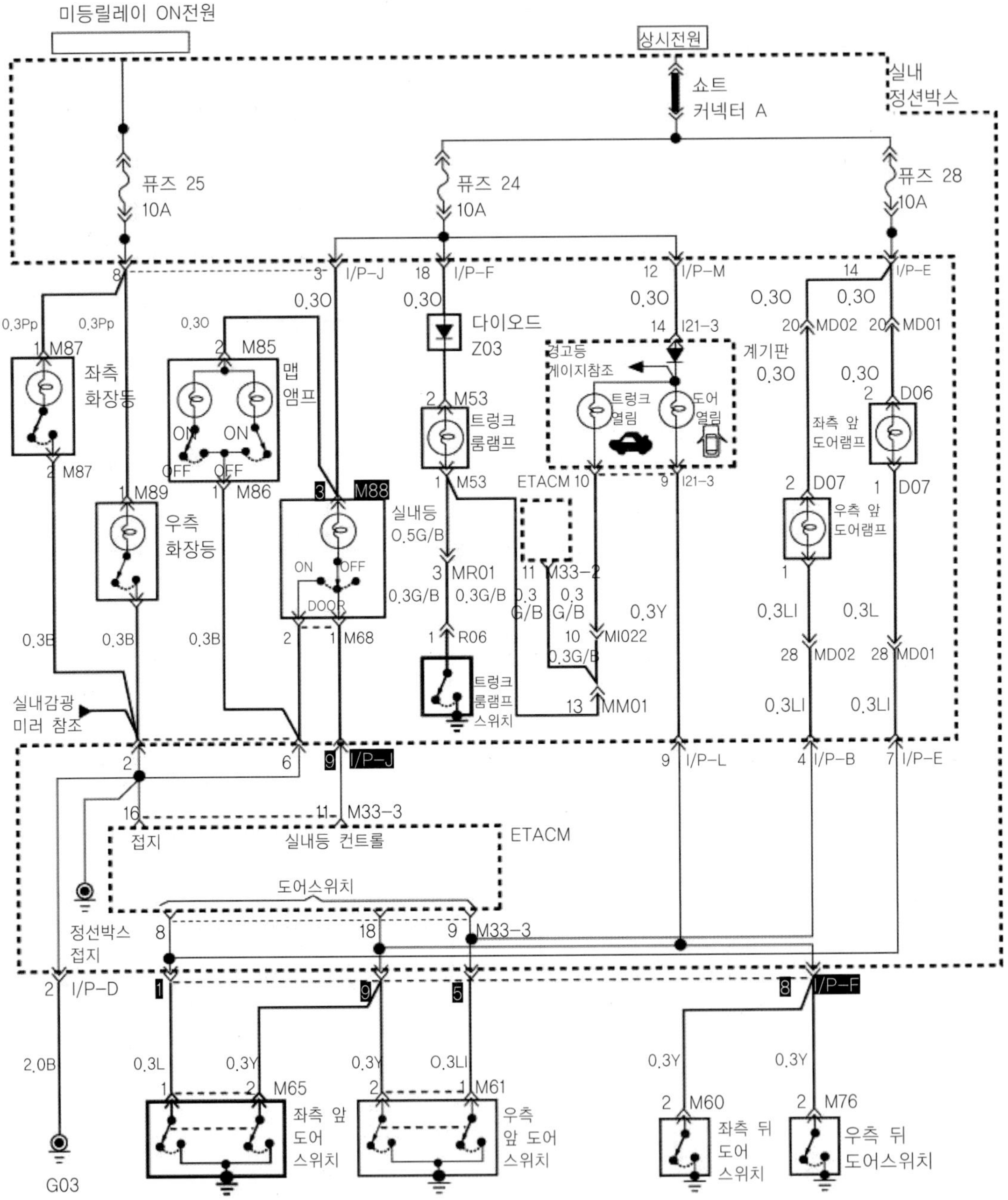

그림 34. 뉴 EF소나타의 실내등(1) 회로도

[3] 미등 스위치

다기능 스위치에서 미등 스위치를 올리면 이 신호가 전장제어 ECU(ETACM)로 입력된다. 미등 스위치를 ON 시키면 0V, OFF 시켰을 때 5V로 변화되면 정상이다. 뉴 EF소나타에서 미등 & 번호판등(1) 회로도에서 보면 M33-1 커넥터의 14번 단자로 신호가 입력된다. 따라서 미등 스위치를 ON, OFF 시키면서 M33-1 커넥터의 14번 단자가 0V에서 5V로 변화되는지 확인하면 된다.

[4] 운전석 도어 스위치

운전자가 문을 열고 나가려는 것을 검지하기 위한 스위치이다. 뉴 EF소나타에서는 실내등(1) 회로도에서 M33-3 커넥터의 8번과 18번 단자가 0V로 되면 정상이다. 마찬가지로 M33-3 커넥터는 실내 정션박스 내부에 있으므로 그 대신에 I/P-F 커넥터의 1번과 9번 단자를 사용해서 점검할 수 있다. 문이 열렸을 경우에는 0V 닫혔을 경우에는 12V가 출력되면 정상이다.

2.10.4. 전장제어 ECU 점검

액추에이터도 이상이 없고, 전장제어 ECU의 출력요소와 입력요소가 모두 정상인데도 미등 자동 소등제어가 정상이 아니라면 마지막으로 전장제어 ECU(ETACM) 자체의 고장이므로 교환 후에 작동 여부를 확인한다.

2.11. 오토 도어록 제어의 고장진단

2.11.1. 액추에이터 검사

오토 도어 록 제어를 위해서는 도어 록/언록 액추에이터가 정상적으로 작동하여야 한다. 따라서 파워 윈도우 메인 스위치의 도어 록/언록 스위치를 작동시키면서 4개 도어의 도어 록/언록 액추에이터가 정상적으로 작동하는지 검사하면 된다. 이렇게 하면 ETACM의 문제가 있어서 도어록/언록이 되지 않는 것인지 아니면 액추에이터에 문제가 있는 것인지 알 수가 있게 된다.

운전석 도어에 있는 이 파워 윈도우 메인 스위치의 도어 록/언록 스위치는 다음 페이지의 회로도를 잘 살펴보면 알 수 있는 것처럼 전장제어 ECU(ETACM)과 관계없이 4개의 도어를 록 또는 언록시킬 수 있도록 되어 있다.

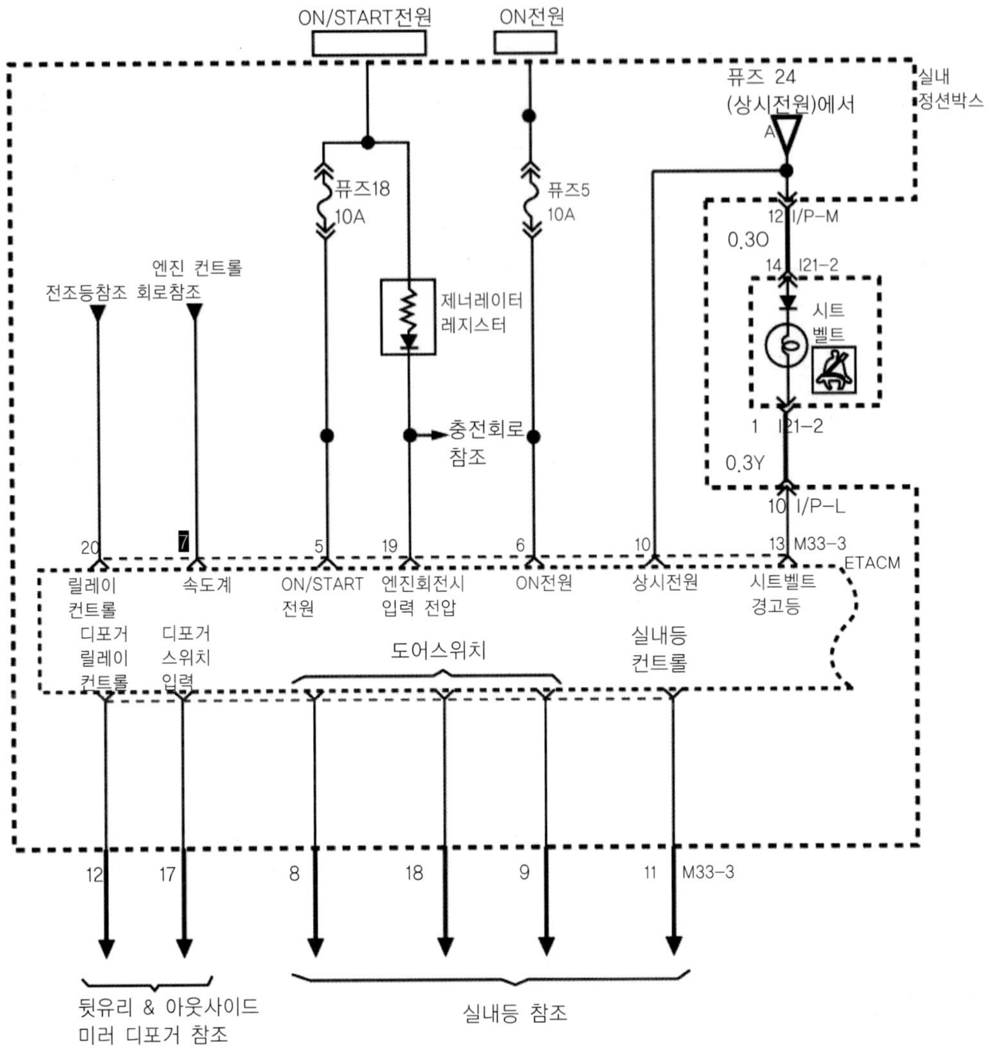

「그림」 35. 뉴 EF소나타 ETACS(1) 회로도

즉 전자제어 ECU(ETACM)가 고장이 나도 파워 윈도우 메인 스위치의 도어 록/언록 스위치를 작동시키면 4개 도어는 록/언록이 된다.

2.11.2. 전장제어 ECU 출력점검

오토 도어 록 제어의 출력단자는 도어 록 릴레이이다. 차종마다 록 릴레이의 위치가 조금씩 다르게 되어 있으나 대부분의 경우 실내 정션박스에 위치해 있다.

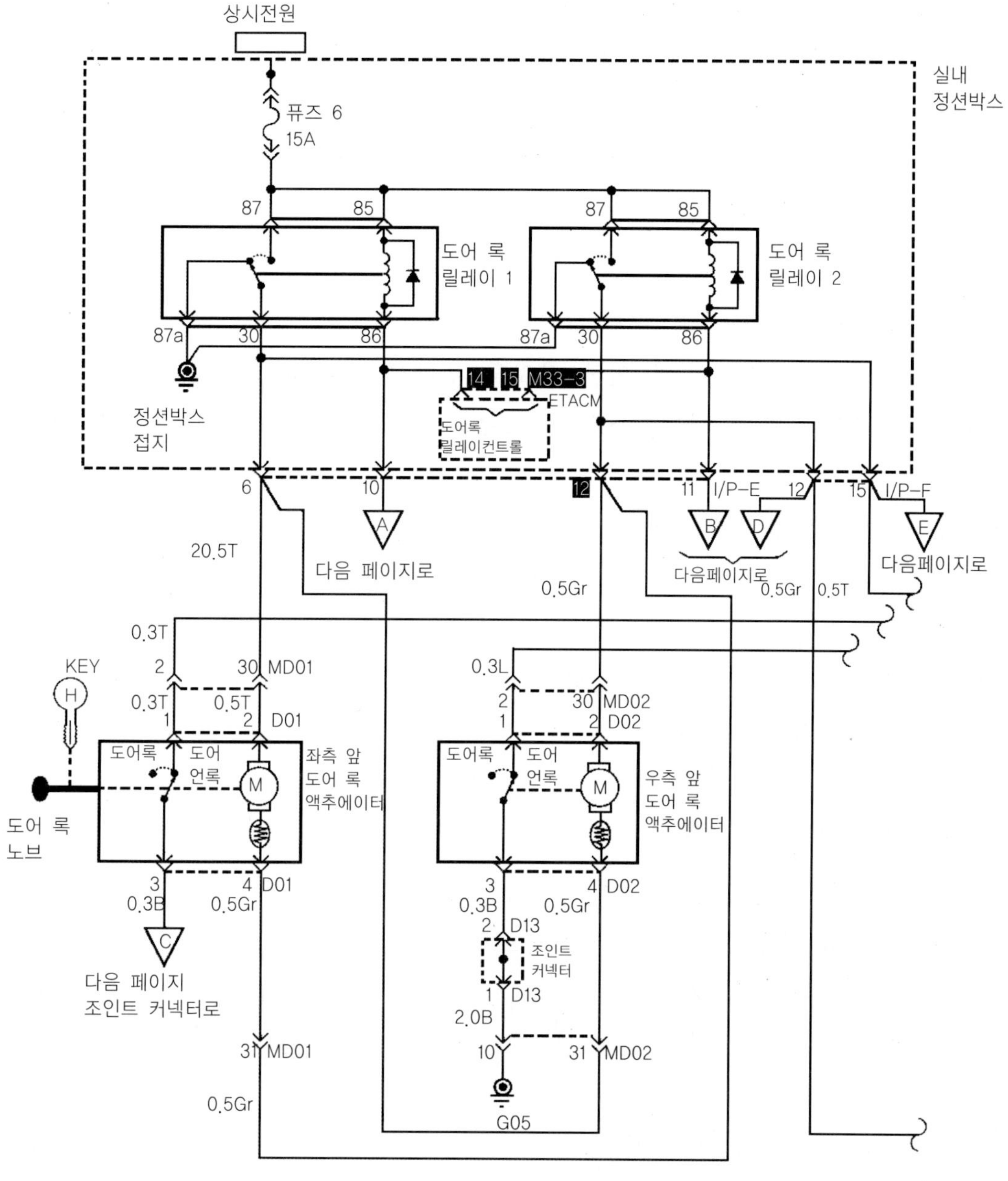

『그림』 36. 뉴 EF소나타의 파워 도어록(1) 회로도

뉴 EF소나타에서도 도어 록 릴레이는 실내 정션박스에 있으며 전장제어 ECU(ETACM)와 M33-3 커넥터의 15번 단자는 도어 록 릴레이와 연결되어 있다. 그런데 이 단자도 실내 정션박스의 내부에 위치해 있으므로 이 단자의 확인을 위해서는 실내 정션박스의 I/P-E 커넥터의 12번 단자를 사용할 수 있다.

운전석에서 도어 록 노브를 사용하여 도어를 록시키면서 I/P-E 커넥터의 12번 단자가 0V로 변하는지 확인하여 본다. 이번에는 차량 바깥에서 시동키를 사용하여 운전석 또는 조수석의 도어를 록시키면서 I/P-E커넥터의 12번가 0V로 변하는지 확인한다. 강제 구동시험을 위해서는 I/P-E커넥터의 12번 단자를 차체에 접지시키면서 4개 도어가 록/언록이 되는지 살펴보면 된다.

2.11.3. 전장제어 ECU 입력점검

오토 집중식 도어 록 제어를 위한 입력은 운전석 도어 록 스위치, 조수석 도어 록 스위치이다. 운전석 뒤 도어 록 스위치, 조수석 뒤 도어 록 스위치, 차속센서이다.

[1] 운전석 도어 록/언록 스위치

운전석 도어가 록 상태인지, 언록 상태인지를 검지하기 위한 것이다. 뉴 EF소나타의 파워 도어록(1), (2) 회로도에서 전장제어 ECU(ETACM)에 입력되는 단자는 M33-1 커넥터의 3번 단자이다. 도어 언록 상태에서는 0V가 검지되고 도어 록 상태에서는 5V가 검지되면 정상이다.

[2] 조수석 도어 록/언록 스위치

조수석 도어가 록 상태인지, 언록 상태인지를 검지하기 위한 것이다.

뉴 EF소나타의 파워 도어록(1), (2) 회로도에서 전장제어 ECU(ETACM)에 입력되는 단자는 M33-1 커넥터의 2번 단자이다. 도어 언록 상태에서는 0V가 검지되고 도어 록 상태에서는 5V가 검지되면 정상이다.

[3] 운전석 뒤 도어 록/언록 스위치

운전석 뒤 도어가 록 상태인지, 언록 상태인지를 검지하기 위한 것이다.

뉴 EF소나타의 파워 도어록(1), (2) 회로도에서 전장제어 ECU(ETACM)에 입력되는 단자는 M33-3 커넥터의 3번 단자이다. 이 단자는 실내 정션박스의 내부에 설치되어 있어서 점검할 수 없으므로 실내 정션박스의 I/P-F의 20번 단자를 통해서 점검할 수 있다. 도어 언록상태에서는 0V가 검지되고 도어 록 상태에서는 5V가 검지되면 정상이다.

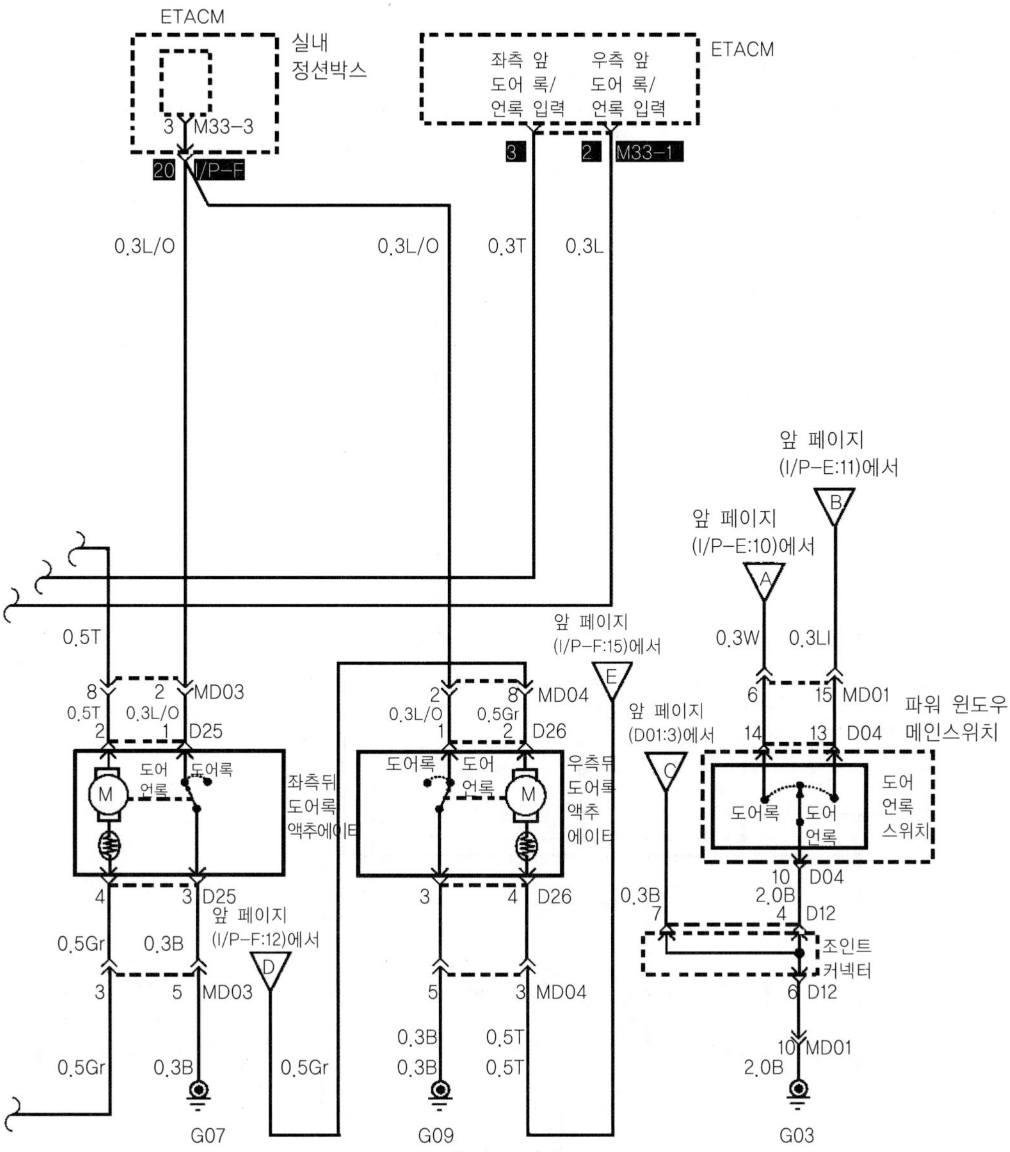

『그림』 37. 뉴 EF 소나타의 파워 도어록(2) 회로도

[4] 조수석 뒤 도어 록/언록 스위치

조수석 뒤 도어가 록 상태인지, 언록 상태인지를 검지하기 위한 것이다. 운전석 뒤 도어 록/언록 스위치와 병렬로 연결되어 있으며 보통 한 개의 단자에서 운전석 뒤 도어 록 스위치와 조수석 뒤 도어 록 스위치를 함께 검지하고 있다.

뉴 EF소나타의 파워 도어록(1), (2)회로도에서 전장제어 ECU(ETACM)에 입력되는 단자는 M33-3커넥터의 3번 단자이다. 이 단자는 실내 정션박스의 내부에 설치되어 있어서 점검할 수 없으므로 실내 정션박스의 I/P-F의 20번 단자를 통해서 점검할 수 있다. 도어 언록상태에서는 0V가 검지되고 도어 록상태에서는 5V가 검지되면 정상이다.

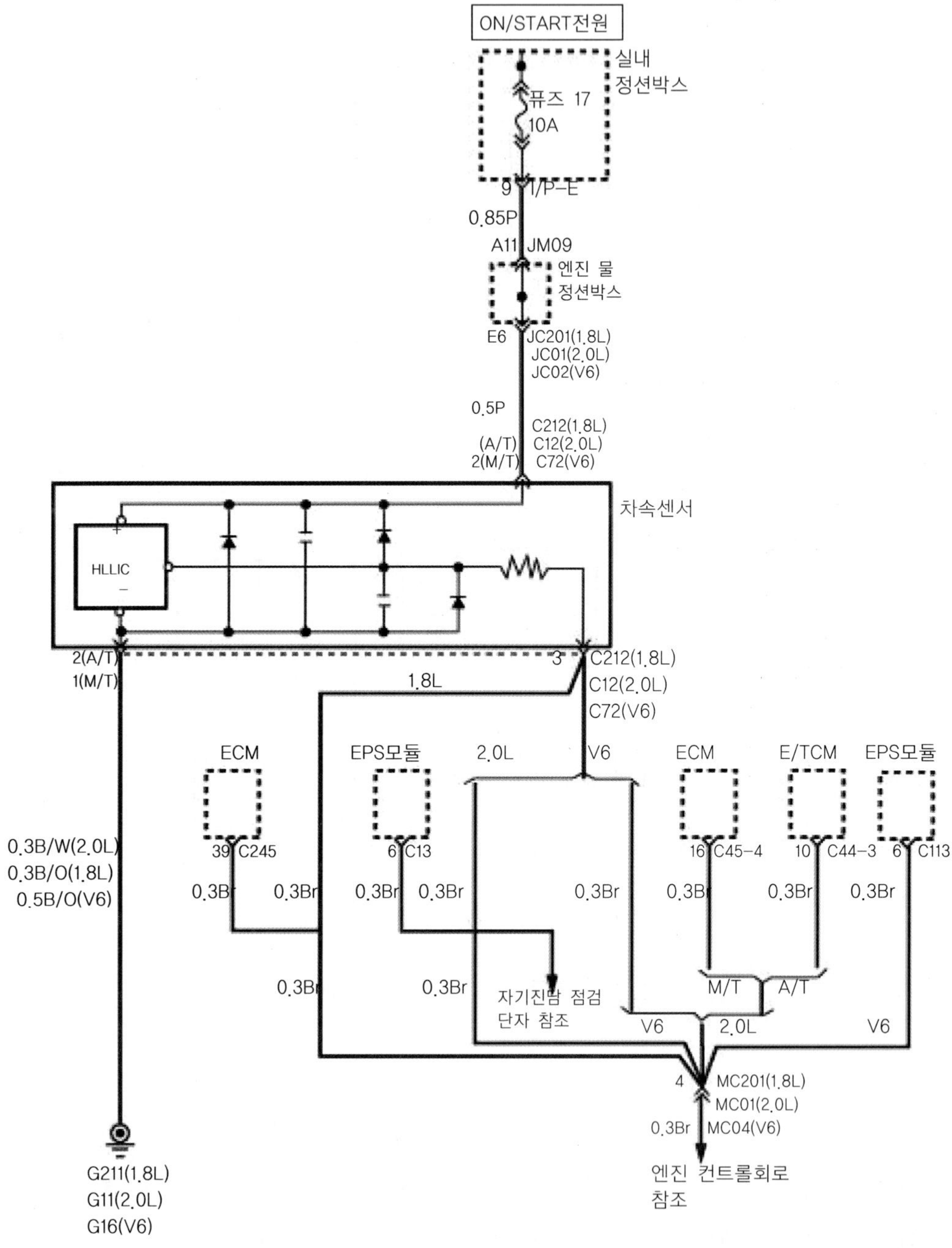

「그림」 38. 뉴 EF소나타의 차속센서 회로도

[5] 차속센서

차량의 속도를 전장제어 ECU(ETACM)가 입력받기 위한 것으로 차량의 속도에 따라서 펄스파형이 다르게 변화한다. 차속이 증가할수록 차속센서의 주파수가 높이지면 정상이다.

뉴 EF소나타의 차속센서(1) 회로도를 보면 차속센서의 입력이 M33-3 커넥터의 7번 단자로 입력이 되나 이 단자는 실내 정션박스의 내부에 있는 단자이므로 실내 정션박스의 I/P-G의 16번 단자를 통해서 확인할 수 있다. 입력신호가 펄스파이므로 멀티미터 등으로는 검지하기가 어려우므로 HI- SCAN, HI-DS 등의 진단 장비를 사용하여 오실로스코프 파형으로 측정하여야 한다.

2.11.4. 전장제어 ECU 점검

액추에이터도 이상이 없고, 전장제어 ECU의 출력요소와 입력요소가 모두 정상인데도 차속 감응 도어 록 제어가 정상이 아니라면 마지막으로 전장제어 ECU(ETACM) 자체의 고장이므로 교환 후에 작동 여부를 확인한다.

2.12. 시동 키 홀 조명 제어의 고장진단

2.12.1. 액추에이터 검사

우선 키 홀 조명등의 동작여부를 확인하기 위해서 시동 키를 OFF상태에 놓은 후 운전석 도어를 열었다가 닫는다. 이 때 시동 키 홀 조명이 작동하는지 살펴본다.

2.12.2. 전장제어 ECU 출력점검

시동 키 홀 조명등 제어를 위한 전장제어 ECU(ETACM)의 출력요소는 키 홀 조명등이다. 만약 조명등이 작동하지 않으면 조명등의 전원입력 라인과 전장제어 ECU(ETACM)의 접지 라인을 검사한다.

뉴 EF소나타에서는 ETACM 회로(2)에서 보면 키 조명등 회로의 전원 입력라인은 실내 정션박스의 I/P-E 커넥터의 13번 단자를 점검하면 되고, 접지 라인은 M33-1 커넥터의 6번 단자를 확인하면 된다. M33-1 커넥터의 6번 단자가 키 홀 조명등 점등 시 에는 0V로 되고 소등 시에는 12V로 되면 정상이다.

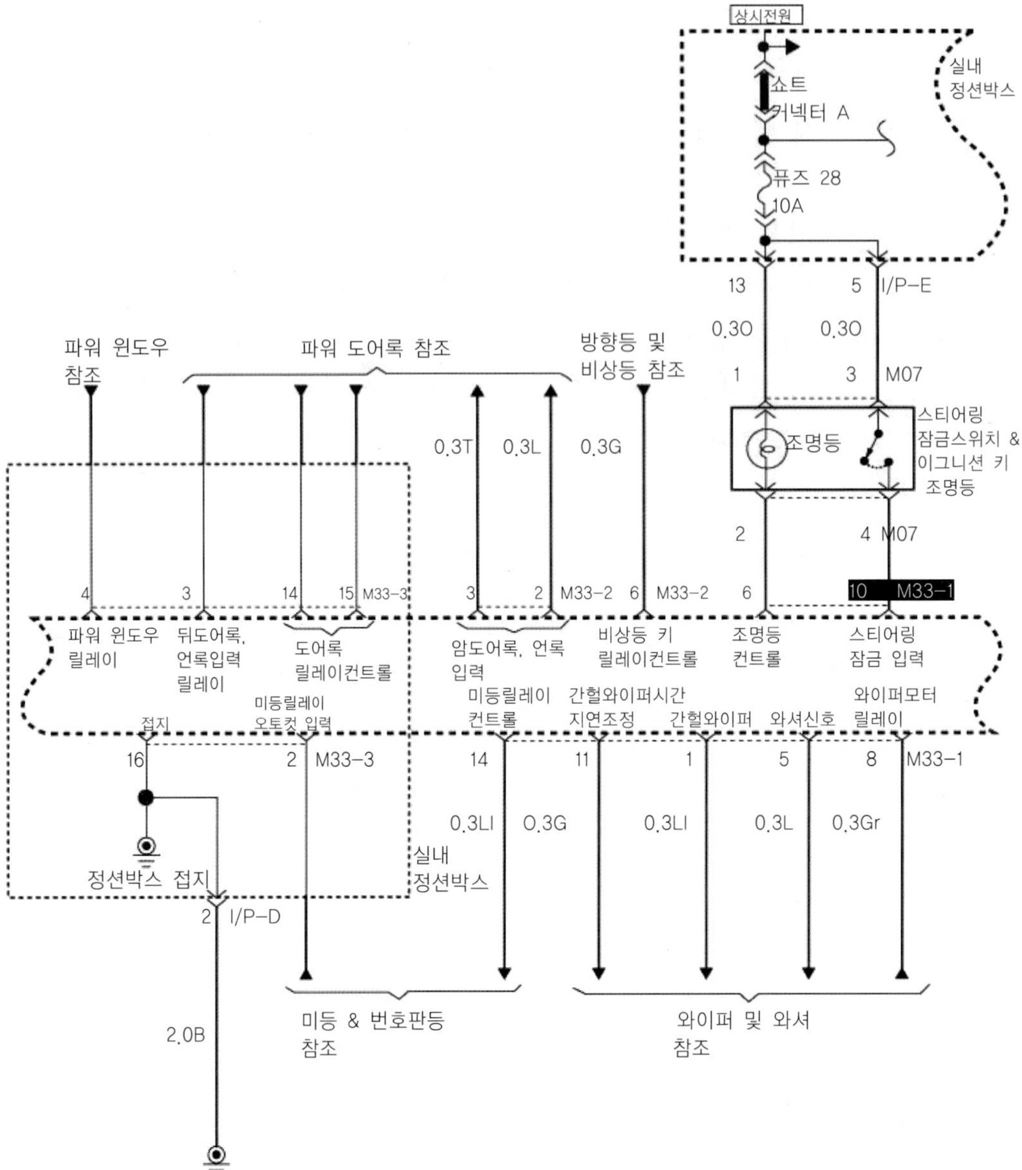

그림 39. 뉴 EF소나타 ETACS(2) 회로도

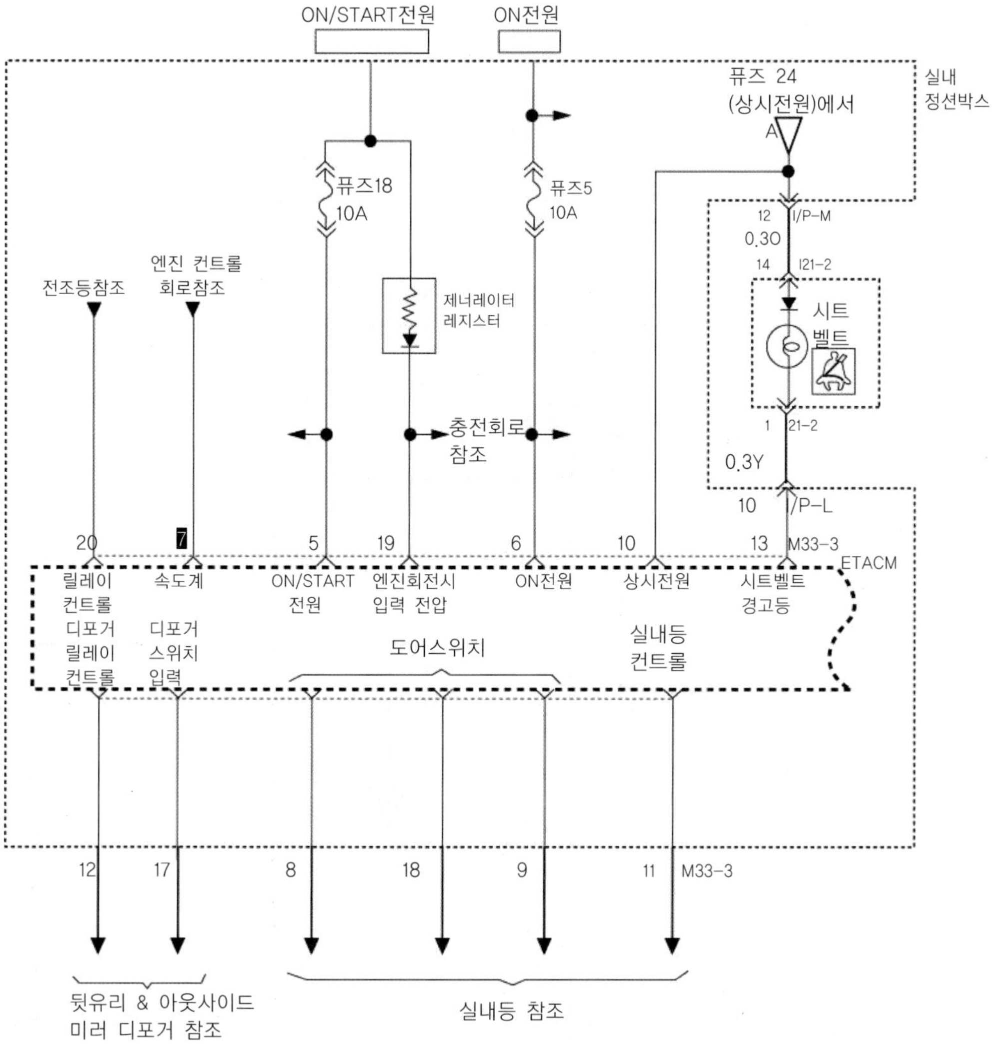

「그림」 40. 뉴 EF소나타 ETACS(3) 회로도

2.12.3. 전장제어 ECU 입력점검

시동 키 홀 조명등 제어를 위한 전장제어 ECU의 입력 요소는 시동 키 스위치, 운전석 도어 스위치이다.

[1] 시동 키 스위치

시동키 스위치는 전원배분도 회로도를 참고하여 IG1 신호가 입력되는 실내 정션박스의 단자를 확인하면 된다. 시동키를 OFF 시켰다가 시동을 걸면서 단자 전압의 변화를 살펴본다. OFF상태에서는 0V, 시동을 걸면 12V가 되면 정상이다.

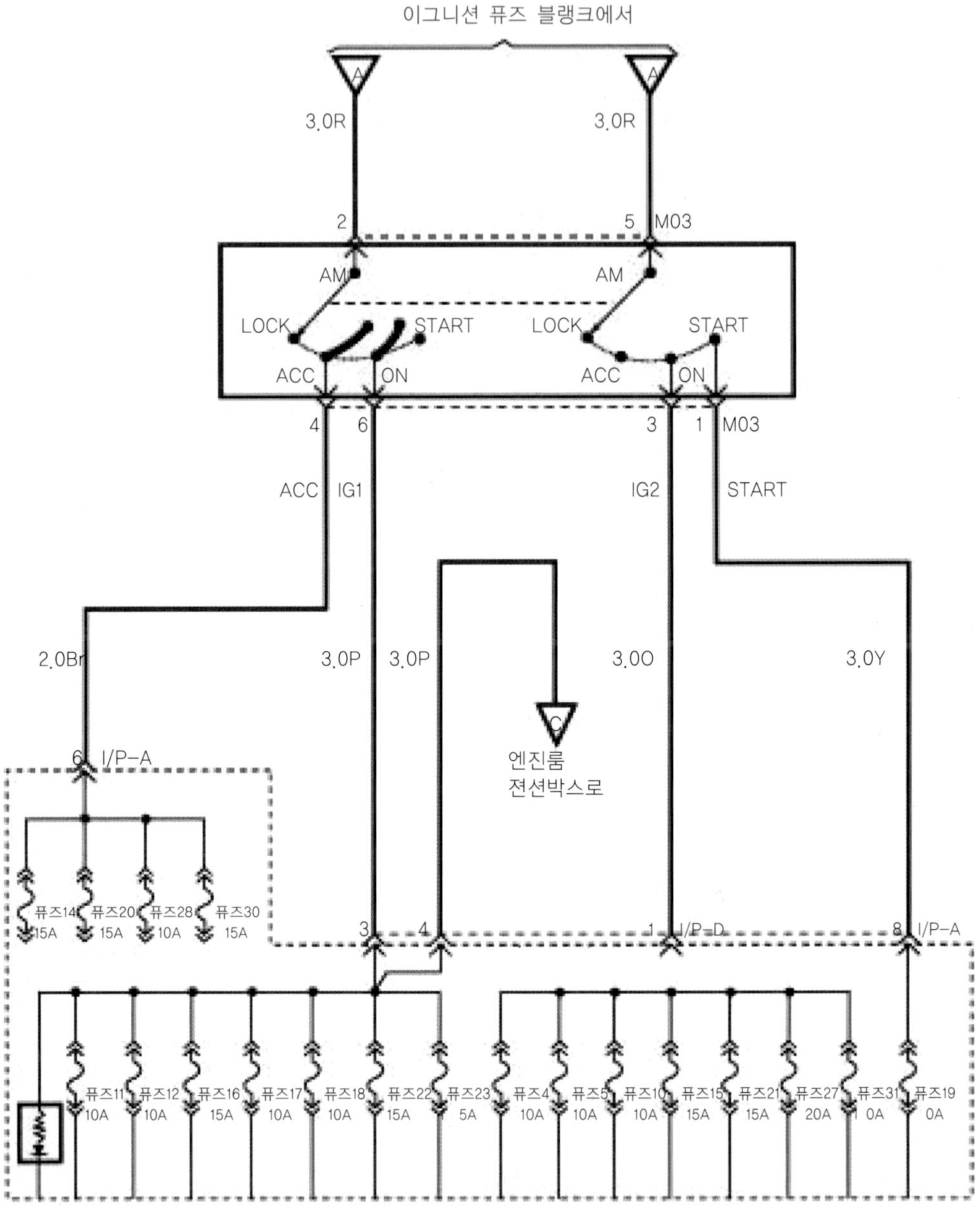

「그림」 41. 뉴 EF소나타 전원 배분 회로도

뉴 EF소나타에서는 전원배분도 회로도에서 실내 정션박스의 I/P-A의 3번 단자를 통해서 퓨즈 18번을 통한 후 전장제어 ECU(ETACM)으로 IG1 신호가 들어오므로 실내 정션박스의 I/P-A의 3번 단자를 확인하면 된다.

[선루프 미적용]

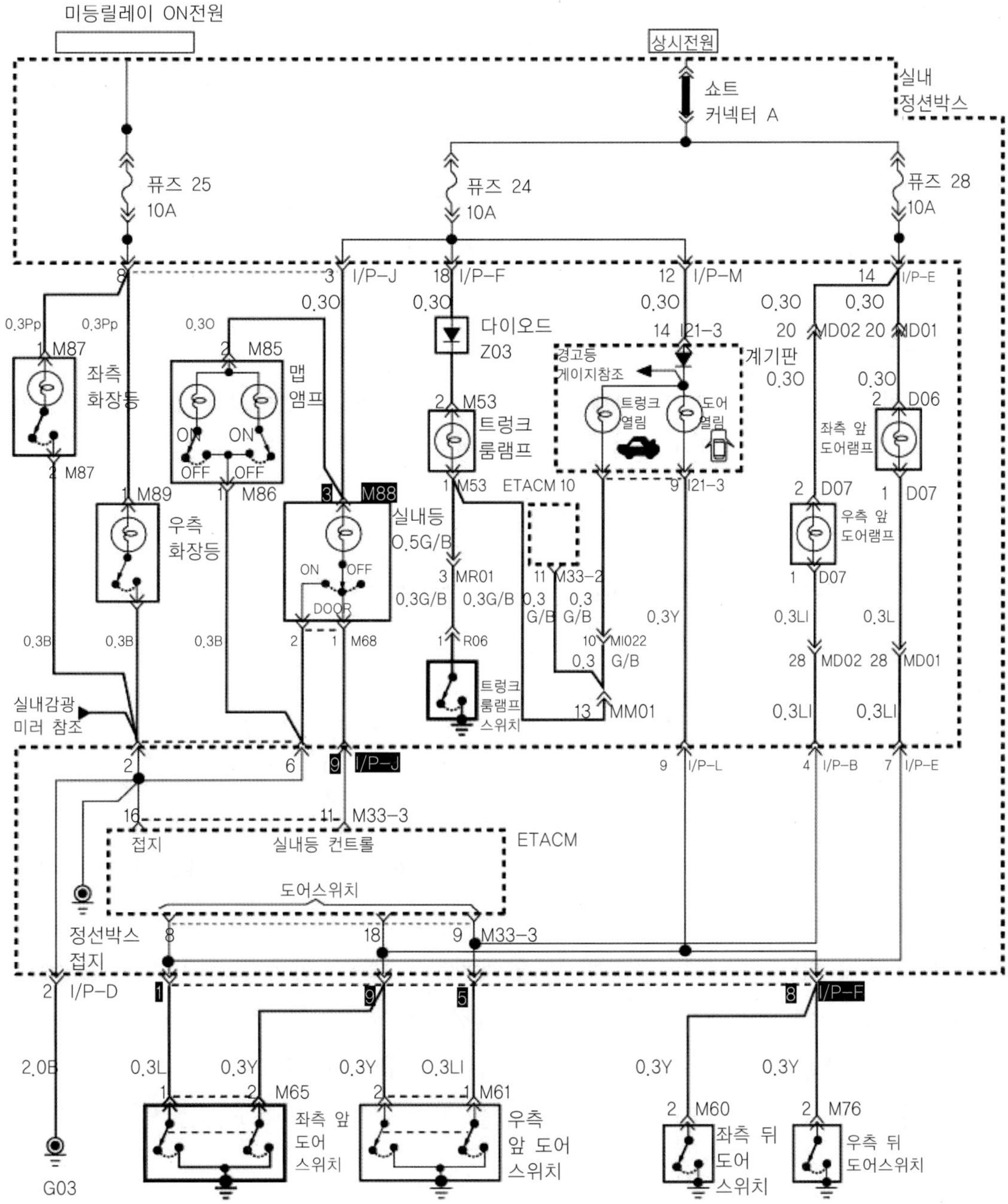

그림 42. 뉴 EF소나타의 실내등(1) 회로도

[2] 운전석 도어 스위치

운전자가 문을 열고 나가려는 것을 검지하기 위한 스위치이다.

뉴 EF소나타에서는 실내등(1) 회로도에서 M33-3 커넥터의 8번과 18번 단자가 0V로 되면 정상이다. 마찬가지로 M33-3 커넥터는 실내 정션박스 내부에 있으므로 그 대신에 I/P-F 커넥터의 1번과 9번 단자를 사용해서 점검할 수 있다. 문이 열렸을 경우에는 0V 닫혔을 경우에는 12V가 출력되면 정상이다.

2.12.4. 전장제어 ECU 점검

액추에이터도 이상이 없고, 전장제어 ECU의 출력요소와 입력요소가 모두 정상인데도 시동 키 홀 조명등 제어가 정상이 아니라면 마지막으로 전장제어 ECU (ETACM) 자체의 고장이므로 교환 후에 작동 여부를 확인한다.

2.13. 시동 키 탈거 시 전도어 언록 제어의 고장진단

2.13.1. 액추에이터 검사

시동 키 탈거 시 전도어 언록 제어를 위해서는 도어 언록 액추에이터가 정상적으로 작동하여야 한다. 따라서 파워 윈도우 메인 스위치의 도어 언록 스위치를 작동시키면서 4개 도어의 도어 언록 액추에이터가 정상적으로 작동하는지 검사하면 된다. 이렇게 하면 ETACM의 문제가 있어서 도어 언록이 되지 않는 것인지 아니면 액추에이터에 문제가 있는 것인지 알 수가 있게 된다.

운전석 도어에 있는 이 파워 윈도우 메인스위치의 도어 언록 스위치는 다음 페이지의 회로도를 잘 살펴보면 알 수 있는 것처럼 전장제어 ECU(ETACM)과 관계없이 4개의 도어를 언록시킬 수 있도록 되어 있다. 즉 전장제어 ECU(ETACM)가 고장이 나도 파워 윈도우 메인스위치의 도어 언록 스위치를 작동시키면 4개 도어는 언록이 된다.

2.13.2. 전장제어 ECU 출력점검

시동 키 탈거 시 전도어 언록 제어의 출력단자는 도어 언록 릴레이이다. 차종마다 언록 릴레이의 위치가 조금씩 다르게 되어 있으나 그랜져 XG의 경우 운전석 도어 모듈에 위치해 있다.

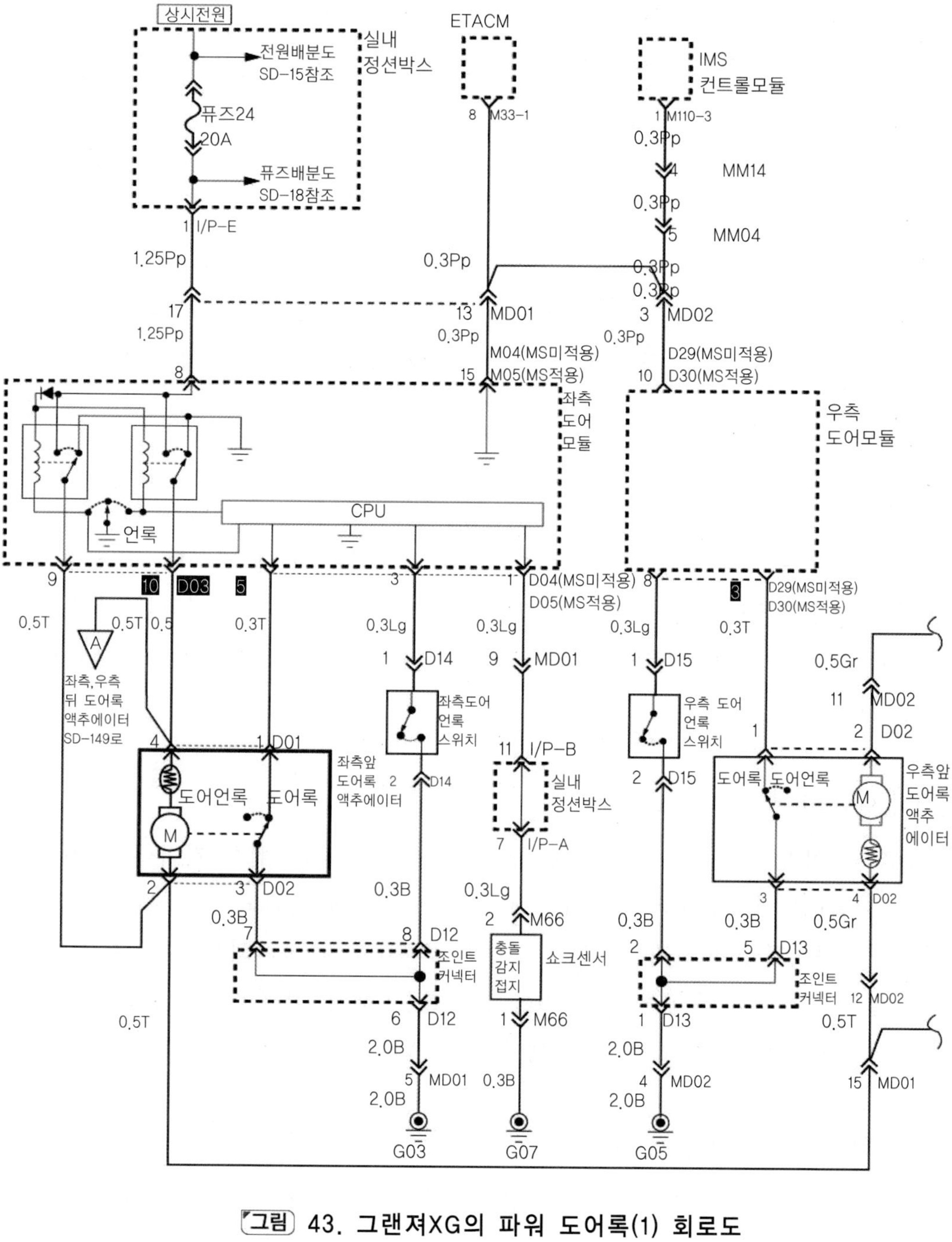

그림 43. 그랜져XG의 파워 도어록(1) 회로도

운전석에서 도어 록 노브를 사용하여 도어를 언록시키면서 D03 커넥터의 10번 단자가 12V로 변하는지 확인한다. 강제 구동시험을 위해서는 D03커넥터의 10번 단자를 차체에 12V를 인가시키면서 4개 도어가 언록이 되는지 살펴보면 된다.

2.13.3. 전장제어 ECU 입력점검

시동 키 탈거 시 전도어 언록 제어의 입력요소는 시동키 스위치와 4개 도어의 록/언록 스위치이다.

[1] 운전석 도어 록 스위치

운전석 도어가 록 상태인지 언록 상태인지를 검지하기 위한 것이다. 그랜져 XG의 파워 도어록(1) 회로도에서 운전석 도어 모듈(좌측 도어 모듈)에 입력되는 단자는 D04의 5번 단자이다. 도어 언록 상태에서는 0V가 검지되고 도어 록 상태에서는 5V가 검지되면 정상이다.

[2] 조수석 도어 록/언록 스위치

조수석 도어가 록 상태인지, 언록 상태인지를 검지하기 위한 것이다. 그랜져 XG의 파워 도어록(1) 회로도에서 조수석 도어 모듈(우측 도어 모듈)에 입력되는 단자는 D29 3번 단자이다. 도어 언록 상태에서는 0V가 검지되고 도어 록 상태에서는 5V가 검지되면 정상이다.

[3] 운전석 뒤 도어 록/언록 스위치

운전석 뒤 도어가 록 상태인지, 언록 상태인지를 검지하기 위한 것이다. 그랜져 XG의 파워 도어록(2) 회로도에서 전장제어 ECU(ETACM)에 입력되는 단자는 M33-3 커넥터의 2번 단자이다. 이 단자는 실내 정션박스의 내부에 설치되어 있어서 점검할 수 없으므로 실내 정션박스의 I/P-B의 19번 단자를 통해서 점검할 수 있다. 도어 언록 상태에서는 0V가 검지되고 도어 록 상태에서는 5V가 검지되면 정상이다.

[4] 조수석 뒤 도어 록, 언록 스위치

조수석 뒤 도어가 록 상태인지, 언록 상태인지를 검지하기 위한 것이다. 운전석 뒤 도어 록, 언록 스위치와 병렬로 연결되어 있으며 보통 한 개의 단자에서 운전석 뒤 도어 록 스위치와 조수석 뒤 도어 록 스위치를 함께 검지하고 있다.

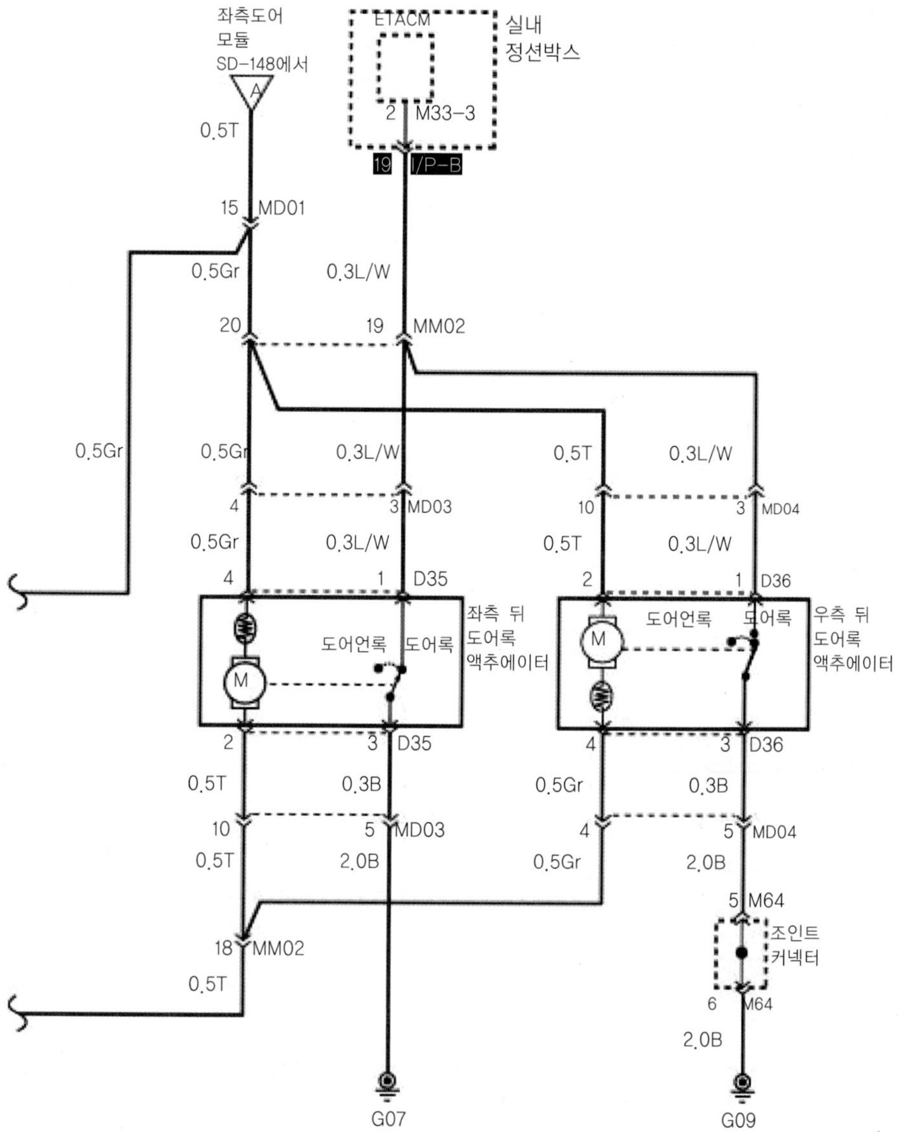

그림 44. 그랜져XG의 파워 도어록(2) 회로도

그랜져XG의 파워 도어록(2) 회로도에서 전장제어 ECU(ETACM)에 입력되는 단자는 M33-3 커넥터의 2번 단자이다. 이 단자는 실내 정션박스의 내부에 설치되어 있어서 점검할 수 없으므로 실내 정션박스의 I/P-B의 19번 단자를 통해서 점검할 수 있다. 도어 언록 상태에서는 0V가 검지되고 도어 록 상태에서는 5V가 검지되면 정상이다.

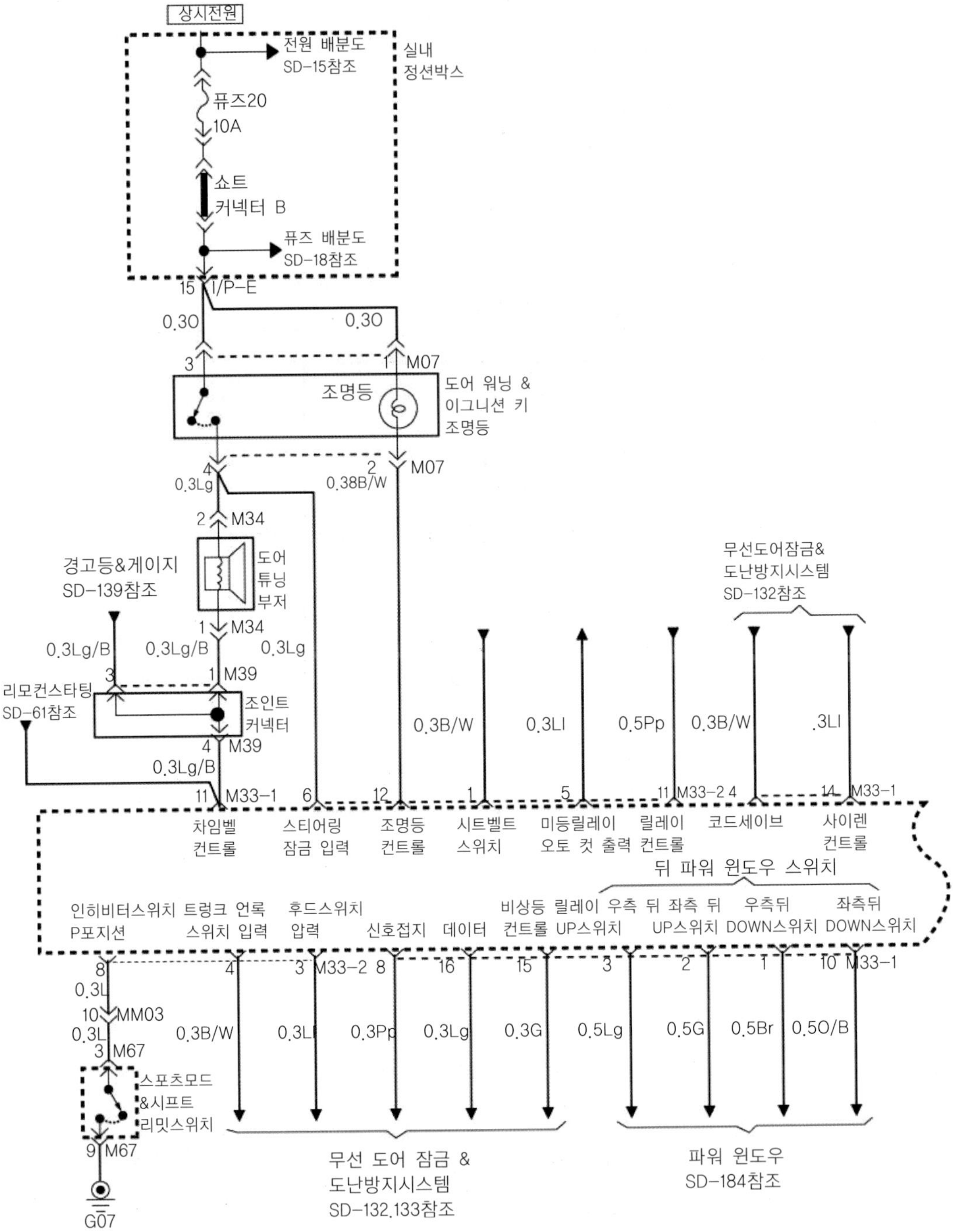

그림 45. 그랜져XG의 ETACS(1) 회로도

[5] 키 삽입 스위치

이것은 키가 키박스에 꽂혀 있는 지 탈거한 지의 여부를 알기 위한 스위치이다. 보통 핸들 록 스위치, 스티어링 잠금 입력이라고 부르기도 한다. 그랜져XG는 M33-2 커넥터의 6번 단자로 신호가 입력된다. 키를 키 박스에 꽂지 않은 상태에서는 0V가 검지되고 키를 키 박스에 꽂은 상태에서는 12V가 검지되면 정상이다.

2.13.4. 전장제어 ECU 점검

액추에이터도 이상이 없고, 전장제어 ECU의 출력요소와 입력요소가 모두 정상인데도 시동 키 OFF 후 전 도어 언록 제어가 정상이 아니라면 마지막으로 전장제어 ECU (ETACM) 자체의 고장이므로 교환 후에 작동 여부를 확인한다.

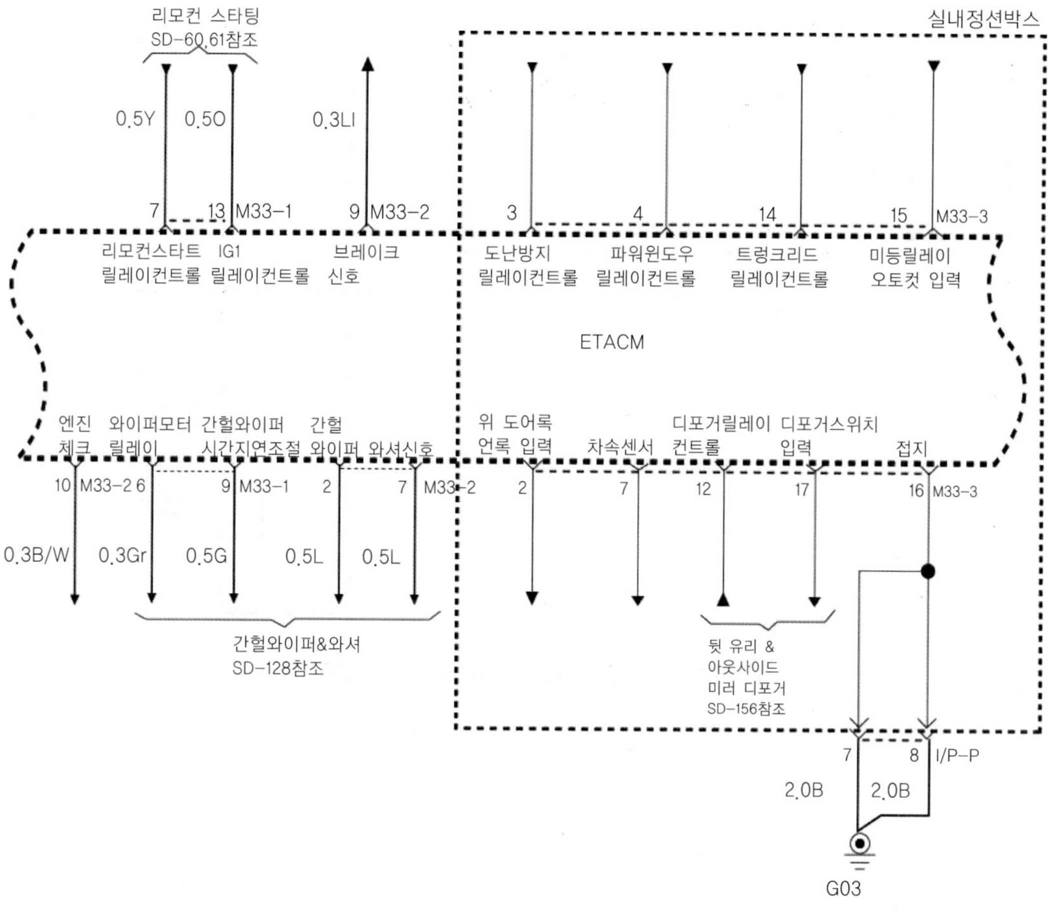

그림 46. 그랜져XG의 ETACS(2) 회로도

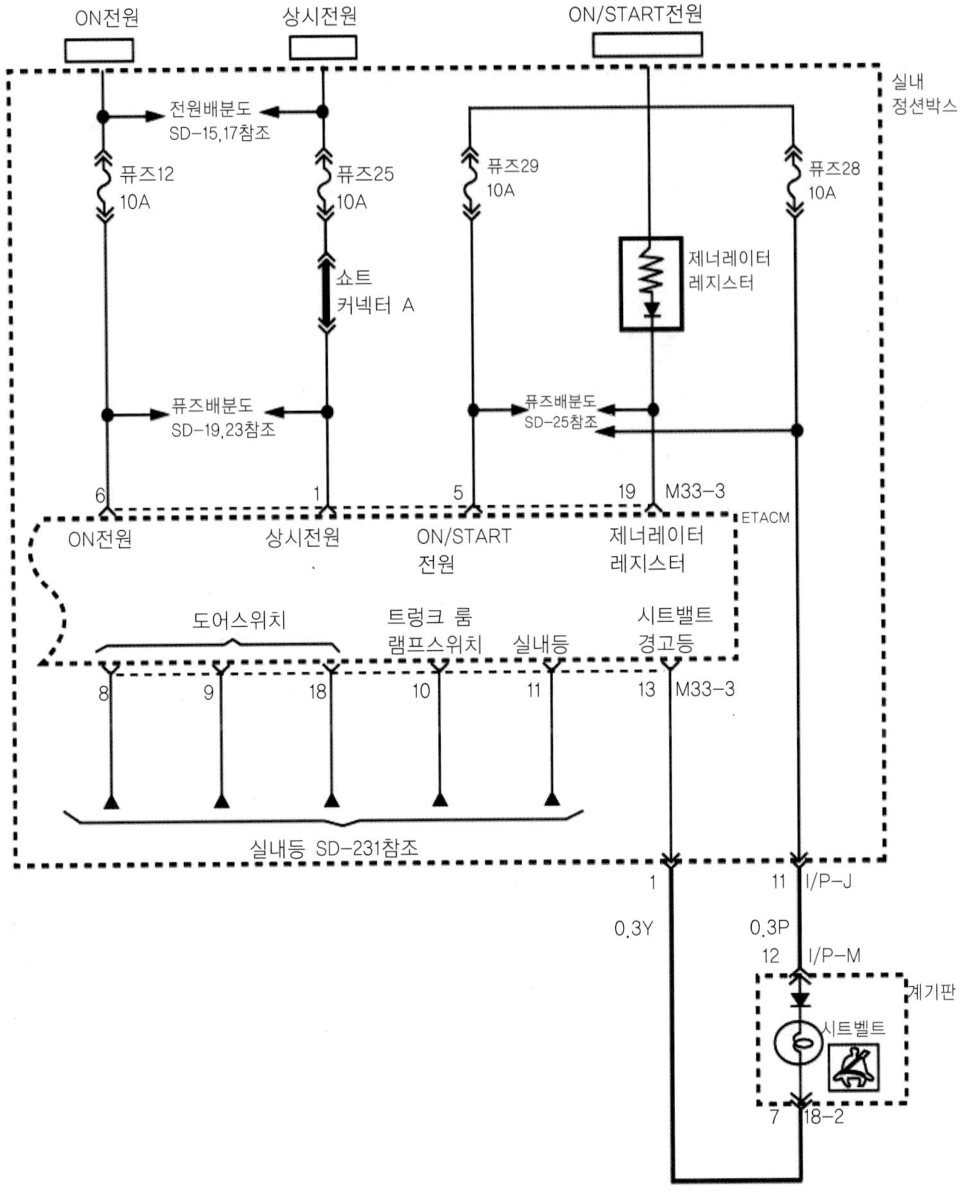

「그림」 47. 그랜져XG의 ETACS(3) 회로도

2.14. 충돌감지 언록 제어의 고장진단

2.14.1. 액추에이터 검사

충돌감지 언록 제어를 위해서는 도어 언록 액추에이터가 정상적으로 작동하여야 한다. 따라서 파워 윈도우 메인 스위치의 도어 언록 스위치를 작동시키면서 4개 도어의 도어 언록 액추에이터가 정상적으로 작동하는지 검사하면 된다. 이렇게 하면 ETACM의 문제가 있어서 도어 언록이 되지 않는 것인지 아니면 액추에이터에 문제가 있는 것인지 알 수가 있게 된다.

운전석 도어에 있는 이 파워 윈도우 메인 스위치의 도어 언록 스위치는 다음 페이지의 회로도를 잘 살펴보면 알 수 있는 것처럼 전장제어 ECU(ETACM)와 관계없이 4개의 도어를 언록시킬 수 있도록 되어 있다. 즉 전장제어 ECU(ETACM)가 고장이 나도 파워 윈도우 메인 스위치의 도어 언록 스위치를 작동시키면 4개 도어는 언록이 된다.

2.14.2. 전장제어 ECU 출력점검

충돌 감지 언록 제어의 출력요소는 도어 언록 릴레이이다. 차종마다 언록 릴레이의 위치가 조금씩 다르게 되어 있으나 그랜져 XG의 경우 운전석 도어 모듈에 위치해 있다. 운전석에서 도어 록 노브를 사용하여 도어를 언록시키면서 D03 커넥터의 10번 단자가 0V로 변하는지 확인한다.

강제 구동시험을 위해서는 D03 커넥터의 10번 단자를 차체에 접지시키면서 4개 도어가 언록이 되는지 살펴보면 된다.

2.14.3. 전장제어 ECU 입력점검

충돌 감지 언록 제어의 전장제어 ECU의 입력요소는 에어백 전개 신호와 충돌감지 센서 신호이다. 에어백 전개 신호는 평상시에는 0V이나 에어백 전개 신호가 발생하였을 때는 12V로 변화된다. 충동감지센서 신호도 평상시에는 0V이지만 충돌 발생시에는 5V로 변화한다.

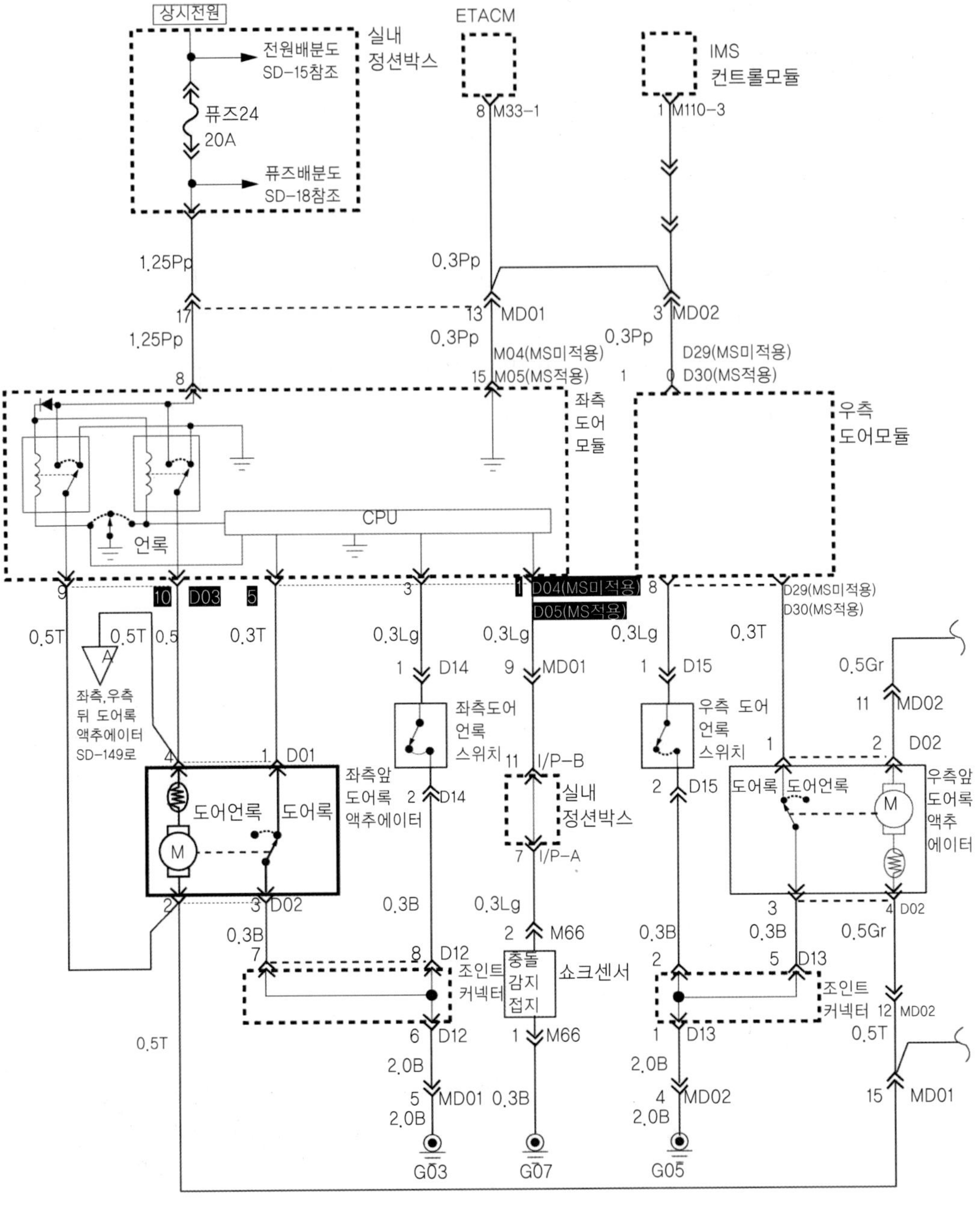

그림 48. 그랜져XG 파워 도어록(1) 회로도

2.14.4. 전장제어 ECU 점검

액추에이터도 이상이 없고, 전장제어 ECU의 출력요소와 입력요소가 모두 정상인데도 충돌감지 언록제어가 정상이 아니라면 마지막으로 전장제어 ECU(ETACM) 자체의 고장이므로 교환 후에 작동 여부를 확인한다.

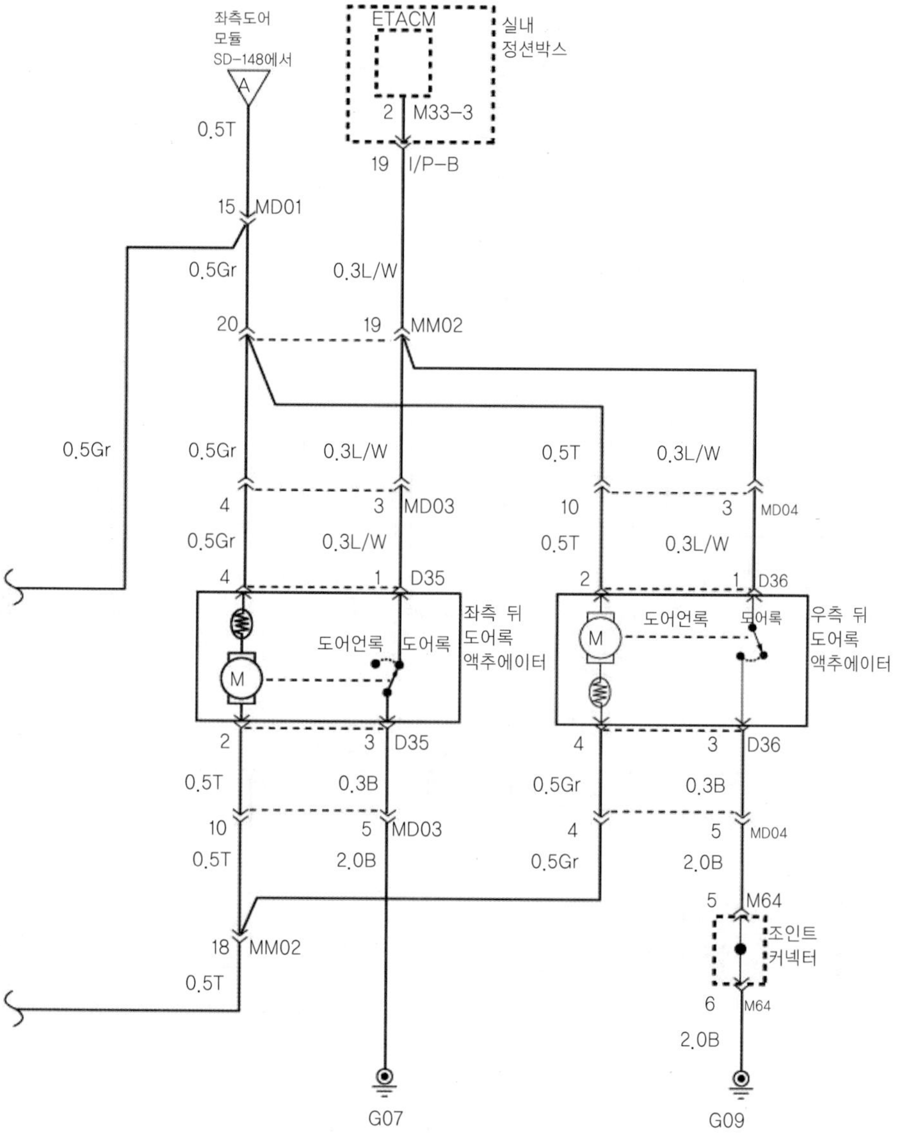

그림 49. 그랜져 파워 도어록(2) 회로도

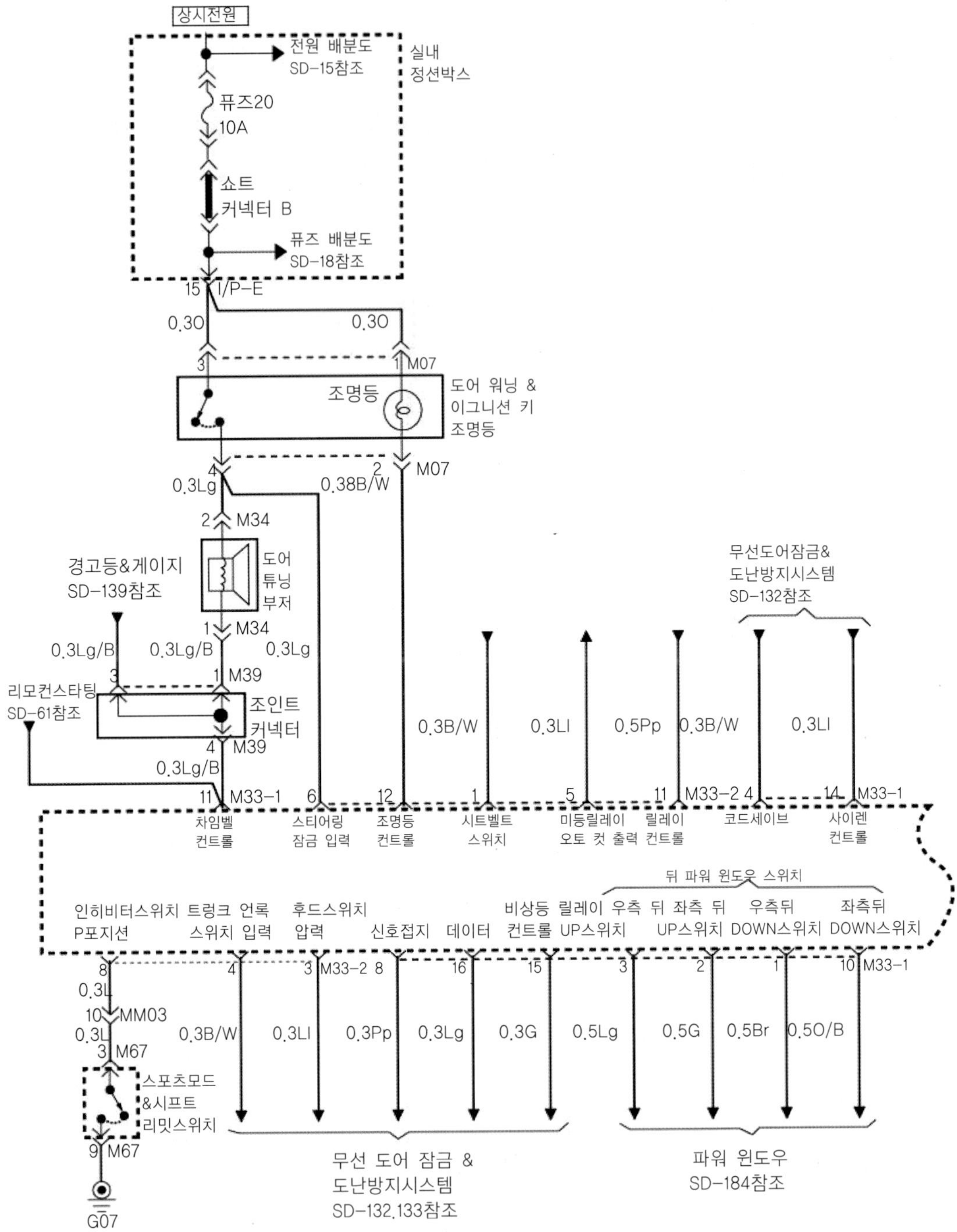

「그림」 50. 그랜져XG ETACS(1) 회로도

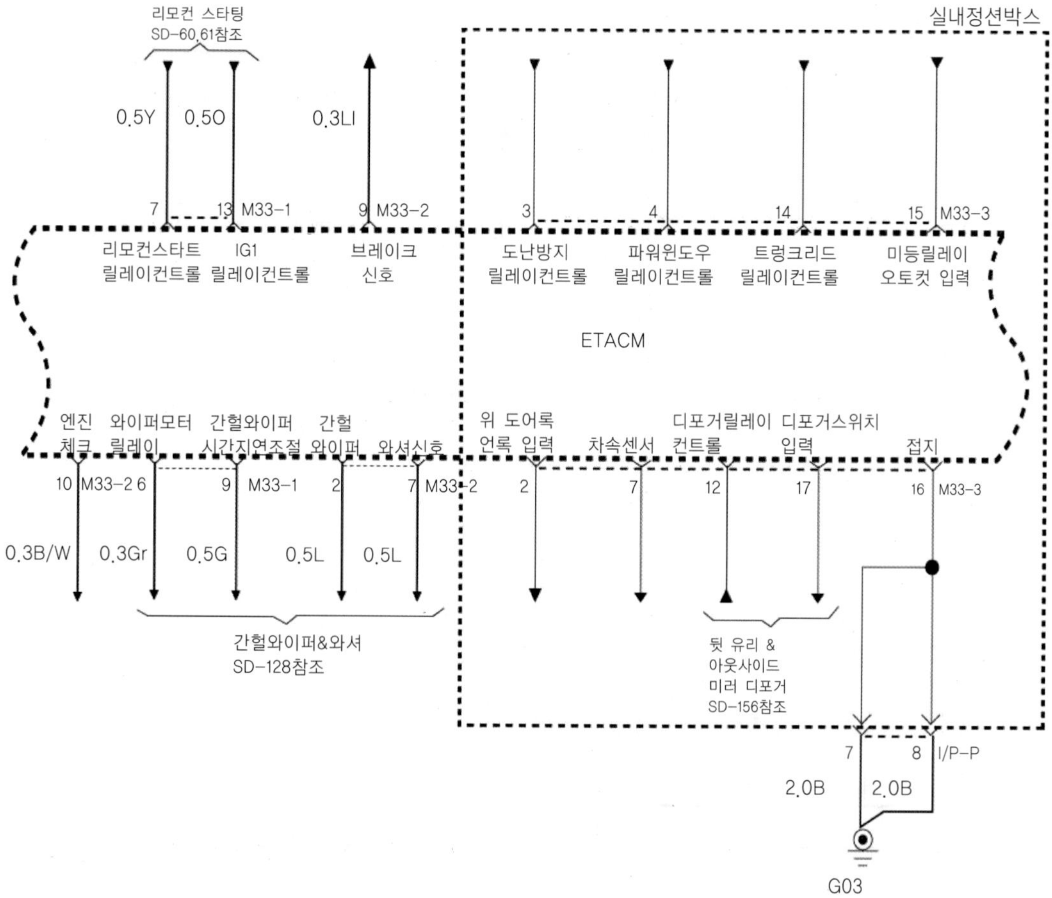

그림 51. 그랜져XG ETACS(2) 회로도

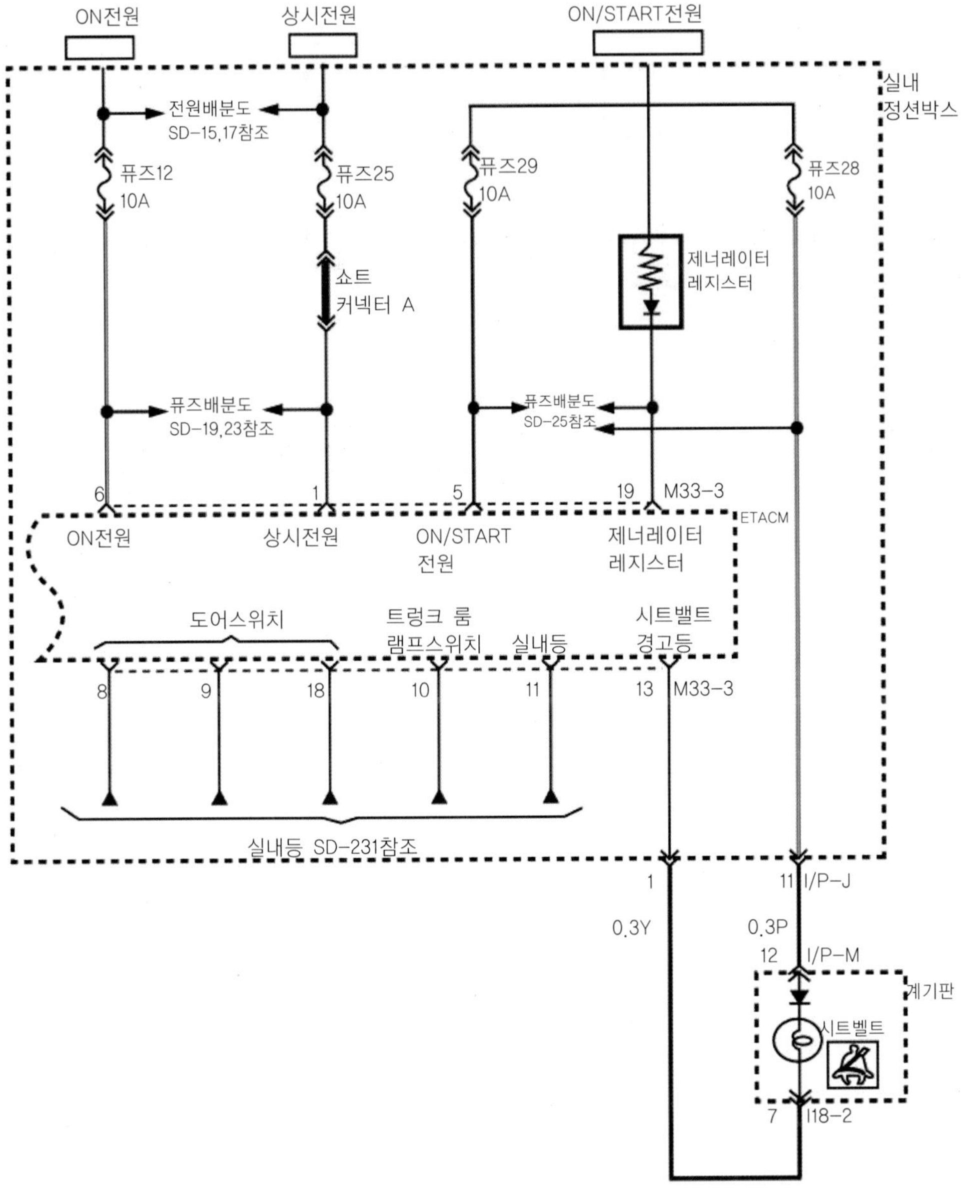

그림 52. 그랜져XG ETACS(3) 회로도

2.15. 도난 경보제어의 고장진단

2.15.1. 액추에이터 검사

도난 경보제어에 사용되는 액추에이터는 도어 록/언록 액추에이터, 사이렌, 비상등, 리모컨의 네 가지이다.

[1] 도어 록, 언록 액추에이터

오토 도어 록 제어를 위해서는 도어 록, 언록 액추에이터가 정상적으로 작동하여야 한다. 따라서 파워 윈도우 메인 스위치의 도어 록, 언록 스위치를 작동시키면서 4개 도어의 도어 록, 언록 액추에이터가 정상적으로 작동하는지 검사하면 된다. 이렇게 하면 ETACM의 문제가 있어서 도어록, 언록이 되지 않는 것인지 아니면 액추에이터에 문제가 있는 것인지 알 수가 있게 된다.

운전석 도어에 있는 이 파워 윈도우 메인 스위치의 도어 록, 언록 스위치는 다음 페이지의 회로도를 잘 살펴보면 알 수 있는 것처럼 전장제어 ECU(ETACM)과 관계없이 4개의 도어를 록 또는 언록시킬 수 있도록 되어 있다. 즉 전장제어 ECU(ETACM)이 고장이 나도 파워 윈도우 메인 스위치의 도어 록, 언록 스위치를 작동시키면 4개 도어는 록, 언록이 된다.

[2] 사이렌

도난 경보조건을 발동시켜서 사이렌이 정상적으로 작동하는지 알아본다. 만약 작동하지 않으면 사이렌으로 전원 입력단자와 접지단자를 확인하여 본다.

[3] 비상등

비상등 스위치를 작동시켜서 비상등이 작동하는지 알아본다. 작동하지 않으면 좌우측 방향등을 작동시켜서 방향등 전구가 고장인지 비상등릴레이 고장인지 알아본다.

[4] 리모컨

리모컨의 록, 언록 스위치를 누르면서 리모컨 LED의 밝기를 확인한다. 만약 밝기가 흐리거나, 켜지지 않으면 리모컨 배터리 불량이므로 배터리를 교환한다.

[도난방지 적용]

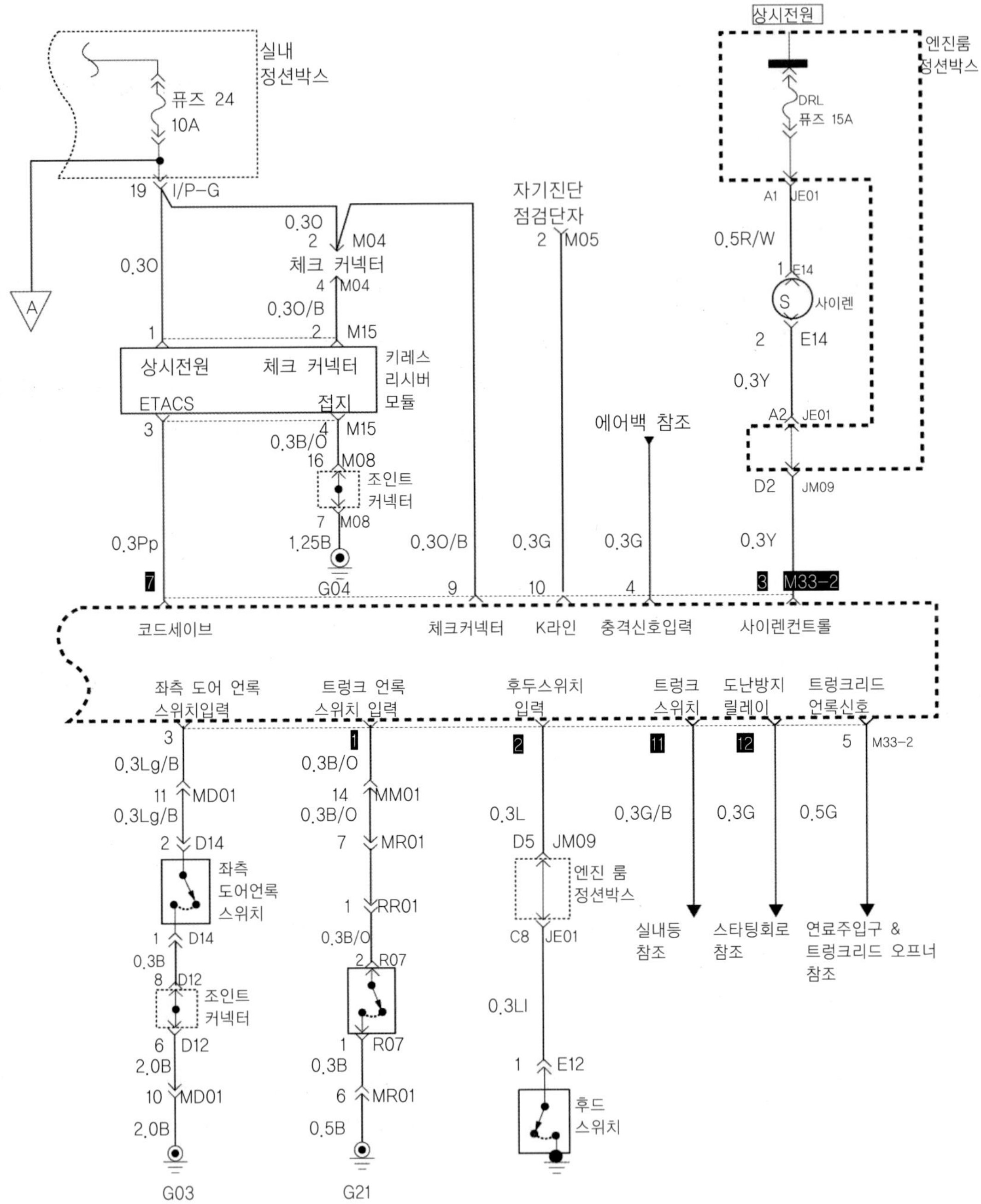

그림 53. 뉴 EF소나타의 ETACS(3) 회로도

2.15.2. 전장제어 ECU 출력점검

도난 경보제어를 위해서 사용되는 전장제어 ECU의 출력요소는 도어 록 릴레이, 도어 언록 릴레이, 사이렌, 비상등릴레이, 도난방지 릴레이이다.

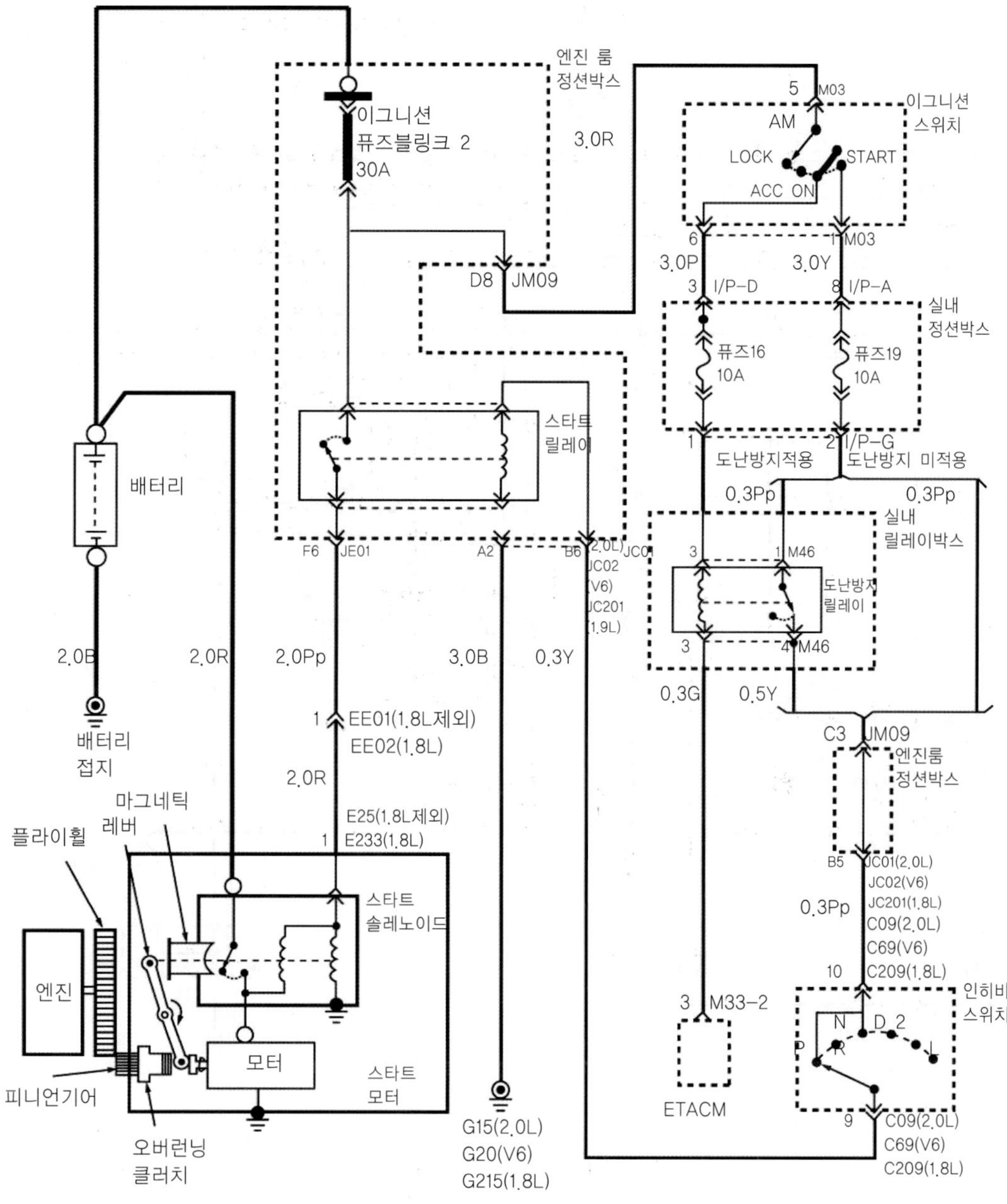

「그림」 54. 뉴 EF소나타의 스타팅 회로도

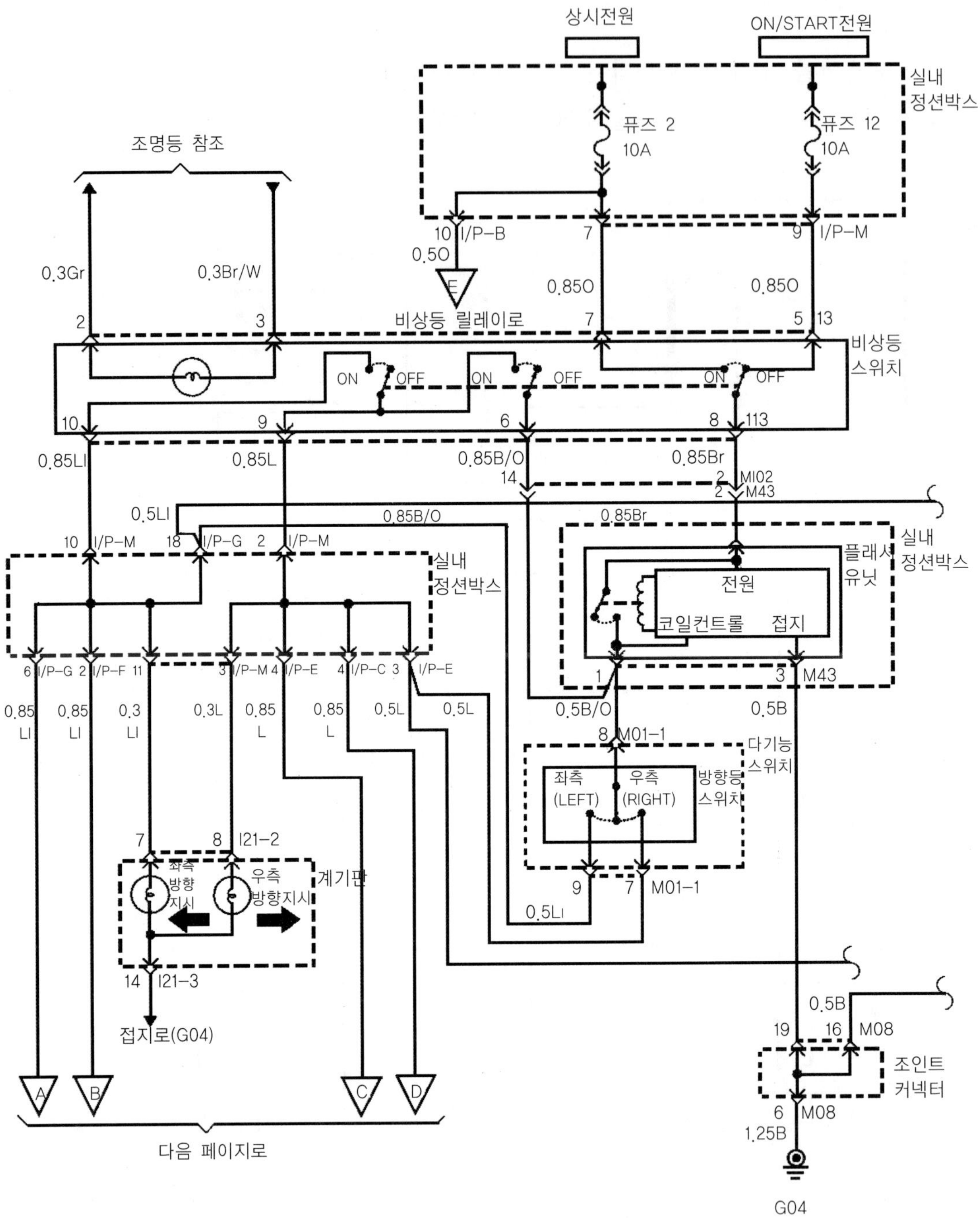

「그림」 55. 뉴 EF소나타의 방향등(1) 회로도

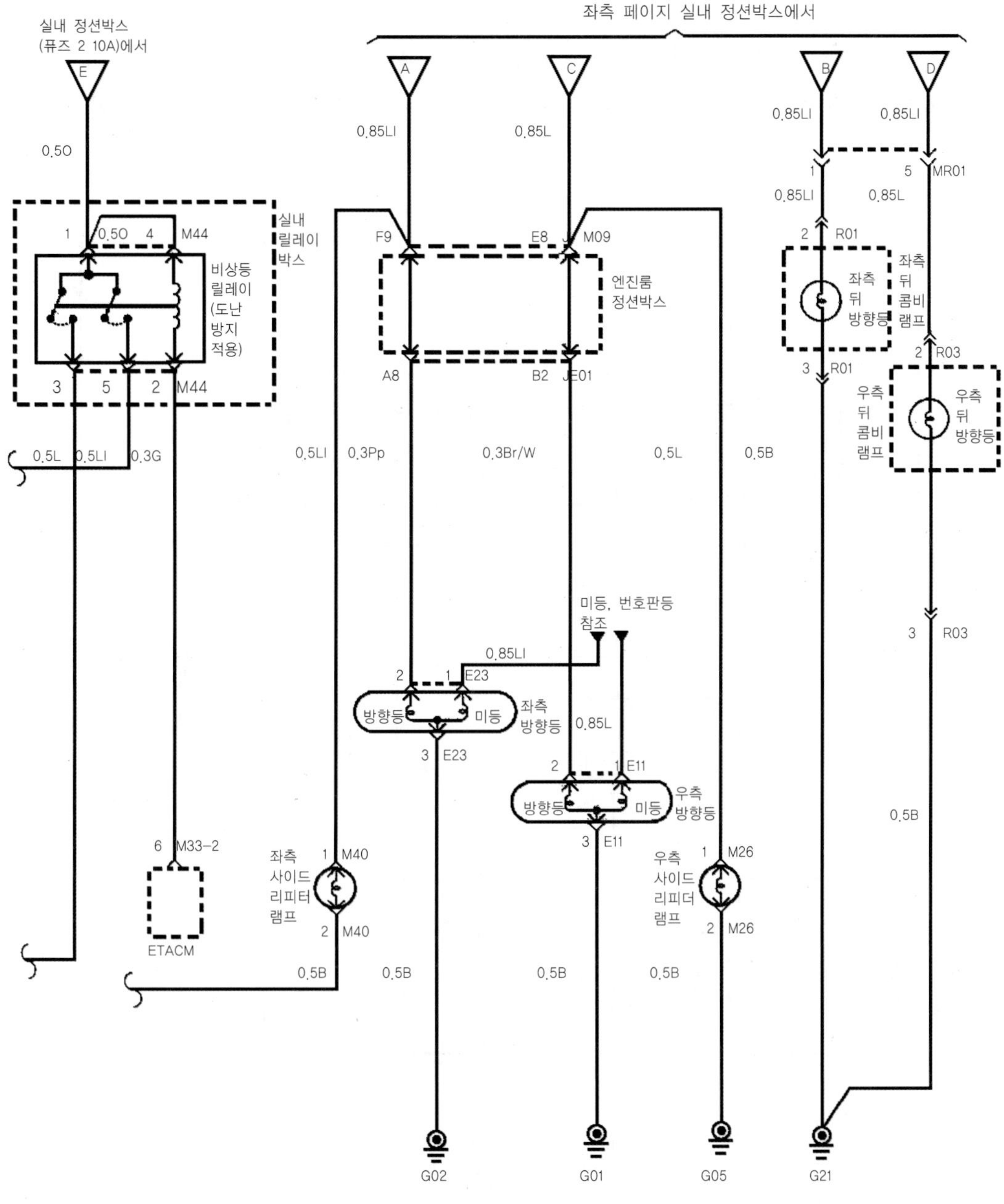

「그림」 56. 뉴 EF소나타의 방향등(2) 회로도

[1] 도어 록 릴레이

도난 경보 제어의 출력단자 중의 하나는 도어 록 릴레이이다. 차종마다 록 릴레이의 위치가 조금씩 다르게 되어 있으나 대부분의 경우 실내 정션박스에 위치해 있다.

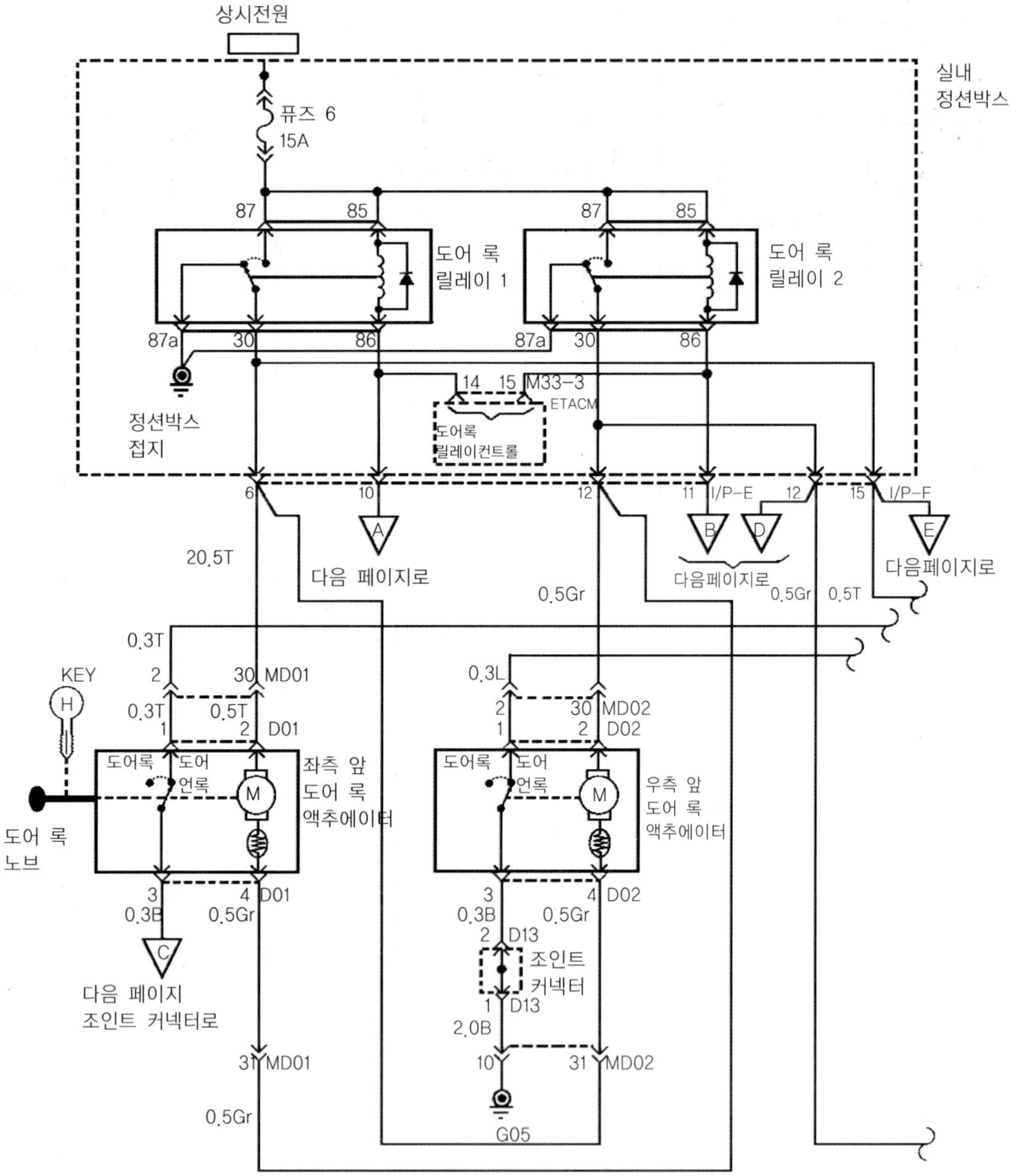

[그림] 57. 뉴 EF소나타의 파워 도어록(1) 회로도

뉴 EF소나타에서도 도어 록 릴레이는 실내 정션박스에 있으며 전장제어 ECU(ETACM)와 M33-3 커넥터의 15번 단자는 도어 록 릴레이와 연결되어 있다. 그런데 이 단자도 실내 정션박스의 내부에 위치해 있으므로 이 단자의 확인을 위해서는 실내 정션박스의 I/P-E 커넥터의 12번 단자를 사용할 수 있다.

[2] 도어 언록 릴레이

도난 경보 제어의 출력 단자의 또 다른 하나는 도어 언록 릴레이이다. 이것도 실내 정션 박스에 위치해 있다. 뉴 EF소나타에서도 도어 록 릴레이는 실내 정션박스에 있으며 전장제어 ECU(ETACM)와 M33-3 커넥터의 14번 단자는 도어 언록 릴레이와 연결되어 있다. 그런데 이 단자도 실내 정션박스의 내부에 위치해 있으므로 이 단자의 확인을 위해서는 실내 정션박스의 I/P-E 커넥터의 10번 단자를 사용할 수 있다.

[3] 사이렌

도난 경보 시 사이렌 제어를 위해서 사이렌이 정상적으로 작동하는지 점검하여야 한다. 사이렌은 엔진룸의 좌측 헤드램프 후방에 위치해 있으며 이 사이렌의 제어를 전장제어 ECU가 하고 있다. 뉴 EF소나타의 경우 ETACS회로(3)를 보면 M33-2 커넥터의 8번 단자를 통해 전장제어 ECU(ETACM)이 제어하고 있다. 따라서 이 단자전압이 경보 발생시 12V에서 0V로 변하는지 점검한다. 만약 사이렌 입력전압이 12V가 되고, M33-2커넥터의 8번 단자가 0V 변하는데도 사이렌이 동작하지 않으면 사이렌 자체의 고장이므로 사이렌 교환 후 다시 점검하면 된다.

[4] 비상등 릴레이

도난 경보 제어 시 비상등이 1회 혹은 2회 깜박여서 운전자에게 도난 경계 상태로 진입 또는 해제되었음을 알려 준다. 뉴 EF소나타의 경우에 비상등 릴레이 제어 출력은 방향등 & 비상등(1), (2) 회로도를 보면 M33-2 커넥터의 6번 단자에서 제어한다. 도난 경계상태로 진입시키기 위해서 4개 도어 및 후드, 트렁크를 모두 닫은 후에 리모컨 록 버튼을 누르면 도난 경계상태로 진입되고 이 때 M33-2 커넥터 6번 단자가 0V로 변하게 된다. HI-SCAN, HI-DS 등의 진단 장비를 사용하여 단자 전압이 0V로 변하는 것을 점검하여 본다.

[5] 도난방지 릴레이

도난방지 릴레이는 도난 경보가 발생시에 차량의 도난방지를 위해서 시동을 금지시키는 릴레이이다. 뉴 EF소나타의 스타팅 회로(1)를 보면 도난방지 릴레이에 연결된 전장제어 ECU(ETACM) 단자는 M33-2 커넥터의 12번 단자이다.

도난경보가 발생하게 되면 ETACM은 M33-2 커넥터의 12번 단자를 0V로 변환시킨다. 이렇게 되면 도난방지 릴레이가 구동하게 되어 차량의 시동이 안 되는 것이다. 도난 경계상태에서 키로 운전석 도어를 열면 도난경보가 발생한다. 이 때 HI-DS, HI-SCAN 등을 사용해서 M33-2 커넥터의 12번 단자가 0V로 변환되는지 점검한다.

2.15.3. 전장제어 ECU 입력점검

도난 경보제어에 사용되는 전장제어 ECU의 입력요소는 수신기, 4개의 도어 스위치, 4개 도어의 록, 언록 스위치, 후드 스위치, 트렁크스위치이다.

[1] 수신기

수신기가 리모컨신호를 받으면 수신기에 등록된 코드와 맞는지 확인하고 맞으면 입력된 신호에 따라서 ETACM로 도어 록 또는 도어 언록 신호를 보내게 된다. 따라서 수신기가 ETACM에 보내는 신호를 HI-DS, HI-SCAN 등으로 확인하여 보면 수신기가 정상적으로 작동하는 지를 확인할 수 있다. 뉴 EF소나타에서 ETACM회로(3)에서 보면 수신기는 M33-2 커넥터의 7번 단자로 신호를 보내 준다. 따라서 HI-DS, HI-SCAN 등을 사용하여 이 단자의 전압 변화를 오실로스코프 파형으로 점검하면 된다.

[2] 도어 스위치(4개)

차량의 도어가 열려 있는지 닫혀있는지를 검지하기 위한 스위치이다. 만약 1개 도어라도 열려 있으면 도난 경계상태로 진입하지 않는다.

(1) 운전석 도어 스위치

뉴 EF소나타에서는 실내등(1) 회로도에서 보면 운전석 도어 스위치는 M33-3 커넥터의 8번과 18번 단자가 0V로 되면 정상이다. 마찬가지로 M33-3 커넥터는 실내 정션박스 내부에 있으므로 그 대신에 I/P-F 커넥터의 1번과 9번 단자를 사용해서 점검할 수 있다. 문이 열렸을 경우에는 0V, 닫혔을 경우에는 12V가 출력되면 정상이다.

(2) 조수석 도어 스위치

뉴 EF소나타에서는 실내등(1) 회로도에서 보면 운전석 도어스위치 신호는 M33-3 커넥터의 9번과 18번 단자가 0V로 되면 정상이다. 마찬가지로 M33-3 커넥터는 실내 정션박스 내부에 있으므로 그 대신에 I/P-F 커넥터의 5번과 9번 단자를 사용해서 점검할 수 있다. 문이 열렸을 경우에는 0V, 닫혔을 경우에는 12V가 출력되면 정상이다.

(3) 운전석 뒤 도어 스위치

뉴 EF소나타에서는 실내등(1) 회로도에서 보면 운전석 도어 스위치 신호는 M33-3 커넥터의 18번 단자로 입력된다. 단자전압이 0V로 되면 정상이다. 마찬가지로 M33-3 커넥터는 실내 정션박스 내부에 있으므로 그 대신에 I/P-F 커넥터의 8번 단자를 사용해서 점검할 수 있다. 문이 열렸을 경우에는 0V, 닫혔을 경우에는 12V가 출력되면 정상이다.

(4) 조수석 뒤 도어 스위치

조수석 뒤 도어 스위치는 운전석 뒤 도어 스위치와 마찬가지로 M33-3 커넥터의 18번 단자가 0V로 되면 정상이다. 마찬가지로 M33-3 커넥터는 실내 정션박스 내부에 있으므로 그 대신에 I/P-F 커넥터의 8번 단자를 사용해서 점검할 수 있다. 문이 열렸을 경우에는 0V, 닫혔을 경우에는 12V가 출력되면 정상이다.

[3] 도어 록/언록 스위치

(1) 운전석 도어 록 스위치

운전석 도어가 록 상태인지 언록 상태인지를 검지하기 위한 것이다.

EF소나타의 파워 도어 록(1), (2) 회로도에서 전장제어 ECU(ETACM)에 입력되는 단자는 M33-1 커넥터의 3번 단자이다. 도어 언록 상태에서는 0V가 검지되고 도어 록 상태에서는 5V가 검지되면 정상이다.

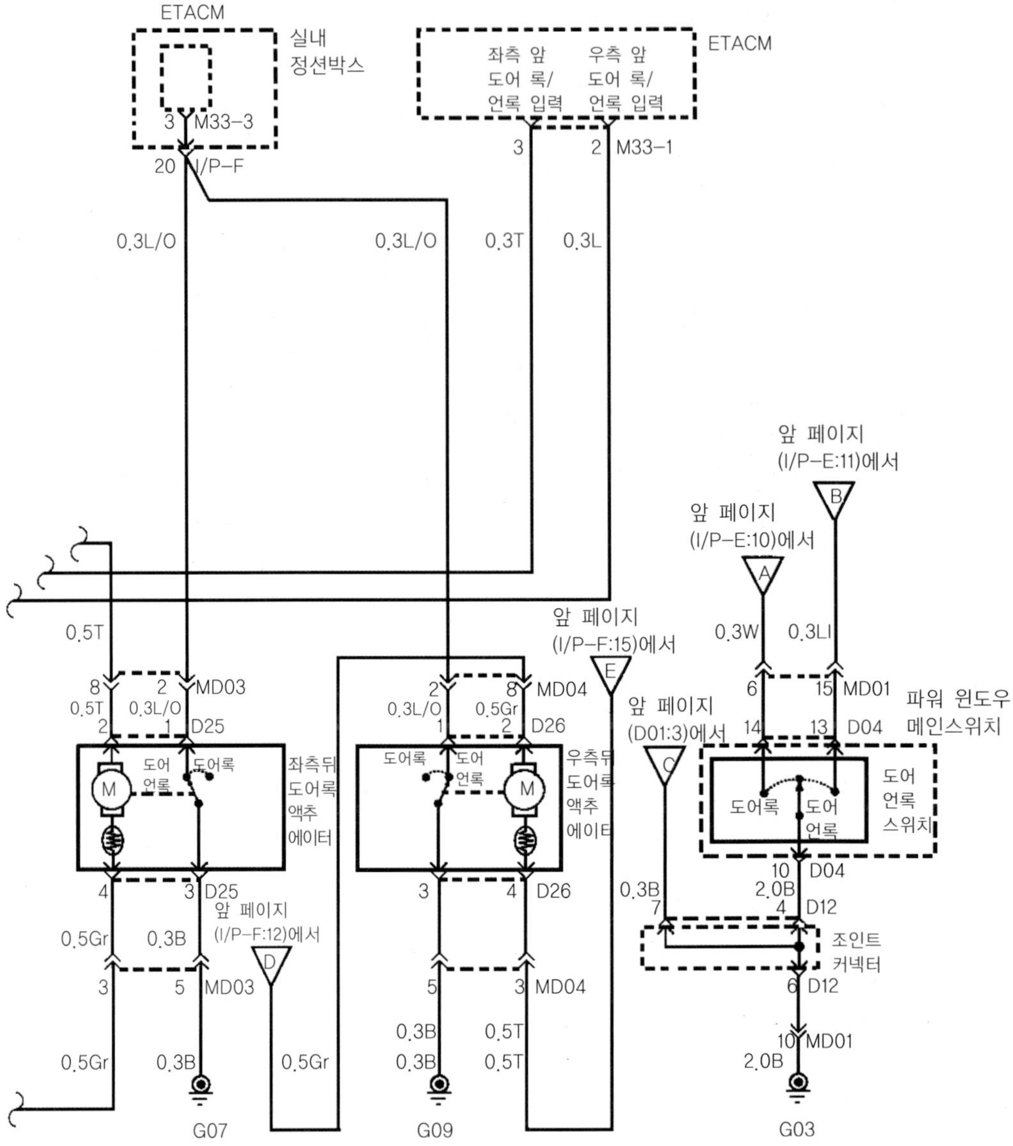

그림 58. 뉴 EF소나타의 파워 도어록(2) 회로도

(2) 조수석 도어 록, 언록 스위치

조수석 도어가 록 상태인지, 언록 상태인지를 검지하기 위한 것이다. 뉴 EF소나타의 파워 도어록(1), (2) 회로도에서 전장제어 ECU(ETACM)에 입력되는 단자는 M33-1 커넥터의 2번 단자이다. 도어 언록 상태에서는 0V가 검지되고 도어 록 상태에서는 5V가 검지되면 정상이다.

(3) 운전석 뒤 도어 록, 언록 스위치

운전석 뒤 도어가 록 상태인지, 언록 상태인지를 검지하기 위한 것이다. 뉴 EF소나타의 파워 도어록(1), (2) 회로도에서 전장제어 ECU(ETACM)에 입력되는 단자는 M33-3 커넥터의 3번 단자이다. 이 단자는 실내 정션박스의 내부에 설치되어 있어서 점검할 수 없으므로 실내 정션박스의 I/P-F의 20번 단자를 통해서 점검할 수 있다. 도어 언록 상태에서는 0V가 검지되고 도어 록 상태에서는 5V가 검지되면 정상이다.

(4) 조수석 뒤 도어 록, 언록 스위치

조수석 뒤 도어가 록 상태인지, 언록 상태인지를 검지하기 위한 것이다. 운전석 뒤 도어 록, 언록 스위치와 병렬로 연결되어 있으며 보통 한 개의 단자에서 운전석 뒤 도어 록 스위치와 조수석 뒤 도어 록 스위치를 함께 검지하고 있다. 뉴 EF소나타의 파워 도어록(1), (2) 회로도에서 전장제어 ECU(ETACM)에 입력되는 단자는 M33-3 커넥터의 3번 단자이다. 이 단자는 실내 정션박스의 내부에 설치되어 있어서 점검할 수 없으므로 실내 정션박스의 I/P-F의 20번 단자를 통해서 점검할 수 있다. 도어 언록 상태에서는 0V가 검지되고 도어 록 상태에서는 5V가 검지되면 정상이다.

[4] 후드 스위치

후드는 엔진룸 덮개인 후드가 열려 있는지 닫혀있는지를 검지하는 스위치이다. 후드가 열려 있으면 도난 경계상태의 진입이 불가능하게 된다. 뉴 EF소나타에서 ETACS회로(3)를 보면 후드 스위치 입력은 M33-2 커넥터의 2번 단자로 입력된다. 후드가 열려 있으면 0V이고 닫혀 있으면 5V가 된다.

[5] 트렁크 스위치

트렁크 스위치는 트렁크가 열려 있는지 닫혀있는지를 검지하는 스위치이다. 트렁크가 열려 있으면 도난 경계상태의 진입이 불가능하게 된다. 뉴 EF소나타에서 ETACS 회로(3)를 보면 후드 스위치 입력은 M33-2 커넥터의 11번 단자로 입력된다. 트렁크가 열려 있으면 0V이고 닫혀 있으면 5V가 된다.

[선루프 미적용]

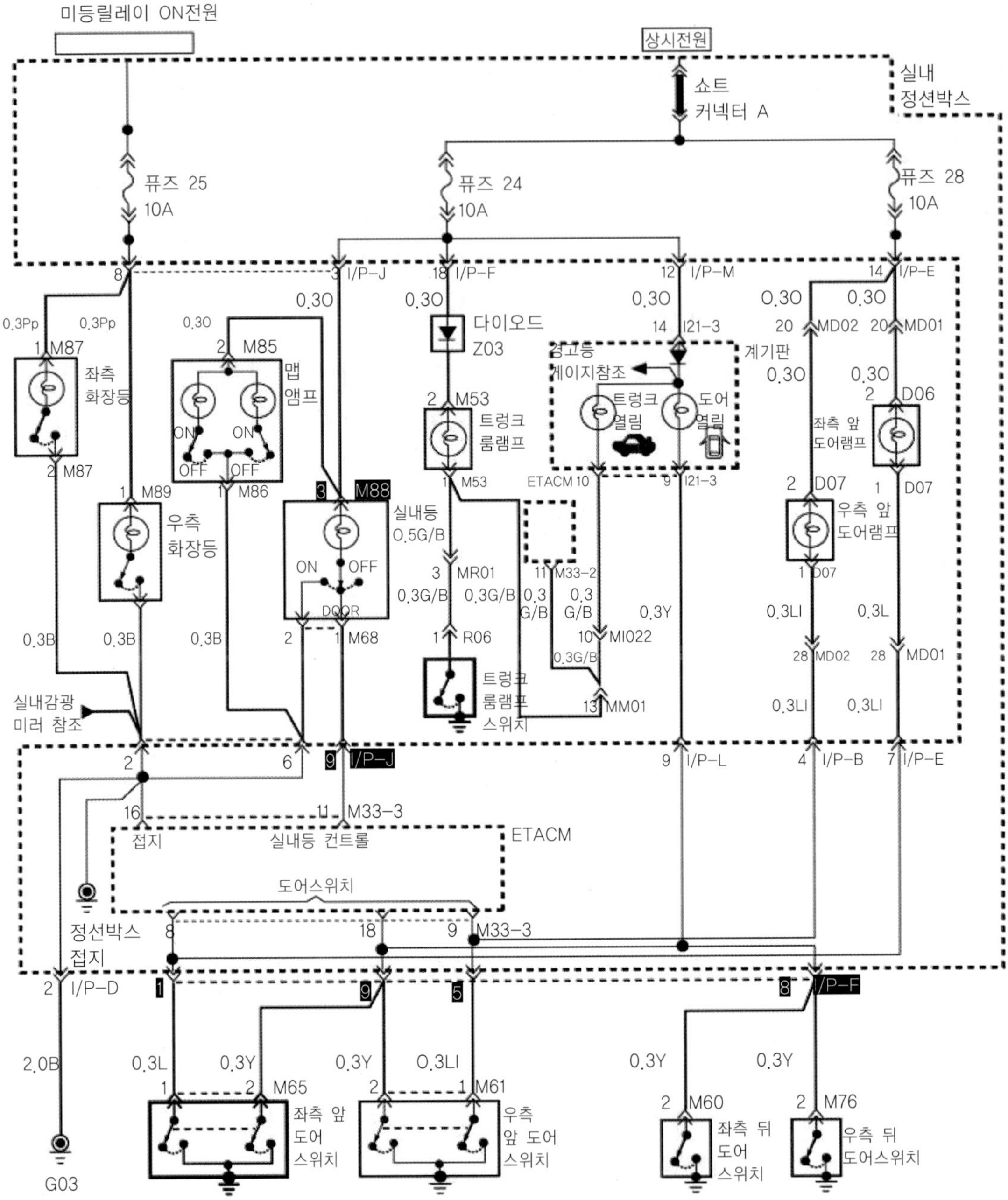

그림 59. 뉴 FE소나타의 실내등(1) 회로도

2.15.4. 전장제어 ECU 점검

액추에이터도 이상이 없고, 전장제어 ECU의 출력요소와 입력요소가 모두 정상인데도 도난 경보 제어가 정상이 아니라면 마지막으로 전장제어 ECU(ETACM) 자체의 고장이므로 교환 후에 작동 여부를 확인한다.

3 내비게이션장치의 점검 · 정비

장치의 특성상 아래와 같은 경우엔 고장이라고 생각이 들게 화면표시가 되기도 하기 때문에 아래의 내용을 참고로 진단한다.

3.1. 관성항법

① 자기 차량위치(현재위치와 방향)를 정확히 맞추지 않고 주행하면 어긋남을 일으키는 경우가 있다. 내비게이션 장치는 자립관성 항법을 기본으로 자기 차량위치를 계산하므로 주행 전에 자기 차량위치를 정확히 맞추지 않으면 자기 차량 위치가 어긋나는 일이 있다.

② 아래와 같이 엔진이 정지된 상태로 차량을 이동하는 경우는 차량의 현재 위치, 방향에 어긋남이 발생한다.

㉮ 선박(카페리 등), 기차, 레커 등으로 이동하는 경우

㉯ 턴테이블로 방향전환을 하였을 경우

③ 아래와 같은 경우엔 실제 주행거리와 주행거리 신호와의 사이에 오차가 발생하고 거리표시에 어긋남이 발생한다.

㉮ 낮은 마찰계수의 노면에서 슬립이 계속되었을 때

㉯ 타이어체인을 장착하고 주행했을 때

㉰ 맞지 않은 타이어 공기압력으로 주행했을 때

㉰ 외형이 다른 타이어를 장착하고 주행했을 때

㉱ 도로 폭이 넓은 도로에서 빈번하게 변속하면서 주행했을 때

㉮ 고속도로와 같은 직선 또는 완만한 커브가 길게 계속된 도로를 주행했을 때

④ 아래와 같은 경우엔 정밀도상 자기 차량위치에서 어긋남이 발생할 수 있다.

㉮ 자기 차량위치가 지도상의 도로에 대해 자기 차량위치 마크의 범위 내에서 어긋난다.

㉯ 자기 차량위치 마크 이상으로 어긋나지만 머프 매틱 보정 또는 GPS 보정될 때(요레이트 센서와 차속센서 및 GPS에는 허용오차가 있다. 또 지도상의 도로에도 실제의 도로에 대해서도 오차가 있다. 이런 것에서 자기 차량위치가 지도상의 도로에서 조금 어긋나는 상태는 이상한 것이 아니다).

㉰ 루프나 인터체인지 또는 빌딩의 입체 주차장과 같이 동일방향으로 선회하는 도로를 주행했을 때

㉱ 급한 헤어핀 상태의 커브가 계속된 도로를 주행했을 때

㉲ 평행한 도로나 평행한 도로에 가까운 Y자로 주행했을 때

㉳ 기반의 눈 모양의 도로를 주행했을 때

위의 내용은 요레이트 센서와 차속 센서에 의한 자기 차량위치 검출에 관한 내용이지만 만일 자기 차량위치에 어긋남이 발생하여도 GPS에 의해 보정이 작동할 때는 자동적으로 자기 차량위치의 위치수정을 실행한다. 또한 GPS의 전파가 수신되지 않는 도로환경일 때에는 GPS 보정이 되지 않으므로 수동으로 위치수정을 할 필요가 있다.

3.2. GPS

① 아래와 같은 경우엔 GPS 위치측정이 안 된다.

㉮ 엔진을 시동하고부터 최초 2~3분간(최초로 위치를 측정할 때까지 전파를 끊어지지 않게 연속적으로 수신할 필요가 있으므로 2~3분간은 위치측정이 되지 않는다. 또 엔진을 시동하고 바로 주행하면 위치를 측정할 때까지의 시간이 길어진다).

㉯ 빌딩 사이, 산의 음지, 터널 내, 가로수 및 고가도로 및 트럭 등으로 GPS의 전파가 차단됐을 때

㉰ 인퍼내 중앙 내에 레이아웃된 안테나의 위, 및 주변에 물체를 놓아 GPS의 전파가 차단됐을 때

㉱ 인공위성이 전파를 내지 않고 있을 때(인공위성은 추적관리 센터에서 제어되고 있으며 개량이나 수리 때문에 전파가 정지되는 경우가 있다).

㉮ GPS안테나 부근에 휴대전화(1.5GHZ)를 ON상태로 두었을 때 및 통화 중일 때

② 아래와 같은 경우에는 GPS의 정밀도가 저하한다.

㉮ 2차원 측위일 때(2차원 위치측정은 3차원으로 위치 측정한 최후의 표고 값을 사용하여 위치 측정을 계산하기 때문에 산이나 구름이 오르거나 내린 다음에는 정밀도가 저하한다. 또 GPS는 인공위성이 24개 운용되어 24시간의 3차원 위치 측정이 가능하지만 위치 측정이 가능한 위성 중에 1개의 위성의 전파가 장해물로 차단되었을 때나 1개의 위성이 고장 또는 수리 중일 때는 2차원 위치 측정으로 된다).

㉯ 인공위성의 정도를 추적관리 센터에서 저하시키고 있을 때

3.3. 디스플레이 유닛의 LCD

① 낮은 온도에서 NAV화면을 기동하면 백라이트에 형광등을 사용하고 있기 때문에 2~3분 동안 화면이 어두울 때가 있다.

② LCD가 여름철 직사 일광 등으로 높은 온도가 되면 NAV화면을 기동해도 새까만 채 비치지 않는 경우가 있다. 이 경우 LCD의 온도가 저하하면 정상으로 돌아온다.

3.4. 전파의 수신

아래의 요인에 의해 TV의 영상 및 음성의 상태가 나쁠 수가 있다.

3.4.1. 외란의 요인

① 송전선
② 철도의 가선
③ 네온사인
④ 위법무선

3.4.2. 전파요인

① 방송국이나 중계국의 근처
② 약한 전파지역에서의 수신
③ 산, 터널, 철교 및 빌딩의 주위
④ 주위 건물에 의한 전파의 반사

3.5. 내비게이션 장치 고장진단

내비게이션 장치에는 자기진단기능이 갖추어져 있기 때문에 고장이 생긴 경우엔 다음의 표를 참고로 한다.

이상증상	관련 유닛, 그 외의 이상 항목							자기진단 항목					
	NAV 유닛	TV 튜너	디스프레이 유닛	GPS 유닛	하네스	CD-ROM	오디오 덱	유닛 진단	모니터 진단	거리 보정	장치 접속	요레이트 센서	하네스 도통
화면이 비치지 않는다.	○		○		○								○
지도가 표시되지 않는다.	○		○		○	○		○					○
디스플레이 유닛의 조작스위치가 듣지 않는다.			○		○			○	○		○		○
자기 차량 위치 마크의 거리 흐트러짐	○									○			
자기 차량 위치 마크가 구부러지지 않는다. 똑바로 진행되지 않는다.	○											○	
GPS 마크가 표시되지 않는다.	○			○	○			○			○		
GPS 마크 중의 위성마크가 표시 안 된다.				○				○			○		
안내 음성이 나오지 않는다.	○				○		○				○		○
TV 화면이 비치지 않는다.		○			○			○			○		○
TV 화면 색깔이 나쁘다.		○			○				○				○
TV 음성이 나지 않는다.		○			○		○				○		○

참고문헌

01. [NCS를 활용한] 자동차 전기·전자장치 / 윤재곤 外 1 / 미전사이언스
02. [컬러판] 자동차 정비 기능사 실기 / 최인배 外 3/ 미전사이언스
03. 자동차 정비 실무 / 최국식 外 3 / 미전사이언스
04. 자동차 전기장치 실습 / 지명석 外 2 / 미전사이언스
05. 자동차 점화장치 및 편의장치 / 장창현 / 미전사이언스
06. Nick Murray 유튜브
07. blog.gm-korea.co.kr 한국지엠톡 BLOG
08. https://cafe.naver.com/myveracruz
09. https://article2.tistory.com/912